国家社科基金后期资助项目研究成果

图像语义信息可视化交互研究

陆 泉 著

国家圖書館出版社
National Library of China Publishing House

图书在版编目(CIP)数据

图像语义信息可视化交互研究/陆泉著. --北京:国家图书馆出版社,2016.7

ISBN 978 - 7 - 5013 - 5825 - 0

Ⅰ.①图⋯　Ⅱ.①陆⋯　Ⅲ.①图像分析—语义分析—研究　Ⅳ.①TP391.41

中国版本图书馆 CIP 数据核字(2016)第 108336 号

书　　名	图像语义信息可视化交互研究	
著　　者	陆　泉　著	
责任编辑	金丽萍	

出　　版　国家图书馆出版社(100034　北京市西城区文津街7号)
　　　　　(原书目文献出版社　北京图书馆出版社)
发　　行　010 - 66114536　66126153　66151313　66175620
　　　　　66121706(传真),66126156(门市部)
E-mail　　btsfxb@ nlc. gov. cn(邮购)
Website　www. nlcpress. com ──▸投稿中心
经　　销　新华书店
印　　装　北京华艺斋古籍印务有限责任公司
版　　次　2015 年 7 月第 1 版　2015 年 7 月第 1 次印刷

开　　本　710×1000(毫米)　1/16
印　　张　33.5
字　　数　580 千字

书　　号　ISBN 978 - 7 - 5013 - 5825 - 0
定　　价　120.00 元

国家社科基金后期资助项目
出版说明

  后期资助项目是国家社科基金设立的一类重要项目，旨在鼓励广大社科研究者潜心治学，支持基础研究，多出优秀成果。它是经过严格评审，从接近完成的科研成果中遴选立项的。为扩大后期资助项目的影响、更好地推动学术发展、促进成果转化，全国哲学社会科学规划办公室按照"统一设计、统一标识、统一版式、形成系列"的总体要求，组织出版国家社科基金后期资助项目成果。

全国哲学社会科学规划办公室

目　录

3

前　　言

本书是 2013 年国家社科基金后期资助项目(第三批)"图像语义信息可视化交互研究"(批准号:13FTQ006)的主要成果。

随着互联网的发展,图像信息在网络应用中的地位日趋重要。就现有研究与应用而言,图像语义信息仍然是组织、管理与检索图像信息资源的主要途径。但是,由于图像及其语义信息的复杂特性,图像与图像语义中普遍存在语义鸿沟(Semantic Gap)问题,使计算机系统与图像用户均难以通过语义信息对图像进行准确描述,不利于图像信息资源的有效管理与利用。

目前,虽然已有许多图像语义与图像用户方面的研究与应用,但是现有研究往往只关注图像、图像语义或图像用户之一,很少从系统科学的角度,将图像、图像语义与图像用户作为相互联系、互相作用的整体来进行研究,这不利于从系统角度对图像、图像语义与图像用户建立全面深刻的认识。基于此,本书系统地梳理了现有的图像语义及图像用户行为研究,深入分析了图像语义鸿沟问题,从图像、图像语义与图像用户的整体系统视角,以图像语义信息可视化交互为三者结合的典型,开展图像语义信息及其用户行为的理论与实验研究。

本书的基础是对现有图像语义及图像用户行为研究进行调研、分析与述评,重点分析图像语义鸿沟问题,为全书从图像、图像语义与图像用户的整体系统视角开展研究明确了研究环境与主攻方向;核心是围绕图像语义信息可视化交互的一系列基本理论问题,以图像语义标注为典型用户行为进行实验研究:首先介绍研究方法、研究平台与研究数据集,然后对标注影响因素、标注耗时影响因素、用户行为与心理等子问题进行研究,并对基本标注方法进行了比较研究,得到一系列新结论,回答图像语义信息可视化交互中的一系列基本理论问题;扩展研究探索了图像语义与图像用户行为研究前沿问题,从图像、图像语义、图像用户与计算机系统等多个不同主体作用关系的视角,研究了语义辅助对图像用户行为的影响、图像用户行为与图像底层特征的相关性等热点问题。

本书试图突破现有图像语义与图像用户理论的局限性,从图像、图像语义与图像用户的系统视角,研究图像语义信息可视化交互的基本理论。通过提出一系列新的研究问题,设计一些新的组合研究方法,得出了较系统化且富于理论意义的研究结论,其研究视角新颖,学术观点与理论体系具有基础性与原创性。本书对图像信息资源管理与利用以及图像用户研究有重要推动作用,对促进信息管理学科及其他相关学科的研究发展有重要启发意义。

衷心感谢武汉大学信息管理学院马费成教授、李纲教授、陆伟教授、查先进教授、唐晓波教授,华中师范大学夏立新教授、王伟军教授、李延辉教授、陈静副教授,威斯康星大学密尔沃基分校的 Jin Zhang 教授、Iris Xie 教授、穆祥明副教授,以及俄克拉荷马大学的 Kun Lu 博士等多位专家对本研究给予的大量无私的建议和帮助。此外,书中还引用了众多国内外同行的研究成果,谨此一并感谢。

有多位武汉大学及华中师范大学的本、硕阶段学生参与到本书研究与写作过程中。其中,韩阳、汪艾莉、郭怡婷、刘承谕及黄茜等参与了基础篇的研究与校对工作,刘高、韩阳、韩雪、赵琴、王宝、周思瑶及郑丁益等参与了核心篇的研究与校对工作,郭怡婷、金炜及吴孟澍等参与了扩展篇的研究与校对工作,来自上述两所大学的共 239 位同学参与了本书中的多个科学实验及数据处理,在此对他(她)们的参与和帮助一并表示感谢。

本书在实验研究中使用了国际情感图片系统(International Affective Picture System,IAPS)数据,在此对佛罗里达大学的 NIMH Center for Emotion and Attention(CSEA)授权本研究使用其数据集表示感谢;另外,研究中还利用了众多软件工具及数据服务,特别是来自 flicker、Google 及百度,在此也一并表示感谢。

借此也向本书出版过程中的所有相关人员表示感谢。

由于水平有限,书中错误或不妥之处在所难免,希望读者批评指正。

陆 泉

2015 年 6 月于珞珈山

2

第一章　图像语义信息

　　图像信息资源数量巨大、增长迅速，在人类社会生活中发挥着越来越大的作用。近些年来，人们对图像信息资源的需求日益增长，对图像信息资源管理水平的要求也不断提高。相关的理论、技术与应用研究不断涌现，有必要对其进行系统梳理。

　　因此，本章将重点从图像及其语义的计算机处理理论与技术角度，首先，对图像语义信息研究现状进行综述，以系统梳理和归纳图像语义信息研究的主要领域与主要问题；其次，针对其中发展迅速的图像标注与图像检索两个热点领域，专门对其在海外的研究动态进行调查与梳理，以方便国内读者跟踪掌握国外相关研究进展；最后，选择三个典型应用领域，对图像语义信息应用进行了调研分析，方便读者了解图像语义信息领域理论与实践的结合情况。

第一节　图像特征提取与分类研究

　　图像与文本信息有着较大的差异，其高维的视角特征与复杂的语义内容难以被计算机有效理解，因此，在计算机中，如何提取与表示图像的特征，是通过计算机理解与管理图像的首要问题，在此基础上，对图像语义的相关研究主要从图像语义组织、图像检索与图像分类三方面展开，本节重点介绍图像特征提取与图像表示，以及图像分类基本理论方法研究，图像语义组织与图像检索研究将在下一节详细述评。

一、特征提取与图像表示

　　如何从原始图像中提取具有较强表示能力的图像特征是智能图像

1

处理的一个研究热点。图像特征提取包括基于全局的图像特征提取和基于局部的图像特征提取,而基于局部的图像特征提取已经逐渐成为当前研究趋势,基于局部的图像特征提取首先要求对图像进行分割。本部分将依据不同的图像特征从图像分割、颜色特征、纹理特征、形状特征、空间关系提取等方面对图像特征提取研究进行梳理。

(一)图像分割

图像分割是一种重要的图像分析技术,它不仅得到人们广泛的重视和研究,也在实际中得到大量的应用。图像分割通常是提取图像特征并进行图像表示的第一步。图像分割是指依据图像特征的同质性将图像分成不同的区域,并使这些区域互不相交,且每个区域具有特定的一致性特点。图像分割的方法和种类有很多,有些分割运算可直接应用于任何图像,而另一些只能适用于特殊类别的图像。目前用于自动图像标注的图像分割方法主要包括基于网格的方法、基于聚类的方法、基于轮廓的方法、基于统计模型的方法、基于图表的方法等。

由于自动图像分割的复杂性,许多研究者采用基于网格的方法将图像划分成不同区域,并从这些区域中进行特征提取[①]。但是这一技术对图像语义构成的划分尚不理想,划分的单个区域往往包含多个不同物体,并且很难决定划分区域的大小。这一方法常用于特定领域的应用,如医学图像分类等。

基于聚类分析的图像分割方法是图像分割领域中一类应用相当广泛的算法。聚类分析是以相似性为基础,依据像素聚类为不同群集,从中提取图像的颜色和纹理特征。如 k-means 算法,它先将数据点集分为 k 个划分,每个划分作为一个聚类,然后从这 k 个初始划分开始,通过重复的控制策略,使某个准则最优化,而每个聚类由其质心来代表。这一算法收敛速度快,但其主要缺点是必须事先定义划分的数量,不合适的 k 的选择可能导致不准确的分割结果。

基于轮廓的图像分割方法是将均匀区域看作是被一闭合边缘所包围,而在这个边缘处的像素往往会发生剧烈的变化,基于轮廓的方法希望通过检测这种像素的骤变来确定目标边缘。与基于聚类的分割算法

---

① Vailaya A,Figueiredo M A T,Jain A K,et al. Image classification for content-based indexing [J]. IEEE Transactions on Image Processing,2001,10(1):117—130.

不同,基于轮廓的分割算法不需要预先假设聚类的数量。这一方法对边缘定位准确,运算速度较快,但是无法保证提取边缘的连续性。与此同时,如何平衡边缘检测的抗噪性以及检测精度使得检测结果达到最好也是个难点,过度的提高抗噪性可能会使检测结果出现位置偏差和漏检,而过度强调检测精度又会因为图像噪声导致的目标伪边缘而产生错误的轮廓结果。

基于统计模型的图像分割方法也被提出,Carson 等人于 2002 年提出 Blobword①,提供一种新的由原始像素数据到颜色、纹理区域一致性的图像表示方法,这一系统使用户能够看到图像内部表示及查询结果。

近几十年来,研究人员提出了许多著名的分割算法,其中 N-Cut 和 JSEG 是具有代表性的算法②。到目前为止,没有一种自动图像分割方法可以取得较为满意的分割效果。这是由于目前的图像分割往往采用自底向上的分割方法,而实际上,图像分割问题的本身不仅仅是自底向上的图像处理问题,也会是自顶向下的对象理解问题,而对象理解往往需要更为复杂的对象知识③。

（二）颜色特征提取

颜色是图像描述的一个重要特征,为了提取颜色特征,首先应该将图像映射到一个颜色空间或模型。当前使用的颜色空间主要包括 RGB、HSI、HSV④、LUV、HMMD 等。在确定的颜色空间中提取颜色特征,包括颜色直方图、颜色矩、颜色相关图、颜色集等。

图像颜色特征提取的一个最有代表性的方法就是颜色直方图,其中 HSV 空间是直方图最常用的颜色空间。图像颜色统计直方图描述了不同颜色在一幅图像中所占的比例,这一方法在图像的移动和旋转下仍具有稳定性。但颜色直方图并不能详细表示图像的空间信息,不同的图像

① Carson C,Belongie S,Greenspan H, et al. Blobworld: image segmentation using expectation-maximization and its application to image querying[J]. IEEE Transactions on Pattern Analysis & Machine Intelligence,2002,24(8):1026—1038.
② Deng Y,Manjunath B S,Shin H. Color Image Segmentation [C]//IEEE Computer Society Conference on Computer Vision and Pattern Recognition. Fort Collins,CO:IEEE,1999.
③ Hare J S,Lewis P H. Saliency-based models of image content and their application to auto-annotation by semantic propagation[J]. Proceedings of Multimedia & the Semantic Web,2005.
④ Plataniotis K N,Venetsanopoulos A N. Color Image Processing and Applications[M]. Springer, Berlin,2010:340—344.

可能产生相同的颜色直方图,并且颜色直方图的维数通常很高。

Stricker 和 Orengo 提出了颜色矩的方法①。颜色矩是一种简单而有效的颜色特征表示方法,有一阶矩(均值,mean)、二阶矩(方差,viarance)和三阶矩(斜度,skewness)等,由于颜色信息主要分布于低阶矩中,所以用一阶矩,二阶矩和三阶矩足以表达图像的颜色分布。颜色矩已证明可有效地表示图像中的颜色分布,该方法的优点在于不需要颜色空间量化,特征向量维数低,但实验发现该方法的检索效率比较低,因而在实际应用中往往用来过滤图像以缩小检索范围。

为了能够在大规模图像数据集中进行快速的搜索,Smith 和 Chang 等人提出了颜色集的概念②。首先将 RGB 颜色空间转化为视觉上的一致化空间,如 HSV,并将颜色空间量化成若干个 bin,然后运用颜色自动分割技术将图像分为若干个区域,每个区域用量化颜色空间的某个颜色分量来索引,从而将图像表达成一个二进制的颜色索引表。在图像匹配中,比较不同图像颜色集之间的距离和颜色区域的空间关系。因为,颜色集表达为二进制的特征向量,可以构造二分叉树来加快检索速度,对大规模的图像集合十分有利。

Huang 提出颜色相关图用于图像检索,并证明在基于内容的图像检索中颜色相关图特征要优于比颜色直方图③。传统的颜色直方图只刻画了某一种颜色的像素数目占像素总数目的比例,只是一种全局的统计关系,而颜色相关图可以看作 3D 的颜色直方图,它还表达了颜色随距离变换的空间关系,也就是颜色相关图不仅包含图像颜色统计信息,同时包括颜色之间的空间关系。

(三)纹理特征提取

纹理特征是图像的另一重要特征。纹理是图像所有物体表面所具有的特性,它包含了物体表面的结构特征及物体间的关系。由于纹理特

① Stricker M,Orengo M. similarity of color images[J]. Proc. SPIE Storage and Retrieval for Image and Video Databases,1995,2420:381—392.
② Smith J R,Chang S F. Single color extraction and image query[C]//International Conference on Image Processing,Proceedings. Washington,DC:IEEE,1995:528—531.
③ Huang J,Kumar S R,Mitra M,et al. Image indexing using color correlograms[C]//IEEE Computer Society Conference on Computer Vision and Pattern Recognition. San Juan:IEEE,1997:762—768.

征具有很强的识别性,被广泛应用于图像检索及语义学习技术中。纹理特征的研究主要集中于图像处理及计算机视觉领域。纹理分析的方法有多种,如空间自相关法、共生矩阵法、Tamura 方法等。

　　Tamura[①] 于 1978 年提出了与人的视觉感受相关的 6 个纹理特征,分别是粗糙度、对比度、方向性、相似性、规则性和粗略度。Mallat[②] 于 1989 年首先将小波分析引入纹理分析中之后,随后基于小波的纹理分析方法如雨后春笋般涌现出来。随着小波理论的不断发展,小波分析在纹理特征提取中的应用也在不断发展。

　　目前常用的纹理特征提取方法主要包括统计方法、结构方法、模型方法。统计方法是基于像元及其邻域的灰度属性研究纹理区域中的统计特性。实践证明,GLCM[③](灰度共生矩阵)在基于统计的纹理特征提取方法中是一枝独秀,具有较强的稳定性和适用性。这一方法是建立在估计图像的二阶组合条件概率密度的基础上的。GLCM 是描述在某一方向上,相隔 n 个像元距离的一对像元分别具有的灰度层出现的概率。GLCM 能够导出 14 种纹理特征。尽管这一方法对图像纹理特征提取具有较好的鉴别能力,但其对像素级的复杂纹理分类应用仍然受限,因此不断有研究者尝试对其进行改进。

(四)形状特征提取

　　形状是识别物体的重要特征,利用物体形状特征进行图像检索已经得到广泛应用。Zhang 和 Lu[④] 将物体的形状特征提取方法分为基于轮廓的形状特征提取方法和基于区域的形状特征提取方法。基于轮廓的形状特征提取方法仅通过图像轮廓边缘的特征来计算图像的形状特征,而基于区域的形状特征提取方法则是通过计算整个区域特征来提取图像形状特征。图像的轮廓特征只是图像区域特征的一部分,所以图像形状的细微改变会引起图像轮廓很大的变化。因此,研究较多地使用基于区

① Tamurah, Moris, Yamawakit. Texture features corresponding to visual perception[J]. IEEE Trans on System, Man and Cybernetics, 1978, 8(6):460—473.
② Mallat S G. A theory for multi resolution signal decomposition: the wave let representation[J]. IEEE Transactions on Pattern Analysis and Machine Intelligence, 1989, 11(7):674—693.
③ Park S B, Lee J W, Kim S K. Content-based image classification using a neural network[J]. Pattern Recognition Letters, 2004, 25:287—300.
④ Zhang D, Lu G. Review of shape representation and description techniques[J]. Pattern Recognition, 2004, 37(1):1—19.

域的图像形状特征提取方法。2005 年 Yang[1] 等利用贝叶斯模型解决图像分类问题,并将其应用于基于区域的图像特征提取。

（五）空间关系提取

图像的空间关系是指物体在图像中的位置以及图像中物体之间的关系。空间关系表明图像中分割的多个目标之间存在着一定的空间位置关系和方向性的关系,如图像的邻接与连接关系、图像的包容和包含关系等。常用的图像空间特征提取方法有 2 种：根据图像中的对象或者颜色等其他特征对图像进行分割后提取特征；把图像分割成规则的子块,分别对图像的每个子块进行特征提取。运用空间关系特征描述图像内容能起到更完备的功效,但是一旦图像或目标发生反转、旋转等变化时,空间关系特征发生的变化就非常明显。当采用空间特征关系以提高检索准确率时,一般不单独使用,而是经常和其他特征提取方法综合使用。

图像的对象空间关系对图像数字图书馆有着重要意义。考虑到人们对空间关系认知的主观性,Wang 等提出的基于模糊 k-NN 分类器的元数据自动生成框架,可自动生成能够描述图像的对象空间关系的模糊语义元数据,用来表达图像中两两对象之间的空间关系,如上、下、左、右、近、远、内、外等[2]。

图像的底层视觉特征,如颜色、纹理、形状等的提取方法已经得到大量的研究。目前存在着许许多多的图像底层特征表示方法,如何自动筛选这些特征才能更有效地达到图像分类和检索的目的,是一个较为困难的问题。现有研究在大多数情况下,是依据经验和大量的实验结果来确定哪些特征更适合于所要研究的问题。未来可以考虑采用通过机器学习的方法来自动选择对当前问题有效的特征。另外,语义表示涉及计算机学科、心理学、语言学等多门学科。由于语义之间关系复杂,且语义具有模糊性,因此有效表示语义是非常困难的。虽然已有的语义表示方法

---

① Yang C, Dong M, Fotouhi F. Image content annotation using Bayesian framework and complement components analysis[C]//International Conference on Image Processing, Geneva, Italy: IEEE, 2005.

② Wang Y H, Makedon F, Ford J, et al. Generating fuzzy semantic metadata describing spatial relations from images using the R-Histogram[C]//Proceedings of the Fourth ACM/IEEE Joint Conference on Digital Libraries: Global Reach and Diverse Impact, 2004: 202—211.

在某些方面证明是有效的,但仍缺乏一种通用的表示方法。因此,在未来一段时间内,建立一个通用的能够广泛认可的语义表示方法极具挑战性,计算机视觉与深度学习领域的发展可能会提供较为根本性的解决办法。

二、图像分类研究

图像分类问题涉及计算机视觉、情报学、机器学习等领域,是一个集中了机器学习、计算机视觉、信息组织和图像处理等多个研究领域的交叉研究方向。早期的图像分类多是依靠人工加注标签来实现,无法由计算机直接分析图像的内容,近些年来随着图像处理和机器学习理论的发展,基于内容的图像分类技术变得可行并逐渐成为研究的热点。图像分类研究的关键技术在于特征获取方法及分类研究方法两个方面。

(一)分类研究中的特征获取方法

特征区域求取是图像分类任务的关键环节之一。大致包括显著特征获取、随机特征获取和基于区域分割特征获取。由于特征提取方法在第一章有所介绍,这里将简单介绍随机特征提取的相关研究。

Maree 等采用随机窗的方法,在随机窗的位置、大小和角度上都采用随机的方式获取,并对获取后的区域进行尺寸归一化,使特征具备一定的旋转不变性和尺度不变性[1]。但是完全由随机方式获取特征区域,特征区域的辨别性不强,而且由于每次获取的区域不一致,试验效果的稳定性不高。另外,J. Winn 等采用单个像素步进的方式进行 Dense 特征区域获取,在每一个像素点处,利用其周围像素求取 17 维的滤波向量[2]。但由于该方法针对每个像素进行特征区域划定来求取特征向量,使得特征的分辨性不强,不利于分类训练。

(二)分类方法研究

国内外的许多学者从不同的角度,对图像分类及其相关任务做了大

---

① Maree R,Geurts P,Piater J,et al. Random Subwindows for Robust Image Classification[C]// IEEE conference on computer vision and pattern recognition. San Diego,USA:IEEE,2005,1: 20—25.

② Winn J,Criminisi A,Minka T. Object categorization by Learned Universal Visual Dictionary [C]//International Conference on Computer Vision. Beijing,China,2005,2:1800—1807.

量的研究。在分类算法方面学者们也进行了大量研究,有学习分类和无学习分类研究方法。基于学习的图像分类方法是图像分类研究的重点。

国外方面,Li[①]等应用 LDA(Latent Dirichlet Allocation)模型解决了自然场景图像的分类问题。支持向量机(Support Vector Machines,简称 SVM)应用的典型流程是首先提取出图像的局部特征,并形成特征码,然后将每幅图像的局部特征所形成的特征单词的直方图来作为特征,最后通过 SVM 进行训练得到模型[②]。斯坦福大学的 Li Fei-Fei 利用贝叶斯理论和潜在狄利克雷分析理论(Latent Dirichlet Analysis)对图像分类进行了深入研究,构造了经典的 Caltech 101 目标分类数据集[③]。Yang 利用稀疏编码技术进行视觉词汇学习和特征编码,利用线性 SVM 分类,与非线性的直方图交叉核 SVM 相比,在不降低分类准确率的同时提高了分类器的训练和识别速度[④]。

国内方面,陈海林提出了双金字塔匹配思想,即同时在图像特征空间和空域建立一个统一的多分辨率框架,构造了一个具有线性复杂度的 Mercer 核,提高了分类性能[⑤]。董立岩等采用朴素贝叶斯对分割后的医疗图像中的尿液残渣颗粒进行分类取得了很好的效果[⑥]。赵英等采用贝叶斯网络进行遥感图像的检索,而贝叶斯网络充分利用了变量之间的独立性和条件独立性关系,大大减小了为定义联合概率分布所需要指定的概率数目,同时也避免了朴素贝叶斯分类器要求所有变量都是独立的不足[⑦]。

---

① Blei D M, Ng A Y, Jordan M I. Latent Dirichlet Allocation[J]. Journal of Machine Learning Research, 2003(3):993—1022.

② Zhang J, Marszalek M, Lazebnik S, etc. Local features and kernels for classification of texture and object categories: A comprehensive Study[J]. International Journal of Computer Vision, 2007, 73(2):213—238.

③ Fei-Fei L, Fergus R, Perona P. Learning generative visual models from few training examples: An incremental Bayesian Approach tested on 101 object categories[J]. Computer Vision & Image Understanding, 2004, 106(1):178.

④ Yang J, Yu K, Gong Y, et al. linear spatial pyramid matching using sparse coding for image classification[C]//IEEE Conference on Computer Vision and Pattern Recognition. Miami: IEEE, 2009:1794—1801.

⑤ 陈海林, 吴秀清. 基于双空间金字塔匹配核的图像目标分类[J]. 中国科学技术大学学报, 2010(3):313—320.

⑥ 董立岩, 苑森淼, 刘光远. 基于贝叶斯分类器的图像分类[J]. 吉林大学学报, 2007, 45(2):249—253.

⑦ 赵英, 刘佳佳. 基于贝叶斯定理的遥感图像检索[J]. 现代图书情报技术, 2006(5):36—39.

第二节　图像信息资源组织与检索研究分析

海外研究人员在图像信息资源组织与检索研究方面取得了很多高水平的研究成果,对国内相关领域的研究人员具有很大的参考价值。然而,目前国内缺乏对这些海外研究成果的系统梳理,不利于国内图像信息资源组织与检索研究的发展。本文通过 Web of Knowledge 数据库及图像信息资源组织与检索领域相关专业高水平期刊网站,重点搜集了较有影响的或最新的海外学术论文,分别对海外的图像信息资源组织研究、图像信息资源检索研究以及其他学科的相关研究进行了系统梳理,并在此基础上,对图像信息资源的组织与检索研究的发展趋势进行了分析,以期能够为国内图像信息资源组织与检索领域的研究人员提供借鉴与参考。

一、图像信息资源组织研究

图像信息资源组织是指利用不同的信息资源组织方法,对图像信息资源进行加工与整理,以实现图像信息资源的有序化。作为图像信息资源开发与利用的基础,图像信息资源组织研究具有重要意义。研究人员从不同角度提出了一些图像信息资源组织方法,可以实现对图像信息资源的有效组织。本部分内容将按照图像信息资源组织方法、技术研究的主要领域,包括图像元数据、图像本体、人工图像标注、自动图像标注、结合相关文本的 Web 图像标注以及大众标注,对图像信息资源组织研究进行系统梳理。

(一)图像元数据

元数据是关于数据的数据,是专门用来描述数据的特征和属性、提供某种资源的有关信息的结构数据,是促进网络信息资源的组织和发现的重要基础数据。它提供了信息资源的描述规范,是文本信息资源组织的重要工具。不同的行业、不同的系统都有不同的元数据标准。随着图像信息资源数量的不断增长和作用的日益突出,研究人员在传统元数据的基础上,结合图像信息资源的特点,也提出了一些适用于图像信息资源组织的元数据,这些图像元数据成为图像信息资源组织的重要依据。

Kirschenbaum 于 1998 年就研究利用 JPEG(Joint Photographic Experts Group, ISO/IEC 10918)和 TIFF(Tagged Image File Format)格式的元数据来组织图像信息资源,以支持专家们在电子环境下对 Blake 档案馆中的画作进行学术研究活动[1]。随后,一些图像元数据格式及标准相继被提出。Greenberg 于 2001 年对 Dublin Core、VRA Core、REACH、EAD 等适用于图像的元数据格式的元素类别进行了定量分析,发现每个元数据格式都包含支持对图像进行识别、使用、鉴定和管理的元素类别[2]。Badr[3] 等从医学图像关联的诊断报告中抽取图像的描述信息,并将描述信息分为元数据层和内容层两部分,元数据层又分为面向上下文、面向领域和面向图像的子层,内容层分为物理特征、关系特征和语义特征三个层次。由于该描述框架严重依赖于医学图像领域,因此通用性较差。Jorgensen 等人提出了用于对图像的视觉属性进行分类的概念模型[4]。该模型为金字塔结构,包括了四个语法层次和六个语义层次,可以自顶向下地对图像内容进行描述。另外,该模型还具有递归属性,允许对象和属性之间进行联系。实证研究发现,虽然图像属性在金字塔中每个级别的分布会随着不同的人员和任务而发生变化,但是所有实验图像的属性基本都能归入这十个级别中。考虑到人们对空间关系认知的主观性,Wang 等人于 2004 年提出了基于模糊 k-NN 分类器的元数据自动生成框架,自动生成能够描述图像的对象空间关系的模糊语义元数据,用来表达图像中两两对象之间的空间关系[5]。

前期的图像元数据只关注图像信息资源的事实信息及内容信息,缺

---

① Kirschenbaum M. Documenting digital images: textual meta-data at the Blake Archive[J]. Electronic Library, 1998, 16(4): 239—241.

② Greenberg J. A quantitative categorical analysis of metadata elements in image-applicable metadata schemas[J]. Journal of the American Society for Information Science and Technology, 2001, 52(11): 917—924.

③ Badr Y, Chbeir R. Automatic image description based on textual data[J]. Journal on Data Semantics VII, 2006, 4244: 196—218.

④ Jorgensen C, Jaimes A, Benitez A B, et al. A conceptual framework and empirical research for classifying visual descriptors[J]. Journal of the American Society for Information Science and technology, 2001, 52(11): 938—947.

⑤ Wang Y H, Makedon F, Ford J, et al. Generating fuzzy semantic metadata describing spatial relations from images using the R-Histogram[C]//Proceedings of the Fourth ACM/IEEE Joint Conference on Digital Libraries: Global Reach and Diverse Impact, 2004: 202—211.

乏对图像的语义信息的描述。为了全面地对图像信息资源进行描述，Kim 和 Yoon 于 2009 年提出了用于图像信息资源存档的多级元数据结构①。其第一级是基于 Dublin Core 的元数据，用来描述图像的事实信息；第二级是基于 MPEG-7 的元数据，用来描述图像的内容信息；第三级是基于本体的语义元数据，用来描述图像的语义信息。而近年来，随着图像信息资源标注方式的增多，如人工标注、机器自动标注及大众标注等，越来越多的主题词被添加到图像信息系统中，用户因此会得到很多相关度并不高的检索结果。为了弥补这一缺陷，Zhang 和 Smith 等人于 2011 年提出应为元数据中有关主题的元素提供加权机制②，这使得对图像主题的描述不再只是有或无，而是可以利用主题词的权重来表达更多信息。

随着图像元数据的不断提出和应用，图像数据集的质量评估也越来越受到重视。Zhang 等以国际图书馆协会联合会（IFLA）提出的关于书目记录功能需求（FRBR）的四项通用用户任务——发现、识别、选择、获得为框架，进行了以用户为中心的动态图像元数据的评估，这对其他图像元数据的评估工作也具有一定的借鉴意义③。Park 通过研究发现，Dublin Core 的一些元数据元素之间存在概念歧义和语义重叠，影响了它的语义互操作性，并且提出有必要利用概念网络等调节机制来提高图像元数据的质量④。

（二）图像本体

早期的语义信息组织形式主要包括分类法、叙词表、预料知识库等，实现语义查询扩展。随着本体和语义网等理论技术的发展应用，新的图像语义组织形式相关研究大量出现。图像本体是其中的典型代表。

---

① Kim H，Yoon Y. A multi-level metadata structure for image archiving[C]//11th International Conference on Advanced Communication Technology. Phoenix Park：IEEE，2009：1449—1452.

② Zhang H，Smith L C，Twidale M，et al. Seeing the wood for the trees：Enhancing metadata subject elements with weights[J]. Information Technology and Libraries，2011，30(2)：75—80.

③ Zhang Y，Li Y L. A user-centered functional metadata evaluation of Moving Image Collections [J]. Journal of the American Society for Information Science and Technology，2008，59(8)：1331—1346.

④ Park J R. Semantic interoperability and metadata quality：An analysis of metadata item records of digital image collections[J]. Knowledge Organization，2006，33(1)：20—34.

本体是领域中共享概念模型的形式化规范说明①，提供对该领域知识的共同理解，明确领域概念及概念之间的关系。通过概念之间的关系来描述概念的语义信息。图像本体研究重点关注图像信息资源组织中语义组织，一般做法是通过利用概念以及概念间的关系来描述图像信息资源的语义内容，可以支持图像视觉内容的语义表达，并试图利用本体理论与方法来缩小图像低层视觉特征与高层概念之间的语义鸿沟。

Harit 等人于 2004 年提出一个可以让用户通过统一接口交互式地访问不同类型媒体元素的集成平台——Heritage + ，该平台就利用了概念本体和特定媒体类型本体为基础对文档型图像资源进行组织与利用。其中概念本体用来描述抽象概念，是独立于媒体类型的；特定媒体类型本体则提供对特定媒体的结构化元素的概念性定义②。

图像中对象之间的空间关系在揭示图像的语义内容方面发挥着重要作用。Hudelot 等人利用空间关系本体来表示图像中对象之间的空间关系，并通过对空间关系概念的模糊表示对这一本体进行了强化③。该本体包含了常用的空间关系，并且能通过增加新的空间关系来进行扩展，难点在于如何定义空间关系的合适语义及相应的模糊表示。

由于单一模态的图像本体在图像信息资源组织方面具有局限性，为了提高图像本体对图像信息资源的组织能力，研究人员从整合多种模态本体的角度进行了尝试。Petridis 等人对传统的概念本体进行了扩展，将高层的领域概念与相应的低层视觉特征描述结合起来构建成新的本体，可以更好地对多媒体文档进行知识表示和语义标注④。Khalid 等人构建了由领域本体、文本描述本体及视觉描述本体整合而成的多模态本体，对体育新闻领域的网络图像信息资源进行组织⑤。

---

① 楼红伟，赵建伟，胡光锐. 一种小波加权的基音检测方法[J]. 上海交通大学学报，2003，37(3):447—449.

② Harit G，Chaudhury S，Ghosh H. Managing document images in a digital library：An ontology guided approach[C]//First International Workshop on Document Image Analysis for Libraries，2004:64—92.

③ Hudelot C，Atif J，Bloch I. Fuzzy spatial relation ontology for image interpretation[J]. Fuzzy Sets and Systems，2008，159(15):1929—1951.

④ Petridis K，Bloehdorn S，Saathoff C，et al. Knowledge representation and semantic annotation of multimedia content[J]. IEEE Proceedings-Vision Image and Signal Processing，2006，153(3):255—262.

⑤ Khalid Y，Noah S A，Abdullah S. Towards a multimodality ontology image retrieval[J]. Lecture Notes in Computer Science，2011，7067:382—393.

　　近年来,研究人员开始关注本体匹配方法的开发与应用。本体匹配可以使在不同应用情境下建立的本体相互关联起来,进而可以充分发挥它们在图像信息资源组织与检索中的潜能。Todorov 等人介绍了两种本体匹配方法——基于变量选择的方法(variable selection-based method,简称 VSBM)和基于图的方法(graph-based model,简称 GBM),并且通过自动地将常识知识与图像概念进行关联这一任务,对二者进行了比较。他们还认为,利用文本和视觉这两种模式的互补可以提高本体匹配方法在多媒体领域的应用效率[①]。

　　另外,作为开发基于内容的图像搜索和图像理解算法,并为这些算法提供训练和基准测试数据的重要资源,大规模图像本体构建也受到了研究人员的关注。Deng 等人构建的名为"ImageNet"的图像数据库即是一个建立在 WordNet 骨干结构之上的大规模图像本体。他们旨在为 WordNet 中所有概念的每个同义词分别提供 500—1000 幅图像来进行说明,并且保证这些图像都要经过质量控制和人工标注[②]。这将为图像信息资源的组织与检索研究提供重要的资源支撑。

(三)人工图像标注

　　图像语义标注的初始阶段是基于人工标注的阶段,这一阶段需要专门的标注人员对图像内容进行语义标注。目前也有很多通过手工标注产生的图像数据库,如 Corel 图像库、博物馆图像库等。这些图像库中的图像都有能够表达其语义信息的人工标注词,但这些人工标注词不一定能完全表达图像语义信息。如人工标注具有主观性和模糊性,不同的人对图像的理解不同,从而标注的关键词也存在差异;并且随着图像数量迅速增长,特别是目前海量 Web 图像,使用人工标注几乎是不能实现的。当然,随着社会标注的兴起,以及自动图像标注中的语义鸿沟问题日趋严重,人工图像标注也重新引起了学者们的注意,并体现在社会标注的诸多研究中。

---

①　Todorov K,James N,Hudelot C. Multimedia ontology matching by using visual and textual modalities[J]. Multimedia Tools and Applications,2013,62(2):401—425.

②　Deng J,Dong W,Socher R,et al. ImageNet:A large-scale hierarchical image database[C]// IEEE Conference on Computer Vision and Pattern Recognition. Miami:IEEE,2009,248—255.

（四）自动图像标注

随着图像信息资源数量的爆炸式增长，人工标注图像不再是一个高效的手段。由人工标注的图像外部特征无法揭示和表达图像信息的实质内容及其语义关系，尤其当图像信息中存在具有代表性的语义特征时，因此使用自动图像标注方法已经成为图像标注发展的必然趋势。加之机器学习、人工智能、模式识别、自然语言处理等技术的不断发展，推进了自动图像标注研究发展，自动图像标注成为近年来的研究热点。

早在1999年，Mori等人提出了一个在图像与语义概念之间建立联系的共生模型（Co-occurrence Model）[1]，它是自动图像标注的基本理论模型，开辟了自动图像标注领域的理论研究。该模型的基本原理是：首先，将已标注图像集中的每幅图像均分成若干个子图像，并将每幅图像的全部关键词分别赋给它的各个子图像；然后，利用图像相似性对图像集的所有子图像进行聚类，并计算出每个聚类中各个关键词的出现概率；最后，对于一幅待标注图像，把其分割后的各个子图像利用图像相似性分配到相应聚类中，并计算出这些聚类中所涉及关键词出现的平均概率，把出现概率最高的关键词赋给该幅待标注图像。此后各种新颖的自动图像标注方法不断出现，众多研究者从不同角度出发分析解决标注问题，以期寻找更好的标注和检索方法。后续研究者根据共生模型设计的自动图像标注模型与方法一般是通过对用户提供的一组已标注图像样本或其他可获得的信息进行机器学习，建立图像语义概念空间与视觉特征空间的关系模型，并用此模型标注未知语义的图像，进而支持对图像进行语义检索。

自1999年提出图像标注概念至今，后续研究人员提出了许多经典的图像标注方法。根据图像视觉特征提取范围及表示机制的不同，现有的图像标注方法可划分为基于全局特征的自动图像标注方法和基于区域划分的自动图像标注方法[2]。

基于全局特征的自动图像标注方法是根据图像的整体视觉信息，采

---

[1]　Mori Y,Takahashi H,Oka R. Image-to-word transformation based on dividing and vector quantizing images with words[C]//Proceedings of the Seventh ACM International Conference on Multimedia. ACM Press,1999:405—409.

[2]　鲍泓,徐光美,冯松鹤等.自动图像标注技术研究进展[J].计算机科学,2011(7):35—40.

用面向图像场景语义的方法进行标注,这一类方法将图像特征同标注文本分离,从图像的视觉特征层次上比较图像的相似度,用已标注的训练图像集来确定图像特征和标注词之间的关系。在基于全局特征的自动图像标注方面,Mori 等人曾提出一个对现实世界场景进行识别的模型,利用空间包络(spatial envelope)的五个属性(naturalness,openness,roughness,expansion,ruggedness)来表示场景的空间结构,并在此基础上将不同语义类别的场景投射在一起①。Oliva 等人使用面向图像场景语义的方法对图像进行自动标注,这一方法基于图像的空间属性产生对现实场景(包括自然场景和人工场景)的有意义描述②。算法验证了全局统计特征(Gist)可以用于分析图像场景中对象的存在与否,从而免去了对图像进行分割和进行面向对象分析的过程。Yavlinsky 等人继续探索了利用图像全局特征进行图像语义标注的可能,提出了利用图像全局特征及无参数密度估计来进行自动图像标注的方法,并指出简单的图像特征(如总体颜色特征和纹理分布)就能成为自动图像标注的重要基础③。并且,这一算法也论证了在 COREL 数据集上仅利用图像全局颜色信息就能达到较好的标注效果。尽管该算法将图像划分为 3×3 的矩形区域,但这一分割方法不同于基于内容的图形区域分割策略,所以仍属于基于全局特征的标注算法。

这一类方法的优点是可以避免对图像的区域分割、区域聚类以及对图像面向对象的分析处理过程,模型相对简单。但通常来说,基于全局特征的图像标注方法一般在只适用于较为简单或背景单一的图像。然而随着图像所表达的内容越来越复杂,并且用户查询图像时更注重图像中具有某一语义信息的特定目标或区域,基于全局特征的方法只能提供粗粒度的语义描述,未考虑到图像物体信息和背景信息的差异,因此并不能获得满意的标注效果,这就需要更加细粒度的图像标注方法,提取区域级的低层视觉特征比全局的视觉特征更为贴近人对图像的语义理

① Mori Y,Takahashi H,Oka R. Image-to-word transformation based on dividing and vector quantizing images with words[C]//Proceedings of the Seventh ACM International Conference on Multimedia. ACM Press,1999:405—409.

② Oliva A,Torralba A. Modeling the shape of the scene:A holistic representation of the spatial envelope[J]. International Journal of Computer Vision,2001,42(3):145—175.

③ Yavlinsky A,Schofield E,Rüger S. Automated image annotation using global features and robust nonparametric density estimation[J]. Lecture Notes in Computer Sciences,2005,3568:507—517.

解,更接近语义检索的目标。因此很多研究人员对基于区域的自动图像标注方法进行了大量研究。

根据语义学习的模型算法不同,基于区域划分的自动图像标注方法主要可分为基于分类的图像标注方法、基于概率模型的图像标注方法和基于主题的图像标注方法,此外,还有基于图模型、最大熵模型等其他标注方法。

基于分类的自动图像标注算法最为直观的思想是将标注问题看作图像分类问题。将每一个关键词视为一个独立的类别标记(label),从而将图像标注问题转化为图像分类问题。研究人员提出了大量的基于分类的图像标注方法,文献①②提出了基于支持向量机的自动图像标注算法,将自动图像标注问题看成多标记学习问题。将每个关键词对应的训练样本图像作为正例样本,而将未标注该关键词的训练样本图像作为反例样本。然后分别提取正例图像和反例图像的全局颜色直方图,并依此给定关键词构建分类器。最后,利用每个关键词分类器对未标注图像进行分类,将分类标记结果值最高的关键词作为图像的最终标注结果。但这一方法未考虑到标注信息的歧义性,因此最终结果并不理想。Luo③④等使用贝叶斯方法对单对象图像进行分类标注,直接在图像低层特征向量和分类标签之间建模,并且每幅图像仅对应一个标注词。Carneiro 提出了有监督的多标签分类方法(supervised multiclass labeling,简称SML),该方法将每个标注词视为一类,通过多示例学习为类生成条件密度函数,将图像视为其相关标注词的条件密度函数的混合高斯模型。这一标注模型取得了极好的效果,被视为较为成功的标注模型之一⑤。该模型的不足之处在于由于低频词汇对应的图像数量有限,很难从图像中区分其背景密度和概念密度。

① Cusano C, Ciocca G, Schettini R. Image annotation using SVM [C]//Proceedings of SPIE Conference on Internet Imaging V, 2003, 5304: 330—338.

② Tang J, Lew is P H. A study of quality issues for image auto annotation with the Corel dataset [J]. IEEE Trans. on Circuits and Systems for Video Technology, 2007, 17(3): 384—389.

③ Luo J, Savakis A. Indoor vs outdoor classification of consumer photographs using low-level and semantic features[C]//Proceedings of the IEEE International Conference on Image Processing. Thessaloniki: IEEE, 2001: 745—748.

④ Vailaya A, Figueiredo M A T, Jain A K, et al. Image classification for content-based indexing [J]. IEEE Transactions on Image Processing, 2001, 10(1): 117—130.

⑤ Makadia A, Pavlovic V, Kumar S. Baselines for image annotation[J]. International Journal of Computer Vision, 2010, 90(1): 88—105.

　　基于概率模型的图像标注算法本质是以概率统计模型为基础,分析图像视觉特征和语义关键词之间的相关性或共生概率,并用这一关系预测标注词,实现图像的自动标注。这一方法直观上表明,具有较高视觉相似性的两幅图像标注相似关键词概率更高。Duygulu 等于 2002 年提出基于机器翻译模型(Translation Model)的算法以改进共生模型[1],该模型将文本标注词和视觉特征看成描述图像内容的两种方法。首先根据图像局部特征将图像分割成若干个区域,并对各分割区域进行聚类得到视觉词汇,结果称为"blob"。而文本词汇就是标注关键词,从而将问题转化为不同形式数据之间的转换问题。与共生模型相比,这一模型性能得到了提升,但此算法标注结果偏重于高频关键词,低频词汇很难出现。为了解决这一问题,后续研究者在此基础上提出了一些改进方案,Kang 等先后提出两种解决方法,一种是将图像视觉特征词到文本标注词的翻译结果同文本标注词到视觉特征词的翻译结果相结合[2],另一种则是对翻译概率规则化来克服词频的影响[3]。

　　基于主题的图像标注与前两种图像标注方法不同,它是通过引入主题概念建立高层语义和低层特征之间的联系,对图像进行自动标注。Monay 等首次提出将潜语义分析(LSA)引入图像标注领域,通过对原有向量空间进行降维,从而使图像相关性计算从低层视觉特征转化为主题级别[4]。基于主题的图像标注通过引入中间变量关联低层特征和高层语义间的关系,具有很好的理论基础,但其标注效果却未达到预期。因此被认为不适合大规模数据集。

　　自动图像标注还存在其他分类方法,如根据分类方法采用的技术不同,可分为利用支持向量机的分类方法、利用神经网络的分类方法以及利用决策树的分类方法。随着学科之间的交叉研究的兴起,一些新的有

①　Duygulu P,Barnard K,Freitas N,et al. Object recognition as machine translation:learning a lexicon for a fixed imago vocabulary[C]//Proc. of European Conf. on Computer Vision(ECCV02). Copenhagen,Denmark,May 2002:97—112.

②　Kang F,Jin F. Symmetric statistical translation models for automatic image annotation[C]// Proc. of SIA M Conf. on Data Mining. New port Beach,CA,A pr. 2005:21—23.

③　Kang F,J in R,Chai J. Regularizing translation models for better automatic image annotation [C]//Proc. of Int. Conf. on Information and Knowledge Management. Washington,DC,USA,Nov. 2004:350—359.

④　Monay F,Gatica-Perez D. On image auto-annotation with latent space models[C]//Proceedings of the Eleventh ACM International Conference on Multimedia,2003:275—278.

趣的方法也在不断出现。如 Bohlool 等人就从网络科学的角度对自动图像标注行了研究。他们首先通过基于区域的外观相似性度量来创建图像复杂网络，然后在复杂网络研究中的传染病模型的启发下提出了图像标注的传播模型，最终实现了图像标签的自动标注①。

另外，为了提高自动图像标注的准确性和效率，在进行机器学习之前对训练图像集中的不相关标签进行过滤就显得十分必要。Hu 和 Lam 提出了自动图像标注的两阶段框架②，其中第一阶段就是利用标签过滤算法将图像集中大部分不相关的标签过滤掉，该算法利用了训练数据集中的统计数据和先验知识，同时也考虑了标签之间的关系；在第一阶段的基础上，第二阶段的图像标注在准确性和效率方面都得到了提高。

与需要训练图像集的自动标注方法相比，无监督学习自动标注在大数据图像信息资源组织研究中的地位不断上升。前面提到的自动图像标注方法都是基于模型的方法，往往需要一个事先标注好的训练图像集，然后通过学习图像视觉特征和图像概念之间的关系为图像自动分配概念。这类方法面临的一个重要问题就是训练数据集的缺乏，而多数情况下训练数据集是由人工进行标注的，但是人工标注又存在费时费力，容易产生不一致标注结果的缺陷。因此，有些研究人员从利用网络图像搜索引擎的搜索结果的角度来研究图像信息资源的自动标注方法，这就使自动图像标注避开了对事先标注好的训练数据集的依赖。Wang 等人首先利用网络图像搜索引擎，分别以关键词和图像为查询条件进行图像检索，得到在语义和视觉两方面均相似的图像，然后对这些搜索到的图像的关联文本信息进行挖掘，并用于查询图像的标注③。该方法也有不足之处，如：为提高基于内容的检索效率造成的低检准率；网络图像中存在的噪声图像降低了标注算法的有效性；为确保实时标注要首先使用种子关键词搜索相关图像，造成只能对有关键词的图像进行标注等。而造成这些不足的根本原因在于挖掘过程是在线的而且数据集又过于庞大。

① Bohlool M, Menezes R, Ribeiro E. A network-centric epidemic approach for automated image label annotation[J]. Communications in Computer and Information Science, 2011, 116:138—145.

② Hu J, Lam K. An efficient two-stage framework for image annotation[J]. Pattern Recognition, 2013, 46(3):936—947.

③ Wang X J, Lei Z, Jing F, et al. Annosearch: image auto-annotation by search[C]//Proceedings of the CVPR06, 2006, 2:1483—1490.

为了克服以上不足,Ding 等人提出了基于语料库的图像自动标注方法。该方法首先利用对来自多个图像搜索引擎的 40 多万张网络图像及其周围文本的挖掘结果,离线建立语义标注语料库;然后在语义标注语料库中搜寻视觉相似的图像并提取其参考标注词;最后在对参考标注词去噪之后实现图像的自动标注[①]。

(五)结合相关文本的 Web 图像标注

近年来,网络图像信息资源数量增长很快,而且在人们的工作生活中发挥着越来越重要的作用。因此如何对网络图像信息资源进行组织与管理也就成了研究人员关注的重要领域,而其中的一个关键问题就是对网络图像信息资源进行自动标注。网络图像信息资源有其固有的一些特点,如 Web 图像所在的网页中存在与图像内容相关的文本信息。而前文介绍的自动图像标注方法大都忽略了与 Web 图像相关联的丰富的文本信息,所以不适用于 Web 图像标注,并且 Web 图像通常伴随丰富的文本信息,通过对这些文本信息的挖掘,同样可以实现网络图像信息资源的自动标注。

在商业领域,许多图像搜索引擎,如谷歌、百度、雅虎等就是利用 Web 图像的关联文本对图像进行标引,取得了一定的效果。在学术领域,Sanderson 等人较早地利用 Web 图像关联的文本信息对图像语义内容进行建模,它不考虑关联文本的结构,将所有文本看作一个词集[②]。Vadivu 等人通过对 Web 图像所在 HTML 文件的分析,按照在揭示图像语义内容方面重要性的不同,将其中的 < img src > 标签的所有属性划分成四个等级,并分别赋予每个等级相应的权重,提高了 Web 图像标注的准确性[③]。Web 图像关联文本中的 ALT 文本在网络图像搜索引擎中起着重要作用,然而现实中多数的 Web 图像并没有 ALT 文本。基于此,Srinivasarao 等人提出了 Web 图像 ALT 文本的预测模型。该模型利用 Web 图像关联文本中的词共现次数,并按照不同关联文本的重要程度(图像标

① Ding G G,Wang J M,Xu N,et al. Automatic image annotations by mining Web image data [C]//IEEE International Conference on Data Mining Workshops,2009:152—157.

② Sanderson H M,Dunlop M D. Image retrieval by hypertext links[C]//Proc. of the 20th Annual Int'l ACM SIGIR. Philadelphia:ACM Press,1997:296—303.

③ Vadivu P S,Sumathy P,Vadivel A. Image retrieval from WWW using attributes in HTML TAGs[J]. Procedia Technology,2012(6):509—516.

题、HTML 标题、图像文件名、锚文本、URL、周围文本)对标引词进行权重计算,进而选择那些权重最高的标引词作为 Web 图像的 ALT 文本以支持网络图像信息资源的自动标注①。在利用 Web 图像周围文本对网络图像信息资源进行聚类方面,Tahayna 等人以维基百科作为知识资源,将图像周围文本映射为多个概念,并利用 TF/IDF 计算不同概念的权重,最终将图像周围文本从文本形式转换为向量空间下的概念权重向量形式,通过计算向量相似性最终得出图像概念的相似性,并将其作为网络图像信息资源聚类的一个重要指标②。

　　然而,利用 Web 图像的关联文本来进行网络图像信息资源的标注,也存在一些不足。其中一个问题就在于 Web 图像的关联文本中存在很多与图像内容并不相关的词语,造成标注结果的准确性不高。为了解决这一问题,研究人员提出了一些对标注结果进行优化的方法。Jin 等人使用 WordNet 来对图像标注的结果进行优化,通过 WordNet 中词语的属分关系,计算出各个参考标注词之间的相似性,并将相似性低于一定阈值的标注词去除,达到优化图像标注结果的目的③。这种方法对 Word-Net 具有依赖性,不能对没有在 WordNet 中出现的标注词进行优化。一些研究者从其他角度提出图像标注结果优化方法,消除了对 WordNet 的依赖。Wang 等人以马尔科夫模型为基础,提出了一个基于图像内容的标注优化算法,可以对图像已有的标注进行重新排序,实现图像标注结果的自动优化④;Zhu 和 Liu 提出的标注结果优化算法则利用重启型随机游走模型对参考标注词进行排序,并保留排名靠前的参考标注词作为图像的最终标注结果⑤。从语义层次和语义鸿沟的角度,Lu 等人提出一个

① Srinivasarao V, Pingali P, Varma V. Effective term weighting in ALT text prediction for Web image retrieval[J]. Lecture Notes in Computer Science, 2011, 6612:237—244.

② Tahayna B, Alashmi S M, Belkhatir M, et al. Unifying content and context Similarities of the textual and visual information in an image clustering framework[J]. Lecture Notes in Computer Science, 2010, 6297:515—526.

③ Jin Y, Khan L, Wang L, et al. Image annotations by combining multiple evidence and wordNet [C]//Proceedings of the 13th Annual ACM International Conference on Multimedia, 2005: 706—715.

④ Wang C, Jing F, Zhang L, et al. Content-based image annotation refinement[C]//Proceedings of IEEE Computer Society Conference on Computer Vision and Pattern Recognition, 2007: 1922—1929.

⑤ Zhu S H, Liu Y C. Image anotation refinement using semantic similarity correlation[C]//International Conference on Pattern Recognition, 2008:1818—1821.

用于从大规模网络图像数据集中构造概念词典的框架,通过利用词典提供的具有较小语义差异的高层概念,可以按照参考标注词所具有的语义鸿沟的大小对它们进行排序,实现标注结果的优化①。从图像概念标注的角度,Fadzli 和 Setchi 提出了一个无监督的基于概念的图像标注方法,能够利用词汇本体从图像标注词中抽取"语义染色体",实现了图像概念的自动标注。其中,"语义染色体"是承载图像语义信息的一种信息结构,由一系列的"语义 DNA"组成,每个"语义 DNA"则代表一个概念②。

（六）大众标注

大众标注是 Web2.0 环境下一种新的信息组织方法,允许用户对网络资源进行自由标注。与传统的标注方法不同,大众标注中用户既是标注者又是使用者。传统的标注方法是由受过培训的专家负责图像信息资源的标注工作,在标注过程中要考虑到潜在检索用户的需求;而大众标注则可以让用户通过网络直接参与到图像信息资源的标注中去,用户既是标注者,又是检索者,这就消除了标注词与检索词之间的语义鸿沟。

大众标注是一个完整的标签集,是共享内容管理系统的用户对其个人创建或发布的内容进行分组或分类,以便于检索的一种方法。大众标注研究目前呈现出以下发展态势:注重研究大众标注的系统组件(主要包括标签和浏览界面),采用各种新技术,建立各种受控词表推荐用户使用,将大众标注与语义 Web、本体结合起来进行研究③,这为进一步深化通过大众标注来实现图像标注提供了良好机遇。

Dye 于 2006 年讨论了将大众标注应用于网络图像信息资源描述的可行性④。目前,大众标注已存在部分商业应用,如 flickr. com、photoSIG. com 以及 Photo. net 等网站允许大众用户手工对图片进行标注,并以此方式浏览,获得了大量的已标注图像;一些重要的学术年会如 ImageCLEF 已采用这些网站作为初步数据源进行自动图像标注研究。

① Lu Y J, Zhang L, Tian Q, et al. What are the high-level concepts with small semantic gaps? [C]//Proceedings of IEEE Computer Society Conference on Computer Vision and Pattern Recognition. Anchorage, AK, 2008:3769—3776.
② Fadzli S A, Setchi R. Concept-based indexing of annotated images using semantic DNA[J]. Engineering Applications of Artificial Intelligence, 2012, 25(8):1644—1655.
③ 黄国彬. 大众标注研究进展[J]. 图书情报工作, 2008(1):13—15,55.
④ Dye J. Folksonomy: A game of high-tech(and high-stakes)tag[J]. E-Content, 2006, 29(3):38—43.

作为 Web2.0 的应用典范,大众标注打破了标注者与使用者之间传统的角色定位。之前,图像信息资源的标注工作主要由受过培训的专家来负责,专家们需要遵循特定的标注规则,同时也要考虑到潜在用户的检索需求;而大众标注则是用户通过网络并以社会合作的方式直接参与图像信息资源的标注工作,用户既是标注者,又是使用者。通过对两种标注方式下产生的标注词进行对比研究,可以发现两者之间的异同点,这对图像信息资源标注系统的设计有着重要意义。Rorissa 在对 Flickr 中的标签与一般用途图像集中的标引词进行比较之后,发现用户生成的标签与专家分配的标引词存在很大不同,并提出应该将大众标注与传统的受控词汇标注结合使用,让两者互为补充,以达到更好的标注效果[1]。

虽然大众标注已经取得了成功的商业应用,而且在大规模网络图像信息资源标注方面具有独特优势,但是它也存在一些固有问题。例如,普通大众缺乏必要的标注知识,用户生成的标签是非受控的,标签的类型和数量不固定,用户在标注时易受所处情境的影响等。为了提高大众标注的标注效果,研究人员从图像再标注及标签优化等角度进行了相关研究。Lee 等人利用图像视觉相似性和标签共现统计对标签进行了优化[2]。Chen 等人提出了批处理再标注的方法,能够利用网络上数百万的训练图像以及与之相关联的丰富的文本描述,来对同一用户在短时期内上传的一组 Flickr 图像进行噪声标签的自动优化[3]。Yang 等人提出了名为"Tag Tagging"的再标注方法,通过一组属性标签与每个既有标签的关联来补充图像的语义描述,比如从颜色、纹理、位置三个属性出发,可以把初始标签"老虎"进一步标注为"白色""条纹""右下角",以此来增强既有标签的描述能力[4]。Liu 等人提出了基于多图多标签学习的图像再标注方案,同时利用图像的视觉内容、标签之间的语义关系以及用户提

① Rorissa A. A comparative study of flickr tags and index terms in a general image collection [J]. Journal of the American Society for Information Science and Technology,2010,61(11):2230—2242.

② Lee S,De Neve W,Ro Y M. Tag refinement in an image folksonomy using visual similarity and tag co-occurrence statistics [J]. Signal Processing:Image Communication,2010,25(10):761—773.

③ Chen L,Xu D,Tsang I W,et al. Tag-based Web photo retrieval improved by Batch Mode te-tagging[C]//Proceedings of IEEE Computer Society Conference on Computer Vision and Pattern Recognition,2010:3440—3446.

④ Yang K Y,Hua X S,Wang M,et al. Tag tagging:Towards more descriptive keywords of image content[J]. IEEE Transactions on Multimedia,2011,13(4):662—673.

供的先验信息来实现图像标签优化[1]。Wu 等人研究指出用户倾向于选择大体性的、模糊的标签进行图像标注,以减少在标注过程中选择合适的标注词所花费的精力,这就导致了图像视觉特征专指性强的标签的缺失及噪声的出现,在此背景下,他们对标签完备化问题进行了研究,旨在对给定的图像自动添加缺失标签,并同时改正噪声标签[2]。

　　综合上述研究,可以看出,在图像信息资源组织方面,研究者从多种角度来探索对图像信息资源进行有效组织的方法。不少研究者借鉴文本信息资源的组织方法,从利用元数据、本体等方法的角度来开展对图像信息资源组织的研究。近年来,随着模式识别、机器学习等技术的不断发展与应用,自动图像标注(AIA)已成为图像信息资源组织领域的研究热点。目前研究者提出了多种自动图像标注算法与模型,图像信息资源组织能力不断提升。自动图像标注的自动化、智能化特性将使其在大规模图像信息资源的组织方面具有独特的技术优势和光明的应用前景。在网络图像信息资源组织的研究方面,研究者从利用网络图像关联文本的角度对其进行自动标注,同时也提出了一些标注结果优化方法来提高标注的准确率。随着网络的普及,特别是 Web2.0 的兴起,大众标注已经成为网络图像信息资源组织的一种主流方法,并得到了广泛应用,大型图像服务网站 Flickr 就是其典型应用。大众标注充分利用了网民的力量,使得海量图像信息资源的标注工作成为现实,经过一定的标注结果优化处理或者与受控词汇标注进行结合,可以实现网络图像信息资源的有效组织。

二、图像检索相关研究

　　图像检索可以满足人们的图像信息需求,是图像信息资源利用的重要研究课题。传统的图像信息资源检索方法主要有两种,即基于文本的图像检索(text-based image retrieval)与基于内容的图像检索(content-based image retrieval),而由于基于文本的图像检索与基于内容的图像检索均存在一些缺陷,加之两者之间具有的互补性,很多研究人员则从两

---

① Liu D,Yan S C,Hua X S,et al. Image retagging using collaborative tag propagation[J]. IEEE Transactions on Multimedia,2011,13(4):702—712.

② Wu L,Jin R,Jain A K. Tag completion for image retrieval[J]. IEEE Transactions on Pattern Analysis and Machine Intelligence,2013,35(3):716—727.

者结合的角度进行图像语义检索研究,取得了更好的检索效果。随着研究的深入,图像检索的研究内容不断丰富。从不同检索技术角度看,现有图像检索研究主要包括基于内容的图像检索、基于文本与基于内容结合的图像检索、结合相关反馈的图像检索、基于标签的社会图像检索;另外,从不同图像检索需求角度看,图像检索的研究还包括跨语言图像检索、可视化图像检索、个性化图像检索以及基于情感的图像检索等。

（一）基于内容的图像检索

基于内容的图像检索(CBIR)突破了传统的基于文本的图像检索不考虑图像特征的不足,融合了计算机视觉、模式识别、图像理解等技术。直接利用图像视觉特征进行图像信息资源的检索,对于大量的未经组织的图像信息资源的检索与利用有着重要意义。经典的图像搜索引擎包括 QBIC 系统、WebSeek 图像检索系统、Amazing Picture Machine 系统、VIR 系统等。

在理论研究上,Chang 和 Hsu 于 1992 年提出了根据多种图像视觉特征(包括颜色、形状、空间关系等)来进行图像理解并进行检索的理论模型[1]。后来,研究人员又提出了很多算法用于基于内容的图像检索,算法基本思路是用户提供查询图像,系统根据图像的低层视觉特征(如颜色、纹理、形状等)自动分析和检索类似图像。

不断提高 CBIR 的检索效果,是该领域研究人员追求的目标。由于之前的 CBIR 系统只考虑了目标图像(数据库中的图像)与查询图像之间的特征相似性,而忽略了目标图像之间的特征相似性,检索的效果很不理想。Cheng 等人提出了利用无监督学习进行基于聚类的图像检索方法,不仅解决了这一问题,而且改善了用户与检索系统之间的交互[2]。另外,在 CBIR 系统中也会经常出现这种情况——与查询图像不相似的图像在检索结果中的排名也很靠前。为了解决这一问题,Park 等人提出了检索后聚类的方法,首先对 CBIR 系统返回的检索结果进行聚类,然后按照每个聚类与查询图像之间的距离对检索结果重新排序,提高了 CBIR

① Chang S K,Hsu A. Image information systems:where do we go from here? ［J］. IEEE Transactions on Knowledge and Data Engineering,1992(5):431—442.

② Chen Y X, Wang J Z, Krovetz R. CLUE:Cluster-based retrieval of images by unsupervised learning［J］. IEEE Transactions on Image Processing,2005,14(8):1187—1201.

系统的检索效果①。最近，在 CBIR 系统检索结果排名优化方面，Pedronette 等人采用基于情境的方法，按照排名列表的相似性重新定义了图像之间的距离，并在此基础上对图像进行了重新排序②；Li 等人则把改编后的排序学习算法应用于基于内容的图像检索，而考虑到图像表示具有的复杂结构，他们利用了可扩展的基于视觉的排序特征来进行排序学习③。

Martinet 等人从利用基于先进加权方案的关系向量空间模型的角度，来改善 CBIR 系统的检索效能。他们提出了基于图像中对象的面积、位置及图像异质性的星型图加权方案，并通过星型图将对象之间的关系整合到向量空间模型中去，提高了系统的查准率，缩短了用户查询的处理时间④。而 Tsai 和 Lin 则从利用新的图像表示方法的角度来消减 CBIR 的语义鸿沟问题。他们利用元特征，即图像底层特征之间的类特异性距离（图像与类中心的距离、图像与同一类中的最近和最远图像的距离等）来表示风景图像，使得检索系统对大量概念类别的辨别能力得到了提高⑤。

另外，研究人员从提升 CBIR 系统性能的角度也进行了研究。如 Town 和 Harrison 考虑到 CBIR 系统的可扩展性不强，以及图像处理、特征抽取、图像分类、对象探测与识别等方面的计算成本过高等问题，指出可以将网格计算应用于 CBIR 系统，并提出了用于 CBIR 系统的大型分布式网格处理方法⑥。而 Falchi 等人对 CBIR 系统查询日志的分析，发现在用户提交的查询流具有局部性和自相似性⑦，于是他们利用相似性缓

---

① Park G，Baek Y，Lee H K. Re-ranking algorithm using post-retrieval clustering for content-based image retrieval[J]. Information Processing & Management，2005，41(2):177—194.

② Pedronette D C G，Torres R D. Image re-ranking and rank aggregation based on similarity of ranked lists[J]. Pattern Recognition，2013，46(8):2350—2360.

③ Li Y，Zhou C，Geng B，et al. A comprehensive study on learning to rank for content-based image retrieval[J]. Signal Processing，2013，93(6):1426—1434.

④ Martinet J，Chiaramella Y，Mulhem P. A relational vector space model using an advanced weighting scheme for image retrieval[J]. Information Processing & Management，2011，47(3):391—414.

⑤ Tsai C F，Lin W C. Scenery image retrieval by meta-feature representation[J]. Online Information Review，2012，36(4):517—533.

⑥ Town C，Harrison K. Large-scale grid computing for content-based image retrieval[J]. ASLIB Proceedings，2010，62(4/5):438—446.

⑦ Falchi F，Lucchese C，Orlando S，et al. Similarity caching in large-scale image retrieval[J]. Information Processing & Management，2012，48(5):803—818.

存存储最近的和经常提交的查询的检索结果以提高 CBIR 系统的性能。

（二）基于文本与基于内容相结合的图像检索

基于文本的图像检索（TBIR）利用图像的标引词进行检索。它可以让用户使用关键词来检索图像，符合用户的检索习惯。然而，它要建立在图像信息资源有效标注的基础之上，这限制了它的应用。而基于内容的图像检索则利用图像的视觉特征进行检索，对于未经有效标注的图像信息资源的检索有着独特优势，也可以让用户从图像颜色、纹理、形状的角度进行检索。然而，由于受到特征表示、特征抽取、特征匹配等技术的制约，以及图像底层特征与图像高层语义之间存在的语义鸿沟，它的检索效果并不理想，而且它需要用户提供查询图像，存在一定的易用性缺陷。于是，研究人员从两者互补的角度，将这两种图像检索技术进行结合，以提高图像检索的准确率与效率。

Lau 等人从将基于内容与基于文本的检索结果进行融合的角度出发，对种类多样、主题众多的维基百科图像进行了检索实验，取得了良好的效果①。研究人员从同时利用文本特征和视觉特征进行图像检索的角度也进行了大量研究。Wu 等人从该角度出发提出了网络图像检索的方法，在检索时不仅利用了图像的底层视觉特征与高层概念，还利用了从图像关联文本中抽取的文本特征②；Neveol 等人分别考察了基于内容的图像分析技术、自然语言处理技术以及两者结合使用时在医学文献中图像的检索方面的不同表现，并发现在同时利用文本信息与图像特征时，效果更好③；Vadivel 等人同时利用从 Web 图像周围文本抽取的关键词和图像底层特征来提高网络图像检索的准确率，并首次实现了同时利用底层特征和关键词作为查询词进行网络图像的检索④。另外，研究人员也

---

① Lau C, Tjondronegoro D, Zhang J, et al. Fusing visual and textual retrieval techniques to effectively search large collections of wikipedia images[J]. Lecture Notes in Computer Science, 2007, 4518: 345—357.

② Wu Q S, Iyengar S S, Zhu M X. Web image retrieval using self-organizing feature map[J]. Journal of the American Society for Information Science and Technology, 2001, 52(10): 868—875.

③ Neveol A, Deserno T M, Darmoni S J, et al. Natural language processing versus content-based image analysis for medical document retrieval[J]. Journal of the American Society for Information Science and Technology, 2009, 60(1): 123—134.

④ Vadivel A, Sural S, Majumdar A K. Image retrieval from the web using multiple features[J]. Online Information Review, 2009, 33(6): 1169—1188.

从文本特征与视觉特征转换的角度进行了研究。Lin 等人首先提出将文本查询自动转换成视觉表示的方法,然后将文本查询与视觉查询的结果进行整合,以得到最终的检索结果[①];Gennaro 等人则利用 Lucene 搜索引擎库将图像底层视觉特征转换成文本形式,并标引在倒排索引中,然后在此基础上利用 Lucene 现成的标引和搜索能力建立一个全文检索与基于内容的图像检索相结合的图像检索系统[②]。

(三)结合相关反馈的图像检索

基于内容的图像检索存在两个问题,一是图像的底层视觉特征与高层语义之间存在语义鸿沟,二是用户对图像内容的感知具有主观性。为了对基于内容的图像检索进行改善,提出了结合相关反馈的交互式图像检索方法。

相关反馈作为一种人机交互的检索技术,它将用户对检索结果的主观判断融入到检索过程中,能够充分发挥人与机器之间的互补优势。其思想是:首先,由系统对检索图像进行初次检索。然后,用户作为检索过程的中心,可以对初次检索结果进行评价和标注,选出与检索图像相关的和不相关的图像。最后,系统根据用户的判断信息进行下一步的学习和检索。不断的迭代以上过程,直到返回用户满意的检索结果为止。

相关反馈技术主要基于人机交互的思想,借助一种相关反馈的技术来猜测用户的需求,并且根据用户的需求动态调整系统检索时所采用的特征向量或参与检索的不同特征的权重系数,从而尽量缩小底层特征和高层语义特征之间的差距,提高算法的检索效果。目前结合相关反馈的图像检索研究主要包括基于距离度量的方法、基于概率模型的方法及基于机器学习的方法。

在基于距离度量的方法中,是利用图像特征到查询的距离来衡量图像相关性的程度。1997 年 Rui 提出将相关反馈技术用于图像检索中,通过利用用户的相关反馈信息,对图像的不同特征赋予不同权重后进行图

① Lin W C,Chang Y C,Chen H H. Integrating textual and visual information for cross-language image retrieval:A trans-media dictionary approach[J]. Information Processing & Management,2007,43(2):488—502.

② Gennaro C,Amato G,Bolettieri P,et al. An approach to content-based image retrieval based on the Lucene Search Engine Library[J]. Lecture Notes in Computer Science,2010,6273:55—66.

像相似性计算,并于 1998 年在 MARS 系统中第一次将该技术运用到基于内容的图像检索中,实验结果表明相关反馈技术有效提高了图像检索的效率和精度[1]。2000 年 Heisterkamp 提出特征相关性学习(PFRL)与查询点移动相结合的相关反馈算法,使新的查询点移向相关文档远离不相关文档,其实证结果表明,这一方法提高了查询结果的准确性[2]。Peng 等人用一个基于分类的框架来估计局部特征相关性,一个特征分量的权值通过考察在该分量上靠近查询的 C 个被用户标记的图像来计算,其中标记为相关的越多该分量的权值越高[3]。He 等人则提出了基于语义信息的相关反馈方法,将从用户相关反馈中推断出的语义空间与传统的查询优化模型整合在同一个图像检索系统中[4]。

在基于概率模型的方法中,采用概率框架来建立检索模型,往往以图像为相关的后验概率来表示相关性程度。Su 等提出基于概率模型的相关反馈方法,该方法以贝叶斯分类器为基础,对正例反馈和反例反馈采用不同的策略[5]。正例用来对代表所需图像的高斯分布进行评估(正例的集中性),负例用来对检索到的图像的排名进行修改。Wu 等人针对相关反馈问题中训练样本少的困难,提出了一种基于贝叶斯规则的相关反馈概率框架,它在利用标记样本的同时考虑了全体样本(标记和未标记的样本)的分布特点以提高检索性能[6]。Kalpana 等人则提出了广义的贝叶斯相关反馈算法,通过给当前学习与先前学习分配不同的权重,增

① Rui Y, Huang T S, Mehrotra S. Relevance feedback techniques in interactive content-based image retrieval[J]. Proceedings of The Society of Photo-Optical Instrumentation Engineers, 1997,3312:25—36.

② Heisterkamp D R, Peng J, Dai H K. Feature relevance learning with query shifting for content-based image retrieval[J]. International Conference on Pattern Recognition,2000,4(s1 – 2):4250.

③ Peng J, Bhanu B, Qing S. Probabilistic feature relevance learning for content-based image retrieval[J]. Computer Vision and Image Understanding,1999,75(1/2):150—164.

④ He X F, King O, Ma W Y, et al. Learning a semantic space from user's relevance feedback for image retrieval[J]. IEEE Transactions on Circuits and Systems for Video Technology,2003, 13(1):39—48.

⑤ Su Z, Zhang H J, Li S, et al. Relevance feedback in content-based image retrieval:Bayesian framework,feature subspaces,and progressive learning[J]. IEEE Transactions on Image Processing,2003,12(8):924—937.

⑥ Wu H, Lu H, Ma S D. The role of sample distribution in relevance feedback for content-based image retrieval[C]//Proceedings of IEEE International Conference on Multimedia and Expo. Lausanne,Switzerland :IEEE,2002,225—228.

强了算法对用户需求的适应性①。

在基于机器学习的方法中,检索被看成一个监督学习问题,从而针对相关反馈学习问题的特点引入了各种机器学习的方法。其中多数是利用支持向量机进行机器学习,有研究人员也从客观表达人类感知的角度提出了基于粗糙集理论的方法。另外,Bulo 等人提出了基于随机游走模型的相关反馈方法②,具有易实现、无参数以及扩展性好等优点,适合于大型的图像数据库。

从利用相关反馈日志和查询日志的角度进行的研究也很有意义。Hoi 等人将相关反馈日志整合到传统的相关反馈模式中,同时针对日志数据易出错的特性,提出一个新的学习技术来对噪声数据进行处理,最终提高了系统的检索性能③。而由于现有的基于相关反馈的图像检索方法常常需要多次迭代反馈,限制了相关反馈的现实应用,Su 等人提出了基于导航模式的相关反馈,通过利用从用户查询日志中发现的导航模式,大幅度降低了迭代反馈的次数④。

分析上述研究可以看出,目前基于内容以及基于相关反馈的图像检索技术还相当不成熟,理论上和应用上均存在许多问题亟待解决,尤其是在图像及用户的理解与描述、系统性能优化等方面存在的问题仍需要深入研究,具体来讲包括:基于图像高层语义特征提取的研究;相关反馈(RF)理论与技术的研究;机器学习和相关反馈结合的理论技术研究。

(四)基于标签的社会图像检索

随着 Flickr 等大众标注网站的兴起,由用户自主添加标签的图像信息资源数量急剧增长,为了对这些社会图像信息资源进行有效利用,研究人员对基于标签的社会图像检索做了大量研究。

---

① Kalpana J, Krishnamoorthy R. Generalized adaptive Bayesian Relevance Feedback for image retrieval in the Orthogonal Polynomials Transform domain[J]. Signal Processing, 2012, 92 (12):3062—3067.

② Bulo S R, Rabbi M, Pelillo M. Content-based image retrieval with relevance feedback using random walks[J]. Pattern Recognition, 2011, 44(9SI):2109—2122.

③ Hoi S, Lyu M R, Jin R. A unified log-based relevance feedback scheme for image retrieval [J]. IEEE Transactions on Knowledge and Data Engineering, 2006, 18(4):509—524.

④ Su J H, Huang W J, Yu P S, et al. Efficient relevance feedback for content-based image retrieval by mining user navigation patterns[J]. IEEE Transactions on Knowledge and Data Engineering, 2011, 23(3):360—372.

由于社会标签具有非受控、个性化等特性,研究人员从如何提高标签与图像的相关性,进而提高图像检索效果的角度进行了研究。Dye 于 2006 年提出了将社会标签应用于网络图像资源描述的可行性①。Li 等人提出一个基于近邻投票的标签相关性学习算法,通过累加视觉近邻的投票来对标签关联性进行学习在社会图像检索和标签推荐等方面都具有应用价值②。Ma 等人利用图理论及随机游走模型对图像标签与图像内容之间的语义鸿沟进行了消减,提高了图像检索效果③。Gao 等人同时利用视觉和文本信息,通过超图学习方法对标签相关性进行了评估④。而考虑到图像标签的无序排列无法表示标签与图像之间的相关性,Jeong 等人提出了名为 i-TanRanker 的图像标签排名系统,按照标签与图像之间的相关性对标签进行了重新排序,提高了社会图像检索的准确性⑤。

基于标签的社会图像检索返回的检索结果除了具有相关性之外,还应具有多样性,比如一些研究人员将检索结果多样性作为一个重要指标,返回的检索结果能够更加满足用户的图像需求。另外,Haruechai-yasak 等人利用 CBIR 技术来改善基于标签的社会图像检索,让用户在利用标签进行查询的同时可以对颜色特征加以选择,提高了检索的准确率⑥。Sun 等人从对基于标签的社会图像检索系统进行评估的角度,提出了量化图像与标签查询之间匹配度的五个正交维度,并利用它们对各种图像相关性排序方法进行了系统全面的实证评估⑦。

① Dye J. Folksonomy: A game of high-tech(and high-stakes) tag[J]. E-Content, 2006, 29(3): 38—43.

② Li X R, Snoek C, Worring M. Learning social tag relevance by Neighbor Voting[J]. IEEE Transactions on Multimedia, 2009, 11(7): 1310—1322.

③ Ma H, Zhu J K, Lyu M, et al. Bridging the semantic gap between image contents and tags[J]. IEEE Transactions on Multimedia, 2010, 12(5): 462—473.

④ Gao Y, Wang M, Zha Z J, et al. Visual-textual joint relevance learning for tag-based social image search[J]. IEEE Transactions on Image Processing, 2013, 22(1): 363—376.

⑤ Jeong J W, Hong H K, Lee D H. i-TagRanker: An efficient tag ranking system for image sharing and retrieval using the semantic relationships between tags[J]. Multimedia Tools and Applications, 2013, 62(2): 451—478.

⑥ Haruechaiyasak C, Damrongrat C. Improving social tag-based image retrieval with CBIR technique[J]. Lecture Notes in Computer Science, 2010, 6102: 212—215.

⑦ Sun A, Bhowmick S S, Nguyen K T N, et al. Tag-based social image retrieval: An empirical evaluation[J]. Journal of the American Society for Information Science and Technology, 2011, 62(12): 2364—2381.

（五）跨语言图像检索

跨语言图像检索可以支持来自不同语言背景的用户对图像信息资源的有效利用。国际上相关领域的研究人员对跨语言图像检索比较重视，每年度举行的 ImageCLEF 就说明了这一点。作为 CLEF(Cross Language Evaluation Forum)的一部分，启动于 2003 年的 ImageCLEF 为跨语言图像检索提供了一个评价论坛，旨在支持跨语言图像检索的发展并为其基准测试提供可重用的资源。

研究人员从多种不同的角度对跨语言图像检索进行了研究。Clough 等人从利用相关反馈的角度，实现了交互式的跨语言图像检索，通过查询扩展提高了图像检索系统的性能[1]。也有很多研究者从媒体转换的角度进行研究，如 Chen 等人把具有标注词的图像集视为跨媒体的平行语料库，通过语言翻译和媒体转换进行跨语言图像检索[2]；Chang 等人使用词汇—图像本体以及标注图像语料库作为中间媒介进行跨语言图像检索[3]；Lin 等人则提出了将文本查询自动转换成视觉表示的方法，并将文本查询与视觉查询的结果进行整合，以得到最终的检索结果[4]。Noh 等人则从多媒体标签自动翻译的角度来实现跨语言图像，首先将标签及其参考翻译表示在标签共现网络中，再利用网络相似性从参考翻译中为标签选择最优翻译[5]，在没有上下文情境以及复杂语言资源可用的情况下，实现了标签的准确翻译。另外，Liu 等人提出了基于统计建模和相邻字符学习的方法来对图像中的多语言文本进行抽取，并通过实验验证了其

① Clough P, Sanderson M. Relevance feedback for cross language image retrieval[J]. Lecture Notes in Computer Science, 2004, 2997:238—252.

② Chen H H, Chang Y C. Language translation and media transformation in cross-language image retrieval[J]. Lecture Notes in Computer Science, 2006, 4312:350—359.

③ Chang Y C, Chen H H. Approaches of using a word-image ontology and an annotated image corpus as intermedia for cross-language image retrieval[J]. Lecture Notes in Computer Science, 2007, 4730:625—632.

④ Lin W C, Chang Y C, Chen H H. Integrating textual and visual information for cross-language image retrieval: A trans-media dictionary approach[J]. Information Processing & Management, 2007, 43(2):488—502.

⑤ Noh T G, Park S B, Yoon H G, et al. An automatic translation of tags for multimedia contents using folksonomy networks[C]//Proceedings 32nd Annual International ACM SIGIR Conference on Research and Development In Information Retrieval, 2009:492—499.

在中英文文本抽取方面的良好表现①,对跨语言图像检索具有一定的应用价值。

（六）可视化图像检索

可视化技术通过使用降维方法来实现多维信息空间的可视化,符合用户的感性认知习惯。近年来,研究人员尝试将可视化技术应用于图像信息资源的检索研究,这对改善图像检索过程中的用户体验以及提高图像检索系统的性能均具有重要意义,目前可视化图像检索已经成为图像检索领域一个新的研究方向。

多数 CBIR 系统采用基于相似性的二维可视化方法,不仅展示了图像本身的信息,还展示了图像之间的关系。由于二维可视化存在的图像重叠问题大大降低了系统的图像搜索性能,Nguyen 等人提出了一种能够在图像展示与最小重叠之间达到有效平衡的可视化方法②。从以用户为中心的角度,Moghaddam 等人提出了一种能够根据用户偏好自动生成图像布局的可视化方法③。而 Yang 等人则对图像语义可视化检索模型进行了研究,通过将信息可视化与图像语义自动分类的结合,他们提出了一个图像语义浏览器（SIB）,该浏览器能够将语义标注结果进行可视化展示,进而支持用户对图像进行有效的检索④。另外,研究人员还从其他角度对可视化图像检索进行了研究。如 Liu 等人提出一个交互式的分层可视化系统,能够按照不同的细化程度对图像特征空间进行探索和导航⑤;Schaefer 等人利用基于相似性的图像组织方法将图像库中的图像映射到球体上,支持用户进行交互式图像浏览⑥;Wang 等人则提出了对在

① Liu X,Fu H,Jia Y. Gaussian mixture modeling and learning of neighboring characters for multilingual text extraction in images[J]. Pattern Recognition,2008,41(2):484—493.
② Nguyen G P,Worring M. Optimizing similarity based visualization in content based image retrieval[C]//IEEE International Conference on Multimedia and Exp,2004:759—762.
③ Moghaddam B,Tian Q,Lesh N,et al. Visualization and user-modeling for browsing personal photo libraries[J]. International Journal of Computer Vision,2004,56(1—2SI):109—130.
④ Yang J,Fan J P,Hubball D,et al. Semantic image browser:Bridging information visualization with automated intelligent image analysis[C]//IEEE Symposium on Visual Analytics Science and Technology. Baltimore,MD:IEEE,2006:191—198.
⑤ Liu Y,Takatsuka M. Interactive hierarchical SOM for image retrieval visualization[J]. Lecture Notes in Computer Science,2009,5864:845—854.
⑥ Schaefer G. A next generation browsing environment for large image repositories[J]. Multimedia Tools and Applications,2010,47(1):105—120.

线图像检索进行可视化的方法①。

（七）个性化图像检索

个性化图像检索充分考虑了用户特异性，在改善用户检索体验的同时，能够使检索结果更加符合用户偏好。随着用户对图像检索结果个性化要求的不断提高，个性化图像检索将会有很好的应用前景。近年来，研究人员开始关注个性化图像检索研究，并取得了一些研究成果。

Fan 等人通过对大规模 Flickr 图像的探寻式搜索，实现了个性化图像推荐。首先，对 Flickr 图像集的主题网络进行自动构建，并以双曲几何可视化为基础实现对主题网络的交互式导航与探索，这样就可以让用户对图像集有一个总体认识，并以此构建自己的查询模型；然后，为给定的图像主题推荐一小部分最能表达该主题的图像，同时让用户以交互方式对推荐图像与自己查询意图的关联性进行评估，通过用户的不断反馈，最终返回更多符合用户个人偏好的图像②。另外，Huang 等人于 2011 年提出了基于个性化图像语义模型（PISM）的个性化图像语义检索方法③。Sang 等人于 2012 年利用图像分享网站中的图像标注词以及他们提出的同时考虑了用户和查询关联的框架，对个性化图像检索进行了研究④。

（八）基于情感的图像检索

情感是图像的高层语义，其检索是国际研究前沿之一。当前国内外关于图像情感自动标注的研究相当有限，大部分研究都是从基于情感的图像检索研究出发，将图像情感标注作为其中一个关键步骤加以论述，由此可以看出学界对于该问题的研究还处于基础阶段。Wang 等人指出了图像情感检索研究的四个主要问题，即敏感特征抽取、用户情感信息

---

① Wang X L, Wang D Q. Intuitive visualization for online image retrieval[J]. Applied Mechanics and Materials, 2011, 40/41: 549—553.

② Fan J P, Keim D A, Gao Y L, et al. JustClick: personalized image recommendation via exploratory search from large-scale flickr images[J]. IEEE Transactions on Circuits and Systems For Video Technology, 2009, 19(2): 273—288.

③ Huang L, Nan J G, Guo L, et al. A Bayesian Network Approach in the relevance feedback of personalized image semantic mode[J]l. Advances in Intelligent and Soft Computing, 2011, 128: 7—12.

④ Sang J T, Xu C S, Lu D Y. Learn to personalized image search from the photo sharing Websites [J]. IEEE Transactions on Multimedia, 2012, 14(4SIPart 1): 963—974.

定义、用户情感模型构建以及用户模型个性化,并讨论了未来的一些研究方向,如情感信息数据库的构建、用户模型的评价机制、用户情感模型的计算等①。

一些研究人员从图像情感标注的角度,对图像情感检索进行了研究。如 Schmidt 等人借鉴了心理学中对情感的五种描述——高兴、厌恶、恐惧、愤怒、悲伤,利用集合标注的方法对图像的这五种基本情感及其强度进行标注,并通过数据分析表明了这种标注方法用于图像信息系统的可行性②。Yoon 则利用语义差异法和情绪评价法对图像搜索者的情感反应进行定量测量,并通过实验说明了利用量化的情感反应来表达的图像情感语义可以作为现有图像标注与检索的有益补充③。

另外,Liu 等人提出了利用图像标签的两种文本特征来获得图像的情感语义,这两种文本特征一个是基于文本与情感词典的语义距离矩阵,另一个则是利用词语所表达的愉悦度和唤醒度,并通过对比实验说明了文本特征能够提高图像情感分类的准确性④。

王上飞等则借鉴了 Mehrabian 建立并细化的二维情绪理论构建了基于"维量"思想的人工情感模型⑤,该模型分别对风景图像和时尚图像建立了不同的情感空间,风景图像情感空间包含 18 对形容词,时尚图像的情感空间包含 15 对形容词。

三、其他学科的相关研究

图像信息资源的组织与检索研究主要集中在情报学与计算机科学领域。然而,由于图像信息资源的组织与检索涉及用户认知、用户心理以及用户行为等方面问题,因此,梳理介绍神经科学、认知科学、心理学、

① Wang S F, Wang X F. Emotion semantics image retrieval: An brief overview[J]. Lecture Notes in Computer Science, 2005, 3784: 490—497.

② Schmidt S, Stock W G. Collective indexing of emotions in images: A study in emotional information retrieval[J]. Journal of the American Society for Information Science and Technology, 2009, 60(5): 863—876.

③ Yoon J. Utilizing quantitative users' reactions to represent affective meanings of an image[J]. Journal of the American Society for Information Science and Technology, 2010, 61(7): 1345—1359.

④ Liu N N, Dellandrea E, Tellez B, et al. Associating textual features with visual ones to improve affective image classification[J]. Lecture Notes in Computer Science, 2011, 6974: 195—204.

⑤ 王上飞,王煦法. 基于"维量"思想的人工情感模型(英文)[J]. 中国科学技术大学学报, 2004(1): 83—91.

行为科学等其他学科的相关研究成果,对图像信息资源的组织与检索研究具有重要意义。

在人对图像的视觉感知方面,Itti 和 Koch 指出,当人们浏览图像时,图像的各个区域在视觉中的权重是不一样的[1],这形成了基于视觉权重的图像标注与检索的理论基础,另外他们还介绍了一些视觉注意力计算模型,对基于视觉权重的图像标注与检索同样具有重要的参考价值。

在图像认知行为方面,Wichert 指出在基于相似性的图像检索中,应该先利用图像的全局特征进行图像检索,再利用图像局部特征从返回的结果进行检索[2]。Hollink 等人对用户如何搜索图像进行了研究,将用户图像描述符分为非视觉元数据、感知描述符、概念描述符 3 个类别,并通过实验发现用户更喜欢一般性的描述,而不是特殊的、抽象的描述,而且用户经常使用对象、事件以及对象之间的关系等[3]。

在人脑对图像及语义的认知差异方面,Cabeza 与 Nyberg 于 2000 年在图像认知方面的基础研究表明,感知与图像处理属于同一区域,而语言及语义处理属于另一区域,二者处理存在差异[4];而 Damasio 等人于 2004 年的进一步研究表明人在处理感性概念检索时的大脑活动与用词语检索时不同[5],与词语—图像关联检索时用户同时使用感性概念与语义词汇相比,用户寻找相似图像时只使用感性概念,其大脑负担小,准确率高。

在人机交互行为与人机交互系统设计方面,Iris Xie 等人通过对人机交互检索的多项基础研究指出,使用符合用户认知习惯的交互设计对保持人机之间的沟通有效性非常重要[6],另外,他们提出的一些设计原则对图像检索系统的开发也具有重要的参考价值。

---

① Itti L,Koch C. Computational modeling of visual attention[J]. Nature Reviews Neuroscience,2001,2(3):194—203.

② Wichert A. Image categorization and retrieval[J]. Connectionist Models of Behaviour and Cognition II,2009,18:117—128.

③ Hollink L,Schreiber A T,Wielinga B J,et al. Classification of user image descriptions[J]. International Journal of Human-Computer Studies,2004,61(5):601—626.

④ Cabeza R,Nyberg L. Imaging cognition II:An empirical review of 275 PET and fMRI studies[J]. Journal of Cognitive Neuroscience,2000,12(1):1—47.

⑤ Damasio H,Tranel D,Grabowski T,et al. Neural systems behind word and concept retrieval[J]. Cognition,2004,92(1/2):179—229.

⑥ Perez-Carballo J,Xie I,Cool C. Design principles of Help Systems for digital libraries[J]. Academy of Information and Management Sciences Journal,2011,14(1):101—135.

四、发展脉络与趋势分析

在图像信息资源组织方面,研究者从多种角度来探索对图像信息资源进行有效组织的方法。不少研究者借鉴文本信息资源的组织方法,从利用元数据、本体等方法的角度来开展对图像信息资源组织的研究。近年来,随着模式识别、机器学习等技术的不断发展与应用,自动图像标注(AIA)已成为图像信息资源组织领域的研究热点。目前研究者提出了多种自动图像标注算法与模型,图像信息资源组织能力不断提升。自动图像标注的自动化、智能化特性将使其在大规模图像信息资源的组织方面具有独特的技术优势和光明的应用前景。在对网络图像信息资源组织的研究方面,研究者从利用网络图像关联文本的角度对其进行自动标注,同时也提出了一些标注结果优化方法来提高标注的准确率。随着网络的普及,特别是 Web2.0 的兴起,大众标注已经成为网络图像信息资源组织的一种主流方法,并得到了广泛应用,大型图像服务网站 Flickr 就是其典型应用。大众标注充分利用了网民的力量,使得海量图像信息资源的标注工作成为现实,经过一定的标注结果优化处理或者与受控词汇标注进行结合,可以实现网络图像信息资源的有效组织。

在图像信息资源检索方面,研究者从图像检索技术、图像检索需求、图像检索行为等角度进行了大量相关研究。从图像检索技术的角度,研究者提出了多种图像信息资源的检索方法,如基于文本的图像检索、基于内容的图像检索以及两者之间的融合等。在网络图像信息资源检索方面,研究者又提出了结合网络图像关联文本的检索方法;随着大众标注的不断应用,基于标签的社会图像检索方法也进入了研究者的视野。从不同的图像检索需求出发,研究者在跨语言图像检索、可视化图像检索、个性化图像检索、图像情感信息检索等领域进行了相应研究。而由于用户是图像信息资源检索研究的出发点和落脚点,用户图像检索行为的研究工作也就必不可少。一些研究者通过对用户图像检索行为的分析研究,得出不少有用的结论,对改进现有的图像检索系统以更好地服务用户具有很强的建设性,是图像信息资源检索研究的一个重要方向。

通过对图像信息资源组织与检索研究的学科类别分析,可以发现,情报学与计算机科学是其重要的学科载体,但是两者也有不同侧重。计算机科学主要从技术的角度来解决问题,提出了很多新模型、新算法,对图像信息资源的组织与检索研究起着重要的推动作用。由于图像处理与文本处理的不同,比如要涉及很多技术问题——模式识别、机器学习等,使得计算机科学在图像信息资源组织与检索方面的作用更加突出。而情报学的优势则主要体现在对信息组织与检索原理的深刻认识以及对用户行为的研究方面。情报学领域研究人员对计算机科学领域的研究人员提出的模型与算法进行了很多有益的改进,这主要是因为计算机科学主要关注算法效率与系统实现,而情报学则更多地考虑到了用户的需求。两者的相互合作与优势互补,对图像信息资源组织与检索的发展具有重要意义。

虽然目前图像信息资源组织与检索研究工作主要集中在情报学与计算机科学领域,但由于图像信息资源组织与检索涉及复杂的图像理解与用户认知问题,随着图像信息资源组织与检索研究的不断深入,已有研究表明,情报学与计算机科学领域已有的理论方法无法有效解决此类基本问题,因此,其他学科如认知、神经、心理、行为、学习等领域的研究成果对图像信息资源组织与检索研究也有着重要的参考意义。随着图像信息资源组织与检索研究的不断深化,将多学科理论、方法与工具融合起来进行跨学科的交叉研究,将成为图像信息资源组织与检索研究的一个重要发展方向,一些突破性的研究成果也可能因此产生。

另外,图像信息资源组织与检索的应用研究也是未来的一个发展方向。图像信息资源组织与检索在医学、遥感等领域的应用价值正迅速增长,在新兴的电子商务、云计算等领域也有着广阔的应用前景。

第三节　图像语义信息应用分析

一、美食类图像语义应用分析

(一)优美图网站

优美图网站[1]创建于 2010 年,定位为时尚文艺类图片分享社区,它旨在帮助女性用户快速发现喜爱的图片,在发现和分享中形成开放的社交体系,成为图片发现、创造、传播的图片生态社区。

----

[1]　优美图网站. http://www.topit.me/.

　　该网站以纯 UGC(用户生成内容)的形式,支持用户上传图片,自行编辑标签信息,实时向用户展现最新、最热、唯美的图片资源。并且,它具有较为完善的图片分类系统,其中总的图片门类涵盖时尚、摄影、设计、艺术、插画、主题六大部分,在每一个大门类下又包含小的分类,如"主题"门类下又包含青春、生活、旅行、美食、动漫、萌宠、趣味等小类别,在小类别的下面又会出现各种相关的具体主题图片集,如"美食"类别下有水果、甜点、日本料理、西餐、饮品等。

　　优美图网站具有较好的图片推荐功能。它根据核心数据算法,将用户浏览次数最多,点"心动"最多的热门图片 24 小时轮播展现在网站首页。与此同时,网站右侧提供了搜索框供用户使用。以美食类图片为例,在用户搜索"美食"关键字后,网站左侧即会出现大量推荐的相关图片,图片最上方有四个选项卡,分别是:图片、专辑、小组、标签。网站右侧则主要分为三个模块:最上方是图片检索框,中部是系统自动推荐的与美食图像有关的语义标签列表,最下方是活跃用户的头像,如图 1 - 1 所示。

图 1 - 1　优美图网站搜索"美食"的结果界面

　　此时若进一步点击右侧中部标签,如"马卡龙",则网站左侧又会出现马卡龙相关的热门图片,右侧上方出现马卡龙的文字介绍,右侧中部进一步呈现马卡龙相关标签,如"甜品""甜点"等(如图 1 - 2)。

图 1 - 2　优美图网站"马卡龙"相关的图像及其语义界面

概括而言,标签页对单个标签的制作在很大程度上满足了普通用户对美食图片的检索需求。然而,该网站的图像语义组织较混乱,也缺乏深层语义的组织。如,笔者点击"美食"首页推荐图片上方的"标签"后,网站左侧将推荐图片全部换成了文字标签,但这个标签群非常杂乱,并没有较好分类,像"美食诱惑""美食""美食美味"等许多标签重叠十分严重。而且,该网站大部分标签只是基于低层语义、对美食的本身特性描述而总结出的标签词,而极少数诸如"美食心情""美食情感""爱与美食"这样上升到情感语义的标签类型,则更适合用户根据自身的感受来搜索自己想要的图片。

(二)美食杰网站

美食杰网站[①]成立于 2007 年,是集菜谱、健康饮食知识、烹饪技巧、各地特色小吃、电子商务以及轻社交元素为一体的美食网络信息服务平

----

① 美食杰网站. http://www. meishij. net/.

台。它是一个专业的美食网站,对美食进行了较丰富的分类。其中,"菜谱大全"下的大类有家常菜谱、国内外菜系、各地小吃、烘焙制作等,而每个大类还会进一步细分为小类。

在该网站每个小类的页面中,用户可以通过食材筛选功能和普通筛选功能(难度、工艺、口味、花费时间)筛选出美食,美食便会以图文并茂的方式呈现在右侧。用户将鼠标放在任意一个推荐美食的图片上,即会动态地显示出该美食的制作工艺、制作大约花费时间、美食口味等相关语义信息,同时图片的右上角还会呈现出美食的健康功能语义标签。若用户点击进入一个美食的详细页面,该页面中便会出现类似制作该美食的难度、需要人数、准备时间、烹饪时间等简洁直观的可视化标签。通过将这四个标签进行量化(其程度均为1—18,越靠近18则程度越高),可以让用户对某具体的菜品有详细的了解。例如,笔者点击进入"苦苣拌花生米"的界面,用户可以直观地看到该菜品的难度系数是4,比较简单;准备时间是5,即15分钟;烹饪时间是1,即小于5分钟;人数是两人份等。

总体而言,该网站的美食分类标签是较为细致的,且可视化设计有关的信息架构和可视化方案选择合理,具有较好的效果。用户可从多个需求角度检索到所需美食,并了解美食的所有详细信息,从而进行快速有效的信息获取与利用。不足之处是,该网站的语义检索功能较简单,同时,其可视化功能并没有运用到用户检索中,用户并不能基于深层语义描述来检索一个美食图像。

二、摄影类图像语义应用分析

(一)蜂鸟网

蜂鸟网①成立于2000年,2004年并入国际知名网络媒体CNET集团,2008年成为美国CBSi集团成员。该网站作为CBSi(中国)集团唯一影像门户网,目前已经成为中国影像类媒体中访问值高和受推崇的品牌。蜂鸟网的受众主要由摄影爱好者、摄影发烧友、专业摄影师和大童影像行业及相关行业的从业者组成。网站主要分为资讯和论坛两大部分,资讯部分又分为器材、影像、学院、行摄、汽车、手机几类。其中,影像

---

① 蜂鸟网. http://www.fengniao.com/.

类别包含各种主题图集,如"军中生活""英国陆军摄影大赛获奖作品""高反差动物肖像摄影"等。

该网站在图像语义应用方面还有很大不足。基本应用是:用户点开一个具体的图集后,照片下会出现对这组图集的文字介绍。但该部分的功能仅限于欣赏,对于视觉艺术的作品展示,缺乏从深层语义和感性认知上反映用户需求。由于艺术图像语义鸿沟问题更为突出,用户在该网站搜索特定深层语义的图像较为困难。

而该网站的论坛部分包含摄影作品的交流特区,用户可以按照题材选择进入,题材共分为人像、风光、纪实、旅行、宠物、体育、儿童、建筑、生态等类别,可支持分类检索。在每一个类别下,帖子共分为精品推荐帖、置顶帖和一般主题帖三种。在每一个帖子内,发帖人可以上传多张照片并进行语义描述,而其他用户则可以对帖子进行回复,这提供了一定的上下文语义信息。而且,该网站对于发表和回复都实行一定的奖励晋级等激励制度,有利于该网站上图像相关语义信息的社会标注。

(二)橡树摄影网

橡树摄影网[1]创办于2004年,由于其关注"论坛 + 俱乐部 + 线下活动 + 持证会员"的模式,回避了和其他摄像网站同质化的内容,同时又注重社区文化建设,使得网站别具特色,凝聚了大批摄影爱好者。

橡树摄影从人文、风光、美女和创意四大语义主题类别,设计了简洁的作品浏览功能,非常便捷迅速。同时,橡树网按城市进行了原创精华图片分类,方便了非摄影爱好者获取某地区的影像图片。在网站的摄影社区中分主题、城市设计了交流论坛,用户采用发帖、回复的方式进行交流。但由于发帖评论数量多,艺术摄影图像本身的语义信息又较为复杂,大量的评论信息中,表现出评价无针对性且方向性弱,缺少统一的评价标准,且经常出现恶意灌水的行为,导致评论信息质量较低,难以利用。

(三)图海网

图海网[2]是一个以图片为中心的摄影社区,它提供图片存储、管理、

①　橡树摄影网. http://www.xiangshu.com/.

②　图海网. http://www.tuhai.com/.

传播和分享服务。有别于传统的摄影网站,图海网提供了标签、群岛、幻灯片、字幕、博客、标注、网络相册等多种图片管理和展示手段,功能较强且方式灵活。该网站强调以作品为主、服务摄影师为主,以 Web2.0 环境为摄影师提供多种互动方式,有助于摄影作品的传播和分享。在图海网中,用户可以对每一幅作品进行语义描述方面的评价,并可以通过为喜欢的作品送星的方式进行群体评价。

(四)其他网站

除以上网站之外,国内的摄影博客(www. eaful. com)网站也较有特点,用户通过对每幅作品选择踩或者顶来计分的方式进行社会评价,网站首页则显示作者分数排行榜及精华作品排行榜。而国外的一些著名摄影网站有 Photo. net、Photography-About. com、Cafesoiety. org 等。其中,Photo. net 建立于 1993 年,宗旨是为摄影师的进步提供手把手式的教学系统,并有意做成学习资源式网站。Photography-About. com 是一个由摄影方面专家在线答疑的网站,网站的宗旨是带着问题来学习,用户可以提出学习中遇到的问题,由专家或网友进行即时解答。FIickr(www. flickr. com)则是一个以图片服务为主的网站,它提供图片的上传、分类、加标签、搜索等功能,强化了学习社团建设和交友功能。FIickr 提供的照片评论功能很有语义组织方面的特色,它支持用户人机交互进行图像分割,对分割区域进行语义描述和评论,比如用户可在照片上划定选区,对选区添加评论,这对于图片的深度语义组织非常有帮助。

三、语义辅助类图像搜索应用分析

(一)图片语义搜索引擎

以百度图片①为例,在页面布局上,百度图片与百度的主页结构相似,网页中上方有一个图片搜索栏,搜索栏下面则是根据不同主题对图片进行的分类,包含摄影、明星、壁纸、时尚、宠物、汽车、家居、美食、动漫等类别,如图 1 - 3。这类网站对于图片的标注方式基本是以图片的主体事物为主,如"摄影"类别下的标签"风景""人像""光影""婚纱摄影"等,但也注意了涵盖图像的多层次语义信息类型,在百度图片搜索的分

---

① 百度图片. http://image. baidu. com/.

类导航中,包含有少部分情感语义的标签,如"美女"类别下的"气质""可爱""清纯""小清新"等深层语义标签类型,可以辅助用户依据语义进行图像搜索。

图1-3　百度图片搜索界面

(二)图像内容特征搜索网站

基于图像内容特征的图像搜索网站主要提供的是图像底层特征或者图像基本素材方面的图像搜索服务。这类网站主要在图片组织的方式上体现出与前两类的不同,系统所识别的是图片低维度的信息,如颜色、形状、纹理等。例如,Multicolr Search 网站以颜色为搜索词对图片进行搜索;TinEye 网站在用户给出一个图案条件下搜索出包含该图案的图片;国内的如百度图片的以图识图(http://shitu.baidu.com/),网站首页将图片分为美女、明星、风景、花卉、服饰、美食、建筑、体育几大类,用户通过本地上传或粘贴图片网址的方式提供一张图片,系统就会进行对相似图片的搜索。以用户在百度以图识图搜索武汉大学樱顶的风景照为例,该系统会识别出一些建筑造型相似的宫殿主题的图片,并给出宫殿的百科解释;而当用户上传搜索一张武大樱顶背景下人像的示例图片时,系统识别出来的却只有背景色调一致的银杏主题图片。由此可见,这类网站主要是通过识别图片的低维度信息搜索相似图片,对图像对象、场景、情感等深层语义缺乏有效处理。

本章小结

本章梳理与归纳了图像语义信息的相关研究与应用。其中,第一节重点关注图像信息处理的特征提取这个基本问题,对图像特征提取与分类研究进行了综述;第二节针对信息科学领域关注较多的图像信息资源组织与检索研究,重点对海外相关研究进展进行了系统梳理;第三节在理论梳理的基础上,选取美食类图像、摄影类图像与语义辅助图像搜索三个方面,调查分析图像及其语义信息的典型网络应用。第一章作为本书的开篇,为了解图像信息资源及其语义的研究与应用现状,展开后续章节内容,提供了理论与应用基础。

第二章　图像用户行为

　　图像及其语义是服务于用户需求的,研究图像及其语义必须要将它们与用户放到一个系统内部,从系统各部分相互关系的角度进行研究。同时,相较于需求、认知与体验等难以直接观测的用户因素,用户行为既方便观测,又可以在一定程度上反映用户的需求、认知与体验,因此,图像用户行为领域已经产生了许多有影响的研究与应用。

　　本章重点从图像及其语义的管理利用角度,对现有图像用户行为研究与应用进行梳理。首先,对图像用户行为研究进行梳理和述评,以明确图像用户行为研究的主要领域与主要方法;其次,选取 web of science 中近 20 年的图像用户行为相关文献,对图像用户行为研究的力量、学科、重要文献、热点领域等进行了可视化分析,以全面掌握国际相关研究进展;最后,选择三个典型应用领域,对图像深层语义的用户行为进行了调研分析,以了解图像用户对图像语义的潜在需求。

第一节　图像用户行为研究

一、图像用户行为研究综述

　　早在 20 世纪 50 年代,ARIST(*Annual Review of Information Science and Technology*)就开始出现用户信息行为的相关研究[①]。随着网络的发展,网络环境下的用户信息行为逐渐受到了关注。图像作为显著区别于文本的具有强烈视觉特征的信息媒介,它的应用产生了值得研究关注的图

---

① Brown C M. Information seeking behavior of scientists in the electronic information age: Astronomers, chemists, mathematicians, and physicists[J]. JASIS, 1999, 50(10): 929—943.

像用户行为。根据一般信息行为的定义①,可以认为图像用户行为是指用户出于图像信息需求围绕图像展开的一系列行为。有关图像用户行为最早的研究出现在关于多媒体检索相关研究中。而后,在图像检索领域,基于用户操作记录和检索请求式等,众多学者展开了对用户行为的研究。在图像标注领域,基于大众化标签的用户标注行为研究也成为近年来的研究热点。对于图像用户行为的研究有利于把握用户的图像信息需求,通过对用户行为习惯和规律的总结有利于进行用户行为预测并提高图像资源服务的效率和质量。

总的来说:图像的用户行为包括浏览行为、标注行为、检索行为、存取行为、采纳行为等。这几种行为共同构成了用户的图像处理过程。其间关系和序列可能是自由组合的、多样的、无序的、变化的。例如,用户的图像浏览行为和检索行为同时出现在图像搜寻过程中,随后用户在查找到目标图像后进行采纳并存取。由于检索和标注往往是用户图像处理的最主要目的,关于二者的行为研究成为研究热点。而浏览、存取、采纳行为的相关研究往往包含在主题为检索行为研究或标注行为研究的文章中。下面对浏览、采纳、标注、检索行为的相关研究分别进行总结。

(一)图像浏览行为

在百度、谷歌等综合搜索引擎的实践和相关研究中,用户检索信息时的浏览行为成为重要的研究指标,包括用户的翻页率、点击率、跳转率、二跳率等,通过用户检索日志的分析或用户眼球追踪测试来获取用户的浏览行为。在针对图像行为的学术研究中,涉及用户浏览行为的相关研究比较有限,通常涉及用户对网页或图片库或搜索引擎图片检索结果中的图片进行浏览的相关行为。一般来说可以分有明确目的的浏览行为和无明确目的的浏览行为②。也有一些研究认为浏览行为的无目标导向性是其在搜寻过程中区别于检索行为的地方③。

许多研究发现用户不会浏览太多的结果,基本上只浏览少数几个甚

---

① 邓小昭. 因特网用户信息检索与浏览行为研究[J]. 情报学报,2004,22(6):653—658.

② 秦晨. 数字图像资源用户行为分析[D]. 华中师范大学,2012.

③ Bates M J. The design of browsing and berrypicking techniques for the online search interface [J]. Online Review,1998,13(5):407—424.

至只有第一个结果页。Chen 等①在以 Pictures of the Year International
(POYi)图片网站为平台的研究中发现,在 744 次检索中,平均每次检索
过程中只有 13.5 次访问行为(占结果的 7.41%),并且该过程中在网站
的平均停留时间为 1 分钟 39 秒。可见多数用户只浏览少数页面并且快
速离开。Choi②在 30 个实验对象的检索任务中观察到:比起综合搜索,
用户在图片搜索过程中会浏览更多的结果页面。但是用户仅仅在简单
浏览图片后就做出相关性判断,而不会打开图片的来源网站(它们可能
包括更多的相关文字描述或体现图片所在环境)。

　　而曹梅③在 IE 浏览器网络环境下进行图像检索实验,发现用户在检
索过程中不断地进行连续翻页浏览结果缩略图,同时不断点击查看单个
图像。平均每个检索过程中,翻页数为 29.3 页,而平均每个检索请求对
应的翻页数为 4 页。Jansen 等④的实验中发现平均每个检索请求对应翻
页数为 2.35 页,并且有 58% 的用户只浏览检索结果的首页,在整个图像
检索过程中,根据其对用户行为的编码,浏览行为占的比重为 77%,而检
索行为只占 16%。同样在 Goodrum 等⑤2003 年的研究中发现,浏览行为
和检索行为分别占 68% 和 18%。

(二)图像检索行为

　　出于用户对图像资源的需求,许多领域构建了专门的图片库。而网
络也已经成为人们最主要的获取图像资源的途径,包括使用图像搜索引
擎进行检索或者通过特定网站进行浏览。其中,图像搜索引擎中提供"关
键词"搜索、"相似图片"搜索和按颜色、尺寸等分面特征精化搜索的功能。
紧随着一般检索行为之后,图像搜索行为(image seeking behavior)获得了大
量学者的研究。目前关于图像检索行为的相关研究已经较为成熟,多数

①　Chen H L,Kochtanek T,Burns C S,et al. Analyzing users' retrieval behaviors and image que-
　　ries of a photojournalism image database[J]. Canadian Journal of Information and Library
　　Science,2010,34(3):249—270.
②　Choi Y. Investigating variation in querying behavior for image searches on the Web[J]. Proceed-
　　ings of the American Society for Information Science and Technology,2010,47(1):1—10.
③　曹梅. 网络图像检索提问式调整行为研究[J]. 中国图书馆学报,2012(5):39—48.
④　Jansen B J,Spink A,Saracevic T. Real life,real users,and real needs:a study and analysis of user
　　queries on the Web[J]. Information Processing & Management,2000,36(2):207—227.
⑤　Goodrum A,Bejune M,Siochi A C. A state transition analysis of image search patterns on the
　　Web[C]//Proceedings of the Second International Conference Image and Video Retrieval.
　　Berlin Heidelberg:Springer,2003:281—290.

研究集中于以搜索引擎或图片资源库进行的图片检索行为。

相关研究涉及各个不同的领域,包括法律、新闻、教育、娱乐、医疗、出版、广告、艺术、建筑、工程等[1]。例如:Enser 与 McGregor[2] 和 Hastings[3] 就历史图片数据集展开研究。Keister[4] 从美国国家医学图像数据库获得检索请求进行研究。Ornager[5] 利用新闻图片库对 26 位新闻工作者的图片行为进行研究。

多数研究的展开是基于用户检索时的操作日志和请求式(query),可以发现在这些研究结论中往往通过分析请求式的一些特征来研究用户的需求和行为。因此以下整理了检索式不同方面的研究结论,从而来反映用户的图像检索行为。

1. 检索式用词

根据 Goodrum 等人的说法:"文本词汇(Textual terms)是信息检索请求式最基本的构建单元,而检索请求是用户在信息检索系统中表达信息需求的主要途径。在信息检索行为的相关研究中,词汇和检索式可以说是最重要的变量。"[6] 而对于图像检索请求中的词汇研究最基本的是数量方面的研究,由此可以获知检索请求的长度,看出图像检索过程中用户表达需求的习惯倾向,从而对于相关图像检索系统的构建具有一定指导意义。

在 Hollink 等人[7]的研究中,通过对在欧洲一家新闻机构提供的商业图像信息库中得到的十个月的检索日志进行分析,发现被提交的检索式平均包含 1.8 个词汇,如果算上那些唯一的检索式,则平均每个检索式包含 2.2 个词汇。而 Jorgensen C. 和 Jorgensen P. 的研究中发现在新闻图

---

[1][6] Goodrum A, Spink A. Image searching on the Excite search engine[J]. Information Processing & Management, 2001, 37(2):295—311.

[2] Hastings S K. An exploratory study of intellectual access to digitized art images[C]//National Online Meeting, Learned Information(Europe)LTD, 1995, 16:177—185.

[3] Enser P G, McGregor C G. Analysis of visual information retrieval queries[Z]. London:British Library Board, 1993.

[4] Keister L H. User types and queries:impact on image access systems[C]//Proceedings of the ASIS 57th Annul Meeting, 1994, 31:7—22.

[5] Ornager S. Image retrieval:theoretical analysis and empirical user studies on accessing information in images[C]//Proceedings of the ASIS Annual Meeting, 1997, 34:202—211.

[7] Hollink V, Tsikrika T, de Vries A P. Semantic search log analysis:A method and a study on professional image search[J]. Journal of the American Society for Information Science and Technology, 2011, 62(4):691—713.

片检索中平均每个 query 只包含 2 个词汇①。Cunningham 和 Masoodian 研究用户每天的图像信息检索行为时发现在搜索引擎环境下的图片检索式平均包含 2.24 个词汇②。Westman 等在结合文本和可视化搜索方式进行图片搜索的实验中,发现文本检索式平均每个包含 1.3 个词汇③。Pu④ 通过 VisionNEXT 检索工具收集到 Sina 和 Netease 等网站上的用户图像检索行为日志,得到包含中英文在内的检索请求。通过分析得出,中文检索式平均每个包含 3.08 个汉字,而英文检索式平均每个包含 1.40 个词汇。其中,被认为失败的检索过程(结果 0 次点击)中平均每个中文检索式包含 2.83 个汉字,英文 1.36 个词汇。而成功检索过程中平均每个中文检索式包含 4.12 个汉字,英文 1.61 个词汇。显然可以看出成功检索过程的检索式更加复杂一些。

此外,通过一些学者的研究我们可以发现图像检索行为与其他检索行为的差异。主要做出以下三方面的比较:

(1)图片检索与其他多媒体的比较

在 Spink、Özmutlu 等⑤⑥关于多媒体检索特征的研究中发现:图像检索中的平均每个 query 的词语数为 4 个,大于其他媒体检索的相应指标(其中,综合搜索为 2.91 个,音频检索为 2.47 个,而视频检索为 1.92 个)。

Jansen 等通过在 Altavista 2002 平台上收集到的数据发现:图像检索比起其他的多媒体检索都更加复杂⑦。图像检索中的平均每个 query 的

① Jorgensen C,Jorgensen P. Image querying by image professionals[J]. Journal of the American Society for Information Science and Technology,2005,56(12):1346—1359.

② Cunningham S J,Masoodian M. Looking for a picture:An analysis of everyday image information searching[C]//Proceedings of the 6th ACM/IEEE-CS joint conference on Digital libraries,ACM,2006:198—199.

③ Westman S,Lustila A,Oittinen P. Search strategies in multimodal image retrieval[C]//Proceedings of the Second International Symposium on Information Interaction in Context. New York:ACM,2008:13—20.

④ Pu H T. An analysis of failed queries for web image retrieval[J]. Journal of Information Science,2008,34(3):275—289.

⑤ Jansen B J,Spink A,Pedersen J. The effect of specialized multimedia searching on web searching[J]. Journal of Web Engineering,2004,3(3/4):182—199.

⑥ Özmutlu S,Spink A,Özmutlu H C. Multimedia Web searching trends:1997—2001[J]. Information Processing & Management,2003,39(4):611—621.

⑦ Jansen B J,Spink A,Pedersen J. Comparison of searching for Web,image,audio,and video content[EB/OL].[2015 – 05 – 18]. http://jimjansen. blogspot. com/2008/08/comparison-ofsearching-for-web-image. html.

词语数为 3.21 个,明显大于其他媒体检索的相应指标(其中,音频检索为 1.62 个,而视频检索为 1.09 个)。

(2)图片检索与综合搜索比较

Jansen 等[1]在 2005 年对 AltaVista 的综合检索研究中发现,1998 年平均每个检索式包含 2.35 个词汇,而 2002 年这个数字为 2.92。这个结果比起同时期在综合搜索引擎获得的结果要小一些。

(3)图像检索与文本文档检索的比较

通过问卷调查,搜集用户在使用互联网完成一些文本检索任务时选择使用的检索式,Aula 等人的研究发现平均每个检索式包含 3 个词汇[2][3]。而 Spink 和 Saracevic 在结构化数据库中的文本文档检索实验中发现平均每个文本检索式包含 7—15 个词汇[4]。这与图像检索的结果差距比较大:专业图片库中的检索式远远小于文本数据库中的检索式,而互联网上对图片检索的检索式要大于对文本检索的检索式(就同时期而言)。为了更加直观地对这些研究的结论进行比较,以下将 2001—2013 年相关研究的主要结论整理成表(见表 2 - 1)。

由表 2 - 1 可以发现相关研究的一些规律:a. 与之前的研究相比,最新的研究平均每个检索式的长度有所降低,但是否是一个整体趋势还有待进一步研究和跟踪,如果结论成立的话,可以看出用户的检索习惯所发生的变化。b. 比起综合搜索引擎环境下,在专业图片库环境下用户倾向于使用更短的检索式。如 Jorgensen C. 和 Jorgensen P.(2005)、Westman 和 Oittinen(2006)、Westman 等(2008)通过专业图片数据库得到的数字分别是 1.48、1.3、1.8,整体小于在综合搜索引擎得到的相应结果。

---

① Jansen B J, Spink A, Pedersen J. A temporal comparison of AltaVista Web searching[J]. Journal of the American Society for Information Science and Technology, 2005, 56(6):559—570.

② Aula A. Query formulation in web information search[C]//Isaias P, Karmakar N. Proc. IADIS International Conference WWW/Internet, 2003, Volume I:403—410.

③ Aula A, Käki M. Understanding expert search strategies for designing user-friendly search interfaces[C]//Isaias P, Karmakar N. Proc. IADIS International Conference WWW/Internet, IADIS Press, 2003, Volume II:759—762.

④ Spink A, Saracevic T. Interaction in information retrieval:Selection and effectiveness of search terms[J]. JASIS, 1997, 48(8):741—761.

表 2 - 1　2001—2013 年图像检索式用词数量相关研究

文献	每个检索式用词个数	实验平台/数据来源
Goodrum & Spink,(2001)①	3.78	综合搜索引擎 Excite
Özmutlu,Spink,& Özmutlu,(2003)②	4	综合搜索引擎 Excite
Jansen. ,Spink,& Pedersen(2004a)③	4	综合搜索引擎 Altavista
Jansen,Spink,& Pedersen(2004b)④	3.21	综合搜索引擎 Altavista 2002
Jorgensen & Jorgensen(2005)⑤	2	专业图片库(商业图像数据库)
Cunningham & Masoodian (2006)⑥	2.24	综合搜索引擎(Google) + 图片网站 + 其他网站等
Westman & Oittinen(2006)⑦	1.48	专业图片库
Westman,Lustila,and Oittinen (2008)⑧	1.3	专业图片库(新闻图像)

① Goodrum A,Spink A. Image searching on the Excite search engine[J]. Information Processing & Management,2001,37(2):295—311.
② Özmutlu S,Spink A,Özmutlu H C. Multimedia Web searching trends:1997—2001[J]. Information Processing & Management,2003,39(4):611—621.
③ Jansen B J,Spink A,Pedersen J. The effect of specialized multimedia searching on Web searching[J]. Journal of Web Engineering,2004,3(3/4):182—199.
④ Jansen B J,Spink A,Pedersen J. Comparison of searching for Web,image,audio,and video content[EB/OL]. [2015 - 05 - 18]. http://jimjansen. blogspot. com/2008/08/comparison-ofsearching-for-web-image. html.
⑤ Jorgensen C,Jorgensen P. Image querying by image professionals[J]. Journal of the American Society for Information Science and Technology,2005,56(12):1346—1359.
⑥ Cunningham S J,Masoodian M. Looking for a picture:An analysis of everyday image information searching[C]//Proceedings of the 6th ACM/IEEE-CS Joint Conference on Digital Libraries,ACM,2006:198—199.
⑦ Westman S,Oittinen P. Image retrieval by end-users and intermediaries in a journalistic work context[C]//Proceedings of the First International Conference on Information Interaction in Context. New York:ACM Press,2006:103—110.
⑧ Westman S,Lustila A,Oittinen P. Search strategies in multimodal image retrieval[C]//Proceedings of the Second International Symposium on Information Interaction in Context. New York:ACM,2008:13—20.

续表

文献	每个检索式用词个数	实验平台/数据来源
Pu,Hsiao-Tieh(2008)①	1.40(英文) 3.08(中文)	综合搜索引擎(Vision NEXT,数据源为 Sina 和 Netease 等亚洲范围内的网站)
Tjondronegoro, Dian, Spink et al (2009)②	2	综合搜索引擎 Dogpile
Choi(2010)③	3.25	综合搜索引擎,IE 或 Firefox 作为浏览器
Hollink et al. (2011)④	1.8(2.2,算上那些唯一的检索式)	专业图片库(欧洲一家新闻机构提供的商业图像信息库)
Hung(2012)⑤	2.60 具体检索任务 1.87 宽泛检索任务 1.74 主观检索任务	专业图片库(Associated Press 新闻社的图片数据库系统)
Choi(2013)⑥	3.25	综合搜索引擎+图片搜索引擎+本地网页

① Pu H T. An analysis of failed queries for web image retrieval[J]. Journal of Information Science,2008,34(3):275—289.

② Tjondronegoro D,Spink A,Jansen B J. A study and comparison of multimedia Web searching:1997—2006[J]. Journal of the American Society for Information Science and Technology,2009,60(9):1756—1768.

③ Choi Y. Investigating variation in querying behavior for image searches on the Web[J]. Proceedings of the American Society for Information Science and Technology,2010,47(1):1—10.

④ Hollink V,Tsikrika T,de Vries A P. Semantic search log analysis:A method and a study on professional image search[J]. Journal of the American Society for Information Science and Technology,2011,62(4):691—713.

⑤ Hung T Y. An analysis of photo editors' query formulations for image retrieval[J]. 图书与资讯学刊,2012,(80):13—36.

⑥ Choi Y. Analysis of image search queries on the Web:Query modification patterns and semantic attributes[J]. Journal of the American Society for Information Science and Technology,2013,64(7):1423—1441.

2. 检索式内容

基于对搜集到的图像搜索中的检索式进行内容分析和分类,研究者得出了主要的搜索主题,探究了用户图像信息需求的领域分布。

从具体和宽泛的角度来看,多数学者的研究发现用户在描述检索需求时用的是精确的词。Westman 和 Oittinen[1],Hollink 等人[2],Markkula 和 Sormunen[3] 研究中发现多数的检索请求是精确的,概念性的检索式远远少于具体实物相关的检索式。Enser 分析了 Hulton Deutsch collections(英国历史图片画廊)平台上近 3000 个检索式,发现对图像内容的检索相对于对文本内容检索使用了更多的具体检索式,用户倾向于使用具体描述而非宽泛的类属[4]。Keister 分析了美国国家医学图像数据库的专业用户的 239 个查询请求,发现多数的请求同时结合了抽象的概念和具体的图片元素[5]。而 Armitage 和 Enser 的研究通过在 7 个图书馆的图像检索库得到大约 1700 个请求,得到一个请求框架,将检索式分为四大类(who,what,when,where)以及 3 个抽象层级(specific,generic,abstract)[6]。

而在不同请求类型出现频率最高的是某个人的人名,很多时候用户使用图片库是出于刻画某个人的需求。同样有不少其他研究也得到共

[1] Westman S,Oittinen P. Image retrieval by end-users and intermediaries in a journalistic work context[C]//Proceedings of the First International Conference on Information Interaction in Context. New York:ACM Press,2006:103—110.

[2] Hollink V,Tsikrika T,de Vries A P. Semantic search log analysis:A method and a study on professional image search[J]. Journal of the American Society for Information Science and Technology,2011,62(4):691—713.

[3] Markkula M,Sormunen E. End-user searching challenges indexing practices in the digital newspaper photo archive[J]. Information Retrieval,2000(1):258—285.

[4] Enser P G B. Progress in documentation:pictorial information retrieval[J]. Journal of Documentation,1995,51(2):126—170.

[5] Keister L H. User types and queries:Impact on image access systems[C]//Proceedings of the ASIS 57th Annual Meeting,1994,31:7—22.

[6] Armitage L,Enser P G B. Analysis of user need in image archives[J]. Journal of Information Science,1997,23(4):287—299.

同结论:综合搜索引擎中最热门的图像搜索主题是人(people)和地点(places)[1][2][3][4]。Huurnink 等指出人名和主题特征在检索式中最常见,然而图片类型是最少见的特征[5]。与之相反,Choi 在 2013 年的研究中经过对 970 个图片检索式的分析,发现关于图片的类型的用词在检索式中是最常见的图片特征,且人物相关的用词仅仅占总数的 9.8%[6]。Jansen 通过对 587 个图像检索式的分析发现,多数检索请求包含图像主题之外的其他补充特征,如 URL[7]。

Hollink 等发现在人物检索请求中,被搜索最多的子类型是运动员,其次是演员、音乐人和喜剧演员[8]。此外,就词汇类型的分类来看,52% 的词为名词,而动词、形容词和副词分别占 26%、20% 和 1%。而根据 WordNet 的名词分类,"实物"(entity)在检索请求中占比最大,其次是"组织"(group)和"行为"(act)。其研究还发现用户的检索请求倾向于并入格式相关的词或者图像上下文语境相关信息。而在 Jorgensen C. 和 Jorgensen P. 的研究中,占比最多的请求类型同样是名词,其次是形容词、动词[9]。

3. 检索式的调整

在用户检索行为研究中,检索请求的调整(query modification)是研究的热门。通过研究用户请求的改变,可以帮助识别用户的行为模式、

---

[1][7] Jansen B J. Searching for digital images on the Web[J]. Journal of Documentation,2008, 64(1):81—101.

[2] Pu H. A comparative analysis of web image and textual queries[J]. Online Information Review,2005,29(5):457—467.

[3] Spink A,Jansen B J. Searching multimedia federated content Web collections[J]. Online Journal Review,2006,30(5):485—495.

[4] Ornager S. Image retrieval:theoretical analysis and empirical user studies on accessing information in images[C]//Proceedings of the ASIS Annual Meeting,1997,34:202—211.

[5] Huurnink B, Hollink L, van den Heuvel W. Search behavior of media professionals at an audiovisual archive:A transaction log analysis[J]. Journal of the American Society for Information Science and Technology,2010,61(6):1180—1197.

[6] Choi Y. Analysis of image search queries on the Web:Query modification patterns and semantic attributes[J]. Journal of the American Society for Information Science and Technology, 2013,64(7):1423—1441.

[8] Hollink V,Tsikrika T,de Vries A P. Semantic search log analysis:A method and a study on professional image search[J]. Journal of the American Society for Information Science and Technology,2011,62(4):691—713.

[9] Jorgensen C,Jorgensen P. Image querying by image professionals[J]. Journal of the American Society for Information Science and Technology,2005,56(12):1346—1359.

检索策略以及需求表达方式,在实际应用中,可促使检索系统的优化,使之更加符合用户使用习惯并更大程度地满足其需求。例如:通过提示一些相关词汇等语义辅助来促使用户更好地表达需求或者探索相关潜在需求。

Goodrum 等①在探索本科生的网络图像搜索模式的实验中发现,被试者频繁修改其初始检索式。其中的修改模式表明:当用户使用纯文本搜索工具来搜索图片时,他们倾向于使用更长的词汇(longer strings)和更长的时间。

在曹梅的实验中,在整个图像检索过程中,请求调整行为占了所有行为的14%,平均每个过程中更换提问请求次数达5.5次②。Westman 等在对图像检索交互界面的研究中,发现84.5%的初始检索请求会被修改或调整③。Choi 和 Hsieh-Yee 发现了相似的请求调整策略:最常见的调整方式是把一个关键词替换成另一个④。而 Jorgensen C. 和 Jorgensen P. 在针对专业人员的研究中也发现,61.7%的请求会被调整,替换一个或多个检索式中的词汇是最常见的方法⑤。

而 Hollink 等⑥的研究发现,52.4%的初始请求会被调整,增加或减少检索式中的词汇也是很常用的调整方式。其研究从语法和语义两个层面展开对请求调整模式的分析。从语法层面看,调整模式最常见的是再构建(reformulation,即指替换词汇),其次是具体化(specifications,即指增加词汇或语义分类层级变小)和宽泛化(generalization,即指减少词汇或语义分类层级扩大)。从语义层面看,最常见的调整类型是同属关系

① Goodrum A,Bejune M,Siochi A C. A state transition analysis of image search patterns on the Web[C]//Proceedings of the Second International Conference Image and Video Retrieval. Berlin Heidelberg:Springer,2003:281—290.
② 曹梅. 网络图像检索提问式调整行为研究[J]. 中国图书馆学报,2012(5):39—48.
③ Westman S,Lustila A,Oittinen P. Search strategies in multimodal image retrieval[C]//Proceedings of the Second International Symposium on Information Interaction in Context. New York:ACM,2008:13—20.
④ Choi Y,Hsieh-Yee I. Finding images on an OPAC:Analysis of user queries,subject headings, and description notes[J]. Canadian Journal of Information and Library Science,2010,34 (3):271—296.
⑤ Jorgensen C,Jorgensen P. Image querying by image professionals[J]. Journal of the American Society for Information Science and Technology,2005,56(12):1346—1359.
⑥ Hollink V,Tsikrika T,de Vries A P. Semantic search log analysis:A method and a study on professional image search[J]. Journal of the American Society for Information Science and Technology,2011,62(4):691—713.

(sibling relations)。他们发现很多用户搜索拥有共同特征的两个实体，例如演过同一部电影的两个演员。而对于同一实体，如果检索结果不理想，用户常常尝试其不同的名称。此外，用户在构建初始请求的时候喜欢结合具体信息和上下文语境信息，例如书目信息。然后用户会通过对相关图片的描述来优化检索式。这表明，用户会参考检索结果逐步进行请求的调整。

Rieh 和 Xie 在总结用户在 Excite 搜索引擎上的检索式调整模式时，提出三大类模式：内容类调整、格式类调整和资源类调整[1]。曹梅借鉴此框架，提出三类模式：内容调整、语法和句法调整以及资源范围调整，具体来说包括缩检、扩检、同义词替换、平移、终端恢复等 12 个子类[2]。

Jansen 等在研究网络内容集合和图像集合的检索行为时发现，多数用户会提交相同的检索式，而再构建请求(reformulation queries)是最常见的[3]。Tseng 等[4]的研究表明，最常见的调整序列模式是：初始请求—替换—替换。用户检索时通过与搜索引擎的交互会巩固需求或得到更多问题相关的信息，这样的反馈促使他们对请求进行调整，最常见的方式就是将关键词替换为同义词或相近词。Whittle 等的研究发现用户倾向于重复同一种调整类型(如宽泛化—宽泛化)[5]。但 Boldi 等[6]和 Jansen 等[7]的研究发现最常见的调整方式是具体化—宽泛化或宽泛化—具体化。

此外，根据 Hollink 等的总结，上述三种调整模式与其他因素的相互

① Rieh S Y, Xie H. Analysis of multiple query reformulations on the Web：The interactive information retrieval context[J]. Information Processing & Management,2006,42(3):751—768.

② 曹梅. 网络图像检索提问式调整行为研究[J]. 中国图书馆学报,2012(5):39—48.

③ Jansen B, Spink A, Narayan B. Query modifications patterns during web searching[C]//Proceedings of the Fourth International Conference on Information Technology. Washington, DC：IEEE Computer Society,2007:439—444.

④ Tseng L C J, Tjondronegoro D W, Spink A H. Analyzing web multimedia query reformulation behavior[C]//Proceedings of the 14th Australasian Document Computing Symposium, CSIRO,2009.

⑤ Whittle M, Eaglestone B, Ford N, et al. Data mining of search engine logs[J]. Journal of the American Society for Information Science and Technology,2007,58(14):2382—2400.

⑥ Boldi P, Bonchi F, Castillo C, et al. From "dango" to "Japanese cakes"：Query reformulation models and patterns[C]//IEEE/WIC/ACM International Joint Conferences on Web Intelligence and Intelligent Agent Technologies. Milan, Italy：IET,2009,1:183—190.

⑦ Jansen B J, Booth D L, Spink A. Patterns of query reformulation during web searching[J]. Journal of the American Society for Information Science and Technology,2009,60(7):1358—1371.

关系得到了一部分学者的关注①。一是调整模式和两个连续请求间提交时间间隙的关系。Huang 和 Efthimiadis 的研究发现再构造(reformula-tions)行为之前平均最长的时间间隙为 73 秒,而宽泛化和具体化分别为 68 秒和 63 秒②。Lau 和 Horvitz③发现具体化(specification)更容易出现在 20—30 秒的间隙后,而再构造更多地出现在超过 5 分钟的间隙后。显然,再构造需要用户花更长的时间。二是调整模式和对搜索结果的点击行为的关系。Huang 和 Efthimiadis④发现当某次检索至少带来一次点击(被视为成功请求)时往往出现宽泛化或再构造的调整策略。此外,具体化和再构造最容易带来接下来一次检索的点击。

除了三种基本的调整策略外,还有一些基于词汇的调整也得到关注,例如词汇变形⑤和词汇类型。其中,词汇变形发生的频率大约是宽泛化的一半,例如单复数转换。而 Bozzon 等的研究中发现,名词组成的检索式通常被修改为其他名词形式,名词加动词组成的检索式则被改为其他名词加动词形式⑥。

4. 其他

(1)每个 session 的检索请求数量

每个 session 的检索请求数量也是许多检索实验分析结果中的重点。André 等的研究指出,图像检索中每阶段的长度比其他类型检索的阶段的长度要长⑦。从众多研究中得出的数据来看(见表 2-2),在综合搜索引擎中,每个 session 的检索请求数量总体大于专业图片检索请求数量

①　Hollink V,Tsikrika T,de Vries A P. Semantic search log analysis:A method and a study on professional image search[J]. Journal of the American Society for Information Science and Technology,2011,62(4):691—713.

②④　Huang J,Efthimiadis E N. Analyzing and evaluating query reformulation strategies in web search logs[C]//Proceedings of the 18th ACM Conference on Information and Knowledge Management. New York:ACM Press,2009:77—86.

③　Lau T,Horvitz E. Patterns of search:Analyzing and modeling web query refinement[C]//Proceedings of the Seventh International Conference on User Modeling. New York:ACM Press,1999:119—128.

⑤　Rieh S Y,Xie H. Analysis of multiple query reformulations on the Web:The interactive information retrieval context[J]. Information Processing & Management,2006,42(3):751—768.

⑥　Bozzon A,Chirita P A,Firan C S,et al. Lexical analysis for modeling web query reformulation[C]//Proceedings of the 30thAnnual International ACM SIGIR Conference on Research and Development in Information Retrieval. NewYork:ACM Press,2007:739—740.

⑦　André P,Cutrell E,Tan D S,et al. Designing novel image search interfaces by understanding unique characteristics and usage[C]//Human-Computer Interaction—INTERACT. Berlin Heidelberg:Springer,2009:340—353.

（其中,前3个为专业图片检索环境,后4个为综合搜索引擎环境）。

（2）幂律分布

Hollink 等（2011）指出请求频率分布遵从幂律分布,很多频率少的检索式构成了长尾。Pu（2008）的研究发现成功检索请求（结果获得至少一次点击）中80%的频次来自于仅仅5%的请求。2%的成功检索请求仅仅被使用了一次,而失败检索请求中,高达3.53%的请求只被使用了一次。由此导致失败检索请求的分布曲线具有更低更长的"尾巴"。

Goodrum 等①在对 Excite 搜索引擎的交互日志进行分析后发现:在所有的 35 558 个图像词汇中,频率最高的词只出现在不到10%的检索式中,如果去除图片请求词汇"pictures"和"pics",则这个比重就降到5%。此外,超过一半的词只被用了一次。常见图片相关词汇例如"图像"（picture）和"电影"（movie）出现的次数多于文件拓展名。

表2-2　每个 session 的检索请求数量的研究结论总结

文献	每个 session 的检索请求数量
Huurnink,Hollink 和 van den Heuvel（2010）②	2.0
Hollink 等（2011）③	2.1
Jorgensen 和 Jorgensen（2005）④	3.3
Tjondronegoro 等（2009）⑤	2.8
Özmutlu 等（2003）⑥	3.2

① Goodrum A,Spink A. Image searching on the Excite search engine[J]. Information Processing & Management,2001,37(2):295—311.

② Huurnink B,Hollink L,van den Heuvel W. Search behavior of media professionals at an audiovisual archive:A transaction log analysis[J]. Journal of the American Society for Information Science and Technology,2010,61(6):1180—1197.

③ Hollink V,Tsikrika T,de Vries A P. Semantic search log analysis:A method and a study on professional image search[J]. Journal of the American Society for Information Science and Technology,2011,62(4):691—713.

④ Jorgensen C,Jorgensen P. Image querying by image professionals[J]. Journal of the American Society for Information Science and Technology,2005,56(12):1346—1359.

⑤ Tjondronegoro D,Spink A,Jansen B J. A study and comparison of multimedia web searching:1997—2006[J]. Journal of the American Society for Information Science and Technology,2009,60(9):1756—1768.

⑥ Özmutlu S,Spink A,Özmutlu H C. Multimedia web searching trends:1997—2001[J]. Information Processing & Management,2003,39(4):611—621.

续表

文献	每个 session 的检索请求数量
Goodrum 和 Spink(2001)①	3.36
Jansen 等(2004)②	4.8

（三）图像采纳行为

采纳行为往往包含在检索过程中,这方面的研究通常是关于用户在选择图片时如何进行相关性判断,以及相关性判断的决定因素和影响因素。从一般意义看,用户的选择多是出于自己的需求,选择最能够满足需求的相关性最大的对象。然而,存在其他一些因素影响用户做出判断。

Choi 和 Rasmussen③ 在对 1999 年美国历史系的师生做的基于美国国会图书馆历史图片库的实验中发现,用户对于时事性的感知在整个检索过程中起到重要作用。然而在选择采纳图片时,用户会考虑到其他因素,例如图片质量和清晰度。

然而针对图片检索的相关性判断研究还比较薄弱,更多的研究是针对一般的搜索过程。用户进行评估时所处的环境因素、实验任务、信息的有用性等因素被认为与用户的相关性判断有关④⑤⑥。用户在做相关性判断时采用什么样的标准、这些标准之间有什么关系成为一些研究的主题。而相关研究往往通过用户在评估时的认知过程、最终选择、对问题的描述、不同情境下的反应等来进行分析⑦。此外,相关性判断并非

---

① Goodrum A,Spink A. Image searching on the Excite search engine[J]. Information Processing & Management,2001,37(2):295—311.

② Jansen B J,Spink A. Pedersen J. The effect of specialized multimedia searching on web searching[J]. Journal of Web Engineering,2004,3(3/4):182—199.

③⑦ Choi Y,Rasmussen E M. Users' relevance criteria in image retrieval in American history [J]. Information Processing & Management,2002,38(5):695—726.

④ Wilson P. Situational relevance[J]. Information Storage and Retrieval,1973,9(8):457—471.

⑤ Cosijn E,Ingwersen P. Dimensions of relevance[J]. Information Processing & Management,2000,36(4):533—550.

⑥ Schamber L. Users' criteria for evaluation in a multimedia information seeking and use situation[D]. Syracuse,NY:Syracuse University,1991.

是静止的,用户进行搜索的过程中,其判断标准随着时间的推延发生变化①②③,这与用户从系统得到的反馈信息也是有关系的。

(四)图像标注行为

标签(tagging,也称 folksonomy),即用户添加的描述对象的词汇(或词组),成为 Web2.0 环境下一种新的用户贡献网络内容的方式,可以帮助用户更好地组织、管理或分享自己的资源,并且有利于他们查找被标注的网络资源。

早在 1996 年,Jorgensen C 就在实验中探索了用户对图像所标注内容的特征④。2004 年以来,flickr. com、photoSIG. com 以及 Photo. net、to-pit. me 等应用用户标注图像的网站开始流行,图像标签也逐渐成为研究热点。Flickr 也已经成为许多学术研究的数据来源。相关的研究主要包括:用户标签与传统标注的比较,标签的优劣势,自动图像标注系统研究和算法改进,标签推荐系统,图片推荐系统(用户兴趣挖掘),标签内容分析,标签排序,标签的利用(检索系统、知识管理、应用于图书馆)等。

Stvilia 和 Jorgensen 通过对 Flickr 上的历史图片标注行为进行分析,识别出七类用户图片行为:联系与分组(linking and grouping)、思考与回忆(musing or reminiscing)、讨论(discussing)、评估(evaluating)、解疑与分解(disambiguating and resolving)、建议与协商(suggesting and negotia-ting)、提出与回答问题(asking and answering questions)⑤。

Farooq 等在分析 CiteULike(一个社会标注系统)的文献标签信息后,总结了 6 个标签的维度:标签增长(tag growth)、标签重利用(tag reuse)、标签的非显著性(tag non-obviousness)、标签的区分(tag discrimination)、

① Harter S P. Psychological relevance and Information Science[J]. Journal of the American Society for Information Science,1992,43:602—615.

② Schamber L,Eisenberg M B,Nilan M S. A re-examination of relevance:Toward a dynamic,sit-uational definition[J]. Information Processing & Management,1990,26(6):755—776.

③ Tang R,Solomon P. Toward an understanding of the dynamics of relevance judgment:an analy-sis of one person's search behavior[J]. Information Processing & Management,1998,34:237—56.

④ Jorgensen C. Indexing images:testing an image description template[C]//Proceedings of the 59th ASIS Annual Meeting. Medford,New Jersey,1996:209—213.

⑤ Stvilia B,Jorgensen C. Member activities and quality of tags in a collection of historical photo-graphs in Flickr[J]. Journal of the American Society for Information Science and Technology,2010,61(12):2477—2489.

标签频率(tag frequency)以及标签模式(tag patterns)[①],从而来探究用户的标注行为。

如同检索式在检索行为中的研究作用,众多的研究通过对标签的分析来总结用户的标注行为规律。因此下面从标签的几个特性和用户的标注动力展开详细叙述,从而提供用户标注行为的全面了解。

1. 标签用词

构成标签的词汇无疑是最能反映标签的特点,而通过标签的特点可以窥探到用户对于图像的理解、认知模式以及描述模式。

一些研究发现,在描述图像时,用户更倾向于使用宽泛的词汇而不是具体的词汇,并且抽象的词汇很少被使用[②③④]。而 Chung 和 Yoon 发现在一些图像用户行为中(如 aesthetic value、illustration、emotive and persuasive),抽象特征的使用相对比较频繁[⑤]。而 Rorissa 和 Iyer 却认为用户在描述图像时更多地用具体的词,而在对图片进行分类时才使用宽泛的概念[⑥]。Chung 和 Yoon 的另一个研究发现从 Excite 2001 得到的 Flickr 标签中宽泛类型居于多数,占到了 63%[⑦]。而在 Klavans 等 2014 年的研究中,对 100 幅艺术照片的标注实验结果显示,宽泛、抽象、具体的标签分别占到 66%、12% 和 6%[⑧]。

Angus 等在 2008 年收集到的 Flickr 上的大学图片的标签集有 12% 的

① Farooq U,Kannampallil T G,Song Y,et al. Evaluating tagging behavior in social bookmarking systems:metrics and design heuristics[C]//Proceedings of the 2007 International ACM Conference on Supporting Group Work,ACM,2007:351—360.

② Hollink L,Schreiber A T,Wielinga B J,et al. Classification of user image descriptions[J]. International Journal of Human-Computer Studies,2004,61(5):601—626.

③ Ransom N,Rafferty P. Facets of user-assigned tags and their effectiveness in image retrieval [J]. Journal of Documentation,2011,67(6):1038—1066.

④ Jansen B J. Searching for digital images on the Web[J]. Journal of Documentation,2008,64 (1):81—101.

⑤ Chung E,Yoon J. Image needs in the context of image use:An exploratory study[J]. Journal of Information Science,2011,37(2):163—177.

⑥ Rorissa A,Iyer H. Theories of cognition and image categorization:What category labels reveal about basic level theory[J]. Journal of the American Society for Information Science and Technology,2008,59(9):1383—392.

⑦ Chung E,Yoon J. Categorical and specificity differences between user-supplied tags and search query terms for images:An analysis of "Flickr" tags and web image search queries[J]. Information Research,2009,14(3):605—614.

⑧ Klavans J L,LaPlante R,Golbeck J. Subject matter categorization of tags applied to digital images from art museums[J]. Journal of the Association for Information Science and Technology, 2014,65(1):3—12.

标签为复合标签(由词语、词组或句子组合而成)①。Stvilia 和 Jorgensen 的研究中,Flickr 上的标签组成词汇类型最多的为名词,而 the Thesaurus for Graphic Materials 和 the Library Of Congress Subject Heading 上的标签词汇最多为复合词,其次分别是名词和命名实体②。不少研究同样发现最多的标签词汇类型为名词③④⑤。

2. 标签类型

社会标签通常用于描述图片的内容、格式特征(如颜色、风格等)、元数据(如标题、作者、所在的博物馆等),也可能是带有个性化色彩的标签(如"喜欢""最爱"等)⑥。通过对标签类型的分析,一方面总结出图片库中被用户标注的图片的类型从而探索用户的兴趣,另一方面也可以通过对用户表达需求方式的探究来反馈到图像机器标注。

Golbeck 等借鉴 Panofsky(1972)和 Shatford(1986)的艺术内容层次的分类,添加入"视觉元素"和"未知",从而将标签类型分为 14 类。最后根据出现的频率,最多的标签为"综合"类,其次是"视觉元素""抽象"和"具体"。其余的与图片内容无关被分到"未知"⑦。

Angus 等⑧在分析 Flickr 上的大学图片集合时,发现超过一半的标签属于那些对用户社区有用的类型,并且最多的一类标签为识别图片内容的标签(如形容性或描述性词汇)。

Jorgensen C. 的实验结果显示用户的图像标注具有"perceptual""interpretive""reactive"三方面特征,包括实物、人、颜色、位置、故事、视觉元素、描述、人的特征、历史信息、个人反应、延伸关系、抽象,一共 12 类(按

---

①⑧ Angus E,Thelwall M,Stuart D. General patterns of tag usage among university groups in Flickr[J]. Online Information Review,2008,32(1):89—101.

② Stvilia B,Jorgensen C. Member activities and quality of tags in a collection of historical photographs in Flickr[J]. Journal of the American Society for Information Science and Technology, 2010,61(12):2477—2489.

③ Grefenstette G. Comparing the language used in Flickr,general web pages,Yahoo Images,and Wikipedia[C]//The International Conference on Language Resources and Evaluation,2008.

④ Guy M,Tonkin E. Folksonomies:Tidying up tags[J/OL]. D-Lib Magazine,2006,12(1). www. dlib. org/dlib/january06/guy/01guy. html.

⑤ Peters I,Stock W. Folksonomy and information retrieval[C]//Proceedings of the American Society for Information Science and Technology,2007,44(1):1—28.

⑥⑦ Golbeck J,Koepfler J,Emmerling B. An experimental study of social tagging behavior and image content[J]. Journal of the American Society for Information Science and Technology, 2011,62(9):1750—1760.

照出现频率排序)①。同样 Jorgensen C. 等在 2014 年的用户实验中沿用这样的分类,发现用户对国会图书馆图片库添加的标签最多的为"实物"类,其次是故事、描述、人、艺术历史、人的特征、抽象、颜色、地点、延伸关系、浏览者的反应、分组、视觉元素②。Jorgensen(1998)③、Bischoff 等(2008)④、Overell 等(2009)⑤和 Ransom 与 Rafferty(2011)⑥的研究中发现最多的标注类型是:人、事物、地点。而 Schmitz(2006)⑦、Beaudoin(2007)⑧、Sigurbjörnsson 与 van Zwol(2008)⑨和 Marshall(2009)⑩等研究中该顺序是:地点、人、事物。

3. 标签模式

许多关于标签模式的研究是关于文档标签⑪⑫,而非图像标签。而这些少量的相关研究共同反映了标签分布的特征。2004 年,Mathes 提出假

① Jorgensen C. Indexing images:testing an image description template[C]//Proceedings of the 59th ASIS Annual Meeting. Medford,New Jersey,1996:209—213.

② Jorgensen C,Stvilia B,Wu S. Assessing the relationships among tag syntax,semantics,and perceived usefulness[J]. Journal of the Association for Information Science and Technology,2014,65(4):836—849.

③ Jorgensen C. Attributes of images in describing tasks[J]. Information Processing & Management,1998,34(2/3):161—74.

④ Bischoff K,Firan C S,Nejdl W,et al. Can all tags be used for search?[C]//Proceedings of the 17th ACM Conference on Information and Knowledge Management. New York:ACM,2008:193—202.

⑤ Overell S,Sigurbjörnsson B,Van Zwol R. Classifying tags using open content resources[C]//Proceedings of the Second ACM International Conference on Web Search and Data Mining. New York:ACM,2009:64—73.

⑥ Ransom N,Rafferty P. Facets of user-assigned tags and their effectiveness in image retrieval[J]. Journal of Documentation,2011,67(6):1038—1066.

⑦ Schmitz P. Inducing ontology from Flickr tags[C]//Collaborative Web Tagging Workshop at WWW. Edinburgh,Scotland,2006.

⑧ Beaudoin J. Folksonomies:Flickr image tagging:Patterns made visible[J]. Bulletin of the American Society for Information Science and Technology,2007,34(1):26—29.

⑨ Sigurbjörnsson B,Van Zwol R. Flickr tag recommendation based on collective knowledge[C]//Proceedings of the 17th international conference on World Wide Web. New York:ACM,2008:327—336.

⑩ Marshall C. No bull,no spin:A comparison of tags with other forms of user metadata[C]//Proceedings of the 9th ACM/IEEE-CS Joint Conference on Digital Libraries. New York:ACM,2009:241—250.

⑪ Kipp M E,Campbell D G. Patterns and inconsistencies in collaborative tagging systems:An examination of tagging practices[J]. Proceedings of the American Society for Information Science and Technology,2006,43(1):1—18.

⑫ Golder S A,Huberman B A. Usage patterns of collaborative tagging systems[J]. Journal of Information Science,2006,32(2):198—208.

设:社会化标签的分布规律符合齐普夫定律(Zipf's Law),即少数的标签被多数的用户使用,而多数的标签使用频率很低,构成了曲线的"长尾"①。而 Golder 和 Huberman 在 Flickr 和 Delicious 的实证研究的基础上证实了这一假设,不过其中只出现一次的标签仅占总体的 10%—15%,并没有明显的"长尾"②。Angus 等通过 Flickr API 对大学图片集合的标签进行分析,发现标签分布同样大体符合齐普夫定律,其中有 23% 的标签只出现了一次③。

4. 标注行为与检索行为的比较

除了上述对检索行为和标注行为的研究,不少学者将两者进行了比较。他们的研究多数是采用将用户标注的标签与检索的提问式进行分析与比较的方法。部分研究对用户标签与检索式使用的具体词汇特征的区别进行了探讨。此外,有部分研究分析标签与检索式包含的图片特征的区别。

Chung 和 Yoon④ 的研究发现 Flickr 上的图像标签使用的词汇中宽泛类型占 63%,而检索请求中宽泛类型仅占 49%。Ransom 和 Rafferty 同样发现 Flickr 上的标签更多地使用宽泛词汇,而具体词汇在检索式中更加常见⑤。此外,他们发现,用户对图片的描述和检索有一定的相似性,标签和检索式的类型最多的都是人、实物和地点。可见用户对图片特征的描述和用户检索时的兴趣有一定关联。而 Jorgensen 等在利用国会图书馆图片进行用户实验时发现,标签分类和检索式分类按照频率排序相差不大,前三位同样都是实物、故事和描述⑥。

---

① Mathes A. Folksonomies:Cooperative classification and communication through shared metadata [EB/OL].[2015-05-31]. http://www. adammathes. com/academic/computer-mediated-communication/ folksonomies. html.

② Golder S A,Huberman B A. Usage patterns of collaborative tagging systems[J]. Journal of Information Science,2006,32(2):198—208.

③ Angus E,Thelwall M,Stuart D. General patterns of tag usage among university groups in Flickr [J]. Online Information Review,2008,32(1):89—101.

④ Chung E,Yoon J. Image needs in the context of image use:An exploratory study[J]. Journal of Information Science,2011,37(2):163—177.

⑤ Ransom N,Rafferty P. Facets of user-assigned tags and their effectiveness in image retrieval [J]. Journal of Documentation,2011,67(6):1038—1066.

⑥ Jorgensen C,Stvilia B,Wu S. Assessing the relationships among tag syntax,semantics,and perceived usefulness[J]. Journal of the Association for Information Science and Technology, 2014,65(4):836—849.

尽管一些研究发现用户在描述和检索图像使用了相同的描述方法①②,但另一些研究却持有相反的意见③④。这样的差异可能与研究的数据源领域⑤、用户的群体特征等因素有关。

5. 其他

Stvilia 和 Jorgensen⑥ 在 2010 年的研究中通过分析 Flickr 上来自美国国会图书馆历史图片的标签集,发现用户使用到许多外部的参考资源,例如属于传统图书馆或其他文化组织的电子图书馆。通过这些参考,可以帮助用户添加合适的标签或进行更准确的评估。此外,用户常常寻求社区的帮助,例如在需要寻找一个合适的描述某个概念的词汇时。

对于用户标注行为的动机研究也是许多研究探讨的对象,通过对动机的研究可以增进对用户行为模式的理解,并为相关的标注平台提供改善机制的参考性意见。用户标注行为的动机主要分成两类:外在因素和内在因素。其中,外在因素包括社会动机和利他动机。内在因素包括自私的动机。具体来说,在两篇基于 Flickr 的用户标注动机的研究中,Ames 和 Naaman 等总结出 4 种动机:自我组织、自我交流、社会组织和社会交流⑦。Nov 等总结出另外 4 种动机:自我发展、享受、社区荣誉与社

① Jorgensen C. Indexing images:Testing an image description template[C]//Proceedings of the 59th ASIS Annual Meeting. Medford, New Jersey,1996:209—213.

② Bischoff K,Firan C S,Nejdl W,et al. Can all tags be used for search? [C]//Proceedings of the 17th ACM Conference on Information and Knowledge Management. New York:ACM, 2008:193—202.

③ Goodrum A A. I can't tell you what I want,but I'll know it when I see it:Terminological disconnects in digital image reference[J]. Reference & User Services Quarterly,2005,45(1): 46—53.

④ Trant J. Tagging,folksonomy and art museums:results of steve. museum's research[EB/OL]. [2015 – 05 – 18]. http://conference. archimuse. com/files/trantSteveResearchReport2008. pdf.

⑤ Enser P. The evolution of visual information retrieval[J]. Journal of Information Science, 2008,34(4):531—46.

⑥ Stvilia B,Jorgensen C. Member activities and quality of tags in a collection of historical photographs in Flickr[J]. Journal of the American Society for Information Science and Technology, 2010,61(12):2477—2489.

⑦ Ames M,Naaman M. Why we tag:Motivations for annotation in mobile and online media [C]//Proceedings of the SIGCHI Conference on Human Factors in Computing Systems. New York:ACM,2007:971—980.

区贡献①。而 Stvilia 和 Jorgensen 认为 Flickr 上用户将图片进行分组是出于 8 种动机：为了方便查询、为了方便分享、为了归档、自负、学术整理、支持组织或社区活动、支持个人活动、无特殊目的②。一些研究认为用户的标注动力主要来自于自身的利益，即自私因素③④。他们认为用户使用标签和进行标注更多的是出于管理自己的图片集的目的。而另外一些研究认为社会因素起了更加普遍的作用⑤⑥。例如与他人分享图片、浏览他人的图片的动机。然而 Angus 等也指出：社会化标签和利他标签可能同时也是对个人有利的，因而可能用户是出于自身利益添加了这样的标签⑦。更具体地来说，Stvilia 和 Jorgensen⑧ 在另一个研究中对比 Flickr 与 Wikipedia 的用户动机时指出：维基百科上的内容是公共的，并非属于某些个人或社区，而 Flickr 上这种情况相反。整体来说，Flickr 的组织运作模型并不鼓励大家的相互协作。因而，为社区贡献内容的动机在 Flickr 上相对弱一些。

（五）图像用户行为影响因素

上文总结了图像用户行为相关研究的结论，各研究探索得到的图像用户行为特征存在一定的相似性和差异性。由此，图像用户行为的影响因素也成为研究的关注点。通过对这些因素的探讨，一方面可以力求在

---

① Nov O,Naaman M,Ye C. Analysis of participation in an online photo-sharing community：A multidimensional perspective [J]. Journal of American Society for Information Science and Technology,2010,61(3):555—566.

② Stvilia B,Jorgensen C. User-generated collection-level metadata in an online photo-sharing system[J]. Library and Information Science Research,2009,31(1):54—65.

③ Golder S A,Huberman B A. Usage patterns of collaborative tagging systems[J]. Journal of information science,2006,32(2):198—208.

④ Hammond T,Hannay T,Lund B,et al. Social bookmarking tools(I)：A general review[J/OL]. D-lib Magazine,2005,11(4). www. dlib. org/dlib/april05/hammond/04hammond. html.

⑤ Cox A M,Clough P D,Marlow J. Flickr：A first look at user behaviour in the context of photography as serious leisure. Information Research,2008,13(1):5.

⑥ Ames M,Naaman M. Why we tag：Motivations for annotation in mobile and online media [C]//Proceedings of the SIGCHI conference on Human factors in computing systems. New York：ACM,2007:971—980.

⑦ Angus E,Thelwall M,Stuart D. General patterns of tag usage among university groups in Flickr [J]. Online Information Review,2008,32(1):89—101.

⑧ Stvilia B,Jorgensen C. Member activities and quality of tags in a collection of historical photographs in Flickr[J]. Journal of the American Society for Information Science and Technology, 2010,61(12):2477—2489.

实验设计中排除无关因素的影响;另一方面,有利于指导图片库、图像标注系统、图像标注网站、图像搜索引擎等的相关实践。

根据秦晨的总结①,影响图像用户行为的原因可以分为两类:个人因素和外界环境因素。个人因素包括:信息需求(潜在的与实际的)、用户的知识结构和个人兴趣偏好,而外界环境因素包括:网络工具的易用性、经济因素、数字图像资源的组织方法。

考虑到不同的用户行为可能受到不同因素的影响,下文将分别对检索行为和标注行为的影响因素进行阐述。

(1)图像检索行为影响因素

众多研究在发现了图像检索过程中用户行为模式后,进而对于"是什么影响到用户检索策略、需求表达、检索式用词等方面"这样的问题进行了探究。

首先,许多学者的研究发现检索任务对图片检索行为有着显著影响。Choi 和 Youngok 的研究发现,任务目标对检索行为产生了重要影响②。在学术任务中,用户倾向于迭代更多次的请求。在工作相关的任务中,用户在检索过程中会产生更多的行为(包括浏览和存取行为)。Choi 和 Hsieh-Yee 的研究认为检索任务和要求检索的图片类型对于构建检索请求可能产生影响③。Fukumoto 在探索网络环境下图像检索策略的实证研究中发现:任务类型对于用户的网页操作、动作、时间、输入关键词等产生了影响④。而 Choi 基于综合搜索引擎和图像搜索引擎的数据,发现检索式的长度不受任务类型和目标的影响,但是受到内容来源的影响⑤,基于当前站点的检索式更加简短(可能由于更加符合需求),而当需要获得搜索引擎中更加宽泛网页的结果集合时,用户就会使用更多的

① 秦晨.数字图像资源用户行为分析[D].华中师范大学,2012.
② Choi Y,Rasmussen E M. Users' relevance criteria in image retrieval in American history[J]. Information Processing & Management,2002,38(5):695—726.
③ Choi Y,Hsieh-Yee I. Finding images on an OPAC:Analysis of user queries,subject headings, and description notes[J]. Canadian Journal of Information and Library Science, 2010, 34 (3):271—296.
④ Fukumoto T. An analysis of image retrieval behavior for metadata type and Google Image databases[C]//Proceedings of International Conference on Computers in Education. Washington, DC:IEEE Computer Society,2004:1921—1927.
⑤ Choi Y. Investigating variation in querying behavior for image searches on the Web[J]. Proceedings of the American Society for Information Science and Technology,2010,47(1):1— 10.

关键词。此外,请求的迭代次数受到来自任务目标、工作阶段和检索知识的影响。Stvilia 等认为当检索任务是关于某种已知实物或物体的识别时,要求用户使用熵更大或者更具体化的元数据;然而对于一些基于相关性或属性的挑选任务时,用户可以使用一些较为宽泛的词①。而 Vakkari②、McCay-Peet 和 Toms③ 发现工作任务阶段会影响图片的使用和请求迭代次数。

其次,用户的相关性判断受到图片的上下文语境的影响。图片的上下文语境(context)指图片所在网页或文章包含的对图片的相关解释或描述,通常情况下在网络环境中搜索引擎会提供一些辅助信息(例如文件名、大小、URL、图片名、图片所在网页名等)来帮助用户更轻松地获取图片相关上下文语境信息。在这些信息的帮助下,用户可以更轻松地了解图片内容,从而帮助他们进行相关性判断。Cooniss 及其同事在分析用户图像检索行为时肯定了图像上下文语境因素对用户行为的重要影响,同时也发现终端用户对于数字化技术有着不同的态度④⑤。根据 Huurnink 等对用户检索式的分析同样可以发现:上下文语义因素对用户的检索行为产生了突出作用⑥。

除了图片上下文语境,其他信息也可能对用户的图片认知产生影响。根据 Choi 和 Rasmussen 的总结,用户信息检索行为受两方面的影响:一方面,当用户被提供补充信息时,他们的认知受到影响;另一方面,

---

① Stvilia B, Gasser L, Twidale M, et al. Metadata quality for federated collections[C]//Proceedings of the International Conference on Information Quality. Cambridge, MA: MITIQ, 2004: 111—125.

② Vakkari P. Cognition and changes of search terms and tactics during task performance: A longitudinal case study[C]//Proceedings of the RIAO 2000 Conference. Paris: C. I. D, 2000: 894—907.

③ McCay-Peet L, Toms E. Image use within the work task model: Images as information and illustration[J]. Journal of the American Society for Information Science and Technology, 2009, 60 (12): 2416—2429.

④ Ashford A J, Conniss L R, Graham M E. Information seeking behaviour in image retrieval VISOR I final report[R]. Library and Information Commission Research Report, 2000: 95.

⑤ Cooniss L, Davis J, Graham M. A user-oriented evaluation framework for the development of electronic image retrieval systems in the workplace: VISOR 2 final report[R]. Library and Information Commission Research Report, British Library, London, 2003: 144.

⑥ Huurnink B, Hollink L, van den Heuvel W. Search behavior of media professionals at an audiovisual archive: A transaction log analysis[J]. Journal of the American Society for Information Science and Technology, 2010, 61(6): 1180—1197.

信息的呈现形式起到重要作用,如信息呈现的格式、信息呈现的顺序等①。此外,Vakkari②、Wildemuth③的研究发现领域知识对于请求的构建会产生影响,Aula 的观点④则相反。而 Westman 等发现用户的背景在很大程度上影响了他们构造的检索请求的类型⑤,毕竟不同背景的用户可能存在比较大的认知差异。

(2)图像标注行为影响因素

Farooq 等认为:在社会书目标注系统当中,用户的个人兴趣、领域知识和组织资源的意愿对用户的标注行为有决定性的作用⑥。然而上述 3 个原因都属于个人内在因素,与用户检索行为不同的是,由于用户标注过程是社会化、合作的,标注行为可能受到的影响因素更为复杂。

总的来说,图像背景信息与标注平台社区中的社会交互对用户标注行为的影响最为突出,这两方面因素可以加深用户对图片的理解、改变用户对图片的描述方式。Bar-Ilan 等在 2010 年的研究中⑦为了探索背景信息和社会交互对图像标注的作用,专门设计了用户实验。其研究发现通过社交,用户的标注会逐渐趋同,并且通过"群体的智慧"可以帮助那些缺少相关知识的人进行标注。当缺少交流时,背景信息可能起到决定性作用。然而即使缺少背景信息,用户在看到他人的标签和评论时,也会受到影响(如修改自己的标注),由此导致整体的标签数量增加而新添加的标签数减少。而 Trant 针对 steve. museum 的研究结果则相反:当用

① Choi Y,Rasmussen E M. Users' relevance criteria in image retrieval in American history[J]. Information Processing & Management,2002,38(5):695—726.

② Vakkari P. Cognition and changes of search terms and tactics during task performance:A longitudinal case study[C]//Proceedings of the RIAO 2000 Conference. Paris:C. I. D,2000:894—907.

③ Wildemuth B. The effects of domain knowledge on search tactic formulation[J]. Journal of the American Society for Information Science and Technology,2004,55(3):246—258.

④ Aula A. Query formulation in web information search[C]//Isaias P,Karmakar N. Proc. IADIS International Conference WWW/Internet,2003,Volume I:403—410.

⑤ Westman S,Lustila A,Oittinen P. Search strategies in multimodal image retrieval[C]//Proceedings of the Second International Symposium on Information Interaction in Context. New York:ACM,2008:13—20.

⑥ Farooq U,Kannampallil T G,Song Y,et al. Evaluating tagging behavior in social bookmarking systems:metrics and design heuristics[C]//Proceedings of the 2007 international ACM Conference on Supporting Group Work,ACM,2007:351—360.

⑦ Bar-Ilan J,Zhitomirsky-Geffet M,Miller Y,et al. The effects of background information and social interaction on image tagging[J]. Journal of the American Society for Information Science and Technology,2010,61(5):940—951.

户看到其他人添加的标签后,会有更多新的标签被添加而总的标签数却减少①。不少研究专门探索了系统的标签推荐对于用户标注行为的影响。Kowatsch 和 Maas 认为标签推荐使得协作产生的词汇的不受控本质被削弱②。一些研究通过构建标注过程模型来探究标签推荐的影响。Bollen 和 Halpin 的模型发现对推荐标签的模仿促进了标签的幂律分布,但也不是唯一的原因,因为在缺少标签推荐时同样会形成幂律分布。不过这些模型几乎都不是针对图像标签③。

背景信息除了上文中提到的图片已有标签,还可能是系统提供的对图片的具体描述。Lin 等④在 Amazon 的 MTurk 平台上开展的用户实验,通过分析标签的不同维度(包括概括性、质量度、相似度、描述性)来分析图片描述对标注行为的影响。其结果表明当图片带有具体描述时,用户添加的标签更加具体详细和多样化,但是相应的标签重复使用率比较低。此外,当图片带有描述时,用户查找到目标对象的路径就被缩短,也就意味着他们可以更快地找到目标,然而相应的准确率却更低。而且比起不带描述实验组得到的标签,当图片带有描述时得到的标签与描述中包含的词汇明显有更大的重叠。可见已有信息对用户的影响和用户的模仿倾向。

另外,用户在标注前事先掌握的信息同样导致用户标注行为的不同。Golbeck ⑤的实验结果表明:用户对于一张图片的先验知识对其标注行为产生了重要影响。首先,正常情况下,用户会先标注第一眼看到的图片,但是如果当中有用户之前见过的图片的话,用户会优先进行标注。另外,有先验知识时,用户会给图片添加更多的标签,并且倾向于添加更

①　Trant J. Tagging, folksonomy and art museums: Results of Steve. museum's research[EB/OL]. [2015 – 05 – 18]. http://conference. archimuse. com/files/trantSteveResearchReport2008. pdf.

②　Kowatsch T, Maass W. The impact of predefined terms on the vocabulary of collaborative indexing systems[C]//European Conference on Information Systems,2008:2136—2147.

③　Bollen D, Halpin H. An experimental analysis of suggestions in collaborative tagging[C]// 2009 IEEE/WIC/ACM International Joint Conference on Web Intelligence and Intelligent Agent Technology. New York: ACM,2009:108—115.

④　Lin Y L, Trattner C, Brusilovsky P, et al. The impact of image descriptions on user tagging behavior: A study of the nature and functionality of crowdsourced tags[J]. Journal of the Association for Information Science and Technology,2015,66(9):1785—1798.

⑤　Golbeck J, Koepfler J, Emmerling B. An experimental study of social tagging behavior and image content[J]. Journal of the American Society for Information Science and Technology, 2011,62(9):1750—1760.

多关于视觉元素的标签。Wang 等在医学图像标注实验中发现,较于新手,拥有更多知识的专家给图片添加更多的有关高层语义属性的标注①。

除了上述的外在因素,图片自身的内容也是重要的影响因素。Golbeck 等②的实验中,抽象图片比起具象的图片来说,会得到更多描述视觉元素的标签。可能是因为这些图片没有具体的对象内容,因而得到更多关于颜色或形状的标签。其实验结果还发现:具有 5 个 AOIs(Areas of Interest)的图片得到了最多的标签,其次是 6 个和 4 个。

综上所述,用户的图像检索行为主要受到检索任务类型和目标、补充信息(图片语境、先验知识等)的影响。而用户的标注行为主要受到社区交互、背景信息(已有标签、图片描述、先验知识等)的影响。

二、图像用户行为研究进展可视化分析

随着图像资源和图像用户规模的增加,针对图像用户行为的研究呈现了高速增长的态势,而目前国内外缺乏相应的文献对其研究进展进行定量或定性的归纳总结。本节以 web of science 中收录的近 20 年的有关图像用户行为的相关文献作为研究对象,运用文献计量和可视化的方法,对收集的数据进行分析,揭示图像用户行为研究领域的研究力量分布、学科分布、重要文献等的分布特征,并分析图像用户行为的研究热点与前沿,为科技工作人员在本领域的研究提供选题和开展研究的理论支撑,最终更好地提高图像信息服务的质量。

本文采用 CiteSpace 对数据进行分析,CiteSpace 是一种基于 Java 语言的数据分析和图谱可视化工具③,由美国德雷克塞尔大学信息技术与科学学院的陈超美博士及其研究团队研发,现已广泛应用于信息可视化的研究之中。本文通过 CiteSpace 绘制的可视化图谱,分别对图像用户行为研究领域的研究力量、作者合著及共引关系、文献共被引关系和文

① Wang X, Erdelez S, Allen C, et al. Role of domain knowledge in developing user-centered medical-image indexing [J]. Journal of the American Society for Information Science and Technology, 2012, 63(2) :225—241.

② Golbeck J, Koepfler J, Emmerling B. An experimental study of social tagging behavior and image content[J]. Journal of the American Society for Information Science and Technology, 2011, 62(9) :1750—1760.

③ Chen C M. CiteSpace II :Detecting and visualizing emerging trends and transient patterns in scientific literature[J]. Journal of the American Society for Information Science and Technology, 2006, 57(3) :359—377.

献主题词进行定量分析,从而看出图像用户行为研究领域在近 20 年的演进历程与动向,同时还对中心度较高的文献进行深度解读与分析,以探寻此领域的研究热点及其未来的发展趋势。

(一)数据来源

本文采用了主题词检索的方式获取数据,研究所用数据均源自于 web of science,时间跨度为 1994—2014 年,数据库选择引文数据库 SCI-EXPANDED、SSCI、CPCI-S 和 CPCI-SSH。检索时以标题 = image user behavior 为检索式进行检索,得到 1259 条题录数据,精炼后不足 500 篇,由于检索结果少于预期,无法达到可供分析的数据量。由于现在的研究人员普遍认为图像用户行为主要包括图像浏览行为、图像检索行为和图像存取行为,于是笔者在第一次检索的基础上,保持其他条件不变,将检索词扩充为“image user behavior”or“image browsing behavior”or“image retrieval behavior”or“image access behavior”,检索结果为 2529 条。然后对检索结果进行精炼,选择文章类型为 ARTICLE、PROCEEDING PAPER 和 REVIEW,学科类别为 COMPUTER SCIENCE ARTIFICIAL INTELLI-GENCE(323)、COMPUTER SCIENCE INFORMATION SYSTEMS(246)、COMPUTER SCIENCE THEORY METHODS(204)、COMPUTER SCIENCE INTERDISCIPLINARY APPLICATIONS(109)和 INFORMATION SCIENCE LIBRARY SCIENCE(89),共 675 条题录数据(部分学科类别有所重叠)。最后将这 675 篇文献的题录信息以全记录(包含引用的参考文献)的形式进行输出,并将其以纯文本文件格式进行保存。(数据采集时间为 2015 年 5 月 18 日。)

(二)研究力量分析

1. 年载文量分析

某领域的论文在时间上的分布在一定程度上反映了该学科领域学术研究的理论水平和发展速度[①]。笔者以收集到的 675 篇文献为样本,制成了从 1995 年开始到 2014 年 20 年间的年载文量的折线图,以反映

---

① Turoff M,Chumer M,De Walle B V. The design of a dynamic emergency response management information system(DERMIS)[J]. Journal of Information Technology Theory and Application (JITTA),2003,5(4):1—36.

一段时间内图像用户行为研究的发展趋势。

如图 2 - 1 所示，图像用户行为研究的年载文量在 1995 的时候只有 1 篇，说明当时此方面的研究非常薄弱，还处于起步阶段。在接下来的 20 年间，载文量在波动中呈现整体上升的趋势，于 2013 年到达了最高峰（69 篇），在这之前载文量分别在 1998 年、2006 年和 2011 年产生了较大的回落，而在这之后的 2014 年载文量同样大幅下降（51 篇）。笔者分析，这可能因为这一研究领域目前还不够成熟，还没有引起学术界的重视，尚未形成完整的研究体系；另外也有可能是领域研究的重点产生了转变，具体原因还有待于进一步分析。

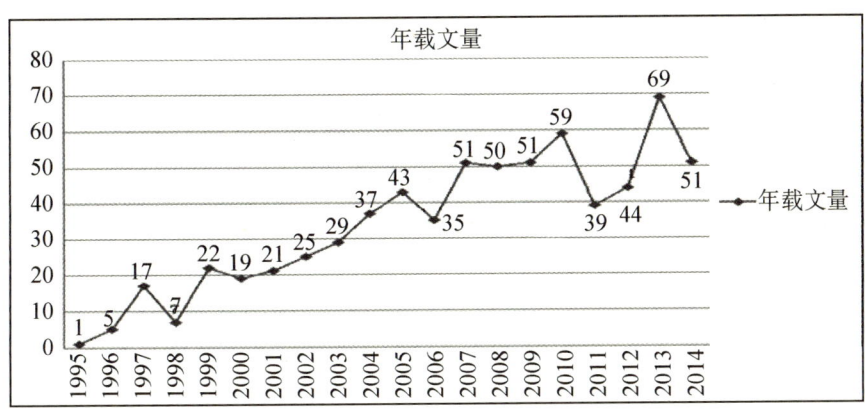

图 2 - 1　图像用户行为研究论文年载文量折线图

2. 国家和机构分析

在 CiteSpace 软件的界面上，导入下载的数据源，算法选择最小生成树（Minimum spanning tree）算法，主题词来源选择题名（Title）、摘要（Abstract）、作者关键词（Author Key-words）和扩展关键词（Keywords Plus），时间跨度选择 1995—2014 年，Time Scaling 的值为 1，即将 1995—2014 年分为 20 个时间段进行处理，网络节点确定为 Country 和 Institution，数据抽取对象为 top30，运行 CiteSpace，得到图像用户行为研究的国家机构分布图。

图中每个圆形节点代表国家，处于直线分支上的小节点则代表机构，圆形节点的大小代表该国家或地区的发文量大小，节点越大，则该国家或地区发文量越多[①]。图 2 - 2 显示，国际上在图像用户研究领域发文

---

① 秦晨. 数字图像资源用户行为分析［D］. 华中师范大学，2012.

量较大的国家或地区主要有中国大陆和台湾,日本、美国、英国、法国、西班牙、德国、加拿大、韩国等,其中美国的研究力量非常强大,远超其他国家和地区。

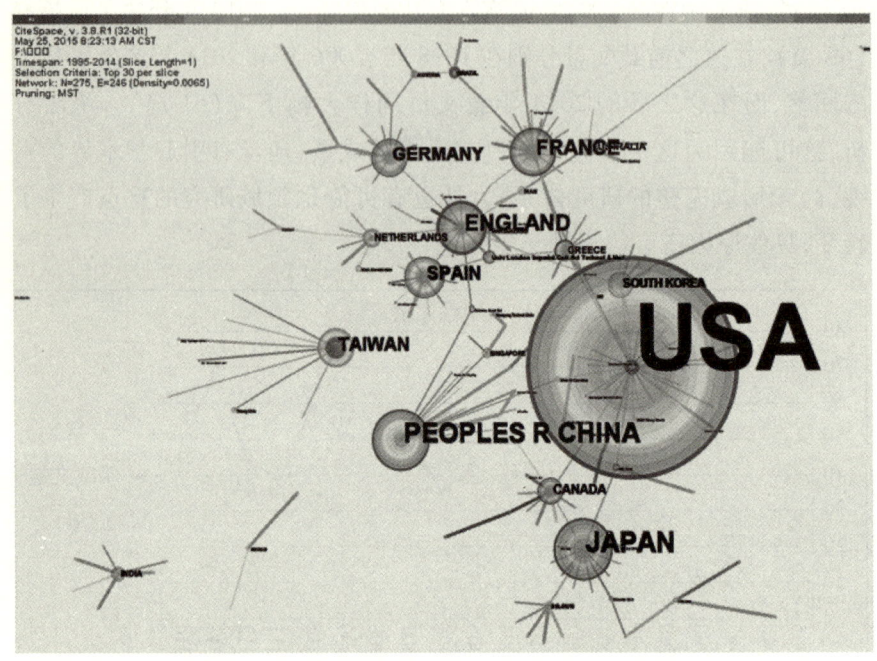

图 2 - 2　图像用户行为研究的国家机构分布图

为进一步分析图像用户行为中国家和机构的力量分布,选取发文量大于 21 篇的 10 个国家或地区和发文量大于 5 篇的 13 个研究机构,制成图像用户行为研究的国家机构分布表。

表 2 - 3　图像用户行为研究的国家机构分布表

Country（Region）	Freq	Centrality	Year	Institution	Freq	Year
USA（美国）	168	0.65	1997	Univ London Imperial Co（伦敦帝国理工学院）	10	2005
JAPAN（日本）	51	0.22	1999	Univ Amsterdam（阿姆斯特丹大学）	8	2010
PEOPLES R CHINA（中国大陆）	48	0.24	1999	Univ S Florida（佛罗里达州立大学）	8	2011

续表

Country（Region）	Freq	Centrality	Year	Institution	Freq	Year
ENGLAND（英国）	41	0.43	1995	Nanyang Technol Univ（南洋理工大学）	7	1999
FRANCE（法国）	39	0.26	1998	Tatung Univ（台湾大同大学）	7	2005
SPAIN（西班牙）	34	0.11	1999	MIT（麻省理工学院）	6	1998
TAIWAN（中国台湾）	34	0.00	2005	Univ Illinois（伊利诺伊大学）	6	1999
GERMANY（德国）	33	0.15	1998	Osaka Univ（大阪大学）	6	1999
CANADA（加拿大）	23	0.13	1996	Penn State Univ（宾夕法尼亚州立大学）	6	2001
SOUTH KOREA（韩国）	22	0.15	2000	Monash Univ（莫纳什大学）	6	2004
				Eastman Kodak Company（柯达公司）	6	2006
				Univ N Carolina（北卡罗来纳大学）	6	2006
				Cheng Kung Univ（台湾成功大学）	6	2007

（1）从发文频次（Freq）来看,美国的发文量遥遥领先其他国家和地区,发文频次为168篇,三倍于第二位的日本（51篇）,排在第三的是中国大陆,拥有48篇的发文量,其次分别英国（41篇）、法国（39篇）、西班牙（34篇）、中国台湾（34篇）、德国（33篇）、加拿大（23篇）、韩国（22篇）;机构中伦敦帝国理工学院是发文量最大的研究机构,发文频次为10,其次是阿姆斯特丹大学和佛罗里达州立大学,均为8篇。而排在4、5名的分别为两所亚洲大学,新加坡南洋理工大学（7篇）和台湾大同大学（7篇）。13个高发文量的研究机构中美国占了5个席位,欧洲国家的机构占据了前两位,这也反映了虽然亚洲国家的发文量位列前茅,但是亚

洲研究机构的实力却稍逊于欧美的研究机构。尤其是中国大陆,拥有世界第三的发文量,却没有一家机构的发文量在国际上排在前十,发文最多的机构是中国科学院(4篇),说明我国在图像用户行为研究领域的科研力量不够集中,这将导致科研机构缺乏核心竞争力以及成果转化率不高等问题。所以在这种情况下我国需要加强科研战略建设,做好科研规划工作,整合资源,提高我国科研机构的整体实力和国际影响力。

(2)从节点中心度(Centrality)来看,中心度是用来衡量节点在网络中重要程度的指标,通常位于连接两个聚类的路径上[①],一个节点的中心度越大就意味着这个节点的中心性越高,该节点在网络中就越重要。表2-3所示,美国的节点中心度依旧是世界第一(0.65),表明美国在这一领域较为活跃,并与其他国家和地区都直接或者间接地存在合作关系;英国的发文频次虽不及日本和中国大陆,但它的中心度却远高于这两个国家,达到了0.43,并且在图2-2中可以发现,英国与法国、德国、西班牙等国之间有较为密集的连线,说明英国与其他国家(尤其是欧洲国家)的合作非常密切。由此可见,在图像用户行为研究这一领域,世界范围内美国拥有最强大的科研力量,而在欧洲范围内,英国是这一领域的研究中心。另一方面,台湾拥有34篇的发文量,在国际上排第六位,然而中心度却为0,说明台湾很少与其他国家进行科研合作。

(3)从研究年代(Year)来看,英国是最早对这一领域进行研究的国家(1995年),其次是加拿大(1996年),紧接着是美国(1997年)、法国(1998年)和德国(1998年)。而亚洲国家开始研究的年份稍晚,最早的是中国大陆和日本,均为1999年,中国台湾则在2005年才开始进行研究。

(4)科研机构中,表现最活跃、实力最强的研究机构主要是大学,由此可见,大学作为科研基地,在学术创新和交流上扮演着重要的角色。不过从分析结果看出,研究机构的中心度均为零,说明机构之间的合作较少,没有形成聚类。任何一个研究课题单靠某个人或某个团体都很难完成,需要研究人员、机构和国家之间合作,实现优势互补才能实现共赢的局面,所以我们十分鼓励国家之间、机构之间开展更全面的科研合作。

(三)学科分布分析

通过对学科分布的情况进行分析,进而探寻图像用户行为研究领域在

---

① 赵蓉英,王菊.图书馆学知识图谱分析[J].中国图书馆学报,2011,37(2):40—50.

学科层面的研究现状,以便了解那些在图像用户行为研究领域中发挥关键作用的学科。在 CiteSpace 软件的界面上,保持其他设定不变,将网络节点确定为 Category,运行 CiteSpace,得到了图像用户行为研究的学科分布图。

图谱显示的圆形节点的大小代表发文量,从图 2 − 3 可以看出计算机科学(Computer Science)拥有最大的节点,并且远远超过其他学科。而圆形节点之间连线表示各学科之间的联系程度,线条的粗细代表联系程度的大小,线条的多少代表与之有联系的其他学科的数量。如图 2 − 3 所示,在图像用户行为研究领域,各学科之间的联系比较普遍,其中比较重要的学科有计算机科学(Computer Science)、工程学(Engineering)和图书情报学(Information Science & Library Science)。

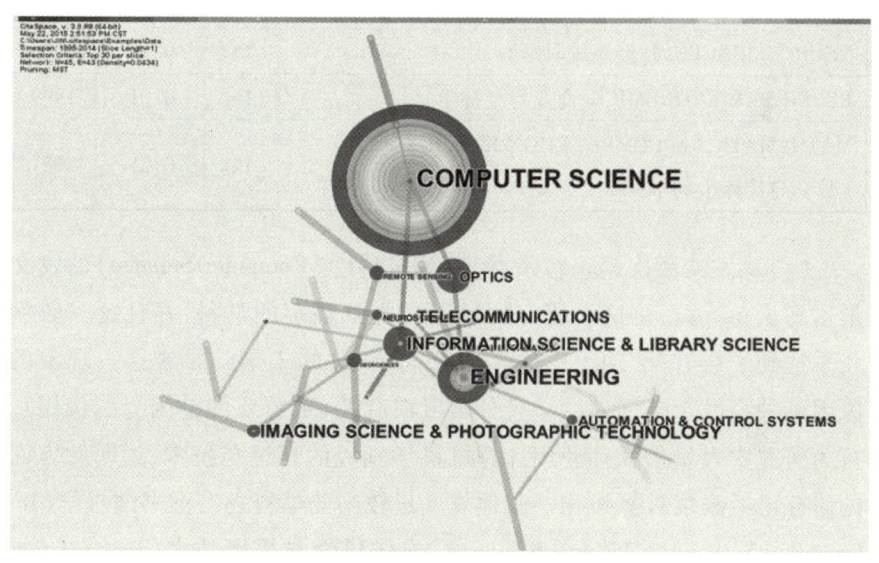

图 2 − 3　图像用户行为研究的学科分布图

为了能够通过具体数据来进一步探寻这一领域的学科分布情况,制成图像用户行为研究的学科分布表,由于篇幅有限,这里只讨论发文量在 10 篇以上的学科。

表 2 − 4　图像用户行为研究的学科分布表(发文量 > 10)

Subjects	Freq	Centrality	Year
COMPUTER SCIENCE(计算机科学)	645	0. 70	1996
ENGINEERING(工程学)	223	0. 52	1997

续表

Subjects	Freq	Centrality	Year
INFORMATION SCIENCE & LIBRARY SCIENCE（图书情报学）	89	0.35	1995
IMAGING SCIENCE & PHOTOGRAPHIC TECHNOLOGY（成像科学与摄影技术）	84	0.20	1999
TELECOMMUNICATIONS（电信学）	54	0.22	1996
OPTICS（光学）	26	0.07	1997
AUTOMATION & CONTROL SYSTEM（自控系统）	26	0.15	2001
RADIOLOGY（放射学）	25	0.19	2000
ROBOTICS（机器人学）	19	0.00	2001
NEUROSCIENCES（神经系统科学）	15	0.14	2003
BUSINESS & ECONOMICS（商业与经济学）	14	0.01	1999
MATHEMATICS & COMPUTATION BIOLOGY（数学与计算生物学）	11	0.25	2007

（1）从发文频次（Freq）来看，计算机科学（Computer Science）的发文量达到了645篇，是这一研究领域发布文献最多的学科，并且这一数字几乎达到了排在第二的工程学（Engineering）的3倍。导致这一现象的原因某种程度上与国外的学科分类习惯有关，更重要的是因为图像用户行为研究中大量依靠和使用计算机科学领域的理论与技术，说明此方面的研究已经高度计算机化。其他发文量较高的学科还有图书情报学（Information Science & Library Science）、成像科学与摄影技术（Imaging Science & Photographic Technology）以及电信学（Telecommunications），发文量分别为89篇、84篇和54篇。

（2）从节点中心度（Centrality）来看，发文量最高的三个学科也拥有最高的中心度，分别为0.7、0.52和0.35，这也再一次明确了计算机科学、工程学和图书情报学这三个学科在图像用户行为这一研究领域的核心地位。值得注意的是，数学与计算生物学（Mathematical & Computational Biology）发布的研究文献虽然只有11篇，但它的中心度却高达0.25，超过成像科学与摄影技术的0.2和电信学的0.22，这也说明了数学与计算生物学和其他各学科间的联系比较紧密，在图像用户行为的研究中发挥着较高的作用。数学与计算生物学是一门典型的交叉学科，是指开发和应用数据分析、数据理论的方法、数学建模和计算机仿真技术,用于生物学、行为学和社会群体系统研究的一门学科,涉及的学科包括数学、统计学、化学、物理学、生物学和计算机科学等①。机器人学(Robotics)的发文量为19,排到了所有学科的第九位,可是中心度却为0,这说明这个学科在此领域内与其他学科联系很少,这可能是由于这个学科创立时间较晚,还没有发展成熟有关。另一个低中心度的学科是商务经济学,中心度为0.01。

(3)从最早发文时间(Year)来看,图书情报学在1995年就发表了图像用户行为的研究文献,说明图书情报学是最早开始在这一领域进行研究的学科。计算机科学和工程学的最早发文时间为1996年和1997年,同样属于较早进行研究的学科。发文时间最晚的学科是数学与计算生物学(2007年)。

(四)重要文献分析

单篇文献被引频次是该文献质量、学术影响力及其价值的重要测度,单篇文献被引频次与其学术影响力和价值成正比。通常情况下,文献的被引频次越高,该文献在某学科领域中的重要性程度越大②。

在CiteSpace软件的界面上,保持其他设定不变,将网络节点确定为Cited references,运行CiteSpace,得到了图像用户行为研究领域关键文献知识图谱。

图2-4中节点大小与文献被引频次多少成正比,节点越大,代表文献被引次数越多。被引频次10次以上的文献有10篇,这10篇文献知识含量高,学术价值大,在图像用户行为研究领域中具有较大的影响力,详见表2-5。

① 廖畅.复杂网络中的局部动力学模型[D].上海交通大学,2010.
② 邱均平,吕红.基于知识图谱的知识网络研究可视化分析[J].情报科学,2013(12):3—8.

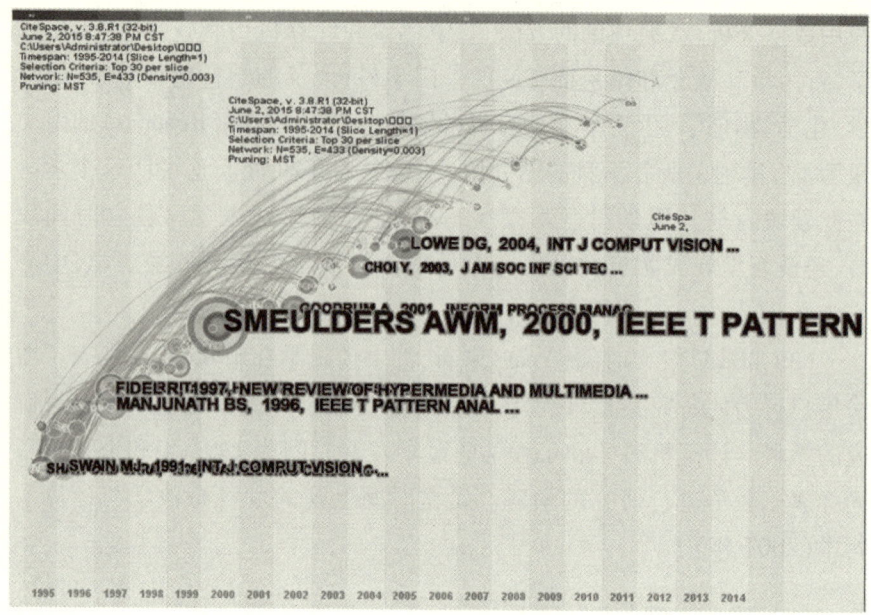

图 2 - 4　图像用户行为研究领域关键文献知识图谱(高被引)

表 2 - 5　知识网络研究领域关键文献(高被引)

Freq	Author	Year	Name
31	Smeulders AWM	2000	Content-based image retrieval at the end of the early years(基于内容的图像检索综述)
17	Manjunath, B S	1996	Texture features for browsing and retrieval of image data(纹理特征的浏览和图像信息的检索)
16	Fidel R	1997	The image retrieval task: implications for the design and evaluation of image databases(图像检索的任务:影响图像数据库的设计与评价)
16	David G. Lowe	2004	Distinctive image features from scale-invariant key-points(从尺度不变的关键点选择可区分的图像特征)
15	MJ Swain	1991	Color indexing(颜色索引)
14	Armitage, LH	1997	Analysis of user need in image archives(图像档案用户需求分析)
14	Goodrum, A	2001	Image searching on the Excite Web search engine(在 Excite Web 搜索引擎中的图像搜索)

续表

Freq	Author	Year	Name
13	Choi Y	2003	Searching for images：The analysis of users' queries for image retrieval in American history（图像搜索：美国历史上用户图像检索查询分析）
13	Shatford Sara	1986	Analyzing the subject of a picture：A theoretical approach（分析一张图片的主题：一种理论方法）
12	Jorgensen C	1998	Attributes of images in describing tasks（图像在描述任务上的贡献）

　　按照被引频次来看，被引次数最多的文献是 Content-based image retrieval at the end of the early years，中文名为"基于内容的图像检索综述"，作者是阿姆斯特丹大学的 Smeulders A. W. M.，研究方向为计算机科学（Computer Science）和工程学（Engineering）。这篇发表于世纪之交的综述类文献堪称图像检索研究的经典，是每位相关研究者的必读文献。文献首先讨论了基于内容检索的工作条件，包括使用方式、图片的类型、语义的作用以及感知的差距。随后又讨论了图像检索系统的计算步骤：第一步是对图片进行处理，按照颜色、纹理和局部几何对检索分类；第二步是从累积和全局特征、突出点、物体的形状特征、标志和结构组合等方面对检索的特征进行论述；在结论部分，作者提出了自己的看法，认为对计算机视觉、问题评价、语义鸿沟和信息检索等问题的研究将成为该领域的驱动力[①]。

　　被引次数第二多的是 Texture features for browsing and retrieval of image data，中文名"纹理特征的浏览和图像信息的检索"，作者 B. S. Manjunath，文章重点探讨的是图像处理方面，特别是使用纹理信息浏览和大型图像数据的检索。10 篇高被引文献中，发布时间最近的一篇是 2004 年发布的 Distinctive image features from scale-invariant keypoints，中文名"从尺度不变的关键点选择可区分的图像特征"，作者是来自加拿大英属哥伦比亚大学计算机科学系的 David G. Lowe，该文提出了一种从图像中提取独特不变特征的方法，可用于完成不同视角之间目标或场景的可靠匹配的方法[②]。

[①]　Smeulders A W M，Worring M，Santini S，et al. Content-based image retrieval at the end of the early years[J]. IEEE Transactions on Pattern Analysis and Machine Intelligence，2000，22（12）：1349—1380.

[②]　Lowe D G. Distinctive image features from scale-invariant keypoints[J]. International Journal of Computer Vision. 2004，60（2）：91—110.

（五）研究热点领域分析

研究热点是某一时期内,有内在联系的、数量相对较多的一组文献共同探讨的科学问题或专题。从文献计量学的角度看,在某学科领域内被引频次最高的研究型文献通常是该领域研究热点的集中体现①。主题词是一篇文章的核心和精髓所在,一篇文献的关键词是反映研究成果核心内容的自然语言词汇,是对文章主题的高度概括和精炼,是规范化的语言。高频关键词是当前某学科领域被研究者集中研究的主题内容,分析高频关键词对了解相关学科领域的研究现状非常重要,通过词频分析得出的高频关键词可揭示相关研究领域的研究热点②。将前文确定的数据源导入 CiteSpace 中,网络节点确定为关键词,选择适当的阈值,运行 CiteSpace 软件,得到由关键词生成的一个研究热点知识图谱,如图 2-5,圆形节点的大小代表了被引频次的高低,其中出现频次较多的关键词在一定程度上代表了该领域的研究热点。

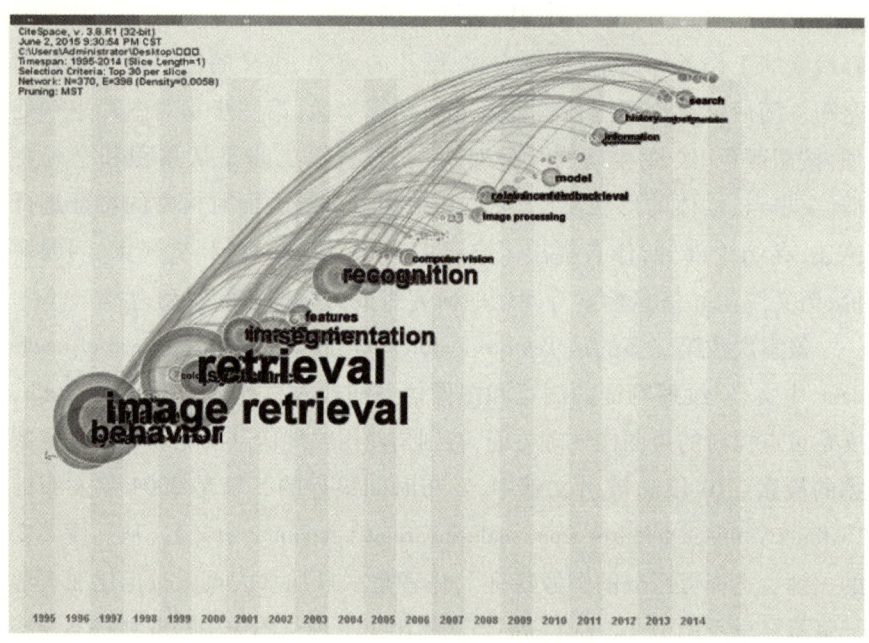

图 2-5　图像用户行为研究热点知识图谱

---

① 徐灿,陈晨. 基于 CiteSpace 的学科领域研究热点与前沿可视化分析——以无线传感器网络领域为例[J]. 信息资源管理学报,2013(4):69—75.

② 马海群,吕红. 基于中文社会科学引文索引的中国情报学知识图谱分析[J]. 情报学报,2012,31(5):470—478.

从图2.4上我们可以清晰地看到图像用户行为研究的热点领域。由于检索主题词设置和学科研究等原因,"image""behavior""users behavior"等是高频关键词,但对于研究热点分析价值不大,因此下文的关键词分析中,不考虑这两个词的影响力。

通过对数据进行整理,同时对意思相同的词进行合并统计,然后取前十个高频关键词,可以得到图像用户行为的热点词统计表,见表2-6。

表2-6 图像用户行为研究热点词统计表

Rank	Freq	Year	Keywords
1	95	1996	image retrieval(图像检索)
2	52	1999	retrieval(检索)
3	38	1999	system(系统)
4	38	2004	model(模型)
5	26	2004	recognition(识别)
6	25	2001	segmentation(分割)
7	21	2001	image processing(图像存取)
8	19	2009	classification(分类)
9	18	1999	performance(表现)
10	17	2005	user interaction(用户交互)

通过图2-5和表2-6的分析,发现图像用户行为研究热点的关键词主要有:图像检索、检索、系统、模型、识别、分割、图像存取、分类、表现和用户交互。在上述研究关键词中,最为研究人员所关注的为"图像检索"和"检索",图像检索主要依据图像的颜色特征、形状特征、空间关系特征以及纹理特征进行检索,对这个领域的研究是图像用户行为研究的热点所在。总体来说,研究人员的研究关注领域主要体现在3个方面,首先为"图像信息系统、图像存取"等方向,代表研究人员对图像信息资源的组织和利用理论和实践的关注;其次为"模型、识别、分割、分类",反映研究人员在图像用户行为研究中多以技术为中心的特性;此外,图像"表现、用户交互"同样成为研究人员关注的热点,代表图像用户行为研究中,用户行为同样受到关注。

（六）小结

第一,从研究力量来看,近20年内图像用户行为研究的年载文量从最初的只有一篇到 2014 年的 51 篇,总体是呈上升趋势的,但是期间有较大幅的波动。这说明对这一领域的研究起步较晚,到目前为止虽然取得了较大的发展,但尚未形成成熟的研究体系。美国作为这一领域研究力量最强大的国家,拥有最大的发文量和最高的中心度,英国是最早开始进行相关领域研究的国家,同时拥有第二高的中心度。中国大陆和日本的研究力量比较接近,其研究力量在美国和英国之后,以上 4 个国家对这一领域的研究贡献较高。大学(尤其是欧美的大学)作为主要的研究机构,成为图像用户行为研究领域的中坚力量。

第二,从学科分布来看,图像用户行为研究领域学科分布的聚合度是比较高的。计算机科学、工程学和图书情报学是最早开始进行相关研究的 3 个学科,近 20 年间绝大多数的研究成果来源于此,同时它们与其他学科保持着紧密的联系,在图像用户行为研究领域发挥着十分重要的作用,是这一领域的核心学科。数学与计算生物学开展研究的时间较晚,且发文量不高,但具有较高的中心度,或将在未来成为这一领域的重要学科。

第三,从重要文献来看,2000 年发表的"基于内容的图像检索综述"是这一领域被引次数最多的文献,对之后十几年的研究产生了深远的影响。

第四,从研究热点领域分析来看,对图像用户的图像检索行为的研究是这一领域的研究热点,此外,图像用户行为的系统和模型研究在这一领域比较重要,这也反映出图像用户行为研究强技术性的一面。

第二节　图像用户行为相关应用分析

本节通过选取美食类图像网站、摄影类图像网站以及图像社会标注网站,重点进行图像相关文本的抽样与内容分析,以了解这些网站用户在不同类型图像的深层语义方面的需求,为深化图像语义研究提供应用调查依据。

一、美食类图像用户行为相关应用分析

美食类图像是丰富语义的一类典型图像,在网络上也有大量可利用的用户描述或评论信息。因此,本文通过分析这些信息,来了解用户对

美食类图像的潜在语义需求。

　　美食图像用户可能存在寻找美食、学习烹饪和了解文化三种不同目的,因此,本文选取大众点评网、豆瓣网和美食杰作为相应调研对象,分别进行调研和文本统计,研究用户的语义描述行为,并归纳出与图像语义有关的重要关键词。

　　大众点评网①的美食版块设计偏向于"寻找美食",网站收录的对象主体是店铺。对于店铺的描述采用"口味""环境"和"服务"三方面,对于美食本身的描述集中于"口味"主题下;另外,用户对于菜品的描述主要集中在用户评论区。通过对店铺以及菜品中超过30篇用户评论的抽样调查与内容分析,得出针对菜品本身的评价词中出现较多的是"香""精致""有食欲""性价比高""口感"(由"油腻""清淡"等描述总结而来)等。

　　图2-6截取自豆瓣网②。豆瓣网的美食部分主要为日志形式,其中大部分的日志内容为作者去到旅游地,了解当地文化与美食,或者是作者将当地的美食与文化特点相结合,以日志的形式向网友们分享,因此以豆瓣网作为对应"了解文化"的调查对象,在抽样调查与内容分析豆瓣小组的30篇日志后得出用户为美食图像添加的语义描述中,重要的词有"色泽""口感""做法""来源"等。

图2-6　豆瓣网日志界面示例

---

①　大众点评网. http://www.dianping.com/.

②　豆瓣网. http://www.douban.com/.

图 2－7 截取自美食杰①。美食杰网站是国内人气较高的"厨房网站",因此以其作为本文"学习烹饪"需求的调研对象。需要指出,美食杰网站已将可视化语义标注与检索在一定程度上运用起来,其 4 个可视化标注点分别为"难度""人数""准备时间"和"烹饪时间",另外,在图像描述文本中,较多地出现了"工艺""口味"以及"功效"等语义信息,而且,这些语义词往往带有一些强度描述的修饰词,才对其他用户具有实际参考价值。

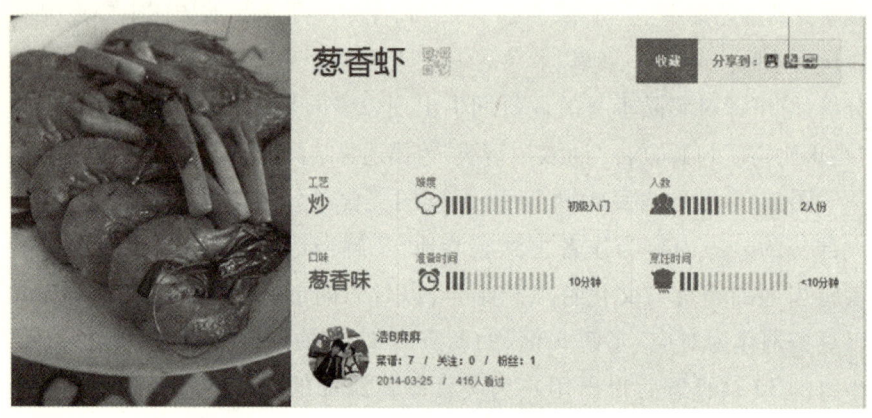

图 2－7　美食杰菜品介绍界面示例

通过网络上人们对于美食图像的语义行为调查,笔者认为,美食类图像用户对图像语义的主要关注点包括色泽、香味、口味、油腻度、刺激度与食欲 6 个方面,而且,用户存在对这些图像语义进行强度区分的要求。

二、摄影类图像用户行为相关应用分析

摄影类图像具有较高艺术特性,因此,其用户往往出于对艺术品的评价角度,首先对它的审美价值进行评定。然而艺术图像是形式美感,如点、线、面、色、光以及均衡、变化、节奏、比例等美的要素的匠心安排,让人们得到愉悦的精神感受,而这却是一个无法用语言准确描述其愉悦程度的感受。所以,摄影类图像用户对图像深层语义有着较高的管理与利用需求。本部分试图分析一些与美感度及创新度等深层语义有关的摄影类图像网络应用案例,来说明深层语义在图像管理与利用中的重

---

①　美食杰网. http://www. meishij. net/.

要性。

1. 美感度有关的图像网络应用分析

"美感度"常被用于对摄影类图像进行语义描述。本部分中的美感度指：在这些美的要素的综合作用下，用户的直觉感受或许能说明用户对摄影类图像的一种直观评价。

网络调研表明，用户常将"美感"一词用于摄影作品评价。例如，"知乎"问答社区中关于"一张好照片的标准是什么"的回帖[①]中，很多人喜欢用"美"的标准来评价照片。其中一名知乎用户给出的照片评价标准为"形式美感独特而强烈"。另外，我们分析了相关论坛上的图片评价词，例如 Poco. cn 摄影网站的论坛[②]对于一幅作品的评价都是集中在"欣赏""漂亮"等这样一些字眼，反映用户对于摄影类图像的感受主要是和"美"密切相关的。

另外，本部分抽样分析了佳友在线[③]、蜂鸟、中国摄影爱好者等网站的论坛留言，发现大多数摄影作品的欣赏者都比较关注以下几点：照片的整体是否美观、照片的构图是否合理、照片表达的内容、照片的色彩是否绚丽。

2. 创新度有关的图像网络应用分析

创新性是艺术作品的重要特征。创新度是指摄影作品的新颖程度，包括主题的创新、表现形式的创新、表现手法的创新、视角的创新等。

本部分通过调查一些专门做创意图片的网站来了解图像创新度的应用情况。例如，"QUANJING 全景"网站建有较大的图片库，收录大量专业的创意图片，提供创意图片素材和视频素材[④]。"QUANJING 全景"设立了创意专区，实现创意图片的分享与交流[⑤]。再如，Getty Images China(华盖创意)网站能向客户提供来自全球的优质创意图片和影视素材。该网站中，每张图片都要符合至少 6 个或以上创意点，经过完美的修图后才能上线销售，以确保每张照片都具有足够的创新度。

---

① 知乎问答社区论坛. http://www.zhihu.com/question/19590573.
② 中路春早作品论坛. http://photo.poco.cn/lastphoto-htx-id-3900063-p-0.xhtml#.
③ 佳友在线网. http://www.photofans.cn/.
④ 全景图库网. http://www.quanjing.com/.
⑤ 华盖创意图片网. http://www.gettyimages.cn/.

三、图像社会标注网站用户行为分析

本部分调查对象为 Flickr,它的一个重要特点是社会用户能够将照片标上标签,并进行分享浏览。

为了研究 Flickr 上图像深层语义标签的相关用户行为,选择情感标签作为切入点,主要包括"sad"和"anger"情感标签,并获取 2011 年 7 月 25 日至 2012 年 8 月 25 日期间这些情感标签的出现频次,以及与这些标签在同一图片出现的标签集合等相关数据[①],通过对情感标签与共现标签数据进行分析,我们发现图像语义的社会标注行为有以下特点:

(1)对各种基本情感进行社会标注的不均衡性。调查数据中包含 anger 标签与 disgust 标签的图像远小于 happy、sad 与 fear 情感标签的图片数量,其中最高的是 happy 情感标签,这些标签的频次差距在 1—4 个数量级之间。

(2)用户较多地使用带有主观感情色彩的语义词作为标签,这些标签词主要表现用户对图像的感受,且描述图像情感语义的词汇选择范围很大;而且图像情感标签的共现标签及替代标签多为其派生词汇,表现出一定的词汇聚集特性。例如,在 171 个高频标签中,带有强烈感情倾向色彩的词汇有 52 个:alone、bad、beautiful、big、black、blue、broken、conceptual、crazy、crying、cute、dark、dead、dirty、fashion、funny、gothic、green、happy、hot、interesting、little、mad、old、poor、pretty、red、retro、scary、serious、sexy、sitting、upset、urban、vintage、white、young、beauty、depression、hate、horror、hurt、joy、love、mystery、nature、pain、peace、sadness、smile、sorrow、tears。

(3)图像信息资源标签涉及多个语义层次,且用语规范性较低。例如,blackandwhite、blackwhite 和 bw 这 3 个标签,是相同意义的不同表达形式;社会标签还涉及很多种类型,其中包括与摄影器材、技术、过程、地点等相关的词汇,如 camera、candid(偷拍的)、canon、closeup(特写镜头)、digital、flickr、image、images、iphone、nikon、photo、photography、photojournalism、photos、photoshop、streetphotography(街拍);在语义层次上,部分标签为对图像信息的客观描述,如 adult、asian、animal、boy、caucasian(高加索人)、child、female、flower、germany、ghost、girl、girls、god、lady、

---

① 陆泉,陈静,丁恒.基于社会标签的图像情感自动分类标注研究[J].图书情报工作,2014(6):118—123.

male、man、me、men、people、person、woman、women 等,也有相当比例带有主观感情色彩的语义标签,如上一条提到的 bad、beautiful、crazy、crying、cute、funny、hot、interesting、mad 等。

(4)用户多选择简洁、长度较短、符合个人习惯的词汇作为标签。在分析涉及的数据中,所有高频标签均为单词或词汇短语;而且很多词汇的缩写或简写近义词也高频出现,如 usa 与 america 均为高频词汇。另外,统计结果显示,近96%的标签都是由 2—10 个字母组成,所有标签的平均字符串长度为 5.57,这表明用户倾向于选择简练的词汇而不是一句话来对图像进行描述。

本章小结

本章重点从图像及其语义的管理利用角度,对现有图像用户行为研究与应用进行梳理,首先,对图像用户行为研究进行梳理和述评,以明确图像用户行为研究的主要领域与主要方法;其次,选取 web of science 中近 20 年的图像用户行为相关文献,对图像用户行为研究的力量、学科、重要文献、热点领域等进行了可视化分析,以全面掌握国际相关研究进展;最后,选择 3 个典型应用领域,对图像深层语义的用户行为进行调研分析,以了解图像用户对图像语义的潜在需求。

本章介绍了图像用户行为研究、图像用户行为研究进展可视化分析与图像用户行为相关应用分析等内容。其中,第一节从图像浏览行为、图像检索行为、图像采纳行为、图像标注行为及图像用户行为影响因素等领域综述现有图像用户行为研究,以近 20 年的研究文献的计量分析,归纳近期图像用户行为研究的力量分布、学科分布、重要文献及热点领域,为后续研究提供清晰的研究领域全景图;第二节对美食类图像网站、摄影类图像网站以及图像社会标注网站等典型应用的图像用户行为进行调查分析,发现其中存在的一些图像语义需求,包括图像深层语义的需求、图像语义强度量化的需求以及多层次语义的需求等。

第三章　图像语义鸿沟问题

　　图像中包含了复杂多样的语义信息,所以会出现"一图一世界"这样的说法。对图像语义信息的层次与内容进行研究,有助于更好地理解图像,并更精确地找出图像语义信息管理与利用中存在的问题,进而有利于更合理地设计与开展图像语义与图像用户行为研究。

　　因此,本章将重点从图像语义的本质出发,对图像语义层次理论进行系统梳理和归纳,为后文图像语义研究明晰研究对象的内在结构,针对图像语义研究中普遍存在的、具有根本性的图像语义鸿沟问题,以图像标注研究为主要切入点,进行相关研究的梳理总结,分析其研究规律与发展趋势,为相关研究直指图像语义与图像用户行为中的根本问题提供现有研究基础。

第一节　图像语义层次理论

　　图像语义是人对图像内容的认知结果,因此"人们是如何理解图像内涵"成为一个重要的研究问题。以情感语义来说,图像中承载着情感信息被学界广泛认同[1],然而图像中到底包含哪些情感信息,这些情感信息是如何传递的,这些问题至今没有定论。目前普遍认为图像中的情感信息包括两种:①图像本身的内容中反映的情感信息,如悲伤的女孩、愤怒的狂犬;②图像这些视觉内容给人们带来的情感反应,如哭泣的悲伤少女会让一些观测者产生悲伤的情绪。由于这两类情感信息存在一定

---

①　Newhagen J E. TV news images that induce anger, fear, and disgust: Effects on approach-avoidance and memory[J]. Journal of Broadcasting & Electronic Media,1998,42(2):265—276.

交叉,其边界比较模糊,为了明确研究对象,本文中后续研究的图像情感特指观测者对图像内容反映的情感信息的自我认识,即上述第一类情感信息,并认为图像情感语义标签的实质是标注者对图像情感信息的个体认知结果的文字表达。

图像的语义是层次化的,也可以说图像的语义是有粒度的,不同层次的语义粒度不同,可以采用多层结构进行分析。早在 1962 年,Panofsky 就对文艺复兴时期的艺术图像进行了研究,并初步建立了一个三层分析模型,展示了艺术图像内在含义的表达和理解方式,该模型指出对图像的理解包括了前图像志(pre-iconography) 描述、图像志(iconography) 分析与图像学(iconology) 阐释 3 个阶段,并第一次指出了图像中传达情感信息的一种内容单元——“表情”①。通过对图像内容“是什么”和“关于什么”的细化,Shatford 对 Panofsky 的三层分析模型进行改进,将虚幻的、抽象的、象征性的主题(aboutness) 与客观主题(ofness) 分离开来,此后很多学者开始运用 Shatford 提出的这一理论方法分析图像的主题,以之为根据进行图像信息资源组织②。

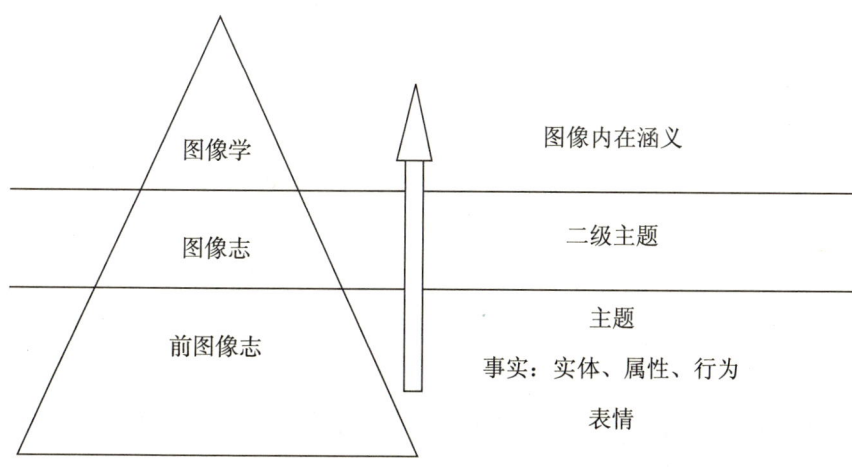

图 3 - 1　Shatford 的图像理解模型

①　Panofsky E. Studies in Iconology:Humanistic Themes in the Art of the Renaissance[M]. New York:Westview Press,1962:14—16.

②　Shatford S. Analyzing the subject of a picture:A theoretical approach[J]. Cataloguing & Classification Quarterly,1986,6(3):39—62.

Hong 等人①将图像内容从传统的仅由视觉特征集合组成延伸至三层结构,即特征层(basic visual content)、对象层(object content)和场景层(scene content)。第一层为特征层,由图像的视觉特征集合组成,如颜色、纹理、边缘等特征。该层的语义主要对应于特征语义。第二层为对象层,是通过对图像中的对象的视觉特征分析理解得到的对对象的语义描述。这一层需要先获取图像中的对象,如"帆船""树""水"等,然后从对象的视觉特征,空间关系,位置等信息中推导出对象语义。该层主要对应于对象语义和空间关系语义。第三层是对多个对象和场景的语义描述,称为场景层,例如"城市""乡村"等。该层是对一组对象语义进行分析得到整个场景的语义,对应于场景语义。从实质上而言,特征层对应的并非真正的图像语义,过去对图像的分析处理多集中在这个层次上。而对象层和场景层则真正利用了图像的语义,是图像语义研究关注的重点。

Jaimes 和 Chang②把图像内容概括成五层,包括区域层(region)、感知区域层(perceptual-area)、对象部件层(object-part)、对象层(object)以及场景层(scene)。其对象层和场景层的含义与 Hong 等人的类似。区域层是指图像中分割出来的连通的区域。感知区域层是相邻且感知相似的区域的集合。对象部件层由多个感知区域组成。该模型的前 4 个层次大致对应于对象语义和空间关系语义,而场景层则对应于场景语义。

随着基于内容的图像检索研究的深入发展,关于图像的理解方式也发生了重要转变,Eakins 和 Graham 在他们 1999 年出版的专著《基于内容的图像检索:JISC 技术应用项目报告》中,首次详细论述了图像的 3 个语义层次,由此建立了图像三层语义模型:第一层特征语义,表示图像视觉的特征,如颜色、纹理和形状等;第二层是指根据视觉特征推导得出的特征,对应则是空间关系语义和对象语义;第三层是对场景和对象进行更高层次

① Hong D,Wu J,Singh S S. Refining image retrieval based on context-driven methods[C]//E-lectronic Imaging'99. International Society for Optics and Photonics,1998:581—593.

② Jaimes A,Chang S F. Model-based classification of visual information for content-based retrieval [C]//Proc. SPIE Conference on Storage and Retrieval for Image and Video Databases VII. San Jose,CA,1999,3656:402—414.

的推理得出的语义,包括情感语义、场景语义和行为语义等①,由此可以看出情感语义是图像的最高语义,并且可由下层语义内容推理而得。

　　基于此,Eakins 和 Graham 把用户的检索需求也分为 3 个层次:第一个层次是根据图像的颜色、纹理、形状或轮廓等原始特征构成检索式。第二个层次是根据图像的逻辑特征信息,包括图像所含对象及其相互关系,在一定程度的逻辑界面来构成检索式。这个层次的检索需求通常被分为两类:检索一个既定类型的物体,检索一个独一无二的人或物。第三个层次是根据图像的抽象特征构成检索式,包括物体或场景所描述和推理出来的抽象意义。这个层次的语义包括场景语义、行为语义和情感语义,这个层次的检索需求也可以被分为两类:检索被命名的事件或活动类型,查找具有情绪或宗教特点的图像。许多学者把第二和第三层次的图像检索概括为"语义层次"的图像检索,而把第一层次和"语义层次"之间的距离称作图像检索的"语义鸿沟"。

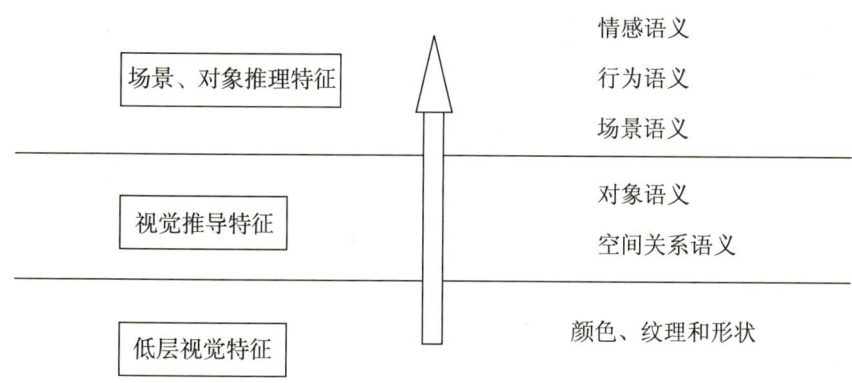

图 3 - 2　Eakins 和 Graham 的图像三层语义模型

　　国内的高永英等②也提出了一个五层结构,依次为原始图像层、有效区域层、视觉感知层、目标层和场景层。所谓有效区域是指一幅图像中相对于人类视觉有一定意义的区域。获得有效区域层的描述之后,需要对图像中每一有效区域进行特征提取以获得视觉感知层的描述。场景层是多级图像描述模型的最高层,它主要考虑的是一幅图像作为一个整体所

①　Eakins J P, Graham M E. Content-based image retrieval[R]//Technical Report JTAP-039, JISC Technology Application Program, Newcastle upon Tyne, 1999:22—25.
②　高永英,章毓晋.基于多级描述模型的渐进式图像内容理解[J].电子学报,2001,29(10):1376—1380.

体现的语义。在图3-3所给出的多级图像描述模型中,目标层是至关重要的一个部分,它是从图像低级特征到高层语义的过渡,具体来说,目标层利用视觉感知层提供的信息,通过目标理解和关系表述形成本层的描述。

此外,学者王惠锋和孙正兴还提出了一个"面向对象图像模型",他们将图像整体作为包含各种属性和特征的对象,并认为组成图像的各个部分也可以看成具有自身的属性和特征的独立对象,对象所有属性和对象之间的存在关系构成了完整的图像描述,并且他们还简要介绍了艺术图像中的情感语义研究①,他们的研究指出了图像的情感语义正是人们对图像其他所有语义内容和全局视觉特征的主观认识。

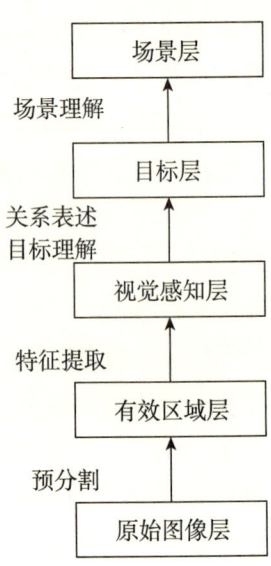

图3-3 高永英等提出的多级图像描述模型

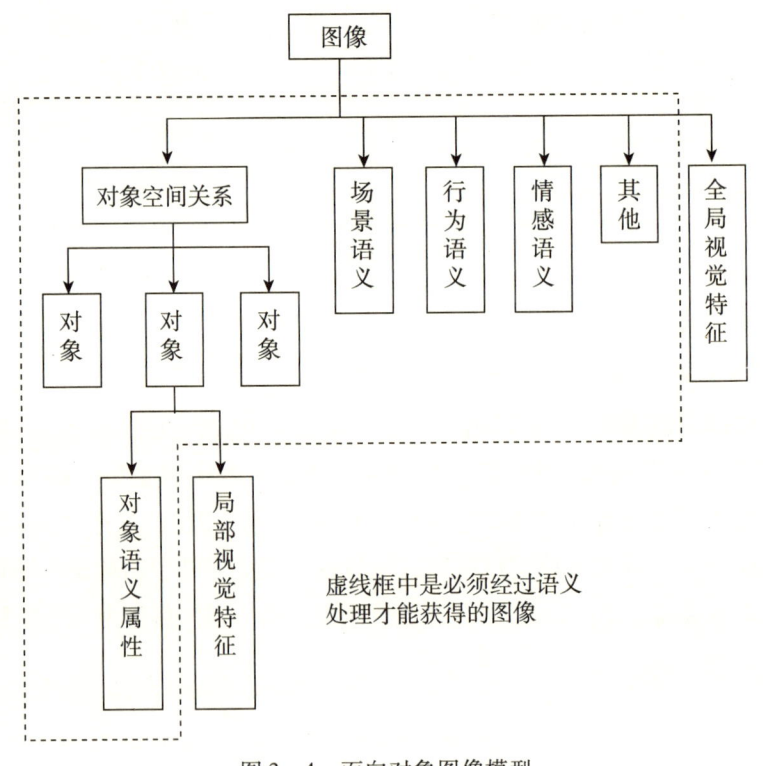

图3-4 面向对象图像模型

---

① 王惠锋,孙正兴.语义图像检索研究进展[J].计算机研究与发展,2002(5):513—523.

第二节　图像语义鸿沟问题的研究

图像语义的复杂性给图像标注与检索带来了巨大挑战,使得现有各种图像标注与检索方法均存在严重的语义鸿沟问题。以图像标注为例,从最初费时费力的基于文本的人工图像标注,到完全自动化的自动图像标注(AIA)、结合相关文本的 Web 图像标注,再到 Web2.0 环境下全民参与的大众标注,图像信息资源语义标注方法与时俱进,图像语义标注水平不断提升。然而,现有图像信息资源语义标注方法仍然面临一些挑战,其中受到重点关注的就是语义鸿沟问题。本节下述内容摘自陆泉等的学术论文①,指出现有图像信息资源语义标注方法均存在不同程度的语义鸿沟问题,分析语义鸿沟问题的产生根源,介绍解决语义鸿沟问题的有益尝试。

一、语义鸿沟在图像语义标注中的普遍存在

对于语义鸿沟,Smeulders 等人将其定义为:在给定的情形下,用户从视觉数据中所获得的信息与其对视觉数据的理解之间存在的不一致②。国内的谢毓湘等人将语义鸿沟问题进一步细化和扩展,把语义鸿沟分为思维与自然语言鸿沟、人机交互鸿沟、特征提取鸿沟、实体语义鸿沟以及抽象语义鸿沟等方面③。

前文所提到的不同阶段的图像信息资源语义标注方法,均存在着不同程度的语义鸿沟问题。基于文本的人工图像标注方法受标注者认知水平和文化背景等因素的影响,其标注结果具有主观性和不确定性,存在思维与自然语言鸿沟。对于自动图像标注方法,Enser 等人指出现有

① 陆泉,韩阳,陈静.图像语义标注方法及其语义鸿沟问题研究进展[J].图书馆学研究, 2014(10):2—6.
② Smeulders A W M,Worring M,Santini S,et al. Content-based image retrieval at the end of the early years[J]. IEEE Transactions on Pattern Analysis and Machine Intelligence,2000,22 (12):1349—1380.
③ 谢毓湘,栾悉道,吴玲达.多媒体数据语义鸿沟问题分析[J].武汉理工大学学报(信息与管理工程版),2011,33(6):859—863.

的模型方法均存在根本性的语义鸿沟问题①；Zhang 等人在研究语义鸿沟现象后进一步指出，该问题是一个"维的诅咒"问题，即涉及的语义层次越高，如场景语义、行为语义和情感语义等，根据低层的图像视觉特征对高层语义进行标注的效果就无可避免地越差，这也导致现有的自动图像标注方法还无法进行具体应用，甚至目前也没有一个被学界普遍接受的已标注图像库②。结合相关文本的 Web 图像标注方法通过提取 Web 图像的文字特征来标注图像，而由于与图像语义并不相关的词语在关联文本中的大量出现，这种方法不可避免地存在特征提取鸿沟。与基于文本的人工图像标注方法相比，大众标注方法不仅同样存在思维与自然语言鸿沟，还存在着由受控词汇、标签语义层次规范等的缺失而导致的人机交互鸿沟。

二、图像语义标注中语义鸿沟问题的产生根源

为了缩小乃至消除现有图像信息资源语义标注方法中存在的语义鸿沟问题，首先要对语义鸿沟问题的产生根源进行分析研究。

在人对图像与语义的认知差异方面，认知神经科学领域的 Cabeza 和 Nyberg 于 2000 年在梳理了 275 份脑部 PET 与 fMRI 研究后指出，感知与图像处理属于大脑的同一区域，而语言及语义处理属于大脑的另一区域，人脑对两者的处理区域及回路均存在差异③，这从根本上解释了，为什么人在某些时候无法用语言及词汇来准确表达自己对图像语义内容的理解。人类对图像与语义的这种认知差异，是基于文本的人工图像标注方法和大众标注方法存在语义鸿沟问题的一个重要原因。在图像信息资源语义标注过程中，这种原因所导致的语义鸿沟问题来源于人类自身。

另外，在计算机对图像语义的处理与用户认知的区别方面，Enser 等人总结指出：计算机标注理论，如共生模型等，过于简单模型化处理用户对图像的认知模型，用单一模型取代了用户对图像的复杂认知过程，因

① Enser P G B, Sandom C J, Hare J S, et al. Facing the reality of semantic image retrieval[J]. Journal of documentation, 2007, 63(4): 465—481.

② Zhang Dengsheng, Islam M M, Lu Guojun. A review on automatic image annotation techniques [J]. Pattern Recognition, 2012, 45(1): 346—362.

③ Cabeza R, Nyberg L. Imaging cognition II: An empirical review of 275 PET and fMRI studies [J]. Journal of Cognitive Neuroscience, 2000, 12(1): 1—47.

此自动图像标注研究中现有的语义概念模型不能表达用户对图像理解而形成的概念[①]。一般认为,人对图像中包含语义的认知,涉及生理、心理、知识结构、社会与文化背景以及所处环境等诸多因素影响。计算机语义与用户认知的这种差别,是造成自动图像标注方法和结合相关文本的 Web 图像标注方法存在语义鸿沟问题的主要原因。在图像信息资源语义标注过程中,这种原因所导致的语义鸿沟问题来源于计算机处理等技术方面。由于这一天然的局限性,即使采用近年来机器学习领域最有前景的深度学习研究,在理论上,也只可能在图像本身的信号处理方面提高处理效果,无法将提取出的特定图形图像与其对应的语义信息准确联系起来。

三、解决图像语义标注中语义鸿沟问题的有益尝试

图像信息资源标注的应用需求不断向高层语义与网络化方向发展,理论不足与现实需求之间的矛盾日益突出[②],为了化解这一矛盾,研究人员尝试从各种角度来研究图像信息资源语义标注中语义鸿沟问题的解决方案。

在早期应用系统方面,Yahoo 与 Google 等互联网上较早实现图像检索的系统,试图利用外部信息提取图像语义,以解决图像语义鸿沟。这类系统利用蜘蛛程序在抓取网页信息的同时,取得图像信息及其相应的语义信息。这里所谓的语义信息可以是图像的文件名、URL、图像附近的文本等,然后交由文本检索的方法来实现索引库的建立。但这种方法有其固有缺陷,文件名、地址等信息并不能准确描述图像的语义信息,甚至有时得到错误的信息,使得检索结果满意程度一般[③]。随着检索方法与模型的不断优化,利用外部信息的图像语义检索方法仍然具有重要地位。

此外,解决语义鸿沟问题的一大思路是合理地将人纳入到图像检索系统,使计算机在人的帮助下更好地获取图像语义信息,提高系统检索

① Enser P G B,Sandom C J,Hare J S,et al. Facing the reality of semantic image retrieval[J]. Journal of Documentation,2007,63(4):465—481.

② 朱学芳,袁顺波,徐强.我国数字图像信息资源应用现状及分析[J].中国图书馆学报,2008(1):56—59,74.

③ 张鸿斌,陈豫.连接基于内容图像检索技术中的语义鸿沟[J].情报理论与实践,2004,27(2):196—198.

的性能。目前,这一思路主要是通过在检索系统中运用相关反馈技术来实现。在系统中引入相关反馈,可以使系统在与用户的实际交互过程中进行学习,建立并修正图像高层语义与低层特征间的联系,从而改善检索效果,典型的应用系统有 MARS 与 iFind。

MARS 系统①采用了基于修改查询向量或相似度度量的权重的策略,通过动态调整图像特征向量权重的方法实现相关反馈图像检索。iFind系统②应用了语义相关反馈进行图像检索,具体而言,iFind 系统的本质是建立一个关键词与图像相关联的语义网络,对图像库中每幅图像都以不同的关键词和权重加以描述,其中一幅图像可能有一个或多个关键词与之对应,且每幅图像对应的关键词及其权重可以根据用户反馈信息加以调整。iFind 系统的相关反馈机理是,首先,人工对一小部分图像进行关键词标引,作为种子集,然后,通过用户对于检索到的结果图像集的相关反馈操作,传递关键词给正反馈的结果图像,并赋予权值或增加其权值,同时,减小与负反馈图像相关联的关键词权值直至取消关联。理论上,如果有足够多的反馈和学习训练,该系统会逐步缩小图像语义鸿沟,建立起一个相对真实的语义空间到特征空间的映射关系网络。

近年来,一些研究人员从标注结果优化的角度来缩小语义鸿沟。Jin 等人使用 WordNet 对结合相关文本的 Web 图像标注方法所得到的标注结果进行优化,通过 WordNet 中词语的属分关系,计算出各个参考标注词之间的相似性,并将相似性低于一定阈值的标注词去除,达到优化图像标注结果的目的③。在大众标注的标签优化方面,Chen 等人提出的批处理再标注方法,能够利用网络上数百万的训练图像以及与之相关联的丰富的文本描述,对同一用户在短时期内上传的一组 Flickr 图像进行噪声标签的自动优化④;Liu 等人提出的基于多图多标签学习的图像再标注

① Rui Y, Huang T S, Mehrotra S. Content-based image retrieval with relevance feedback in MARS[C]//IEEE Proc Int Conf On Image Processing. Piscataway:IEEE Press,1997:815—818.

② 朱兴全,张宏江,刘文印等. iFind:一个结合语义和视觉特征的图像相关反馈检索系统[J]. 计算机学报,2002,25(7):681—688.

③ Jin Y, Khan L, Wang L, et al. Image annotations by combining multiple evidence and wordNet [C]//Proceedings of the 13th Annual ACM International Conference on Multimedia,2005:706—715.

④ Chen L, Xu D, Tsang I W, et al. Tag-based web photo retrieval improved by Batch Mode retagging[C]//Proceedings of IEEE Computer Society Conference on Computer Vision and Pattern Recognition,2010:3440—3446.

方案,则同时利用图像的视觉内容、标签之间的语义关系以及用户提供的先验信息实现图像标签的优化①。这类研究通过使用词表工具(如WordNet)或者综合考虑图像、文本描述和用户信息来实现标注结果的优化,对削减已有图像信息资源语义标注方法所产生的语义鸿沟具有一定帮助。

在深入剖析和利用人对图像的视觉感知方式方面,Itti 和 Koch 的研究指出,当人们浏览图像时,图像的各个区域在人们视觉中所占的权重是不一样的②,形成基于视觉权重的图像标注与检索方法的理论基础。在此基础上,国内的陈祉宏等人于 2011 年提出了基于视觉焦点权重模型的图像标注方法:首先以图像区域的面积、位置和亮度为参数计算出图像各个区域的视觉焦点权重,并提取权重最大的区域作为图像的焦点区域,然后在对焦点区域进行标注的基础上实现对整幅图像的标注,提高了自动图像语义标注的准确率③。这类研究充分利用了人类的视觉感知特点,丰富了图像信息资源语义标注方法,能在一定程度上减小图像信息资源语义标注中的语义鸿沟。但是这类方法在提取焦点区域时准确性不够高,且提取效果受不同的对象类型影响较大,近年来深度学习理论方法在图像识别领域取得了较大突破,是图像语义鸿沟相关研究进一步发展的良好契机。

另外,相关学科的基础研究对未来解决图像语义鸿沟问题有重要指导意义。在用户图像认知与图像行为方面,Damasio 等人于 2004 年研究表明,人在处理感性概念检索时的大脑活动与用词语检索时不同④,与词语—图像关联检索时用户同时使用感性概念和语义词汇相比,用户寻找相似图像时只使用感性概念,其大脑负担小,准确率高;曹梅于 2011 年对网络图像检索行为与心理的研究指出,用户对图像具有较少的认知负担⑤;Iris Xie 通过对人机交互检索的多项基础研究指出:使用符合用户

① Liu D, Yan S C, Hua X S, et al. Image retagging using collaborative tag propagation[J]. IEEE Transactions on Multimedia, 2011, 13(4):702—712.

② Itti L, Koch C. Computational modeling of visual attention[J]. Nature Reviews Neuroscience, 2001, 2(3):194—203.

③ 陈祉宏,冯志勇,贾宇.考虑视觉焦点权重和词相关性的图像标注方法[J].计算机应用,2011,31(9):2518—2521,2541.

④ Damasio H, Tranel D, Grabowski T, et al. Neural systems behind word and concept retrieval[J]. Cognition, 2004, 92(1/2):179—229.

⑤ 曹梅.网络图像检索行为与心理研究[J].中国图书馆学报,2011(5):53—60.

认知习惯的交互设计对保持人机之间的沟通有效性非常重要①,用户习惯于挑选相似图像,或为词语挑选合适图像,而不是给图像加上合适的描述(如 flickr.com 等采取的标注模式)。以上有关用户图像认知及图像行为的研究虽然只在理论层面,还没有出现具体应用,但可为图像语义标注中语义鸿沟问题的解决以及后续的图像信息资源语义标注方法研究提供新思路,比如可以采用可视化交互等方式来实现图像信息资源的语义标注。

四、小结

1. 图像信息资源语义标注方法研究的发展脉络

图像信息资源语义标注方法经历了基于文本的人工图像标注、计算机自动语义标注以及大众标注等发展阶段。其中,图像信息资源数量急剧增长所带来的用户图像需求的增加,模式识别、机器学习等技术的不断进步与成熟,促成了图像信息资源语义标注方法从基于文本的人工手动标注到计算机自动语义标注的跨越,Web2.0 时代的到来所导致的信息交互方式的变化则促成了大众标注方法的兴起。而由于语义鸿沟问题在现有图像信息资源语义标注方法中的普遍存在,研究人员逐步重视语义鸿沟方面的研究,开始尝试从各种角度来解决图像信息资源语义标注中的语义鸿沟问题。

2. 图像信息资源语义标注方法研究的学科特点

通过对图像信息资源语义标注方法研究的学科类别进行分析,可以发现,情报学与计算机科学是其主要的学科载体,但是两者也有不同侧重。计算机科学领域主要从技术的角度来进行研究,提出了很多新模型、新算法,对图像信息资源语义标注方法的研究起着重要的推动作用。而情报学领域则利用自身的学科优势,更多地从用户图像信息需求、图像语义描述规范、标注结果语义优化等角度来进行研究,对现有图像信息资源语义标注模型与算法进行了很多有益改进。不难看出,两者的相互合作与优势互补,对图像信息资源语义标注方法研究的发展以及语义鸿沟的消减具有重要意义。

---

① Perez-Carballo J, Xie I, Cool C. Design principles of Help Systems for digital libraries[J]. Academy of Information and Management Sciences Journal,2011,14(1):101—135.

3. 图像信息资源语义标注方法研究的发展趋势

图像信息资源语义标注中普遍存在的语义鸿沟问题,导致当前已有的图像信息资源语义标注方法无法对图像信息资源的管理与应用提供有力支持,对图像信息资源语义标注方法的研究与应用构成严峻挑战,成为图像信息资源语义标注方法研究亟待解决的关键问题。

笔者认为,综合图像、文本、用户等信息消除语义鸿沟将是图像信息资源语义标注方法研究的一个发展趋势。一些研究人员正在转向以图像、图像相关文本以及图像用户等多种信息为基础,通过将人、机器与信息作为一个完整系统,建立新的图像语义标注理论,从多角度多层次缩小用户图像感性认知与计算机图像语义之间的语义鸿沟,提高标注准确性与标注效率。

另一方面,将多学科的理论、方法与工具融合起来进行跨学科交叉研究也将成为图像信息资源语义标注方法研究的重要发展趋势。除了情报学与计算机科学,认知、神经、心理、行为等其他学科领域的研究成果对解决图像信息资源语义标注中的语义鸿沟问题有着重要的参考借鉴价值,一些突破性的研究成果可能会在这种交叉研究中产生。比如,将计算机视觉与深度学习等图像处理理论方法引入到图像语义鸿沟问题研究中,将有利于在图像分割、特征提取及多语义层次之间的多次降维过程中提高准确性,进而达到消减图像语义鸿沟的目的。

本章小结

本章介绍分析了图像语义层次与图像语义鸿沟的相关理论及方法研究。其中第一节介绍图像语义层次的各种理论,清晰地揭示了图像语义问题的复杂性,深入图像语义层次结构中,找出图像语义鸿沟问题的产生地;第二节围绕图像标注中的语义鸿沟问题进行阐述,分析图像语义鸿沟问题的普遍存在性、产生根源,并分析梳理与图像语义鸿沟消减有关的各学科研究,指出图像标注与图像语义消减的主要发展方向,揭示人机结合系统化研究图像语义的必然趋势,强调在图像语义与图像用户研究中采用多学科的新理论、新方法、新技术的重要性。本章从理论上深度分析解释图像语义层次与图像语义鸿沟的相关理论,确立后续章节从图像语义层次、图像用户行为角度研究图像语义的理论基础。

第四章　图像用户行为研究方法与研究平台

本章介绍在图像语义与图像用户行为研究中的相关研究方法与研究平台,为后续研究内容进行方法工具铺垫。具体而言,首先,通过美国威斯康星大学密尔沃基分校(University of Wisconsin-Milwaukee,简称UWM)的信息智能与信息构建实验室及其相关用户实验教学设计的案例分析,介绍本书研究中涉及的多种用户行为研究方法;其次,梳理图像语义可视化交互的现有方法,提出一种基于滚动条的单标签比较模式下的可视化模型,并提出一种图像语义多维可视化交互方法;再次,在上述研究方法与可视化交互方法的基础上,介绍作者研发的一个图像语义可视化交互标注研究平台,将主要的实验研究方法与三种基本标注方法均设计在内,以支持对图像语义交互标注用户行为和标注结果的系统研究。

第一节　一个国外用户行为研究的实验室案例

本节以与作者有密切合作的美国威斯康星大学密尔沃基分校的信息智能与信息构建实验室,以及基于该实验室进行的信息构建实验教学为例[①],介绍国外常用的图像用户行为实验模式与分析方法。信息构建实验教学既与信息管理专业多门前期课程紧密相关,又深度依赖用户信息行为实验内容与方法。因此,本节介绍美国威斯康星大学密尔沃基分校信息构建实验教学相关的课程体系、信息智能与信息构建实验室、常用的三种分析方法和三种实验模式。

---

① 陆泉,王宝,陈静.美国威斯康星大学密尔沃基分校的信息构建实验教学[J].图书馆学研究,2014(20):5.

一、引言

信息构建(IA)是指组织信息和设计信息环境、信息空间和信息体系结构,以满足用户信息需求的一门艺术和科学。信息构建强调以用户体验为核心,包括调查、分析、设计和执行过程,它涉及组织、标识、导航和搜索系统的设计,目的是帮助人们成功地发现和管理信息[①]。

随着信息构建研究与应用越来越受到重视,许多美国高等院校已经开始注重图书情报人才的信息构建能力培养,开设了专门的信息构建课程。例如,雪城大学信息研究学院开设了互联网服务的信息构建硕士课程[②],华盛顿大学信息学院开设了信息构建本科课程[③],肯特州立大学图书情报与信息科学学院开设了信息构建与知识管理硕士专业[④],密歇根大学信息学院开设了信息构建硕士课程[⑤],印第安纳大学伯明翰分校图书情报学院开设了信息构建硕士课程[⑥],匹兹堡大学信息科学学院开设了信息构建硕士课程[⑦],威斯康星大学密尔沃基分校开设了信息构建与知识组织硕士课程[⑧]。

目前国内也有少数高校开设信息构建课程。例如,武汉大学信息管理学院开设了信息构建课程,四川大学公共管理学院开设了信息构建与服务设计课程[⑨]。信息构建实验教学既与多门计算机及信息系统专业基础课紧密相关,又有自己独特的用户实验方法与实验模式,而国内信息

---

① 周晓英. 信息构建(IA)——情报学研究的新热点[J]. 情报资料工作,2002(5):6.
② 雪城大学信息研究学院信息管理硕士专业课表[EB/OL]. [2013-11-27]. http://ischool. syr. edu/current/imcurric. aspx.
③ 华盛顿大学信息学院信息科学本科专业课程[EB/OL]. [2013-11-27]. http://ischool. uw. edu/academics/informatics/curriculum.
④ 肯特州立大学信息架构和知识管理硕士专业[EB/OL]. [2013-11-27]. http://www. kent. edu/catalog/2013/ci/gr/iakm.
⑤ 密歇根大学信息构建课程[EB/OL]. [2013-11-27]. https://www. si. umich. edu/programs/class/2010/information-architecture.
⑥ 印第安纳大学伯明翰分校信息构建课程[EB/OL]. [2013-11-27]. http://ils. indiana. edu/courses/course. php? course=Z515.
⑦ 匹兹堡大学信息构建硕士课程描述[EB/OL]. [2013-11-27]. http://www. ischool. pitt. edu/lis/courses/descriptions. php.
⑧ UWM 图书情报科学专业课程[EB/OL]. [2013-11-27]. http://www. graduateschool. uwm. edu/students/prospective/areas-of-study/library-and-information-science/#courses.
⑨ 四川大学公共管理学院《信息构建与服务设计》研究生课程网[EB/OL]. [2013-12-26]. http://cc. scu. edu. cn/G2S/Template/View. aspx? courseId=1874&topMenuId=156921&action=view&type=&name=&menuType=1.

构建实验的用户行为研究与教学经验还较少。基于此,本文介绍威斯康星大学密尔沃基分校的信息构建实验教学情况,以供国内相关用户实验研究与教学参考借鉴。

二、相关课程体系

UWM 的信息学院(School of Information Studies,简称 SOIS)在信息科学与技术(Information Science & Technology,简称 IST)本科专业开设了多门与信息构建相关的课程。从其培养计划①中梳理出的与信息构建研究有关的课程如表 4 – 1

表 4 – 1　IST 专业信息构建相关课程

课程代码	课程名称	课程内容
240	网页设计导论	介绍关于使用流行创作工具组织信息的基础知识
310	信息搜寻和使用中的人为因素	概述信息需求、信息搜寻和信息处理,其中包括在信息服务的设计、开发和评估过程中涉及的人为因素
340	系统分析导论	介绍信息计划、组织、评估和评价的理论、原理和工具。课程涵盖系统分析的各个阶段以及适合不同阶段的不同方法
440	网络应用开发	介绍交互的网络设计,尤其强调数据库的连接和网络应用的开发
511	信息组织	介绍信息组织理论、实践和技术方面的基本概念
571	信息访问与检索	概述信息检索相关的概念和理论

在此基础上,该院在图书情报研究生专业开设了信息构建与知识组织课程②。该课程主要是对跨学科的信息构建进行介绍,强调为网站设计以用户为中心的组织、标记、导航、搜索、元数据和知识组织系统。

UWM 的信息构建实验教学采用了多课程前后衔接的实验体系,该

---

① UWM 信息学院本科生课程目录[EB/OL]. [2013 – 11 – 27]. http://www4. uwm. edu/ugcatalog/SC/C_540. html.
② UWM 图书情报科学专业课程[EB/OL]. [2013 – 11 – 02]. http://www. graduateschool. uwm. edu/students/prospective/areas-of-study/library-and-information-science/#courses.

实验体系包括以下四层:网络设计,数据库设计与开发、信息检索,网站、信息系统设计与开发,用户信息行为研究。信息构建实验体系的前三层课程实验内容主要侧重于技术选择和信息内容组织,但是信息构建课程强调,技术选择和信息内容组织必须以适应用户需求与体验为前提[①],为了更好地了解用户需求和用户体验,信息构建实验体系中加入了用户信息行为研究。用户信息行为研究是了解用户情况的重要途径,用户信息行为研究不仅可以发现用户在信息利用过程中存在的问题,还可以发现用户行为的规律与偏好等。对用户信息行为的研究可以帮助信息服务者从用户的角度出发为用户提供更加清晰和可理解的信息。该实验体系优点在于信息构建实验教学充分利用前期课程分担了设计开发方面的实验任务,而将焦点集中在用户行为研究方面。

三、信息智能与信息构建实验室介绍

UWM 的信息构建实验教学主要依托于信息学院的信息智能与信息构建教学实验室(Information Intelligence & Architecture Research Lab,简称 IIA)完成多课程实验间平台、数据、工具等的衔接。该实验室通过实验将教学与科研相结合,使学生有效掌握信息构建研究与应用的方法工具。由于在教学与科研支持方面成效显著,IIA 实验室获得美国多家政府机构资金支持,包括美国博物馆与图书馆服务研究局(IMLS)、国家科学基金会(NSF)和国家医学图书馆(NLM)等[②]。

IIA 实验室主要用于对新信息技术设计和评价的科研和教育。由于 IIA 实验室配有高端工作站、超级计算机、高速网络设备、数字视频设配和眼动仪等,该实验室可以支持信息分析、系统设计、数字图书馆、数据挖掘、数据应用和可用性研究等领域的教学科研工作,并给研究人员提供上述领域的跨学科、跨国的合作机会[③]。例如,由本文多位作者共同承担的中国国家自然科学基金面上项目"图像信息资源可视化协同语义标注及实现研究",就是在该实验室支持下,以图像用户的感性认知行为与体验为核心,研究图像语义的可视化标注系统。

---

① 胡昌平,邓胜利.基于用户体验的网站信息构建要素与模型分析情报科学[J].情报科学,2006(3):322.
②③ UWM 信息智能与信息构建实验室介绍[EB/OL].[2013 – 11 – 27].http://www4.uwm.edu/sois/research/iia/.

四、信息用户行为相关教学研究方法

UWM 的信息构建实验教学除了可以采用国内常用的问卷方法和焦点小组研究用户信息行为外，还采用多种具有不同特色的方法来开展分析研究。

（一）基础行为分析

用户与信息系统交互过程中会产生一些基础的行为信息，例如，日志文件，计算机桌面活动——鼠标的移动、点击，窗口的打开、关闭、缩放、切换等，网页的切换和键盘输入等。用户基础行为分析的特点在于：其产生不受人为因素的影响，没有被试受调查时的刻意行为，而且样本量大，分布广，因而结论较为客观准确；但基础行为分析较难区分用户个性特征，难以反映用户特征与行为之间的相互关系，而且对基础行为分析包含研究人员的推测，不能完全准确反映用户真实意图[①]。IIA 实验室主要使用商用的 Morae 软件采集用户基础行为信息。

（二）出声思维

出声思维（Think-aloud）是指被试者在进行任务的过程中用语言将自己正在进行的思维活动表达出来，实验者利用录音设备将这些语音记录下来。为了更好地进行后期的分析工作，后期还需要将语音转换成文本。出声思维有两种主要的实施方法：一种是并发出声思维（concurrent think aloud，简称 CTA），被试者被要求在做任务的同时说出想法；另外一种是回溯出声思维（retrospective think aloud，简称 RTA），被试者在一个任务或所有任务都完成后提供自己做任务时的经历描述[②]。出声思维的特点在于：它可以帮助实验人员理解用户的思维过程和行为动机，使得实验观察者可以收集到一手的关于任务过程的资料，而不仅仅是最后的结果。

（三）眼动追踪

眼动追踪（eye-tracking）是一种广为使用的可用性测试方法，尤其在

---

① 邓小昭等.网络用户行为研究［M］.北京：科学出版社，2010：33.
② Hyrskykari A，Ovaska S，Majaranta P，et al. Gaze path stimulation in retrospective think aloud ［J］. Journal of Eye Movement Research，2008，2（4）：1—18.

对网站可用性测试中。眼动追踪技术可以捕获用户眼球相关的多种数据,行为学中常用的眼动数据主要包括以下三种:扫视(saccades)、注视(fixations)和平滑尾随跟踪(smooth pursuit)。眼动追踪的特点在于:可以客观精确地获得用户浏览的热点图(heat maps)和扫描路径图(saccade pathways)等注视注意信息,但是该方法不能向实验者解释为什么用户注视注意某一对象。

五、常用实验模式

基于上述实验方法,UWM 信息构建实验教学常用的实验模式主要有以下三种。

1. 基础行为分析和出声思维的组合模式

基础行为分析法和出声思维方法的组合不仅可以捕捉被试者在实验过程中与系统的交互行为,而且可以了解用户行为的动机或真正意图。在 UWM,这种模式的实施主要依靠 Morae 软件和录音设备。Morae 软件可以捕获屏幕活动、键盘/鼠标输入以及用户进行出声思维时的音频。Morae 软件将这些信息紧密地关联在一个可通过时间轴进行索引的文件中,方便后期回顾和分析。使用这种模式可以对用户检索过程中信息选择的影响因素进行研究,也可以研究用户浏览行为的模式。

2. 基础行为分析和眼动追踪的组合模式

基础行为分析在定性研究上令人满意,但是还有很多问题没法得到解决。例如,被试者第一眼注视的位置、被试者注视某一对象的时间、被试者观察或忽略了哪些内容。眼动追踪可以方便地解答上述问题[①]。基础行为分析和眼动追踪方法的组合给可用性测试带来了新的维度,研究者现在可以把用户基础行为和用户的注视轨迹联合一起。这种数据的联合帮助我们更深地洞察行为。在 UWM,这种模式的实施主要依靠 Morae 软件和眼动议。现在许多眼动仪可以和 Morae 软件集成使用。Morae 记录下了音频、鼠标移动和眼动视频等数据,视频中鼠标移动和眼动被以不同的颜色标记出来。在对用户检索行为进行研究时,使用这种模式可以分析用户浏览屏幕检索结果的眼动与用户鼠标点击之间的联系。

---

① Morae 软件和眼动追踪技术结合使用案例[EB/OL].[2013 – 11 – 27]. http://www. techsmith. com/morae-casestudy-score-berlin. html.

3. 基础行为分析、出声思维和眼动追踪的组合模式

在可用性试验中,眼动追踪需要和其他的定性数据一起使用。如果不提供与被试者眼动数据相关的上下文环境,人们无法对眼动数据进行较好的解释。例如,被试者长期的注视可能是因为被试者对这部分十分感兴趣,也可能对于被试者来说这个部分很难理解。当需要对眼动数据进行客观分析时,出声思维法能够很好地弥补眼动追踪的不足①。并发出声思维(CTA)和眼动追踪共同使用被证实不适用,因为被试者可能会产生比和在正常情境下(没有出声思维时)更多的眼动②。例如被试者在描述自己想法的时候可能会盯着屏幕的某一个地方,视线也可能从屏幕上移出。另外并发出声思维(CTA)使用过程中可能会增加被试者的认知负担。因此回溯出声思维(RTA)会比较适用需要分析眼动数据的可用性测试中③。在试验中用户专注于任务,而不用说出自己的想法。任务完成或一个任务完成后,实验者向被试者提供可视化浏览路径的眼动视频,重新播放该视频,然后被试者说出当时自己的想法④。当实验者需要采集被试者与系统交互的桌面活动及眼动信息时,这种模式可以给予实验者很好的支持。

第二节　图像语义可视化交互方法

一、图像语义一维可视化交互方法

图像语义一维可视化交互方法,是指用户可以在一维可视化空间里观察与输入图像语义对象的相对位置,从而实现对图像语义的浏览与标注。

———————

① Hyrskykari A,Ovaska S,Majaranta P,et al. Gaze path stimulation in retrospective think aloud [J]. Journal of Eye Movement Research,2008,2(4):1—18.

②④ Kim B,Dong Y,Kim S,et al. Development of integrated analysis system and tool of perception,recognition,and behavior for web usability test:With emphasis on eye-tracking,mouse-tracking,and retrospective think aloud[C]//Usability and Internationalization. HCI and Culture. Springer Berlin Heidelberg,2007:113—121.

③ Hyrskykari A,Ovaska S,Majaranta P,et al. Gaze path stimulation in retrospective think aloud [J]. Journal of Eye Movement Research,2008,2(4):1—18.

滚动条是一种典型的一维空间可视化交互浏览与标注工具。Lee H. J. 等(2007)提出一种音乐情感检索(music information retrieval,简称 MIR)系统①。利用 MIR 系统,用户可以使用滚动条来标注听音乐时产生的基本情感及其强度。在 Lee H. J. 等人研究的基础上,Schmidt S. 等使用滚动条来收集用户对图像的 5 种基本情感的情感强度②。用户可以在 0 到 10 之间的范围内将滚动条移动到代表情感强度的指定位置上。其标注实验结果证明,采用滚动条能显著性提高用户判断图像复杂情感强度的准确性,不同用户标注的情感强度体现出较好的一致性。在一维空间可视化标注方法中,用户可以将感性的情感强度转化为对一维距离的感性认知。同时和情感强度一样,一维距离的调整过程也是一个连续变化的过程。

基于以上研究,提出一种单标签比较模式下的可视化模型,将滚动条模型应用于将多个图像在单标签模式下进行比较。

如图 4 - 1 所示,选定一个标签后,模拟温度计的视觉效果,把对标签标注权重的过程转化为对温度计标定温度的过程,将该标签在图像中的权重值投影各图像点到温度计上从 0 到 100 的位置;在其右侧按对应次序将各图像展示给用户,用户可以通过移动图像的位置来确定图像在该标签下的权重值,同时,还可以与其他标签进行比较。

用户可视化浏览自动标注的结果及对应图像,根据对图像之间相似性及图像表达概念的程度的感性判断调整图像或温度计上滚动条的位置;用户也可以进行增删图像操作。此操作模式类似用户熟悉的传统图像排序模式,又无需用户在感性认知与具体数值之间转换处理,认知负担最小。用户的这些可视化操作由模型转换为图像标签及其权重输入进行图像语义标注。

① Lee H J,Neal D. Toward Web2. 0 music information retrieval:Utilizing emotion-based,user-assigned dscriptors[J]. Proceedings of the American Society for Information Science and Technology,2007,44(1):1—34.

② Schmidt S,Stock W G. Collective indexing of emotions in images:A study in emotional information retrieval[J]. Journal of the American Society for Information Science and Technology. 2009,60(5):863—876.

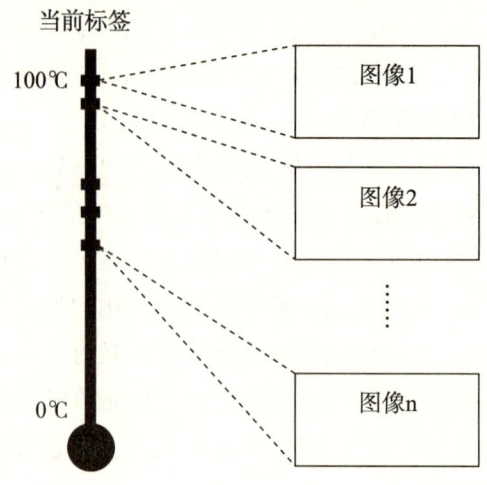

图 4 - 1　单标签图像比较模式下的可视化模型

二、一种图像语义多维可视化交互方法

图像语义多维可视化交互包括人机之间对多维图像语义的浏览与标注两个方面,本节节选学术论文《一种图像信息资源的语义多维可视化标注方法》①,介绍一种将图像多维语义进行可视化显示,支持用户浏览可视化结果,并以可视化的方式一次性对图像的多维语义进行标注的理论模型方法。

(一)引言

前文已经指出,现有图像标注方法普遍存在图像语义鸿沟问题,而且,人工标注方法如大众标注、专家标注等还存在用户认知负担大、操作不便或标注不准确等问题。要想更好地检索和利用图像信息资源,必须探索图像语义鸿沟的解决办法,开发出能够方便、准确、快速地标注图像语义的新方法,这在理论和实践两方面都具有较大的研究价值。

随着可视化技术的发展,很多学者开始利用语义可视化来支持方便友好的人机信息交互设计,使用户可以在语义信息检索与浏览等过程中,充分发挥其对可视化图形图像的感知与处理能力,这已成为一个富有潜力的研究方向。事实上,语义可视化用户在人机交互中,不仅关注

---

① 陆泉,陈静,韩雪.一种图像信息资源的语义多维可视化标注方法[J].信息资源管理学报,2014,4(3):4—10.

计算机内部语义信息的可视化展示,而且也关注如何方便有效地将其对可视化图形图像的感知与处理表达给计算机;同时,研究支持人机双向感性交互的语义可视化技术,也是开发新的图像语义标注方法,以解决图像语义鸿沟问题的重要可行途径。本书以此为研究出发点,设计一种图像语义的多维可视化标注方法,将图像信息资源的用户感性认知与计算机图像语义处理相结合,通过人机协同解决图像语义鸿沟问题,并提升用户标注体验,实现图像语义的准确快速标注。

(二)文献回顾

随着图像检索需求的变化,图像标注的方式不断变化,其准确性日益受到重视。早期基于文本的人工图像标注是由人手工给图像标注定性的相关文本[1],但不适用于大量图像处理。随后,基于内容的图像检索根据图像视觉特征(包括颜色、形状、纹理、空间关系等)对图像按相似程度检索。如何立民等研究了基于颜色特征的图像检索技术[2],熊回香等研究了网络图像视觉特征提取[3],张李义还提出一种基于 MPEG-7 标准的图像视觉特征内容的描述方案,将图像视觉特征描述为 XML 文件以支持检索[4]。近年来,自动图像标注对图像语义概念与视觉特征的相关程度建模来进行标注。如 Yavlinsky 提出一种基于全局特征的图像标注模型框架[5],Feng 等提出一种基于分类学习的自动图像标注方法,卢汉清等研究了基于图学习的图像标注方法[6]。

另一方面,大众标注已成为一种重要的图像标注方式。Dye 研究了将社会标签应用于网络图像资源描述的可行性[7]。许多商业应用如

---

① Tamura H,Yokoya N. Image database systems:A survey[J]. Pattern Recognition,1984,17 (1):29—43.

② 何立民,万跃华.数字图书馆基于内容的多辨率颜色特征检索和相关反馈技术[J].图书情报工作,2003(4):12—17,26.

③ 熊回香. Internet 上的图像信息检索技术[J].情报学报,2005(2):222—227.

④ 张李义.基于 MPEG-7 的图像内容描述方案研究[J].情报学报,2004,23(3):313—320.

⑤ Yavlinsky A,Schofield E,Rüger S. Automated image annotation using global features and robust nonparametric density estimation[J]. Lecture Notes in Computer Science,2005,3568:507—517.

⑥ 卢汉清,刘静.基于图学习的自动图像标注[J].计算机学报,2008,31(9):1629—1639.

⑦ Dye J. Folksonomy:A game of high-tech(and high-stakes)tag[J]. E-Content,2006,29(3):38—43.

flickr. com、photoSIG. com 以及 Photo. net 等通过大众用户对图片进行标注。但是,大众标注图像存在精度缺失及标签缺乏规范等问题,另外,也缺少自动标注方法中可以提供的定量权重信息,使得大众标注图像难以检索和利用。Sun 等对现有基于社会标签的图像检索方法进行的评估从检索效果角度提供了验证①。

然而,现有图像标注方法中普遍存在图像语义鸿沟问题。Enser 等研究指出现有图像标注与检索模型方法均不能处理图像中的不可见特征,因此存在根本性的语义鸿沟问题②;Zhang 等进一步指出,该问题是一个"维的诅咒"问题,即涉及的语义层次越高,如场景语义、行为语义和情感语义等,根据低维的图像视觉特征对高层语义进行标注的效果就越差③。有些学者试图结合图像的相关文本信息来优化图像标注与检索。如 Liu 等提出了一个双元跨媒体相关性模型,将互联网文本信息检索技术融入自动标注技术④。但 zhang 等指出,由于噪声与语义层次处理等困难,从上下文角度进行图像语义标注仍然存在语义鸿沟上的挑战⑤。

与图像有关的认知行为研究给了我们一些启示。在人对图像及语义的认知差异方面,Cabeza 等证明,感知与图像处理属于同一区域,而语言及语义处理属于另一区域,二者处理存在差异⑥;Damasio H. 等证明,人在处理感性概念检索时的大脑活动与用词语检索时不同⑦,与词语—图像关联检索时用户必须同时使用感性概念与语义词汇相比,用户寻找相似图像时只使用感性概念,其认知负担小,因而更快速准确。另外,曹梅对网络图像检索行为与心理的研究指出用户对图像具有较少的认知负担⑧。本书认为,图像语义鸿沟问题源自于现有标注理论没有按照用

① Sun A,Bhowmick S S,Nguyen K T N,et al. Tag-based social image retrieval:An empirical evaluation[J]. Journal of the American Society for Information Science and Technology,2011, 62(12):2364—2381.

② Enser P G B,Sandom C J,Hare J S,et al. Facing the reality of semantic image retrieval[J]. Journal of Documentation,2007,63(4):465—481.

③⑤ Zhang D,Islam M M,Lu G. A review on automatic image annotation techniques[J]. Pattern Recognition,2012,45(1):346—362.

④ Liu J,Wang B,Li M,et al. Dual cross-media relevance model for image annotation[C]//Proceedings of the 15th international conference on Multimedia. ACM,2007:605—614.

⑥ Cabeza R,Nyberg L. Imaging cognition II:An empirical review of 275 PET and fMRI studies [J]. Journal of Cognitive Neuroscience,2000,12(1):1—47.

⑦ Damasio H,Tranel D,Grabowski T,et al. Neural systems behind word and concept retrieval [J]. Cognition,2004,92(1/2):179—229.

⑧ 曹梅. 网络图像检索行为与心理研究[J]. 中国图书馆学报,2011(5):53—60.

户对图像的感性认知进行图像语义处理,因此,要解决该问题,应该采取符合用户对图像认知习惯的感性交互方式进行图像标注。

值得注意的是,可视化是支持用户与计算机系统感性交互的主要方法之一,目前已经得到了广泛研究。在信息可视化的基本方法技术方面,学者从词共现①、图结构②、人工神经网络③、复合结构④、信息计量分析⑤等技术方法角度进行了专门研究,也出现了一些混合语义方法与其他方法的研究,如张进结合语义与超链分析开发的可视化网页检索软件WebStar⑥,吴江宁结合语义主题分析改进聚类结果可视化的研究⑦。降维与歧义是信息可视化的两个根本问题,得到了学者的重点研究。如郭崇慧提出一种改进的 HyperMap 可视化降维方法⑧;张进对检索可视化过程中的歧义性问题进行了理论分析与实证研究⑨⑩。随着语义可视化检索的发展,语义可视化交互成为新的研究趋势。魏晓峰分析国外信息可视化研究后指出,现有交互设计可视化研究的主要目的是交互式可视化导航或探测方法⑪,可以实现比标注相对简单的交互功能。

可视化语义标注可以通过感性交互方式获取用户对图像语义认知的量化信息。Stefanie 等的可视化标注图像情感权重的实验研究表明,可视化技术可应用于图像标注中以量化标签权重⑫;Yoon 等对图片给人

① 张学福.基于词共现的可视化概念空间研究[J].情报学报,2008,27(2):205—211.
② 周宁,吴佳鑫,张少龙.基于图的 Web 信息可视化探析[J].情报学报,2008,27(5):714—720.
③ 安璐.基于自组织映射的期刊主题可视化组织[J].情报学报,2011,30(2):183—191.
④ 陆伟,贺建根.一种面向层次和时序结构的多维可视化技术[J].情报学报,2012,31(11):1131—1139.
⑤ 陈超美,陈悦,侯剑华等.CiteSpace Ⅱ:科学文献中新趋势与新动态的识别与可视化[J].情报学报,2009(3):401—421.
⑥⑩ Zhang J,Nguyen T. WebStar:a visualization model for hyperlink structures[J].Information Processing & Management,2005,41(4):1003—1018.
⑦ 吴江宁.文本聚类分析结果可视化方法研究[J].情报学报,2011,30(2):115—120.
⑧ 郭崇慧.一种改进的 HyperMap 可视化降维方法[J].情报学报,2012,31(10):1077—1082.
⑨ 张进.论情报检索可视化过程中信息节点的歧义性问题[J].情报学报,1998,17(3):175—179.
⑪ 魏晓峰.基于知识图谱的国外信息可视化研究演进、热点与前沿分析[J].情报学报,2013,32(5):533—547.
⑫ Schmidt S,Stock W G. Collective indexing of emotions in images:A study in emotional information retrieval[J].Journal of the American Society for Information Science and Technology,2009,60(5):863—876.

们带来的情感反应进行定量测量分析的实验也支持了这一点①。这些实验表明,可以采用可视化方法从用户感性交互角度准确快速标注图像语义及其权重,解决图像语义鸿沟问题。

(三)图像语义多维可视化标注基本方法介绍

图像语义多维可视化标注方法可基于任一现有标注方法的标注结果,利用一个图像标注种子集,支持用户通过图像比较方式可视化调整及优化图像标注。其基本过程是:①当用户处理图像 I_i 时,本方法首先从种子集中找出 I_i 下各标签 L_j 的代表性图像 I_j,作为参考图像集合,并将标签、参考图像与待标注图像等对象显示在可视化界面上;②用户观察 I_i 与 I_j 的内容及其可视化对象的相对位置,根据其感性认知进行增删标签或调整待标注图像点的位置操作,同时,计算机同步地响应用户的操作,对图像标签及其权重分别进行优化处理,经人机反复协同完成图像标注。另外,可视化标注与可视化检索的歧义问题也有所不同,需要相应的解决办法。因此,本方法涉及参考图像选取、人机交互界面设计、计算机内部语义的可视化投影、增删标签时的模型重构、用户可视化调整标签权重操作的语义化处理以及歧义处理等多种基本模型方法,下面分别予以说明。

1. 参考图像选取方法

为了有效支持与充分发挥用户进行图像比较的认知能力,选取参考图像的方法是,从种子集中返回标签 L_j 权重值较大的前 M 个图像,再选取其中投影对象距离 L_j 的投影对象最近的一幅图像作为该标签参考图像,并记为 I_j。需要说明,本书没有采用语义距离,是因为在多维比较环境中,单纯考虑标签与图像的语义距离并不合理。例如,从式(4.1)与(4.4)可以看出,图像(9,8,8)与图像(8,3,2)相比,前者与标签(1,0,0)的语义距离更近,但后者更能代表第一维度语义,因而比前者更适合用于多维图像比较。

具体方法是:将所有图像和标签都用标签集 L 中 n 个语义标签的权重向量表示,记图像为 $I(a_1,a_2,\cdots,a_j,\cdots,a_n)$,记标签 L_j 为 $L_j(0,\cdots 0,$

① Yoon J W. Utilizing quantitative users' reactions to represent affective meanings of an image [J]. Journal of the American Society for Information Science and Technology,2010,61(7): 1345—1359.

$b_j,0,\cdots0)$，任意图像 I_x 与标签 L_j 之间的语义相似度为：

$$r(I_x,L_j) \ = \ \frac{\sum\limits_{k=1}^{n}(a_k \times b_k)}{\left(\sum\limits_{k=1}^{n}a_k^2 \times \sum\limits_{k=1}^{n}b_k^2\right)^{1/2}} \qquad （式4.1）$$

进而，结合下面（式4.3）与（式4.4）的可视化投影模型，构造最小距离模型如（式4.2），并求解 s，得到在与标签 L_j 对应的前 M 个图像中离 L_j 的投影对象最近的图像，并记为 I_j。

$$\min(((x_s-x_j)^2+(y_s-y_j)^2)^{1/2}),s=1,2,\cdots,M \quad （式4.2）$$

2. 图像语义多维可视化标注界面模型

由于图像语义的可视化比较与图像自身内容均需要一定的展示空间，因此，图像语义多维可视化标注界面设计既要有效支持图像相对关系的展示与操控，也要兼顾图像内容的充分展示。本文将界面划分为图像内容展示区与语义可视化区两部分，设计界面模型如图4-2。其中，图像内容展示区始终显示当前处理图像，并显示用户鼠标操作过的最后一个参考图像；语义可视化区通过改进 webstar 的混合可视化方法设计，先将各标签 L_j 投影到直角坐标系的圆周上，再以标签位置为参考点将待处理图像 I_i 及各参考图像 I_j 投影到圆内。模型支持的用户操作有：查看各参考图像内容，增删圆上标签，拖放图像 I_i 点到圆中任意位置以及确认标注等。

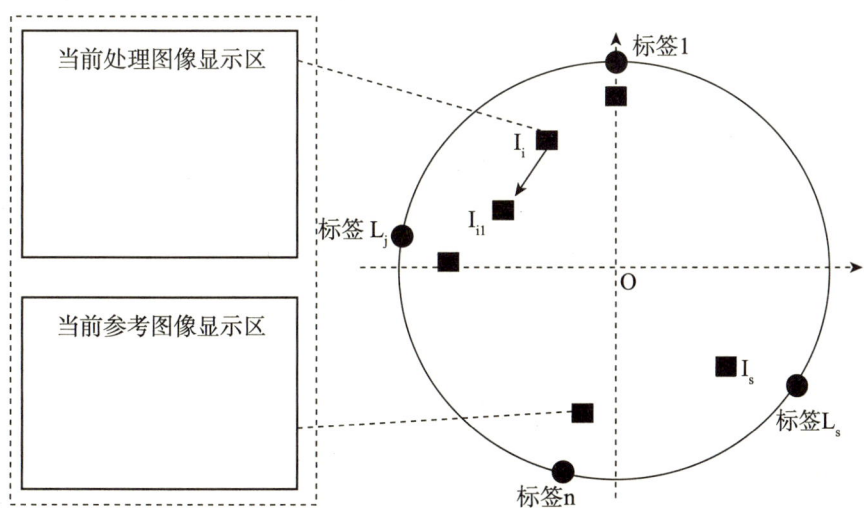

图4-2　图像语义多维可视化标注界面模型

3. 图像语义的多维可视化投影方法

根据上述界面模型,标签对象的投影方法为:假定圆形半径为 R,当标签集 L 中标签总数为 n 时,则标签 L_j 在模型中对应的坐标 (x_j, y_j) 为:

$$x_j = \cos\alpha_j \times R, y_j = \sin\alpha_j \times R \qquad (式4.3)$$

其中,α_j 为标签 L_j 与 X 轴的夹角,若使标签均匀分布在圆周上,则 $\alpha_j = \dfrac{2\pi}{n}(j-1)$。

图像对象的投影方法为:记图像 I_s 的标签权重向量为 $\lambda = (\lambda_1, \lambda_2, \cdots, \lambda_n)$,则 I_s 在可视化模型中的坐标 (x_s, x_y) 由所有标签 L 的坐标决定如式 (4.4),其中,Mag 为可控参数,可由用户进行放大缩小以方便观察。

$$x_s = \begin{cases} Mag \times \dfrac{\sum\limits_{k=1}^{n}(x_k \times r(I_s, L_k))}{\sum\limits_{k=1}^{n} r(I_s, L_k)} = Mag \times \dfrac{\sum\limits_{k=1}^{n} \lambda_k \times x_k}{\sum\limits_{k=1}^{n} \lambda_k}, & \sum\limits_{k=1}^{n} r(I_s, L_k) \neq 0 \\ \\ 0, & \sum\limits_{k=1}^{n} r(I_s, L_k) = 0 \end{cases},$$

$$y_s = \begin{cases} Mag \times \dfrac{\sum\limits_{k=1}^{n}(y_k \times r(I_s, L_k))}{\sum\limits_{k=1}^{n} r(I_s, L_k)} = Mag \times \dfrac{\sum\limits_{k=1}^{n} \lambda_k \times y_k}{\sum\limits_{k=1}^{n} \lambda_k}, & \sum\limits_{k=1}^{n} r(I_s, L_k) \neq 0 \\ \\ 0, & \sum\limits_{k=1}^{n} r(I_s, L_k) = 0 \end{cases}$$

$$(式4.4)$$

4. 增删标签时的模型重构方法

当用户删除或增加一个标签时,将图像 I_i 标签集 L 中相应标签删去,或增加相应标签并赋初值 p,并重新进行选取参考图像、标签对象投影、图像对象投影等处理即完成模型重构。

5. 用户可视化调整多维标签权重操作的转换方法

用户可将图像 I_i 对应的可视化对象在 n 个标签构成的凸多边形范围内拖放,以表达其对图像见相对位置的感性认知。本方法将其拖放行为转换为对图像权重向量的调整处理。原理如下:设用户将图像点 I_i 拖动到 I_{i1} 的位置,如图 1 中箭头所示,则构造一个自由点 I 到目标点 I_{i1} 的距离函数,那么从点 I_i 到 I_{i1} 的标签调整问题就转化为以点 I_i 为初值的自由点 I 下降到目标点 I_{i1} 的距离函数的约束极值问题。本书采用非线性规划解决该问题。具体而言,设 n 个标签的坐标分别为 (λ_1,Ω_1)、(λ_2,Ω_2)、$\cdots(\lambda_n,\Omega_n)$,移动后图像点 I_{i1} 的坐标为 $\sigma(\sigma_1,\sigma_2)$,图像 I_i 的权重向量为 $X(x_1,x_2,\cdots,x_n)$,则可构造以 X 为变量初值的规划模型如式 (5),求解得到使距离函数 $f(X)$ 取最小值的权重向量 X',即为目标点 I_{i1} 对应的权重向量。式中 λ 为权重上限值。

$$\min f(X) = \sqrt{\left(\frac{\lambda_1 \times x_1 + \lambda_2 \times x_2 + \cdots + \lambda_n \times x_n}{x_1 + x_2 + \cdots + x_n} - \sigma_1\right)^2} + \sqrt{\left(\frac{\Omega_1 \times x_1 + \Omega_2 \times x_2 + \cdots + \Omega_n \times x_n}{x_1 + x_2 + \cdots + x_n} - \sigma_2\right)^2}$$
$$s.t \quad 0 \leqslant x_i \leqslant \lambda, \quad i = 1,2,\cdots,n \qquad (式4.5)$$

6. 可视化歧义消除方法

由于信息可视化普遍存在高维信息空间多个信息节点对应低维可视化空间一个节点的歧义问题[①],而上述约束极值问题也存在多种可行解,因此,本方法存在两类歧义问题,下面介绍解决方法。

从式(4.4)和(4.5)可以看出,权重向量之间具有等比关系的不同图像将投影在同一个点上,如图像(9,6,3)与图像(3,2,1)将投影在同一点;在进行标注时,根据式(4.5)不能有效确定用户标注的是等比的权重向量中的哪一个。本书采用通过亮度或颜色来显示和调整权重向量的模,并辅以显示权重向量数值的方法消除这一类歧义。

另一类歧义是由参考点位置引起的,在可视化检索中已有研究。在可视化标注中,由于(式4.4)和(式4.5)均具有单项累加特征,因此该歧义依然存在。由于有歧义的标签向量不能使参考点改变前后的两个距离函数 $f(X)$ 同时达到最优,所以本文综合改变参考点位置与多目标规划的方法消除此类歧义。具体方法是:首先,记改变参考点前构造的距离函数为 $f_1(X)$;其次,给每个标签投射角 α_j 增加 $(j-1) \times \Delta\alpha$,并进行模型重构;再次,让用户再次调整图像点位置或确认已消歧,构造新的距离函数为 $f_2(X)$;最后,构造多目标规划 $\min(f_1(X) + f_2(X))$ 并求解得到消除歧义的权重向量 X''。

(四)小结

本书提出了一种图像语义多维可视化标注方法,其特点在于:①通过语义可视化与图像比较的方式支持图像语义的人机感性交互标注,有利于发挥用户对图像的感性认知能力,也易于推广到大众标注中;②传

---

① 张进.论情报检索可视化过程中信息节点的歧义性问题[J].情报学报,1998,17(3):175—179.

统方法一次只能标注一维语义,而本方法支持用户一次性标注多个维度的语义信息,效率更高;③提出了基于非线性规划实现二维可视化空间向多维语义空间的数据转换模型,实现了人机双向可视化交互;④采用多目标规划方法消除了图像语义多维可视化标注中的模型歧义。需要指出,本方法的局限性在于需要一个标准种子集,然而,本方法也可用于构建和扩充标准种子集。

第三节　一个图像语义可视化交互标注研究平台

本节将在上述对国外用户行为的实验研究方法以及多种图像语义可视化交互方法的介绍梳理基础上,阐述如何将这些方法综合设计到一个图像语义可视化交互标注研究平台①中,以支持从人机交互的角度对图像语义与图像用户行为进行系统研究。

一、引言

随着互联网及移动互联网等技术的不断成熟与快速发展,图像资源的数量和规模呈现出高速增长趋势,博客、移动社区及社交网站等Web2.0产物为用户提供了便捷的图像上传、共享及储存等应用服务,用户可以轻松地从网络中获取大量的图像资源。然而,面对海量的图像资源,用户想从中检索到"满意"的图片却非易事,究其原因有如下两点:

(1)图像标注的局限性。图像标注是图像检索的基础,只有对图像资源进行准确的标注,用户在检索时才能更快找到符合查找要求的图像。然而目前的人工标注对用户的认知水平要求高、负担大,而机器标注却不能有效解决图像的低维特征与用户的高层语义概念之间匹配,这就导致图像标注的有限性,不适用于检索当前大规模增长的图像资源。

(2)用户检索的语义化。检索是用户表达需求的一种方式,根据用户对图像的关注层次不同,所表达的图像需求也不一致,研究表明用户

---

① 陆泉,刘高,陈静.一个图像语义可视化交互标注研究平台——以"情感语义标注"为例[J].情报理论与实践,2014,37(8):111—116.

更倾向于使用高层语义进行图像检索[①]，这就促使图像在标注过程中需要更加注重图像内容的语义化。然而目前基于内容的图像检索主要是从图像的底层特征出发，这就不可避免地出现"语义鸿沟[②]"问题。

因此，不少学者从标签的角度入手研究图像语义标注，试图解决因图像语义标注不友好而产生的"语义鸿沟"问题，但却收效甚微，其原因在于当前研究人员缺乏一种有效的研究平台来观察与科学分析用户对图像语义进行标注的原因、过程以及结果等。基于此，本书从用户认知角度出发，采用语义可视化技术，构建一套图像语义可视化交互标注研究平台（ISARP），该平台实现了多种图像语义标注模式，并支持对各种可视化交互标注模式中用户的标注行为进行研究，有助于研究与解决图像语义与图像用户行为中的各种科学问题，为众多图像信息资源研究人员提供一个有力的研究工具和系统研究平台。

二、现有研究现状及需求

（一）用户对图像的认知研究

本书中讨论的图像语义是用户根据自身感知程度从图像的属性中提取信息，从低级信息到高级信息的传递、映射和融合的过程，从而形成一个对该图像高度概括、抽象和表达的内容，来描述或表达原图像。Eakins 曾把图像语义内容分成 3 个层次，并指出语义与非语义的真正差异所在[③]，而 Enser 等人更是表明现有图像标注与检索模型方法均存在根本性的语义鸿沟问题[④]。为了解决图像标注语义鸿沟问题，研究人员从多学科角度进行了基础研究。从用户心理认知角度来看，人们是通过各种知觉感官来认知物体，并且在大脑中产生评价与判断的心理活动，而思维方法是从形的本质出发，对形进行观察、分析、推理、判断，这种模式便是人类认知的过程。国内图书情报领域的曹梅对网络图像检索行为与心理的研究指出用户对图像具有较少的认知负担[⑤]；而 Damasio 等

①　Eakins J P. Towards intelligent image retrieval[J]. Pattern Recognition,2002,35(1):3—14.

②④　Enser P G B, Sandom C J, Hare J S, et al. Facing the reality of semantic image retrieval[J]. Journal of Documentation,2007,63(4):465—481.

③　Eakins J,Graham M,Franklin T. Content-based image retrieval[Z]//Library and Information Briefings,1999.

⑤　曹梅.网络图像检索行为与心理研究[J].中国图书馆学报,2011(5):53—60.

人的进一步研究表明人在处理感性概念检索时的大脑活动与用词语检索时不同，与词语—图像关联检索时用户同时使用感性概念与语义词汇相比，用户寻找相似图像时只使用感性概念，其大脑负担小，准确率高[①]，这说明用户往往习惯于挑选相似图像，而不是为图像添加合适描述。此外，用户的认知心理因素也会对信息服务的使用产生影响[②]，一个友好的标注系统首先应从用户认知的角度出发。在用户获取的信息中，70%来自视觉，20%来自听觉，10%来自触觉，因此，人类是非常适应图像和可视信息的，可视的图像较易记忆，而且在传达某种信息时比任何方式都更加快捷和有效[③]，可视化技术为我们有效解决图像语义标注问题提供了解决方案。

(二)相关可视化研究

可视化是支持用户与计算机系统感性交互的主要方法之一，目前已被成功结合到信息检索、数据挖掘等领域中，有效发挥了用户的感性信息处理能力。Donath 于 2002 年在其人机界面研究中明确提出"语义可视化"，并指出语义可视化方法对辅助用户理解复杂信息的重要性[④]。语义可视化在情报学研究实践中也取得长足进展，特别是在可视化检索领域进展迅速，如 Zhang 与 Nguyen 于 2005 年开发了可视化检索网页的软件工具 WebStar[⑤]，Yang 等人 2006 年研究图像语义的可视化检索模型等有效利用了用户感性认知能力进行联机信息检索[⑥]，但是这些研究均遵循"先组织，后检索"的传统模式，不涉及可视化语义标注问题。

随着可视化检索的不断发展，多媒体可视化标注成为新的研究趋

---

① Damasio H, Tranel D, Grabowski T, et al. Neural systems behind word and concept retrieval [J]. Cognition, 2004, 92(1): 179—229.

② 邢维慧, 袁建敏. 用户信息服务的认知心理分析[J]. 情报科学, 2004, 22(11): 1404—1408.

③ 么新英. 传统信息检索与可视化信息检索之比较[J]. 科技情报开发与经济, 2003(3): 1—2.

④ Donath J. A semantic approach to visualizing online conversations[J]. Communications of the ACM, 2002, 45(4): 45—49.

⑤ Zhang J, Nguyen T. WebStar: A visualization model for hyperlink structures[J]. Information Processing & Management, 2005, 41(4): 1003—1018.

⑥ Yang J, Fan J P, Hubball D, et al. Semantic image browser: Bridging information visualization with automated intelligent image analysis[C]//IEEE Symposium on Visual Analytics Science and Technology. Baltimore, MD: IEEE, 2006: 191—198.

势,已有少量图像可视化语义标注的相关实验研究成果发表。其中,Ste-fanie 与 Wolfgang 于 2009 年在 JASIST 期刊上发表的用户通过可视化方式判断图像情感的实验研究论文指出:在交互中,使用滚动条图形表示某一图像情感标签对应的情感强度值,用户通过操作滚动条来判断图像情感,结果用户群对图像复杂情感判定的准确性有明显提高,体现出群体一致性①。Yoon 在 2010 年使用语义差异法和情绪评价法对图片带给人们的情感反应进行定量测量分析②,得出了支持 Stefanie 和 Wolfgang 的研究结果的结论。这些研究证明了采用可视化方法从用户感性交互角度研究与解决图像标注语义鸿沟问题的可行性。

（三）现有图像标注方法的缺陷及应用需求

在社会化环境下,目前有两种主流的手工图像标注方式。一种是手工添加标签的方式,它要求用户准确地将其对图像的感性认知转化为理性的语义认知并用语义词汇表达,用户的认知负担大③;另一种是浏览的方式,它要求用户浏览图像时判断图像与给定关键词的相关程度,用户可以提供较完整的标注结果④。而陆泉等人曾从图像情感层面介绍过两种常见的图像标注方法⑤,在此基础上,本书将图像语义标注方法扩充为四类:手工标引,社会标注,自动标注与可视化标注。手工标引一般是基于受控词表的,需要依靠专家知识完成,这种方式精确度高但工作量大,而且极易造成图像标注索引与用户检索提问之间的失配,很大程度上导致了图像检索的"所得非所需";社会标注也称大众标注法,是网络用户根据自己的需求和认知确定与图像相匹配的社会化标签的标注过程,但

① Schmidt S, Wolfgang G S. Collective indexing of emotions in images: A study in emotional information retrieval [J]. Journal of the American Society for Information Science and Technology, 2009, 60(5): 863—876.

② Yoon J W. Utilizing quantitative users' reactions to represent affective meanings of an image [J]. Journal of the American Society for Information Science and Technology, 2010, 61(7): 1345—1359.

③ Chang S K, Yan C W, Dimitroff D C, et al. An intelligent image database system[J]. IEEE Transactions on Software Engineering, 1988, 14(5): 681—688.

④ Yan R, Natsev A, Campbell M. An efficient manual image annotation approach based on tagging and browsing[C]//Workshop on Multimedia Information Retrieval on The Many Faces of Multimedia Semantics. ACM, 2007: 13—20.

⑤ 陆泉, 丁恒. 基于情感的图像检索研究综述[J]. 情报理论与实践, 2013, 36(2): 119—124.

由于标签的随意性大、精确度低,检索效果较差;而自动图像标注主要针对图像内容进行标注,需要一定的数据集先训练后标注,其本质上是一个"学习"问题,即根据图像的视觉内容推导出图像的语义标签,但语义鸿沟不可避免;可视化标注则是一种全新的标注方法,它结合了手工标引和社会标注的优势所在,利用定量化的结构数据来实现人和机器的感性交互,如 Stefanie 与 Wolfgang 利用滚动条模型进行图像语义标注①,其结果证实用这种人机协同的可视化标注方法可有效提高图像语义的标注精度。总之,四种标注方使各有利弊,其特征差异见表4 – 2。

表4 – 2 图像标注方法对比

标注方法	适用范围	标注精度	语义定量化
手工标引	小规模图像集	高	不可定量化
社会标注	网络大规模图像集	低	不可定量化
自动标注	网络大规模图像集	较低	可定量化
可视化标注	小规模图像集	较高	可定量化

目前,可视化标注这种新的标注方法还处于萌芽状态,并没有得到有效研究与应用,究其原因还是在于理论技术的不成熟及其研究环境的缺失。我们缺乏这样一种可视化的标注研究平台:它可以提供给用户可视化的标注功能,采集用户的标注信息,分析用户的标注行为及模式,进而为深入研究和推广应用奠定基础。本书试图通过开发这样一种标注平台来研究当前可视化标注存在的不足与缺陷,通过对用户可视化标注的行为模式分析,为后续系统开发提供理论支持和设计思路。

当然,对于一个标注研究平台来说,除了追求更好的标注效果,更重要的是体现在对研究的支持上。从用户的需求来看,提供符合用户认知习惯的可视化标注模式是首要功能,支持用户实时的反馈修改功能也必不可少,而良好的系统性能和友好的交互界面也是用户需要的。但从研究的需求来看,我们既提供对图像语义标注值的采集功能,也提供对用户标注行为的日志和视频记录功能,使研究者可以结合问卷调查法、实

---

① Schmidt S,Wolfgang G S. Collective indexing of emotions in images:A study in emotional information retrieval [J]. Journal of the American Society for Information Science and Technology,2009,60(5):863—876.

验研究法、日志分析法、观察法及出声思维法①等研究方法对用户的标注行为及其他方面展开研究。

因此,本书结合可视化技术提出了构建基于图像比较的可视化交互标注研究平台,在这个标注平台中需要充分发挥人与计算机各自的优势,通过人机协同进行图像语义标注,而标注过程中所采集的数据均可用于研究。具体来说,先由计算机辅助处理为图片添上标签,然后以社会标注的方式让大众通过图像比较这种感性交互的方式为图片与各标签的相关性进行评判。

三、可视化标注研究平台的设计

(一)系统平台体系结构

该研究平台是基于 B/S 架构开发设计的,用户通过浏览器便可以与 Web 服务器进行交互,轻松实现图像语义的标注功能,此外还支持记录标注值信息、用户标注行为日志及用户标注行为视频的功能模块,以供研究人员取样分析。整个系统分为 3 个层面,即用户进行图像语义标注的应用表示层、Web 服务提供可视化标注应用的服务控制层以及对标注过程及标注结果存储的数据存储层,具体架构见图 4 - 3。

该标注平台致力于提供给用户一个可以对图像语义进行可视化标注的环境,各层协作是为了实现图像语义标注功能,具体说明如下:

(1)应用表示层:在该层开发上将使用 HTML5 + CSS3 进行开发布局,这就决定了用户不仅可以在固定设备(如台式机、笔记本等)上进行图像标注,还可以在移动设备(如平板电脑、手机等)上实现标注应用,极大方便用户的标注行为。这里用权重表示图像在单个标签上的语义相似度,从而转换成机器可理解的结构化运算。在该标注平台中,提供图像比较的标注方式,用户根据提供的参考图像为待标注图像进行可视化标注,也提供了数值比较的标注方式,用户可根据个人偏好选择使用,同时针对不同的标注模式,也提供相应的交互反馈方式。

①　Heller D. Thinking aloud as a research method [J]. Ceskoslovenska Psychologie, 2005, 49 (6):554—562.

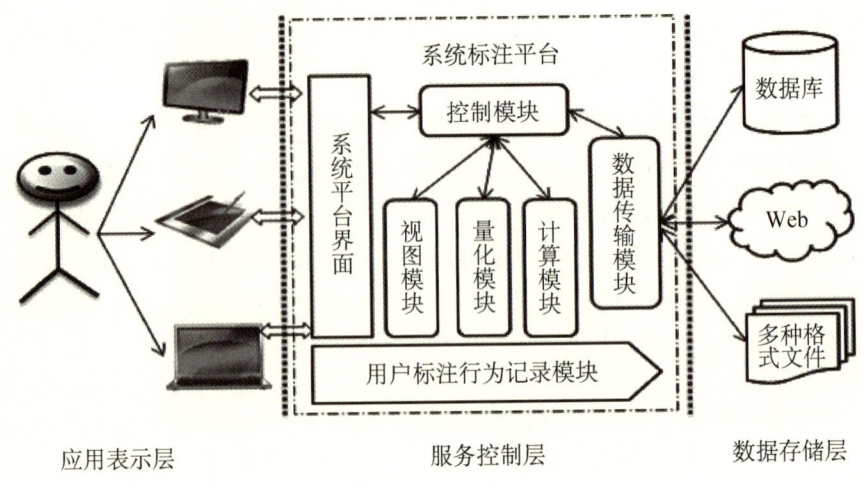

图 4-3 可视化交互标注研究平台（ISARP）

（2）服务控制层：这层是系统标注平台的主体，包含有界面反馈、语义可视化、语义量化、语义计算以及信息记录存储等模块。重点提出的可视化标注模式是基于单标签标注的模式和基于多标签标注的模式，它们是可视化标注得以实现的基础，是数据采集的主要来源，也是该研究平台的特色之一，用户可以自由选择。为了增强对比度，也提供打分标注模式，目的在于将传统的打分方式和可视化方式进行对比分析。此外，还采用出声思维法充实研究手段，利用记录功能模块记录有关用户标注行为的视频信息，同时，针对用户的每一次具体操作，将以行为日志的方式存储下来，这些视频日志都是可供研究的对象。

（3）数据存储层：该层的主要任务是实现对图像语义标注值的记录保存。不同的标注模式下对应的不同的数据采集标准，在标签打分模式下主要采集待标注图像名称及其各个标签上的权重值等数据，在单标签标注模式下主要采集用户对待标注图像的标注时间、微调次数、图像名称以及其相应标签标注下的权重值，而在多标签标注模式下采集的数据项主要有标注时间、标签分布角度、待标注图像名称、标签标注下的权重向量值以及标注下的坐标位置值等，此外还需要保存用户的标注行为视频，这里提供不同形式的数据存储方式，包括数据库存储、云端保存或文件保存的方式，正是基于这些采集的数据开展进一步的研究。

（二）三种标注模式的基本模型

本平台支持三种标注模式：打分标注模式、单标签标注模式和多标签标注模式，它们分别对应着不同的实现模型：

1. 基于标签打分的图像标注模型

打分模式最简单，和量表打分类似，给用户 1—9 的分值选择，对于指定的待标注图像，用户根据自己的主观感受给图像在其单个标签下相应的分值，即完成图像语义标注。

2. 基于单标签下的图像可视化标注模型

单标签下的图像可视化标注模型是基于滚动条模型而来，采用的是模拟温度计的效果，它将单个标签在图像中的权重值投影在温度计上，用户可视化浏览待标注图像的标注结果并进行图像比较，根据对图像之间相似性及图像表达概念的程度感性判断和调整待标注图像在温度计上的位置，此操作模式类似用户熟悉的传统图像排序模式，又无需用户在感性认知与具体数值之间转换处理，认知负担最小，用户的这些可视化操作首先由系统模块转化产生可视化标注界面，然后将图像标签及其权重输入进行图像语义标注，同时通过迭代处理可支持用户对图像进行微调操作。

在模型具体实现过程中，平台提供一幅待标注图像和若干幅参考图像，首先将所有参考图像按其在待标注标签上的权重大小升序排列，然后取其三等分点处图像作为可视化界面呈现的两幅参考图像，用户通过图像比较的方式放置待标注图像应在"温度计"位置便可进行图像语义标注。

3. 基于多标签下的图像可视化标注模型

多标签标注模型是将 VIBE（Visualization by Example）可视化模型应用于图像标注，模型采用的是模拟箭靶射击的场景，给定一个固定圆，我们先将多个标签均匀放置到圆周上，然后将参考图像投射到圆中相应位置，用户移动待标注图像到其认为与各个参考图像最接进的位置点，即认为完成多标签的图像标注任务。此可视化模型利用人对射击的认知常识，使用户很容易理解与接受其寻找和标注最接近图片的任务，认知负担小。

模型主要完成标签分布、图像投射及标注权重值返回等功能。首先,将图像的 N 个待标注标签均匀放置在圆周上,计算出第 i 个标签的坐标值;然后,根据 VIBE 模型将 N 个参考图像依据其权重值向量投影到圆中;最后,当用户移动待标注图像 R 至合理位置放下时,利用优化理论计算图像 R 在此坐标点下的权重值,即为用户标注的权重值。

四、系统平台功能模块

在该标注研究平台中,不仅仅要提供给用户友好易用的标注平台,更重要的是为可视化标注的应用推广搭建一个基础的研究平台。为此,采用 MVC 设计模式,如图 4.3,平台界面相当于"View",控制模块相当于"Controller",其他模块则是"Model",负责相应的逻辑处理,其中,各模块的主要功能如下:

(1)系统平台界面:负责与用户的前台交互,呈现可视化交互标注的页面,传递用户的各种页面请求,同时负责与后台的基础数据传输。

(2)控制模块:负责接收前台界面的请求,并将其转发给相应模块进行处理,然后根据需要把处理结果反馈给前台,这里主要包含有可视化标注界面的调用、标注模式的选择、标注行为的实时反馈以及标注信息日志的实时记录等。

(3)视图模块:负责可视化标注模型的界面初始化功能,将三种标注模型呈现到界面上供用户标注使用,同时,根据用户的请求实时反馈响应,这样可极大满足用户可视化标注的需求。

(4)量化模块:负责图像语义的量化功能,将非结构化的语义转化成计算机可理解的结构化数据,量化后的结构将被视图模块所利用。

(5)计算模块:负责用户与可视化标注界面实时感性交互后的结果处理,用户的每一次标注行为都将产生一个标注结果,正是利用该模块来识别计算出用户感性交互后的标注值。

(6)数据传输模块:负责用户与系统实时交互的鼠标操作数据的传递保存,这里针对用户的每一次操作时间和操作行为都有相应的日志记录,同时,对于图像的标注值保存也是必不可少的。

(7)用户行为记录模块:该模块主要用于支持日志分析法与出声思维法,它贯穿标注过程始终,利用该模块可记录下用户标注的屏幕操作视频及"think aloud"语音数据,研究者可以利用这些数据开展各种用户研究。

　　总之,在上述模块相互协调支持下,用户可以实现可视化标注功能,而研究者则可利用标注的日志记录及标注行为视频开展各项基础研究。

五、系统平台实现

　　我们对上述理论及平台架构进行实证开发,特以图像的情感语义标注为例开发了该可视化标注研究平台(ISARP),我们选定国际情感图片系统(IAPS)制作所采用的 3 个情感语义标签[1](愉悦度,唤醒度及优势度)为图像语义标注对象来完成实验平台的开发。

　　(一)系统工具选择

　　图像语义可视化交互标注研究平台采用了流行的 B/S 模式。整个开发过程使用 MyEclipse 开发环境,依托于 Apache Tomcat 服务器,利用 HTML5 + CSS3 页面布局网页,利用 jsp + jquery 实现人机交互作用,利用 java 包实现数据信息的存储,同时还需要安装 MATLAB 提供的 MCR(matlab compile runtime)实现 Fmincon 优化函数的调用,安装 Morae 软件实现用户行为的记录。

　　(二)系统实现

　　系统标注平台在开发中采取了流程操作式的引导方式(见图4 - 4),在用户实验过程中,用 Morae 软件来实现用户行为的记录功能,在不同的实验阶段,我们既提供练习页面,也提供真正用于数据采集的实验页面,两者在功能和页面布局结构上类似,此外,针对采集的数据项不同,我们也设计了不同的存储格式和方式。

　　为了具体展现该标注研究平台,我们选取三种标注模式下的实验页面为例说明。

---

① Mehrabian A. Pleasure-arousal-dominance:A general framework for describing and measuring individual differences in temperament[J]. Current Psychology,1996,14(4):261—292.

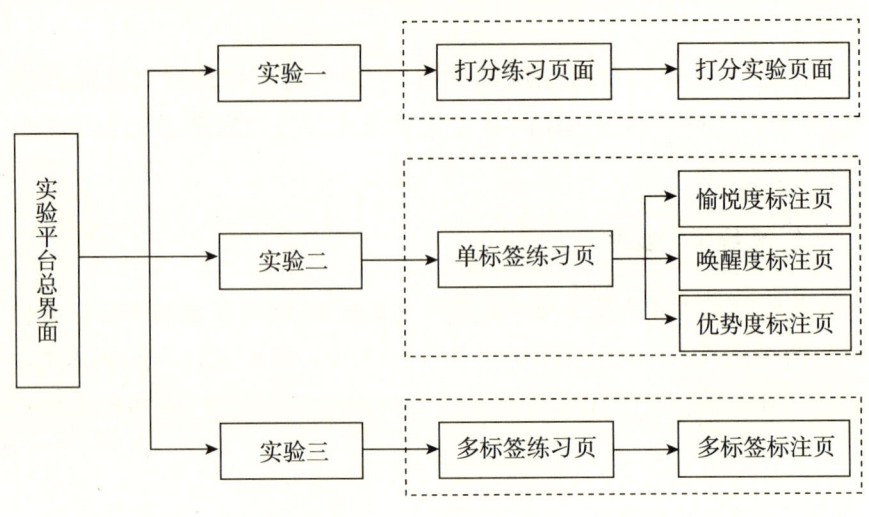

图4-4 用户操作流程图

1. 基于标签打分的实验页面

该页面要求用户利用9点心理量表对各维度的情绪强度进行等级评定,该标注模式下需要用户对所呈现的一幅图像在3个情感标签上进行打分,每个标签后面显示有1到9这9个数值,被试者选择一个作为该图像在这个标签上的评分,表示该图像在对应维度上的情绪感受强度,页面效果见图4-5。

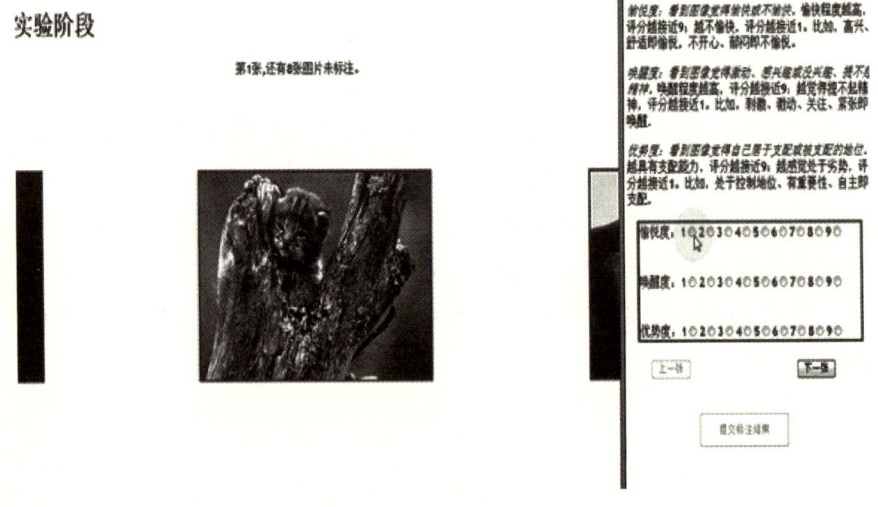

图4-5 打分标注实验页面

2. 基于单标签标注的实验页面(以愉悦度为例)

该页面要求用户通过拖动滚动条上的滑块对各维度的情绪强度进行标注。该标注方法下,对于 3 个情感标签中的每一个,需要被试者根据待标注图像及两个参考图像在该标签上的情绪感受强弱进行比较,并通过待标注图像对应滑块位置的调整来对该图像在相应标签上的分值进行可视化调整。标注区域的滚动条长度表示当前维度上情感强度的变化范围,左端为 1,右端为 9,页面效果见图 4 - 6。

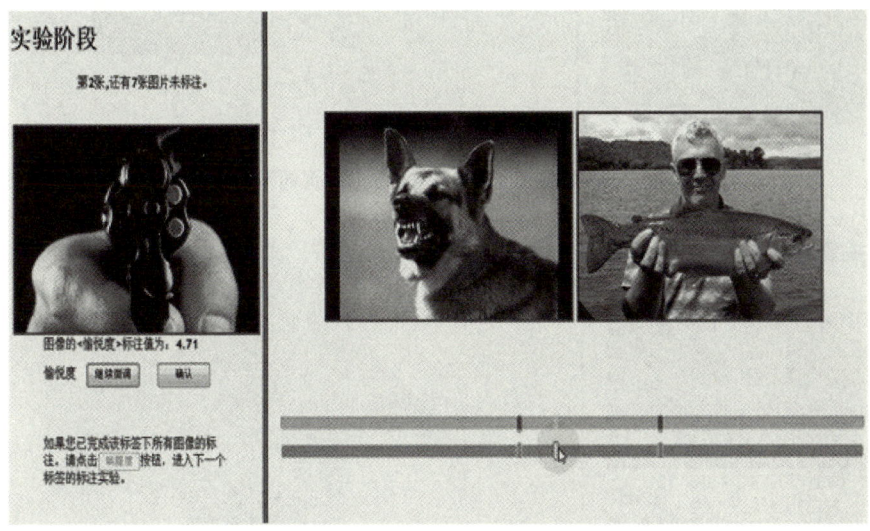

图 4 - 6　愉悦度标注实验页面

3. 基于多标签标注的实验页面

该页面要求用户通过拖动圆中三角形区域内的深色图像点对各维度的情感强度进行标注。该标注方法下,对于每个待标注图像和 3 个参考图像(分别对应各情感标签),需要被试者综合考虑待标注图像在 3 个情感标签上的情绪感受,然后比较待标注图像与参考图像在对应标签上情感感受强度的相近程度,可视化调整并确定待标注图像在圆形区域中的相对位置,同时我们在左侧放置 3 个情感标签具体数值的表示,方便用户参考,页面效果见图 4 - 7。当用户点击"继续微调"时,等边三角形会转变成等腰直角三角形,这是为研究与解决可视化中的歧义问题,页面效果见图 4 - 8。

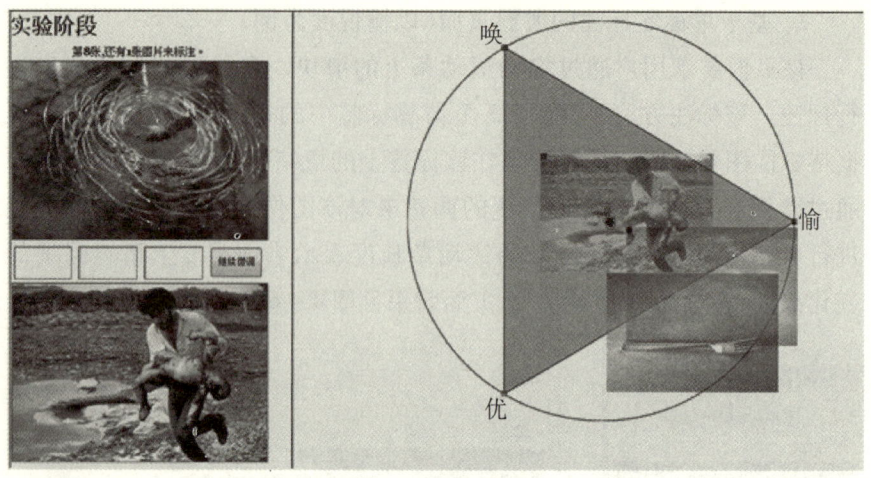

图 4-7　多标签标注实验页面

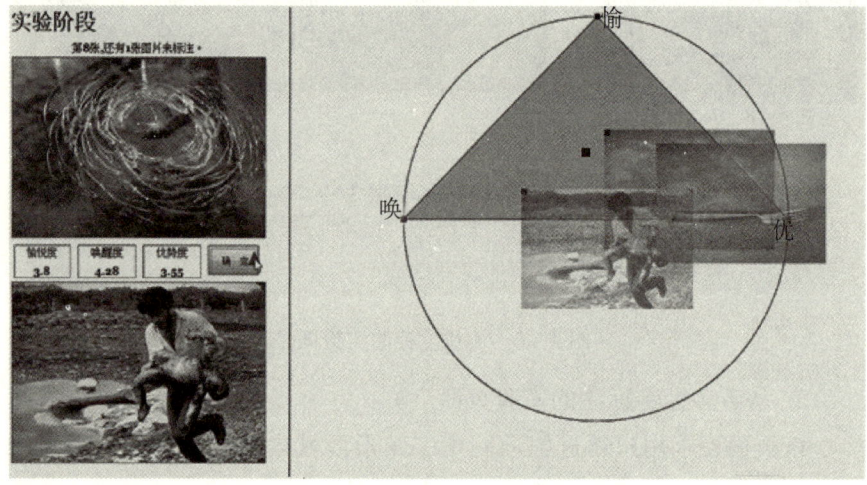

图 4-8　多标签标注实验微调页面

六、小结

海量图像资源的语义标注是当前亟待解决的问题之一,而人工标注和自动图像标注又存在其固有的局限性,这里我们从用户认知角度出发,利用可视化技术,提出适合用户的可视化交互标注方式,构建了图像语义可视化交互标注研究平台,解决了图像语义标注不符合用户认知习惯的问题,冲破了现有标注方式的局限性,为大范围的图像语义标注奠定了基础,更重要的是,我们可以利用该研究平台开展关于用户标注行为的研究,比如用户更倾向于数值比较还是图像比较方式,各标注模式下的一致性等问题分析。

此外,传统情报学研究在处理非结构化的用户感性信息时,特别是要进行计算机辅助处理用户感性信息时,存在信息获取与表达方面的障碍,往往要求用户用结构化的数值或文字方式进行间接的自我表达,缺乏更直接的感性信息研究方法,采用语义可视化方法使用户使用图像这种感性方式与计算机内部语义交互,可以更直接有效地采集用户感性信息,我们的可视化标注研究平台是基于此而建立的,是一种将非结构化的用户对信息的感性认知与结构化的计算机语义处理相结合的有效研究方法,可供信息用户及信息系统人机界面等相关研究参考借鉴。

本章小结

本章介绍了图像用户行为研究方法与研究平台的相关内容。其中第一节以美国威斯康星大学密尔沃基分校的信息智能与信息构建实验室为例,选择其对信息构建等用户行为相关课程体系的实验体系、环境与方法支持,进行了全面介绍,以供国内相关科研教学参考;第二节围绕图像语义可视化交互的基本方法,梳理了现有相关研究,重点介绍了后文将要利用其进行图像语义与图像用户行为研究的一维及多维可视化交互方法;第三节则系统介绍了后文研究进行实验及采集数据所基于图像语义可视化交互标注研究平台,从而为系统研究图像语义与图像用户行为提供了方法与平台基础。

第五章　图像语义标注用户行为数据集开发

从人机交互角度研究图像语义与图像用户行为,必然需要以不同的用户研究方法,采集不同类型的数据,然后根据不同的研究问题,选择与组合这些研究方法与数据进行研究,这就需要突破以往图像语义与图像用户行为研究中方法及数据类型较单一的研究局限性,系统性研究与开发一个包含多种研究方法与多种类型数据的图像语义用户行为数据集。因此,本章基于前文介绍的研究方法与研究平台,系统介绍一个图像语义标注用户行为数据集开发的实验与数据处理过程,通过系统性的数据集开发,获得一系列不同类型、不同格式的相关数据,将其作为典型案例,使图像语义与图像用户行为研究的深入开展得到有效支持。

第一节　数据集开发实验

一、实验设计

(一)实验目的

用户在实验研究平台(ISARP)下进行图像情感可视化标注,目的是获得包括图像内容、图像标注结果参考值、图像底层特征、实验前问卷、用户操作行为与结果日志、用户操作视频记录、用户出声思维日志、实验后问卷等不同类型、不同格式数据在内的一系列相关数据,以支持对图像情感语义与图像情感语义标注用户行为中一系列科学问题的研究,包括但不局限于以下研究问题:

①哪些因素对用户图像标注的过程或结果存在影响？

②这些影响因素的分布特点如何？

③现有各种不同人机交互标注图像的方法之间,在效率、效果与体验方面有何差异？

④不同人机交互标注图像方法之间有组合使用的潜在需求吗？如果有,需求的具体内容是什么,其中典型的行为模型与心理有哪些？

⑤可视化标注平台下,存在哪些潜在的因素会影响用户的图像标注效率、效果或体验？

⑥用户在不同因素影响下的图像情感标注效率、效果或体验的总体分布是否具有显著差异性？标注效率、效果或体验分布如何？不同用户的标注效率、效果或体验的差异性的原因是什么？

⑦在使用不同人机交互方法时,用户能保持其图像标注结果的一致性吗？如果不一致,用户是否意识到这一点？

⑧图像不同层次的语义在影响用户标注行为上有差异吗？用户更倾向于从哪些语义层次去认识与思考图像？

这些问题将部分或全部在本书后续章节中予以研究解答,但有些问题只研究解答了其中部分,如用户图像标注效果与体验的潜在因素问题还没有得到深入研究。

（二）实验环境

被试者在武汉大学信息管理学院多媒体实验室内完成所有实验,室内温度、光线、噪音等需要满足安静舒适的环境要求,避免分散被试者注意力。被试者在实验室内的计算机上完成具体的实验操作,该计算机上已集成有自主研发开发的可视化标注研究平台(ISARP)以及 Morae 软件。

本研究使用 ISARP 实验系统平台。平台提供了实验前问卷、实验操作过程及结果等的记录日志、Morae 记录的屏幕操作视频日志(包括出声思维语音记录)以及输出界面切换及鼠标点击数据流功能、实验后问卷等。平台提供 3 个子实验,分别对应基于标签打分的图像标注模式、基于单标签下图像比较的标注模式和基于多标签下图像比较的标注模式的标注页面。该系统是网站形式平台,利用 Jsp + Jquery 等技术完成,开展实验前,需要进行环境配置,确保网页能正常显示,实验过程中平台将自主记录用户的每一次操作行为及发生的时间点。Morae 软件是由美国的 TechSmith 公司开发的用于实现可用性测试的软件。在本实验中借助 Morae Recorder 记录被试者的计算机桌面活动和 Think aloud 麦克风信息,并且在记录时不会影响被试者的正常操作行为。

同时,在实验平台中,将标注方法与观察方法进行了区分。为了避免不同观察功能对基本方法的干扰,平台上会提供两种图像标注过程中常见的观察功能,即数值观察功能、图像观察功能。其中,图像观察功能应用于自测评定人体模型图(Self-Assessment Manikin,简称 SAM),SAM 为用户提供不同形态的人物的图像来代表不同维度的不同强度,用可视化的方式通过图片来表达情感信息。方便用户来标注情感维度上的情感。数值观察方式常见于李克特量表中,使用李克特量表对图像情感强度打分时,往往会显示各位置的情感强度对应的数值,用户通过对具体数值的观察和感知,来与主观的情感体验进行对比,方便完成标注。打分标注平台提供数值观察功能,一维可视化标注平台和多维可视化标注平台都提供图像观察功能和数值观察功能两种观察功能辅助用户标注。

(三)实验图像选取

本实验在情感语义层次上对图像进行标注,选取的图像来自于 Florida 大学提供的国际情绪图片系统(International Affective Picture System,简称 IAPS)[①]。该系统从"愉悦度""唤醒度""优势度"3 个情感维度对每张图片进行等级评定。从中选取 90 幅图像作为实验数据集,9 幅图像作为待标注图像(选取规则:由于每个图片在 3 个维度上都有一定的情感强度,而各维度之间可能会有一定相关性,因此实验中的待标注图像是要求它们在 3 个维度上的情感强度尽量分布在各维度的多个等级),在研究平台(ISARP)中 3 个不同标注模式下的子实验都采用的是这组待标注图像,这是由于对图像进行情感标注具有主观性,而 3 个子实验采用相同待标注图像可以使 3 个标注模式间具有可比性,选取时考虑使这 9 幅图像在 3 个维度上的情感强度尽量分布在各维度的多个等级;78 幅图像作为单标签标注模式下的参考图像,其中每个标签有 26

---

① Lang P J, Bradley M M, Cuthbert B N. International affective picture system(IAPS): Affective ratings of pictures and instruction manual[J]. Technical Report A-8, 2008.

幅参考图像,它们在该标签上的分值是均匀分布的,即将整个图片库中的图片按该标签上的情感强度值按大小顺序排列,这 26 幅图片对应某滚动条的 27 分点的位置;3 幅图像作为多标签标注模式下的参考图像,其中每个标签有 1 幅参考图像,这幅图像在该标签上的分值较大且在其他标签上分值相对较小。其中,在本实验中所用的待标注图像如表 5 - 1。

表 5 - 1　从 IAPS 系统选取的 9 张待标注图像

名称	AimedGun	BikerCouple	CarDamage
图片			
名称	Flower	Kitten	Lamp
图片			
名称	Mutilation	SmilingGirl	Tornado
图片			

具体来说,在本实验中从 IAPS 系统选取的图像的编号及各标签分值的均值信息如下:

1. 待标注图像,一共 9 幅,其信息如表 5 - 2 所示,其选取规则为:由于每个图片在 3 个维度上都有一定的情绪强度,而各维度之间可能会有一定相关性,所以难以得到这样的 9 幅图像,它们在各维度上的分值都均匀分布在各维度 1—9 的等级上,因此实验中的待标注图像是要求它们在 3 个维度上的分值尽量分布在各维度的多个等级。

表 5 - 2　从 IAPS 系统选取的待标注图像及情绪强度值

名称	编号	愉悦度	唤醒度	优势度
Kitten	1460	8. 21	4. 31	6. 00
SmilingGirl	2900. 2	6. 62	4. 52	5. 73
Mutilation	3063	1. 49	6. 35	2. 70
BikerCouple	4631	5. 36	5. 19	4. 87
Flower	5010	7. 14	3. 00	7. 40
Tornado	5971	3. 49	6. 65	3. 30
AimedGun	6230	2. 37	7. 35	2. 15
CarDamage	7137	4. 30	4. 81	4. 50
Lamp	7175	4. 87	1. 72	6. 47

2. 参考图像

实验二和实验三分别对应上节阐述的单标签与多标签两种不同的图像比较的可视化交互标注模式,因此,都需要参考图像用于图像比较;另外,实验中采用 PAD 情绪模型的愉悦度(pleasure—displeasure)、唤醒度(arousal—nonarousal)、优势度(dominance—submissiveness)三种基本情绪标签。

(1)实验二需要的参考图像

由于实验二采用了逐步求精的迭代三分方法,因此,愉悦度、唤醒度、优势度 3 个标签上各选取了 26 张参考图像,其选取规则为:如果将图片库中的所有图像按一个标签上的分值进行排序,这个标签对应的 26 张参考图像的位置大致为 27 分点。

①愉悦度

表 5 - 3 列出了从 IAPS 系统选取的实验二中愉悦度标注用参考图像及其愉悦度强度信息。

表 5 - 3　从 IAPS 系统选取的实验二愉悦度参考图像及其愉悦度强度

名称	编号	愉悦度	唤醒度	优势度
Mutilation	3062	1. 87	5. 78	3. 73
Attack	3500	2. 21	6. 99	2. 40
InjuredDog	9184	2. 47	5. 75	3. 86

续表

名称	编号	愉悦度	唤醒度	优势度
PlaneCrash	9611	2.71	5.75	3.67
Seal	9180	2.99	5.02	4.52
Heroin	9102	3.34	4.84	4.64
Police	6840	3.63	5.95	4.72
Skeleton	9445	3.87	4.49	4.51
Dog	1302	4.21	6.00	4.04
Traffic	7595	4.55	3.77	5.28
ClothesRack	7217	4.82	2.43	6.25
Fan	7020	4.97	2.17	6.16
Shadow	2880	5.18	2.96	6.01
Mushrooms	5533	5.31	3.12	6.09
Woman	2372	5.48	4.09	6.21
AttractiveMan	4500	5.70	3.68	5.72
Desert	5900	5.93	4.38	5.16
ManW/Fish	2392	6.15	3.85	6.03
Woman	2374	6.29	3.86	6.21
Butterfly	1602	6.50	3.43	6.41
Balloons	2791	6.64	3.83	6.25
Couple	4612	6.82	5.06	5.30
Gymnast	8090	7.02	5.71	5.25
Romance	4640	7.18	5.52	6.03
Flowers	5200	7.36	3.20	6.21
Brownie	7200	7.63	4.87	6.90

②唤醒度

表5-4列出了从 IAPS 系统选取的实验二唤醒度标注用参考图像及其唤醒度强度信息。

表 5 - 4　从 IAPS 系统选取的实验二唤醒度参考图像及其唤醒度强度

名称	编号	愉悦度	唤醒度	优势度
Chess	2580	5.71	2.79	5.88
Judge	2221	4.39	3.07	4.97
Zipper	7045	4.97	3.32	6.28
Woman	2514	5.19	3.50	5.85
Chess	7512	5.38	3.72	5.84
HomelessMan	9331	2.87	3.85	4.72
Rabbit	1610	7.69	3.98	6.77
Children	2341	7.38	4.11	6.44
Pizza	7351	5.82	4.25	6.00
Garbage	9291	2.93	4.38	4.75
Girls	2091	7.68	4.51	6.79
Seal	1440	8.19	4.61	6.05
AttractiveMan	4572	6.15	4.80	5.94
Spider	1240	4.22	4.92	4.95
Needles	9007	2.49	5.03	4.18
IceCream	6250.2	6.32	5.13	5.63
Freeway	7560	4.47	5.24	4.63
Harbor	5215	6.83	5.40	5.92
Couple	4609	6.71	5.54	6.00
AimedGun	6244	3.09	5.68	3.43
Money	8502	7.51	5.78	6.40
Boat	8210	7.53	5.94	5.82
CarAccident	9904	2.39	6.08	3.40
Gang	6821	2.38	6.29	3.29
Attack	6560	2.16	6.53	3.11
Lightning	5950	5.99	6.79	3.56

③优势度

表 5 - 5 列出了从 IAPS 系统选取的实验二优势度标注用参考图像及其优势度强度信息。

表 5-5　从 IAPS 系统选取的实验二优势度参考图像及其优势度强度

名称	编号	愉悦度	唤醒度	优势度
Bomb	9630	2.96	6.06	2.98
Attackdog	1304	3.37	6.37	3.29
Ship	9621	3.22	5.76	3.55
Prison	6000	4.04	4.91	3.77
CarBoot	7136	3.47	5.01	3.98
Galaxy	5300	6.91	4.36	4.14
Harassment	4621	3.19	4.92	4.37
Grafitti	9468	4.67	4.68	4.58
SadFace	2230	4.53	4.13	4.80
Astronaut	5460	7.33	5.87	4.99
Building	7500	5.33	3.26	5.17
Train	7033	5.40	3.99	5.32
NeutFace	2200	4.79	3.18	5.44
Cigarettes	9832	2.94	4.46	5.53
Stove	7077	5.12	4.61	5.60
Mountains	5820	7.33	4.61	5.69
Venusflytrap	5040	5.39	3.75	5.77
Couple	4605	5.59	3.84	5.83
Mother	2310	7.06	4.16	5.89
Bed	7710	5.42	3.44	5.96
Store	7495	5.90	3.82	6.04
Wines	7280	7.20	4.46	6.10
Family	2340	8.03	4.90	6.18
Violinist	5410	6.11	3.29	6.28
Cabinet	7705	4.77	2.65	6.39
IceCream	7330	7.69	5.14	6.58

（2）实验三所需的参考图像

每个标签对应一个参考图像,共 3 幅图像,参见表 5-6。其选取规则为:这个图像在该标签上的分值较大且在其他标签上分值相对较小。不过,由于已有研究表明,愉悦度和优势度有较强的相关性,所以这两个标签的参考图像在对应标签上的分值与在另一个标签上的分值没有非

139

常显著的差距,如表中 Sky 的 6.55 及 4.78 与 Attack 的 1.90 及 2.73 相比,有明显的同步变化关系。这个特点在本项目的后续研究中将予以考虑。

表 5 - 6　从 IAPS 系统选取的实验三参考图像及其情绪强度

	名称	编号	愉悦度	唤醒度	优势度
对应"愉悦度"	Sky	5991	6.55	4.01	4.78
对应"唤醒度"	Attack	6350	1.90	7.29	2.73
对应"优势度"	Fork	7080	5.27	2.32	7.04

（3）练习图像

除了实验中用到的上述 90 幅图像,另外选取 9 幅图像用于实验前的练习阶段,由于重要性程度相对较低,练习图像信息列表在此省略。

另外,以上所选取的图像的内容涉及动物、风景、人物、场景等多方面,在实验中待标注图像和参考图像统一大小,均为 $360 \times 240 px$。

（四）实验被试者选取

通过网上发布招募信息等方式,本实验共在武汉大学校内招募了 90 名被试者,被试者的人口统计信息见表 5 - 7。

表 5 - 7　实验中被试者的人口统计信息

		人数	总人数	比例
性别	男	36	90	40%
	女	54	90	60%
学历	本科生	39	90	43%
	研究生	51	90	57%
专业背景	人文科学	11	90	12%
	社会科学	52	90	58%
	理学	10	90	11%
	工学	8	90	9%
	信息科学	9	90	10%

从表中可以看出,该实验中被试者男女比例较为均衡,学历分布为本科生和研究生各约占一半,专业背景分布较为广泛,人文科学、社会科学、理学、工学以及信息科学均有涉及。

（五）实验任务设定

首先，被试者需要填写一份实验前调查问卷，包括性别、学历、年级、专业、图像（或其他信息）标注检索经验等，通过被试者提供的问卷回答信息，可以初步了解用户的个人特征、学历背景及标注经验等信息；其次，在所有的子实验平台上，用户都被要求对图像的情感强度在"愉悦度""唤醒度""优势度"这3个维度上进行标注；最后，被试者会填写一份实验后问卷，获取被试者关于标注平台、标注模式及标注偏好等问题的看法及建议。

在打分标注子实验平台，被试者需在同一标注界面上对一幅图像在3个情感维度上的情感强度分别标注，通过9个不同的标注界面完成对9幅待标注图像的标注任务，因此每个被试者要完成27个标注任务。

一维可视化标注子实验平台的被试者需在不同的标注界面上分别在"愉悦度""唤醒度""优势度"这3个维度对9幅待标注图像进行情感语义强度标注，因此每个被试者要完成27个标注任务。

多维可视化标注子实验平台上，被试者需对9幅待标注图像进行情感语义强度标注，一幅图像三个情感维度上的情感强度标注是同时进行的，因此每个被试者要完成9个标注任务。

实验中，被试者在进行图像情感标注时没有时间限制，可以任意操作；系统在实验环境中通过平台日志及Morae软件获取用户标注过程的标注日志及音视频信息，通过对日志信息及Morae编码信息的分析获取用户的标注耗时等数据，此外还可以获取用户标注过程中的思维方式及最终的图像情感标注值。

二、实验过程

首先，按照性别、学历、专业背景等人口统计信息，将90名被试者均分为三组。然后，组织被试者分时间参与实验过程。在实验中，每个被试者都要参与实验所包含的3个子实验，这3个子实验分别对应着3个图像标注子系统，即实验一对应基于标签打分的图像标注子系统，实验二对应单标签下基于图像比较的图像标注子系统，实验三对应多标签下基于图像比较的图像标注子系统。

实验开始前,由实验控制者向被试者介绍本实验的实验目的、实验过程和要求,并对图像情感语义的 3 个情感维度进行解释说明。在每个子实验开始之前,先由实验控制者对其操作方法进行说明;然后被试者会进入实验练习阶段,进一步熟悉相关操作;在被试者充分理解之后,才会进入正式实验阶段来对一组选定的待标注图像进行标注。被试者在实验的过程中,需要随时说出自身所想(Think-aloud),如图像带给他们的感觉、他们的标注依据、他们对系统的评价等。若被试者有疑惑,可询问旁边的实验人员。与此同时,事先设置好的 Morae Recorder 将记录下他们的屏幕操作过程及 Think-aloud 音频数据。

考虑到本实验由 3 个子实验组成,且每个被试者都要依次完成每个子实验,子实验的次序可能会对被试者的图像标注带来影响,因此三组被试者(各 30 人,共 90 人)将分别按照不同的实验次序完成各个子实验,如第一组以子实验一、二、三的次序,第二组以子实验二、三、一的次序,而第三组则以子实验三、一、二的次序分别完成实验任务,且被试者在每两个模式的实验之间休息 10 分钟,这样设置的目的是消除实验次序及图片残留影像等影响。

被试者在 3 个子实验中的基本操作流程与界面说明如下:

(1)实验一:基于标签打分的图像标注模式

本实验要求被试者利用 9 点心理量表对每幅图像每个情感维度的强度进行打分。

实验控制者首先对操作过程进行说明,该标注模式下需要被试者对所呈现的一幅图像在 3 个情感标签上进行打分,每个标签后面显示有 1—9 这 9 个数值,被试者选择一个作为该图像在该标签上的评分,表示该图像在对应维度上的情感感受强度。这 3 个标签对应愉悦度、唤醒度、优势度这 3 个维度。在实验控制者对操作讲解后被试者点击进入实验一界面,该界面会再次提示相关操作及标签含义,然后被试者可以进入该模式的练习阶段,页面如图 5-1 所示。

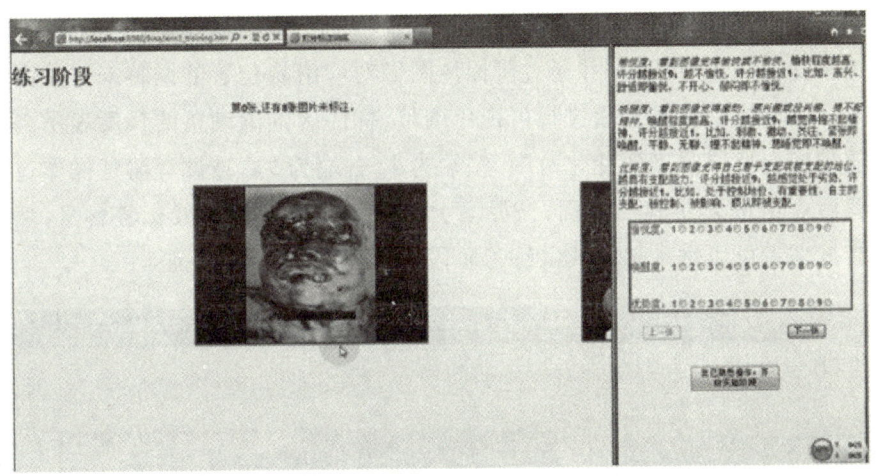

图 5 - 1 打分标注练习阶段页面

在页面左方显示一幅待标注图像,右方是 3 个情感标签的打分区域,被试者对该图像在情感的每个维度进行打分,3 个维度的打分完成表示完成了该图像的情感标注。当被试者完成练习阶段且对操作没有疑问后点击"我已熟悉操作,开始实验阶段",则进入正式实验阶段标注页面,如图 5 - 2 所示。

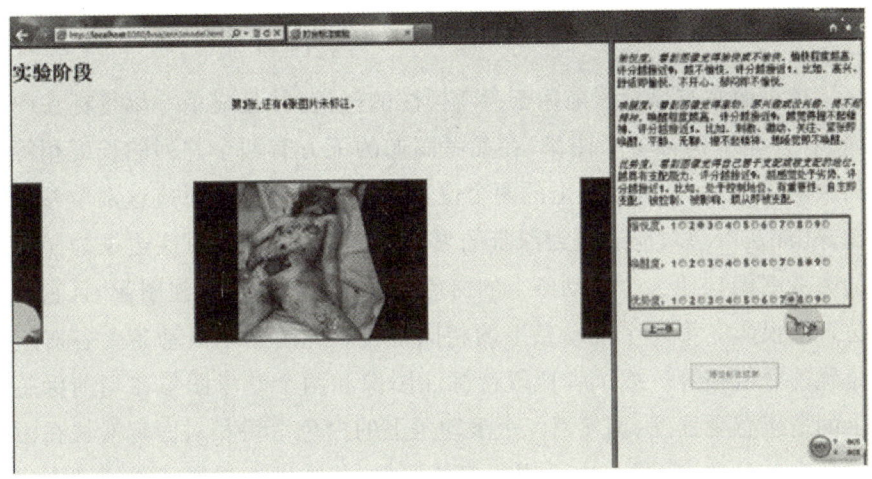

图 5 - 2 打分标注实验阶段页面

(2)实验二:基于单标签下图像比较的可视化标注模式

本实验要求被试者通过拖动滚动条上的滑块对每幅图像各维度的情感强度逐个进行标注。

该标注方法下,对于 3 个情感维度标签(愉悦度、唤醒度、优势度)中的每一个,需要被试者根据待标注图像及两个参考图像在该标签上的情感感受强弱进行比较,并通过待标注图像对应滑块位置的调整来对该图像在相应标签上的分值进行可视化调整,标注区的滚动条的长度表示当前维度上情感强度的变化范围,左端为1,右端为9。被试者清楚操作过程后点击进入实验二界面,该界面会再次提示相关操作及标签含义,然后被试者可以进入该模式的练习阶段,页面如图5-3所示。

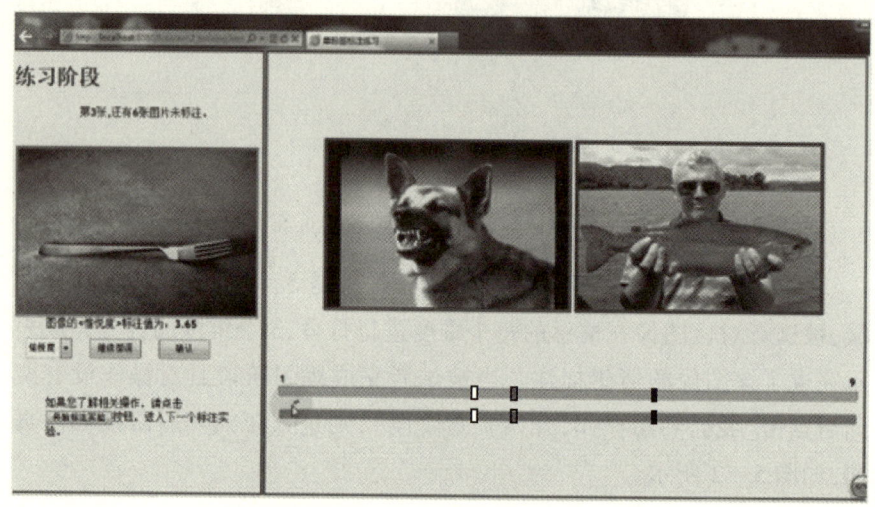

图5-3　单标签标注练习阶段页面

　　在页面左方显示当前用于参考标注的标签,并且显示一幅待标注图像,右方显示两幅参考图像,在参考图像的下方有两个并列的长度相等的滚动条,第一个滚动条上的两个位置固定的滑块分别对应这两个参考图像(深灰滑块对应边框为深灰的参考图像,黑色滑块对应边框为黑色的参考图像),第二个滚动条上的白色滑块对应当前待标注图像,且它的位置会投影在第一个滚动条上的相同位置。此时两个滚动条上各对应位置的分值相等。被试者比较待标注图像和两个参考图像在当前标签上的情感感受强度,调整第二个滚动条上的白色滑块相对固定滑块在滚动条上的位置,完成一次可视化权值调整,若被试者想继续微调则点击"继续微调"。在本实验中,被试者可以选择进行两次微调,当然也可以选择不进行微调,或只进行一次微调,当被试者觉得结果已符合自己的情感感受时点击"确认"进入下一个待标注图像。

　　此外,移动白色滑块时,在待标注图像的下方显示有一个数值表示当前标签下白色滑块在滚动条当前位置时的分值,这个分值会随着白色滑块位置的移动而变化,被试者也可以根据分值的大小变化来调整白色滑块的位置直至认为该分值可以反映待标注图像在当前标签上的情绪感受的强度。当然,被试者可以只根据待标注图像和参考图像的比较来确定白色滑块的位置,也可以只根据分值的变化,还可以两种方式结合,比如多次调整了白色滑块的位置,但各操作的依据有的是图像比较,有的是分值变化,无论被试者的操作是依据图像的比较还是分值的调整,都需要被试者口头表达自己标注的依据。当被试者完成练习阶段且对操作没有疑问后点击"开始标注实验"进入正式实验阶段标注页面,如图5-4所示,依次完成愉悦度、唤醒度、优势度下9幅图像的相应操作,最后被试者点击"提交标注结果",实验二标注任务完成。

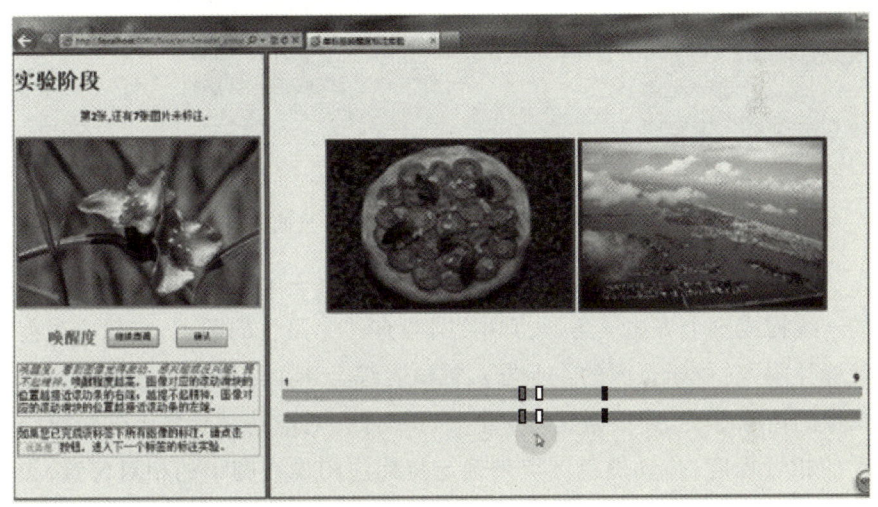

图5-4　单标签标注实验阶段"愉悦度"的标注页面

（3）实验三:基于多标签下图像比较的可视化标注模式

本实验要求被试者通过拖动圆中三角形区域内的图像点对每幅图像3个情感维度的强度同时进行标注。

该标注方法下,对于每个待标注图像和3个参考图像(分别对应各情感维度标签),需要被试者综合考虑待标注图像在3个情感维度标签上的情感感受,然后比较待标注图像与参考图像在对应标签上情感感受强度的相似程度,可视化调整并确定待标注图像在圆形区域中的相对位置。这3个标签分别是愉悦度、唤醒度和优势度。图像距离标签的远近程度表示它在该标签上的情感感受强度的大小,当待标注图像离某个参考图像的距离越近则表示该待标注图像与该参考图像的情感感受越相似。

实验控制者对操作过程进行讲解,被试者明白该标注方法后点击进入实验三界面,该界面会再次提示相关操作及标签含义,然后被试者可以进入该模式的练习阶段,首先显示的页面如图 5 – 5 所示。

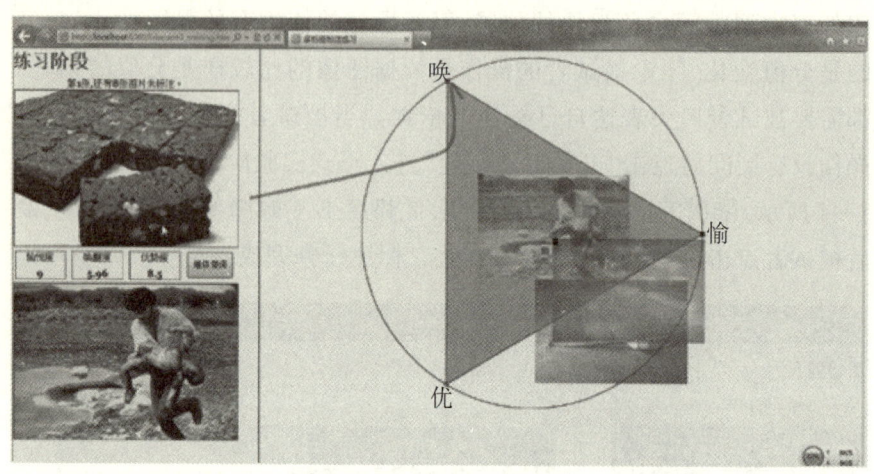

图 5 – 5　多标签标注练习阶段页面 1

在页面右边的圆形区域的圆周上等距排列 3 个情感维度标签,它们的连线构成一个等边三角形,其中,圆心有一个黑色的圆点,它对应当前待标注图像(位于页面的左上方),被试者综合 3 个情感标签考虑待标注图像的情感感受,并根据其与 3 个参考图像在对应情感标签上的情感感受的相近程度,拖动黑色圆点来确定待标注图像在圆中的相对位置,黑色圆点离哪个参考图像左上角的顶点距离越近则表示待标注图像和这个参考图像的情绪感受越相似。当被试者在拖动过程中确定黑色圆点的位置后点击"继续微调",此时待标注图像不变,但圆形区域圆周上的标签的位置及相应参考图像的位置会发生变化,如图 5 – 6 所示,三个标签的连线构成一个等腰直角三角形,被试者再次考虑待标注图像与参考图像的情感感受,拖动黑色圆点(对应当前待标注图像)至被试者认为合适的位置,该操作完成后点击"确定"表示当前待标注图像的标注操作完成进入下一个待标注图像。

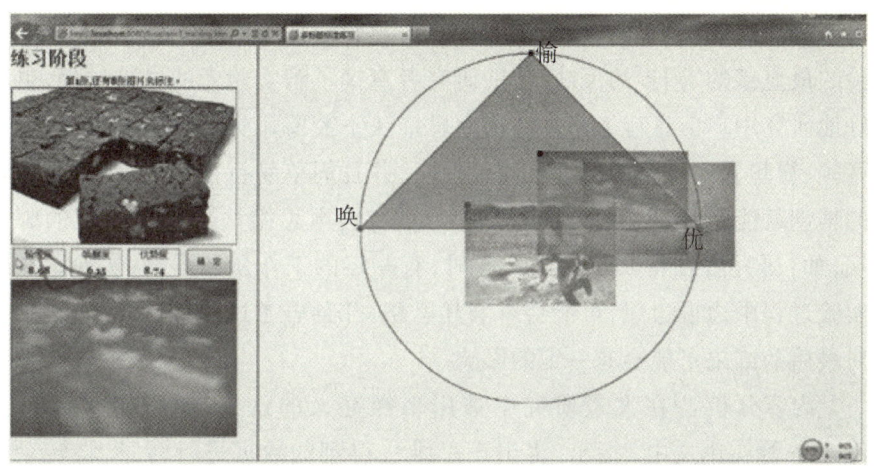

图 5 – 6 多标签标注练习阶段页面 2

此外,在左边待标注图像的下方显示有一组数值,表示黑色圆点在当前位置时 3 个标签的分值,分值的大小表示对应维度的情感感受的强度,越大表示它对应的那个维度的强度越高,被试者也可以在拖动黑色圆点的过程中考虑这组值的变化,当出现合适的情感强度值时确定此时黑色圆点的位置,然后点击"继续微调",被试者可以再次调整黑色圆点的位置,或直接点击"确认"提交结果。当然,被试者可以只根据待标注图像和参考图像的比较来确定黑色圆点的位置,也可以只根据分值的变化,还可以两种方式结合,比如多次调整了黑色圆点的位置,但各操作的依据有的是图像比较,有的是分值变化,无论被试者的操作是依据图像的比较还是分值的调整,都需要被试者口头表达自己标注的依据。当被试者完成练习阶段且对操作没有疑问后进入正式实验阶段标注页面,实验阶段的操作界面及方式同练习阶段一致,9 幅图像的相应操作全部完成后,则实验三标注任务完成。

第二节 数据集处理

一、数据集处理方法

研究采用的数据处理方法包括日志分析、问卷分析、内容分析等。其中,内容分析法主要用于分析处理通过采用出声思维法来记录被试者的思维过程的视频音频文件,以研究用户行为背后的思维过程。出声思维法的优点在于：实验者在实验的同时，边想边说，这是对实验者进行实验的最直接的、同步的反映，帮助研究者直接了解实验者的思维过程，更好地研究用户信息行为；另外，出声思维法不需要昂贵的实验设备，普通音频、视频录入设备即可满足实验要求，并且简单易行，对实验者做简单的培训就能运用此方法进行实验。当然，出声思维法也存在一定的弊端，如：研究者在将其转化为文本时，有一定的工作量和难度；实验者在实验过程中边说边想，可能会影响其思路，并且思考过程易受环境影响，对最后的结果可能会有一定的影响。

内容分析法在大量研究中被用来探究人的认知过程，如 Mariann Fossum 等在论文中[①]指出，将出声思维法得到的数据进行转录，将转录后的数据进行分析：第一步，将所有的口语报告通读一遍，从而概括地理解总体的意思；第二步，通过推断的内容分析来分析数据，选择用来评价和规划的数据集来编码；第三步，统计数据。由于内容分析法具有较为客观、能对大量文献进行系统结构分析等优点，从而弥补了定性研究不系统和不确切的弊端。

（一）内容分析法的实施过程

内容分析法大略可以分为 8 个操作步骤：确定研究问题，决定适当的资料总体，选出具有代表性的样本，决定分析单位，制定测量表，训练译码人，内容数据译码，以及分析数据[②]。其中部分关键步骤解释如下：

（1）制定测量表，即制定 Coding Scheme，是指研究者需要针对具体的研究对象或研究内容来确定 Coding Scheme 的内容。

（2）训练译码人：不同译码人分析相同文本数据所得结果之间的一致性，称之为译码者间信度。译码者之间的信度不管是在训练过程或在实际分析过程中都十分重要。译码者之间的信度系数若没有达到满意的程度，则内容分析的结果对实验是没有什么实质性帮助的。计算译码者之间信度系数的方法有多种，其中最简单的是由 Holsti 所提出的通过观察到的一致性比例来研究编码者一致性。

---

① Fossum M，Alexander G L，Göransson K E，et al. Registered nurses' thinking strategies on malnutrition and pressure ulcers in nursing homes：A scenario-based think-aloud study［J］. Journal of Clinical Nursing，2011，20（17/18）：2425—2435.

② Belton V，Stewart T. Multiple criteria decision analysis：An integrated approach［M］. Springer Science & Business Media，2002.

（二）内容分析可靠性

内容分析可靠性一般来说分为三种，分别为稳定性、再现性和精确性。其中，精确性是根据专家小组预定的标准或以前的实验研究来评价编码可靠性的一种衡量标准。

稳定性即跨时间的一致性，是指一个或一组编码者，当他们对同样的内容在不同的时间采用同种方法进行编码，其每次产生的分析结果的一致性。评价稳定性是"测试—再测试"的过程，也就是一个编码员在不同时点在类似条件下对同样的内容资料进行编码测试。例如对于年度报告，同一编码者在进行第一次分析后，三个星期后再进行分析。如果每次的编码是相同的，文本分析的稳定性就是最好的。如曹梅在研究用户网络图像检索提问式整理行为时[1]，采用稳定性来衡量内容分析法的可靠程度，为了降低提问式编码的主观误差，研究者基于统一的编码框架，隔了一个月后对所有提问式调整行为样本又进行了一次编码，对照两次编码结果，对不一致的编码进行必要的重新分析，并对编码框架进行了必要的合并和调整，提高编码的一致性和客观性。

再现性是被用来衡量多个编码者进行编码后编码的相同程度，也就是不同的编码者在运用同一份编码表中相同的类别设定去分析相同内容时所达到的一致程度，测量这种可靠性的方法称为编码者间信度，即评价多个编码者编码错误的比例。编码者间信度是使主管编码数据具备有效性的根本标准，用以测量两个或两个以上编码者对一组信息评估的一致程度。如 Iris Xie 在采用内容分析法研究用户基于网络检索进程的搜索策略转换[2]时，让两位编码者分别从总体中随机抽取相同规模的样本进行独立编码，以测量每项搜索策略的编码者信度，在该研究中测量的信度就是再现性。编码者间信度的检验方法将在后文详细介绍。

（三）常用的信度检验方法

在上述三种可靠性中，再现性即编码者间信度对于内容分析研究尤其重要，也最为常见。编码者信度测试方法有多种：Holsti 系数、Scott 的

---

① 曹梅. 网络图像检索提问式调整行为研究[J]. 中国图书馆学报，2012（5）：39—48.

② Xie I, Cool C. Understanding help seeking within the context of searching digital libraries[J]. Journal of the American Society for Information Science and Technology，2009，60（3）：477—494.

Pi 系数、Cohen 的 kappa 系数和 Krippendorff 的 alpha 系数,社会科学领域中最广泛使用的编码者信度指标有百分比一致性,其中,只有 Cohen 的 kappa 系数和 Krippendorff 的 alpha 系数这两种适合于同时有两个以上的编码员的研究,其他测试多用于两位编码员的情况。

1. 样本量的选取

(1)标准误差公式可用于计算所需的样本量,以达到一个给定的置信水平,具体计算公式如式 5.1:

$$n = \frac{(N-1)SE^2 + PQN}{(N-1)SE^2 + PQ} \qquad (式 5.1)$$

其中,N 表示总体规模(研究中的内容单位数量);P 表示总体的一致性水平;Q 是 1 减去 P 的值;N 表示信度检验的样本规模。

(2)Matthew Lombard 在研究交叉编码可靠性问题后指出[1]:合适的样本容量取决于很多因素,但是应该少于 50 个单元,或者是总体的 10%,几乎不会多于 300 个单元;如果总体较大,或期望的信度较低,则应该选择较大的样本。

2. 计算方法

(1)百分比一致性。计算方法为编码一致的单位数除以所有编码的单位总数,具体计算公式如式 5.2:

$$PA_0 = \frac{A}{n} \qquad (式 5.2)$$

其中 PA_0 表示"观察到的一致比例",A 表示两位编码者达成一致的编码数量,n 是测试中两位编码者编码的总体数量。

(2)Holsti 系数,计算公式如式 5.3:

$$PA_0 = \frac{2A}{n_A + n_B} \qquad (式 5.3)$$

其中 PA_0 表示"观察到的一致比例",A 表示两位编码者达成一致的编码数量,n_A 和 n_B 分别表示编码者 A 和编码者 B 编码的数量。

Holsti 系数是检测信度的重要标准,该算法计算简单、易于操作,但没有考虑到由于偶然性造成的一致性的数量,即信度的大小可能与编码时所用的类别的数目有关,且类别的数目越少,由于偶然性而造成一致的可能性就越

---

[1] Lombard M,Snyder-Duch J,Bracken C C. Practical resources for assessing and reporting inter-coder reliability in content analysis research projects[J]. http://www. researchgate. net/publication/242785900_Practical_Resources_for_Assessing_and_Reporting_Intercoder_Reliability_in_Content_Analysis_Research_Projects.

大。利用 Holsti 公式计算式,信度一般要求在90%或以上。

(3)Scott 的 Pi 系数(Scott's pi,π),计算公式如式5.4:

$$\pi = \frac{\pi_0 - \pi_e}{1 - \pi_e} \qquad (式5.4)$$

其中,π_0 是观察中获得的一致性或叫实际一致性,π_e 是纯粹由于偶然性而造成的一致性或叫期望一致性(等于每个类别出现的相对频率的平方和)。Scott 的 Pi 系数如果在0.70以上,是可接受的信度系数;介于0.60到0.70,勉强接受;低于0.60,则表明不可接受。利用 Scott 公式计算时,信度大多要求是0.75或以上。

Scott 的 Pi 系数因使用了两位编码者间的联合分布,从而纠正了偶然一致性。它不但考虑了类目数量,而且也能将编码者如何使用类目纳入考量。

(4)Cohen 的 kappa 系数(Cohen's kappa,κ),计算公式如式5.5:

$$\kappa = \frac{(\kappa_0 - \kappa_e)}{1 - \kappa_e} \qquad (式5.5)$$

其中,κ_0 是观察中获得的一致性或叫实际一致性,κ_e 是纯粹由于偶然性而造成的一致性或叫期望一致性。Cohen 的 kappa 系数在形式上与 Scott 的 Pi 系数相同,但具体计算方法有区别,区别在于 Cohen 的 kappa 系数是通过使用乘法而不是加法而将编码者判断分布的差异纳入考量范围中。

在使用 Cohen 的 kappa 系数检验编码者间信度时,有3个前提假设需要注意:a. 分析单位或编码单位必须相互独立,也就是说用于编码的任何单位互相之间不应有关联,重合等现象;b. 定类测量的类目必须相互独立,彼此互斥且具穷尽性;c. 两位编码员必须各自独立编码,不得一起工作以达成编码共识。

(5)Krippendorff 的 alpha 系数(Krippendorff's alpha,α),计算公式如式5.6:

$$\alpha = 1 - \left(\frac{nm - 1}{m - 1}\right)\left(\frac{\sum pfu}{\sum pmt}\right) \qquad (式5.6)$$

其中,n 表示不同编码员共同编码的案例单元数,m 表示编码员数,pfu 表示一个不一致的案例单元的频数乘积,pmt 表示边际总数的所有配对乘积。

二、数据集处理过程

(一)图像底层特征数据转换

图像底层特征的计算方法一般都涉及像素矩阵。所谓像素矩阵,就是图像在存储格式上的一种表现形式,任何图像实则是一系列像素点构成的像素点阵,将这些像素点对应的数值存储在矩阵中便构成了图像的像素矩阵。不同格式的图片在像素矩阵的表现上有所不同,一般 jpg 彩色图片以三元色 R、G、B 为轴存储三维数据,而灰度图片则以像素的值为存储对象,常用二维像素矩阵表示。以图像熵的计算为例,在进行熵值计算时,我们需要先利用一定的解析工具提取图像的像素矩阵,继而对图像进行灰度处理。这里我们利用 MATLAB 提供的 imread(图像路径)函数提取 jpg 图像等以三原色存储的像素矩阵,然后利用函数 rgb2gray(像素矩阵)转化成灰度图像,便可以利用求图像熵的算法计算图像的熵值。

这里介绍两种不同的算法,分别是从一维熵和二维熵角度出发求解,若为 RGB 存储格式的图片必须先转化成灰度值,然后进行熵值计算。

1. 一维熵

注意,图 5-7 图像一维熵的计算编码中,算法调用了 matlab 中数组。该数组按列存储,既可以按唯一索引查找,也可以按下标查找,下标从 1 开始计数;

```
function H_img= image000(input_args)
%I=imread(input_args):
%I=imread('1.bmp'):
I=floor(input_args):
[C,R]=size(I):          %求图像的规格
Img_size=C*R:           %图像像素点的总个数
L=256:                  %图像的灰度级
H_img=0:
nk=zeros(L,1):
for i=1:C
    for j=1:R
        Img_level=I(i,j)+1:              %获取图像的灰度级
        nk(Img_level)=nk(Img_level)+1:  %统计每个灰度级像素的点数
    end
end
for k=1:L
    Ps(k)=nk(k)/Img_size:            %计算每一个灰度级像素点所占的概率
    if Ps(k)~=0:                     %去掉概率为0的像素点
    H_img=-Ps(k)*log2(Ps(k))+H_img: %求熵值的公式
    end
end
%entropy(I)
end
```

图 5-7　一维熵的计算编码

2. 二维熵

图 5 - 8 为图像二维熵的计算编码。

```
function y= ImageIwo( input_args )
I=floor(input_args):%输入灰度矩阵
%imshow(I):
[C,R]=size(I):
P1=imhist(I)/(C*R):%生成每个灰度值的占有概率
temp=double(I):
temp=[temp,temp(:,1)]:%将第一列数据复制一份添加到最后一列
CoefficientMat=zeros(256,256):
for x=1:C
  for y=1:R
    i=temp(x,y):
    j=temp(x,y+1):
    CoefficientMat(i+1,j+1)=CoefficientMat(i+1,j+1)+1:
  end
end
P2=CoefficientMat./(C*R):
H1=0:H2=0:
for i=1:256
    if P1(i)~=0
    H1=H1-P1(i)*log2(P1(i)): %一维距的计算方式
    end
for j=1:256
    if P2(i,j)~=0:
    H2=H2-P2(i,j)*log2(P2(i,j)): %二维距的计算方式
    end
end
end
y=[H1,H2/2]:
end
```

图 5 - 8　二维熵的计算编码

　　关于图像熵的计算中,可能存在各种不确定因素的影响,例如图像尺寸、大小及部分黑边等因素,这些可能导致图像在熵值上的偏差。图像熵有如下几个特点:①图像等比例缩放后的熵值会增大,这可能跟单位像素内的比特增加有关;②局部部分图像的熵值一般小于整幅图像的熵值;③图像熵值的决定因素在一定程度上和该图像所包含的灰度丰富度有关;④图像的大小在一定程度上会反应熵值的大小;⑤当相同尺寸的图片含有相同的图像内容时,含有纯色越多的图像熵值就会越小。

　　表 5 - 8 列出了 9 张待标注图像的底层特征数据,关于计算方法的解释与数据利用将在第八章与第十一章具体介绍。

表 5 - 8　9 张待标注图像的底层特征数据

图片名称	一维熵	二维熵	对比度	相关度	能量	同质性
AimedGun	4.4402	3.2331	0.0715	0.9930	0.4526	0.9700
BikerCouple	5.0666	3.8114	0.0929	0.9891	0.4164	0.9580
CarDamage	7.6141	6.1886	0.2512	0.9496	0.1304	0.9066
Flower	7.4271	6.0463	0.1511	0.9631	0.1693	0.9255
Kitten	7.4838	6.5639	0.3752	0.9189	0.1212	0.8455
Lamp	6.5149	4.8412	0.0562	0.9918	0.3673	0.9740
Mutilation	5.8057	4.3233	0.1063	0.9906	0.2365	0.9578
SmilingGirl	6.5390	4.8477	0.0688	0.9942	0.2161	0.9659
Tornado	7.3297	5.4271	0.0820	0.9949	0.1785	0.9610

（二）问卷处理

在实验开始前,要求被试者填写关于用户基本情况的调查问卷,问卷内容包括用户的性别、学历、所在学院等。实验前问卷见附录 1。实验前问卷的数据整理后形成 Excel 文件。

实验结束后,要求被试者填写一份关于用户体验的调查问卷,问卷内容包括对三种图像交互模式的易用性、舒适度、使用意愿、帮助性、整体满意度等在 10 点李克特量表中进行评分及其他用户体验问题。问卷中的图像交互模式本书中实际上指的就是基于三种基本方法的实验平台。实验后问卷见附录 2。将实验后问卷数据整理后形成 SPSS 文件。

问卷的处理具体过程与结果将在第 7 章详述。

（三）系统日志数据整理

1. 基于标签打分的图像标注实验的标注结果数据处理

针对实验阶段的用户标注信息,需要采取一定的手段加以保存。这里重新写一个 ann1writedata.jsp 页面用于对标注数据的保存,通过 ajax 技术加以运用,就可以将标注的数值利用 URL 传递获取。由于换行符在 URL 地址传递中不被解析,造成后续处理有问题,所以这里对每标注一幅图片就利用"＊"隔开,便可实现数据的有效存储。其基本格式如下:

> ｛"img_alt"："名称"，"img_src"："路径"，"pleasure"：愉悦度值，"arouse"：唤醒度值，"domain"：优势度值｝

这里列举一条实际的记录：

> ｛"img_alt"："Kitten"，"img_src"："images/Kitten"，"pleasure"：9，"arouse"：9，"domain"：7｝

如上，用户采用打分标注方法标注名为"Kitten"的图像，图像存储路径为"images/Kitten"，该图像的愉悦度标注值为9，唤醒度标注值为9，优势度标注值为7。

当扫描到的文件名称为 ann1data. txt 时，就调用处理实验一数据的功能函数，函数的传入参数为文件的相对路径，如"data\用户编号_用户姓名\ann1data. txt"，由于实验一每个用户只可能对应9条记录，且每条记录含有3个标签标注值，所以实现上难度不大，其主要实现思想如下：将文本信息的每条记录逐行(这里需要将"＊"替换成"\n"，或利用 split 函数)读取，利用字符串函数获取用户编号、图像名称、愉悦度、唤醒度及优势度等，具体代码如图5-9：

```java
public void writefile1(String string) throws IOException{
    String ID,name,pleasure,arouse,domain,record;
    int start,end;
    FileReader fr = new FileReader(string);
    BufferedReader br = new BufferedReader(fr);
    String line=br.readLine();
    File f=new File("result1.txt");
    FileWriter fw = new FileWriter(f,true);
    BufferedWriter bw = new BufferedWriter(fw);
    PrintWriter wt = new PrintWriter(bw);
    String[] strings=line.split("\\*");
    for(int i=0;i<strings.length;i++)
    {
        ID=string.substring(5,7);
        start=strings[i].indexOf("img_alt");
        end=strings[i].indexOf("img_src");
        name=strings[i].substring(start+12,end-4);
        start=strings[i].indexOf("pleasure");
        end=strings[i].indexOf("arouse");
        pleasure=strings[i].substring(start+12,end-3);
        start=strings[i].indexOf("arouse");
        end=strings[i].indexOf("domain");
        arouse=strings[i].substring(start+10,end-3);
        start=strings[i].indexOf("domain");
        end=strings[i].indexOf("}");
        domain=strings[i].substring(start+10,end-1);
        record=ID+"\t"+name+"\t"+pleasure+"\t"+arouse+"\t"+domain+"\n";
        wt.write(record);
    }
    System.out.println("实验一:第 "+count+" 个记录记录完毕");
    wt.close();
}
```

图5-9　实验一数据处理代码

由于该打分标注环境下，每个用户对一幅图像的3个情感维度的标注值都保存在一条记录中，且每一次只能对图像进行一次标注，所以最终标注的结果也必定是一个用户拥有 9 条标注记录,过多过少都是错误的表现。另外,若用户不标注,则对应图像的相应标签将以空缺代替。用户一次性标注完 9 幅图片后才提交给 jsp 页面处理,所以最终结果也只是每个用户 9 条记录。

对系统日志进行处理,在一条标注记录中提取出用户编号、图像名称、愉悦度、唤醒度及优势度,形成最终标注记录。90 名用户,每名用户有 9 条标注记录,最终文本总共只含有 810 条记录。处理后部分数据的截图如图 5 - 10 所示。第一条记录表示,01 号用户标注名为"Kitten"的图像,愉悦度标注值为 9,唤醒度标注值为 9,优势度标注值为 7。

```
01        Kitten 9        9        701    SmilingGirl        8            7        7
01        Mutilation    1    9        101        BikerCouple        5            9
501        Flower 9        7        901    Tornado 1        9        201
AimedGun        1        9        101    CarDamage        2        5        2
01        Lamp  8        7        802    Kitten 9        6        902
SmilingGirl        9        5        902    Mutilation        1        9        1
02        BikerCouple        5        5        502        Flower 7        5        9
02        Tornado 2        8        202    AimedGun        1        7        2
02        CarDamage        9        902        Lamp  5        7
03        Kitten 3        8        203    SmilingGirl        7        1        6
03        Mutilation    1    9        103        BikerCouple        2            6
503        Flower 8        2        603    Tornado 2        8        103
AimedGun        1        8        203    CarDamage        5        1        5
03        Lamp  6        1        704    Kitten 3        7        804
SmilingGirl        8        6        504    Mutilation        1        8        2
04        BikerCouple        2        6        304        Flower 8        7        7
```

图 5 - 10　实验一标注最终文本截图

2. 单标签下基于图像比较的图像标注实验的标注结果数据处理

系统日志主要记录用户操作的时间、微调的次数、拖动的记录等,对于用户每拖动一次滑块的行为记录一次,对每条记录也利用"＊"隔开,这里利用研究平台提供的 ann2writedata. jsp 页面来完成对标注值的记录保存,其保存的具体格式依次如下所示:

愉悦度:

{time :"标注时间","click" :"微调次数","img_alt" :"图像名称","img_src" :"图像路径","pleasure" :标注值}

唤醒度:

{time :"标注时间","click" :"微调次数","img_alt" :"图像名称","img_src" :"图像路径","arousal" :标注值}

优势度：

> ｛time ："标注时间"，"click" ："微调次数"，"img_alt" ："图像名称"，"img_src" ："图像路径"，"dominate" ：标注值｝

这里列举一条真实的记录：

> ｛time ："4/27　16：19：47"，"click" ："0，"img_alt" ："CarDamage"，"img_src" ："images/7137. jpg"，"dominate" ：6. 27｝

该记录中，用户在系统时间为 4/27 16：19：47 时拖动代表待标注图像的滑块，这次拖动是在还没有点击微调（微调次数为 0）的情况下进行的，标注图像名为"CarDamage"，图像存储路径为"images/7137. jpg"，标注的图像优势度值为 6. 27。

正常情况下，用户保存的记录将依次是愉悦度、唤醒度及优势度，记录在同一文本文件内。当用户对待标注图像不做任何拖动操作时，表明用户同意现有标注值，则不需保存该用户标注的结果，但是，如果用户对该图像有多次拖动，或微调后再拖动，则每次拖动形成的新标注结果都会被记录保存。以一个用户标注对图像每次只拖动一次为例，该用户最终记录的数据会是 9 条愉悦度记录 +9 条唤醒度记录 +9 条优势度记录，总共 27 条。

当扫描到的文件名称为 ann2data. txt 时，我们就调用处理实验二数据的功能函数，函数的传入参数也是文件的相对路径，即"data\用户编号_用户姓名\ann2data. txt"，由于实验二的数据在整体上呈现复杂性（一副图像对应的标注记录数量并不确定）、单一性（一条记录只对应单个标签，无法简单的汇合）及潜规则（图像没有标注的值都默认为 1），在处理上就更为麻烦。

这里处理数据的主要算法思路为：首先定义一组包含 9 副图像名称的字符串数组，主要用于后面循环查找其对应的标注值：①针对每一个用户的标注文本，依次按数组定义的图像顺序查找所有标注记录，当记录是关于该幅图像的某个标签的标注值时，使用临时变量记录下该标注值（不同标签使用不同的临时变量）；②当由前向后读取时，若遇到该幅图像的相同标签时，则直接覆盖临时变量即可；③当该幅图像的所有标注记录都扫描完成后，仍存在没有标注值的临时变量，则直接赋予 1；④将该图像的新格式保存到文本文件中，置空临时变量，重复上述 2—5 步，直到 9 副图像的标注值都提取完成。

其具体代码不详述，这里鉴于数据量不大，操作实用，若遇到更多数据需改进算法。

对系统日志处理后,提取最终确认的标注值(无论之前怎么拖动,记录都不会被提取),提取出用户编号、图像名称、愉悦度、唤醒度及优势度,形成最终标注记录。90名用户,每名用户有9条标注记录,即最终文本中总共只含有810条记录。处理后部分数据的截图如图5-11所示。第一条记录表示,01号用户标注名为"Mutilation"的图像,愉悦度标注值为1,唤醒度标注值为9,优势度标注值为1.14。

```
01      Mutilation      1       9       1.1401  AimedGun        1       9       1
01      Tornado 1       9       101     CarDamage       5.9     9       1.1701
Lamp    5.91    4.85    8.5701  BikerCouple     5.02    8.87    5.1301
SmilingGirl     9       7.93    5.3101  Flower  8.91    7.69    8.6101  Kitten
7.49    5.93    8.0202  Mutilation      1       9       102     AimedGun
1.65    6.96    2.5502  Tornado 2.49    6.55    5.1602  CarDamage       1.95
6.3     7.1702  Lamp    4.94    6.49    7.8902  BikerCouple     2.44    2.98
5.202   SmilingGirl     7.55    5       7.0302  Flower  6.58    5.02    7.702
Kitten  9       7.19    7.8903  Mutilation      1       9       103     AimedGun
1.15    8.02    1.5203  Tornado 1.22    8.11    1.5503  CarDamage       5.11    1
5.3303  Lamp    5.98    4.2     8.0203  BikerCouple     3.09    7.41    2.9603
SmilingGirl     7.1     4.96    5.9603  Flower  6.01    1.94    6.3303  Kitten
3.17    8.03    4.3104  Mutilation      1.24    8.66    2.2404  AimedGun
5.42    6.22    3.9204  Tornado 3.49    5.65    5.3304  CarDamage       4.01
4.49    7.3304  Lamp    6.99    3.87    7.8204  BikerCouple     3.98    6.35
4.2904  SmilingGirl     8.36    3.99    6.904   Flower  7.77    5.96    8.804
Kitten  4.92    6.06    7.8305  Mutilation      1       8.96    105     AimedGun
2.44    8.44    1.5505  Tornado 7.38    6.23    5.4405  CarDamage       5.55
8.53    7.5505  Lamp    2.58    3.57    8.7505  BikerCouple     8.23    5.89
3.9205  SmilingGirl     6.52    5.61    5.205   Flower  3       4.47    2.7805
Kitten  4.62    3.93    6.0206  Mutilation      1.11    6.94    4.4206  AimedGun
```

图5-11 实验二标注最终文本截图

3. 基于多标签下图像比较的可视化标注实验的标注结果数据处理

实验三的数据处理也是用户行为分析的重点,可行的话,以后一幅图像将含有更多的待标注标签。用户在等边三角形中标注后将继续微调,接着在等腰直角三角形中标注,使用"(p,a,d)"代表标签在圆周上的角度,而weight则是按照"(愉悦度,唤醒度,优势度)"的顺序记录,用户每拖动一次方块也将记录一次信息,同时界面上也会同步实时显示,这样也很好地提供了一种数据丢失找回的方法(查看Morae视频记录便可),每条记录将以"*"隔开,最终完成一次实验标注的记录都将记录在一个文本文件中,具体的记录格式为:

{time:"时间",(p,a,d):标签位置角度,Img_alt:"图像名称",Img_src:"图像路径",Weight:图像各标签权重向量,Position:坐标值}

一条实际的记录如下所示:

{time:"4/17 21:14:35",(p,a,d):(0,120,240),Img_alt:"Kitten",Img_src:"images/1400.jpg",Weight:(3.54,8.87,2.2),Position:(229,171)}

该记录中,用户在系统时间为4/17的21:14:35时拖动代表待标注图像的方块,当前愉悦度标签、唤醒度标签、优势度标签在圆周上的角度分别为 0 度、120 度、240 度,当前标注图像名为"Kitten",所在路径为"images/1400.jpg",愉悦度、唤醒度、优势度的标注比重分别为 3.54、8.87、2.2,在当前模式对应坐标轴上的坐标值为(229,171)。

　　一般情况下,用户每完成一幅图像的标注,就会记录下对该图像拖动的所有标注记录;若用户每次只拖动一次,则记录一条记录,若用户在三角形改变后不拖动仅观察数值,则用户对于该幅图像可能就只有在等边三角形下的拖动记录,极端情况下,用户在每幅图像标注时只拖动一次,在系统日志中完成实验后该用户的标注信息可能只有 9 条记录。

　　当扫描到的文件名称为 ann3data.txt 时,就调用处理实验三数据的功能函数,函数的传入参数也是文件的相对路径,即"data\用户编号_用户姓名\ann3data.txt",实验三尽管也如同实验二一样拥有复杂性,但是由于数据记录本身已经包含有 3 个标签,所以处理上相对容易,与实验二相对的算法思想则是从后往前依次扫描每条记录,确保提取用户关于该幅图像的最终确认标注值,这样做可以节省大量的内存空间,极大地提高运算效率。具体实现代码如图 5 - 12 所示:

```java
public void writefile3(String string) throws IOException{
    String ID,weight,record;
    String name="";//用于记录图像名称的
    String t_name;//用于临时记录图像名称的
    int start,end;
    FileReader fr = new FileReader(string);
    BufferedReader br = new BufferedReader(fr);
    String line=br.readLine();
    File f=new File("result3.txt");
    FileWriter fw = new FileWriter(f,true);
    BufferedWriter bw = new BufferedWriter(fw);
    PrintWriter wt = new PrintWriter(bw);
    String[] strings=line.split("\\*");
    for(int i=strings.length-1;i>=0;i--)
    {
        ID=string.substring(5,7);
        start=strings[i].indexOf("Img_alt");
        end=strings[i].indexOf("Img_src");
        t_name=strings[i].substring(start+10,end-3);
        if(!t_name.equals(name)){
            name=t_name;//number++;
            start=strings[i].indexOf("Weight");
            end=strings[i].indexOf("Position");
            weight=strings[i].substring(start+8,end-2);
            String[] tags=weight.split(",");
            record=ID+"\t"+name+"\t"+tags[0]+"\t"+tags[1]+"\t"+tags[2]+"\n";
        }else{continue;}
        wt.write(record);
    }
    System.out.println("实验三:第 "+count+" 个记录记录完毕");
    wt.close();
}
}
```

图 5 - 12　实验三数据处理代码

对系统日志进行处理,提取用户关于该幅图像的最终确认标注值,在一条标注记录中提取出用户编号、图像名称、愉悦度、唤醒度及优势度,形成最终标注记录。90 名用户,每名用户有 9 条标注记录,那么最终文本中总共只含有 810 条记录。处理后部分数据的截图如图 5 - 13 所示。第一条记录表示,01 号用户标注名为"Lamp"的图像,愉悦度标注比重为 2,唤醒度标注比重为 2.66,优势度标注比重为 8.69。

```
01      Lamp    2       2.66    8.6901  CarDamage       1.5     1.72    1.37
01      AimedGun        1.64    8.01    1.9601  Tornado 2.51    8.67    4.85
01      Flower  3.02    3.63    8.9301  BikerCouple     8.87    7.7     6.26
01      Mutilation      2.46    4.5101  SmilingGirl     7.25    3.12
3.801   Kitten  1.59    9       2.01
02      Lamp    1.68    3.46    902     CarDamage       6.79    3.66    5.69
02      AimedGun        1       9       102     Tornado 1.59    8.96    3.96
02      Flower  4.81    2.63    902     BikerCouple     9       7.74    7.67
02      Mutilation      1       9       102     SmilingGirl     6.69    2.34
7.9702  Kitten  7.13    3.88    3.77
03      Lamp    6.07    2.91    8.9103  CarDamage       2.25    2.08    2.06
03      AimedGun        1.24    8.99    2.5603  Tornado 1.03    9       1.88
03      Flower  8.26    2.63    5.9703  BikerCouple     2.97    8.82    2.66
03      Mutilation      1.06    9       2.103   SmilingGirl     8.25    5.76
5.0503  Kitten  1.47    9       3.02
```

图 5 - 13   实验三标注最终文本截图

4. 标注时间数据处理

根据系统日志,然后以 Morae 日志文件对其进行辅助修正,得到每个用户在 3 个实验中图像情感标注使用时间的数据。

在图 5 - 14 中,第一行的"Kitten1"对应的数据是指用户在打分标注实验(实验一)标注图像"Kitten"3 个维度的总时间;"Kitten2"对应的数据是指用户在一维可视化标注实验(实验二)标注图像"Kitten"3 个维度的总时间;"Kitten3"对应的数据是指用户在多维可视化标注实验(实验三)标注图像"Kitten"3 个维度的总时间。第一条记录数据的第一列表示,编号为 1 的用户在打分标注实验中,标注名为"Kitten"的图像 3 个情感维度所用的时间为 66s。

(四)用户操作输入数据整理

Morae 环境提供了其他用户操作行为数据记录的功能,图 5 - 15 是输出的用户进行有效的鼠标点击的时间链示例,图 5 - 16 是用户实验过程中系统页面转换的时间链示例。这些数据可以用来统计每一个 Task 中用户针对每一张图片的标注时间,相较于人工内容分析而言,具有更高的精确性,从而可以在时间上更精确地支持研究用户体验与系统效率等问题。

ID	Kitten1	SailingGirl	Mutilation	liker	Couple	Flover1	Tornado1	AimedGun1	CarDamage1	Lamp1	Kitten2
1	66	55	41	46	51	59	38	70	45	152	
2	58	54	46	37	100	53	45	78	42	111	
3	34	26	23	17	25	27	16	26	17	44	
4	46	36	32	51	36	44	24	48	50	126	
5	29	37	17	21	28	14	17	25	24	86	
6	25	19	14	19	16	30	32	18	26	75	
7	63	62	29	50	24	48	24	48	32	79	
8	25	30	14	33	37	84	29	84	13	38	
9	65	43	39	42	41	48	37	23	76	101	
10	53	58	45	29	61	20	34	39	43	60	
11	25	32	14	25	21	18	21	20	16	44	
12	71	88	67	63	57	88	51	56	52	91	
13	30	49	51	33	41	44	40	26	37	51	
14	46	34	32	53	43	46	25	49	40	176	
15	28	70	13	119	49	82	65	47	41	44	
16	39	25	20	16	21	35	43	34	39	154	
17	36	38	45	31	31	45	45	35	35	72	
18	29	19	18	25	18	19	23	23	14	73	
19	46	59	30	29	26	30	34	41	58		
20	41	54	36	30	48	63	41	60	38	156	
21	24	12	14	20	19	35	12	24	22	140	
22	49	33	16	55	21	35	36	38	30	83	
23	58	30	41	35	31	26	35	42	22	35	
24	49	63	57	32	46	72	37	58	51	27	
25	20	16	22	18	18	15	14	19	11	52	
26	43	29	32	18	38	20	35	25	30	231	
27	29	35	24	27	30	72	22	38	34	63	
28	35	60	34	57	27	42	26	50	29	228	
29	22	20	16	27	16	18	17	19	25	44	

图 5 - 14　标注时间数据截图

	A	B	C	D	E	F	G	H
1	Elapsed	Recording	Task	Event	Details	Applicat:	Owner	Title
2	12:59.3	巴志超		Mouse Cl:	L Button	Internet Explorer		
3	13:24.5	巴志超		Mouse Cl:	L Button	Internet Explorer		
4	14:52.3	巴志超	Task 1	Mouse Cl:	L Button	Internet Explorer		
5	15:00.0	巴志超	Task 1	Mouse Cl:	L Button	Internet Explorer		
6	15:58.1	巴志超	Task 1	Mouse Cl:	L Button	Internet Explorer		
7	16:13.8	巴志超	Task 1	Mouse Cl:	L Button	Internet Explorer		
8	16:22.7	巴志超	Task 1	Mouse Cl:	L Button	Internet Explorer		
9	16:31.3	巴志超	Task 1	Mouse Cl:	L Button	Internet Explorer		
10	16:45.5	巴志超	Task 1	Mouse Cl:	L Button	Internet Explorer		
11	16:56.1	巴志超	Task 1	Mouse Cl:	L Button	Internet Explorer		
12	16:57.3	巴志超	Task 1	Mouse Cl:	L Button	Internet Explorer		
13	17:11.8	巴志超	Task 1	Mouse Cl:	L Button	Internet Explorer		
14	17:21.7	巴志超	Task 1	Mouse Cl:	L Button	Internet		
15	19:04.5	巴志超	Task 1	Mouse Cl:	L Button	Internet Explorer		
16	19:05.3	巴志超	Task 1	Mouse Cl:	L Button	Internet Explorer		
17	20:06.5	巴志超	Task 1	Mouse Cl:	L Button	Internet Explorer		
18	20:13.5	巴志超	Task 1	Mouse Cl:	L Button	Internet Explorer		
19	20:19.6	巴志超	Task 1	Mouse Cl:	L Button	Internet Explorer		

图 5 - 15　鼠标点击输出数据截图

	A	B	C	D	E	F	G	H	I
1	Elapsed	Recordin	Task	Event	Details	Applicat	Title		
2	12:59.9	巴志超		Web Page	http://l	Internet	实验一		
3	13:25.2	巴志超		Web Page	http://l	Internet	打分标注训练		
4	20:25.7	巴志超	Task 1	Web Page	http://l	Internet	打分标注实验		
5	27:28.3	巴志超	Task 1	Web Page	http://l	Internet	实验系统		
6	32:06.3	巴志超		Web Page	http://l	Internet	实验二		
7	32:55.3	巴志超		Web Page	http://l	Internet	单标签标注练习		
8	41:12.8	巴志超	Task 2	Web Page	http://l	Internet	单标签愉悦度标注实验		
9	43:45.7	巴志超	Task 2	Web Page	http://l	Internet	单标签唤醒度标注实验		
10	49:17.6	巴志超	Task 2	Web Page	http://l	Internet	单标签优势度标注实验		
11	51:53.4	巴志超	Task 2	Web Page	http://l	Internet	实验系统		
12	01:20.3	巴志超		Web Page	http://l	Internet	实验三		
13	02:15.2	巴志超	Task 3	Web Page	http://l	Internet	多标签标注练习		
14	11:49.5	巴志超	Task 3	Web Page	http://l	Internet	多标签标注实验		
15	16:21.4	巴志超		Web Page	http://l	Internet	实验系统		

图 5 - 16　网页输出数据截图

（五）用户标注过程的编码

语音转录编码中的各类型是根据出声思维法进行用户行为研究时的基本步骤与方法，并结合本次实验具体的实验步骤提出的。

1. 处理前准备

招募 2 位编码工作人员，对其进行编码培训，在 2 台计算机上安装 Morae Manager，在这个软件之上完成对视频文件的转录及编码工作。

2. 语音转录编码方案设计

由于本次实验有 3 个，实验内容各不相同，所以针对不同实验，有不同的语音转录编码方案。实验一（基于标签打分的实验）的语音转录编码见表 5 - 9，实验二（基于单标签标注的实验）的语音转录编码见表 5 - 10，实验三（基于多标签标注的实验）的语音转录编码见表 5 - 11。

表 5 - 9　实验一（基于标签打分的实验）的语音转录编码

类型	子类	标记编码	分析编码	示例
时间点标记	开始新的一张图	D	Sta1	被试者点击"下一张"按钮
	进入练习阶段	F	Pra1	被试者点击"实验一"
	由练习阶段切换至实验阶段	G	Exp1	被试者点击"我已熟悉操作，开始实验阶段"按钮

类型	子类	标记编码	分析编码	示例
	沟通开始,在练习阶段和实验阶段,试验者与被试在标注过程中开始较长时间交流,而此过程中被试未对图像进行打分,且交流内容与实验有关但不涉及当前标注图像。如当被试者对三个维度的概念理解不清晰或有偏差时,试验者对三个维度予以解释。练习阶段开始时,实验者对系统、情感维度及操作要求进行介绍	H	Com1	
	沟通结束,在练习阶段和实验阶段,当被试者开始提到当前参考图像,进行描述或标注等行为时	I	Ced1	
	休息开始,在练习阶段和实验阶段,被试者开始休息,未处于实验中。或被试者与试验者谈话内容不涉及本实验	J	Rst1	
	休息结束,在练习阶段和实验阶段,被试者继续实验	K	Red1	
标注依据标记	被试者在对当前的图像进行标注时,与前面标注的图像进行对比	R	PrI1	09 号被试者在标注第 3 张图片时提到,"唤醒度很高,前面看着很好的图片,看到这张郁闷恶心的(图片),突然觉得大脑兴奋了一下";25 号被试者在标注第 4 张图片时提到,"这个(待标注图片)和前面接吻的图片(前面的待标注图片)一样吗?我发现我每次对于接吻这个事的数值都一样呀"

163

续表

类型	子类	标记编码	分析编码	示例
被试认知标记	在给出确定的打分之前,被试者不确定给哪个值,被试者不能很直接地确定图片的分数	T	Uct1	12号被试者在标注第7张图片时,以较慢的速度将优势度的数值在"1"和"2"之间两次移动; 08号被试者在标记第2张图片时,在对界面熟悉的情况下,一次打分为"9"后又改变分数为"8"

表5-10　实验二(基于单标签标注的实验)的语音转录编码

类型	子类	标记编码	分析编码	示例
时间点标记	开始新的一张图	D	Sta2	被试者点击"下一张"按钮
	开始下一个维度	E	Dem2	被试者点击"唤醒度"按钮
	进入练习阶段	F	Pra2	被试者点击"实验二"
	由练习阶段切换至实验阶段	G	Exp2	被试者点击"开始标注实验"按钮
	沟通开始,在练习阶段和实验阶段,试验者与被试者开始较长时间交流,而此过程中被试未对图像进行标注,且交流内容与实验有关但不涉及当前标注图像时。如当被试者对三个维度的概念理解不清晰或有偏差时,试验者对三个维度予以解释;当被试者多次对自己拖动滚动条的参考依据没有进行表述时,试验者进行询问;练习阶段开始时,实验者对系统、情感维度及操作要求进行介绍	H	Com2	

164

类型	子类	标记编码	分析编码	示例
	沟通结束,在练习阶段和实验阶段,当被试者开始提到当前参考图像,进行描述或标注等行为时	I	Ced2	
	休息开始,在练习阶段和实验阶段,被试者开始休息,未处于实验中。或被试者与试验者谈话内容不涉及本实验	J	Rst2	
	休息结束,在练习阶段和实验阶段,被试者重新开始实验	K	Red2	
范围调整标记	进行一次微调	L	NrF2	被试者第一次点击"继续微调"按钮
	进行二次微调	M	NrS2	被试者第二次点击"继续微调"按钮
标注依据标记	考虑在滚动条上的位置,被试者以滑块在滚动条上的大概位置为参考依据	N	Scr2	41号被试者在标注第1张图片愉悦度时提到,"直接看这个坐标(滚动条),我觉得最低了",41号被试者在标注第3张图片愉悦度时提到,"肯定比第一个图片(比较图片)低,低多少我是按照自己的感觉"
	考虑数值,被试者以数值为依据来作为参考依据,明确提到数值时	P	Val2	36号被试者在标注第2张图片时提到,"这张图片大概是1.5左右",85号被试者在标注第3张图片愉悦度时提到,"环境污染是很大的问题了,我觉得能达到1了"

续表

类型	子类	标记编码	分析编码	示例
标注依据标记	图片比较,即当被试者以给出的参考图片作为参考依据时	Q	Img2	06 号被试者在标注第 1 张图片愉悦度时提到,"所以说我是(待标注图片)在它(比较图片)的左边,而且是越远离越好";66 号被试者在标注第 5 张图片优势度时,提到"我会一直把它(滚动条)往后拉,超过两个人讨论的(比较图片),更能控制住"
	被试者在对当前的图像进行标注时,与前面标注的图像进行对比	R	PrI2	50 号被试者在标注第 4 张图片愉悦度时提到,"这张的愉悦度也不怎么高,但是稍微比那个污染物(前面一张待标记图片)高一点";84 号被试者在标注第 2 张图片优势度时提到,"这张给我的支配感比较低,但比刚才(前面一张待标记图片)稍微少一点"
被试认知标记	被试者对参考图像所处的数值不认同	S	Dis2	42 号被者试在标注第 4 张图片愉悦度时提到"因为我对这个标准不是很认同",或 56 号被试者在标注第 7 张图片愉悦度时提到,"感觉这个(左边愉悦度较低的比较图片)比较(右边愉悦度较高的比较图片)愉悦"
	未标注,用户未调整滚动条的位置或改变数值	V	Uat2	被试者连续点击"继续微调"按钮;被试者在第一次微调后对滚动条未进行任何拖动
	标注,用户调整滚动条的位置或改变数值	W	Ant2	被试者调整图片权重

表 5 – 11　实验三(基于多标签标注的实验)的语音转录编码

类型	子类	标记编码	分析编码	示例
时间点标记	开始新的一张图	D	Sta3	被试者点击左边界面的"确定"按钮
	进入练习阶段	F	Pra3	被试者点击"实验三"按钮
	由练习阶段切换至实验阶段	G	Exp3	用户点击提示框中的"确认"按钮
	沟通开始,在练习阶段和实验阶段,试验者与被试者开始较长时间交流,而此过程中被试者未对图像进行标注,且交流内容与实验有关但不涉及当前标注图像时。如当被试者对 3 个维度的概念理解不清晰或有偏差时,试验者对 3 个维度予以解释;练习阶段开始时,实验者对系统、情感维度及操作要求进行介绍	H	Com3	
	沟通结束,在练习阶段和实验阶段,当被试者开始提到当前参考图像,进行描述或标注等行为时	I	Ced3	
	休息开始,在练习阶段和实验阶段,被试者开始休息,未处于实验中,或被试者与试验者谈话内容不涉及本实验	J	Rst3	
	休息结束,在练习阶段和实验阶段,被试者重新开始实验	K	Red3	
范围调整标记	进行一次微调	L	NrF3	被试者点击"继续微调"按钮

续表

类型	子类	标记编码	分析编码	示例
标注依据标记	考虑和标签的距离来作为标注的参考依据	O	Lab3	11 号被试者在标注第 2 张图片时提到,"这三个(维度)差不多,没有哪个更高一点";14 号被试者在标注第 7 张图片时提到,"这幅图片的愉悦度低,唤醒度要高,然后优势度也要低"
	考虑数值,被试者以数值为依据来作为参考依据,明确提到数值时	P	Val3	12 号被试者在标注第 1 张图片时提到,"这三个度都是比较高一点的,现在就找一个高一点的值就行了";11 号被试者在标注第 9 张图片时提到,"嗯,差不多,数值差不多,比例也差不多"
	图片比较,即当被试者以给出的参考图片作为参考依据时	Q	Img3	09 号被试者在标注第 1 张图片时提到,"它(待标注图片)的唤醒度没有人抱着小孩跑的(比较图片)唤醒度要高";14 号被试者在标注第 3 张图片时提到,"这个图像(待标注图像)的唤醒度和跟其中一副参考图像是差不多的"
	被试者在对当前的图像进行标注时,与前面标注的图像进行对比	R	PrI3	15 号被试者在标注第 4 张图片时提到,"第 4 幅跟刚才练习中我看到的恋人接吻那种感觉差不多";在标注第 7 张图片时提到,"但是(待标注图片)没有刚才那种大自然(上一张待标注图片)那种巨大的冲击力那么震撼"

类型	子类	标记编码	分析编码	示例
被试认知标记	被试者对参考图像所处的数值不认同	S	Dis3	43 号被试者提到,"我的评价图片的标准和库里面选择图片的标准有一些不一样"
	用户认知困难	U	Cog3	被试者多次思考较长时间,或多次询问
	未标注,用户未改变待标注图片代表的点或改变数值	V	Uat3	被试者在第一次微调后未拖动被标注图片代表的点,直接点击"下一张"
	标注,用户改变待标注图片代表的点或改变数值	W	Ant3	被试者调整图片权重

以上所有可能出现的标记编码共计 23 个。

3. 编码操作规范设计

结合相关研究及预编码经验总结,本文设计编码人员进行编码时应遵循的规范如下:

(1)编码时,不能在同一时间点处同时出现 2 个或多个编码。

(2)在实验二、实验三中,当被试采取标注行为,出现"图片比较"这一编码时,如果在同一张图片中,未改变当前参考图像或标签点的位置之前,跟在后面的不是"考虑数值"这一编码,应编为"考虑在滚动条上的距离"或"考虑和标签的距离"。当被试采取未标注行为时,则"图片比较"这一编码可以单独出现。

(3)在实验二中编码"开始下一个维度"后要连续编码"开始新的图片"。

(4)在实验中编码"由练习阶段切换至实验阶段"后要连续编码"开始新的图片"。

(5)在实验阶段,当被试者提到当前参考图像,进行描述或标注等行为,并且持续 2 分钟及以上时,编码"沟通开始"和"沟通结束"。若少于 2 分钟,则不必编码"沟通开始"和"沟通结束"。

(6)在整个过程中,若被试者与试验者谈话内容不涉及本实验,时长超过 3 分钟,则编码"休息开始"和"休息结束"。若少于 3 分钟,则不必编码"休息开始"和"休息结束"。

4. 编码结果

导出的编码文件见图 5 – 17:

Elapsed Ti	Recording	Task	Event	Details	Owner	Notes	Title	Score
41:22.8	巴志超	Task 2	Marker	D（开始新	编码者1			Score not set
41:29.9	巴志超	Task 2	Marker	N（考虑在	编码者1			Score not set
41:30.6	巴志超	Task 2	Marker	V（标注）	编码者1			Score not set
41:32.2	巴志超	Task 2	Marker	D（开始新	编码者1			Score not set
41:33.0	巴志超	Task 2	Marker	N（考虑在	编码者1			Score not set
41:47.0	巴志超	Task 2	Marker	V（标注）	编码者1			Score not set
41:47.4	巴志超	Task 2	Marker	D（开始新	编码者1			Score not set
41:53.6	巴志超	Task 2	Marker	Q（图像比	编码者1			Score not set
41:54.2	巴志超	Task 2	Marker	N（考虑在	编码者1			Score not set
41:57.4	巴志超	Task 2	Marker	W（未标注	编码者1			Score not set
42:00.4	巴志超	Task 2	Marker	D（开始新	编码者1			Score not set
42:08.7	巴志超	Task 2	Marker	Q（图像比	编码者1			Score not set
42:10.1	巴志超	Task 2	Marker	N（考虑在	编码者1			Score not set
42:12.1	巴志超	Task 2	Marker	V（标注）	编码者1			Score not set
42:17.3	巴志超	Task 2	Marker	D（开始新	编码者1			Score not set
42:29.8	巴志超	Task 2	Marker	Q（图像比	编码者1			Score not set
42:32.0	巴志超	Task 2	Marker	N（考虑在	编码者1			Score not set
42:33.7	巴志超	Task 2	Marker	V（标注）	编码者1			Score not set
42:36.3	巴志超	Task 2	Marker	D（开始新	编码者1			Score not set
42:47.7	巴志超	Task 2	Marker	Q（图像比	编码者1			Score not set
42:48.7	巴志超	Task 2	Marker	N（考虑在	编码者1			Score not set
42:49.0	巴志超	Task 2	Marker	V（标注）	编码者1			Score not set
42:52.5	巴志超	Task 2	Marker	D（开始新	编码者1			Score not set
43:06.0	巴志超	Task 2	Marker	Q（图像比	编码者1			Score not set
43:06.1	巴志超	Task 2	Marker	N（考虑在	编码者1			Score not set
43:06.2	巴志超	Task 2	Marker	V（标注）	编码者1			Score not set
43:10.3	巴志超	Task 2	Marker	D（开始新	编码者1			Score not set
43:20.2	巴志超	Task 2	Marker	N（考虑在	编码者1			Score not set
43:21.1	巴志超	Task 2	Marker	V（标注）	编码者1			Score not set

图 5 – 17　编码文件截图

图 5 – 17 中的第一列 Elapsed Time 指运行时间,指记录整个实验过程的视频文件的某一时间点,在这个时间点上进行图像标注过程的编码。第二列 Recording 指实验者姓名,第三列 Task 指实验所处的阶段,第四列 Event 指出是 Marker 标注事件,第五列 Details 是最重要的转录标记编码,剩下的几列分别是编码操作员编号和一些备注等信息。

5. 编码信度检测

用户在实验中对系统的操作内容如移动鼠标和表达出自己的想法,这些都被编码转录成了文字资料,为了保证编码的转录质量,即保证两位编码者之间的编码一致性,需要对编码者间信度进行信度检验。故在本研究当前实验中要测量的可靠性指的是再现性。

前文已详细介绍了常用的信度检测方法,考虑到当前实验的编码过程中一部分是简单的计数,一部分需要对文本进行分析,并且定义明晰,因此由偶然性造成编码一致的概率很小;编码总数共有 19 类,数量适中;研究者是完全根据分析需要来确立 Coding Scheme 的,不存在为增加一致性而调整 Coding Scheme 的现象;分析的变量属于名义变量。故本实验发生编码者由于偶然性使得编码一致的概率很小,应采用 Holsti 系数计算信度,并且将各类编码作为变量在一起进行计算,将当前实验将信度的可接受标准设为85%或90%。

用于信度实验的30个文件中各个编码的信度计算结果见表5-12所示:

表5-12　信度计算结果

D	0.9891223	M	0.9401699
E	0.984127	N	0.8578043
F	0.993333	O	0.8620832
G	0.9755556	P	0.781362
H	0.993333	Q	0.8928686
I	0.9933333	R	0.765036
J	0.8888889	S	0.765036
K	0.8333333	V	0.9781982
L	0.9868571	W	0.8746318
		Mean	0.908335

其中,由于 T 与 W 出现次数很少,并且在实验分析中只起辅助作用,用做定性分析,因此这里不将其列入在信度分析计算中。进而,由于总体信度为0.91,大于0.9,因此具有较高的编码者一致性。

（六）语音数据转录处理

将用户实验中得到的语音数据进行文字转录,是应用出声思维与内容分析进行图像用户认知过程研究的重要一环。之所以要把被试者的 Think-aloud 音频数据转换为文本数据,原因在于:音频数据中存在语速过快、音量过低等影响数据分析工作有效开展的问题,音频分析者很难一次性听清被试者的语音记录,不利于准确甚至可重复的用户语音分析工作。用户语音转录工作势在必行,然而,这项工作具有耗时、费力、枯燥的特点,需要招募一些有时间、有耐心且工作细致的人员完成。为了能够招募到合适人选,我们通过相关老师推荐、召开座谈会等流程,并根据个人空闲时间和意愿,最终确定了三位本科生作为本实验的转录员,并给予一定报酬。转录工作由项目组的一位成员负责指导与监督,三位经过指导和培训后的本科生负责具体的文字转录任务。转录员在完成每天的转录工作后,都会将转录文件提交给监督员,监督员会对其转录文件进行抽查,如果发现其转录工作不细致或者转录文件格式错误等问题,将会把转录文件返回给相应的转录员进行修改完善,以此来保证转录质量。

转录工作要求转录员仔细听取被试者的音频数据,本着严谨、负责的态度,将用户语音准确、完全地转录成相应的文字,并输入在由 Morae Manager 导出的经过标注过程编码之后的 Excel 表中,得到最终的用户语音文本转录文件。原计划对 90 名被试者的音频文件均进行文字转录工作,然而由于转录工作的复杂度超出预期,三位转录员未能按计划完成转录任务,最终总共获得 60 份符合转录质量要求的转录文件。在征求三位转录员的转录意愿之后,考虑到再次招募转录员的成本与难度以及 60 份文本转录文件已经可以满足本研究的样本需求(出声思维法优点之一就是采用较少的样本量就能获得大部分的有用数据),我们认为文本转录工作可以在此结束。

1. 转录操作规范设计:

(1)在用户标注过程中,如果用户在当前操纵中没有描述标注依据应如何处理。做好标记,在同一实验中,向前检查实验阶段视频,如果当前操作接近于在同一实验中前面图像的操作过程,则认为两者的依据相同。如果依然没有找到标注依据,则视其与在同一实验中距离其最近的那张图的标注依据相同(若距离其最近的那张图中,同一张图中有多种标注依据,那么视当前这张图的标注依据为出现顺序相同的标注依据集合)。

(2)在编码中遇到音频模糊如何处理。与状况 2 的处理方式相同。如果仍然无法判定如何编码,记录在 Excel 表格中,与实验者沟通后做出处理。

(3)在编码过程中,如果需要通过理解一段音频才能判定编码,不能确定精确的时间点,那么要求编码者在能够判定编码时编码,保证各编码的顺序与实际被试者认知顺序相同即可。

2. 转录结果

经过上述转录处理,并剔除了部分语音较模糊以及实验被试者出声思维量较少的样本,最后一共转录了60篇有效的编码文件,转录后并且语音转录编码的文件内容如图5-18所示。

图5-18 语音转录编码后的文件内容示意图

下面举个例子来简单说明如何按照上述的标记编码进行标记。

如在01号实验者巴志超的实验中,实验者在实验时提到"S:愉悦度看了,跟这两个图片(参1参2)对比的话,没有多大关系,感觉心里看的话没有多少高兴,也没有多少不高兴,会放在中间,一般放在5吧;A:反正就是你看了数值你就告诉我,你跟图像比一下而已,你现在换一个唤醒度"。

依次标记视频运行时间点,实验步骤Task 2,"D开始新的一张图"后,由于用户提到"跟这两个图片(参1参2)对比的话",所以标上"Q图像比较",而"会放在中间,一般放在5吧",标上"N(考虑在滚动条上的距离)",最后完成实验二单张图片的标注实验,标上"V(标注)"。

(七)用户标注行为影响因素数据编码

为了验证由理论分析得出的用户图像标注影响因素模型,还要在用户语音转录工作的基础上完成对影响因素的标记工作。影响因素标记工作主要采用内容分析法,即标记者根据事先制定的编码方案(Coding Scheme),查阅并分析由被试者Think-aloud语音转录成的文本文件内容,对其中涉及被试者图像标注行为及结果的因素予以标记,标记工作应当具有再现性和稳定性。影响因素标记工作可以分为两个阶段。

在第一阶段,作者首先通读了60份转录文本文件,对所有可能在本实验中出现的影响因素有了总体把握,然后就编码方案的具体制定问题与项目组主要成员进行讨论和分析,最终制订了第一版影响因素标记的编码方案(见表5-13)。在编码方案制定后,邀请一名本科生与作者一起作为标记者,按照编码方案对转录文本文件进行因素标记,拟通过计算两者的编码信度来检测该编码方案的再现性。

在正式标记之前,作者先向本科生讲解编码方案中各因素的具体含义以及标记工作的规范要求,然后在编码方案的指导下共同对3份转录文本文件进行标记,通过对比标记结果,对本科生存在的理解误差进行纠正,保证其充分理解各因素的具体含义和标记工作的规范要求;接下来,从余下的转录文本文件中随机选择20份分发给两名标记者,让他们分别按照编码方案进行标记;在两名标记者完成标记任务后,对他们的编码结果进行信度检验,利用 Holsti 系数计算得到的编码者信度为0.95,证明两者的编码结果具有很高的一致性,也说明了该编码方案符合再现性的要求。

表5-13　影响因素标记的编码方案(第一版)

类型	子类	说明与示例
用户因素	兴趣偏好	被试者自身的兴趣、偏好等对其标注行为或结果造成了影响,例如,29 号被试者提到"我不太喜欢披头士和嬉皮笑脸的感觉,所以愉悦度比较低"
	认知风格	被试者的认知风格对其标注行为或结果造成了影响,例如,23 号被试者提到"我始终对数值不太敏感,对图片的敏感程度更高一些"
	个人经历	被试者的个人经历对其标注行为或结果造成了影响,例如,17 号被试者提到"看到这盏灯,我就会想到家里晚上比较祥和的那种景象,所以愉悦度比较高"
	知识背景	被试者自身的知识背景对其标注行为或结果产生了影响,例如,82 号被试者提到"这幅图里是一个尸体,愉悦度不是太高也不是太低,因为我本人专业背景,看到这种东西感觉还可以"
	未理解图像内容	被试者因未理解的图像内容而产生了特定的标注行为或结果,例如,29 号被试者提到"这个唤醒度一般,没什么特别的感觉,主要是我看不懂这个图"
	文化背景	在已有的标注过程编码项"被试对参考图像所处的数值不认同"处,直接标记"文化背景"因素

类型	子类	说明与示例
图像因素	图像色彩	图像色彩特征对被试者的标注行为或结果造成了影响,例如,82 号被试者提到"红色对我来说,比较有吸引力,我把它唤醒度打高点"
	图像清晰度	图像清晰度(分辨率高低)对被试者的标注行为或结果造成了影响,例如,65 号被试者提到"这个分辨率太低了,所以唤醒度打了一定的折扣,愉悦度高不了,优势度也高不到哪里去"
	图像内容语义	被试明确指出图像内容语义的类别(如物体、动物、人、风景、活动等),并且其标注行为或结果因此受到了影响,例如,22 号被试者提到"台灯是一个静物,所以就没有什么特别的感觉吧"
	图像风格	图像的构图特点或其带给人的艺术感(如古典、清新等)对被试者的标注行为或结果造成了影响,例如,82 号被试者提到"这幅图愉悦度一般吧,如果单从图像来说,这幅图的构图还比较美,愉悦度打 6 分吧"
系统因素	界面设计	各子系统的界面设计可能对被试者标注行为或结果产生影响,如图像的展示位置、图像显示的大小、按钮位置等
	标注模式	各子系统分别采用了不同的图像标注模式,它们可能对被试者的标注行为或结果产生影响,如有的被试者在实验三会提到标注模式较为复杂、不易操作等
	实验顺序	实验顺序可能造成在某个子实验中被试者已经熟悉了某幅图像或记住了其标注结果,进而对其标注行为或结果产生影响,例如,75 号被试者提到"感觉做久了都比较麻木啊,看多了,唤醒度在中间的地方"

在第二阶段,基于作者对前人相关研究成果系统深入的理论分析和第一阶段的实际标记工作,并经过与项目组主要成员的分析讨论,作者首先对第一版的标记工作编码方案进行了适当的调整和完善,制定了第二版编码方案(见表 5-14)。第二版编码方案总体上继承了第一版编码方案,只在以下三点进行了调整:①对于用户因素类的文化背景因素,不仅要在已有标注过程编码项"被试对参考图像所处的数值不认同"处标记"文化背景",还要在其他的有关被试者文化背景差异对其标注行为或结果造成影响的地方予以标记,这是在第一阶段的实际标记工作中发现的新情况;②对于图像因素类的图像色彩和图像风格两个因素,在参考相关文献的基础上,第二版的编码方

案将其合并为图像视觉特征因素。第一版中的图像风格指的是图像的构图特点或其带给人的诸如古典、清新的艺术感等,其实图像的构图特点主要体现在图像的色彩和形状特征上,而图像带给人的各种艺术感也主要归因于图像的视觉特征(颜色、形状、纹理等),加之图像风格这一词语的指代不够清楚,因此,将图像风格因素和图像色彩因素合并为图像视觉特征因素,这样可以使编码方案的条理更加清楚,因素的含义也更加明确;③对于图像因素类的图像内容语义,被试只要提到了图像中的内容语义(即图像中的对象、场景及行为等)且其标注行为或结果因此受到了影响,就予以标记,而非像第一版中那样一定要被试者明确指出图像内容语义类别的具体归属(如物体、动物、人、活动等),这样一方面更加符合图像内容语义因素对用户图像标注的实际影响情况,另一方面也便于标记者的理解及其标记工作的开展。

表5-14　影响因素标记的编码方案(第二版)

类型	子类	说明与示例
用户因素	兴趣偏好	被试者自身的兴趣、偏好等对其标注行为或结果造成了影响,例如,29号被试者提到"我不太喜欢披头士和嬉皮笑脸的感觉,所以愉悦度比较低"
	认知风格	被试者的认知风格对其标注行为或结果造成了影响,例如,23号被试者提到"我始终对数值不太敏感,对图片的敏感程度更高一些"
	个人经历	被试者的个人经历对其标注行为或结果造成了影响,例如,17号被试者提到"看到这盏灯,我就会想到家里晚上比较祥和的那种景象,所以愉悦度比较高"
	知识背景	被试者自身的知识背景对其标注行为或结果造成了影响,例如,82号被试者提到"这幅图里是一个尸体,愉悦度不是太高也不是太低,因为我本人专业背景,看到这种东西感觉还可以"
	未理解图像内容	被试者因未理解的图像内容而产生了特定的标注行为或结果,例如,29号被试者提到"这个唤醒度一般,没什么特别的感觉,主要是我看不懂这个图"
	文化背景	(1)在已有的标注过程编码项"被试对参考图像所处的数值不认同"处,直接标记"文化背景"因素 **(2)被试者的文化背景对其标注行为或结果造成了影响**,例如,64号被试者提到"觉得还是那种就是说中西方文化的差异吧!他不会让我产生那种愉悦或美感"

类型	子类	说明与示例
图像因素	图像视觉特征	**图像视觉特征(如颜色、纹理、形状等)对被试者的标注行为或结果造成了影响**,例如,82 号被试者提到"红色对我来说,比较有吸引力,我把它唤醒度打高点",82 号被试者提到"这幅图愉悦度一般吧,如果单从图像来说,这幅图的构图还比较美,愉悦度打 6 分吧"
图像因素	图像内容语义	**图像内容语义(如图像中的对象、场景及行为等)对被试者的标注行为或结果造成了影响**,例如,5 号被试者提到"这个小女孩她微笑嘛,然后她在大人的呵护之下,首先愉悦度很高"
图像因素	图像清晰度	图像清晰度(分辨率高低)对被试者的标注行为或结果造成了影响,例如,65 号被试者提到"这个分辨率太低了,所以唤醒度打了一定的折扣,愉悦度高不了,优势度也高不到哪里去"
系统因素	界面设计	各子系统的界面设计可能对被试者标注行为或结果产生影响,如图像的展示位置、图像显示的大小、按钮位置等
系统因素	标注模式	各子系统分别采用了不同的图像标注模式,它们可能对被试者的标注行为或结果产生影响,如有的被试者在实验三会提到标注模式较为复杂、不易操作等
系统因素	实验顺序	实验顺序可能造成在某个子实验中被试者已经熟悉了某幅图像或记住了其标注结果,进而对其标注行为或结果产生影响,例如,75 号被试者提到"感觉做久了都比较麻木啊,看多了,唤醒度在中间的地方"

在制定好第二版编码方案后,严格按照第二版编码方案,对 60 份转录文本文件进行仔细的查阅和分析,对其中涉及影响被试者图像标注行为及结果的因素予以标记,以获取最终的用户图像标注影响因素的标记结果,用于以后进一步的分析和研究。在具体的影响因素标记过程中,首先在每个转录之后的 Excel 表后加入三列,分别对应用户因素、图像因素、系统因素三大类,并分别在每列中设置下拉列表,下拉列表中有每列所对应因素大类的具体子类,这样便于标记工作准确、高效地开展。然后通过分析被试者的语音文本,在相应的位置标记出语音文本中涉及的各个影响因素。比如,被试者提到"这个小猫(待标注图像)的唤醒度,我觉得应该比那个美丽的风景要高些,个人偏好的原因吧",那么就在这

句话所在行、用户因素所在列的单元格中选择"兴趣偏好"进行标记,同时也在图像因素所在列的单元格中选择"图像内容语义"进行标记。在影响因素标记工作完成后,作者又于两周后对标记结果进行了细致检查,未发现标记错误,说明标记工作具有稳定性。

依据编码方案进行编码需说明的两个问题:

(1)编码中使用的各影响因素标记:①用户因素。U1 用户偏好,由于用户自身喜好而对图像标注结果产出影响;U2 用户个性,由于用户自身个性、思维方式对图像标注结果产生影响;U3 用户经历,用户提及一些自身经历、回忆等而对愉悦度、唤醒度、优势度产生影响,影响用户最后标注结果;U4 用户知识结构,用户自身知识或者专业背景,对最后的标注结果产生影响的;U5 用户未理解图像内容,用户没看懂图片,或者不理解图片内容等,由于这个原因对最后的标注结果产生影响;U6 用户文化背景,暂时把出现标记"被试对参考图像所处的数值不认同"作为用户文化背景因素。②图像因素。I1 图像色彩,由于图像自身的颜色、明暗度等对用户标注产生的影响;I2 图像清晰度,图像分辨率、清晰程度等对用户标注产生的影响;I3 图像场景,图像的场景,包括人、动物、物体、风景、活动等,对用户标注行为产生的影响;I4 图像风格,图像的风格,如古典、构图唯美、清新等,对用户标注行为产生的影响。③系统因素。S1 界面设计,实验的界面,如图像的展示位置、图像大小、按钮大小、界面操作方式等对用户标注行为产生的影响;S2 实验方案,实验一、二、三的实验方案、实验手段等对用户标注行为产生的影响;S3 实验顺序,实验安排的顺序、图片展示的顺序等对用户标注行为产生的影响。

(2)编码的流程及规范:①在转录文件 Excel 表中新增三列,分别为用户因素(红色)、图像因素(绿色)、系统因素(蓝色),并把 Excel 表首行冻结。②阅读转录文字,把表示相应影响因素的文字设置为对应的颜色,并在对应的因素列中标出影响因素名称(每列因素从"开始新的一张图"所在行开始往下标记,影响因素的名称按小类标记),并且一句话中可以有多个影响因素编码。

以示例中巴志超的实验数据为例,对转录文字"因为它是一个场景,这个场景也是生活中比较常见的,所以愉悦度是 9",由于用户提到图中的场景在生活中经常见到,这与其经历有关,标记"用户经历"的影响因素;而对转录文字"这个看了因为是小女生,很高兴在微笑,所以心情也比较舒服,没有不开心,所以愉悦度很高",由于实验者提到图像是小女生,而且在笑的场景,这是图像场景的影响因素。

本章小结

本章介绍了一个图像语义标注用户行为数据集的相关内容。其中第一节介绍了利用前文介绍的研究方法与研究平台,开发图像语义标注用户行为数据集的实验设计与实验过程,第二节介绍了对实验获得的数据的处理方法与处理过程,通过实验与数据处理,获得了包括图像内容、图像标注结果参考值、图像底层特征、实验前问卷、用户操作行为与结果日志、用户操作视频记录、用户出声思维日志、实验后问卷等不同类型、不同格式数据在内的一系列图像语义与图像用户行为研究基础数据,可以支持本书随后章节众多科学问题的实证研究,也可以支持在此数据集之上的图像语义、图像用户与图像利用系统等方面的其他探索性研究。

第六章　图像语义人机交互标注影响因素研究

随着 Web2.0 的发展,社会化环境下的用户图像标注工作对数字图像信息资源管理意义重大。然而,目前有关用户图像标注行为的研究相对缺乏,而关于用户图像标注影响因素的研究更是少有。为了帮助人们更好地理解用户图像标注行为,进一步提高数字图像信息资源的管理、开发及利用水平,本章通过理论分析和实验实证来研究用户图像标注的影响因素。

首先,在对前人相关研究进行梳理的基础上,通过理论分析提出用户图像标注的影响因素模型;然后,通过开展用户实验对该模型进行实验验证,在实验中,从武汉大学校内招募的实验被试者,以项目组自主开发的图像语义可视化交互研究平台(ISARP)为实验平台进行图像标注实验,实验平台记录了被试者在图像标注过程中的屏幕操作视频和 Think-aloud 音频,实验结束后,人工将 Think-aloud 音频转录成文本文件,再利用内容分析法对转录文件进行分析,识别并标记实验中出现的影响用户图像标注的各种因素,并在此基础上对影响因素的数量分布特点进行分析;最后,根据实验结果对用户图像标注的影响因素模型进行修正,并对其应用价值进行探讨。

第一节　引言

一、研究背景及意义

数字图像信息资源具有内容丰富、感受直观、方便获取和利用等突出特点,已经广泛地渗透到人类社会生活的方方面面,是一种重要的信息资源①②。尤其是近年来,随着互联网与数码摄像设备的广泛普及,以及信息技术和服务的不断进步,越来越多的人参与数字图像信息资源的生产、传播、管理和利用当中,数字图像信息资源在人们工作、学习和生活中的重要性更加突出。为了更好地满足人们的图像信息需求,需要不断地提升数字图像信息资源管理水平,并对数字图像信息资源进行有效的开发和利用。作为数字图像信息资源管理重要而基础的一环,图像标注受到了研究人员的重点关注,产生了大量研究成果,图像标注方法也由最初的基于文本的人工图像标注,发展到计算机自动标注,直到Web2.0 环境下的社会化标注。在社会化标注中,图像用户自身成为图像的标注者,他们既是标注者,又是利用者,其积极性和创造性得以充分发挥,图像信息资源也得以有效地开发和利用,社会化标注的这一明显优势,使其成为图像标注研究的一个重要方向。

另一方面,用户信息行为研究是当前的一大研究热点,通过分析用户信息行为,可以发现用户的信息行为规律,进而为信息系统建设和信息用户服务提供理论支撑和实践指导。为了揭示用户信息行为背后的产生原因,更好地理解用户信息行为,有关用户信息行为影响因素的研究也已受到研究人员的重视,特别是在文本信息行为影响因素研究方面,已经形成了较为完善的影响因素体系。具体到用户图像行为研究,相关的研究亦有不少,对图像标注和检索系统建设提供了有益借鉴,然而在用户图像行为影响因素的研究方面,研究热度明显不足,尤其是在用户图像标注的影响因素研究方面,几乎还没有相对深入的研究,这对理解用户图像信息行为、提高图像信息资源的开发和利用水平造成了极大的阻碍。

本书提出并修正的用户图像标注影响因素模型,可以帮助人们更好地理解用户图像标注行为,为用户图像标注的模型、方法及系统的改进提供借鉴与参考,对丰富用户图像信息行为研究,提高图像信息资源管理、开发与利用水平,更好满足用户图像信息需求具有重要意义。

---

① 朱学芳,袁顺波,徐强.我国数字图像信息资源应用现状及分析[J].中国图书馆学报,2008(1):56—59,74.
② 朱学芳,穆向阳.我国数字图像信息资源发展对策研究[J].情报科学,2010(1):29—34.

二、研究现状

与本研究相关的研究领域包括图像标注方法研究、用户图像行为研究及用户信息行为影响因素研究三部分。

（一）图像标注方法研究现状

随着图像信息资源在人类社会中的作用日益突出，人们对图像信息资源组织和管理水平的要求不断提高，图像标注方法在该背景下得以不断发展。

最初对图像信息资源的标注一般由专业人员手动完成，标注效率较低。

随着数字图像信息资源的急剧增长，为了将人们从繁重的图像标注工作中解放出来，计算机科学等领域的研究人员尝试利用计算机实现对图像信息资源的自动化图像标注。其中，综合使用模式识别、机器学习等新技术的自动图像标注（AIA）方法逐渐成为该领域的研究热点。自动图像标注一般是通过对已标注图像集的机器学习，自动构建图像语义概念空间与图像视觉特征空间的关系模型，再使用该模型完成对未知语义图像的标注任务。目前相关的机器学习模型和算法已有很多，相应的自动图像标注算法主要的有基于分类的标注算法、基于概率关联模型的标注算法、基于图学习的标注算法等[①]。结合相关文本的 Web 图像标注方法也是一类计算机自动化标注方法，该方法主要是利用 Web 图像所在网页中的相关文本等信息实现 Web 图像的自动化标注，比如 Vadivu[②] 等人的相关研究。与传统的手工图像标注方法相比，基于计算机技术的自动化标注方法大大提高了图像标注效率，随着研究的不断深化，其标注结果的准确性也在不断提高，应用前景很好。不过也有学者认为完全自动化的标注方法同样存在一些缺陷，如 Enser 等[③]就曾指出这类方法仍然存在根本性的语义鸿沟问题。

---

① 鲍泓，徐光美，冯松鹤等. 自动图像标注技术研究进展[J]. 计算机科学，2011（7）:35—40.

② Vadivu P S, Sumathy P, Vadivel A. Image retrieval from WWW using attributes in HTML tags [J]. Procedia Technology, 2012（6）:509—516.

③ Enser P G B, Sandom C J, Hare J S, et al. Facing the reality of semantic image retrieval[J]. Journal of Documentation, 2007, 63（4）:465—481.

在 Web2.0 时代,用户既是网络信息的利用者,又是网络信息的生产者,网络用户的积极性和创造性得以极大发挥,在此背景下,社会化图像标注方法越来越受到重视和欢迎,已经有了诸如 Flickr 网站等的商业应用。在 Flickr 网站上,用户可以在上传图像的同时为图像创建标签,用以实现对上传图像的描述与组织,而且系统对于每一幅经过标引的图像,都会从是否有其他用户保存过相同名称的图像、相关标签列表、被推荐数量、访问权限等角度进行动态揭示①。除了添加社会标签(Tagging)的方式,也有浏览(Browsing)后判定的方式,即用户在浏览图像后判定图像与给定关键词的相关性,该方法对用户来说,认知负担更小,图像标注时所花费的时间也通常比添加标签的方式要短②。社会化图像标注方法符合当前网络发展趋势,并可在网络用户的广泛参与下,实现网上海量图像信息资源的标注,具有很好的发展前景。

(二)用户图像行为研究现状

为了更好地理解用户的图像行为,有关用户图像行为的研究正在逐渐受到研究人员的重视。目前的研究主要集中在用户的图像查询、图像搜寻、图像检索行为等方面。

在用户图像查询方面,Mostafa 和 Dillon③ 发现用户更多地使用文本线索而非视觉线索来构建图像查询,Park④ 等人也有类似的研究结论,并构建了一种结合视觉特征和文本概念的图像查询框架。Choi⑤ 通过对网络图像查询行为的分析,发现"重构"和"新建"在图像查询修正中最为常用,同时有关图像格式、对象、地点的查询词也经常出现在图像查询

---

① 黄国彬. tag 信息组织机制研究——以 del. icio. us、flickr 系统为例[J]. 图书馆杂志, 2008,27(5):45—48.

② Yan R,Natsev A,Campbell M. An efficient manual image annotation approach based on tagging and browsing[C]//Workshop on Multimedia Information Retrieval on the Many Faces of Multimedia Semantics. ACM,2007:13—20.

③ Mostafa J,Dillon A. Design and evaluation of a user interface supporting multiple image query models[J]. ASIS '96—Proceedings of the 59th ASIS Annual Meeting,1996,33:52—57.

④ Park Y C,Kim P K,Golshani F,et al. Conceptualization and ontology:Tools for efficient storage and retrieval of semantic visual information[M]. Bellingham:SPIE-INT SOC Optical Engineering,2000:37—48.

⑤ Choi Y. Analysis of image search queries on the Web:Query modification patterns and semantic attributes[J]. Journal of the American Society for Information Science and Technology, 2013,64(7):1423—1441.

中。在用户图像搜寻行为方面,Goodrum[1]等人对搜寻状态转变中的搜寻行为进行了调查和分类,1000多种状态转变被分成了十八大类,包括搜寻工具和图像集选择、查询情境动作、相关性判断等,并利用最大重复模式分析(Maximal Repeating Pattern Analysis)识别了搜寻状态的转变模式。Chung和Yoon[2]则重点关注了图像使用情境中的用户图像需求,发现与作为数据来源相比,图像被更频繁地作为对象来源使用,在用户把图像作为对象来源使用时,用户更喜欢使用抽象属性来搜寻图像,而把图像作为数据来源使用时,则更倾向于使用具体属性。另外,Frost[3]还对用户图像搜寻时的心理模型进行了研究。国内的曹梅[4]对网络图像检索行为与心理进行了研究,从检索入口选择、关键行为分布、行为状态变换等角度描述用户网络图像检索的行为和心理,获得了关于图像信息检索的行为特征、策略模式、用户心理等方面的一些规律。

(三)用户信息行为影响因素研究现状

这里的用户信息行为,主要指有关信息标注、信息搜寻、信息检索等方面的行为,这些信息既包括传统的文本信息,也包括图像信息。在本领域的研究中,国外的研究成果较为丰富,而国内的研究成果相对较少,因此本部分将着重对国外的相关研究进行介绍。

1. 国外有关用户文本信息行为的影响因素研究

用户文本信息行为的影响因素研究是相关研究人员的关注重点之一,国外相关的研究成果很多,其中的部分研究成果可以为本研究提供借鉴和参考。Xie[5]曾于2008年对影响用户信息检索过程的主要因素进行较为全面的总结,包括任务类型、用户个人的知识结构、信息检索系统,以及社会和组织环境四个大类。下面将从用户因素、任务因素、系统

① Goodrum A, Bejune M, Siochi A C. A state transition analysis of image search patterns on the Web[C]//Proceedings of the Second International Conference Image and Video Retrieval. Berlin Heidelberg: Springer, 2003: 281—290.

② Chung E, Yoon J. Image needs in the context of image use: An exploratory study[J]. Journal of Information Science, 2011, 37(2): 163—177.

③ Frost C O. The role of mental models in a multi-modal image search[C]//Proceedings of the ASIST Annual Meeting. 2001, 38: 52—57.

④ 曹梅. 网络图像检索行为与心理研究[J]. 中国图书馆学报, 2011(5): 53—60.

⑤ Xie I. Interactive information retrieval in digital environments[M]. [S. l.]: Hershey, PA: IGI Global, 2008.

因素、社会和组织环境因素四方面对相关研究进行梳理。

在用户因素方面,研究人员发现用户的信息搜寻行为会受到用户知识、认知风格、性别、年龄等因素的影响。对于用户知识,Marchionini① 等人研究发现,领域专家属于内容驱动型,会更多地以自身掌握的专业知识来构造查询词,而搜寻专家则属于问题驱动型,会更多地利用检索系统的特性进行信息搜寻;Lazonder② 等人发现,拥有丰富网络使用经验的用户展示出了更高的搜寻水平;Xie③ 指出用户的领域知识、系统知识和信息搜寻技巧对他们的信息搜寻策略具有重要影响。对于用户认知风格,Ford④ 等人研究发现,用户的信息检索效果与低认知复杂度和图像型的认知风格密切相关;Palmquist 和 Kim⑤ 发现认知风格对新用户的信息搜寻表现影响较大,而对有一定信息搜寻经历的用户来说,其作用出现弱化;Frias-Martinez⑥ 考虑用户认知风格的两个维度,即场独立型/场依赖型和语言型/图像型,并对具有不同认知风格的用户的信息行为进行研究。另外,研究人员也对用户的性别对网络信息行为的影响进行了研究⑦。在任务因素方面,Xie⑧ 识别了工作任务和搜索任务的多个维度,发现计划、搜寻策略选择、目标转移等信息搜寻过程受到不同的工作任

---

① Marchionini G, Dwiggins S, Katz A, et al. Information seeking in full-text end-user-oriented search systems: The roles of domain and search expertise[J]. Library and Information Science Research, 1993, 15(1): 35—69.

② Lazonder A W, Biemans H J A, Wopereis I G J H. Differences between novice and experienced users in searching information on the World Wide Web[J]. Journal of the American Society for Information Science and Technology, 2000, 51(6): 576—581.

③ Xie H I. Understanding human-work domain interaction: Implications for the design of a corporate digital library[J]. Journal of the American Society for Information Science and Technology, 2006, 57(1): 128—143.

④ Ford N, Miller D, Moss N. The role of individual differences in Internet searching: An empirical study[J]. Journal of the American Society for Information Science and Technology, 2001, 52(12): 1049—1066.

⑤ Palmquist R A, Kim K S. Cognitive style and on-line database search experience as predictors of Web search performance[J]. Journal of the American Society for Information Science, 2000, 51(6): 558—566.

⑥ Frias-Martinez E, Chen S Y, Liu X. Investigation of behavior and perception of digital library users: A cognitive style perspective[J]. International Journal of Information Management, 2008, 28(5): 355—365.

⑦ Ford N, Miller D. Gender differences in Internet perceptions and use[C]//Aslib Proceedings. Aslib, 1996, 48(7/8): 183—192.

⑧ Xie I. Dimensions of tasks: Influences on information-seeking and retrieving process[J]. Journal of Documentation, 2009, 65(3): 339—366.

务和搜索任务的影响。Xie 和 Joo① 还发现工作任务类型(学术任务、职业任务)和搜索任务类型(一般性搜寻、特定信息搜寻、已知项目搜寻、主题导向型搜寻)与搜寻策略的选择之间关系密切。在系统因素方面,系统的界面设计和系统类型也会影响到用户的信息搜寻,如 Xie② 举例说明系统的界面设计对用户信息搜寻策略的应用具有重要影响;另外,Xie 和 Joo③ 通过统计分析,发现系统类型同样对用户搜寻策略的选择具有重要影响。在社会和组织情境因素方面,Callahan④ 研究指出,文化的不同会对用户与信息检索系统之间的交互方式产生影响;Xie⑤ 发现企业文化对企业雇员的信息搜寻策略具有重要影响。

2. 国外有关用户图像信息行为的影响因素研究

与用户文本信息行为的影响因素研究相比,用户图像信息行为的影响因素研究还未引起相关研究人员的足够重视,研究成果相对较少。

Choi 和 Rasmussen⑥ 于 2002 年研究发现,用户对图像相关性的判断标准包括用户的主题感知、图像的质量和清晰度,以及图像的标题、日期、描述和注释等。Choi⑦ 于 2010 年研究指出,任务目标、搜寻专业水准、工作任务阶段对用户的网络图像搜寻过程具有重要影响,还指出情境敏感的服务和系统界面应当更好地满足网络用户的真实的需求,以提高用户的搜寻体验。Wang⑧ 等人研究发现,用户的领域知识与用户在图像描述时的图像语义属性的使用关系密切,且该研究中的所有用户更倾

①③　Xie I,Joo S. Factors affecting the selection of search tactics:Tasks,knowledge,process,and systems[J]. Information Processing & Management,2012,48(2):254—270.

②　Xie I. Interactive information retrieval in digital environments[M]. [S. l.]:Hershey,PA:IGI Global,2008.

④　Callahan E. Interface design and culture[J]. Annual Review of Information Science and Technology,2005,39(1):255—310.

⑤　Xie H I. Understanding human-work domain interaction:Implications for the design of a corporate digital library [J]. Journal of the American Society for Information Science and Technology,2006,57(1):128—143.

⑥　Choi Y,Rasmussen E M. Users' relevance criteria in image retrieval in American history[J]. Information Processing & Management,2002,38(5):695—726.

⑦　Choi Y. Effects of contextual factors on image searching on the Web[J]. Journal of the American Society for Information Science and Technology,2010,61(10):2011—2028.

⑧　Wang X,Erdelez S,Allen C,et al. Role of domain knowledge in developing user-centered medical-image indexing[J]. Journal of the American Society for Information Science and Technology,2012,63(2):225—241.

向于使用语义级别的图像属性来表示图像。Vassilakaki① 等人研究了多语言环境下的用户图像搜寻行为,指出用户的系统知识、搜寻经验、查询知识和语言知识是用户体验的重要影响因素,而且它们之间也会相互影响。

以上介绍了国外关于用户信息行为影响因素研究的主要成果,包含影响用户信息行为的方方面面的因素,尤其在用户文本信息行为方面,已经形成较为完善的影响因素体系,在用户图像信息行为方面也有了初步的研究成果,这些成果将为本研究提供重要的理论支持。另外,从国外关于用户信息行为影响因素研究的研究方法来看,主要采取用户实验的方法,也会配合使用诸如网上调查(web-based survey)、信息交互日记(information interaction diary)及访谈(interview)等方法,较为真实全面地获取研究所需的数据。

3. 国内有关用户信息行为的影响因素研究

与国外研究相比,国内学者较多采用定性的理论分析方法对用户信息行为的影响因素进行研究。国内学者提出的用户信息行为的影响因素主要可以归纳为用户主体因素和环境因素两大类,其中有些针对的是宏观的网络信息行为,如李书宁②、王艳等③的相关研究;有些针对的是具体的网络信息行为,如张添关于信息检索行为影响因素的研究④;还有一些针对的是特定用户群体的信息行为,如李贵成关于高校信息用户的研究⑤、甘利人针对科技用户的信息搜索行为提出的以用户、系统、环境为顶层框架的影响因素分析模型⑥等。另外,国内也有学者采用定量的实证分析方法对用户信息行为的影响因素进行研究,如孙曙迎利用问卷调查和相应的数据分析,对由理论分析所构建的理论模型进行实证分析,研究消费者网上信息搜寻的影响因素及其影响机制⑦;黄辉等人利用

① Vassilakaki E,Johnson F,Hartley R J. Image seeking in multilingual environments:A study of the user experience[J]. Information Research,2012,17(4):1—19.

② 李书宁. 网络用户信息行为研究[J]. 图书馆学研究,2004(7):82—84.

③ 王艳,邓小昭. 网络用户信息行为基本问题探讨[J]. 图书情报工作,2009,53(16):35—39.

④ 张添. 影响信息检索行为的因素分析[D]. 河北大学,2014.

⑤ 李贵成. 高校信息用户信息行为影响因素探析[J]. 高校图书情报论坛,2009(3):50—54.

⑥ 甘利人,岑咏华. 科技用户信息搜索行为影响因素研究[J]. 情报理论与实践,2007,30(2):156—160.

⑦ 孙曙迎. 我国消费者网上信息搜寻行为研究[D]. 浙江大学,2009.

日志分析法,分析学历、专业背景、性别等因素高校用户信息行为的影响[1]。而对于用户图像信息行为的影响因素来说,秦晨从内外因的角度进行定性分析,认为用户个人因素(如用户的知识结构、兴趣偏好、能否熟练使用搜索引擎等)和外界环境因素(如网络工具的易用性、数字图像资源的组织方式、经济因素等)会对用户的图像信息行为造成影响[2]。对比国内外在用户信息行为影响因素方面的研究不难发现,在国外的研究中,研究方法的种类多样、科学性强,研究成果的系统性较强,并且对具体因素的研究也较为深入;而国内在该领域的研究中,研究方法相对单一,相关的理论成果也相对较少。

从以上的研究现状分析可以看出,有关图像标注方法的研究开展较早、理论成果与时俱进,其中的社会化标注方法适应当前网络时代下用户的信息行为方式和图像信息需求,具有较好的发展和应用前景;有关用户图像行为的研究正在逐渐得到重视,不过目前主要集中在图像搜寻和检索等方面,还缺乏对图像标注行为的深入研究;有关用户信息行为的影响因素研究目前主要集中在文本信息行为方面,缺乏对用户图像信息行为影响因素的研究,而且与国外在这方面的研究相比,国内研究较少开展用户实验,缺乏对影响因素深入系统的研究。

三、研究内容、研究方法及创新点

(一)研究内容

本章是关于用户图像标注影响因素的研究,这里的"用户图像标注"是指由用户参与的图像语义标注过程,而其影响因素可能会对标注行为、标注结果等产生影响。

首先通过理论分析构建用户图像标注的影响因素模型,然后以项目组自主开发的图像标注研究平台(ISARP)为实验平台,通过开展用户实验以及相应的数据处理与分析,对由理论分析提出的用户图像标注影响因素模型进行实证分析,最后结合实验结果给出用户图像标注影响因素的修正模型及其应用启示。本章主要包括以下几个部分:

---

① 黄辉,刘秋让,冯欣艳等.基于日志分析的高校用户信息行为研究[J].情报探索,2014(7):35—37.
② 秦晨.数字图像资源用户行为分析[D].华中师范大学,2012.

第一节引言部分介绍研究背景及选题意义,分析国内外与本研究相关的研究现状,并提出本章的研究内容、研究方法以及创新点。

第二节阐述研究的理论和技术基础,包括相关的理论基础、出声思维法以及本研究的实验平台 ISARP 等内容。

第三节通过对前人相关研究的理论分析,构建出用户图像标注影响因素的理论模型。

第四节对用户图像标注的影响因素进行实验验证,包括实验准备、实验过程以及实验数据处理等内容。

第五节对实验结果进行分析,首先对实验中出现的影响用户图像标注的具体因素进行识别和举例说明,其次对这些影响因素的分布特点加以统计分析。

第六节结合第五节的实验结果,对用户图像标注影响因素理论模型进行部分修正,并对模型的应用价值进行探讨。

最后是总结和展望部分,包括本章总结、研究不足、研究展望等内容。

(二)研究方法

(1)文献调研法:本章利用文献调研法,获取研究现状、理论基础以及用户图像标注影响因素的理论分析等部分相关研究资料。

(2)实验研究法:通过开展用户实验,获取研究所需数据并得出研究结论。

(3)出声思维法:在用户实验中利用出声思维法,获取用户在图像标注过程中的 Think-aloud 语音数据,是一种较为新颖的研究方法。

(4)内容分析法:利用内容分析法,对由用户 Think-aloud 语音数据转录而成的文本文件进行内容分析,识别并标记实验中所出现的影响用户图像标注的各种因素。

(5)统计分析法:利用统计分析法,计算出各个影响因素的出现频次和比例,并对影响因素的分布特点进行分析。

(三)研究的创新点

首先,由理论分析提出用户图像标注的影响因素模型,通过开展用户实验,验证原模型中的影响因素,并识别出了新的影响因素,最终的影响因素修正模型中共包含三大类、十二种影响因素,具有一定的理论和应用价值。

其次,在实验过程中,将国内较少采用的出声思维法综合到传统的实验研究方法之中,获取的实验数据真实可靠,为研究提供了坚实的数据基础,为创新国内情报学研究方法进行了有益探索。

第二节　研究的理论与技术基础

一、相关理论基础

1. 图像标注的概念与分类

图像标注可以理解为通过某种方式或形式对图像所具有的各种信息的揭示和表达。狭义的图像标注一般指的是图像语义标注,即对图像中的对象、场景、行为以及图像情感等内容的描述和揭示,而图像的非语义标注则是对图像视觉特征、存储格式等的揭示,不能表达出图像实质的内容含义,因此,一般情况下提到的图像标注指的都是图像的语义标注。

对图像语义标注,按照是否有用户参与,可以分为计算机自动化标注和用户图像标注两大类。计算机自动化标注,如研究现状中提到的自动图像标注、结合相关文本的 Web 图像标注等,是基于研究人员设计和开发各种模型和算法,在无须用户参与的情况下,由计算机自动完成的图像语义标注,目前计算机自动化标注的最大问题仍在于如何提高对图像语义标注的准确度。用户图像标注,则是通过用户与图像标注系统的交互来完成图像的语义标注,即用户根据其对图像的理解和感受,在图像标注系统中对待标注图像进行语义标注。由于不同的图像标注系统可能采用不同的标注模式,用户的标注方式也会有所差异,如有的需要用户为图像添加语义标签,有的则需要用户对图像在某个语义标签的语义强度进行打分等。在当前网络用户广泛参与网络活动的 Web2.0 时代,社会化环境下的用户图像标注在图像语义标注领域有着广阔的应用前景。图像标注的分类如图 6 – 1 所示。

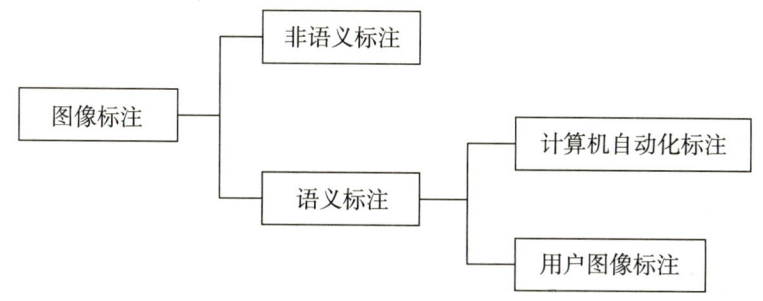

图 6-1　图像标注的分类

2. 活动理论

活动理论(activity theory)起源于哲学,成熟于心理学,随后又被应用到心理学以外的教育学、计算机科学等学科领域,在人机交互、计算机支持的协作学习及协同工作、信息系统开发等方面均有应用①。由维果斯基提出的中介思想是第一代活动理论的核心思想,后来的活动理论都是在此基础上的发展与完善②。维果斯基认为人类活动由 3 个核心成分——主体(subject)、客体(object)、中介制品(mediating artifacts)构成③,其提出的理论概略图如图 6-2 所示④,这一概念框架对用户行为研究等相关领域的研究人员具有重要的指导作用。

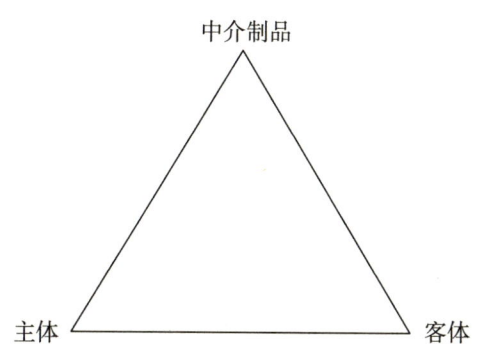

图 6-2　维果斯基的活动理论概论图

①③　王知津,韩正彪,周鹏.活动理论视角下的情报学研究及转向模型[J].图书情报知识,2012(1):5—14.

②　吕巾娇,刘美凤,史力范.活动理论的发展脉络与应用探析[J].现代教育技术,2007,17(1):8—14.

④　Engeström Y. Expansive learning at work:Toward an activity theoretical reconceptualization[J]. Journal of Education and Work,2001,14(1):133—156.

3. 数字化信息服务交互过程

胡昌平和周怡对数字化信息服务交互过程进行了研究,指出在数字化信息交互过程中,用户、内容、系统是必不可少的 3 个部分,并且认为基于界面层的用户与系统的交互、基于内容层的用户与内容的交互以及基于组织层的系统与内容的交互是数字化信息服务交互性的主要体现,其提出的数字化信息服务交互过程见图 6 - 3①,这一理论成果对信息交互等方面的研究具有重要的参考借鉴价值。

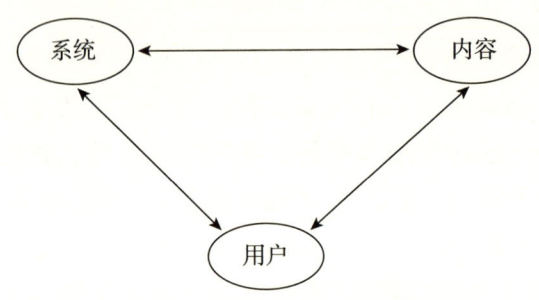

图 6 - 3 胡昌平和周怡的数字化信息服务的交互过程

二、出声思维法

出声思维法,国外称为"think-aloud",国内又称出声思考法、有声思维法,是认知心理学的一种基本研究方法,常被应用于可用性测试,也是用户信息行为研究的一种有效方法。出声思维法要求实验被试者在实验过程中将自己的行为、思维过程等用语言大声地表达出来,同时使用录音设备将被试者的语音记录下来,留待以后进行分析和研究。

出声思维法具有数据真实、可靠,成本低、效率高的优点:首先,出声思维法获取的是被试者在实验过程中当时的所思所想,被试者想到什么就立刻说出什么,因此这些被试者的音频数据真实可靠;其次,在使用出声思维法进行的实验中,普通的录音设备即可满足实验需求,而且实验通过较少的样本即可获得大部分的有用数据②。出声思维法也同样存在一些缺点,如对实验环境的要求较高,要保证在安静的环境下进行实验;

---

① 胡昌平,周怡.数字化信息服务交互性影响因素及服务推进分析[J].中国图书馆学报,2008,34(6):53—57.
② 韩青青,韩芳芳.出声思维法:研究网络用户信息行为的有效方法[J].新世纪图书馆,2013(6):70—72.

给被试者增加了实验负担,被试者既要做又要说,这可能对被试者操作行为的速度和正确性造成一定影响。

　　国外已有不少的研究人员将出声思维法应用于用户信息行为研究当中。Wang 等①在对用户—网络交互的研究中,设计了一种过程追踪法来获取用户与 Web 之间的交互过程,可对用户与网络交互全过程中的屏幕行为与口头报告予以记录,并指出这些揭示用户信息处理过程以及行为背后的思维过程的语音数据能够用来更加准确地解释用户的非语言行为,将用户的屏幕行为和与之对应的语音数据结合起来进行分析,可让研究人员深入理解用户的行为和思想;Xie 和 Cool 在对数字图书馆用户的帮助搜寻行为及其影响因素的研究中,也采用出声思维法,并使用 Morae 软件记录被试者与数字图书馆交互过程中的视频和音频数据,最终从实验日志和用户出声思维语音数据中识别出数字图书馆用户的帮助搜寻情境及其影响因素②;Choi 为了研究情境因素对用户网上图像搜寻行为的影响,同样利用了包括出声思维法在内的多种方法来收集实验数据③。在国内,出声思维法在有关用户信息行为的研究中应用还相对较少,近年正不断得到研究人员的重视和接受。袁留亮在对大学生认识信念对其网络信息查询行为的影响的实验研究中,使用了出声思维法,要求被试者将其在信息查询过程中的行为和想法及时表达出来,并予以记录④;周坤在研究用户网上购物的信息搜寻行为时,将出声思维法与情境调查法、问卷法等调查方法结合使用,最后经过对实验数据的定性分析,得到网上购物时用户的信息搜寻行为模式及影响因素⑤。

三、图像语义可视化交互研究平台——ISARP

　　本研究以项目组自主开发的图像语义可视化交互标注研究平

①　Wang P,Hawk W B,Tenopir C. Users' interaction with World Wide Web resources:An exploratory study using a holistic approach[J]. Information Processing & Management,2000,36(2):229—251.

②　Xie I,Cool C. Understanding help seeking within the context of searching digital libraries[J]. Journal of the American Society for Information Science and Technology,2009,60(3):477—494.

③　Choi Y. Effects of contextual factors on image searching on the Web[J]. Journal of the American Society for Information Science and Technology,2010,61(10):2011—2028.

④　袁留亮. 认识信念对网络信息查询行为的影响[D]. 西南大学,2010.

⑤　周坤. 网上购物用户信息搜寻行为与网站设计研究[D]. 大连海事大学,2010.

台——ISARP① 为用户实验平台。通过该研究平台,一方面可以为用户提供基于可视化交互的图像语义标注新模式,并对其标注效果进行研究;另一方面也可对用户的图像标注行为进行记录和分析,为开展有关用户图像标注行为的研究提供实验平台。

需要说明的是,该研究平台是以图像情感语义标注为例对图像进行语义标注的,即用户是对图像在 3 个情感维度——愉悦度、唤醒度、优势度上的语义强度进行标注。其中,愉悦度(pleasure)指用户看到一幅图像后感到愉快的程度,唤醒度(arousal)指用户看到一幅图像后感到兴奋的程度,优势度(dominance)指用户看到一幅图像后感到自己处于支配地位的程度,这 3 个情感维度来自学术界广泛使用的 PAD 情绪模型②。

图像标注研究平台 ISARP 主要由自主研发的图像标注系统与用于记录用户语音和操作行为的 Morae 软件组成,平台结构如图 6 – 4 所示。图像标注系统及其子系统在第四章已有介绍,此处不再赘述。

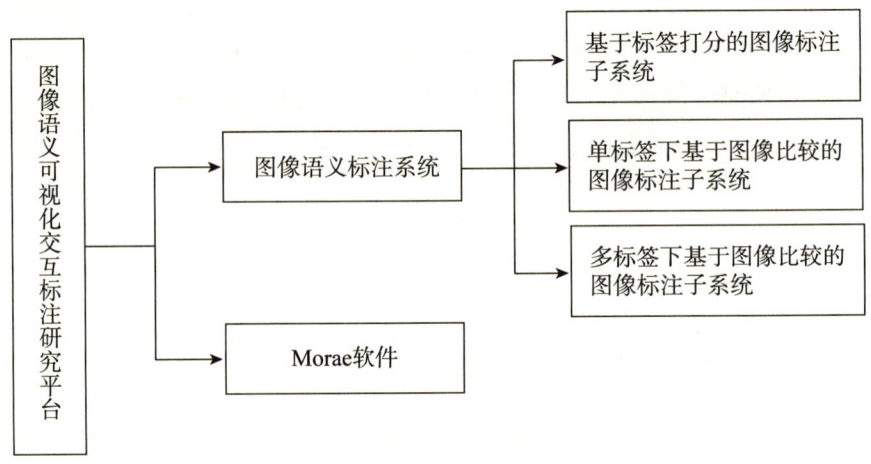

图 6 – 4　图像语义可视化交互标注研究平台的结构

Morae 软件是由美国 TechSmith 公司开发的一款可用性测试软件,其中的 Morae Recorder 可以帮助研究人员记录用户在整个实验中的屏幕操作过程和出声思维(Think-aloud)所产生的语音数据,而它的系列产品

① 陆泉,刘高,陈静. 一个图像语义可视化交互标注研究平台——以"情感语义标注"为例[J]. 情报理论与实践,2014,37(8):111—116.

② Mehrabian A. Pleasure-arousal-dominance:A general framework for describing and measuring individual differences in temperament[J]. Current Psychology,1996,14(4):261—292.

Morae Manager 则能为由 Morae Recorder 生成的实验数据的后期处理和分析提供支持①。

第三节　用户图像标注影响因素的理论分析

用户图像标注属于用户信息行为的一种,是用户通过某种图像标注系统对图像内容进行揭示和表达的过程,它与信息检索、图像搜寻等用户信息行为一样,都要涉及用户、信息、系统三者之间的交互过程,因此前人提出的有关用户信息行为的影响因素也可能适用于用户图像标注。

通过对国内外关于用户信息行为影响因素研究的现状分析可以发现,国外学者主要从用户因素、任务因素、系统因素、社会和组织环境因素四方面来考察用户信息行为的影响因素,国内学者则更多从用户个体因素和环境因素两个宏观大类进行考察,这对关于用户图像标注的影响因素的研究具有参考借鉴价值。同时,本研究是以图像标注研究平台 ISARP 为实验平台,以在校大学生为实验对象,而且每个实验对象都要在该平台上分别使用 3 个子系统对一组特定的图像予以标注,这就排除了不同任务或社会与组织环境对用户图像标注造成的影响,因此本研究将不涉及可能影响用户图像标注的任务因素以及社会和组织环境因素。考虑到以上两点,同时基于维果斯基的活动理论等相关理论基础,本研究拟从用户因素、图像因素和系统因素三方面考察用户图像标注的影响因素,其中的用户、图像、系统分别是用户图像标注的主体、客体和工具,不难看出,这三大类因素从逻辑上较为全面地涵盖了本研究可以考察的有关用户图像标注的影响因素。用户图像标注影响因素的概略模型见图 6 - 5,下面将分别对可能影响用户图像标注的用户因素、图像因素和系统因素进行具体的理论分析,并尝试构建用户图像标注影响因素的理论模型。

---

① Morae Components and Features [EB/OL]. [2015 - 04 - 26]. https://www.techsmith.com/morae-features.html.

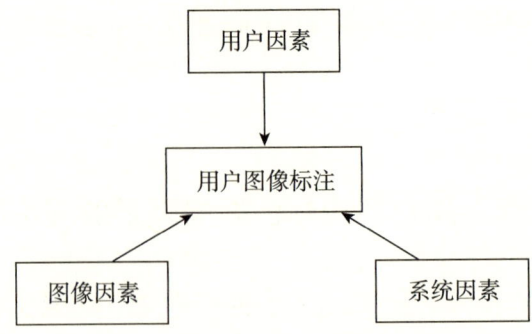

图 6 - 5　用户图像标注影响因素的概略模型

一、用户因素分析

用户因素是影响用户信息行为的一类重要因素,前人对其进行了较为充分的研究,提出了很多包含在用户因素大类下的子因素,这些子因素可能同样会对用户图像标注造成影响。对用户知识背景来说,Xie[1] 研究发现用户的领域知识、系统知识以及信息搜寻技巧对其搜寻策略具有影响,Marchionini[2] 等人指出领域专家与搜寻专家在信息搜寻过程中采用不同的信息搜寻方式,Lazonder[3] 等人同样指出网络使用经验对用户信息搜寻水平造成的影响,黄辉则通过日志分析发现用户的学历、专业背景对高校用户信息行为具有影响[4],这些研究表明用户知识背景是用户因素的一个重要子因素。对用户认知风格来说,Frias-Martinez[5] 从用户认知风格的两个维度——场独立型/场依赖型和语言型/图像型出发,

①　Xie H I. Understanding human-work domain interaction: Implications for the design of a corporate digital library[J]. Journal of the American Society for Information Science and Technology, 2006,57(1):128—143.

②　Marchionini G, Dwiggins S, Katz A, et al. Information seeking in full-text end-user-oriented search systems: The roles of domain and search expertise[J]. Library and Information Science Research,1993,15(1):35—69.

③　Lazonder A W, Biemans H J A, Wopereis I G J H. Differences between novice and experienced users in searching information on the World Wide Web[J]. Journal of the American Society for Information Science and Technology,2000,51(6):576—581.

④　黄辉,刘秋让,冯欣艳等.基于日志分析的高校用户信息行为研究[J].情报探索,2014(7):35—37.

⑤　Frias-Martinez E, Chen S Y, Liu X. Investigation of behavior and perception of digital library users: A cognitive style perspective[J]. International Journal of Information Management, 2008,28(5):355—365.

研究不同认知风格的用户信息行为,Ford[①] 等人研究指出用户的信息检索效果与低认知复杂度和图像型的认知风格密切相关,这些研究表明用户认知风格同样是用户因素之一。对于用户兴趣偏好来说,秦晨提到了用户个人兴趣偏好会影响到用户的信息需求,进而对用户的信息行为造成影响[②]。对于用户文化背景来说,Callahan[③] 研究发现文化背景会影响用户与信息检索系统之间的交互方式,虽然该因素属于影响用户信息行为的社会和组织情境因素之一,但是同样也可以归为用户因素这一大类。此外,用户性别也会对用户信息行为造成影响,如 Ford N、Miller D. 研究发现男女在网络信息行为方面具有差异[④],黄辉研究指出男性用户比女性用户更多地使用检索技巧来完成检索任务[⑤]。综合以上的理论分析,影响用户图像标注的用户因素可以初步细分为用户知识背景、用户认知风格、用户兴趣偏好、用户文化背景以及用户性别。影响用户图像标注的用户因素子模型见图 6 – 6。

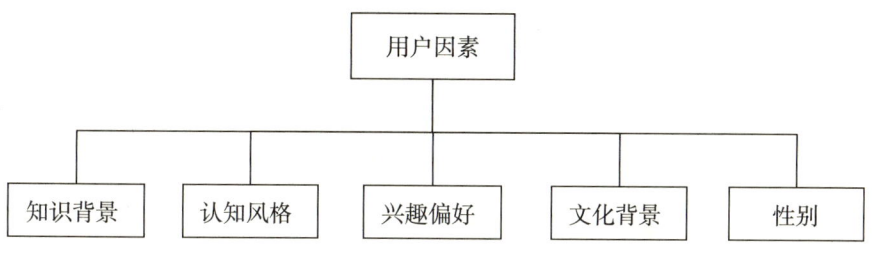

图 6 – 6 影响用户图像标注的用户因素子模型

二、图像因素分析

本章研究的是用户图像标注的影响因素,图像作为标注对象和客体,其内容和特点必然会影响用户的图像标注行为和结果。首先,图像

① Ford N, Miller D, Moss N. The role of individual differences in Internet searching:An empirical study[J]. Journal of the American Society for Information Science and Technology,2001,52 (12):1049—1066.
② 秦晨. 数字图像资源用户行为分析[D]. 华中师范大学,2012.
③ Callahan E. Interface design and culture[J]. Annual Review of Information Science and Technology,2005,39(1):255—310.
④ Ford N, Miller D. Gender differences in Internet perceptions and use[C]//Aslib Proceedings. Aslib,1996,48(7/8):183—192.
⑤ 黄辉,刘秋让,冯欣艳等. 基于日志分析的高校用户信息行为研究[J]. 情报探索,2014 (7):35—37.

语义内容,即图像中所包含的对象、场景、行为等,集中反映了图像所表达的含义,必然会对用户图像标注造成影响,是图像因素中的核心子因素。其次,图像的视觉特征(如色彩、纹理、形状)能够带给人们不同的情感反应,对图像色彩来说,红、黄、橙等暖色调的颜色能够带给人温暖、喜悦的感觉,蓝、绿、白等冷色调的颜色则带给人清新、冷峻、消沉的感觉,另外明色可以给人以轻松感,暗色则给人以沉重感等;对图像纹理来说,不同的图像纹理带给人不一样的感觉,如光滑带给人细腻感,粗糙带给人苍老感等;对图像形状来说,不同的形状能够传达不同的视觉效果,也能带给人不同的思想情感[1],因此图像视觉特征也是影响用户图像标注的图像因素之一。另外,关于图像的清晰度,Choi 和 Rasmussen 研究指出图像的质量和清晰度是用户判断图像相关性的重要标准之一[2],因此图像清晰度可能同样会对用户图像标注产生影响。综合以上理论分析,图像因素可以初步细分为图像内容语义、图像视觉特征以及图像清晰度,影响用户图像标注的图像因素子模型见图6-7。

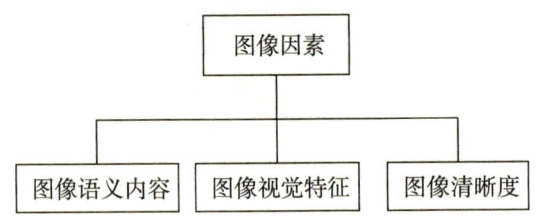

图6-7 影响用户图像标注的图像因素子模型

三、系统因素分析

系统是用户主体与信息客体交互的工具,系统因素也是影响用户信息行为的一类重要因素,可能同样会对用户图像标注产生影响。范敏等人指出系统的性能特征能够影响用户的信息查询行为[3],另外,针对系统

---

① 王伟凝,余英林.图像的情感语义研究进展[J].电路与系统学报,2003,8(5):101—109.

② Choi Y,Rasmussen E M. Users' relevance criteria in image retrieval in American history[J]. Information Processing & Management,2002,38(5):695—726.

③ 范敏,邓小昭.网络环境下消费者信息查寻行为研究[J].现代情报,2012,31(12):37—40.

因素还有更加具体的研究,比如 Xie① 指出系统的界面设计会对用户的信息搜寻策略产生影响,Choi② 指出系统界面设计应当更好地满足用户真实的信息需求以改善用户体验,Xie 和 Joo③ 研究发现用户在选择信息搜寻策略时还会受到系统类型这一因素的影响。综合上述分析,影响用户图像标注的系统因素可以初步细分为系统界面设计和系统类型。影响用户图像标注的系统因素子模型见图 6 - 8。

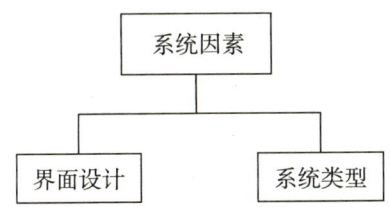

图 6 - 8　影响用户图像标注的系统因素子模型

四、用户图像标注影响因素的理论模型构建

基于以上的理论分析,本章拟构建以用户因素、图像因素、系统因素为顶层架构的用户图像标注影响因素的理论模型。其中,用户因素是用户图像标注的主体因素,具体包括用户的知识背景(如专业背景、领域知识、系统知识、经验技巧等)、认知风格、兴趣偏好、文化背景以及性别等子因素。图像因素是用户图像标注的客体因素,具体包括图像内容语义、图像视觉特征(如图像的色彩、纹理、形状)以及图像清晰度等子因素。系统因素是用户图像标注的交互工具因素,具体包括系统的界面设计和系统类型等子因素。考虑到本研究所使用的研究平台中,图像语义标注系统被分为 3 个子系统,分别对应于三种图像标注模式,这 3 个子系统的系统类型的不同在本质上体现为标注模式的不同,因此在本研究中,系统因素中的系统类型可以替换为标注模式。基于理论分析提出的用户图像标注影响因素的理论模型见图 6 - 9。

① Xie I. Interactive information retrieval in digital environments[M].[S. l.]:Hershey,PA:IGI Global,2008.

② Choi Y. Effects of contextual factors on image searching on the Web[J]. Journal of the American Society for Information Science and Technology,2010,61(10):2011—2028.

③ Xie I,Joo S. Factors affecting the selection of search tactics:Tasks,knowledge,process,and systems[J]. Information Processing & Management,2012,48(2):254—270.

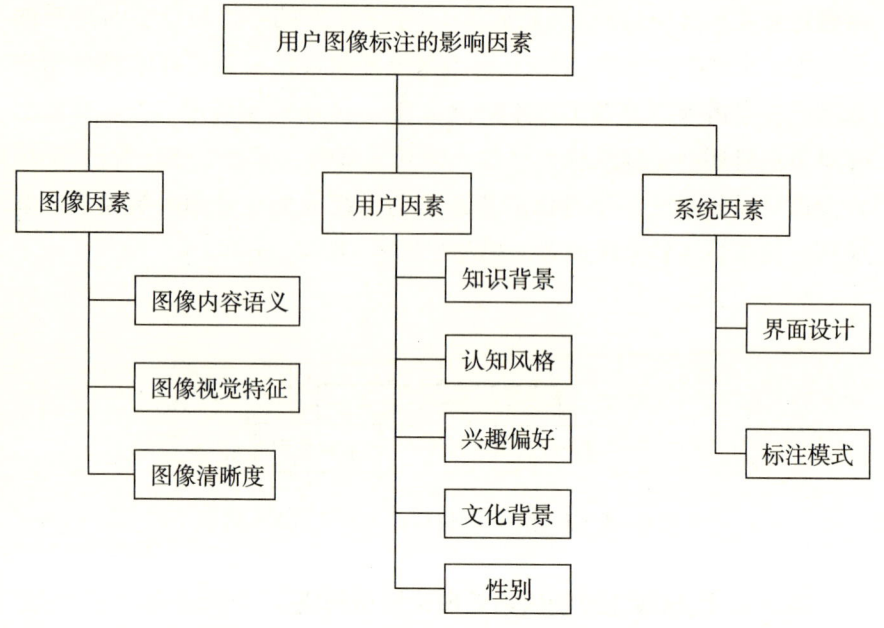

图6-9 用户图像标注影响因素的理论模型

第四节 用户图像标注影响因素模型的实验验证

本部分将在第五章通过用户实验与数据处理开发出的研究数据集基础上,进行与研究问题相适应的数据处理和分析实验,对前面在理论分析基础上构建的用户图像标注影响因素模型进行实验验证。

一、实验数据说明

1. 实验目的

目前,关于用户图像标注行为的实验研究相对较少,本实验就是要通过数据集中用户亲身参与实验的特点,获得有关用户图像标注行为的第一手全程记录的实验数据,并以此为基础,对用户图像标注影响因素模型进行验证。重点回答以下两个问题:①什么因素影响了用户图像标注?②用户图像标注影响因素的分布特点如何?

2. 采用数据

依据研究问题,本研究在第五章基础上进行,该实验从武汉大学校内招募的被试者,以项目组自主开发的图像语义可视化交互研究平台(ISARP)为实验平台进行图像标注实验,实验平台记录了被试者在图像标注过程中的屏幕操作视频和 Think-aloud 音频,实验结束后,人工将think-aloud 音频转录成文本文件,再利用内容分析法对转录文件进行分析,识别并标出实验中出现的影响用户图像标注的各种因素。

本研究从第五章介绍的图像语义标注用户行为数据集中,选择被试者的屏幕操作过程、Think-aloud 音频数据等用户图像标注的行为数据原始记录,具体为 Morae 记录的视频音频文件 90 个,以及用户标注过程编码数据、用户语音转录数据以及用户语音转录数据上的用户标注行为影响因素数据编码等预处理数据,由于每个用户在 3 个子实验中的用户标注过程编码、用户语音转录文本以及用户标注行为影响因素数据编码按处理次序均记录在同一文件上,而用户语音转录文本与用户标注行为影响因素数据编码的有效记录数为 60 个,因此,这部分预处理数据具体为包含上述标记及文本数据的 Excel 文件 60 个。需要说明的是,用户语音转录文本与用户标注行为影响因素数据编码主要用于对图像用户认知过程的定性研究,在样本数量上没有严格要求,因此,该数据集可以保障本研究的顺利进行。

详细的实验设计、数据采集、预处理过程及数据格式等,请参阅本书第五章。

二、影响因素数量统计

为了更加深入地了解在实验中出现的影响因素对用户图像标注的影响作用,在完成影响因素的标记工作之后,还对影响因素的数量分布特点进行了统计分析。

由于实验中出现的用户图像标注的各种影响因素已被标记在 Excel转录表中,利用这 60 份 Excel 转录表,就可以得到各个影响因素在实验中的出现频次。为了准确、高效地完成影响因素出现频次的统计工作,采用程序统计的方式来代替人工统计,这里利用编写的 Java 程序对 60份 Excel 转录表进行读取,并计算得出各个影响因素在每个被试者的每个子实验中出现的频次。

在得到影响因素在每个被试者的每个子实验中的频次信息后,利用Excel 自带的统计分析功能,对各个影响因素在整个用户实验中总的出现频次和百分比以及各个影响因素分别在每个子实验中出现的频次和百分比进行汇总分析。通过该项数据分析工作，可以直观地发现影响因素的分布特点，而通过对影响因素分布特点的分析，又可以帮助进一步理解这些影响因素对用户图像标注的影响作用，具体结果见下节的第二部分"用户图像标注影响因素的分布分析"。

第五节　实验结果及分析

一、用户图像标注影响因素的识别

通过开展用户语音转录和影响因素标记等实验数据分析工作，可以识别实验中被试者提到的影响用户图像标注的各种因素。这些影响因素来自被试者的 think-aloud 音频数据，具有较高的可信性。本实验中可以识别出的影响因素均可归为用户因素、图像因素、系统因素三大类中，没有发现三大类之外的影响因素。下面，将分别从用户因素、图像因素、系统因素三方面对从本实验中识别出的具体子因素予以举例说明。在示例中，"（待）"指待标注图像，"（参）"指参考图像，"S"指被试者，"A"指实验控制者。

（一）用户因素识别

对于用户因素，本实验不仅识别出影响因素理论模型中的知识背景、认知风格、兴趣偏好、文化背景等用户因素，还发现用户个人经历、用户未理解图像内容等因素也能够对用户图像标注产生影响，下面将分别予以举例说明。

1. 用户知识背景

用户知识背景包括用户的专业背景、领域知识、系统知识等，本实验识别出了知识背景因素对用户图像标注的影响，不过由于被试者对本实验所采用的图像标注模式都不太熟悉，即系统知识均较少，本实验中识别出的用户知识背景主要体现在专业背景上，如例6.1至例6.3所示。

例6.1　A:解释一下，这是一个原子弹爆炸。S:那这样的话那就一般，因为我不是科学家，我对它没有特别激动的感觉。（6

号被试者,实验二,愉悦度)

例 6.2　S:因为这个实验对人类文明进步有很大的意义,所以作为人类我也是感觉到开心的所以愉悦度很高,打 9 分。然后这个唤醒度的话它让我很激动,所以说我的唤醒度也是比较高的,打 9 分。优势度的话,因为这个东西研究出来的话到底是要怎么用它,好的方面还是坏的方面取决于人,所以我觉得优势度很高,打 9 分。(17 号被试者,实验一)

例 6.3　S:我们基本上也是地球科学,那对地球很感兴趣,那我选择…… 专业有点原因。(30 号被试者,实验二,愉悦度)

2. 用户认知风格

关于认知风格,Tennant① 给出的定义是"个体的特征和一贯性的组织和加工信息的方式",有以整体—分析(Wholist—Analytic)维度为特征、以言语—表象(Versal—Imagery)维度为特征,以及两者综合的认知风格模型②。本实验中用户认知风格对图像标注的影响更多地体现在被试者倾向于使用数值作为标注依据还是倾向于使用参考图像作为标注依据,如例 6.4 至例 6.9 所示。

例 6.4　S:这跟参照物对比的话,其实我很多时候是看它那个标注值。A:标注值是吧。…… S:我比较喜欢一种直观的数字的东西,不喜欢看到那种模糊的。A:可以,你按照自己意愿来。S:现在我觉得它那个给我的唤醒度应该肯定是一个最极值。(20 号被试者,实验二,唤醒度)

例 6.5　S:我始终对数值不太敏感,对图片的敏感程度更高一些。(23 号被试者,实验三)

例 6.6　A:看图片? A:嗯,始终我没有去看数值,因为对数字不敏感。(23 号被试者,实验二)

例 6.7　S:最终就是你只看这个位置来说你不容易转换成一个量的东西,所以看数值更直观。A:所以就不看参考图片来比较是吗? S:对对。(51 号被试者,实验二,唤醒度)

例 6.8　S:我不怎么喜欢量化,我觉得量化能力比较差,所以我也是随便这样拉动。(65 号被试者,实验二,愉悦度)

---

① Tennant M. Psychology and Adult Learning[M]. London:Routledge,1988.
② 李浩然,刘海燕.认知风格结构模型的发展[J].心理学动态,2000(3):43—49.

例 6.9　S:我觉得这个(待),看这个小孩成这样子,我觉得心情肯
　　　　定是,就是愉悦肯定愉悦不起来的,所以我觉得就是愉悦度
　　　　会偏低,然后我个人喜欢图片之间的比较。然后这两张图
　　　　片大概位置我觉得还是比较合适,所以就是这个。(87 号
　　　　被试者,实验二,愉悦度)

3. 用户兴趣偏好

用户的兴趣偏好会影响到用户对一幅图像的喜恶,进而会对用户的
图像标注结果以及图像标注行为产生影响。本实验中识别出了被试者
的兴趣偏好对其标注结果及标注行为的影响。在标注结果方面,如果图
像内容是被试者喜欢的或感兴趣的,那么被试者的愉悦度就较高,反之
则较低;而对于唤醒度来说,两种情况下都比较高,如例 6.10 至例 6.16
所示。

例 6.10　S:这个唤醒度偏高吧,因为对这个灯还是蛮感兴趣的。
　　　　(2 号被试者,实验二,唤醒度)

例 6.11　S:这个蛮高的,因为感觉很讨厌,很不想看。(2 号被试
　　　　者,实验二,唤醒度)

例 6.12　S:这肯定是比狗(参 1)看着舒服一些,还是没有鱼(参 2)
　　　　看着舒服,因为我本来就是比较喜欢海,鱼我又喜欢吃,我
　　　　就决定这个人(待)稍微低于鱼的愉悦度,选 6。(6 号被
　　　　试者,实验二,愉悦度)

例 6.13　S:这张图我觉得愉悦度很高,因为我本身来讲是一个喜欢
　　　　猫的人,然后我看到这只很可爱的小奶猫,然后我就觉得
　　　　还蛮高兴的。然后唤醒度,我就觉得相对来说也比较高。
　　　　因为很喜欢它嘛,然后就觉得越看越兴奋越好玩,然后我
　　　　就觉得唤醒度还可以。然后优势度的话也比较高,因为看
　　　　到这只小奶猫我就一种想抚摸它的感觉,所以我就觉得我
　　　　是一个处于支配地位的,我可以用手去摸,去想抱它。(9
　　　　号被试者,实验一)

例 6.14　S:这个是一个花朵,颜色,我不是太喜欢,愉悦度,因为它
　　　　是一朵花,总体来说愉悦度还是挺高的,但颜色不是我喜
　　　　欢的,愉悦度是一般。唤醒度,唤醒度一般吧,我感觉很一
　　　　般。(16 号被试者,实验二,愉悦度)

例 6.15　S:小猫,我的愉悦度就是比较低吧! 因为我自己本身不是太喜欢这种宠物,尤其是小猫,我对猫的叫声特别烦,然后唤醒度一般,看到这幅图就感觉很平静,甚至有点想睡觉的感觉,然后优势度,我优势度是比较高的,这个猫,猫对人还是没有什么攻击性的,所以说我觉得还是能够掌控它。(27 号被试者,实验一)

例 6.16　S:这个(待),我看到这幅图片(待)我愉悦度很低,因为我很害怕猫,然后唤醒度很高,因为我在逃避它,然后我觉得我对这幅图片,因为我很害怕这只猫(待),所以我觉得我一点优势,优势度都没有,所以我觉得,恩我觉得差不多,因为我觉得我在里面就很弱势,因为我肯定会走开,所以优势度应该很低,然后因为我一看到它就会很害,蛮害怕的,所以唤醒度是 9 的话,愉悦度能不能再调低一点,嗯,行了,差不多,确定。(69 号被试者,实验三)

在标注行为方面,被试者的兴趣偏好则会影响到其在图像标注过程中所使用的标注方法,如当被试者不喜欢某幅图像时,他们倾向使用数值来快速完成标注,而不是使用图像比较等方法,如例 6.17 所示。

例 6.17　S:我觉得优势度还是比较高的,我不太喜欢这些照片,所以我用数字来。差不多我觉得这个数字合适。(13 号被试者,实验二,优势度)

4. 用户文化背景

不同的文化背景,用户对同一幅图像的理解和情感反应会有所不同,这会对用户图像标注的结果产生直接影响,本实验中就有实例予以证明,如例 6.18、例 6.19 所示。

例 6.18　S:……这个唤醒度我选择 8,因为这样东西就会让我们想到中西文化的差异,就是说引起,引起一种思想的撞击吧,碰撞出火花,所以我觉得这个唤醒度是比较高的,然后这个优势度,这个优势度我选择 1,因为他们之所以能这样,这和他们国家的传统文化呀,或者说这种法律法规、政策什么的是有关的,而我们这些人是不能去改变的,所以这个我选择 1……(64 号被试者,实验一)

例 6.19　S:然后这一张(待)我感觉他给我的,觉得还是那种就是说中西方文化的差异吧！他不会让我产生那种愉悦,或美感。而且我也不能去阻止别人去破坏别人的这种行为,就是这种状况吧！所以我感觉这个愉悦度和优势度,是非常低的……(64号被试者,实验三)

值得说明的是,尽管为本实验提供图像数据集的国际情绪图片系统(IAPS)具有较好的国际通用性,但是东西方文化背景等的差异,使得系统中图像的标准值并不完全适用于中国被试者[①]。这种情况在实验中表现为实验被试者对参考图像的位置不认同,如例6.20所示。

例6.20　S:这个(待)我就觉得很愉悦,但是对我的唤醒度可能就没有那么强,然后就根据参照物,在这个食物(参1)的……A:你觉得现在这个参考图像的位置你觉得你认同吗?S:你们是根据客观的很多人做这个实验得出的这个结果吗?A:毕竟有些人是不认同的,虽然大部分人这么想,还有很多人不这么想,看你是怎么认为的。S:我觉得这个图片(参1)唤醒度应该高一点,我觉得蓝色图片(参2)没有食物(参1)有些美感,我觉得没有那么高。(4号被试者,实验二,唤醒度)

同时,由于这种不认同使得参考图像的参考意义大大降低,实验被试者的图像标注行为也会因此受到影响,被试者在这种情况下大多利用数值或者采用仅与其中一幅参考图像进行比较的方式,以完成图像标注任务。这种影响在本实验中同样也有实例予以证明,如例6.21至例6.24所示。

例6.21　S:……所以我觉得,我自己的理解应该是蓝的(参2)跟红的(参1)对调一下,如果我这样改也可以的话……S:那我就不跟图比只标个数是吧。(9号被试者,实验二,优势度)

例6.22　A:通过什么呢?S:通过数值。A:你为什么不按照图像来……?S:我觉得用数值来调节图像,体现我的想法吧,就是刚刚,他们(参)作为标准图像,不大认同。A:为什么呢?S:我还是想按照自己的想法来调节。(16号被试者,

---

① 黄宇霞,罗跃嘉.国际情绪图片系统在中国的试用研究[J].中国心理卫生杂志,2004(9):631—634.

实验三)

例 6.23　S:这个(待)的唤醒度高吧,因为它毕竟是一朵花,所以高
　　　　　一些,然后高一些的话应该超过,我觉得这个两个图(参)
　　　　　的顺序和我的评判标准不一样,所以我现在只能看分数,
　　　　　然后我觉得这个的分数应该在 7 左右,然后再微调。(32
　　　　　号被试者,实验二,唤醒度)

例 6.24　S:……这张(参 2)图片的话,很明显让我有一种就是毛骨
　　　　　悚然的感觉,然后相比之下的话,这个图(参 1)给我的愉
　　　　　悦感会更加强烈一些,所以我不太认同这两张图片,然后
　　　　　这个(待)的话,我还是会主要那这张(参 1)来做比较,这
　　　　　张(待)明显没有这张(参 1)的愉悦感强,所以我会把它
　　　　　放在这个位置,大概 2 左右,我觉得的是差不多了。(87
　　　　　号被试者,实验二,愉悦度)

5. 用户个人经历

用户在图像标注的过程中,当看到某幅图像时,会唤起他们有关某
段经历的记忆和感受,进而对其图像标注结果产生重要影响。本实验通
过对被试者语音记录的内容分析,识别到了用户个人经历对图像标注结
果的影响,在本实验中,这种标注结果主要体现在图像在 3 个情感维度
上的最终得分。

当某幅图像唤起了实验被试者对其之前个人经历的回忆时,被试者
将给该图像的唤醒度一个较高的分值,如例 6.25 至例 6.27 所示。

例 6.25　S:这个小女孩(待),让我看着很开心,她无意识地就唤起
　　　　　了我的注意力,尤其是她没有门牙的特点,更加让我想起
　　　　　了孩提的感觉,毕竟自己现在二十几岁了,回不去了,所以
　　　　　看着唤醒度还是挺高的。(6 号被试者,实验二,唤醒度)

例 6.26　S:……唤醒度最高,想起以前自己脱牙的时候……(10 号
　　　　　被试者,实验三)

例 6.27　S:看到这盏灯,我就会想到家里晚上比较祥和的那种景
　　　　　象,所以愉悦度比较高,打 9 分。然后因为我一看到它就
　　　　　触到心里的那根弦吧,所以唤醒度也比较高,打 9 分……
　　　　　(17 号被试者,实验一)

如果被试者之前很少见到某幅图像中的有关内容,其好奇心会被唤

起,将给图像在唤醒度上一个较高分值,如例 6.28 所示。

例 6.28　S:……首先一看上去,和我熟悉的东西比较脱离,所以它
　　　　会唤醒我去思索这个东西……(19 号被试者,实验三)

而如果被试者之前能够经常见到某幅图像中的有关内容,那么被试者将给图像在各情感维度上的语义强度一个中间的分值,如例 6.29、例 6.30 所示。

例 6.29　S:这个就一般啦,因为觉得很常见,就对我没有太大的感
　　　　觉。(2 号被试者,实验二,唤醒度)

例 6.30　S:愉悦度为 5 吧,因为见习惯了,唤醒度其实也是 5 左右
　　　　吧,没什么特别,优势度也是 5。(19 号被试者,实验一)

对愉悦度来说,如果一幅图像唤起了实验被试者对某种个人经历的回忆,并带给他美好的感觉,那么被试者将给该图像的愉悦度一个较高的分值,反之,则将给出一个较低的分值,如例 6.31、例 6.32 所示。

例 6.31　S:看到一盏灯(待)觉得还是比较愉快的,因为我们晚上
　　　　11 点半后都要断电,看见一盏灯的话还是比较愉快
　　　　的……(45 号被试者,实验三)

例 6.32　S:我直接放在 1 上面,这个我都不用对比,因为我有一点
　　　　晕血,我看到这个血淋淋的场面,感觉让人晚上睡不着觉
　　　　或者吃不下饭,感觉比较反胃吧!(64 号被试者,实验二,
　　　　愉悦度)

6. 用户未理解图像内容

用户未理解图像内容是指用户在看到一幅图像后,没能快速地理解出图像所要表达的语义,处于对图像语义内容的未知状态。本实验中发现,在这种情况下,用户的图像标注结果和图像标注行为同样会受到影响。

对图像标注结果来说,当被试者未理解图像内容时,图像带给其的愉悦度一般不高,优势度一般也不会太高,而唤醒度却因人而异,有的会因为好奇而具有较高的唤醒度,有的则因未看懂图像内容而表现出一般的唤醒度,如例 6.33 至例 6.36 所示。

例 6.33　S:这个(待)唤醒度,因为刚刚说我不熟悉它,所以唤醒我
　　　　它到底是什么,分析它是什么,然后会唤醒度比较高。
　　　　(19 号被试者,实验二,唤醒度)

例 6.34　S:这个唤醒度一般,没什么特别的感觉,主要是我看不懂这个图。(29 号被试者,实验二,唤醒度)

例 6.35　S:我对她那所处环境不是很熟悉,到底这里是,虽然这个孩子在笑,但是…不知道在干吗,就给我感觉就是心里不是很清楚,所以愉悦度一般,唤醒度一般吧,优势度也一般。A:为什么? 因为你不太确定? S:嗯,不太确定。(22 号被试者,实验一)

例 6.36　S:……这张图嘛,好像没有太理解,所以也没有什么愉悦度的感觉,唤醒度,额,我有点不太理解这张图……—想知道这是什么东西……优势度的话选择 1,因为……不清楚这个图的意思,也不知道它是干嘛,所以没有什么优势。(74 号被试者,实验一)

当被试者未理解图像内容时,除了其图像标注结果会受到影响外,其图像标注行为也将受到影响,如有的被试者会因想要进一步理解图像语义而继续使用微调进行图像标注,也有的被试者因不理解图像内容而倾向采用图像比较的方式进行标注,如例 6.37、例 6.38 所示。

例 6.37　S:这个(待)唤醒度我觉得挺高的。A:为什么呢? S:因为我想知道这是什么东西,因为看不清、看不懂,那我就想……那我选择继续微调。(51 号被试者,实验二,唤醒度)

例 6.38　S:这个图是什么呢? 这个不是很明白,我觉得三个度都不是很明显,算中等吧。A:你是按照? S:按照直觉。这个不是很明显,但是我可以参考一个图片。我觉得和这个唤醒度的图片看起来有点类似,可能是一个环境问题。唤醒度很高,愉悦度很低,优势度,也低。就直接采取图片(图像比较的方式)。A:你说什么时候可以采取图片(图像比较方式)呢? S:图片看起来不是很理解的时候,就会根据这三个图片来比较,来识别这个图片。(85 号被试者,实验三)

(二)图像因素识别

对于图像因素,本实验识别出了图像内容语义、图像视觉特征以及图像清晰度对用户图像标注的影响,下面分别予以举例说明。

1. 图像内容语义

图像中的对象、场景、行为等，能够表达图像的特定语义，用户看到图像后，会产生各种各样的情感反应，这将对用户的图像标注结果产生直接影响。本实验识别出了图像内容语义对被试者图像标注结果的影响，如例 6.39 至例 6.42 所示。

例 6.39　S：这个台灯（待）的话……我觉得台灯是一个静物，给我的感觉是，愉悦度是小于动物的，动物又会小于这个人的，所以说我会把它调到这样一个位置。（20 号，实验二，愉悦度）

例 6.40　S：台灯（待）的话，觉得它没有那个食物的唤醒度对我来说要高一些，因为我觉得看到食物会有食欲大增的感觉，台灯是一个静物，所以就没有什么特别的感觉吧。（9 号，实验二，唤醒度）

例 6.41　S：首先这个小女孩她微笑嘛，然后她在大人的呵护之下，首先愉悦度很高，打 7 分吧。唤醒度，看到这个心情能变好，心情还算愉悦，所以唤醒度也是 7 分左右……（5 号，实验一）

例 6.42　S：这张图片愉悦度非常不愉快，它是一个绑架一个图片，所以愉悦度给 1。唤醒度上，看到这个容易产生激动或是紧张，心理不会平静，所以唤醒度很高，给 9……（1 号，实验一）

图像内容语义除了能够直接影响用户的图像标注结果之外，还会在用户因素（如用户背景知识、用户兴趣偏好、用户文化背景以及用户个人经历等）的调节作用下对最终的图像标注结果产生影响。本实验中也识别出了这些影响，有关这些影响的实例在第六章第五节的"用户因素识别"部分已有呈现。图像内容语义在用户知识背景的调节作用下对用户图像标注结果产生影响，如例 6.43 所示。

例 6.43　A：解释一下，这是一个原子弹爆炸。S：那这样的话那就一般，因为我不是科学家，我对它没有特别激动的感觉。（6 号被试者，实验二，愉悦度）

图像内容语义在用户用户兴趣偏好的调节作用下对用户图像标注结果产生影响，如例 6.44 所示。

例 6.44　S:这个唤醒度偏高吧,因为对这个灯还是蛮感兴趣的。
（2 号被试者,实验二,唤醒度）

图像内容语义在用户文化背景的调节作用下对用户图像标注结果产生影响,如例 6.45 所示。

例 6.45　S:然后这一张（待）我感觉它给我的,觉得还是那种就是说中西方文化的差异吧！它不会让我产生那种愉悦,或美感。而且我也不能去阻止别人去破坏别人的这种行为,就是这种状况吧！所以我感觉这个愉悦度和优势度,是非常低……（64 号被试者,实验三）

图像内容语义在用户个人经历的调节作用下对用户图像标注结果产生影响,如例 5.46 所示。

例 6.46　S:这个小女孩（待）,让我看着很开心,她无意识地就唤起了我的注意力,尤其是她没有门牙的特点,更加让我想起了孩提的感觉,毕竟自己现在二十几岁了,回不去了,所以看着唤醒度还是挺高的。（6 号被试者,实验二,唤醒度）

2. 图像视觉特征

图像的视觉特征包括图像的色彩、纹理、形状等,前人的有关研究已经表明了它们对人们的情感反应所带来的影响。本实验中识别了图像视觉特征对被试者的图像标注结果的影响,如例 6.47 至例 6.54 所示。

例 6.47　S:这是一个灯,这个是个暖色,感觉很舒适,（愉悦度）选个 7……（51 号被试者,实验一）

例 6.48　S:因为它（待）花朵颜色比较鲜艳,应该是愉悦度非常高的……（20 号被试者,实验三）

例 6.49　S:……整个色调基本上完全黑的,所以愉悦度不高……（57 号被试者,实验三）

例 6.50　S:……唤醒度是 2,因为这个图片太阴暗了,我觉得一个这么暗的图片首先就没法让人提起精神来……（7 号被试者,实验一）

例 6.51　S:……它是对称的,有那种对称美,看起来让人比较高兴,比较愉悦……（61 号被试者,实验三）

例 6.52　S:愉悦度,一般吧,单从图像上来说,我觉得这个构图还是比较美的,6 吧……（82 号被试者,实验一）

例 6.53　S：……愉悦度也一般，虽然它有一定的构图形式美，但是，色调比较清，不容易给人造成一种心理上愉悦的感觉……（82 号被试者，实验三）

例 6.54　S：这幅图像（待）有视觉冲击力，唤醒度比较高，应该要高出给出的这两幅图像（参）。（14 号被试者，实验二，唤醒度）

3. 图像清晰度

图像清晰度一般体现在图像的分辨率上，分辨率较高的图像，用户看起来一目了然，而对于那些不清晰或者分辨率较低的图像，它们带给用户的愉悦度、唤醒度以及优势度都会有所下降，会对用户的图像标注结果产生一定的影响。本实验中识别出了图像清晰度对被试者图像标注结果的影响，如例 6.55 至例 6.57 所示。

例 6.55　S：……我觉得它（待）那个图不清晰，我比较喜欢那个清晰一点的图，所以我觉得看起来也不大舒服……然后所以它的愉悦度就低一些，然后唤醒度，唤醒度一般吧……（32 号被试者，实验三）

例 6.56　S：这幅图（待）唤醒度，唤醒度还是蛮高的，但是它这个分辨率太低了，所以那个唤醒，唤醒度打了一定的折扣，愉悦度高不了，优势度也高不到哪里去……（65 号被试者，实验三）

例 6.57　S：……然后优势度，应该比较高，相对于这两张图片应该高很多吧，至少是一张比较清晰的图片，放在右边点，在这里……（75 号被试者，实验二，优势度）

（三）系统因素识别

对于系统因素，本实验不仅识别出了影响因素理论模型中的界面设计和标注模式这两个影响因素，还发现实验顺序同样会对用户图像标注产生影响，实验顺序因素是在本实验的特定的实验组织方式下新识别出的影响因素。下面将分别予以举例说明。

1. 界面设计

系统界面直接面向用户，是用户与系统交互的媒介，界面设计的好坏会影响用户的标注体验。本实验包含 3 个子实验，每个子实验都有其各自的界面设计,本实验通过用户语音分析,识别出了界面设计对用户图像标注的影响,如例6.58至例6.61所示。

例6.58　A:刚才给你体验的实验一,你有什么想法吗?S:……可能就是界面上可以再美化一下,你看就是这个……可以把它变得再漂亮一点,操作上面还可以。(9号被试者,实验一)

例6.59　S:……愉悦度比较高,打7分。A:7分是后面的那个,7分(的位置)是在这。S:哦,好的……(75号,实验一)

例6.60　S:这个(待)我觉得没必要跟它们(参)比较……愉悦度和唤醒度应该要高一些,优势度的话一般,这三角形不是太好划感觉在这圈里面(实验三操作界面)……(30号被试者,实验三)

例6.61　……S:一开始觉得优势度(待)相比它们两个(参)应该会高一点,但高不出很多,然后调着调着就找不见了,被这个数值搞得,就感觉这个不太好调的那种……(59号被试者,实验三)

2. 标注模式

本实验的3个子实验分别对应不同图像标注模式,实验一采用基于标签打分的图像标注模式,实验二采用单标签下基于图像比较的标注模式,实验三采用多标签下基于图像比较的标注模式。不同的标注模式具有不同的标注复杂度,在不同的标注模式下,用户也会有着不同的图像标注行为。

在实验二中(单标签下基于图像比较的标注模式),如果参考图像对被试者来说具有较大参考价值,被试者一般采用图像比较的方式进行标注,而如果参考图像对被试者来说参考意义不大时,被试者则直接依据数值进行标注,如例6.62所示。

例6.62　S:……参考图像不好理解,所以我只能选择数值……(45号被试者,实验二,优势度)

实验三中(多标签下基于图像比较的标注模式),一些被试者会认为其操作复杂度较大,也有被试者认为其微调的作用不明显,如例6.63至例6.65所示。

例6.63　S:这个三角形好复杂呀!觉得它每一个都很高怎么办?

A:没有谁更突出,你就把它放在一个相对的位置。S:我就把它放在中间好了。(7号被试者,实验三)

例6.64　S:我觉得直接搞个三角形……而且这个完全感觉很乱嘛……就比如说3个维度,……就逼迫我选择一个维度,比较的时候我会更加注重其他两个可以协调的,其他的舍弃。我觉得这个(待)愉悦度比云(参2)强,唤醒度也是没有这个(参2)高,我会选择这样一个(位置),我会更加偏重于唤醒度和愉悦度,优势度感觉会冲突……(55号被试者,实验三)

例6.65　S:我始终觉得这个微调意义不是很大。A:……那可以直接点微调,再点确定。(55号被试者,实验三)

3. 实验顺序

本实验共有3个子实验,在每个子实验中,被试者都是对同一组待标注图像进行标注。当被试者多次看到同一幅标注图像时,由于可能还记得上次的图像标注结果,有些被试者会直接采用上次的标注结果,而不再采用图像比较的方式或者继续使用微调,如例6.66至例6.70所示。

例6.66　S:这张图我见过,愉悦度很高,我选个8……(51号被试者,实验一)

例6.67　S:又是这张(待)……这张我不管(不移动位置)了,也不继续微调,因为不想看第二次。(51号,实验二,愉悦度)

例6.68　S:我觉得好厌恶(待)啊,看(到)多(次)了。厌恶也算一种唤醒度,那就比较高吧。不用对比(参考图像)了。(85号被试者,实验二,唤醒度)

而多次看到同一幅图像,也会使该图像对被试者的唤醒度有所下降,如例6.69所示。

例6.69　S:感觉做久了都比较麻木啊,看(到)多(次)了,唤醒度在中间的地方……(75号被试者,实验二,唤醒度)

二、用户图像标注影响因素的分布分析

本部分将对用户图像标注影响因素的分布特点进行分析,具体包括影响因素的总体分布分析,以及用户因素、图像因素、系统因素三大类因素分别在 3 个子实验中的分布分析。通过对影响因素的分布分析,可以从定量的角度探讨这些影响因素对用户图像标注的影响作用。

（一）影响因素的总体分布分析

在经由内容分析法进行的影响因素标记和经由程序运算进行的影响因素数量统计分析等实验数据处理工作结束之后,通过汇总分析,得到了影响因素在实验中出现的频次和百分比,如表 6 – 1 所示。

表 6 – 1　实验中影响因素出现的频次和百分比

因素类别	子因素	频次	百分比(%)
用户因素	知识背景	3	0.14
	认知风格	7	0.33
	兴趣偏好	149	6.92
	文化背景	39	1.81
	个人经历	132	6.13
	未理解图像内容	49	2.28
	小计	379	17.60
图像因素	内容语义	1641	76.22
	视觉特征	112	5.20
	清晰度	6	0.28
	小计	1759	81.70
系统因素	界面设计	5	0.23
	标注模式	6	0.28
	实验顺序	4	0.19
	小计	15	0.70
	合计	2153	100.00

从表中可以看出,用户因素包含的 6 个子因素共出现 379 次,占影响因素总数的 17.60%;图像因素包含的 3 个子因素共出现 1759 次,占影响因素总数的 81.70%,其中仅图像内容语义这一子因素就出现了1641 次,占比达 76.22%;系统因素包含的 3 个子因素共出现 15 次,仅占影响因素总数的 0.70%。

这说明图像因素是用户图像标注的最主要影响因素,用户因素次之,系统因素又次之。图像内容语义这一因素在所有因素中出现频次最高,说明了图像内容语义是影响用户图像标注的最重要的因素,这与图像是用户图像标注的对象和客体,而图像内容语义又是图像的最主要表达形式密切相关,相比之下,图像视觉特征和图像清晰度对用户图像标注的影响作用较小。用户因素也是影响用户图像标注的一种主要因素,其中以用户兴趣偏好和个人经历的影响作用相对较大。相对图像因素和用户因素来说,系统因素对用户图像标注的影响作用相对较小,不过系统因素的较少出现,可能与实验所采用的出声思维法有关,也许系统因素给被试者图像标注造成的影响,没有用户因素和图像因素那样易于简单明确地表达出来。

(二)影响因素在各子实验中的分布分析

以上是用户图像标注的影响因素在实验中的总体分布情况,由于本实验包含了3个子实验,而且每个子实验采用的是不同的图像标注子系统,下面将对这些影响因素在各子实验中的分布特点予以分析,以便更加细致地理解这些影响因素对用户图像标注的影响作用,同时也能考察这些影响因素的出现是否会受到不同图像标注系统的影响,表6－2统计了各影响因素分别在3个子实验中出现的频次和百分比。

表6－2　影响因素在各子实验中出现的频次和百分比

因素类别	子因素	子实验一		子实验二		子实验三	
		频次	百分比(%)	频次	百分比(%)	频次	百分比(%)
用户因素	知识背景	1	0.19	2	0.17	0	0.00
	认知风格	0	0.00	5	0.42	2	0.47
	兴趣偏好	42	7.95	86	7.20	21	4.88
	文化背景	1	0.19	36	3.01	2	0.47
	个人经历	45	8.52	58	4.85	29	6.74
	未理解图像内容	13	2.46	21	1.76	15	3.49
	小计	102	19.32	208	17.41	69	16.05
图像因素	内容语义	391	74.05	931	77.91	319	74.19
	视觉特征	31	5.87	49	4.10	32	7.44
	清晰度	0	0.00	3	0.25	3	0.70
	小计	422	79.92	983	82.26	354	82.33

续表

因素类别	子因素	子实验一		子实验二		子实验三	
		频次	百分比(%)	频次	百分比(%)	频次	百分比(%)
系统因素	界面设计	3	0.57	0	0.00	2	0.47
	标注模式	0	0.00	1	0.08	5	1.16
	实验顺序	1	0.19	3	0.25	0	0.00
	小计	4	0.76	4	0.33	7	1.63
	合计	528	100.00	1195	100.00	430	100.00

下文将在表6-2的基础上,分别从用户因素、图像因素以及系统因素3个方面,具体分析影响因素在各子实验中的分布情况。

1. 用户因素在各子实验中的分布分析

图6-10用户因素在各子实验中的比例分布为本实验中识别出的用户因素的6个子因素分别在3个子实验中出现频次百分比的柱状图。从图中可以看出,在用户因素中,除了文化背景外,其余5个因素在3个子实验中的分布情况相似,其中兴趣偏好和个人经历这两个因素在3个子实验中的出现比例均相对较高(4%—9%),未理解图像内容这一因素的出现比例在3个子实验中的比例处于中等水平(1%—4%),而知识背景和认知风格这两个因素在3个子实验中的出现比例均较低(1%以下)。这说明在用户因素中,兴趣偏好和个人经历对用户图像标注的影响较大,而未理解图像内容、知识背景、认知风格也会在一定程度上对用户图像标注造成影响,同时也说明了这些因素的出现受图像标注系统的影响较小。

对于文化背景因素,其在子实验二的出现比例较高,而在子实验一和子实验三中的出现比例较低,这可能与子实验二采用的单标签下基于图像比较的标注模式有关。在这种模式下,被试者一般采用对比参考图像的方式,对图像在三个情感维度上的语义强度分别进行标注,这使得被试者对参考图像位置不认同的几率大大增加,而在本实验中,文化背景对用户图像标注的影响很大一部分体现在对参考图像位置的不认同上,这说明了文化背景因素的出现受图像标注系统的影响较大,不过这在很大程度是由本实验所采用的国外图像数据集所致。

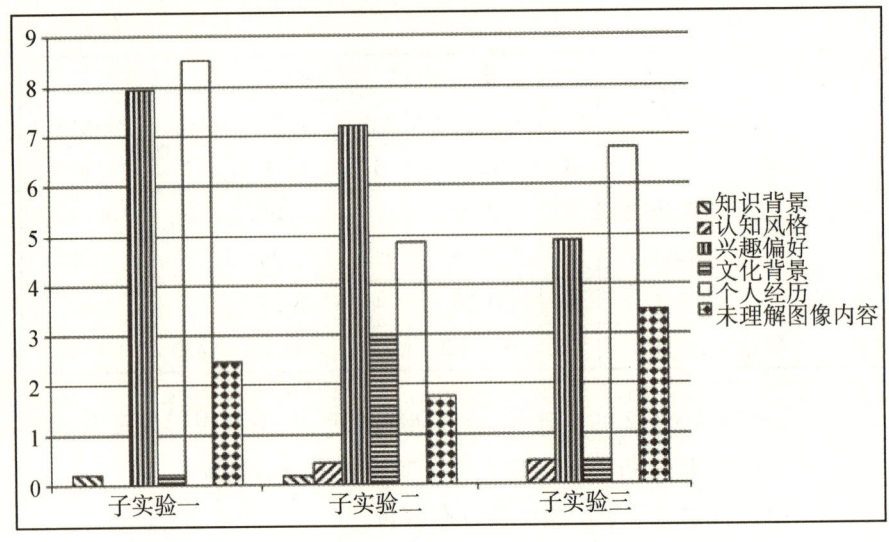

图例：
- 知识背景
- 认知风格
- 兴趣偏好
- 文化背景
- 个人经历
- 未理解图像内容

图6-10　用户因素在各子实验中的比例分布

2. 图像因素在各子实验中的分布分析

图6-11图像因素在各子实验中的比例分布为本实验中识别出的图像因素的3个子因素分别在3个子实验中出现频次百分比的柱状图。从图中可以看出,在图像因素中,内容语义、视觉特征、清晰度这3个因素在3个子实验中的分布情况相似,其中图像内容语义这一因素在3个子实验中的出现比例均高达70%以上,图像视觉特征这一因素在3个子实验中的出现比例均处于中等水平(1%—4%),图像清晰度这一因素在3个子实验中的出现比例均较低(1%以下)。这说明图像内容语义是影响用户图像标注的最重要因素,从实验得到的实例来看,这种影响主要表现在图像标注结果上,这与图像作为用户标注客体,以及图像内容语义作为用户从图像获取的最主要信息密切相关,而图像视觉特征和图像清晰度也会在一定程度上对用户图像标注造成影响。与此同时,该图也说明了图像因素的出现基本不会受到图像标注系统的影响。

3. 系统因素在各子实验中的分布分析

图6-12为本实验中识别出的系统因素的3个子因素分别在3个子实验中出现频次百分比的柱状图。从图中可以看出,在系统因素中,界面设计、标注模式、实验顺序这3个因素在3个子实验中的出现比例均较低,而且分布情况有较大差异。结合表2可以发现,子实验一中只出现了界面设计和实验顺序因素,分别占子实验一因素总数的0.57%和0.19%;子实验中只出现了标注模式和实验顺序因素,分别占子实验二

218

因素总数的 0.08％ 和 0.25％ ; 子实验三只出现了界面设计和实验顺序因素, 分别占子实验三因素总数的 0.47％ 和 1.16％ 。

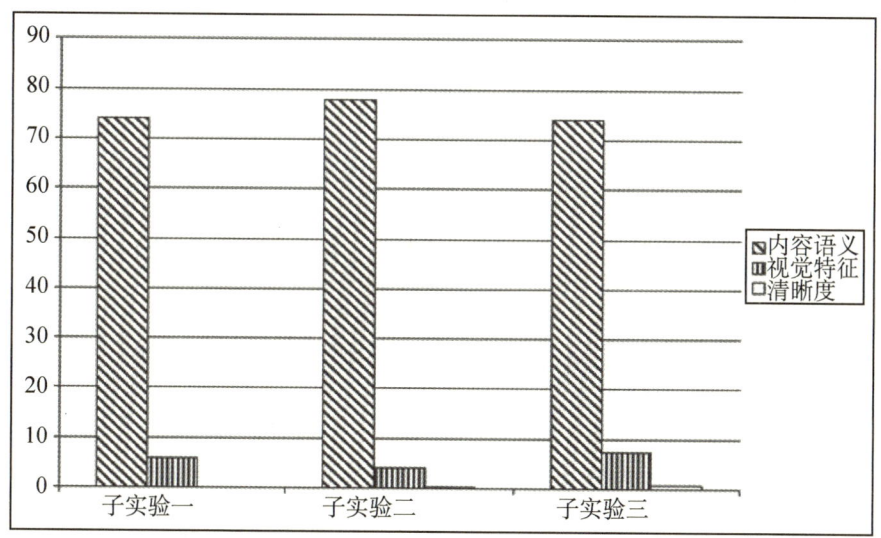

图 6 - 11　图像因素在各子实验中的比例分布

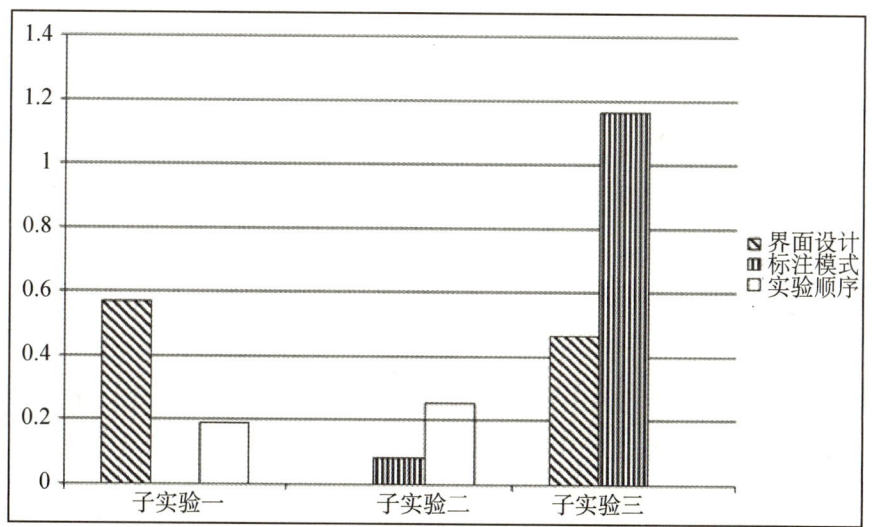

图 6 - 12　系统因素在各子实验中的比例分布

　　前面已经分析指出, 系统因素的较少出现可能与实验采用的出声思维法有关, 被试者可能未能通过语音清楚地表达出系统因素对自身图像标注的影响。而子实验一中未出现标注模式因素, 原因可能在于子实验一的标注模式较为简单常见, 被试者易于接受; 子实验二中未出现界面设计因素,原因可能在于子实验二的界面设计较为合理,没有给被试者带来太多困扰;子实验三中未出现实验顺序因素,结合被试者的语音实例进行分析,其原因可能在于实验三的标注模式对初次接触的被试者来说较为复杂,被试者在标注时需同时考虑图像的 3 个情感维度,认知任务较重,未能考虑到实验顺序因素所带来的待标注图像的重复出现给其带来的影响。由此也可看出,系统因素的出现受图像标注系统的影响很大。

第六节　用户图像标注影响因素模型修正与应用启示

一、影响因素模型修正

通过开展用户实验以及对被试者 think-aloud 语音数据的内容分析,识别本实验中所出现的影响用户图像标注的相关因素,加之对这些影响因素分布特点的分析,可以得到如图 6 - 13 所示的用户图像标注影响因素的修正模型,修正模型中既包含识别出的影响用户图像标注的各种影响因素,也包含了这些影响因素的权重(即其在实验中的总体出现比例),能在一定程度上反映其对用户图像标注影响作用的大小。

与第三章由理论分析得出的用户图像标注影响因素的理论模型相比,修正模型中影响因素的三大类别——用户因素、图像因素、系统因素保持不变。

在用户因素中,本实验验证了知识背景、认知风格、兴趣偏好、文化背景这 4 个因素对用户图像标注的影响,新识别出了个人经历、未理解图像内容这两个因素对用户图像标注的影响,而未发现性别因素对用户图像标注的影响。通过对用户图像标注影响因素的分布分析,发现用户因素对用户图像标注的影响作用在三大类因素中排第二位,对用户图像标注的影响作用较大,而兴趣偏好和个人经历这两个因素相对其他用户因素来说,对用户图像标注的影响作用又较大。

经过分析,造成未识别出性别因素这一情况的原因在于本实验所采用的数据处理方法,修正模型中的因素都是通过对被试者 think-aloud 语音数据的文本转录文件进行内容分析而识别出来的,被试者基本不会在

think-aloud 中明确提到自己的性别以及性别给自身图像标注所带来的影响,因此也就无法识别出该因素。其实,可以利用实验前的人口统计数据和实验可以获取的其他日志数据,如图像标注结果、图像标注时间等,来分析性别因素对用户图像标注造成的影响,然而这不在本研究的研究范围之内,可以在其他相关研究中另行研究。

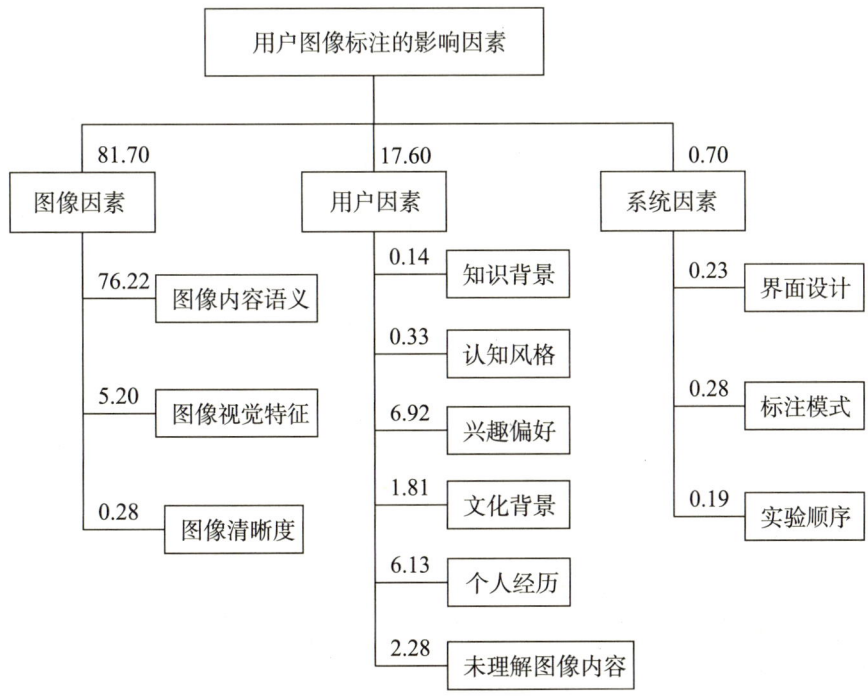

图 6 - 13 用户图像标注影响因素的修正模型

在图像因素中,本实验验证了图像内容语义、图像视觉特征和图像清晰度这 3 个因素对用户图像标注的影响,与由理论分析得到的影响因素模型一致。通过对用户图像标注影响因素的分布分析,发现图像因素对用户图像标注的影响作用在三大类因素中排第一位,对用户图像标注的影响作用最大,而其中又以图像内容语义因素的影响作用最大。

在系统因素中,本实验验证了界面设计和标注模式这两个因素对用户图像标注的影响,新识别出了实验顺序因素对用户图像标注的影响。对于实验顺序因素,它虽然是在本实验特定的实验过程下产生的,但也表明了一段时间内对同一幅图像的重复标注会对用户图像标注的行为及结果产生影响。通过对用户图像标注影响因素的分布分析,发现系统因素对用户图像标注的影响作用排第三位,对用户图像标注的影响作用相对较小。

除了以上用户图像标注影响因素的修正模型所反映出来的研究结论，还有以下一些有意义的研究发现。①在对用户图像标注影响因素的识别中，发现用户认知风格、系统标注模式一般只对用户图像标注的行为产生影响，用户知识背景、用户个人经历、图像内容语义、图像视觉特征、图像清晰度一般只对用户图像标注的结果产生影响，而用户兴趣偏好、用户文化背景、用户未理解图像内容、系统界面设计和实验顺序则对用户图像标注的行为和结果都能产生影响；另外，图像内容语义因素除了对用户图像标注造成直接影响外，还会在背景知识、兴趣偏好、文化背景以及个人经历等用户因素的调节作用下对用户的图像标注结果产生影响。②在对用户图像标注影响因素的分布分析中，发现用户因素和图像因素的出现受图像标注系统的影响较小，而系统因素的出现受到的影响较大。

二、应用启示

通过对建立在理论分析基础上的用户图像标注影响因素模型的实验验证，本书提出了用户图像标注影响因素的修正模型，该模型中的影响因素均是从用户图像标注过程中的 Think-aloud 语音数据中分析而来，对社会化图像标注系统的开发建设等具有重要的应用价值。

从用户因素来说，修正模型中共有知识背景、认知风格、兴趣偏好、文化背景、个人经历、未理解图像内容 6 个因素，涵盖了众多方面。用户作为图像标注的主体，其自身的各种背景与特点对图像标注具有很大影响，因此在设计、开发图像标注系统时要以用户为中心，充分重视用户自身特点和用户之间差异对图像标注可能造成的影响。比如，针对具有不同知识背景（或兴趣偏好、文化背景、个人经历等）的用户，图像标注系统推荐相应的图像给相应的用户进行标注，这可提高图像标注的参与度和准确度；针对不同认知风格的用户，图像标注系统为其提供符合其特点的标注方式，这可减少用户的认知负担、提高图像标注的效率；另外，图像标注系统可为用户提供反馈工具，及时发现用户在未理解图像内容情况下所标注的图像，图像标注系统对这些图像标注结果不采纳或降低其权重。

从图像因素来说，修正模型中共有内容语义、视觉特征、清晰度 3 个因素,在图像标注系统的设计、开发过程中,同样要对图像这一信息资源客体加以重视。比如,图像标注系统可以对其资源库中已有的标注图像按照内容语义(如物品、植物、动物、人、行为等)或者图像视觉特征(如色彩等)进行分类,让用户选择自己感兴趣的图像进行标注,以提高标注的参与度和准确度;同时,图像标注系统尽量不要接受清晰度或分辨率较低的图像上传到自身系统或者提供这样的图像给用户标注,以提高图像标注的准确度与用户的标注体验。

从系统因素来说,修正模型中共有界面设计、标注模式、实验顺序3个因素,对图像标注系统的设计、开发具有重要的借鉴价值。比如,图像标注系统的界面设计应当满足简洁、清楚、合理、美观等要求,以提高用户标注体验和标注准确度;图像标注系统的标注模式应当简单、高效,对用户来说具有较少的认知负担,同时应当为不同用户提供个性化的标注模式或者提供多种标注模式供不同用户自主选择,以提高图像标注效果和用户标注体验;另外,图像标注系统应当尽量避免同一用户长时间地对相似图像(内容语义或视觉特征相似的图像)进行标注,以提高用户标注体验和标注准确度。

本章小结

本章主要是通过理论分析和实验验证来对用户图像标注的影响因素进行研究。具体来说,首先基于理论分析构建了用户图像标注影响模型,然后利用项目组自主开发的图像语义可视化交互研究平台(ISARP)开展用户实验,通过对被试者图像标注过程中的 Think-aloud 语音数据的内容分析,识别出本实验中出现的影响被试者图像标注的包含用户因素、图像因素、系统因素的三大类共计十二种因素,并对这些影响因素的数量分布进行分析,最后根据实验结果对用户图像标注影响因素的理论模型进行修正,并分析了其在社会化图像标注系统设计与开发中的应用价值。通过开展理论分析和用户实验,对用户图像标注的影响因素进行了较为深入、系统的研究,丰富了国内在该领域的研究方法和研究成果,同时还获得了具有一定学术研究价值的实验数据集和相应的应用启示,研究具有一定的理论和现实意义。

研究存在的一些不足：从实验平台来说，由于目前国内外缺乏相应的实验研究平台，以项目组自主开发的图像语义可视化交互研究平台（ISARP）为实验平台得出的实验结果具有一定的通用性，但也必然会受到该实验平台自身特点的一些限制；从研究方法来说，主要采用出声思维法和内容分析法对被试者的 Think-aloud 语音数据进行分析，识别出的因素也会受到一些局限，如性别等因素可能需要其他研究方法才能进行识别或证实；从实验样本来说，由于偶然因素的出现和过大的转录成本，只对其中 60 个被试者的音频数据进行转录和分析，虽然这些样本数据已经可以满足本研究的需要，但样本越多，研究结论可能也越全面。

针对研究存在的不足之处，后续研究可以从以下几个方面进行完善：①对 ISARP 研究平台进一步改进和完善，以提高实验平台的科学性和通用性；②可以进一步采用其他研究方法对用户图像标注的影响因素进行识别与分析，以丰富本文的研究结论；③如果有条件，可以对更大的实验样本进行数据处理和分析，以进一步提高研究的全面性。

第七章　图像语义人机交互标注方法的比较研究

图像标注是信息资源组织的重要内容,然而目前的图像标注研究均无法解决"语义鸿沟"问题。当前广泛应用的自动标注方法标注图像情感的准确性很低。同时,图像社会化标注已存在大量应用,是进行图像情感语义强度标注的有效途径,而目前还没有针对图像社会化标注方法的比较研究。

本章在分析现有工作的基础上,以在语义鸿沟中较突出的图像情感语义及其情感强度为具体研究对象,首先,根据图像情感语义社会化标注的特点建立分类框架,将目前存在的图像情感语义强度社会化标注应用进行分类,总结出三种图像情感语义强度社会化标注的基本方法,即数量化的打分标注方法、一维空间可视化标注方法、多维空间可视化标注方法;其次,从交互式信息服务的角度选取基本方法的比较指标;再次,通过用户实验来获取用户对三种标注方法的用户体验信息、用户的图像标注时间及标注结果,并进行比较分析;最后,基于以上研究为三种标注方法的改进及实现提供建议。

第一节　引言

一、研究背景及意义

目前,互联网已经步入 Web3.0 时代,移动互联网高速发展,数码相机、拍照手机、可穿戴设备等有成像功能的数码产品的普及导致图像的获取越来越容易,加之共享式网络社区如微博、Flickr 等促进图像的快速传播,数字图像文件时刻都在以各种方式被生产,这使得人们可以访问的图像资源呈现爆炸式增长。因此,如何高效地组织、管理和检索海量图像信息资源成为目前亟待解决的问题。其中,图像标注是图像信息资源管理最基础和重要的一项研究任务,受到学术界的广泛关注。

图像中蕴含丰富的语义信息,通用的图像语义概念模型包括特征语义层、对象语义层、空间关系语义层、场景语义层、行为语义层、情感语义层共六层语义①,其中情感语义位于最高层。图像能唤起人的情绪感受,图像情感语义的标注是图像标注研究的重要组成部分。目前的图像标注方法主要有基本文本的人工标注、自动图像标注以及社会化标注。

20世纪70年代末,基于文本的人工标注开始兴起,这种人工标注方法需要大量专业人员对图像数据库中每幅图像的关键词和标题进行文本注释,建立起文本与图像之间的"词—图"关系②。然而由于图像的标注必须依赖于人工,因此存在标注效率低、标注结果不准确等问题。

为了克服基于文本方法的局限性,20世纪90年代之后,自动图像标注研究得到发展。自动图像标注主要是指将图像的可视特征(如颜色、纹理、形状、位置关系等),由计算机系统通过一定的算法和步骤为图像添加一些相应描述的语义信息③。自动图像标注无疑是对传统人工标注形成的图像管理系统的极大补充,并提供了更为结构化的描述方式④。但是自动标注同样存在很多不足,Enser⑤等人指出自动图像标注方法无法充分从图像的视觉特征获取图像的抽象语义概念信息,如时间、空间以及抽象的词语和情感。自动图像标注已经涉及图像情感语义的标注,然而图像底层的视觉特征内容往往难以表达用户的高层语义理解,无法解决底层特征与高层语义理解之间的差异性,即语义鸿沟问题。

与人工标注和自动图像标注不同,社会化标注可以使用户参与图像标注的过程中,通过用户直接参与标注,使得标注结果能够深入图像的对象、空间关系、场景、行为和情感等高层特征,大量用户的标注使这种

① 张玉峰,蔡昌许.基于语义的图像检索系统研究[J].中国图书馆学报,2004,30(5):66—69.
② 陈晓.图像自动语义标注研究[D].江苏科技大学,2013.
③ 李振华.基于日志的协同图像自动标注[D].重庆大学,2014.
④ 武人杰.图像对象语义及情感语义标注方法的研究[D].太原理工大学,2011.
⑤ Enser P G B,Sandom C J,Hare J S,et al. Facing the reality of semantic image retrieval[J]. Journal of Documentation,2007,63(4):465—481.

标注具有统计学意义,反映大众对图片情感语义的普遍认识,这种社会化标注方式已经成为解决语义鸿沟的重要思路。目前已经出现大量对图像情感语义强度以社会化标注方式来标注的应用,然而还不存在关于这些标注方法的比较研究,对于方法的改进和不足也没有展开系统的讨论。在此背景下,本章针对图像情感语义强度社会化标注开展研究,针对目前出现的图像情感语义社会化标注应用建立分类体系后,提出采用图像情感强度社会化标注可以在一定程度上解决现有的语义鸿沟问题,利用已有的基于这些基本标注方法设计的实验平台来设计用户实验,进而将不同的图像情感强度社会标注方法进行比较研究。

本章为图像语义标注的研究提供了崭新思路,为相关研究应用提供标注方法上的支持,同时,为相关研究中图像社会化标注比较指标的选取提供了参考依据。另外,本章的研究结论为三种方法的具体实现和应用提供理论指导。

二、国内外相关研究现状分析

(一)图像语义研究现状

1. 图像语义自动标注研究现状

在情报学领域,关于图像语义的研究主要集中在图像语义标注和检索两个方面。自动图像标注是目前图像语义标注领域研究最为广泛的标注方法。根据图像视觉特征提取方式的不同,图像语义的自动标注可以分为基于全局特征的自动图像标注和基于区域特征的自动图像标注[①]。

基于全局特征的自动图像标注方法一般适用于简单的或背景单一的图像标注。Oliva[②] 等人首先提出这种基于全局特征的标注方法,他们采用一系列的空间属性来描述一个场景图像中占主导地位的空间结构,

---

① 陆泉,韩阳,陈静.图像语义标注方法及其语义鸿沟问题研究进展[J].图书馆学研究,2014(10):2—6.
② Oliva A,Torralba A. Modeling the shape of the scene:A holistic representation of the spatial envelope[J]. International Journal of Computer Vision,2001,42(3):145—175.

通过这种对场景的整体描述可以获得图像的语义类别。Yavlinsky[1]等人基于非参数概率密度分布构建一种简单的自动图像标注框架,通过简单的图像全局特征(包括图像全局颜色、图像纹理)分布进行粗粒度语义标注。然而这种基于全局特征的标注方法无法获取复杂的图像高层语义信息。

基于区域特征的自动图像标注方法,根据语义模型学习算法的不同,目前广泛使用的主要有基于分类和基于概率两种自动标注方法。

基于分类的自动图像标注方法中典型的分类方法有支持向量机(Support Vector Machines)、贝叶斯点估计方法(Bayes Point Machine)、决策树(Decision Tree)等。支持向量机作为一种机器学习技术目前已有较强的理论基础,并在实际研究应用中表现良好。Joachims[2]在通常使用的支持向量机的基础上提出采用直推式支持向量机来进行文本分类,以便解决对特殊例子的误分类问题。Chang[3]等人首先通过手工标注建立小规模的训练图片集,每一幅训练图片都标有唯一的一个语义标签,然后分别采用贝叶斯点估计方法和支持向量机来训练二元分类器,最后通过实验说明贝叶斯点估计方法在预测图像分类时的精确性要高于支持向量机。Liu[4]等人提出一种名为DT-ST的决策树算法来获取图像高层语义,并通过实验证明这种算法能有效改善图像检索效果。

针对基于概率的自动图像标注方法,大量研究者提出了各种不同的统计概率模型。Hironobu[5]等人提出了共现模型(Co-occurrence Model)。研究者首先构建训练集,将每幅图像平均分割为相同大小的图像区域,每一个图像区域都继承原有图像的关键词;然后提取图像区域的物理特

① Yavlinsky A, Schofield E, Rüger S. Automated image annotation using global features and robust nonparametric density estimation[J]. Lecture Notes in Computer Science, 2005, 3568: 507—517.

② Joachims T. Transductive inference for text classification using support vector machines[C]// Proceedings of International Conference on Machine Learning. San Francisco: ICML, 1999: 200—209.

③ Chang E, Goh K, Sychay G, et al. CBSA: content-based soft annotation for multimodal image retrieval using Bayes point machines[J]. IEEE Transactions on Circuits and Systems for Video Technology, 2003, 13(1): 26—38.

④ Liu Y, Zhang D, Lu G. Region-based image retrieval with high-level semantics using decision tree learning[J]. Pattern Recognition, 2008, 41(8): 2554—2570.

⑤ Hironobu Y M, Takahashi H, Oka R. Image-to-word transformation based on dividing and vector quantizing images with words[C]//Proceedings of the International Workshop on Multimedia Intelligent Storage and Retrieval Management. Florida, USA: IEEE. 1999: 405—409.

征,并对所有图像区域进行矢量量化处理从而形成几组可唯一表示任何图像区域的子类,计算每个子类与某一关键词间的对应概率。对未知图像进行标注时,首先将其分割为图像区域,提取物理特征,通过物理特征的分析计算图像区域与关键词的平均概率,将图像区域平均概率值累加后得到整幅图像的概率分布,将其中概率值最大的关键词作为该图像的标注词。共现模型是自动图像标注领域研究的基础模型。Feng① 等人采用带有多个关键词的图像来建立训练集,在构建训练集和标注测试图像时使用多贝努利相关模型(Multiple Bernoulli Relevance Model)来计算关键词的概率。实际上,多贝努利模型是解决多标记问题常用的自动标注模型。

除以上两类自动化标注方法外,目前还有基于图学习的标注方法②、基于可判别超平面树的生成模型图像标注方法③等。

以上这些基于区域特征的标注方法能够有效地自动获取图像语义,但仍然无法解决图像的高层语义与底层特征之间的语义鸿沟问题。

2. 图像情感语义的研究现状

在情绪心理学、生理学、认知科学等领域,研究者已经围绕图像情感开展了大量研究,并形成一定的理论体系。情报学领域对图像情感的研究较晚,都是建立在其他领域对图像情感的研究成果上而进行的,研究也主要集中在图像情感语义的检索和标注方面。

首先,图像情感语义具有模糊性。图像包含了大量的信息,认知这些信息以及将这些信息转换为语义形式表达出来,对用户是一项极为复杂的任务,甚至会出现"不可言喻"的情况。

为解决图像情感标注中存在的模糊性问题,李海芳等④建立模糊规则库,利用模糊集近似推理对图像进行情感注释;郭翠英等⑤提出采用模

① Feng S L,Manmatha R,Lavrenko V. Multiple Bernoulli relevance models for image and video annotation[C]//IEEE Computer Society Conference on Computer Vision and Pattern Recognition. Washington,D C:IEEE,2004(2).

② 卢汉清,刘静.基于图学习的自动图像标注[J].计算机学报,2008,31(9):1629—1639.

③ 王梅,周向东,许红涛等.基于可判别超平面树的生成模型图像标注方法[J].软件学报,2009,20(9):2450—2461.

④ 李海芳,焦丽鹏,贺静.多特征综合的图像模糊情感注释方法研究[J].中国图象图形学报,2009,14(3):531—536.

⑤ 郭翠英,李海芳.利用模糊认知度从图像纹理中提取情感语义[J].计算机工程与应用,2009,45(33):171—174.

糊认识度聚类法来描述与情感相关的语义图像,从高层的情感概念进行图像检索;Um[①]等人采用自适应模糊系统建立彩色图例与情感评价间的关系,相比于神经网络方法和线性映射方法,自适应模糊系统的情感评价结果更加准确。

其次,图像情感语义具有动态性。对于图像所传递信息的理解,会随着社会文化、感觉经验、价值判断、所处情境等的改变而有所调整,呈现动态性。目前广泛采用的自动图像标注方法对图像情感的标注还无法体现图像情感语义的动态性。郭海凤等[②]提出,同一幅图像在不同时期可能具有不同的视觉意境,社会网络具有的大众性、及时性,利用社会网络挖掘出的图像语义可能是缩减语义鸿沟的最有效途径。然而,在目前的图像情感语义标注研究中,研究者很少关注情感语义的动态性。

与图像情感相比,社会媒体中文本情感的动态性更为显著,因此吸引了不少研究者对微博、在线购物网站等社会媒体的情感变化趋势开展研究。网络用户通过社会媒体来表达对产品、服务、社会事件、公众人物等的情感倾向。随时间动态变化的用户对社会化媒体内容的情感表达在一定程度上也折射出社会集体情感状态、价值判断及社会文化[③]。

最后,不同的图像情感语义之间具有差异性,这种差异是通过不同程度的情感强度来体现的。Larsen[④]等人将情感强度定义为"个体在情绪体验强度上的一种稳定的个体差异"。

研究者可以通过不同的情感量化方式来测量图像情感强度并予以标注。于昕等[⑤]首先应用 PAD 情感模型对图像进行情感强度标记,在分析用户输入问句后,得到用户需要的情感对应的常用情感词语,将常用情感词语与 OCC 模型情感词进行映射后,再利用 OCC 与 PAD 模型之间

① Um J,Eum K,Lee J. A study of the emotional evaluation models of color patterns based on the adaptive fuzzy system and the neural network[J]. Color Research & Application,2002,27 (3):208—216.

② 郭海凤,张盈盈,李广水等. 基于社会网络的图像语义获取研究综述[J]. 计算机与现代化,2014,(1):126—131.

③ 徐健. 基于网络用户情感分析的预测方法研究[J]. 中国图书馆学报,2013,39(3):96—107.

④ Larsen R J,Diener E. Affect intensity as an individual difference characteristic:A review[J]. Journal of Research in Personality,1987,21(87):1—39.

⑤ 于昕,郭浩,李海芳等. 基于自然语言处理的图像情感语义检索研究[J]. 计算机应用与软件,2014,31(6):37—41.

的映射关系,最终完成图像情感语义检索任务。王上飞等①组织用户实验来收集表达图像情感的形容词,通过语义量化实验来收集数据,从而建立情感空间;每一幅图像在情感空间内都具有相应的情感强度值,最后在建立的情感空间内实现图像的情感语义检索,取得较好的实验结果。

综上可知,与其他图像语义不同,图像情感语义有模糊性、动态性,并且具有一定的强度,针对这些特性,研究者分别将模糊数学方法、社会网络方式、情感量化方式等应用到图像情感语义标注研究中。

(二)社会化标注研究现状

1. 社会化标注标签的层次化研究

由于社会化标注具有模糊性、歧义性、缺乏层次性等缺点,研究者通常会对社会化标注的标签进行分层,以此来解决社会化标注存在的不足。常用的分层方法将在下面介绍。

将形式概念作为层次分析对象。概念是对事物的统一理解,以概念为分析对象有助于挖掘标签之间的语义关系。Kim② 等人基于形式化概念分析为博客标签建立标签层级,从博客空间中随机收集简单数据,基于博客与标签的内在关系建立概念层次,并对标签进行分类。Hsieh③ 等人通过构建概念空间产生器来分析标签空间,建立标签间的概念层次,用户实验证明,使用建立的概念层次能够有效提高信息检索的查全率和查准率。

利用已有的语义工具建立标签层次关系。常用的语义工具,如语义词典 WordNet,通常能有效地反映自然语言的语义及人类为事物分类的方式,并且所包含的语义关系易于理解,因此利用 WordNet 等较为成熟

① 王上飞,陈恩红,王胜惠等.基于情感模型的感性图像检索[J].电路与系统学报,2003,8(6):48—52.

② Kim H L,Passant A,Breslin J G,et al. Review and alignment of tag ontologies for semantically-linked data in collaborative tagging spaces[C]//IEEE International Conference on Semantic Computing. Santa Clara,USA:IEEE,2008:315—322.

③ Hsieh W,Lai W,Chou S T. A collaborative tagging system for learning resources sharing[J]. Current Developments in Technology-assisted Education,2006(2):1364—1368.

的语义工具可以明确标签之间的层次关系。Laniado① 等人使用 WordNet 来构建相关标签间的语义层次,将标签映射到 WordNet 中,以帮助用户在 Del. icio. us 中找到相关资源。

通过本体来建立标签层次关系。熊回香等② 认为本体可以有效地优化标签,并指出利用本体中所定义的概念和属性来标识标签、定义标签关系,可以在概念上有效控制标签,解决标签歧义问题。Christiaens③ 将标签进行归类,运用本体将标签与分类法互相融合,从而将社会化标注的标签进行等级化处理。Gruber④ 提出应该为标签建立本体,即"标签本体",从而对共享的概念化标签活动进行定义和形式化处理,实现不同标签应用的互操作,同时应开发一种技术来从语义层面上建立标签本体,Gruber 同时认为标签生成实际上是一种投票过程。研究者还通过建立标签本体模型来将本体引入标签,以便解决社会化标签存在的模糊性、多样性等问题。如 Ding⑤ 等人建立的高级标签本体(Upper Tag Ontology),Kim⑥ 等人提出的标签的社会语义云(Social Semantic Cloud Of Tags),以及 Lohmann⑦ 等人在总结现有标签本体的基础上,对其中性能较好的标签本体进行概念化上的统一,组成在一致性和兼容性上表现良好的标签本体 MUTO(Modular Unified Tagging Ontology)。

目前研究者虽然提出了很多种标签的层次化方法,然而,还不存在一种公认的并得到广泛应用的通用分层系统,社会化标注在实现跨系统

---

① Laniado D, Eynard D, Colombetti M. A semantic tool to support navigation in a folksonomy[C]// Proceedings of the eighteenth conference on Hypertext and Hypermedia. Santiago, Chile: ACM, 2007:153—154.

② 熊回香,邓敏,郭思源. 国外社会化标注系统中标签与本体结合研究综述[J]. 情报杂志,2013(8):136—141.

③ Christiaens S. On the move to meaningful internet systems 2006:OTM 2006 Workshops[M]. Berlin Heidelberg:Springer,2006:199—207.

④ Gruber T. Ontology of folksonomy:A mash-up of apples and oranges[J]. International Journal on Semantic Web and Information Systems. 2007,3(1):1—11.

⑤ Ding Y, Jacob E K, Fried M, et al. Upper tag ontology for integrating social tagging data[J]. Journal of the American Society for Information Science and Technology,2010(3):505—521.

⑥ Kim H L, Passant A, Breslin J G, et al. Review and alignment of tag ontologies for semantically-linked data in collaborative tagging spaces[C]//IEEE International Conference on Semantic Computing. Santa Clara, USA:IEEE,2008:315—322.

⑦ Lohmann S, Díaz P, Aedo I. MUTO:the modular unified tagging ontology[C]//Proceedings of the 7th International Conference on Semantic Systems. New York, USA:ACM,2011:95—104.

检索时难度较大。

2. 社会化标注在图像语义领域的研究现状

在真实的互联网环境中,已经出现了大量提供图像语义社会化标注服务的网站,如 flickr、Google Image Labeler 等。随着移动互联网的兴起,大量的社会化标注移动应用,如 Canvas、Stipple 等也应运而生。这些图像标注网站和移动应用都为用户提供添加图像标签的服务,这里添加的标签往往是用户自由标注的,不需要受控词表。

在图像社会化标注的研究中,为了使计算机能充分理解图像语义,研究者普遍采用本体来建立图像情感标签层次关系。Braun[1] 等人认为图像标注及图像本体的构建是一种协作非正式学习过程,构建一种名为 ImageNotion 的图像语义社会化标注工具,引导用户遵循本体发育的过程进行图像标注;ImageNotion 集成了本体理论和社会化标注理论,同时本体的应用能够克服社会化标注存在的不足。朱麟等[2]构建一种支持大量用户标注的协同图像标注原型系统,用户可以自由选定图像中的局部范围对象,并为对象及其关系添加标签,标注内容通过领域本体库来限定。Ding[3] 等人为社会化标注系统建立高级标签本体,高级标签本体强调标签本体之间的一致性以及标签数据与其他社会化元数据的一致性。另外,Ding 等人将该标签本体应用于三种主流的社会化标注系统 Delicious、Flickr 和 YouTube 中,获取标签集并进行分析。

此外,研究者还结合已有的 WordNet 建立情感标签层次关系。Yong[4] 等人将 Flickr 中的图像标签进行手工分类,并根据不同的主题构建了领域本体,在用户为图像添加标签时,借助 WordNet 这种通用本体提供的语义对标签进行语义扩展,以此来使标签内容更加丰富,描述更加详细,便于其他用户的检索。

① Braun S,Schmidt A P,Walter A,et al. Ontology maturing:A collaborative Web2. 0 approach to ontology engineering[C]//Proceedings of the Workshop on Social & Collaborative Construction of Structured Knowledge at International World Wide Web Conference. Banff,Canada:ACM,2007:187—189.

② 朱麟,高丽萍,卢暾. 图像数据的结构化协同标注与检索[J]. 计算机工程,2009,35(14):187—189.

③ Ding Y,Jacob E K,Fried M,et al. Upper tag ontology for integrating social tagging data[J]. Journal of the American Society for Information Science and Technology,2010(3):505—521.

④ Yong H,Lee S. OntoSonomy:Ontology-based extension of folksonomy[C]//IEEE International Workshop on Semantic Computing and Applications. Inchon,Korea:IEEE. 2008:27—32.

　　图像情感语义标签分层与其他社会化标注标签分层存在同样的问题,即缺乏通用分层系统,目前无法实现跨系统检索。

　　图像情感语义具有特定的情感强度,由于图像情感语义的特殊性,在图像情感语义社会化标注的研究中,往往还采用情感语义维度情感强度标注方法。目前已经出现了大量图像情感语义强度标注工具,如自测评定人体模型图、情感自评量表等。在关于图像情感语义的研究中,Schmidt[①]等人要求用户利用5种基本情绪对 Flickr 上的图片进行强度标注。

　　图像情感强度标注在实际社会网络环境下还没有得到有效推广,能够被用户广泛接受的图像情感强度标注基本方法和具体应用还有待进一步研究。另外,目前的图像情感的情感维度以及基本情感的组成还存在争议,同样为情感强度标注在跨系统检索中带来困难。

三、研究内容与特色

（一）研究的技术路线

见图 7 - 1。

（二）研究内容与结构

　　本章提出采用社会化标注的方式对图像情感语义进行情感强度的标注能够有效解决目前自动图像标注存在的语义鸿沟问题,并对三种基本方法进行比较研究。具体的研究内容如下:

　　第一节,引言,介绍本章的研究背景和意义,阐述国内外有关图像情感语义标注的研究现状,提出目前存在的不足,总结图像情感语义及图像语义社会化标注的研究现状,说明本章的研究内容、研究特色以及研究方法。

　　第二节,对论文研究的相关理论进行阐述,包括图像情感的描述方式、社会化标注、信息可视化、交互式信息服务常用的评价指标以及图像语义强度社会化标注模型及实验平台。

　　第三节,建立图像情感语义社会化标注应用的分类框架,总结现有

① Schmidt S,Stock W G. Collective indexing of emotions in images:A study in emotional information retrieval[J]. Journal of the American Society for Information Science and Technology,2009,60(5):863—876.

的图像情感语义强度标注研究及应用,并归纳三种标注方法,从理论上分析不同标注方法的特点。

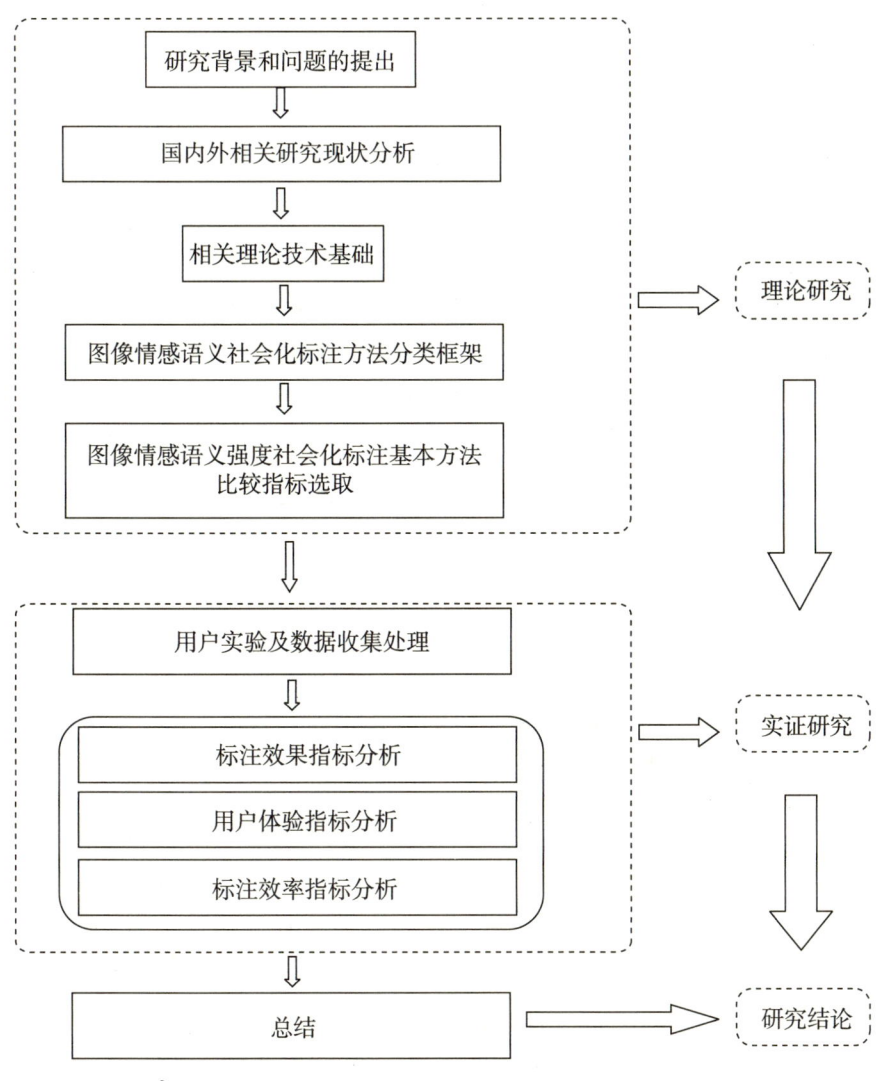

图 7 - 1　研究技术路线图

第四节,确定通过三种基本方法的实验平台在各指标上的比较来反映三种基本方法的差异性;借鉴交互式信息服务常用的评价指标,同时考虑本章的研究侧重点,选取本章图像语义强度社会化标注方法的比较指标。

第五节,系统介绍基于已有的图像语义强度标注平台开展的用户实验,阐述实验过程及数据的收集和预处理过程。

第六节,阐述实验数据的分析方法,并对实验的数据从标注效果、用户体验和标注效率三方面进行定量分析,对分析结果进行讨论。

第七节,针对实验结果中的主要发现,引入认知科学的相关理论,建立了图像语义的人机交互认知机理理论。

第八节,本章总结,指出研究的不足之处,展望图像情感语义强度标注研究的发展趋势。

(三)研究特色

(1)针对图像情感语义社会化标注的特征,建立分类框架,并从现有的图像情感语义强度社会化标注中归纳三种图像语义社会化标注基本方法,即打分标注方法、一维可视化标注方法、多维可视化标注方法。

(2)选取三种图像语义社会化标注基本方法的比较指标,从交互式信息服务的角度,以用户为中心来比较三种强度标注方法的差异。

(3)引入认知科学理论,建立了图像语义的人机交互认知机理理论模型。

四、研究方法

本章应用的研究方法主要包括文献分析法、归纳综合法、实验研究法、统计分析法以及问卷调查法等。

(1)文献分析法。通过文献调研,分析图像情感标注的现状和研究进展,确定本章的主要研究内容。整理与图像情感语义强度社会化标注相关的文献资料。

(2)归纳法。基于对相关理论的分析,采用归纳法对知识进行梳理,将现有的图像情感标注应用进行分类,建立分类框架。

(3)实验研究法。根据不同的标注方法,利用已有的实验平台,征集符合实验要求的被试者进行实验研究,在实验过程中记录用户标注结果及标注时间。在实验过程中,要求被试者大声说出自己的想法,采用出声思维法获取被试者认知。

(4)统计分析法。对实验得到的数据进行描述统计分析、Spearman's rho 检验分析、Mann-Whitney 检验等多种统计分析以及必要的定性分析。

(5)问卷调查法。实验前的问卷是背景信息的调查,用于确定参与实验的被试者基本情况;实验后的问卷主要用于对各标注方法的用户体验进行调查。

第二节　相关理论及技术基础

本节将对研究涉及的情感语义、社会化标注、信息可视化、交互式信息服务评价等领域的理论方法予以梳理。

一、情感语义描述方式

(一)情感词描述

人类习惯采用情感词来描述自身情感,这种自然语言对情感的表述方式缺乏层次性和规范性,无法适用于情感领域的研究。在目前的互联网环境下,社会化标注中用户对图像的情感标注绝大多数都采用这种情感词的标注。

(二)情感语义强度描述

情感研究领域对情感通常有两种描述方式,一种是基于离散情感理论,使用一组基本情感来表示的离散情感;另一种是基于情感维度理论,使用不同维度来表示的连续的维度情感。可以用情感强度值来表示某种基本情感或维度情感的强弱,离散情感理论和情感维度理论是两种不同的情感量化方式。

1. 离散情感理论

离散情感理论认为人类情感由彼此独立的几种基本情感构成,基本情感具有普遍适用性。离散情感理论将情感描述为离散的、形容词标签的形式,在人们的日常交流过程中被广泛使用。然而对于基本情感的类别,研究者存在广泛的争议。下面介绍几种典型的基本情感分类方法。

Ekman[1]根据面部表情的不同,把情感分为六类,即高兴、愤怒、厌

---

① Ekman P. An argument for basic emotions[J]. Cognition and Emotion,1992,6(3/4):169—200.

恶、恐惧、悲伤、惊奇。Izzard① 采用因素分析法,提出共有十种基本情感,包括兴趣、惊奇、愉快、悲痛、害羞、负责感、厌恶、愤怒、恐惧和轻蔑。这两种基本情感分类方法在工程学和心理学领域得到较为广泛的应用。

Ortony② 等人提出认知情感评价模型——OCC 模型,模型中一共定义了 24 种基本情感,OCC 模型的结构化特点使得它很容易在计算机中实现,但也存在模型过于复杂的问题。

基本情感与现实世界人们对情感的表达方式相似,容易得到人们的认可。但由于现实世界中的情感是丰富复杂的,在图像情感标注中,根据离散情感理论对图像进行单一的几种情感进行强度的评分,无法表达复杂的现实图像情感。这也为采用基本情感进行图像情感的标注带来巨大挑战。

2. 情感维度理论

情感维度理论认为几个维度组成的空间包括了人类所有的情感,情感可以看作是一个在多维空间中连续变化的量。情感在某一维度坐标轴上坐标值的大小代表在该维度上情感的强弱程度,即不同情感在各情感维度上具有不同的情感强度。通过情感维度理论可以对情感体验做出较为准确的测量和评价。研究者们对情感维度理论开展了大量研究,并根据对情感具体维度组成的不同认识提出了不同的情感维度模型。

Wundt③ 最早提出情感维度的观点,认为情感是由 3 个维度组成的,即愉快—不愉快、激动—平静、紧张—松弛,每个维度都存在互相对立的两极,每一种具体情感都可以在这个三维情感空间上找到对应的位置。

随后,研究者们针对维度情感描述模型开展深入研究,其中一些情感描述模型已经得到广泛应用。Schloberg④ 提出情感有愉快—不愉快、注意—拒绝和激活水平 3 个维度;Plutchik⑤ 主张情绪由 3 个维度组成,分别为强度、相似性和两极性,并采用了一个倒锥体来描述 3 个维度之

---

① Izard C E. Basic emotions, relations among emotions, and emotion-cognition relations. [J]. Psychological Review,1992,99(3):561—565.

② Ortony A,Clore G,Collins A. The cognitive structure of emotions[M]. Cambridge, England: Cambridge University Press,1988.

③ Wundt W. Outlines of Psychology[M]. [S. l.]:Springer,1980.

④ Schloberg H. Three dimensions of emotion[J]. Psychological Review,1954,61:81—88.

⑤ Plutchik R. Emotion:A psychoevolutionary Synthesis[M]. New York:Harper & Row,1980: 119—165.

间的关系;Russell[1] 提出了情感环状模式,认为情感可划分为愉快度和强度两个维度,采用向量(愉悦度,强度)来代表不同的情感。Mehrabian[2] 等人提出的 PAD 情感模型是目前比较公认的情感模型。PAD(Pleasure-Arousal-Dominance)情感模型由 3 个相关的情感维度组成,分别是愉悦度、唤醒度、优势度,这些维度都被用于描述用户的情感状态。其中,愉悦度(Pleasure)主要用于区分用户的情感倾向,反映用户的情绪感受是正向的或是负向的;唤醒度(Arousal)主要用于区分用户的兴奋活跃程度,反映用户情感是激动活跃的还是提不起精神的;优势度(Dominance)主要用于区分用户的主观能动性程度,反映用户情感是处于支配地位的还是被支配地位。

　　基本情感与维度情感之间具有一定的对应关系。PAD 三维情感模型就可以准确表达 OCC 模型中 24 种基本情感,由表 7 - 1 可知 OCC 中的情感类型与 PAD 三维情感模型的对应关系,其中在 PAD 情感维度模型中,P、A、D3 个维度上强度取值范围从 - 1 到 1。如表 7 - 1 所示,在 PAD 三维情感空间中,P、A、D 分别取值为 0.5、0.3、- 0.2 时,代表的是 OCC 模型中"钦佩"这种基本情感。

表 7 - 1　OCC 中的情感类型与 PAD 三维情感模型的对应关系[3]

情感类型	P	A	D	情感类型	P	A	D
钦佩	0.5	0.3	- 0.2	希望	0.2	0.2	- 0.1
发怒	- 0.51	0.59	0.25	高兴	0.4	0.2	0.1
厌恶	- 0.4	0.2	0.1	喜欢	0.4	0.16	- 0.24
失望	- 0.3	0.1	- 0.4	爱	0.3	0.1	0.2
痛苦	- 0.4	- 0.2	- 0.5	同情	- 0.4	- 0.2	- 0.5
害怕	- 0.64	0.6	- 0.43	傲慢	0.4	0.3	0.3
恐惧	- 0.5	0.3	- 0.7	轻松	0.2	- 0.3	0.4
幸灾乐祸	0.3	- 0.3	- 0.1	懊悔	- 0.3	0.1	- 0.6
满足	0.6	0.5	0.4	责备	- 0.3	- 0.1	0.4

①　Russell J A. A circumplex model of affect[J]. Journal of Personality and Social Psychology, 1980,39:1161—1178.

②　Mehrabian A, Russell J A. An approach to environmental Psychology[M]. Cambridge, MA: MIT Press,1974.

③　杨宁. 基于改进 PAD 情感模型的表情识别研究[D]. 西南大学,2012.

续表

情感类型	P	A	D	情感类型	P	A	D
感激	0.4	0.2	−0.3	愤恨	−0.2	−0.3	−0.2
幸福	0.4	0.2	0.2	满意	0.3	−0.2	0.4
憎恨	−0.6	0.6	0.3	羞愧	−0.3	0.1	−0.6

二、社会化标注

(一)社会化标注的概念及应用

作为社会化标注的核心要素,标签与关键词相似,它被用来对发布的信息进行标注。与关键词不同的是,标签的标注不存在词与权限的限制,而关键词往往只能由信息的发布者或创造者添加。标注是用户添加标签的行为过程。在互联网环境中,社会化标注具有参与的广泛性和标注的随意性,所有网络用户都可参与对网上任意对象的标注。当多个用户对多个对象添加标签时,标签就具有了社会性,也就成为社会化标签。这种行为模式就称之为社会化标注[①]。社会化标注又被称为大众分类(folksonomy)、协同标注(collaborative tagging)、社会化分类(social classi-fication)等。

Del. icio. us 是第一个提供社会化标注服务的网站。目前,应用中的社会标注系统很多,除 Del. icio. us 外,还有图像共享管理网站 Flickr、视频共享网站 Youtube、文献共享交流网站 CiteUlike、地理信息网站 MapBar 等。由于社会化标注系统能够提供简便易用的社会性协作机制,这些网站都取得了很大的成功,吸引了用户的广泛参与和使用,互联网上因此出现大量用户自由标注的标签。

(二)社会化标注的优点和不足

1. 社会化标注的优点

在互联网环境下,社会化标注具有开放性、自由性、实时性、适应性和共享性的特点。标签可以完全使用自然语言,不需要受控词表或本体的限制,用户可以根据自己对资源的认识自由标注。社会化标注还可以

---

① 魏建良,朱庆华. 社会化标注理论研究综述[J]. 中国图书馆学报,2009(6):88—96.

帮助用户发现与自己有相同兴趣、持相同观点的其他用户,从而形成特定的社会群体。

在对图像情感进行标注,社会化标注具有以下优点:

(1)社会化标注可以反映用户对图像的真实理解。用户在获取图像的视觉特征后,经大脑处理图像复杂语义后获得关于图像的情感体验,最后通过标注图像情感来反映自身对图像内容的理解。社会化标注的标签中往往包括无法从图像本身物理特性中提取的内在情感语义。

(2)社会化标注反映大众对图片的普遍认识。在 Web2.0 环境下,大量用户的标注使这种标注具有统计学意义,它们反映的是不同用户对同一个或同类型事物所达成的情感共识。

(3)社会化标注体现了用户对图像情感的动态认识。社会化标注是在网络社会环境下产生的,具有一定的时效性,随着社会文化、价值判断等变化,实时反映大众对图像所传递情感信息的理解。

(4)社会化标注完成图像标注的成本较小。社会化标注克服了人工标注的缺点,用户不需要经过专门的培训,使用自然语言就可以标注自己感兴趣的图像信息资源。同时社会化标注可以充分利用在线协作机制和用户的集体智慧,为图像标注提供海量资源。

因此,社会化标注在图像的主观感受及情感等高层语义的标注方面有着传统标注方法无法替代的优势。

2. 社会化标注的不足

也正是因为自由标注、不需要受控词表这些特点,为社会化标注带来了无法避免的缺陷。采用社会化标注时,标引词缺乏规范性,常常会出现标引词含义模糊,同音异义字、同义词、本地语的使用难以得到有效控制等问题。另外,在对图像情感进行标注时,情感本身就具有模糊性和主观性。这些问题都导致计算机无法自动处理和集成图像情感社会化标注产生的标引词,大量的标引词不能得到有效应用。

为克服图像情感语义社会化标注存在的不足,可以结合本体技术或不同的情感量化方式,支持用户对图像情感进行标注。

三、信息可视化

信息可视化是在计算机、网络通信技术支持下,以认知为目的,对非空间的、非数值型的和高维信息进行交互式视觉表现的理论、技术与方法①。从狭义上来讲,信息可视化是计算机支持的、抽象数据的交互式可视化显示,目的在于增强并扩大人们对于信息的认知②。

信息可视化是建立在认知科学基础上的。人类对客观环境具有复杂的认知机制,认知行为主要体现在感知、识别、分析、思考等方面。人类通过视觉系统获取图像特征,通过高效的、大容量的图形和图像信息通道对图像进行处理。实际上,人类的知觉系统对复杂图像信息的感性认知和理解能力远远超过对简单文字符号的处理能力③。

信息可视化充分利用了人类这种图像认知能力,采用图形图像等可视界面的形式,对大量复杂的信息资源加以重新组织和表现,目的是辅助人们更加有效地探索、认识、理解并解释信息资源,从而发现信息资源集合的本质、内涵、整体性等特征,在此基础上扩展用户与信息资源之间交互的深度与广度④。可视化提高了人们对事物的观察能力以及形成整体概念的能力。

在情报学领域,研究者已经针对信息可视化技术在信息检索、文本分析、多维信息分析等领域开展了广泛研究。在信息检索领域,采用信息可视化技术可以有效地帮助用户识别和发现重要信息,理解检索结果,掌握检索方向,提高信息检索的效率与质量。

在对图像情感进行社会化标注时也可以采用可视化技术,帮助用户感知图像情感,辅助用户有效地将内在的情感外在地标注出来。

四、交互式信息服务常用的评价指标

交互式信息服务是一种动态的信息服务方式,通过与用户相互作用来重构信息资源和调整服务形式,以满足用户的个性化信息需求,提供高质量的信息服务。交互式服务始终围绕用户的信息需求来开展工作,

---

① 杨峰. 从科学计算可视化到信息可视化[J]. 情报杂志,2007(1):18—24.
② Card S,MacKinlay J,Shneiderman B. Readings in information visualization:Using vision to think[M]. San Francisco:Morgan Kaufmann,1999:442—445.
③ 宋绍成,毕强,杨达.信息可视化的基本过程与主要研究领域[J].情报科学,2004,22(1):13—18.
④ 董献洲,刘琼,李露阳.信息可视化视图的特征认知模式研究[J].情报科学,2008,26(7):1076—1080.

注重对用户反馈的动态反应,强调交互性和动态性①。交互式信息检索②和数字图书馆交互信息服务③是两种典型的交互式信息服务。

图像情感语义社会化标注的目的是通过用户的参与来解决语义鸿沟问题,那么如何让用户能够在交互过程中表达自身真实的感性认知就显得尤其重要。从这一角度来分析,图像情感语义社会化标注也属于一种交互式信息服务。因此,交互式信息服务常用的评价指标对图像语义社会化标注的基本方法比较指标的选取具有很好的借鉴意义,从而指导图像语义社会化标注基本方法的比较。

虽然对交互式信息服务的理论研究还较为欠缺,但到目前为止,还是有部分研究者提出了交互式信息服务的评价模型。

武丽丽④借鉴 Parasuraman 的服务质量评价模型和 Peter Morville 的蜂窝模型,提出一种以用户为中心的交互式信息服务质量评价模型。该评价模型由信息内容质量、交互能力、站点美学、便捷性、安全性 5 个自变量和用户整体满意度 1 个因变量构成,各变量的评测指标如表 7 - 2 所示。

表 7 - 2　武丽丽提出的交互式信息服务质量测评指标表

变量	测评指标
信息内容质量	信息内容的有用性、合意性、可信性、可用性、可获取性、易寻找
交互能力	交互环境;交互对象;交互工具;交互服务
站点美学	版面布局的美观性;色彩搭配的协调性;图文比例的恰当性;显示效果的清晰性
便捷性	导航功能;搜索引擎质量;网页打开速度
安全性	隐私信息的保护程度;获取信息中感染病毒的可能性
用户整体满意度	对交互式信息服务的总体满意度;与理想交互式信息服务的差距

---

① 林鑫,胡昌平.交互式信息服务中的微内容重组分析[J].情报杂志,2008(9):69—85.
② 胡昌平,李阳晖.面向用户的交互式信息服务组织分析[J].图书馆论坛,2006,26(6):188—193.
③ 梁孟华.基于用户交互的数字图书馆服务评价模型构建与实证检验[J].图书情报工作,2012,56(7):72—78.
④ 武丽丽.以用户为中心的交互式信息服务质量评价模型的研究[J].现代情报,2010,30(3):163—166.

邓胜利等①借用经济学中的成本—收益理论,分析用户进行交互的动力、交互式服务满意情况以及这些要素之间的相互关系,构建出基于用户体验的交互式信息服务评价模型。该模型包括感知利益、易于使用、交互的有效性、用户满意、感知成本、感知风险、交互能力、用户体验、知识结构、教育背景、交互方式、环境因素、个人因素、交互动力共 14 个指标。

针对数字图书馆者这一具体的交互信息服务,Xie② 征集 48 人进行开放式自我管理调查,要求用户给出一套数字图书馆服务的评价体系并采用自己确定的评价体系来评价现有图书馆。得到的用户对数字图书馆交互式信息服务的评价标准包括 5 个一级指标,即可用性、数据集的质量、服务质量、系统性能效率和使用者意见征集,各一级指标还包括若干个二级指标。其中几乎所有用户都认为可用性对一个有用图书馆来说是最重要的评价指标。

梁孟华③构建基于用户交互的数字图书馆服务评价模型,并对模型进行优化和验证。梁孟华选取用户交互需求、交互服务过程和交互服务绩效 3 个维度,其中用户交互需求维度有用户交互能力、用户交互满足率、用户交互设计 3 个评价指标,交互服务过程维度有交互服务基础、交互服务方式、交互服务时间、交互服务成本 4 个评价指标,交互服务绩效维度有社会效益、创新效益、经济效益 3 个评价指标,这些评价指标下共有 29 个观测变量。

在交互式信息检索评价方面,张秀坤④指出,目前信息检索的研究内容并不局限于研究在交互式检索中如何有效检索到相关信息资源,更加注重与检索者行为、用户体验和检索过程等有关的定性和定量指标。Spink⑤ 提出通过比较用户在与信息检索系统交互前后的信息问题阶段的行为变化来评价交互式信息检索,并将这一指标称之为信息问题转

---

① 邓胜利. 基于用户体验的交互式信息服务[M]. 武汉:武汉大学出版社,2008:178—181.

② Xie Hong Iris. Evaluation of digital libraries:Criteria and problems from users' perspectives[J]. Library and Information Science Reasearch,2006,28(3):433—452.

③ 梁孟华. 基于用户交互的数字图书馆服务评价模型构建与实证检验[J]. 图书情报工作,2012,56(7):72—78.

④ 张秀坤. TREC 人机交互检索评价项目研究[J]. 图书情报工作,2006(1):72—75.

⑤ Spink A. A user centered approach to the evaluating of web search engines:An exploratory study[J]. Information Processing & Management,2002,38(3):401—426.

化,进而从检索者行为和检索过程的角度对交互信息检索进行评价。

在交互式信息标注领域,标注结果的差异在很大程度上体现了不同的交互式信息标注服务对标注效果的影响,因此在标注服务的评价中,标注结果往往也是重要的评价指标。具体来说,用户间标注结果的一致性和相关性是评价图像标注效果的一个重要方面,如在情感图像标注中,Stefanie[1]的滚动条模型下用户群间对图像情感判定具有较好的一致性,所以认为这种情感图像标注模式具有较好的标注效果。

从以上研究者提出的交互式信息服务的评价模型来看,目前研究者对于评价模型和指标的选取还存在争议,没有达成共识。但上面提到的评价指标基本上都是针对交互式信息服务的,总结起来基本上都包括用户体验、用户行为、系统交互能力3个方面的评价指标。具体到不同服务内容、研究目的,研究者常常还会有针对性地选取一些评价指标。

对以上交互式信息服务评价指标研究进行梳理,总结如表7-3。

表7-3 交互式信息服务评价指标研究梳理

类别		来源
用户体验		梁孟华(2012)基于用户交互的数字图书馆服务评价模型; 邓胜利等(2008)基于用户体验的交互式信息服务评价模型; 武丽丽(2010)交互式信息服务质量评价模型
用户行为		Spink A(2002)信息问题转化; 张秀坤(2006)人机交互检索评价
系统交互能力		Xie H(2006)数字图书馆交互式信息服务评价标准; 梁孟华(2012)基于用户交互的数字图书馆服务评价模型; 邓胜利等(2008)基于用户体验的交互式信息服务评价模型; 武丽丽(2010)交互式信息服务质量评价模型
其他	信息内容	Xie H(2006)数字图书馆交互式信息服务评价标准
	效率	梁孟华(2012)基于用户交互的数字图书馆服务评价模型;
	效果	Stefanie S et al(2009)滚动条模型评价
	绩效	梁孟华(2012)基于用户交互的数字图书馆服务评价模型

---

[1] Schmidt S,Stock W G. Collective indexing of emotions in images:A study in emotional information retrieval[J]. Journal of the American Society for Information Science and Technology, 2009,60(5):863—876.

第三节　图像情感语义社会化标注基本方法分类

一、分类框架的构建

图像情感社会化标注分类框架就是按照一定的标准对所有图像情感社会化标注应用进行分类而形成的系统。不同的图像情感社会化标注应用只能归为该分类框架中一个特定的类别。根据前文整理的图像情感语义社会化标注相关理论,本章所构建的分类体系包括情感标注类型和可视化情况两个维度。

情感标注类型维度是指根据用户标注图像时的情感描述方式来区分不同的图像情感社会化标注应用。可以分为两类,一种是为图像添加情感词,这种情感词往往是用户自由标注,不需要受控词表。另一种是标注图像的情感强度,用户或者基于基本情感理论在几种基本情感上进行情感强度的标注,或者基于情感维度理论在若干个情感维度上进行情感强度的标注。

表 7-4　常见的图像情感社会化标注应用在分类体系中的位置

	情感词标注	情感强度标注
非可视化标注	Google Image Labeler、Marqueed Stipple	自测评定人体模型图(SAM)、情感自评量表(ESR scale)
可视化标注	Canvas	滚动条(scroll bar)、交互式的家具布局系统

可视化情感维度是根据情感标注的输入方式来区分不同的图像情感社会化标注应用。非可视化标注是指用户直接通过添加情感标签或选取情感强度值完成图像标注。可视化标注是指用户在可视化空间中非直接标注图像的情感语义。

Google Image Labeler 是一款 Google 为改善图片搜索服务质量而推出的游戏。在游戏中一名用户和另外一名用户"配对",然后在 90 秒的时间内向双方出示一系列相同的图片,两名用户将同时给这些图片添加标签。一旦两人给出的标签相同,就可以赢得一定的分数,并且进入下一张图片的标注。Marqueed 是一款简化图像设计协作过程的软件,它为设计者与顾客间的沟通合作提供安全舒适的环境。在此环境下,设计师可以利用软件提供的功能直接在设计图片上做标记,也可以邀请顾客来评论设计图片。Stipple 为用户提供图片标注服务,这里的标注与通常的标签形式不同,用户可以选择图片上任意位置添加标注。使用这些图像情感社会化标注应用时用户直接为图像输入情感词。

采用创意图片交流社区 Canvas,用户可以拖动页面左侧的小标记(sticker)进行标注。小标记有很多种,有代表看不懂的"?",也有代表情感的情感词等。当用户看见一副搞笑作品时,就可以拖拽一个代表搞笑的情感词标记到图片上,表明你对这幅作品的态度。为图片添加小标记可以为图片添加标签,通过用户对图片的标记 Canvas 完成图片分类工作。使用这类社会化标注应用时,用户通过在可视化空间中选择并拖拽情感词来标注图像。

使用自测评定人体模型图(SAM)、情感自评量表(ESR scale)进行图像情感标注时,用户对基本情感或情感维度进行情感强度的打分,输入强度值或选择代表强度值的数字。这一类图像情感社会化标注应用都采用打分标注的方法。

使用滚动条(scroll bar)等进行图像情感强度标注时,用户不需要直接选择情感量化的数值,只需为图像在可视化空间中安排合适的位置,该位置代表情感强度。

这种情感强度可视化标注应用根据标注空间的维度进行分类,又可以分为一维空间图像情感可视化社会标注和多维空间图像情感可视化社会标注,分别采用的是一维空间可视化标注方法和多维空间可视化标注方法。

那么,现有的图像情感语义强度社会化标注方法可分为三类,即传统的打分标注方法,一维空间可视化标注方法和多维空间可视化标注方法。三种图像情感强度标注方法的分类框架及应用如表 7 - 5 所示。

采用社会化标注可以充分利用人脑处理图像复杂语义的优势,并且代表大众对图像的普遍认知。图像情感社会化标注中,与情感标签标注相比,采用情感强度标注可以基于基本情感理论或情感维度理论对图像情感进行量化,从而避免采用情感标签带来的缺乏层次性、标引词含义模糊等问题。可见,以社会化标注的形式进行图像情感语义强度标注可以成为解决图像标注语义鸿沟的有效方法。

表7-5　图像情感强度标注方法的分类框架及应用

基本方法	应用
打分标注	自测评定人体模型图(SAM) 国际情感图像系统(IAPS) 情感自评量表(ESR scale) Feeltrace VAM 数据库 MAV 数据集 SAL 数据集 Semaine 数据集
一维空间可视化标注	滚动条(scroll bar) 音乐情感检索系统(MIR system)
多维空间可视化标注	Webstar 交互式家具布局系统(interactive furniture layout system)

　　由于目前针对图像情感语义强度社会化标注的应用与研究较少,视频、音乐等非文本信息资源的情感语义强度社会化标注应用对图像标注研究具有很强的借鉴作用。下面将具体介绍这三种图像情感语义强度社会化标注方法,并总结现有的应用情况。

二、打分标注方法

　　采用打分标注方法,用户可以通过在特定的数值区间选定某一数值的方式来标定语义强度。对情感语义进行打分标注的方法被多种情感标注工具采纳,同时被广泛应用于情感数据集的建立中。下面分别列举打分标注方法在图像标注领域和视频音频标注领域的应用情况。

　　1. 图像情感强度打分方法应用

　　自测评定人体模型图(Self-Assessment Manikin,简称 SAM)是由 Lang 在1985年提出的,可以用来衡量用户对给定刺激的情感反应。SAM 采用连续的9点量表来分别描述每一个情感维度上的情感,同时提供不同形态的人物来代表不同维度的不同强度。研究表明,SAM 精确地衡量了用户在图像、声音、颜色等方面的情感反应。

　　SAM 也被应用于国际情感图像系统(IAPS)的建立。在建立 IAPS 国际图像情感数据系统时,采用 SAM 两极量表的形式,对图像从愉悦度、唤醒度、优势度 3 个情感维度进行 1—9 共 9 级评分①。

情感自评量表(Emotional Self-Rating scale,简称 ESR scale)是另外一种广泛应用的语义强度标注方法。用户可以在 5 点单极量表上来评价自身的情感反应。这里的情感反应采用离散情感来表示,研究者可以观察用户的高兴、伤心、惊讶、生气、害怕或厌恶等情绪,并获得定量的数据。情感自评量表同样也得到广泛应用。

Schneider② 等人采用情感自评量表作为情感打分工具,要求被试者对图像中人物面部表情所表示的高兴和伤心两种情感的强度赋予合适的分值。实验选取 24 名年轻的健康用户作为被试者,所有被试者都要对 80 幅图像进行打分。实验结果证明,在标准化的打分过程中,健康被试者对面部表情的情感标注具有良好的稳定性和再现性。Srivastava③ 等人为广泛性焦虑症(general anxiety disorder)患者对表示高兴和伤心两种不同情感的图像的感知情况,组织患者使用情感自评量表对图像中人物的面部表情进行打分。

2. 视频和音频情感强度打分方法应用

由英国女王大学的 Cowie④ 等人共同开发的标记工具 Feeltrace 可以用来实时记录人类从语音中感知到的情感信息。Feeltrace 要求用户针对激活和评估两个维度对语音中的情感程度进行听辨,并给出合适的分值。

Semaine 数据集中,录制 20 个用户与 4 个性格不同的机器角色的交谈内容,多个参与者借助标注工具 Feeltrace 在 Valence、Activation、Power、Expectation 和 Intensity 这 5 个情感维度上对录音进行标注,从而建立 Se-

① Bradley,M M,Lang P J. The international affective picture system(IAPS)in the study of emotion and attention[C]//Coan J A,Allen J. J. B. Handbook of Emotion Elicitation and Assessment. New York:Oxford University Press,2007:29—46.

② Schneider F,Gur R C,Gur R E,et al. Standardized mood induction with happy and sad facial expressions[J]. Psychiatry Res,1994,51(1):19—31.

③ Srivastava S,Sharma H O,Mandal M K. Mood induction with facial expressions of emotion in patients with generalized anxiety disorder[J]. Depression & Anxiety,2003,18(3):144—148.

④ Cowie R,Douglas-Cowie E,Savvidou S,et al. FEELTRACE:An instrument for recording perceived emotion in real time[C]//Proceedings of the 2000 ISCA Workshop on Speech and Emotion:A Conceptual Framework for Research. Belfast,UK:ISCA,2000:19—24.

maine 情感数据集①。

　　VAM(Vera am Mittag)是一个应用较为广泛的情感语料数据库。这一情感数据库是由标注者在 PAD 情感模式下对视频和音频打分的方式建立的。Grimm② 等人选取德国的电视脱口秀节目"Vera am Mittag"长达12 个小时的视频和语音记录。从这些讨论内容中研究者可以获得视频和音频内容中大量的情感状态。研究者要求标注者在 3 个情感维度——愉悦度、唤醒度、优势度上为这些视频打分。其中音频部分由 17 个标注者负责标注,视频部分由 8 到 34 个标注者负责标注,最终数据库中的情感值是多个标注者标注的平均值。

　　另外,MAV(Montreal Affective Voices)数据集收集由 10 名演员录制的不同情感对应的语音,30 个标注者对语音从愉悦度(valence)、唤醒度(arousal)和八种情感的强度方面进行打分③。SAL 数据集中收集 4 个被试者与一名实验者对话的视频和音频,4 个标注者对记录从愉悦度(valence)和唤醒度(arousal)两个维度进行全程标注④。

　　可见,通过打分标注方法对情感语义进行标注已得到广泛应用。采用这种方法,用户可以直接将感性的情感强度量化为数值,它也是人们最常用的方法。

三、一维空间可视化标注方法

　　采用一维空间可视化标注方法,用户可以在一维空间为标注对象分配位置,从而实现对一个维度情感的标注。滚动条就是一种典型的一维空间可视化标注工具。

---

① McKeown G, Valstar M, Pantic M, et al. The SEMAINE corpus of emotionally colored character interactions[C]//Proceedings of the IEEE International Conference on Multimedia and Expo. Singapore:IEEE,2010:1079—1084.

② Grimm M, Kroschel K, Narayanan S. The Vera am Mittag German audio-visual emotional speech database[C]//IEEE International Conference Multimedia and Expo. Hannover, Germany:IEEE,2008:865—868.

③ Belin P, Fillion-Bilosdeau S, Gosselin F. The Montreal Affective Voices:A validated set of nonverbal affect bursts for research on auditory affective processing[J]. Behavior Research Methods,2008,40(2):531—539.

④ Douglas-Cowie E, Cowie R, Cox C, et al. The sensitive artificial listener:An induction technique for generating emotionally colored conversation[C]//Programme of the Workshop on Corpora for Research on Emotion and Affect. Paris:ELRA,2008:1.

Lee[①]等人提出一种音乐情感检索(music information retrieval,简称MIR)系统。利用 MIR 系统,用户可以使用滚动条来标注听音乐时产生的基本情感及其强度。这里标注的基本情感包括快乐(happiness)、悲伤(sadness)、愤怒(anger)、恐惧(fear)、厌恶(disgust)。每一个滚动条能够调整的范围从 1 到 9。

在 Lee 研究的基础上,Schmidt[②]等人使用滚动条来收集用户对图像的 5 种基本情感的情感强度。用户可以在 0 到 10 之间的范围内将滚动条移动到代表情感强度的指定位置上。标注结果证明,采用滚动条能显著性提高用户判断图像复杂情感强度的准确性,不同用户标注的情感强度体现出较好的一致性。

一维空间可视化标注方法,用户可以将感性的情感强度转化为对一维距离的感性认知。同时和情感强度一样,一维距离的调整过程也是一个连续变化的过程。

四、多维空间可视化标注方法

采用多维空间可视化标注方法,用户可以在多维空间可视化的为标注对象间接标注情感强度。目前在情报科学领域虽然还没有采用这种方法来对强度进行协同标注,但是在其他领域的应用可以为这种方法在图像情感强度标注中的应用带来启示。Zhang[③]等人提出一种可视化模型——Webstar,用来检索与用户感兴趣的主题相关的链接文件。用户基于信息需求的重要程度,主观地为主题中包括的关键词赋予权重,而链接文件在多维空间的位置是由这一权重间接决定的。可见,用户可以间接决定链接文件在可视化空间的位置。然而,在这里,多维空间可视化的方法应用于检索领域,而非标注领域。

在某种程度上来说,室内装修设计也是一种标注行为,长度、宽度和

① Lee H J, Neal D. Towards Web2.0 music information retrieval: Utilizing emotion-based, user-assigned descriptors[C]//Proceedings of the 70th Annual Meeting of the American Society for Information Science and Technology. Milwaukee, USA:2007,44(1):1—34.

② Schmidt S, Stock W G. Collective indexing of emotions in images: A study in emotional information retrieval[J]. Journal of the American Society for Information Science and Technology, 2009,60(5):863—876.

③ Zhang J, Nguyen T. WebStar: A visualization model for hyperlink structures[J]. Information Processing & Management,2005,41(4):1003—1018.

高度可看作是在空间3个维度上的强度。Merrell[①]等人提出一种交互式的家具布局系统(interactive furniture layout system),可以根据室内设计指南来帮助用户布局家具的位置。在这一系统中,用户首先选择房间的形状和需要布置的家具。然后,用户交互式地在三维空间中移动家具。系统以角度和距离为变量,根据功能和视觉标准,为家具的布局提出几套家具布置的方案。用户可以选择其中之一,还可对其进行相应调整。这样,用户和计算机协同工作迭代出最终的室内家具布局。

多维空间可视化标注方法一般是将三维或三维以上语义映射到人们可以接受的二维或三维空间中进行标注,用户可以同时标注多个语义维度,并将感性的情感强度转化为对空间的感性认知。然而,多维语义标注同时进行又可能给用户的理解造成困难。

由以上可知,现有的图像语义强度用户标注方法已经得到了广泛应用,然而目前还不存在关于这些标注方法的比较研究,对于方法的改进和不足也没有展开系统的讨论,可见本文对于图像语义强度标注的比较研究是十分必要的。

五、小结

前面分别介绍了基于三种基本方法的图像情感强度社会化标注应用,这里对三种图像情感语义标注方法目前的应用进行总结。

自测评定人体模型图(SAM)和情感自评量表(ESR scale)是较为常用的图像情感强度量表,国际情感图像系统(IAPS)是SAM两极量表的典型应用。Feeltrace是针对音频和视频进行情感强度标注的工具,Semaine情感数据集就是采用Feeltrace构建的。VAM数据库、MAV数据集和SAL数据集都是通过组织用户在特定的情感维度下对音频和视频标定情感强度值的方式来建立的。在这些应用中,用户可以通过打分标注方法直接将感性的情感强度转化为数值,这也是人们最常用的方法。利用量化的情感反应来表达的图像情感语义可以作为现有图像标注与检索的有益补充。

使用Schmidt和Stock提出的滚动条方法以及音乐情感检索系统,用

---

① Merrell P, Schkufza E, Li Z Y, Agrawala M, Koltun V. Interactive furniture layout using interior design guidelines[J]. In ACM Transactions on Graphics(TOG –)//Proceedings of ACM SIG-GRAPH,2011,30(4).

户不需要直接录入具体的情感强度数值,只需为图像在一维空间中分配合适的位置,从而间接地标注情感强度。采用这种一维空间可视化标注方法,用户可以将感性的情感强度转化为对一维距离的感性认知。同时和情感强度一样,一维距离的调整过程也是一个连续变化的过程。

使用类似于 Webstar 或交互式家具布局系统的应用来标注图像情感,用户同样不需要直接录入具体的情感强度数值,通过在多维空间中移动图像的位置即可标注情感强度。采用多维空间可视化标注方法,用户可以同时标注多个语义维度,并将感性的情感强度转化为对空间的感性认知。然而,多维语义标注同时进行又可能给用户的理解造成困难。

第四节 图像情感语义强度社会化标注基本方法的比较指标

一、基本方法的比较方式

组织用户实验,通过对基于三种基本方法的实验平台在各指标上的比较来反映三种基本方法的差异性。

三种基本方法是抽象的,需要应用到具体的交互平台中才能实现。图像语义社会化标注是人机交互的过程,在设计交互平台时要考虑人性化原则。具体表现为:交互平台不但要实现系统要求的基本功能,还应实现其他辅助实施功能;考虑用户的个性化差异[①]。

用户对图像标注的意图是为图像的语义选择出自己认为适合的强度值,用户标注的数值可能在对图像语义加深认识后发生改变。这就要求在图像标注平台中,提供不同的辅助功能来支持用户不同的观察方式,帮助用户真实表达自己的情感。然而,如果仅提供一种观察功能,那么当用户对标注平台进行评价时,往往是标注基本方法和这种观察功能共同影响了用户体验。因此,为了避免某一特定观察功能对基本方法评价的影响,可以同时支持几种现在比较通用的观察方式供用户自由选择,这样,用户对具体平台的评价可以体现出用户对基本方法的感受。

基于此,实验交互平台设计中,在基本标注方法的基础上,又添加了几种可以支持目前常见观察方法的功能,通过这样的实验设计消除一种

---

① 孙巍. 基于引文的信息检索可视化系统研究[D]. 黑龙江大学,2007.

基本方法仅提供特定观察功能带来的影响,因此这里对基于图像语义社会化标注基本方法的交互平台进行比较,可以反映出方法间的差异,同时也可以揭示出方法内的使用特征。

二、基本方法比较指标的选取

对图像情感语义强度社会化标注基本方法进行比较,可借鉴其他交互式信息服务的评价指标,但又要考虑图像情感社会化标注自身的特点和文章研究的对象。

根据本书对标注基本方法的界定,本章所说的比较内容不包括交互系统和用户行为等方面。本章以用户为中心来选取图像情感语义社会化标注基本方法的比较指标。与交互式信息检索的评价思想相似,标注的最终目的是获得良好的标注结果,标注结果的差异在很大程度上体现了不同的图像语义社会化标注方法对标注效果的影响,因此选择标注结果作为比较指标。

考虑图像语义社会化标注的特点,同时参考交互式信息服务常用的评价指标,衡量图像语义社会化标注基本方法的指标可以分为三类,即衡量标注效果的指标——标注结果;衡量用户体验的指标,包括易用性、舒适性、帮助性、整体满意度和使用意愿;衡量用户标注效率的指标——用户标注时间。下面对比较指标分别进行说明。

1. 标注结果

在社会化标注环境下,由大众参与图像标注行为,同时,鉴于图像情感语义具有主观性和模糊性的特点,可以通过比较标注结果一致性和相关性的方式来比较标注系统产生的标注结果是否具有较大的个体差异。Stefanie[1]在对滚动条模型进行用户研究时,就采用标注结果的一致性作为研究指标。武人杰[2]组织用户分别使用五种常见情感度量模型标注图像情感,将得到的标注数据进行相关系数分析、聚类分析等统计分析对比,以此来评价各模型的稳定性和有效性,检验各度量模型对图像情感语义描述的能力。

① Schmidt S,Stock W G. Collective indexing of emotions in images:A study in emotional information retrieval[J]. Journal of the American Society for Information Science and Technology,2009,60(5):863—876.
② 武人杰.图像对象语义及情感语义标注方法的研究[D].太原理工大学,2011.

2. 易用性

易用性指的是标注方法对用户来说易于学习和使用。用户对系统易用性的感知与使用该系统的认知负担密切相关[1]。邓胜利[2]在评价基于用户体验的交互式信息服务时就选用易用性作为评价指标之一。

3. 舒适度

舒适度体现了标注方法是否符合用户认知习惯,给用户提供有用信息。丁文柯[3]从用户的角度为人机界面选取评价标准时,选择舒适度作为评价标准之一,采用舒适度来衡量人机界面是否考虑了用户操作中的偏好、屏幕上的信息量及其显示方式是否符合用户的认知习惯。

4. 帮助性

帮助性是指标注方法能够有效地帮助用户完成任务。Wu[4]等人研究交互式多语言信息获取系统 ICE-TEA 时,通过实验后问卷获取用户对信息系统的看法,其中帮助性就是重要的指标之一。

提出标注方法的目的是帮助用户确定标注结果,决策支持系统是为了辅助用户做出正确决定,这一点上两者十分相似。Bauer[5]等人在研究基于 Web 的临床诊断决策支持系统时,将评价系统的帮助性作为衡量用户满意度体验的重要指标。

5. 整体满意度

用户对标注方法的全部用户体验,从整体上进行评价。整体满意度是易用性、帮助性、舒适度的综合评价,同时会影响用户的使用意愿。张秀坤[6]、武丽丽[7]等在评价交互式信息服务时都将用户整体满意度作为重要的评价指标。

① Dang Y, Zhang Y, Chen H, et al. Theory-informed design and evaluation of an advanced search and knowledge mapping system in nanotechnology[J]. Journal of Management Information Systems, 2012, 28(4):99—128.

② 邓胜利. 基于用户体验的交互式信息服务[M]. 武汉:武汉大学出版社, 2008:178—181.

③ 丁文珂. 基于层次分析法的人机界面综合评价研究[D]. 河南大学, 2008.

④ Wu D, He D, Xu X. A study of relevance feedback techniques in interactive multilingual information access[J]. Library Hi Tech, 2012, 30(3):523—544.

⑤ Bauer B A, Lee M, Bergstrom L, et al. Internal medicine resident satisfaction with a diagnostic decision support system(DXplain) introduced on a teaching hospital service[C]//Proceedings of American Medical Informatics Association Symposium, San Antonio: AMIA, 2002:31—35.

⑥ 张秀坤. TREC 人机交互检索评价项目研究[J]. 图书情报工作, 2006(1):72—75.

⑦ 武丽丽. 以用户为中心的交互式信息服务质量评价模型的研究[J]. 现代情报, 2010, 30(3):163—166.

6. 使用意愿

使用意愿是指用户对标注方法的接受程度,在多种标注方法使用意愿的对比中可以观察到用户对标注方法的使用偏好。Shin[1]认为建立长期的用户关系必须维持用户的持续使用意愿。图像情感语义标注是通过社会化标注的方式来实现的,而用户的使用意愿会直接影响用户的使用率,从而直接影响标注方法的实际应用和推广。Dang[2]等人提出一种交互式的高级搜索和知识映射系统 Nano Mapper,并提出这一信息系统框架的评价细节,在用户使用系统完成任务后,采用用户的使用意愿作为系统评价指标之一,另外还有易用性、帮助性、满意度等评价指标。

7. 标注时间

标注时间指用户完成一幅图像 3 个维度标注任务的总时间。被试者向实验者求助进行交流的时间不计算在内。用户标注相同一幅图像所需要的标注时间越长,说明该标注方法的效率越低。梁孟华等[3]评价基于用户交互的数字图书馆服务时,将交互服务时间作为评价指标之一。

实际上,易用性、舒适度、使用意愿、帮助性以及整体满意度之间存在相互作用关系,技术接受模型理论认为用户对一个行为的满意经验会促使用户增加使用的倾向[4],用户的感知易用性和感知有用性会直接影响用户的满意度[5]。另外,舒适性也是用户感知体验的重要组成部分。鉴于本书的研究重点为三种标注方法的比较,对各用户体验指标之间的关系不作为研究重点。

[1] Shin D. Understanding purchasing behaviors in virtual economy:Consumer behavior of virtual currency in Web2.0 communities[J]. Interacting with Computers,2008,20(4/5):433—446.

[2] Dang Y,Zhang Y,Chen H,et al. Theory-informed design and evaluation of an advanced search and knowledge mapping system in nanotechnology[J]. Journal of Management Information Systems,2012,28(4):99—128.

[3] 梁孟华. 基于用户交互的数字图书馆服务评价模型构建与实证检验[J]. 图书情报工作,2012,56(7):72—78.

[4] Aarts H,Paulussen T,Schaalma H. Physical exercise habit:On the conceptualization and formation of habitual health behaviours[J]. Health Educ Res,1997,12(3):363—374.

[5] Bhattacherjee A. Understanding information systems continuance:An expectation-confirmation model[J]. MIS Quarterly,2001,25(3):351—370.

表 7 - 6　图像情感语义强度社会化标注基本方法比较指标梳理

类别	指标	说明
标注效果	标注结果	用户标注的图像情感强度值
用户体验	易用性	标注方法对用户来说易于学习和使用
	舒适度	使用标注方法的舒适程度
	帮助性	标注方法能够有效的帮助用户完成任务
	整体满意度	用户对标注方法的全部用户体验
	使用意愿	用户对标注方法的接受程度
标注时间	标注时间	用户完成一幅图像 3 个维度标注任务的总时间

第五节　图像情感语义强度社会化标注基本方法的比较实验

一、实验数据说明

(一)实验目的

目前,图像语义标注相关的人机交互方法较多,可以分为可视化与非可视化类型,可视化类型中又可以分为一维与多维语义可视化的不同方法,但是,这些方法之间有何差异,是否可以互相替代,还缺乏相关的实验实证研究,使得图像语义标注相关理论与服务系统研发缺乏实证依据。本实验就是用户在不同图像语义标注方法下的比较实验,来重点回答以下问题:①现有各种不同人机交互标注图像的方法之间,在效率、效果与体验方面有何差异? ②在使用不同人机交互方法时,用户能保持其图像标注结果的一致性吗?

(二)采用数据

依据研究问题,本研究也在第五章基础上进行,该实验从武汉大学校内招募的被试者,以项目组自主开发的图像语义可视化交互研究平台(ISARP)为实验平台进行图像标注实验,相关实验数据来源于实验前问卷、在实验平台上通过 3 个子实验分别用三种标注方法完成对 9 幅图像的标注以及实验后问卷等过程。

在所有的实验平台上,用户都被要求对图像的情感强度在"愉悦度""唤醒度""优势度"这 3 个维度上进行标注。在打分标注实验平台,被试者需在同一标注界面上对一幅图像在 3 个情感维度上的情感强度分别标注,通过 9 个不同的标注界面完成对 9 幅待标注图像的标注任务,因此每个被试者要完成 27 个标注任务。一维可视化标注平台的被试者需在不同的标注界面上分别在"愉悦度""唤醒度""优势度"这 3 个维度对 9 幅待标注图像进行情感语义强度标注,因此每个被试者要完成 27 个标注任务。多维可视化标注实验平台上,被试者需对 9 幅待标注图像进行情感语义强度标注,一幅图像 3 个情感维度上的情感强度标注是同时进行的,因此每个被试者要完成 9 个标注任务。

本研究从第五章介绍的图像语义标注用户行为数据集中,选择实验前问卷、用户操作行为与结果日志、用户操作视频记录、用户出声思维日志、实验后问卷等原始数据,具体为 Morae 记录的视频音频文件 90 个,以及从操作日志提取的标注结果数据、从用户操作视频记录经编码输出的操作时间数据等预处理数据。因此,标注结果数据包括 90 人 ×9 幅图像 ×3 种方法共 2430 条记录,每条记录中都包含实验受试者标注的愉悦度标注值、唤醒度标注值与优势度标注值。

标注时间的提取是本数据集中的焦点问题,虽然从用户操作行为与结果日志可以自动获得每幅图像开始标注与结束标注的时间,但是,在实验中我们观察到,存在一些中断现象,比如被试者与控制者进行长时间的沟通、接电话、临时休息等。因此,在本研究及下一章研究中,均采用基于用户操作视频记录与用户出声思维日志上的编码的方法,剔除上述中断实验的时间,从而得到更加准确的标注时间片段。另外,由于每个用户在 3 个子实验中分别对 9 幅图像的 3 个维度进行标注,特别的,实验二是对 3 个维度分开标注,实验一与实验三是一次性对 3 个维度标注,所以将实验二的标注时间数据中同一用户对同一图像的 3 个不同维度的 3 个时间片段累计为对该图像的标注时间。

详细的实验设计、数据采集、预处理过程及数据格式等,请参阅本书第五章。问卷数据的处理将随后说明。

二、问卷数据处理

（一）实验前问卷数据处理

在实验开始前，要求被试者填写关于用户基本情况的调查问卷，问卷内容包括用户的性别、学历、所在学院等。实验前问卷见附录1。

实验前问卷的数据整理后形成 Excel 文件，部分数据截图如图 7－2 所示。以第一行为例，第一份问卷名为"01_巴＊＊"，填写问卷的被试者性别为男，学历为硕士研究生，所在学院为信息管理学院。

文件名	身份	性别	学历	学院
01_巴**	学生	男	硕士研究生	信息管理
02_宾*	学生	女	本科	信息管理
03_蔡*	学生	男	硕士研究生	信息管理
04_曹*	学生	女	硕士研究生	信息管理
05_曾**	学生	男	硕士研究生	生命科学学院
06_陈**	学生	女	硕士研究生	政治与公共管理
07_邓**	学生	女	本科	哲学
08_方**	学生	男	硕士研究生	信息管理
09_方*	学生	女	硕士研究生	新闻与传播
10_冯**	学生	女	硕士研究生	信息管理
11_盖*	学生	女	本科	经济与管理
12_高**	学生	女	硕士研究生	社会学系
13_高**	学生	女	本科	经济与管理
14_龚**	学生	男	硕士研究生	电气工程与自动化
15_巩**	学生	男	硕士研究生	历史
16_顾**	学生	男	硕士研究生	电气工程与自动化
17_郭**	学生	女	本科	哲学

图 7－2　实验前问卷数据截图

（二）实验后问卷数据处理

实验结束后，要求被试者填写一份关于用户体验的调查问卷，问卷内容包括对三种图像交互模式的易用性、舒适度、使用意愿、帮助性、整体满意度等在 10 点李克特量表中进行评分及其他用户体验问题。问卷中的图像交互模式实际上指的就是基于三种基本方法的实验平台。实验后问卷见附录2。

将实验后问卷数据整理后形成 SPSS 文件，部分数据截图如图 7－3

所示。各标题行的前缀"a""b""c"分别表示当前列为"易用性""舒适度""使用意愿"打分,后缀"1""2""3"分别表示当前列为"打分标注实验""一维可视化标注实验""多维可视化标注实验"打分。第一条记录的第一项表示编号为"1"的用户对打分标注实验易用性的打分分值为7。

id	a1	a2	a3	b1	b2	b3	c1
1	7	8	3	6	8	4	6
2	9	7	5	8	6	5	9
3	8	9	4	4	8	6	3
4	8	8	9	8	9	4	8
5	9	5	2	8	7	3	8
6	9	2	4	8	2	7	8
7	8	8	7	8	9	7	8
8	6	8	4	8	6	3	8
9	9	7	6	9	7	4	9
10	5	9	8	3	8	6	4
11	8	5	9	9	9	10	8
12	9	6	3	9	6	1	10
13	9	6	3	6	5	6	6
14	7	4	6	6	4	8	8
15	6	9	7	5	9	6	5
16	9	7	3	8	6	2	9
17	7	8	2	8	6	3	7
18	6	8	2	5	8	2	2
19	9	6	2	8	8	6	10
20	10	10	7	8	10	8	9
21	9	8	9	9	8	10	7
22	8	5	3	5	9	3	9
23	8	8	7	7	9	7	7

图 7-3　实验后问卷数据截图

第六节　实验数据统计及结果分析

一、实验数据的分析方法

利用统计分析软件 SPSS 对标注模式的各评价指标从多角度进行分析:

(1)标注效果。①考察不同用户采用一种标注方法对同一图像同一情感维度的标注结果的组内一致性。通过观察描述性分析中的标准差来了解不同用户打分的离散情况。②考察采用两种标注方法对同一图像的同一情感维度进行标注时标注结果的组间一致性。同样采用 Kol-mogorov – Smirnov 检验来确定各样本是否符合正态分布,若符合正态分布,则采用独立样本 T 检验,若不符合正态分布,则采用非参数检验方法 Mann – Whitney 检验。③考察用户采用不同标注模式标注结果之间的相关性。首先采用 Kolmogorov – Smirnov 检验来确定各样本是否符合正态分布,再根据分布情况选择合适的相关性检验方法。如果符合正态分布,就采用参数检验方法 Pearson 相关系数来分析;如果不符合正态分布,就采用非参数检验方法 Spearman's rho 来做分析。

（2）用户体验情况。①考察用户体验各指标的一般水平。利用描述性分析的平均值来概括性地了解用户体验各指标的平均认知水平。②考察不同模式下用户体验一致性。即 3 个独立样本是否具有一致性,首先采用 Kolmogorov – Smirnov 检验来确定各样本是否符合正态分布,再选择合适的组间一致性检验方法。若符合正态分布,则采用方差分析;若不符合正态分布,则采用非参数检验方法 Kruskal Wallis 检验。③考察用户体验各指标的离散情况。通过描述性分析的频数分布及标准差可以了解用户体验打分的离散情况。

（3）用户的标注效率。考察某一标注方法下图像标注的一般水平。利用描述性分析的平均值来概括性地了解在某一标注方法中对图像 3 个维度进行标注时用户所花费时间的平均水平。

另外,结合 Morae 日志文件中的用户认知编码来辅助统计数据的分析。

二、标注效果分析

图像名字前面的字母"P""A""D"分别代表愉悦度（Pleasure）、唤醒度（Arousal）、优势度（Dominant）3 个情感维度,如"P. AimedGun"代表图像"AimedGun"在愉悦度上的标注,"A. Flower"代表图像"Flower"在唤醒度上的标注。

通过单样本 Kolmogorov – Smirnov 检验可知,对应打分标注、一维可视化标注、多维可视化标注这三种标注基本方法,被试者在一幅图像一个维度的标注结果组成的样本都不服从正态分布,所以下面的统计分析均采用非参数统计分析方法。

（一）组内一致性检验

组内一致性检验可用于衡量一种标注方法是否有助于一群用户做出较为一致的表达，在很多研究中用来建议一种方法的好坏。这里采用样本标准差来进行组内一致性检验。选取标注图像的 IAPS 图像库中图像分值的标准差大多是在 2 或 2.5 范围内。鉴于此，这里如果样本标准差大于 2，则不同被试对同一图像维度标注的标注值组内差异较大；如果样本标准差小于 2，则不同被试对同一图像维度标注的标注值组内一致性较好。

由表 7-7 可知，被试者采用打分标注方法在 9 幅图像 3 个维度标注的共 27 组标注结果中，有 5 组标准差大于 2。采用一维可视化标注方法的 27 组标注结果中，同样有 5 组标准差大于 2。采用多维可视化标注方法的 27 组标注结果中，有 20 组标准差大于 2。

表 7-7　三种标注方法各图像维度标注结果的标准差

	打分标注方法	一维可视化标注方法	多维可视化标注方法
P. AimedGun	1.43	1.49	**2.14**
P. BikerCouple	**2.22**	**2.13**	**2.85**
P. CarDamage	1.79	1.59	**2.81**
P. Flower	1.33	1.56	**2.06**
P. Kitten	2	1.92	**2.6**
P. Lamp	1.53	1.51	**2.42**
P. Mutilation	0.93	0.83	1.07
P. SmilingGirl	1.65	1.55	1.72
P. Tornado	1.68	1.81	**2.02**
A. AimedGun	1.81	**2.08**	1.34
A. BikerCouple	1.76	1.82	**2.3**
A. CarDamage	1.91	1.86	**2.7**
A. Flower	1.98	1.9	**2**
A. Kitten	1.84	1.82	**2.69**
A. Lamp	1.81	1.59	1.86
A. Mutilation	0.91	1.05	0.22
A. SmilingGirl	1.72	1.73	**2.49**
A. Tornado	1.81	**2.04**	1.57

续表

	打分标注方法	一维可视化标注方法	多维可视化标注方法
D. AimedGun	1.46	1.58	**2.13**
D. BikerCouple	1.76	1.9	**2.45**
D. CarDamage	**2.13**	**2.05**	**2.8**
D. Flower	1.88	1.58	**2.43**
D. Kitten	1.91	1.58	**2.71**
D. Lamp	1.41	1.32	**2.2**
D. Mutilation	**2.38**	**2.52**	1.8
D. SmilingGirl	**2.01**	1.75	**2.4**
D. Tornado	1.62	1.68	**2.21**

这表明,在打分标注方法中,仅有少数(18.5%)图像维度的标注在不同被试者间存在显著差异,绝大多数(81.5%)的被试者对图像情感维度强度标注值的一致性较好。采用一维可视化标注方法的标注值组内一致性情况也同样如此。

而由于多维可视化标注方法用于标注 3 个情感之间的比例关系,针对一幅图像在一个维度上的标注结果并不具有实际意义,三个维度情感间的比例关系才能表现出用户对图像各情感维度的比例分配。因此,在同其他两种方法采用同样的组内一致性分析时,绝大部分标注结果(74%)组内都具有显著差异。

为考察不同用户采用一种标注方法对图像各维度比例关系的标注结果之间的离散情况,将用户对一幅图像的一个维度的标注值进行归一化,使得 3 个维度归一化后的和为 1。图像在愉悦度、唤醒度、优势度上的标注值分别为 p1、r1、d1,归一化后的 3 个维度上对应值分别为 p1′、r1′、d1′,归一化公式如下:

$$p1' = \frac{p1}{p1 + r1 + d1}$$

$$r1' = \frac{r1}{r1 + r1 + d1} \qquad (式 7.1)$$

$$d1' = \frac{d1}{p1 + r1 + d1}$$

将三种标注方法的标注值都进行归一化,计算标准差。由表 7 - 8 可知,对同一图像的一个维度标注值,采用三种标注方法的标准差进行对比,共 27 组标注中,有 20 组多维可视化标注方法用户间标注值的标准差相比来说最大,有 5 组一维可视化标注方法用户间标注值的标准差相比来说最大。可见采用多维可视化标注方法来标注图像 3 个维度的强度比例,用户的标注间存在较大差异。

由于社会标注用户量大、主观性强、用户行为难以控制,而标注信息也容易随意化,这也需要标注方法能够引导用户对图像有较为一致的理解。在本实验中,不同用户采用打分标注和一维可视化标注方法对同一图像同一情感维度的标注结果间一致性均较好,说明这两种标注方法能够引导用户对图像情感有较为一致的看法,不会给用户带来判断上的干扰。而采用多维可视化标注方法,用户需要对情感的比例关系进行标注,这与用户经常处理的真实强度值标注存在很大差异,用户的图像标注结果存在较大差异,给用户的判断带来很大干扰。

表 7-8 三种标注方法各图像维度标注结果归一化后的标准差

	打分标注方法	一维可视化标注方法	多维可视化标注方法
P. AimedGun	.09491	**.10828**	.06662
P. BikerCouple	.11249	.10109	**.11323**
P. CarDamage	.08958	.08910	**.09401**
P. Flower	.05397	.05535	**.13829**
P. Kitten	.08519	.07846	**.13732**
P. Lamp	.06454	.06330	**.09540**
P. Mutilation	.04821	.02931	**.09580**
P. SmilingGirl	.07449	.07212	**.16960**
P. Tornado	.10472	**.11769**	.10763
P. AimedGun	.16574	**.17764**	.09513
P. BikerCouple	.12775	.11941	**.16274**
P. CarDamage	**.13791**	.13335	.09959
P. Flower	.08477	.08474	**.13840**
P. Kitten	.11482	.09202	**.16697**
P. Lamp	.07812	.06720	**.11177**
P. Mutilation	.12991	**.13069**	.12452
P. SmilingGirl	.08713	.07567	**.18881**
P. Tornado	.15792	**.17499**	.14018
P. AimedGun	.10099	.10933	**.13851**
P. BikerCouple	.10942	.08941	**.13000**
P. CarDamage	.12426	.11494	**.12971**
P. Flower	.09559	.09078	**.16132**

续表

	打分标注方法	一维可视化标注方法	多维可视化标注方法
P. Kitten	.08864	.08038	**.16899**
P. Lamp	.10141	.06891	**.15393**
P. Mutilation	**.13194**	.13096	.11817
P. SmilingGirl	.08655	.09817	**.10032**
P. Tornado	.10975	.11184	**.14584**

（二）组间一致性检验

组间一致性检验可用于检验两种不同的标注方法是否具有相同的标注结果，如果是，则两种方法具有等同性，可以互相取代。这里选用非参数检验方法 Mann – Whitney 检验来检验两个样本的一致性。零假设为采用打分标注和采用一维可视化标注的标注结果无差异，采用 0.05 为显著性水平，如果 $p > 0.05$ 则接受零假设，如果 $p < 0.05$ 则拒绝零假设。

由表 7 – 9 可知，27 对样本中，有 12 对样本在 0.05 显著性水平下较为一致，有 15 对样本在 0.05 显著性水平下具有显著差异，只有不到一半（44.4%）的图像在各标签上的结果具有较好的一致性。

表 7 – 9　打分标注方法与一维可视化标注方法

各图像维度标注结果 Mann – Whitney 检验分析结果

	Asymp. Sig. （2-tailed）		Asymp. Sig. （2-tailed）		Asymp. Sig. （2-tailed）
P. AimedGun[a]	0.001	A. AimedGun[b]	0.021	D. AimedGun[c]	0.000
P. BikerCouple	0.560	A. BikerCouple	0.430	D. BikerCouple	0.002
P. CarDamage	0.032	A. CarDamage	0.007	D. CarDamage	0.533
P. Flower	0.035	A. Flower	0.064	D. Flower	0.333
P. Kitten	0.852	A. Kitten	0.094	D. Kitten	0.133
P. Lamp	0.250	A. Lamp	0.000	D. Lamp	0.534
P. Mutilation	0.000	A. Mutilation	0.007	D. Mutilation	0.945
P. SmilingGirl	0.863	A. SmilingGirl	0.033	D. SmilingGirl	0.040
P. Tornado	0.009	A. Tornado	0.007	D. Tornado	0.001

这里同样选用非参数检验方法 Mann – Whitney 检验来检验两个样本的一致性。零假设为采用打分标注和采用多维可视化标注的情感比

例标注结果无差异,0.05 为显著性水平,如果 p > 0.05 则接受零假设,如果 p < 0.05 则拒绝零假设。

由于多维可视化标注对情感的比例进行标注,这里将打分标注方法与多维可视化标注方法在被试者在一幅图像一个维度的标注结果采用式 7.1 分别进行归一化处理,然后进行一致性分析,由表 7 - 10 可知,27 对样本中,有 11 对样本在 0.05 显著性水平下较为一致,有 16 对样本在 0.05 显著性水平下具有显著差异。仅有不到一半(40.7%)的图像在各标签上的结果具有较好一致性。

表 7 - 10　打分标注方法与多维可视化标注方法

各图像维度标注结果归一化后 Mann - Whitney 检验分析结果

	Asymp. Sig. (2-tailed)		Asymp. Sig. (2-tailed)		Asymp. Sig. (2-tailed)
P. AimedGun[a]	0.760	A. AimedGun[b]	0.042	D. AimedGun[c]	0.001
P. BikerCouple	0.828	A. BikerCouple	0.271	D. BikerCouple	0.28
P. CarDamage	0.211	A. CarDamage	0.993	D. CarDamage	0.043
P. Flower	0.000	A. Flower	0.000	D. Flower	0.100
P. Kitten	0.002	A. Kitten	0.001	D. Kitten	0.023
P. Lamp	0.198	A. Lamp	0.001	D. Lamp	0.078
P. Mutilation	0.001	A. Mutilation	0.859	D. Mutilation	0.197
P. SmilingGirl	0.001	A. SmilingGirl	0.004	D. SmilingGirl	0.013
P. Tornado	0.334	A. Tornado	0.737	D. Tornado	0.023

采用两种标注方法对同一图像的同一情感维度进行标注时标注结果的组间一致性较差,这说明标注方法之间是无法互相替代的。情感标注受用户主观影响很大,用户需要克服将抽象的情绪感受与具体标注值之间转化的障碍,这就需要标注方法来辅助用户做出判断。结合后面用户在帮助性指标的打分可以知道,三种标注方法对用户标注的帮助性有显著差异,一维可视化标注方法对用户完成标注任务的帮助最大,那么采用一维可视化标注方法得到的标注值很有可能是最接近用户真实情感体验的。

(三)相关性

相关性分析可用于揭示,用户通过不同的标注方法进行图像情感语

义标注时,是否均能表达其对图像情感高低相对性的认知。这里选用
Spearman's rho 分析使用不同的标注方式标注结果之间是否显著相关。
当 Spearman 系数大于零时,则正相关,小于零时,则负相关。如果
Spearman 系数为 0.2—0.4,则弱正相关,如果为 0.4—0.6 则中等相关,
如果 0.6—0.8 达到强正相关。

　　检验一名被试者采用打分标注方法与采用一维可视化标注方法给
同一图像维度打分的相关性。由表 7 - 11 可知,在 27 组图像维度标注
中,有 25 个在置信度为 0.01 时显著相关。27 组图像维度标注中,有 16
组(59%)相关系数在 0.4 至 0.6 范围内,有 5 组(18%)相关系数大于
0.6,说明一名被试者采用两种方法对同一图像维度的打分成中等甚至
强正相关。

表 7 - 11　打分标注方法与一维可视化标注方法

各图像维度标注结果 Spearman 系数

	Spearman's rho(2-tailed)		Spearman's rho(2-tailed)		Spearman's rho(2-tailed)
P. AimedGun	0.588**	A. AimedGun	0.373**	D. AimedGun	0.519**
P. BikerCouple	0.773**	A. BikerCouple	0.418**	D. BikerCouple	0.530**
P. CarDamage	0.338**	A. CarDamage	0.512**	D. CarDamage	0.586**
P. Flower	0.574**	A. Flower	0.552**	D. Flower	0.557**
P. Kitten	0.584**	A. Kitten	0.472**	D. Kitten	0.662**
P. Lamp	0.476**	A. Lamp	0.491**	D. Lamp	0.382**
P. Mutilation	0.224*	A. Mutilation	0.489**	D. Mutilation	0.668**
P. SmilingGirl	0.612**	A. SmilingGirl	0.404**	D. SmilingGirl	0.064
P. Tornado	0.618**	A. Tornado	0.525**	D. Tornado	0.525**

注:** 表示在置信度(双测)为 0.01 时,相关性是显著的;* 表示在置信度(双测)为 0.05 时,相关性是显著的。

表 7 - 12　打分标注方法与多维可视化标注方法

各图像维度标注结果归一化后 Spearman 系数

	Spearman's rho(2-tailed)		Spearman's rho(2-tailed)		Spearman's rho(2-tailed)
P. AimedGun	0.500**	A. AimedGun	0.481**	D. AimedGun	0.456**
P. BikerCouple	0.471**	A. BikerCouple	0.548**	D. BikerCouple	0.453**

续表

	Spearman's rho(2-tailed)		Spearman's rho(2-tailed)		Spearman's rho(2-tailed)
P. CarDamage	0. 462 * *	A. CarDamage	0. 617 * *	D. CarDamage	0. 630 * *
P. Flower	0. 318 * *	A. Flower	0. 378 * *	D. Flower	0. 513 * *
P. Kitten	0. 555 * *	A. Kitten	0. 474 * *	D. Kitten	0. 471 * *
P. Lamp	0. 448 * *	A. Lamp	0. 280 * *	D. Lamp	0. 319 * *
P. Mutilation	0. 194	A. Mutilation	0. 491 * *	D. Mutilation	0. 404 * *
P. SmilingGirl	0. 249 *	A. SmilingGirl	0. 645 * *	D. SmilingGirl	0. 254 *
P. Tornado	0. 579 * *	A. Tornado	0. 519 * *	D. Tornado	0. 371 * *

注:* * 表示在置信度(双测)为 0. 01 时,相关性是显著的;* 表示在置信度(双测)为 0. 05 时,相关性是显著的。

因多维可视化标注方法是对图像 3 个维度的比例进行标注,这里将打分标注和多维可视化标注方法的分值分别进行归一化处理。

检验一名被试者采用打分标注方法与采用多维可视化标注方法给同一图像维度比例关系打分的相关性。由表 7 - 12 可知,在 27 组图像维度标注中,有 24 组在置信度为 0. 01 时显著相关。27 组图像维度标注中,有 18 组(67%)相关系数在 0. 4 至 0. 6 范围内,说明一名被试者采用两种方法对同一图像维度的打分成中等正相关。

采用不同的图像语义标注方法和工具,是为了利用人类自身的视觉系统和感性认知能力,来帮助用户探索、认识及理解图像语义,以此来更为准确地表达对图像语义的认知,带来更为准确的图像情感语义标注结果。这种图像语义标注方法或工具对用户标注的辅助作用是在对图像有一定的认识和理解基础之上进行的。用户使用不同的标注方式,标注结果之间显著相关,说明了三种标注方法对图像的标注起到了不同程度的辅助作用,并没有从根本上改变用户对图像语义的认识,对用户造成干扰。

三、用户体验分析

被试者在完成实验后填写调查问卷,分别对三种标注界面的易用性、舒适度、使用意愿、帮助性、整体满意度在 10 点李克特量表上进行打分,从 1 到 10 所代表的用户体验强度依次增强。对易用性的打分为 1

时,代表易用性最低,分值越高表示被试者认为标注方法越容易使用,10
为最高值。同样的,舒适度、使用意愿、帮助性、整体满意度的打分也是
如此。下面首先对不同方法下各个用户体验指标的分数分别统计分析。

（一）易用性分析

由表 7 - 13 可知,打分标注方法的易用性打分均值为 7.61,可见从
被试者总体上认为以打分标注这种社会化标注方法为基础的打分标注
方法易用性较高。一维可视化社会标注方法的易用性打分均值为 6.97,
被试者总体上认为这种一维可视化社会标注方法也具有较好的易用性。
但可供用户在多维空间内同时对多个情感维度进行打分的多维可视化
社会标注方法易用性均值仅为 5.66,被试者对这种多维可视化社会标注
方法在易用性的感知上较为中性。三种方法中,打分标注方法的易用性
分值最高,这也反映了被试者认为打分标注更容易使用。

表 7 - 13　三种标注方法易用性评分的均值和标准差

	打分标注方法		一维可视化社会标注方法		多维可视化社会标注方法	
	均值	标准差	均值	标准差	均值	标准差
易用性	7.61	1.840	6.97	1.732	5.66	2.269

通过单样本 Kolmogorov - Smirnov 检验可知,对应三种标注基本方
法,被试者易用性分值形成的 3 个样本都不服从正态分布,所以这里选
用非参数检验方法 Kruskal Wallis 检验来检验 3 个样本是否存在差异。
经过 Kruskal Wallis 检验,$p = 0$,三个方法间的易用性分值存在差异。

由表 7 - 14 可知,对于打分标注方法,有 43 人认为其较为易用(分
数为 6,7,8),有 32 人认为非常易用(分数为 9,10),有 14 人认为较不易
用(分数为 3,4,5),仅有 1 人感觉非常不易用(分数为 1,2)。被试者对
该方法易用性的看法较为一致,绝大部分被试者认为打分标注方法易于
学习和使用,能够以最少的努力发挥最大的效能。对于一维可视化社会
标注方法,有 56 人认为该方法较为易用(分数为 6,7,8),有 13 人认为
其非常易用(分数为 9,10),有 20 人认为其较不易用(分数为 3,4,5),
仅有 1 人认为其非常不易用(分数为 1,2)。可见,与打分标注方法相
似,被试者对该一维可视化社会标注方法易用性的看法较为一致,绝大
部分被试者认为其易于学习和使用。然而不同的是,认为一维可视化社
会标注方法较不易用的被试者更多,而认为其非常易用的被试者更少。

表 7 - 14　三种标注方法易用性评分的频数

	1	2	3	4	5	6	7	8	9	10	合计
打分标注方法	0	1	0	5	9	8	12	23	18	14	90
一维可视化社会标注方法	0	1	2	6	12	9	15	32	10	3	90
多维可视化社会标注方法	1	7	12	9	12	15	15	9	5	5	90

对于多维可视化社会标注方法,分别有 39 人和 10 人认为该方法较为易用(分数为 6,7,8)和非常易用(分数为 9,10),分别有 33 人和 8 人认为该方法较为不易用(分数为 3,4,5)和非常不易用(分数为 1,2)。结合表中标准差为 2.269,可知被试者对该方法的接受程度有着较大差异。

在易用性方面,用户对打分标注方法和一维可视化标注方法的易用性评价都较高。用户以社会化标注的方式进行图像情感强度的标注是一个用户与系统交互的过程。打分标注方法由于其具有简单的界面,并且已得到广泛应用,用户对其易用性评价最高。虽然没有打分标注方法界面简洁,但是采用一维可视化标注方法,用户被动适应复杂环境的状况得到有效改善,减少了用户学习和适应的过程,也能够使用户自然地对图像标注。多维可视化标注方法要求用户同时标注多个情感维度,这就给用户的操作上增加了难度,因此在易用性的表现上不如其他两种标注方式。

(二)舒适度分析

标注界面除了基本标注方法外,还会提供辅助标注的观察方式,同样会影响用户的舒适度体验。但鉴于不论是何种辅助标注的观察方式,用户都可以在基本标注方法下自由组合,因此,用户对标注方法的舒适度也反映了对基本方法的体验。较高的舒适度说明标注界面更符合用户的习惯、经验和期待,也在一定程度上反映了标注方法能够符合用户认知习惯,用户利用该标注方法也就容易认知图像情感。

由表 7 - 15 可知,打分标注方法的舒适度打分均值为 7.24,可见被试者总体上认为打分标注这种社会化标注方法舒适度较高。一维可视化社会标注方法的舒适度打分均值为 7.00,被试者总体上认为这种以一维可视化社会标注方法为基础的标注模式也具有较好的舒适度。但可供用户在多维空间内同时对多个情感维度进行打分的多维可视化社会标注方法舒适度均值仅为 5.40,被试者对这种多维可视化社会标注方法在舒适度的感知上较为中性。三种方法中,打分标注方法的舒适度分值最高。

表 7 – 15 三种标注方法舒适度评分的均值和标准差

用户体验	打分标注方法		一维可视化社会标注方法		多维可视化社会标注方法	
	均值	标准差	均值	标准差	均值	标准差
舒适度	7.24	1.916	7.00	1.799	5.40	2.054

通过单样本 Kolmogorov – Smirnov 检验可知,对应三种标注基本方法,被试者舒适度分值形成的 3 个样本都不服从正态分布,所以这里选用非参数检验方法 Kruskal Wallis 检验来检验 3 个样本是否存在差异。经过 Kruskal Wallis 检验,p = 0,三个方法间的舒适度分值存在差异。

由表 7 – 16 可知,对于打分标注方法,有 48 人认为其较为舒适(分数为 6,7,8),有 23 人认为非常舒适(分数为 9,10),有 18 人感觉较不舒适(分数为 3,4,5),仅有 1 人认为非常不舒适(分数为 1,2)。被试者对该方法舒适度的看法较为一致,绝大部分被试者认为打分标注方法使用起来较为舒适。对于一维可视化社会标注方法,有 57 人认为该方法较为舒适(分数为 6,7,8),有 17 人感觉非常舒适(分数为 9,10),有 14 人认为较不舒适(分数为 3,4,5),仅有 2 人感觉非常不舒适(分数为 1,2)。可见,与打分标注方法相似,被试者对该一维可视化社会标注方法舒适度的看法较为一致,数值分布较为相似。

对于多维可视化社会标注方法,分别有 38 人和 7 人认为该方法较为舒适(分数为 6,7,8)和非常舒适(分数为 9,10),分别有 38 人和 7 人感觉较为不舒适(3,4,5)和非常不舒适(分数为 1,2)。结合表中标准差为 2.054,可知被试者对该方法给人的舒适度体验有明显差异,并且认为多维可视化社会标注方法舒适的人明显少于其他两种标注方法。

表 7 – 16 三种标注方法舒适度评分的频数

	1	2	3	4	5	6	7	8	9	10	合计
打分标注方法	0	1	3	5	10	9	11	28	14	9	90
一维可视化社会标注方法	0	2	3	4	7	14	19	24	13	4	90
多维可视化社会标注方法	2	5	10	14	14	19	14	5	4	3	90

舒适度这一指标用来衡量标注方法是否能满足用户的主观需求,易于用户感知。如果外界的感官刺激超出了用户感官的负荷范围,并且用户无法从标注方法中获得有用信息,出现认知困难,那么用户使用标注方法时就会感到不适应,甚至产生负面情绪,这样标注方法的舒适度将大大下降。总体来讲,三种标注方法中打分标注方法带给用户的舒适度体验最好,用户最容易理解,并从中获得辅助标注的信息。这主要也是因为打分标注方法最为简单,并且用户最常接触。作为用户较少接触的可视化标注方法,一维可视化社会标注方法带给用户较高的舒适度体验。相比之下,多维可视化社会标注方法让更多的用户感到不舒适,由Morae 日志文件可知,有部分用户在实验中出现认知困难,甚至产生了烦躁、焦虑等负面情绪。

(三)帮助性分析

在方法对完成标注任务的帮助性打分评分时,由表7－17 中可知,打分标注方法的帮助性评分均值为6.54,一维可视化社会标注方法评分均值为7.19,多维可视化社会标注方法均值为6.08,与前面几个指标中打分标注方法的评分均是最高的情况不同,在帮助性方面,一维可视化社会标注方法的均值最高,被试者认为该方法对完成任务提供的帮助最大。多维可视化社会标注方法的帮助性与前述指标的情况相同,同样是均值最低的方法。

表 7－17 三种标注方法帮助性评分的均值和标准差

	打分标注方法		一维可视化社会标注方法		多维可视化社会标注方法	
	均值	标准差	均值	标准差	均值	标准差
帮助性	6.54	1.909	7.19	1.635	6.08	2.323

通过单样本 Kolmogorov－Smirnov 检验可知,对应三种标注基本方法,被试者帮助性分值形成的 3 个样本都不服从正态分布,所以这里选用非参数检验方法 Kruskal Wallis 检验来检验 3 个样本是否存在显著差异。经过 Kruskal Wallis 检验,p＝0.002,在 0.05 显著性水平下三种方法间的帮助性分值存在差异。

由表 7－18 可知,对于打分标注方法为基础的打分标注方法,有 57 人认为该方法对完成任务的帮助较大(分数为 6,7,8),有 9 人认为帮助非常大(分数为 9,10),有 20 人认为较没有帮助(分数为 3,4,5),有 4 人认为没有帮助(分数为1,2)。被试者对该方法帮助性的看法较为一致,大部分被试者认为打分标注方法对完成标注有帮助。对于一维可视化社会标注方法,有57人认为该方法对完成任务的帮助较大(分数为6,7,8),有18人认为有非常大帮助(分数为9,10),有15人认为较没有帮助(分数为3,4,5)。可见,对一维可视化社会标注方法的观点倾向的被试者分布与打分标注方法相似。

表7-18 三种标注方法帮助性评分的频数

	1	2	3	4	5	6	7	8	9	10	合计
打分标注方法	1	3	5	1	14	13	21	23	6	3	90
一维可视化社会标注方法	0	0	3	3	9	11	19	27	14	4	90
多维可视化社会标注方法	3	6	4	7	14	18	10	13	10	5	90

对于多维可视化社会标注方法,分别有41人和15人认为该方法有较大帮助(分数为6,7,8)和非常大的帮助(分数为9,10),分别有25人和9人认为较无帮助(分数为3,4,5)和非常没有帮助(分数为1,2)。结合表中标准差高达2.323,可知被试者间在该方法是否对完成标注有帮助性这一问题上的认知有明显差异。

在帮助性方面,一维可视化标注方法在帮助性上的表现要好于其他两种标注方法,并且被试间的观点倾向明显。归其原因,一维可视化标注方法能够为用户提供良好的交互服务,用户可以在一维空间中通过图像观察、数值观察的途径与信息内容交互,用户联系自身的情感体验形成对当前图像信息的理解,这样可以减少用户将图像情感这一抽象概念进行量化过程中的用户负担。使用打分标注方法,用户单纯进行量化情感任务,几乎不存在与系统交互的环境,在帮助性上不如一维可视化标注方法。

(四)整体满意度分析

在填写实验问卷时,有1名被试者漏填整体满意度这一项,因此,共有89人填写此项。现在对这89人填写的问卷进行分析。

由表7-19可知,被试者对打分标注方法整体满意度评分的均值为7.10,对一维可视化社会标注方法评分的均值为7.27,对多维可视化社会标注方法的均值为6.29,对三种社会化标注方法都较为满意。值得注意的是,虽然在前面易用性、舒适度以及后面使用意愿的评分中,打分标注方法均为三种标注方法均值最高的,但是从整体来讲,用户对一维可视化社会标注方法更为满意。

通过单样本 Kolmogorov – Smirnov 检验可知,对应三种标注基本方法,被试者整体满意度形成的 3 个样本都不服从正态分布,所以这里选用非参数检验方法 Kruskal Wallis 检验来检验 3 个样本是否存在显著差异。经过 Kruskal Wallis 检验,显著性水平 p = 0.04,在 0.05 显著性水平上,三种方法间的使用意愿分值存在差异。

表 7 – 19 三种标注方法整体满意度评分的均值和标准差

	打分标注方法		一维可视化社会标注方法		多维可视化社会标注方法	
	均值	标准差	均值	标准差	均值	标准差
整体满意度	7.10	1.665	7.27	1.428	6.29	2.128

由表 7 – 20 可知,对于打分标注方法,57 人整体满意度较高(分值为 6,7,8),15 人整体满意度非常高(分值为 9,10),20 人对该方法较不满意(分值为 3,4,5)。可见,从总体来说,绝大多数被试者对打分标注方法满意。对于一维可视化社会标注方法,63 人整体满意度较高(分值为 6,7,8),15 人整体满意度非常高(分值为 9,10),11 人较不满意(分值为 3,4,5)。可见,相比来说,被试者对一维可视化社会标注方法的评价更为一致,并且满意的人更多。

对于多维可视化社会标注方法,分别有 44 人和 16 人整体满意度较高(分值为 6,7,8)和非常高(分值为 9,10),有 24 人和 5 人较不满意(分值为 3,4,5)和非常不满意。可见被试者对多维可视化社会标注方法的评价具有显著的个体差异。

用户的整体满意度是指用户的标注经历与用户标注前期望产生的心理状态的总和,可以看作是用户对标注方法的整体态度和情感回应。在三种标注方法中,被认为帮助性最高的一维可视化标注方法用户的综合体验最好,满意度最高。可见在各项用户体验中,用户最注重的是标注方法是否能有效地帮助完成标注实验。鉴于打分标注方法在易用性、舒适度及帮助性方面也具有良好表现,用户对打分标注方法也较为满意。在三种标注方法中,多维可视化标注方法的用户综合体验最差。

表7-20　三种标注方法整体满意度评分的频数

	1	2	3	4	5	6	7	8	9	10	合计
打分标注方法	0	0	4	5	11	12	13	32	12	3	89
一维可视化社会标注方法	0	0	1	4	6	10	23	30	13	2	89
多维可视化社会标注方法	1	4	6	7	11	17	14	13	14	2	89

（五）使用意愿分析

由表7-21可知,打分标注方法的使用意愿评分均值为7.28,可见,被试者总体上对打分标注方法使用意愿较高。一维可视化社会标注模式的使用意愿打分均值为7.11,被试者总体上对这种以一维可视化社会标注方法也具有较高的使用意愿。但可供用户在多维空间内同时对多个情感维度进行打分的多维可视化社会标注模型使用意愿均值仅为5.46,被试者对这种多维可视化社会标注方法在使用意愿上较为中性。三种方法中,打分标注方法的使用意愿分值最高。可见,总体来说,被试者最倾向于使用打分标注方法和一维可视化社会标注方法。

表7-21　三种标注方法使用意愿评分的均值和标准差

	打分标注方法		一维可视化社会标注方法		多维可视化社会标注方法	
	均值	标准差	均值	标准差	均值	标准差
使用意愿	7.28	2.172	7.11	1.974	5.46	2.487

通过单样本 Kolmogorov - Smirnov 检验可知,对应三种标注基本方法,被试者使用意愿分值形成的 3 个样本都不服从正态分布,所以这里选用非参数检验方法 Kruskal Wallis 检验来检验 3 个样本是否存在显著差异。经过 Kruskal Wallis 检验,p = 0,三种方法间的使用意愿分值存在差异。

由表7-22可知,对于打分标注方法,有45人对其使用意愿较高（分数为6,7,8）,有27人有非常高的使用意愿（分数为9,10）,有13人较不愿使用（分数为3,4,5）,有5人非常不愿使用（分数为1,2）。被试者对该方法使用意愿的看法较为一致,绝大部分被试者愿意使用打分标注方法为基础的标注方法。对于一维可视化社会标注方法,有49人对该方法使用意愿较高（分数为6,7,8）,有23人有非常高的使用意愿（分数为9,10）,有16人较不愿使用（分数为3,4,5）,有2人非常不愿使用

（分数为1,2）。可见，与打分标注方法相似，被试者对一维可视化社会标注方法使用意愿的看法较为一致，数值分布较为相似。

表7-22 三种标注方法使用意愿评分的频数

	1	2	3	4	5	6	7	8	9	10	合计
打分标注方法	1	4	1	5	7	8	11	26	15	12	90
一维可视化社会标注方法	0	2	5	4	7	9	17	23	17	6	90
多维可视化社会标注方法	5	9	11	6	15	7	15	10	11	1	90

对于多维可视化社会标注方法，分别有32人和12人认为该方法有较高的使用意愿（分数为6,7,8）和非常高的使用意愿（分数为9,10），分别有32人和14人较不愿意（分数为3,4,5）和非常不愿意（分数为1,2）使用该方法。结合表中标准差高达2.487，可知被试者间对该方法使用意愿有着明显差异，并且不愿意使用多维可视化社会标注方法的人占总数的一半，明显多于其他两种标注方法。

在使用意愿方面，这一指标用来衡量用户实施特定行为的意愿的强弱。人们标注图像时，潜意识中将他们的各种愿望和需要进行排序，在实施他们认为最为重要的、最感兴趣的标注任务时态度就更加严谨认真，完成任务的可能性和标注质量也相对较高。从总体来讲，用户对打分标注和一维可视化标注的使用意愿较为接近，用户对两种标注方法的使用意愿的强度相对较高，可见，用户更偏好使用打分标注和一维可视化标注方法，并且采用两种标注方法的标注质量相对来讲较高。

由上面的分析可知，三种社会化标注基本方法在易用性、舒适度、使用意愿、帮助性和整体满意度这五项用户体验上都存在明显差异。

在三种社会化标注基本方法中，打分标注方法在易用性、舒适度、使用意愿这3个指标上得分的整体水平最高，一维可视化社会标注方法在帮助性和整体满意度这两个指标上得分的整体水平最高。而多维可视化社会标注方法在各项指标的整体水平都是3个基本方法里面最低的。

从打分的分散程度来看，在打分标注方法和一维可视化社会标注方法的易用性、舒适度、使用意愿、帮助性和整体满意度这5个指标上被试者的看法较为集中。而不同被试者间对多维可视化社会标注方法的看法存在明显差异，有明显的偏向性。

对于多维可视化标注方法，从总体情况来看，该方法的各项用户体验都不如其他两种标注方法。采用多维可视化标注方法时,由于要将高维数据映射到二维空间或三维空间,这个过程中必须减少一部分信息①。用户在多维空间中对各情感维度比例的标注与人们日常所接触的只针对情感维度强度的标注形式不一致。在所有的用户体验中,该方法在舒适度体验方面总体上表现最差。可见,该方法最需要做的改善工作是减轻用户的认知负担,降低用户使用时的烦躁情绪。同时可以发现,与被试者对打分标注和一维可视化标注的用户体验观点较为一致的情况不同的是,不同被试者之间对多维可视化标注方法的体验存在明显差异。被试者对多维可视化标注方法的使用意愿的评价出现两极化,在近一半的人不愿意使用的情况下,还存在13%的人非常愿意使用该方法,这说明,多维可视化标注方法更加适合个性化系统,用户可根据自己的个性化信息需求选择是否使用多维可视化标注方法。

对于打分标注方法,因为其应用最为广泛,并且界面简洁单一,用户认为其最容易使用,使用起来也相对舒适,同时也最愿意接受这种标注方式。但它对完成任务的帮助性从总体来讲却不如一维可视化标注方法。

对于一维可视化标注方法,虽然与多维可视化标注方法一样,都提供了图像观察和数值观察功能,但在用户体验上出现了完全不同的评价。用户愿意接受这种标注方法,也觉得该方法最有帮助,并且整体来讲对它也最为满意。

四、标注效率分析

对不同图像采用不同方法的标注时间进行描述性分析。由表 7 - 23 可知,采用打分标注方法标注的 9 幅图像中,打分时间均值最高为 44.34s,最低为 32.46s;采用一维可视化标注方法,打分时间均值最高为 113.01s,最低为 86.24s;采用多维可视化标注方法,打分时间均值最高为 76.57s,最低为 52.07s。

---

① 杨峰,李蔚.评价信息可视化技术的指标研究[J].图书情报知识,2007(118):80—84.

表7－23　三种标注方法的标注时间均值和标准差

	打分标注方法		一维可视化标注方法		多维可视化标注方法	
	均值	标准差	均值	标准差	均值	标准差
Kitten	44.34	19.894	103.48	55.791	76.57	42.563
SmilingGirl	43.44	19.031	106.58	58.995	64.76	36.080
Mutilation	32.70	16.483	86.24	57.784	52.09	27.293
BikerCouple	39.71	20.389	100.71	58.332	57.37	32.477
Flower	34.37	15.986	102.76	60.116	53.73	29.715
Tornado	40.40	19.150	103.44	57.773	60.68	33.066
AimedGun	32.46	14.803	109.08	62.502	52.49	28.749
CarDamage	42.47	18.854	113.01	62.849	63.03	40.716
Lamp	34.47	17.641	101.40	60.675	52.07	28.997

　　标注同一图像3个维度的情感强度,采用打分标注方法标注的时间明显比采用其他方法的时间要短,其次为采用多维可视化标注方法,采用一维可视化标注方法标注所需要的时间是最多的。

　　在信息检索和可用性研究中,用户的信息行为动机是搜寻符合要求的信息。因此,是否能让用户花最少的时间获得自己的信息,为用户创造最大的效益就成了评价好坏的标准。与其不同的是,用户进行社会标注主要是为了描述自己感兴趣的信息资源。而提供图像情感语义强度社会化标注这一交互式信息行为的目的是最大限度地让用户表达自己的真实情感并标注出情感强度。因此,标注方法研究中使用较少的时间并不代表该标注方法更好。但标注时间一定要在一定的用户接受范围内,这样才能避免用户因花费过长时间而失去耐心。

　　打分标注方法的界面实现较为单一,从用户体验的评价中也可以看出,被试者认为打分标注方法最易学习和使用,因此被试者标注使用的时间也是最短的。

　　采用一维可视化标注方法虽然用户花费的时间最长,但这并不是由于方法难以使用而引起的,从用户对该方法的易用性和使用意愿的评价中就可以看出,用户普遍认为该方法较为易用,并且对该方法具有较高的使用意愿。因此,使用一维可视化方法花费的时间在用户可以接受的范围之内。一维可视化标注方法支持用户选择性地进行两次微调操作(实际上在用户实验中有相当一部分人进行了微调操作),并且3个维度的情感强度必须分开标注,这在一定程度上增加了用户完成标注的时间。另外,一维可视化标注也是用户认为帮助性最大的标注方法,可见,用户完成图像标注的时间长,一方面是因为界面要求用户必须分开标注3个情感维度,另一方面是因为用户在探索如何更好表达自己情感的语义。

多维可视化标注方法在易用性、舒适度、帮助性上都得到了三种标注方法中最低的评价。同时基于多维可视化标注方法的界面虽然用户同时标注3个情感维度,但也要求用户一定要进行第二次微调(实际上在用户实验中有相当一部分人仅花费很少的时间停留在第二次微调操作中)。可见,采用此方法完成图像标注任务的时间较长,一方面是因为界面要求用户必须微调,最主要的原因还是该方法给用户的体验较差,用户花费大量的时间来适应、学习和理解该方法。

第七节　图像语义的人机交互认知机理分析

上述实验数据分析中,发现了一些不符合现有图像语义及图像用户行为普遍认识的结论,其中最有意思的一个结论,是可视化与非可视化的标注方法在标注结果上不具有一致性,但是又具有相关性,这与信息资源管理中默认用户通过不同方式去认知图像语义时,可以保持其认知的一致性与准确性的假定相悖,需要从理论上对其进行解释重构。因此,本节重点引入认知科学的相关理论与研究结果,试图建立可以有效解释上述结论的新理论,并落脚于图像语义的人机交互认知机理。

一、人脑对图像中语义的感性与理性认知过程差异

人们感知信息主要是通过视觉,可视化充分利用了人类天生的感知系统能力,因为人类的视觉在接受、辨别和理解周围环境的信息方面在其所有的感官中是最发达的[①]。人类感知系统不只接受,同时也理解视觉信息。如果空间化地表达一个概念信息,这将会帮助用户理解、学习

---

① Colonna J. Scientific display: A means of reconciling artists and scientists [C] //Frontiers of Scientific Visualization. New York: Wiley, 1994: 181—212.

和记忆此信息①。

人们对一个物体的感受是根据其现有的记忆、情绪、感觉等得来的，人们会参考记忆或经验中最为相似的资料，并以此为根据解释物体所传达的讯息，这与其文化背景和生活经验有关，是属于内心历程中决策经验的重现，通过五官感觉来引发的共同的感觉而形成人们对外界事物的认知，不是绝对的，而是很难直接去描述，而且随着社会文化、感觉经验、价值判断等的改变而有所调整。

人们通过各种知觉感官来认知物体，并且在大脑中产生评价与判断的种种心理活动，比如，通过视觉来接收一个物体所给予的信息，而思维方法是从形的本质为出发点，推导出对形进行观察、分析、推理、判断的一种科学的方法模式，这种模式便是人类认知的过程。国内图书情报领域的曹梅对网络图像检索行为与心理的研究指出用户对图像具有较少的认知负担②；而图像认知方面的基础研究表明感知与图像处理属于同一区域，而语言及语义处理属于另一区域，二者之间的脑部处理回路与认知特性不同。在人对图像及语义的认知差异方面，Cabeza 与 Nyberg 的一项图像认知方面的基础研究表明，感知与图像处理属于同一区域，而语言及语义处理属于另一区域，二者处理存在差异③；而 Damasio 等人的进一步研究表明人在处理感性概念检索时的大脑活动与用词语检索时不同，与词语—图像关联检索时用户同时使用感性概念与语义词汇相比，用户寻找相似图像时只使用感性概念，其大脑负担小，准确率高④。

根据以上分析，可以看出人脑是如何从图像信息中认知到图像语义信息的，而人脑对图像及图像语义的认知机制与认知过程的不同会在每一个图像用户的认知中造成难以避免的语义鸿沟，这是图像语义鸿沟的产生根源。图像语义的认知过程的一般模型如图 7 - 4 所示。

① Paivio A. Mental representation：A dual coding approach［M］. New York：Oxford University Press，1990.

② 曹梅. 网络图像检索行为与心理研究［J］. 中国图书馆学报，2011（5）：53—60.

③ Cabeza R. , Nyberg L. Imaging cognition Ⅱ：An empirical review of 275 PET and fMRI studies ［J］. Journal of Cognitive Neuroscience，2000，12（1）：1—47.

④ Damasio H，Tranel D，Grabowski T，et al. Neural systems behind word and concept retrieval ［J］. Cognition，2004，92（1/2）：179—229.

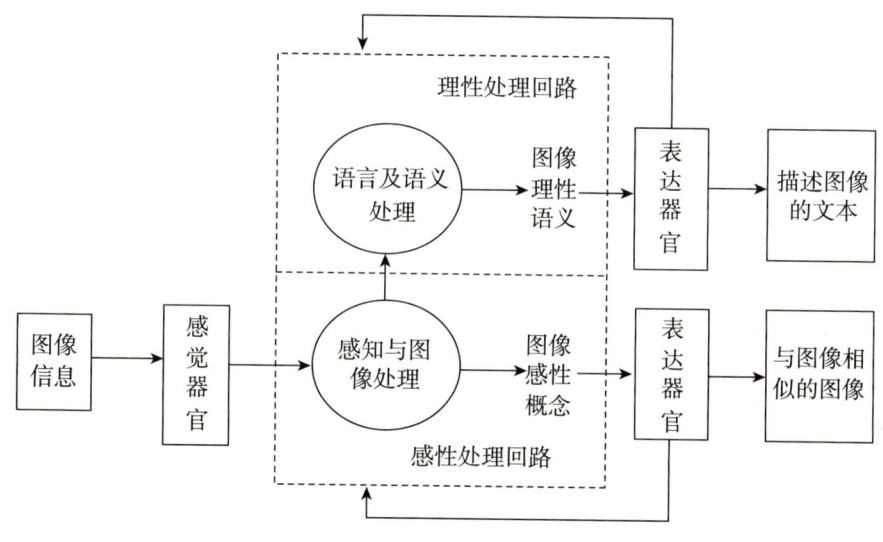

图7-4　图像语义的认知过程

二、可视化人机交互认知图像语义的结果的理论意义

实验研究证明,用户使用不同的标注方式,标注结果之间同时表现出不一致性与显著相关性。结合上述图像语义的认知过程理论,可以得出对图像信息资源管理与利用的一些重要新结论。

首先,通过可视化人机交互方式处理图像的语义是有效的。根据实验研究结果,通过不同标注方式标注图像语义的结果之间具有相关性,说明不同的标注方式对图像的标注均起到了有效的人机交互作用,可以有效支持用户对图像语义的认知与表达。

其次,图像信息资源中包含的语义信息具有模糊与动态性,即使对同一用户而言。本研究对不同标注方式的效果分析表明,通过可视化方式与非可视化方式分别进行人机交互时,用户对图像语义的认知是有差异的,而且,通过实验后问卷及出声思维数据的内容分析,可以得出用户没有意识到差异的存在这个结论。

再次,用户需要相关系统提供认知图像中语义信息的有效辅助。对标注效率与用户体验的分析表明,在不同标注方法的支持下,标注效率与用户体验存在一定的"倒挂"现象,即对可以使用户迅速完成标注任务的打分标注方式,用户对其帮助性以及整体满意度的体验,反而低于需要4倍以上时间完成标注任务的单标签可视化标注方式。

最后,熟悉与有效的交互方式,是图像信息资源管理与利用需要重点考虑的问题。本研究中,多标签可视化标注方式虽然具有理论上最少的操作次数和最快的操作时间,可以一次拖动即完成多维标签的标注,但是,从问卷、访谈及出声思维等数据分析可以看出,由于该方式是一种全新的人机可视化交互方式,即使经过训练,用户仍然存在理解和运用该人机交互方式方面的困难,而且还表现为不同用户在标注耗时上存在很大的差异性。

虽然标注结果相关性的分析表明,该方法仍然是一种有效的人机交互方法,而且在标注耗时上也比单标签可视化标注方法更优越,但是,用户体验方面的研究表明,作为一种新的具有理解复杂性的人机交互方法,其推广应用的困难不可忽视。

本章小结

本章主要从标注效果、用户体验和标注效率三方面选取指标,用户体验包括易用性、舒适度、帮助性、整体满意度、使用意愿5个指标。所获得的结论和发现总结如下:

(1)标注效果

从标注结果来讲,采用打分标注和一维可视化标注方法不会给用户的标注结果带来干扰,同时三种标注方法会给用户对图像情感的认知带来差异。同一用户对同一图像维度标注时,采用三种标注方法用户对情感的认知之间又具有关联性。这些都说明打分标注和一维可视化标注方法的标注结果是相互差异并且有效的。而多维可视化标注方法因为给用户带来较大的认知困难,不同用户对同一图像维度标注的标注结果差异显著。可见,用户对图像的认知受到人机交互方式的影响,多维可视化标注方法还需很大程度的改进,在减轻用户认知负担的前提下才能带来较为实际有效的标注效果。

(2)用户体验

从用户体验来讲,打分标注方式是现实生活中最常见也是目前应用最广泛的强度标注方法,在用户体验方面,易于被用户接受,并且能够较好地帮助用户完成标注任务。不论是在用户体验方面还是在标注效率指标上,打分标注方法都具有很好的表现。然而,这种方法要求用户将主观情感直接量化为客观数值,因此,虽然用户最愿意使用该方法,但是无法忽略自身在标注情感语义这种高层语义上的劣势。在实际应用时,可以加入可视化的观察元素,通过支持图像观察等功能来降低打分标注在图像情感标注时给用户带来的认知负担。

采用一维可视化标注方法,用户可以通过为图片在一维空间中安排位置的方式来标注图像情感,避免了将图像情感直接量化给用户带来的认知困难。同时,用户使用一维可视化标注方法一次只对一幅图像的一个情感维度进行标注,不存在不同维度的转化问题。因此,一维可视化标注方法在各项用户体验指标中都有较好的表现,尤其是帮助性和整体满意度方面。

多维可视化标注基本方法在应用时涉及降维的问题,并且同时涉及多个情感维度的标注,给用户带来了认知困难。在实际应用时,若考虑将该方法广泛应用,应充分考虑到用户的认知能力,简化交互方式,对标注方法的降维方式及实现方式加以改进。同时鉴于用户对多维可视化标注方法的两极化评价,可以将现有的基本方法应用于社会化标注的个性化支持部分,供用户选择,满足用户的个性化标注需求。

从一维可视化标注方法的用户体验情况来看,帮助性是用户对图像标注方法满意的关键影响因素。用户感知到的标注方法帮助性与整体评价是密切正相关的。在易于认知和使用的情况下,可视化标注方法能给用户的图像情感标注带来更好的体验效果。由用户体验角度也可以看出,可视化标注是图像情感标注的有效手段。

(3)标注效率

从标注效率来讲,用户采用三种标注方法标注图像情感的时间分布在不同的时间段内,这是由具体的界面设计及用户体验情况决定的。采用一维可视化标注方法标注图像情感,用户使用的时间最长,然而这种方法也是用户体验效果最好的。可见,用户体验效果良好的标注方法,用户能够对图像标注产生持续兴趣,有较高的使用意愿,因此用户会为了追求较好的标注效果而接受较长的标注时间。因此,在标注方法实现时,不需要刻意追求用户标注时间的最小化。

另外,目前的研究工作还存在许多不足,需要完善和改进,主要有以下四点:

(1)标注方法评价中干扰因素较多。为使对标注方法的评价具有实际应用的意义,而非仅仅停留在简单的标注方法本身的评价上,在实验界面的设计中加入了能够辅助用户标注的观察功能。然而观察功能的提供,也对标注方法的评价带来影响。在打分方法的界面中没有提供图像观察的功能,因此,在3个标注方法对比时,可能会影响用户体验、标注效率和标注结果的评价。另外,因为标注方法需要具体的实现环境,由界面设计风格、页面布局、图像展示、页面色彩等给用户带来的体验,也会影响用户体验。

(2)标注方法比较中关于用户体验的信息不够充分。分析用户体验是通过实验后问卷来获取数据的,能够获取用户对标注方法的真实感受。但是如果在用户采用每一种标注方法完成标注后,针对标注方法的用户体验对用户进行访谈,在采用三种标注方法完成所有标注任务后,针对三种方法用户体验的比较对用户进行访谈,就可以获取更多的用户体验信息,使分析更为充分。

(3)分析的理论基础不够充分。这里关于标注结果组内一致性的判断是建立在图像强度有一确定的强度值这一假设的基础上的。实际上,因为一些特殊图像的语义内容本身就较为模糊或易引起争议,不同的用户对图像情感强度的标注存在较大差异也属于正常现象。

(4)研究样本代表性不足。本研究进行用户实验,召集的被试者均是武汉大学的学生,虽来自于19个学院,但是毕竟被试者的范围是在同一所高校之内,并且职业都是学生,因而,存在代表性不足的局限。

在本研究基础上,下一步可以在以下几个方面开展研究:

(1)标注方法的改进完善以及在Web2.0环境下社会化标注方法的应用。在标注方法评价比较中,我们发现了方法存在的问题,接下来,需要针对问题进行标注方法的改善。社会化标注作为Web2.0环境下的一种信息组织方法,在实际应用时还要考虑真实的网络环境。因此,接下来需要改进社会化标注方法的实现系统,在真实的Web2.0环境下开放原型系统网站与数据集提供给网络用户使用,通过监测系统与用户体验评价指标进行反馈与优化。

(2)完善标注结果整合算法,建立社会化图像标注数据集。研究标注方法的目的是赋予图像有效的情感标注值。接下来需要采用三种标注方法获取大众对图像情感的标注结果,建立社会化图像标注数据集。对于具有较为一致标注结果的图像,可以采用统计均值等作为图像情感强度标注值;对于情感标注结果较为分散的图像,可以采用聚类等方法为图像添加多个情感标签。在这些过程中还可以结合模糊数学的方法。

（3）通过检索实验来检验社会化图像标注数据集质量。在图像检索时,令用户满意的检索结果必然是与用户查询时使用的检索词在语义上高度相关的。图像语义检索效果可以评估社会化标注是否有利于缩减图像底层特征与高层语义之间固有的"语义鸿沟"。因此,下一步需要分别整合用户采用三种标注方法对图像的标注结果,构建检索系统,通过用户对检索效果的反馈来检验采用各标注方法用户是否能够有效地表达对图像语义的理解。

第八章 图像语义可视化交互标注耗时研究

随着互联网技术的日益更新及以 Web2.0 为代表的交互应用的迅猛崛起,网络信息时代的信息资源正逐渐从单一的文字类型转向多元化的多媒体资源,如文本、声音、图像及视频等,图像作为多媒体资源中的一类,已逐步成为互联网中重要的传输媒介之一,使用户与计算机系统之间方便有效地进行图像语义交互,已成为一个待研究的重要问题。为了探究其内在规律,本章基于自主构建的图像可视化标注平台,针对图像标注中影响用户标注耗时行为的因素展开研究,以拓宽图像标注中的研究方法及研究思路,同时归纳一些有趣现象并揭示一些有用规律。

本研究遵循提出问题、分析问题及解决问题的研究思路,从用户标注行为角度入手,利用已有的可视化标注研究平台开展用户标注图像情感的实验,通过定量方法来研究影响用户图像情感标注耗时的潜在因素,分析各因素影响下标注耗时的统计规律,并从定性角度对用户产生这些行为背后的原因做出解释,为图像用户信息的挖掘、个性化推荐标注及可视化标注平台的优化等应用提供借鉴。

第一节 引言

一、研究背景及意义

(一)研究背景

随着互联网技术的快速发展及以 Web2.0 为代表的交互应用的迅猛崛起,网络信息时代的资源正逐渐从单一文本向文本、声音、图像及视频等多媒体的方向发展。图像资源作为多媒体资源中不可或缺的组成部分,因其具有直观易懂的内容信息、不受语言环境限制等优点受到广大用户的喜爱,艾瑞咨询 2011 年 iUserTracker 监测报告显示,用户的图片搜索请求量在垂直类搜索项目中跃居第二位,达到 14.76 亿次①,而 2004 年的中国互联网络信息资源数量调查报告显示,按网页的内容分类情况来看图像占比高达 98.81%,此外,移动社交及图像管理类应用的不断革新更是推动了使用图片分享等功能用户基数的快速增长,这说明图像正逐渐成为人们表达需求及传递信息的有效载体,用户的图片搜索需求趋于扩大化。随着计算机技术的发展,对图像的处理、分割、检索技术等研究有了深入发展,有效管理、组织和利用图像信息越来越受专家和学者的重视,及时准确地从海量图像中检索到所需的信息资源成为自 1970 年以来备受大家关注的课题,而人机交互等技术的发展及对图像情感语义研究的逐渐深入,使得从用户吸收信息角度挖掘图像信息资源的特征成为重要研究趋势。

目前,图像信息资源管理主要集中在图像检索方面,而图像标注作为图像检索的基础工作同样备受关注,常见的图像标注方式包括两种:一种是依靠用户认知实现的基于文本关键词的图像标注方式,例如 Yupoo.com、Flickr.com 及百度图库等图片管理网站,首先采用相关文本、关键词对图像的属性进行标引,然后利用文本检索的方法实现对图像检索的功能,这种图像组织与检索的方式直观易懂,但存在图像标注词与用户提问检索词之间的不一致,很大程度上会导致低的图像检索查准率;另一种是借助特定模型方法实现对图像内容的自动标注方式,当前商业图片检索引擎采用的做法是:首先,对训练图像集中的图像底层视觉特征进行特征值抽取,包括颜色、形状和纹理等,通过对图像语义内容的分析建立图像视觉特征与图像内容的共生模型,继而完成对待标注图像的自动标注任务,然后用户可以通过提供待检索图像,获取系统返回的一系列特征相似的图像,这在一定程度上实现了对图像底层视觉特征的检索,但该标注方法往往会造成图像底层特征与高层语义之间的不相匹,存在严重的语义鸿沟问题。Enser 等人在 2007 年撰文指出,现有

---

① 艾瑞咨询［EB/OL］.［2012 – 03 – 10］. http://search. iresearch. cn/14/20110831/148806. shtml.

自动图像标注模型及方法均存在根本性的语义鸿沟问题①,而且,随着用户图像查询需求的复杂化及语义的多元化,在实际应用中的用户体验往往也较差。

社会标注(social tagging)作为一种新的网络信息组织方法,自产生起就得到研究者的普遍关注及重视,它也常被称为大众分类法(folksonomy)、社会分类法(social classification)或协同过滤(collaborative tagging)。网络应用服务如博客、维基、微博、书签工具等利用社会标注方法使用户可以对这些信息资源自由添加标签关键字,达到分类共享的目的。此外,用户的浏览、组织及检索图像信息资源的行为方式也将受到极大的影响,越来越多的用户不再仅仅是网络信息资源的消费者,同时也成为网络信息的生产者,他们正从被动地接受网络信息向主动创造网络信息资源发展,这种互动方式使得用户的主导性更加突出。报告显示②,截至2014年7月,我国的网民数量高达6.32亿,手机端的用户占比高达83.4%,互联网覆盖率达到46.9%,而中国网民每周的人均上网时长达25.9小时,并呈现逐年上升趋势,大规模的网民蕴含着大量的网络行为,网络信息行为已成为用户行为中的重要组成部分,社会标注中的网络信息行为更是呈现出模糊性、多元性以及不确定性。目前,已有的商业应用如Flickr.com、Topit.me以及Photo.net等网站通过社会标注的方式已经积累了大量的已标注图像,在这些有关图像标注系统的研究背后,更多的学者开始致力于研究用户在图像标注系统中的标注动机、标注行为、标注过程及标注结果等,但鲜有关于可视化标注环境下的用户标注行为及标注时间的研究,这些日益突出的热点问题促使学者不断探寻用户使用图像资源的行为方式③。

本章在图像语义鸿沟问题及用户信息行为研究的背景下开展研究,思路是:加强图像信息资源的应用研究,不仅需要对相关领域如何有效地提高图像资源标注的正确性及检索的准确性等技术进行研究,还需要重视用户在使用过程中的用户信息行为效率,明确影响用户在与标注系

① Enser P G,Sandom C J,Hare J S,et al. Facing the reality of semantic image retrieval[J]. Journal of Documentation,2007,63(4):465—481.

② 第34次中国互联网络发展调查报告[EB/OL].[2014-06-11].http://www.cnnic.net.cn/hlwfzyj/hlwxzbg/.

③ Yoon J. Towards a user-oriented thesaurus for non-domain specific image collections[J]. Information Processing & Management,2009,45(4):452—468.

统交互体验中的种种潜在因素,分析用户信息标注行为背后的真实想法与诉求,以促进数字图像信息资源整体应用水平的提高,加快社会信息化进程。

（二）研究意义

本章从用户的图像情感可视化标注行为角度出发,利用搭建的图像可视化交互标注研究平台来探究用户在图像标注过程中的耗时行为及影响因素,丰富了现有的图像标注理论与应用,具有一定的研究意义,具体如下:

理论上,首先,明确图像可视化标注耗时的研究含义,为深入研究图像标注行为奠定基础;其次,探索影响用户图像可视化标注耗时的潜在因素,开拓用户图像标注行为的研究思路,推进图像可视化标注的研究进展;最后,从定量与定性的角度阐述影响因素对用户标注耗时趋势变化的影响及其原因,丰富用户标注行为的研究方法,推动图像标注研究从客观内容层次向主观体验层次迈进。

实践上,图像标注行为研究是建立良好的图像标注系统的关键所在,是完善、推进图像标注系统研究的重要思想启蒙,本章主要着眼于图像可视化标注时间的研究,宏观上,一是有利于促进图像标注中标注效率和利用效率的改善,更好地深化用户的图像标注及检索体验;二是有利于提升图像标注系统的管理水平与服务质量,促进图像标注由底层特征向高层情感语义标注方向发展;三是有利于提升现有图像标注系统的交互手段,促进 Web2.0 环境下社会及行业的和谐发展。微观上,一方面探索并实证了可能存在的影响用户图像标注时间的因素,为网络环境下图像可视化标注系统的设计与开发提供思路及参考点;另一方面,分析不同因素影响下的用户标注时间变化趋势,为图像可视化标注下个性化推荐提供研究契机,可极大地降低用户的标注负担和标注时间。

二、研究现状

（一）图像标注的发展现状

图像标注是随着图像信息资源检索需求的变化而不断变化发展的,简而言之是为图像添加合适的关键词或标签,在当前图像信息资源剧增的情况下,如何准确高效地为图像添加标注成为当前的研究热点。

基于文本的图像检索(text-based image retrieve,简称 TBIR)技术早在 1978 年就已经问世,该方法要求人工预先对图像内容进行文本映射和标识,然后利用文本检索等技术实现对图像的检索任务,如 Google、MSN、Yahoo 及中文图片搜索引擎等商业化图像检索系统均采用过这种标注方式,但是人们很快发现这种人工标注理论难以适应图像信息资源的迅速增长,且图像检索结果往往难以达到用户预期,于是学者试图直接从图像自身特征进行检索,以实现理论与方法的突破。为了克服 TBIR 的不足,到 20 世纪 90 年代,学者提出了基于内容的图像检索(content-based image retrieve,简称 CBIR),即根据图像本身所包含的视觉特征如颜色、纹理、形状等特征信息,计算出表示图像的特征向量,然后利用图像的多种特征进行相似性查询比对,目的是降低传统图像管理系统中纯手工建立文本映射方法的负担,这在某种意义上也为自动图像标注开辟了道路。随后,以 CBIR 为代表的图像检索研究成为近年来计算机视觉、模式识别等领域关注的研究重点。近年来,Quaero、Google 和 Yahoo 等都投巨资于图像检索的研究与开发中,如 Yahoo 收购图像分享交换平台 Flickr、MS 投资开发的 Bing 搜索等,国内商业公司开发并投入试运行的 CBIR 有百度公司的识图和阿里巴巴的淘淘搜。

尽管基于内容的图像检索研究取得了丰硕的成果,但是其检索效果和方式仍然不能令用户满意,究其原因,在于图像的低维视觉特征与用户阐释图像时使用的高维语义概念之间存在明显差异,即"语义鸿沟"现象,因此图像的低层视觉特征不能完全满足用户的查询意图;查询越复杂,需要的图像越多,用户越难表达其检索需求;此外,用户更习惯于提交待检索目标对象的名称或者相关的语义描述作为检索关键词,而不是提交一幅完整图像。

为了弥补基于内容的图像检索的易用性缺陷,研究者试图在图像与图像语义之间建立联系,利用图像的自动语义标注方法实现对图像语义信息的标注,从而在语义层次上对图像搜索做出支持①,因此,基于语义的图像检索很快成为当前被广泛重视的研究热点,具有理论与实践的双重价值。Szummer 等人曾根据图像的低层特征自动为图像场景添加户内

---

① 乔荣华,周明全,耿国华.基于语义分类的文物图像标注研究[J].计算机技术与发展,2007,17(7):200—220.

或户外这一高层语义概念①,Mori 等人随后提出了一个在图像与语义概念之间建立映射关系的共生模型②,该模型奠定了自动图像标注领域研究的基石。随后,研究者根据该模型做出一定的改进和完善,一般是通过对用户提供的已标注图像集进行机器学习,建立图像语义与视觉特征空间的关系模型,并用该模型标注其他图像的语义,进而支持对图像的语义检索。随着机器学习的不断发展,包括分类器模型、相关模型等在内的学习模型已被广泛应用在自动图像标注领域中。

图书情报领域研究人员也一直非常重视图像检索与标注理论方法的相关研究。早在 2001 年,李向阳就对图像检索的 3 个发展阶段及主要研究技术进行了详细和全面的论述,指出目前图像检索研究中存在的主要问题以及今后的研究方向③。何立民与万跃华则在 2002 年研究了数字图书馆中基于内容的图像检索,并具体研究了基于颜色特征的图像内容检索技术④。从 2005 年开始,周宁⑤、熊回香⑥等人研究了网络环境下的图像信息资源检索技术。黄崑与赖茂生于 2006 年关注到图像的高层情感语义问题⑦。国际学术期刊如 JASIST 也于 2001 年发表 A. M. Tam 等人对图像进行结构化语义描述与检索的技术方法研究⑧,Zhang Dengsheng 等人则于 2011 年对自动图像标注技术进行全面综述⑨;从 2006 年开始,自动图像标注已作为一个独立研究对象为图书情报学领域国际研

① Szummer M,Picard R W. Indoor-outdoor image classification[C]//Proceedings of the IEEE International Workshop on Content-based Access of Image and Video Databases,1998:42—51.

② Mori Y,Takahashi H,Oka R. Image-to-word transformation based on dividing and vector quantizing images with words[C]//Proceedings of the Seventh ACM International Conference on Multimedia,ACM Press,1999:405—409.

③ 李向阳,庄越挺,潘云鹤. 基于内容的图像检索技术与系统[J]. 计算机研究与发展, 2001(3):344—354.

④ 何立民,万跃华. 数字图书馆中基于内容的图像检索关键技术[J]. 中国图书馆学报, 2002(6):38—42.

⑤ 周宁,杨传志,吴佳鑫. 图像索引与检索的 XML 方法[J]. 现代图书情报技术,2005(9): 32—35.

⑥ 熊回香. Internet 上的图像信息检索技术[J]. 情报学报,2005(2):222—227.

⑦ 黄崑,赖茂生. 以用户情感为线索的图像检索研究[J]. 情报科学,2006(9):1395—1399.

⑧ Tam A M,Leung C H C. Structured natural-language descriptions for semantic content retrieval of visual materials[J]. Journal of the American Society for Information Science and Technology (JASIST),2001,52(11):930—937

⑨ Zhang D,Islam M M,Lu G. A review on automatic image annotation techniques[J]. Pattern Recognition,2012,45(1):346—362.

究人员所重点关注①。

虽然自动图像标注研究的初衷是解决图像检索中的语义问题,但 Enser 等人 2007 年的文章表明自动图像标注技术并不能满足用户的语义检索需求,即存在"语义鸿沟"现象②,涉及的语义层次越高,标注的效果就越差,这是一个维的诅咒问题。截至目前,学术界也没有一个被广泛接受的已标注图像库,而图像资源标注的应用需求不断向高层语义与大众化方向发展,理论不足与现实需求的矛盾日益突出,迫使研究者不断去尝试新的解决方案。

为了解决自动图像标注不足的问题,研究人员从多学科角度进行基础研究。在计算机语义理解与用户认知等方面,Chang 等人③研究指出人工标注中要求用户准确地将其感性认知转化为理性的语义认知并用语义词汇表达,用户的认知负担大;Enser 等人研究表明④,计算机自动标注模型采用过于简单化的理解方式取代了用户对图像的复杂认知模型,因此它并不能友好地表达用户对图像的理解概念的形成过程。在用户对图像语义的认知差异方面,Cabeza 等人于 2000 年在图像认知方面的基础研究表明图像感知和语义理解位于大脑的不同控制区域,二者在认知方式上存在差异性⑤;而 Damasio 等人的研究显示用户在认知感性概念时与使用词语检索的大脑活动时不同⑥,用户寻找相似图像时只使用感性概念而不考虑语义词汇,其认知负担相对较小;曹梅的研究也证实用户对图像认知负担较少⑦;Iris Xie 通过对人机交互检索的研究指出,从用户认知习惯出发进行交互设计,能很好地促进人机间的沟通有效性⑧,用户习惯于挑选相似图像,或为词语挑选合适图像,而不是给图

---

① Lee C Y, Soo V W. The conflict detection and resolution in knowledge merging for image annotation[J]. Information Processing & Management,2006,42(4):1030—1055.

②④ Enser P G B, Sandom C J, Hare J S, et al. Facing the reality of semantic image retrieval [J]. Journal of Documentation,2007,63(4):465—481.

③ Chang S K, Yan C W, Dimitroff D C, et al. An intelligent image database system[J]. IEEE Transactions on Software Engineering,1988(5):681—688.

⑤ Cabeza R, Nyberg L. Imaging cognition II:An empirical review of 275 PET and fMRI studies [J]. Journal of Cognitive Neuroscience,2000,12(1):1—47.

⑥ Damasio H, Tranel D, Grabowski T, et al. Neural systems behind word and concept retrieval [J]. Cognition,2004,92(1/2):179—229.

⑦ 曹梅. 网络图像检索行为与心理研究[J]. 中国图书馆学报,2011(5):53—60.

⑧ Perez-Carballo, J, Xie I, Cool C. Design principles of help systems for digital libraries[J]. Academy of Information and Management Sciences Journal(AIMSJ),2011,14(1):101—135.

像加上合适的描述。以上研究结果暗示,自动图像标注中的语义鸿沟问题源自于现有标注理论没有按照用户对图像的感性认知进行图像语义处理,因此,要加强用户标注及检索的良好体验性,应从符合用户认知习惯的角度出发进行图像语义标注。

（二）图像标注方法及应用现状

自从图像标注问题受到广泛关注以来,各种算法模型及实际应用大量涌现,应用类型也是千差万别。根据图像标注是否自动化可划分为手动标注和自动标注两类。依据图像标注的主体不同,手动标注方法又可分为两类:专家标注和大众标注。依靠专家经验进行图像标注是最直接有效的方式,但是因其工作量大且适用面窄并不能广泛应用,因此,大量网站和组织采取大众标注的方式鼓励广大网络用户为自己感兴趣的资源添加标签。例如,MIT 提供了一个 LabelMe 工具使用户可以对图像多方面的特征进行标注,ESP Game 让用户在游戏的过程中对图像进行标注,而图片共享网站 Flickr 则允许用户对图片进行标注或评论。然而,添加标签的方法只是大众标注中的手段之一,另外还有一种是浏览的方法,它要求用户浏览图像时判断每个图像与给定关键词的相关程度。这种浏览方式,目前的研究主要有两个方面:一是探讨如何使这种浏览方式更好地支持图片的标注,如 Wenyin 等人[①]提出使用半自动图像标注方式,即从目标关键词开始,以用户通过浏览判断进行反馈,从而逐步更正图像标注;Yan 等人[②]通过用户实验证明,使用混合标注方式,即以浏览的方式标注频繁关键词而以添加标签的方式标注其他关键词可以减少标注时间。另一方面是寻找最佳的图片布局方式,比如,一些照片浏览器,如 PhotoFinder[③] 和 PhotoMesa[④],它们主要通过人工标注和简单的半

① Wenyin L,Dumais S,Sun Y,et al. Semi-automatic image annotation[C]//Proc. of Human-computer Interaction-interact. [S. l.]:[s. n.],2001:326—333.

② Yan R,Natsev A,Campbell M. An efficient manual image annotation approach based on tag-ging and browsing[C]//Workshop on Multimedia Information Retrieval on the Many Faces of Multimedia Semantics. ACM,2007:13—20.

③ Kang H,Shneiderman B. Visualization methods for personal photo collections:Browsing and searching in the photofinder[C]//IEEEInternational Conference on Multimedia and Expo (Ⅲ),2000:1539—1542.

④ Bederson B. Photomesa:A zoomable image browser using quantum treemaps and bubble maps [C]//Proceedings of the 14th Annual ACM Symposium on User Interface Software and Technology. ACM Press,2001:71—80.

自动标注技术来收集图片有限的注释(如时间、地点和事件),这些注释被用来生成有意义的图片布局方式,从而对某些特定类型的图片浏览与检索(如与时间相关的搜索)起作用,文献①证明在许多图片浏览器中使用这种分层布局的方式来呈现图片是十分有效的。可以看到,对这种使用浏览的方式进行图像标注的用户研究主要是关注标注的效果及系统的改进,很少有对用户的标注耗时及行为模式进行研究,实际上,对于一个标注系统来说,除了追求更好的标注效果,更重要的是要使标注系统能更好地符合用户在标注时的行为习惯,这样才能被用户所接受。

随着图像数量的急剧增长,单凭手动标注是不能满足要求的,这也推动了图像自动标注方法的研究②。自动图像标注是图像检索研究领域中极具挑战性的工作,是实现图像语义检索的关键所在。通过图像的自动标注技术,可以将图像检索问题转化为相当成熟的文本检索问题,在一定程度上缓解图像增长带来的检索窘境。总的来说,可以将常用的自动图像标注方法分为两大类,一类是基于全局特征的自动图像标注方法;另一类则是基于区域划分的自动图像标注方法,这也是当前的主流方法之一。另外,根据语义模型学习算法的不同,又可以将基于区域划分的自动图像标注方法进一步划分为基于分类的标注方法、基于概率关联的标注方法以及基于图学习的标注方法③,但是,这些自动标注模型算法并未能从根本上改善图像语义标注的效果。

利用文本标注或机器自动标注最终是为了实现对图像语义的标注,因此,从图像语义标注方法的发展阶段来划分,陆泉等人将图像语义标注方法分为以下四类:基于文本的人工图像标注方法、自动图像标注方法、结合相关文本的 Web 图像标注方法以及大众标注方法④。郭乔进等人曾对基于关键词的图像标注的一些常用的算法和模型进行了综述,包括传统的基于分类的方法、主题模型以及利用 Internet 中海量的数据来

---

① Yan R,Natsev A,Campbell M. An efficient manual image annotation approach based on tagging and browsing[C]//Workshop on Multimedia Information Retrieval on the Many Faces of Multimedia Semantics. ACM,2007:13—20.

② 郭乔进,丁轶,李宁.基于关键词的图像标注综述[J].计算机工程与应用,2011,47(30):155—158.

③ 鲍泓,徐光美,冯松鹤等.自动图像标注技术研究进展[J].计算机科学,2011(7):35—40.

④ 陆泉,韩阳,陈静.图像语义标注方法及其语义鸿沟问题研究进展[J].图书馆学研究,2014(10):2—6.

辅助图像标注等①。张小年、卢祖友、祝静文、鲍泓等人则从不同的角度对常用的自动图像标注算法及模型进行归纳与总结②,如相关模型、概率模型及主题模型等,这些技术已被运用到典型的图像检索系统中,例如,IBM 的 QBIC、MIT 的 PhotoBook、哥伦比亚大学的 VisualSEEK、USCB 的 Netra 和 UIUC 的 MARS。而结合相关文本的 Web 图像标注更多的是被推广到商业运用中,例如,Google、百度、Yahoo 等商业图像搜索引擎对于网页图片的标注常常会结合 Img 标签中的 alt 属性进行解读,或者是结合网页的上下文相关文本进行语义分析等。

　　近年来,一些研究人员试图将人工图像标注模型推广到社会网络中,这便是 Web2.0 的应用典范——大众标注法,Dye 于 2006 年发文声称将社会标签应用于网络图像资源描述的可行性③。现有的商业应用,如 Flickr. com、PhotoSIG. com、Yupoo. com、Topit. me 以及 Photo. net 等,已经使用该标注方式实现了对大量的图像的标注任务,这些网站的图像标注数据也常被某些学术会议机构作为自动图像标注研究的对象。但是,利用社会标注方式对图像进行标注会存在一些固有问题,例如随意性的表达会导致标签语义的不规范性,错误的标签定义会导致精度的缺失等,这些问题会带给用户极差的图片搜索体验及检索效果,同时也会增加图像资源管理方面的负担④。Rorissa 通过实证发现用户添加的标签与专家赋予的关键词存在不一致性,建议将大众标注与传统的受控词汇标注结合使用,两者取长补短,实现图像语义层次上的良好标注⑤,不过,这些标注模型方法均是从可用性角度来设计开发的,并未将用户的易用性及使用体验纳入考虑,因此,在实际标注过程中往往会带给用户极大的认知负担。

---

①　郭乔进,丁轶,李宁. 基于关键词的图像标注综述[J]. 计算机工程与应用,2011,47(30):155—158.

②　卢祖友. 图像语义标注方法研究及其系统实现[D]. 电子科技大学,2009.

③　Dye J. Folksonomy:A game of high-tech(and high-stakes)tag[J]. E-Content,2006,29(3):38—43.

④　Sun A,Bhowmick S S,Nguyen K T N,et al. Tag-based social image retrieval:An empirical e-valuation[J]. Journal of the American Society for Information Science and Technology,2011,62(12):2364—2381.

⑤　Rorissa A. A comparative study of flickr tags and index terms in a general image collection[J]. Journal of the American Society for Information Science and Technology,2010,61(11):2230—2242.

（三）图像标注行为及研究方法现状

当前图片分享网站、知识共享社区及社会标注网站等受到大众用户的普遍认可,国内外对此类标注方式下的用户标注行为也进行了大量的科学研究,总的来说主要集中在标注动机、标注模式、标注过程、标注结果以及影响用户标注行为的因素分析等方面。大多数关于用户图像标注行为的研究是对社会标注系统中用户添加标签的行为进行分析,这样的研究主要分为三类:

（1）研究用户的标注动机。如 Trevino① 和 Maarek 等②的研究显示,标签标注可以帮助用户辅助记忆和内容检索,Zollers③ 认为标注的动机主要有组织知识、获取注意、表达观点等,Kipp④ 将时间管理、自我组织也归为标注的动机。Shilad Sen 比较全面地总结了用户的标注动机,他归纳出标注行为经常暗含的五种动机⑤:自我表达(self-expression),组织(organizing),学习(learning),寻找(finding)以及决策支持(decision support)。

（2）研究影响用户选择或添加标签的因素。Bar-Ilan 等人曾通过实验证实不同信息背景下的用户在进行图像标注时的表现不同⑥,随后Golbeck 等人也通过实证发现不同类型的图像会影响用户的标签选择行为⑦。Shilad Sen 分析了可能会影响用户标注的 3 个因素:①个人倾向(personal tendency),即用户会基于过去的标注行为来使用标签;②社群

① Trevino E M. Social bookmarks: Personal organization and collective discovery on the Web. Unpublished Masters, University of Illinois at Chicago, 2006.
② Maarek Y S, Marmasse N, Navon Y, et al. Tagging the physical World Wide Web 2006: Collaborative Web Tagging Workshop, Edinburgh[EB/OL]. http://www. ibiblio. org/www_tagging/2006/21. pdf.
③ Zollers A. Emerging Motivations for Tagging: Expression, Performance and Activism [EB/OL]. http://www. ibiblio. org/www_tagging/2007/paper_55. pdf.
④ Kipp M E. Exploring the context of user, creator and intermediate tagging[EB/OL]. http:// www. iasummit. org/2006/files/109_Presentation_Desc. pdf.
⑤ 杨青云,裴雷,吴克文. 国外社会化标注系统中标注行为研究现状[J]. 情报杂志,2009, 28(11):185—188.
⑥ Bar-Ilan J, Zhitomirsky-geffet M, Miller Y, et al. The effects of background information and social interaction on image tagging[J]. Journal of the American Society for Information Science and Technology, 2010, 61(5):940—951.
⑦ Golbeck J, Koepfler J, Emmerling B. An experimental study of social tagging behavior and image content[J]. Journal of the American Society for Information Science and Technology, 2011, 62(9):1750—1760.

影响(community influence),即用户的标注行为会受到其他用户的影响;③系统内置的标签选择算法(tag selection algorithm)。

(3)研究标注系统中用户标签的分布情况,如文献①对 del.icio.us 在一段时间内标签的种类及其数量进行统计,发现与广义的齐普夫法则相一致的幂律表现,文献②对 Flickr 上的数据进行分析时也发现了同样的规律,此外,Wu Dan 等人实证表明在信息科学领域中的中西化标注标签存在明显的差异化分布趋势③,Shihn-Yuarn 等人则通过聚类标签时间序列来预测话题趋势等④。

网络图像资源的标注与检索是关系密切的两种用户行为,所以用户行为研究的方法也可以互相借鉴,目前对网络用户行为的调查研究方法主要有问卷法、实验法、观察法、日志分析法、出声思维法等。在国内,用户行为研究的方法大多为问卷法、日志分析法和实验法。如,卜小蝶⑤利用网络搜索引擎的检索日志记录来分析网络用户检索的行为特性,曹梅⑥借助用户实验分析用户在网络图像检索中的行为策略与行为倾向,胡昌平等⑦则利用问卷调查的方式揭示网络环境下高效科研人员的信息行为特征。在国外,这些方法也被广泛地应用,如 Villa 等人⑧使用日志分析法对多媒体搜索中的意识进行了研究;Cornelius 等人⑨在研究学生群体的协同信息检索行为时通过在网上发布在线问卷调查的方式来收

① Cattuto C. Semiotic dynamics in online social communities[J]. The European Physical Journal C-particles and Fields,2006(46):33—37.

② Marlow C,Naaman M,Boyd D,et al. HT06,tagging paper,taxonomy,Flickr,academic article,to read[C]//Proceedings of the Conference on Hypertext and Hypermedia. ACM Press,2006:31—40.

③ Wu D,He D,Qiu J,et al. Comparing social tags with subject headings on annotating books:A study comparing the Information Science domain in English and Chinese[J]. Journal of Information Science,2013,39(2):169—187.

④ Chen S,Tseng T,Ke H,et al. Social trend tracking by time series based social tagging clustering[J]. Expert Systems with Applications,2011,38(10):12807—12817.

⑤ 卜小蝶.台湾网络使用者检索行为探析[J].大学图书馆(台湾),1999,4(2):23—27.

⑥ 曹梅.网络图像检索行为与心理研究[J].中国图书馆学报,2011(5):53—60.

⑦ 胡昌平,贺娜,张俊娜.网络环境下高校科研人员信息查询行为的调查与分析[J].情报理论与实践,2008,31(2):223—225.

⑧ Villa R,Jose J M. A study of awareness in multimedia search[J]. Information Processing & Management,2012,48(1):32—46.

⑨ Cornelius I,O'farrell M,Bates J. Student information behaviours during group projects:A study of lis students in University College Dublin,Ireland[C]//Aslib Proceedings,[S. l.]:Emerald Group Publishing Limited,2009:302—315.

集信息。不过,近期的研究趋势是以实验法为主,辅以定性研究策略,如调查表、出声思维法、访谈等定性方法来深入分析用户在操作过程中的行为、原因和动机,如赖茂生[①]综合调查问卷的分析结果和用户参与对比试验法对用户在搜索中使用检索语言的几类影响因素进行分析;Iris Xie[②]设计实验对用户在数字图书馆环境下进行信息检索中的求助行为的类型及其影响因素进行研究时还使用了"Think aloud"方法。

三、概念界定

为了讨论的方便,这里对本章涉及的主要概念做如下界定:

(1)图像情感

指用户在浏览或比较图像时所表现出来的一种心理反应,是对客观图像事物的情绪体验,即图像向用户所传达的单方面情感语义,这里选取常用的 PAD 情绪模型理论作为研究图像情感标注的基础,用户将通过一定的方式对图像情感的 3 个维度(即愉悦度,唤醒度和优势度)进行可视化标注。

(2)可视化标注

不同于传统的文献标注、文档评注及添加标签注释等标注方式,本书采用的可视化标注方式是指采用符合用户认知习惯的感性交互方式为图像情感标签打分,用户不需要使用准确数值打分或语言描述图像传递的情感强度。

(3)标注耗时

标注时间作为一个客观数量常用来表示用户进行图像标注的时间点,它并不能很好地概括用户标注行为的持续时长特性,"标注耗时"一词表示用户完成标注一幅图像的 3 个情感维度强度所耗费的时间,可以直观反映用户标注行为的持续时长特性,同时也反映用户标注的时间开销过程的持续性,下文中可将这段标注耗时视为一个逻辑上的"时间单元"。

---

① 赖茂生,屈鹏.用户自然和社会属性对网络搜索中语言使用行为的影响[J].现代图书情报与技术,2008(7):56—59.

② Xie I, Cool C. Understanding Help Seeking within the context of searching digital libraries [J]. Journal of the American Society for Information Science and Technology,2009,60(3):477—494.

（4）标注行为

标注行为不仅包含用户在图像标注过程中的点击、拖拽、查看等可以被直接观察到的行为活动，而且包含图像标注中的用户认知过程、标注原因及标注耗时等不能通过直接观察获取的表面活动，例如，用户的标注耗时不能直接被观察，只能通过间接的计算获取。

（5）影响因素

影响因素指的是某些能够对标注行为施加作用并对其产生一定的质变或量变，且可以通过直接或间接的方式加以定量表示的客观实体。这种实体不一定是客观存在的，但必须能被观测，当某一因素作为自变量加入会明显引起因变量的改变时，就说明该因素是影响因素之一，例如用户的性别、教育背景等。

四、研究内容与方法

（一）研究内容

本研究目的在于探究可视化标注平台下影响用户完成图像情感标注所需时间的潜在因素，并有可能指出不同因素影响下的用户呈现出的图像情感标注耗时趋势分布及原因所在，以及在此过程中分析用户在不同标注模式下完成图像标注时的行为和想法。本章主体分为以下几个部分：

第一节是引言部分，首先介绍研究背景及意义，然后分析用户图像标注及其行为方法的研究现状，并对核心概念做出界定，提出研究内容、研究方法及创新点。

第二节对研究的相关理论基础进行阐述，包括对社会标注和可视化标注技术及应用的概述，图像用户信息行为研究，以及存在的图像特征分类等。

第三节对影响图像标注时间的因素进行分析，提出图像标注耗时影响因素模型，包括用户个体因素，图像内容因素及图像标注模式因素，指出不同的影响因素对图像标注时间有一定影响，并在文中提出研究假设。

第四节根据研究假设提出实验研究的方案，主要包括实验设计说明、实验数据的收集处理及实验数据分析方法等。

第五节对实验数据进行结果处理分析,并且对实验结果进行说明。

第六节主要探讨用户标注耗时行为背后的原因,并提出图像可视化标注的相关应用启示。

第七节回顾主体工作,并就其中存在的问题以及未来可供研究的方向做出展望。

(二)研究方法

采用的研究方法主要有文献分析法、问卷调查、实验研究法、统计分析法及出声思维法等。

(1)文献分析法。通过文献调研,分析图像标注的现状和研究进展,确定主要研究内容,同时,为模型构建提供一定的理论支撑。

(2)实验研究法。根据不同的标注模式,构建图像可视化标注研究平台,征集符合实验要求的被试者进行实验研究,在实验过程中结合使用"出声思维(Think aloud)"法。

(3)统计分析法。对实验得到的数据进行描述统计分析、非参数检验等多种统计分析方法以及必要的定性分析,探索变量间的相关关系,从多个方面对图像标注耗时进行比较。

(4)问卷调查和出声思维法。实验前的问卷是背景信息的调查,用于获取参与实验的被试者的基本特征信息;实验后的问卷主要用于对各标注模式使用的满意度进行调查。此外,在对用户标注时的动机原因进行分析时需要借助出声思维法了解用户标注时的想法,并对其产生的行为做出解释。

五、研究创新点

本研究的创新点主要包括以下 3 个方面。

首先,通过文献调研与理论分析,提出图像情感标注耗时影响因素模型,指出不同的影响因素对图像标注耗时有一定的影响,并通过实验验证不同因素影响下的图像标注耗时变化趋势。

其次,通过定量与定性的研究结合,分析不同因素影响下的用户标注耗时行为,总结出不同的标注耗时规律,并就其原因做出探讨分析。

最后,在实验中采用了主观与客观相结合的方法,其中,利用"Think aloud"方法获取可靠的用户思考过程信息,从而为了解用户的标注行为习惯及想法提供了参考依据。

第二节　研究的理论与技术基础

一、社会标注研究

（一）社会标注研究概述

社会标注（social tagging），又称大众分类（Folksonomy）或协同标注（collaborative tagging），被定义为"用户使用自己的词汇描述网络信息资源，是人们自发性定义的平面的非层级结构式标签分类，是基于用户的平面化标签分类机制"①。维基百科将其理解为"一种基于网络信息资源的标注方法，通过协同合作、开放标注实现网页、网络链接和在线图片的内容分类"②，即用户可以自由选择关键词对信息资源进行协作组织分类。Wu 等人③曾将标注表述为使用自由式的描述语（free-style descriptors）对资源进行标记，资源的类型可以是图片、视频等。社会标注是用户出于自发性的检索需求，对网络信息资源进行标注，赋予关键词而形成的标签分类组织体系，是一种 Web2.0 环境下自下而上的大众网络信息组织方式，与传统的信息组织体系相比，社会标注具有不受控、采用多维度标引、完全的自然语言及开放共享等特点，为用户带来了真正的去中心化、个性化和信息自主权④。因此，社会标注以其独有的特点和优势成为解决内容索引和资源分类的重要手段，其核心价值在于螺旋式的构建和发现新的网络资源，更为重要的是，用户自定义的标签可以被大众直接使用和检索，可以应用于任何一种网络资源上，社会标注的横空出世，唤起研究者的极大兴趣，它被认为是解决信息爆炸时代数据管理、组

---

① Folksonomy. http://vanderwal.net/folksonomy.html.
② Folksonomy. http://en.wikipedia.org/wiki/Folksonomy.
③ Wu H,Zubair M,Maly K. Harvesting social knowledge from folksonomies[C]//Proceedings of the Seventeenth Conference on Hypertext and Hypermedia,2006.
④ 魏建良,朱庆华. 社会化标注理论研究综述[J]. 中国图书馆学报,2009(6):88—96.

织和挖掘信息最有效的工具。正如 Golder 和 Huberman[①] 所说,对信息资源进行分类或仅仅是内容冗余繁杂等情况,协同标注(collaborative tagging)是非常有效的。

社会标注通常可分为狭义和广义两种类型,它是对用户添加标签行为的描述。从广义的角度来看,任何资源都可以被用户添加标引,一般情况下大量用户对同一资源进行标注,由于不同用户间存在知识结构和兴趣特点的差异性,所以即便是对同一资源,添加的标签也会五花八门,这样的系统如 Delicious;而从狭义的角度来说,通常只有资源的创建者或少数特定人群才能对其进行标注,如 YouTube 只允许用户对自己上传的视频进行标注,Flickr 只允许作者及其好友对自己上传的照片进行标注,这种情况下所使用的标签有时会有一些特殊的含义。标签与关键词的最大不同在于标签不受词汇表达的限制,而关键词通常只能由资源创造者或发布者赋予,用户与资源之间往往是多对多的关系,当多个用户对多个对象添加不同的标签时,标签就具有了社会性,它在用户及资源之间起到桥梁的作用,因此也就称为社会化标签。魏建良等人曾对社会化标注的优势与不足做出总结[②],指出社会标注具有大众性、个性化、易用性、开放共享性、社会协作性及平面非等级性等特征,对信息资源可起到标引发现的作用,但同时也指出标签语义的模糊性、歧义性及缺乏层次性也是阻碍其应用的关键所在。

社会标注的发展应用与互联网的进步也是息息相关的。从早期网站推广自定义标签的功能,到逐步发展为社会标注系统,并最终形成这种社会化的用户群体信息组织机制,于明杰等人将社会标注的发展归纳成 3 个不同的发展阶段[③]:①个体标注。自由归类,其基本原理是计算机根据已有的分类体系识别用户提供的标签将用户待收藏的资源进行分类整理,自动保存到不同的收藏页中;②个体标注。标签分类,它是实现标签层次化管理和快速分类识别的必经之路;③用户标注。自动聚类,现有的社会化标注系统内不同的用户针对不同的信息资源可以添加一到多个标签加以管理,相同的资源也有可能被多个不同含义的标签所标

① Golder S A, Huberman B A. The structure of collaborative tagging systems[EB/OL]. http://arxiv.org/ftp/cs/papers/0508/0508082.pdf.

② 魏建良,朱庆华.社会化标注理论研究综述[J].中国图书馆学报,2009(6):88—96.

③ 于明洁,王建军.浅析互联网社会标注的运作模式[J].云南财经大学学报(社会科学版),2012,27(4):67—69.

注,当标注系统中的标签积累到一定量时,系统便能够依据标签间的共现或语义关系实现标签的聚类。不难发现,社会标注是一种支持用户的数据结构,允许用户对任何资源添加标签进行自主分类,一个社会标注的集合包括资源的集合(被赋予标签的对象)、用户的集合(产生标签和标记资源的个体)及标签的集合(用于标记资源的自由文本或短语)①,因此,社会标注的概念模型可用式8.1所示:

$$F = \{U, R, T, Y <\} \qquad (式8.1)$$

其中,U、R、T 为有限集,U 是学习者集合,表示为 $U_I = \{U_1, U_2 \cdots U_i\}$,$i = 1, 2 \cdots I$;$R$ 是资源集合,表示为 $R_N = \{R_1, R_2 \cdots R_n\}$,$n = 1, 2, \cdots N$;$T$ 是标签集合,表示为 $T_M = \{T_1, T_2 \cdots T_m\}$,$m = 1, 2, \cdots M$;$Y$ 是用户、资源和标签之间的三重关系,表示为 $Y \subseteq U * R * T$;$<$ 是一个表示用户与其对应标签的上位词/下位词的关系,表示为 $< \subseteq U * T * T$,例如用户使用了标签 users,那么 $< \subseteq U * T_1 * T_2$,其中 $T_1 = users$,$T_2 = user$。

(二)社会标注系统及应用

社会标注作为一种新的网络资源组织方式,已受到很多商业公司及公共事业部门的重视,越来越多的网络资源,如图像、音视频、Web 页面、百科以及博客等,均得到标注与组织。随着用户对各类信息资源需求的不断提升,有关社会标注系统的研究也日益激增,国内外常见的社会标注系统如表8-1所示:

表8-1 社会化标注系统

类别	标注系统名称	应用领域	应用说明
多媒体类	YouTube	视频检索	视频上传、分发、展示、浏览服务
	56.com	视频检索	视频分享与个性化推荐服务
	Flickr	图片管理与检索	基于社群关系的图片服务分享网站
	Yupoo	图片存储与分享	图片发布、存储、分享及传播社区

---

① Marlow C, Naaman M, Boyd D, et al. HT06, tagging paper, taxonomy, Flickr, academic article, to read [C] //Proceedings of the Seventeenth Conference on Hypertext and Hypermedia. ACM, 2006:31—40.

续表

类别	标注系统名称	应用领域	应用说明
博客类	Weibo.com	媒体分享与传播	基于用户关系信息分享、传播以及获取的社交网络平台
	Blog	个人网络日志	社会媒体网络下传播个人思想,带有知识集合链接的出版方式
	43things	个人生活日志	全球最大的目标设定分享网站
书签类	Del.icio.us	网专门搜索器	网络上最大的书签类站点,提供了一种简单共享及分类网页书签的方法
	Citeulike	文献及书目检索	提供用于管理和发现学术引文的免费服务
	Connotea	在线参考文献管理	为科学文献提供了存储、标注及分享工具
图书馆	PennTags 2.1.1.1	学习资源检索	在线资源定位,组织与共享,个性化推荐
	LibraryThing	社会性编目网站	存储和分享编目及不同类型书籍的元数据
	Worldcat	个人图书馆	一个提供图书馆内容及服务的全球性网络,同时也是世界最大的联机书目数据库
	武汉大学图书馆	图书分类与检索	实现对馆藏目录、学术论文、电子图书期刊及 Web 资源的检索
其他类	Last.fm	音乐检索	利用集体智慧,提供个性化推荐、联系品味相近的用户、提供定制的电台广播及其他服务
	Espgame	游戏社区	将计算机不能完成的任务以游戏的形式众包
	Wikipedia	名词解释	一个自由、免费、内容开放的网络百科全书
	Amazon	电子商务	提供面向用户的个性化推荐服务

这些社会标注系统针对的标注对象不尽相同,但在实现上均符合大众标注的基本理论思想,用户可以通过添加标签关键词或注释等形式实现对资源的分类与检索应用。除此之外,还有与本研究标注对象相关的

图像分享网站如 Picasa、Bababian、Instagram、Topit. me 等,也都采取社会标注的方式实现对图片的组织与管理,方便用户从语义上对图片信息资源进行检索。总的来说,这些社会化标注系统常用的语义交互方式可分为两种:文本语义交互方式与非文本语义交互方式。其中,文本交互就是通过为资源添加文字的描述,如 Flickr 图片上传需要添加资源名字、资源说明、资源标签和资源评论等,而非文本交互则是通过非文字手段为资源添加特定信息,如 Yupoo 等提供用户喜欢、赞、收藏、一键转发\分享等按钮来表达用户对资源的特定兴趣,还有通过与地理位置服务的集成标识资源的位置信息等。文本交互方式相对于非文本交互方式能够表达更多内容,但产生的数据格式自由度高、缺乏规范,往往较难处理;而非文本交互方式相对于文本交互方式而言产生的数据格式更加规范、易于使用,但此类数据包含的信息往往较少,其利用价值有限,信息的分布规律也相对简单。本章从用户认知角度出发,借鉴社会标注的基本思想,提供符合用户图像认知习惯的感性语义交互方式进行图像标注,获取用户的实验数据,从而完成对用户图像标注耗时行为的研究。

二、可视化标注技术

(一)可视化与信息可视化

1987 年,美国国家科学基金会举办的可视化会议上首次正式提出可视化这一术语,这次会议对可视化的定义如下:可视化是一种计算和处理的方法,它将抽象的符号表示成具体的几何关系,使研究者能亲眼看见他们所模拟和计算的结果,使用户看见原本不可见的东西。这种方式为人们解读未知而又复杂的现实问题提供契机,方便研究者直白地看待新事物。可视化的目的是通过这种视觉的方法提供一种新的科学洞察分析方法,从而弥补现有科学分析方法的缺陷[1]。可视化一般可分为科学可视化与信息可视化两大类,其中与信息检索相关的属于信息可视化范畴。

信息可视化是在计算机的协助下,对数据的可见的、交互的表示,其关键是将数据用有意义的图形表示出来,例如标签云特效就是管理者将系统标签按其使用频率、使用时间等的大小或远近的方式进行展示,用

---

① Hansen C D,Johnson C R. The visualization handbook[M]. [S.1]:Elsevier Inc,2005.

户可以直观了解最近的热门话题等。如果再辅以实时动态的交互式视觉可视化形式,就更加能增强人们对信息的分析和洞察能力,人们可以通过交互操作,自主地对信息进行过滤、筛选,采用合适的方式来浏览信息,并发现规律,寻找解决问题的方法。信息可视化常被用于知识发现、信息理解、信息检索、数字图书馆及文献信息表示等多个领域。在情报领域,信息可视化技术被广泛应用在信息检索环境,其常用的可视化检索模型如表8-2所示,本章主要借鉴了多重参考点可视化模型来实现对图片的多标签标注任务。

表8-2 常见的可视化检索模型

	输入数据格式	坐标系	可视化语义框架	投影方式	可视化模式[a]	信息检索特征	模糊性[b]（歧义）
多重参考点可视化模型	文件—属性相关矩阵	定量表示	无固定语义框架	静态显式,非迭代投影算法	QB模式	能灵活改变参考点	存在
欧几里得空间模型	文件—属性相关矩阵	角度、距离直接由坐标系中定量的坐标表示	一个稳固的集合形状	静态显式,非迭代投影算法	QB模式	其信息检索模型的内部进程可在可视空间中表达	存在
探路者关联网络模型	对象—对象邻接矩阵	定性表示	网状型	动态隐式,迭代投影算法	BQ模式	依赖于一个已产生的最佳结构	存在
自组织图模型	对象—对象邻接矩阵	定量表示	网格型	动态隐式,迭代投影算法	BQ模式	它从单独的对象分布情况得到的语义图	存在

续表

	输入数据格式	坐标系	可视化语义框架	投影方式	可视化模式[a]	信息检索特征	模糊性[b]（歧义）
多维尺度模型	对象—对象邻接矩阵	定量表示	无固定语义框架	动态隐式,迭代投影算法	BQ模式	用于多维降维分析的数据与任何分布假设无关,能提供顺序数据、比率数据、间隔数据	存在

a. 可视化模式:QB模式(query-browse),即先查询后浏览;BQ模式(browse-query),即先浏览后查询。

b. 模糊是信息可视化中的一个重要问题,它产生于当对象由高维空间投影到低维空间时。一方面,模糊会误导用户,因为将高维空间中分离的对象/文件投影到低维空间中后,对象/文件之间可能会出现重叠。另一方面,模糊通过对象的重叠也可能会显露出一些有用的信息。当对象在可视化空间中重叠之后,这暗示对象之间有共同特性。

(二)可视化在图像标注中的应用

传统情报学研究在处理非结构化的用户感性信息时,特别是要进行计算机辅助处理用户感性信息时,存在信息获取与表达方面的障碍,往往要求用户用结构化的数值或文字方式进行间接的自我表达,缺乏直接的感性信息研究方法。可视化是支持用户与计算机系统感性交互的主要方法之一,目前已被成功结合到信息检索、数据挖掘等领域中,有效发挥了用户的感性信息处理能力。J. Donath 于 2002 年在其人机界面研究中明确提出"语义可视化(Semantic visualization)",并指出语义可视化方法对辅助用户理解复杂信息的重要性[1]。在可视化检索领域,Zhang 等人于 2005 年开发了可视化检索网页的软件工具 WebStar[2],Yang 等人

---

[1] Donath J. A semantic approach to visualizing online conversations[J]. Communications of the ACM,2002,45(4):45—49.

[2] Zhang J,Nguyen T. WebStar:A visualization model for hyperlink structures[J]. Information Processing & Management. 2005,41(4):1003—1018.

2006 年有效利用用户感性认知能力进行可视化联机信息检索①，但是这些研究均遵循"先组织、后检索"的传统模式，不涉及可视化语义标注问题。随着可视化检索的不断发展，多媒体可视化标注成为新的研究趋势，已有少量图像可视化语义标注的相关实验研究成果发表。其中，Stefanie 与 Wolfgang 指出：在交互中，使用滚动条图形表示某一图像情感标签对应的情感强度值，用户通过操作滚动条来判断图像情感，结果用户群对图像复杂情感判定的准确性有明显提高，体现出群体一致性②。Yoon 在 2010 年使用语义差异法和情绪评价法对图片带给人们的情感反应进行定量测量分析③，得出了支持 Stefanie 和 Wolfgang 的研究结果的结论，这些实验证明了采用可视化方法从用户感性交互角度解决图像标注问题的有效性。

本书为了研究用户的图像可视化标注行为影响因素，提出了两种新的图像标注模型：单标签可视化标注模型和多标签可视化标注模型④，并自主开发了图像语义可视化交互标注研究平台（Image Semantic Annotation Research Platform，简称 ISARP）⑤，实现对图像情感语义的可视化标注。其中，每幅图像含有若干个情感标签，情感标签具有一定的情感强度，即权重。单标签可视化标注模型借鉴了 Stefanie 等人的滚动条模型思想，它将单个标签在图像中的权重值投影在滚动条上，用户可视化浏览待标注图像的标注结果并进行图像比较，根据对图像之间相似性及图像表达概念程度的感性判断和调整待标注图像在滚动条上的位置；而多标签可视化标注模型则利用 VIBE 算法实现图像从高维空间到低维空间的投影，用户一次性对图像的多个标签同时标注权重值。相关内容详见

① Yang J, Fan J P, Hubball D, et al. Semantic image browser: Bridging information visualization with automated intelligent image analysis[C]//IEEE Symposium on Visual Analytics Science and Technology, 2006:191—198.

② Schmidt S, Stock W G. Collective indexing of emotions in images: A study in emotional information retrieval[J]. Journal of the American Society for Information Science and Technology, 2009, 60(5):863—876.

③ Yoon J W. Utilizing quantitative users' reactions to represent affective meanings of an image [J]. Journal of the American Society for Information Science and Technology (JASIST), 2010, 61(7):1345—1359.

④ 陆泉，陈静，韩雪. 一种图像信息资源的语义多维可视化标注方法[J]. 信息资源管理学报, 2014, 4(3):4—10.

⑤ 陆泉，刘高，陈静. 一个图像语义可视化交互标注研究平台——以"情感语义标注"为例 [J]. 情报理论与实践, 2014, 37(8):111—116.

本书第四章。

三、图像用户信息行为

信息行为研究源于对用户"信息需求与使用的探讨",是用户信息需求研究不断深化的结果。追溯到 20 世纪 50 年代,ARIST(*Annual Review of Information Science and Technology*)已经开始对信息行为进行探讨,这其中包括探讨特定群体的信息行为[1],随着以用户为中心的指导理念和网络的普及应用,信息行为的研究已经从传统的信息行为研究转向网络下的信息行为研究[2],新环境下的用户信息需求将体现出全面性、叠加性、阶段性、隐秘性、动态性和集成化等特点,用户信息行为将更加多样化、复杂化及个性化[3]。图像作为多媒体资源的类型之一,近年来受到学者的重点关注,图像用户信息行为可视作用户在认知思维支配下对图像做出的反应,是建立在信息需求和思想动机基础上的连续动态的信息行为过程。研究图像用户的行为特征可以准确、动态地分析和把握用户的图像需求及规律,有助于为用户提供更优质的图像服务。不同于传统的信息行为分类,网络环境下的图像用户行为主要可分为组织、浏览、搜寻及存取行为四类,下面将分别述说。

(一)图像用户组织行为

随着信息资源、信息量及信息种类的日益丰富,信息组织的方式和技术也发生了根本性变化,网络目录、信息数据库及搜索引擎等新环境下的信息组织方式已逐步取代传统以手工编制目录、索引及文摘为主的信息组织方式,信息组织的对象也由传统的文献信息转向网络环境下的多媒体资源[4]。图像作为一种对客观对象相似性的、生动性的描述或写真,在图像特征、内容及情感语义检索方面相比文本检索具有更大的挑战性,而用户作为图像组织中的主体对象,在图像组织过程中体现出的主观性、认知性及规律性也是值得探寻的。

社会标注作为图像组织的方式之一,用户参与和群体智慧是其区别

---

① Brown C M. Information seeking behavior of scientists in the electronic information age:Astronomers,chemists,mathematicians,and physicists[J]. JASIS,1999,50(10):929—943.
② 曹双喜,邓小昭. 网络用户信息行为研究述析[J]. 情报杂志,2006(2):79—81.
③ 郭晓丽. 新信息环境下用户信息行为研究[J]. 兰台世界,2011(2):73—74.
④ 王知津,肖洪. 网络信息组织与传统信息组织比较[J]. 图书馆杂志,2002(10):7—12.

于其他图像组织方式的鲜明特征①,用户的标注行为反映出用户使用标签对网络信息资源进行标注时的一系列过程或结果②。Angus 等人利用 Flickr 平台中标签数据来研究的大学群组成员的标签使用情况,结果表明群组的成员更倾向于选择"最省力的"的方式进行标注③,Fu 等人的探讨也反映出社会环境会对用户的标签选择行为产生影响作用④,同时 Bar-Ilan 等人研究表明标注者的背景知识及他人的相互影响也会对标注产生影响⑤,在对网络用户信息检索行为的研究中,人们发现用户的信息选择行为受到"最小努力原则"的支配⑥,标注行为和检索行为关系密切,用户的标签选择过程中同样符合"最小努力原则",这些研究都反映出了相似的结论:社会影响可能导致标注结果的一致性,群体智慧可以帮助标注者快速理解要标注的信息资源。此外,不少国内外学者从具体的标注系统中探寻用户的标注行为规律,例如,Golder 和 Huberman 通过对标注系统的结构和语义分析揭示了用户行为、标签种类及使用频率等方面的相关规律⑦,同样的,Ying Ding 和 Elin K. Jacob 等人将 Delicious、Flickr 和 YouTube 三大常用标注系统中的标签进行分析比较,指出不同标注系统下的标注标签均能反映出标注者一定的标注行为模式⑧,Shihn-Yuarn 等人更是通过标签时间序列聚类的方式证实标签可用于发现主题间的相似性以及追踪预测热门话题等⑨,查先进等人则选取了不同类型的三大标注型网站——Librarything、Stuffopolis 与 Unalog,分别从标签类

① Surowiecki J. The wisdom of crowds[M]. Anchor,2005.
② 程慧荣,黄国彬,孙坦.国外基于大众标注系统的标签研究[J].图书情报工作,2009,53(2):121—124,133.
③ Angus E,Thelwall M,Stuart D. General patterns of tag usage among university groups in Flickr [J]. Online Information Review,2008,32(1):89—101.
④ Fu W,Kannampallil T,Kang R,et al. Semantic imitation in social tagging[J]. ACM Transactions on Computer-human Interaction,2010,17(3):283—292.
⑤ Bar-Ilan J,Zhitomirsky-geffet M,Miller Y,et al. The effects of background information and social interaction on image tagging[J]. Journal of the American Society for Information Science and Technology,2010,61(5):940—951.
⑥ 卢婷.网络信息检索行为的"最小努力法则"再探——心理控制、认知策略和需求目标的制约和倾向[J].图书情报工作网刊,2010(7):39—42.
⑦ Golder,S A,Huberman,B A. Usage patterns of collaborative tagging systems[J]. Journal of Information Science,2006,32(2):198—208.
⑧ Ding Y,Jacob E K,Zhang Z,et al. Perspectives on social tagging[J]. Journal of the American Society for Information Science and Technology,2009,60(12):2388—2401.
⑨ Chen S,Tseng T,Ke H,et al. Social trend tracking by time series based social tagging clustering[J]. Expert Systems with Applications,2011,38(10):12807—12817.

型、标签特征、标签频次分布等方面进行分析,以获取反映用户的标注行为的潜在规律,实现知识的高效共享①,这些研究成果有助于研究者认识和利用社会标注的自有生产规律,从而更好地设计标注系统,以期有效地组织和管理信息。

自从社会标注概念于 2004 年年底提出以来,虽然相关的基础理论和实践得到发展普及,但是真正从图像用户角度分析用户标注行为的研究却屈指可数,一是由于研究工具及研究方法的不成熟造成数据获取上的困难,二是图像用户在观察图像时的丰富认知世界及标注心理具有主观性而难以捕获。时间作为一个客观数量来衡量用户的心理底线,在系统响应性、检索高效性及网页读取体验等方面被广泛采纳②,因此,本文试图从"标注耗时"这个可以直观反映用户标注行为的角度入手,去探寻影响用户标注的相关因素。

（二）图像用户搜寻行为

信息搜寻是互联网用户最基本的网络信息行为,这里既包括对特定文本的搜寻,也包含对图像、音视频等的搜寻,而网络用户查找图像主要有浏览和检索这两类信息行为③。浏览作为人类基本的信息行为,是由于用户对自身需求定位不准确而试图通过浏览来决定或厘清信息需求的行为方式,具有不确定性和开放性。根据用户是否具有明确的目标需求可将浏览行为分为目标导向型和非目标导向型。目标导向型浏览行为认为用户可以透过浏览的过程过滤不必要的信息或搜集到有用信息的结果,也可以通过查找的结果来修正预先设定的目标,这类用户是主动的浏览信息,行为带有主动性;而非目标导向型浏览行为认为用户浏览偏重随意,较无具体目标,用户从无计划的浏览中,往往因意外发现而产生丰富的联想,逐步明确需求目标,例如,用户查找一副"赏心悦目"的图像时,往往用自然语言无法准确描述,转而依赖自身偏好及兴趣来搜索,在浏览中逐步缩小预期差距,通常这种行为适合定义不明确的问题

①　查先进,吕彬.知识共享视角下的大众标注行为研究——基于标签的实证分析[J].图书馆论坛,2010,30(6):76—81.

②　Ryan G, Valverde M. Waiting online: A review and research agenda[J]. Internet Research-electronic Networking Applications and Policy,2003,13(3):195—205.

③　王庆稳,邓小昭.网络用户信息浏览行为研究[J].图书馆理论与实践,2009(2):55—58.

及探索新领域,已有学者通过用户实验证明①,在图像搜索的过程中,用户更倾向于使用浏览行为,它有助于降低用户图像检索时的认知负担。当然,浏览行为不仅局限在信息搜寻中,前文现状中也提及浏览方式在图像组织标注中的应用研究。浏览行为是随着网络信息组织方式及信息系统的改变而不断变化的,除了受一般因素,如用户的年龄、知识、经验、学历背景、区域差异、信息搜寻能力、认知心理、需求动机、兴趣及情感因素等的影响外②③④⑤,还存在几种与信息浏览相关的特殊因素的影响,包括:①可支配时间。用户上网可支配的时间决定了用户浏览行为的持续时间,如果用户可支配的时间较少,其浏览行为往往就会带很强的目的性,只重点关注满足个人需求的图像细节,而不会进行广泛的浏览,相反地,如果用户可支配的时间较长,就可以对图像进行全面、详细的浏览。②交互界面。人机交互界面设计友好与否会极大影响用户的浏览兴趣,浏览行为需要在快速移动中获取信息,如果界面内容太多,需要用很长时间浏览页面内容,很容易使用户产生厌烦情绪而放弃浏览。③加载速度。图像加载速度越快,用户浏览行为就会加强,浏览兴趣也会高涨;而如果图像加载速度太慢,用户就会因等待而产生心理疲劳,因而对浏览也失去兴趣,从而影响用户的浏览行为。

搜寻行为的另一种方式——检索,则是被国内外学者重点关注的研究领域,其研究不仅涉及理论、用户及技术方面等,还注重与多学科知识进行交叉研究,其应用范围相当广泛。作为用户信息行为研究的重要分支,图像信息检索行为研究专门研究信息用户针对某图像信息检索系统提交查询请求而获得检索结果的行为过程中的行为特征和规律,其研究范围包括传统联机环境下的图像信息检索行为和网络图像信息检索行为,而网络图像信息检索则是传统手工检索行为与联机检索行为在网络环境下的再现和发展。曹梅曾对国内外的图像信息检索行为做出综述,指出用户的图像需求逐步扩大化,研究的重心由图像需求转向图像检索

① 曹梅.网络图像检索行为与心理研究[J].中国图书馆学报,2011(5):53—60.
② 邓小昭.满足因特网用户信息需求的人文思考[J].图书情报知识,2002(5):7—10.
③ 肖大成.网络信息查询中的浏览行为研究[J].图书馆杂志,2004(2):20—21.
④ 张结魁,刘业政,杨善林.网络数字信息搜寻行为研究内容及进展综述[J].现代图书情报技术,2007(10):28—33.
⑤ Matusiak K K.Information seeking behavior in digital image collections:A cognitive approach[J].Journal of Academic Librarianship,2006,32(5):479—488.

行为,开始关注图像检索行为中呈现的行为特征或规律,并且得到了一些有价值的结论,同时认为社会情境中的用户图像认知有助于图像检索过程更友好①。图像检索是一个复杂的交互过程,Cunningham采集了普通大学生在日常生活中的图像查询需求以及他们是如何采取策略获得所需图像的过程的数据信息,发现了一些查询过程中的规律②,Iris Xie曾通过实验分析得出检索过程中常用的13种搜索策略③,这些规律性的研究为图像检索行为建模及影响因素研究提供基础。曹梅在硕士论文中对影响用户图像检索行为的因素做出概括,指出当前研究已经涉及用户的图像信息检索动机、检索任务与目标、所在领域、用户专业经验以及图像类型等因素的影响,当然性别、自我效能感、用户认知类型等其他因素的作用有待进一步研究;Iris Xie也在总结的13种搜索策略基础上研究发现,任务类型、用户认知、搜索过程及检索系统等是影响用户检索行为的主要因素。

（三）图像用户存取行为

用户经过网络浏览或检索行为后,找到自己所需的图像信息,再根据自身需要对所获图像信息进行存储,不过,用户的存取行为会在一定程度上受限于搜索引擎或图像管理系统等提供的功能。目前,图像用户的获取行为主要有以下四种:①通过网络方式获取。在互联网时代,用户获取数字图像资源最简便的方法就是通过网络获取,这里用户可以选择搜索引擎及专用的图像资源库或网站进行图片检索。②截图。截图是目前获取屏幕图像最快捷有效的方式,用户使用系统自带的截图命令或专门的截图软件便可快速获取当前屏幕需要保存的图像。③将图片扫描为数字图像。目前各学科领域中需要对纸质文本内容及绘图画像等进行获取转化为数字资源,以便永久保存,扫描是最具可行性的方式,通过扫描仪等工具,计算机可将纸质文档清晰完整地进行转化保存,方便存取,例如超星数字图书便是通过扫描后保存为格式PDG的数字资

①　曹梅.网络图像检索的用户信息行为研究[D].南京大学,2010.
②　Cunningham S J,Masoodian M. Looking for a picture:An analysis of everyday image information searching[C]//Proceedings of the 6th ACM/IEEE-CS Joint Conference on Digital Libraries,ACM,2006:198—199.
③　Xie I. Interactive information retrieval in digital environments[M].[S. l.]:Hershey,PA:IGI Global,2008.

源。④照相拍摄数字图像。当前移动智能终端的普及应用,高清的成像功能及便捷的可用性为用户提供随时随地的照相功能,用户可直接用手机或数码相机等进行拍照,获得数字图像,并上传云端终生保存,这种方式极大地促进了图像信息资源的量级增长。此外,用户在获取图像资源后,如何方便地保存和读取也是用户行为的体现之一。数年前的磁带机、闪存卡及光盘已越发不能满足用户的存取需求,近年来大容量的移动硬盘等存储介质已逐步成为图像随机存取的首选。当然,随着移动互联及云计算技术的快速发展,大数据时代的云存储成为未来用户存储图像的热门选择,用户即时拍照随时上传,跨屏查看等功能给予了用户良好的体验性,值得注意的是,高质量的画质和呈几何倍数增长的数量制约着图像上传下载保存中的传输速率,网络延时及传输速率会成为影响用户选择存储介质的因素之一。

四、图像特征分类

"A picture is worth a world"。图像作为一种承载丰富语义的信息载体,在视觉感受及情感表达上具有文本信息不可比拟的优势,它可以传递给用户更加丰富的情感与意境,潜移默化中影响着用户对图像特征的关注度。Eakins[1]曾把图像内容按语义级别划分为 3 个层级:第一层为底层的物理特征,主要描述图像的视觉特征,如颜色、纹理及形状等,是自动图像标注及检索技术所关注的内容,在一定程度上引导了用户的感性认识;第二层涉及由视觉特征推导得到的空间关系及对象语义等,向用户传达着图像所蕴含的客观事实;第三层则是向更高层推理而得到的语义,包括行为语义、场景语义和情感语义等,这里的情感语义中主体为用户,客体为图像,主要表现为客体会随着主体的意识状态发生改变,例如,美好的事物总是会让人流连忘返,而讨厌的事物则会让人唯恐避之不及。在研究图像内容对用户标注耗时的影响中,首先需要对相似图片进行划分归类。

(一)图像底层特征

图像底层特征是指从图像视觉特征角度划分的图像特征,主要有颜

---

① Eakins J,Graham M,Franklin T. Content-based image retrieval[Z]//Library and Information Briefings,1999.

色、纹理和形状三方面,在进行图像标注和检索时,往往受到用户及研究人员的重点关注,因此,基于内容的图像底层特征提取与表述将作为图像划分标准之一。

颜色作为描述一幅图像的最简单有效的特征要素,相对于几何特征而言,它具有旋转、平移及尺度不变性等优点,被广泛应用于各类图像检索系统(CBIR)中,例如,IBM 公司的 QBIC(Query by Image Content)图像检索系统实现了基于底层特征以及文本关键字的查找,Virage 公司的 Virage 图像检索引擎可以支持基于颜色、纹理、布局和结构的可视化查询,等等[1]。综合国内外研究现状来看,目前对于图像颜色特征的提取主要有空间颜色特征和全局颜色特征两种方式。目前,常用的几种空间颜色特征表述模型主要有 RGB、HSV、YUV、Lab & Munsell 等,其中 RGB 是最基础的颜色空间,包括 R、G、B 3 个坐标轴,通过不同的组合展现给用户不同颜色视觉,但 RGB 颜色空间不直观,不符合用户对颜色的感知心理。相比较而言,HSV 颜色空间利用色调、饱和度和亮度来反映图像的特征,更能符合用户的视觉感知和色彩知觉。全局颜色特征一般使用颜色直方图和颜色熵等方法来进行描述。颜色直方图由 Swain[2] 提出,根据图像中颜色出现的概率进行图像相似性的度量,是目前应用最广泛的全局特征提取算法,运用直方图进行全局特征描述需要经过颜色空间选择、颜色空间的量化和相似性判别 3 个过程。本书采用的颜色熵是用于度量图像信息量的一个物理量,常用图像的灰度值来表征图像的聚集特性,其定义如式 8.2,对图像而言,可以看作由许多像素点构成的画面,不同颜色值的像素点依据不同的分布特性形成不同的分布空间,使图像表现出不同的画面感,因此不同的图像所包含的信息量是不尽相同的,带给用户的直观感受也不尽相同,可以用这种图像信息熵来描述图像的颜色特征。

$$H(X) = - \sum_{i=1}^{n} P_i \log_2 P_i \qquad (式 8.2)$$

其中 P_i 表示图像某灰度值出现的概率, $\sum_{i=1}^{n} P_i = 1$。

然而,基于图像信息熵的图像颜色表征方法虽然简单高效,但丢失了颜色的空间分布信息,因此,很多研究者会选择将图像纹理特征纳入

① 徐果毅. 基于颜色特征的图像检索研究[D]. 湖南大学,2009.
② Swain M J,Ballard D H. Color indexing[J]. International Journal of Computer Vision,1991,7(1):11—32.

分析,以弥补单纯颜色特征对图像信息表达能力的不足。图像的纹理特征是一种反映图像中同质现象的视觉特征,它不依赖于图像的颜色亮度,可用来对图像中的空间信息进行一定程度的定量描述,经常被用于图像中不同物体的识别,并在模式识别、图像检索等领域有广泛应用[1]。常用于描绘图像纹理特征的方法主要有三种:频谱分析方法、结构分析方法和统计分析方法[2]。频谱分析方法主要有傅里叶功率谱法;结构分析方法有形态学算子、边界图等,若图像中纹理很规则时,采用结构分析方法很有效;而统计分析方法则包括有共生矩阵、马尔可夫随机场、分形模型及多分辨率分析方法等。由于图像纹理是灰度在空间位置上以某种内在联系反复出现的,因而在图像空间位置上相隔某距离的两像素之间会存在一定的关联度,即图像中灰度的共生特性,因此,本书采用了统计法中的典型分析方法——基于灰度共生矩阵的纹理特征分析方法,其常用的统计特征量如表 8 – 3 所示[3]。

表 8 – 3　灰度共生矩阵特征统计量

特征量	计算公式	含义说明
能量 (ASM)	$ASM = \sum_{g_1} \sum_{g_2} [P(g_1,g_2)]^2$	反映图像灰度分布均匀程度和纹理粗细度,值越大表示灰度分布越均匀
对比度 (CON)	$CON = \sum_{g_1} \sum_{g_2} (g_1 - g_2)^2 [P(g_1,g_2)]$	反映图像的清晰度和纹理沟纹深浅的程度,值越大表示图像越清晰
熵 (ENT)	$ENT = - \sum_{g_1} \sum_{g_2} [P(g_1,g_2)] \log P(g_1 - g_2)$	是图像所具有信息量的度量,它表示了图像中所含信息量的大小

①　李晋. 图像视觉特征与情感语义映射方法的研究[D]. 太原理工大学,2008.
②　刘丽,匡纲要. 图像纹理特征提取方法综述[J]. 中国图象图形学报,2009(4):622—636.
③　郭德军,宋蛰存. 基于灰度共生矩阵的纹理图像分类研究[J]. 林业机械与木工设备,2005(7):21—23.

特征量	计算公式	含义说明
相关度 （COR）	$COR = \dfrac{\sum_{g_1}\sum_{g_2} g_1 g_2 P(g_1,g_2) - u_1 u_2}{\delta_1 \delta_2}$ 其中，$u_1,u_2,\delta_1,\delta_2$ 分别代表着 g_1,g_2 下的期望和标准差	度量空间灰度共生矩阵元素在行或列方向上的相似程度
逆差距 （IDM）	$IDM = \sum_{g_1}\sum_{g_2} \dfrac{P(g_1,g_2)}{1 + (g_1 - g_2)^2}$	反映图像纹理的同质性，度量图像纹理局部变化的多少

其中，$P(g_1,g_2)$ 表示某一方向下相隔某距离的两像素共现的概率。

图像的形状特征是对图像轮廓或图像中对象的勾勒写照，它不会随图像目标颜色的改变而发生变化，是用户视觉感知和理解图像的重要因素。图像的形状特征不随旋转、平移、比例尺度及周围环境的变化而变化，因此具有较好的稳定性，常被广泛应用于图像检索、图像可视化等方面。图像的形状特征目前主要从轮廓和区域两方面进行描述，轮廓针对的是图像的外边界，而区域针对的是图像特定区域的像素集合。基于轮廓的描述方法一般采用尺度空间滤波和多边形近似等方法实现对图像轮廓的描述，通过傅里叶级数将轮廓的概要特征、细节特征分别与图像的低频信息和高频信息进行对应[1]。基于轮廓的形状特征有效地描述了图像的视觉特征，具有一定鲁棒性。相对轮廓方法而言，基于区域的形状特征提取方法主要通过不变矩、区域面积等参数对图像的目标区域进行描述，应用更广泛，具有算法简单、计算量小等优点。

（二）图像内容描述

除颜色、纹理及形状等底层视觉特征外，用户往往会更关心图像所蕴含的语义内容，即由底层视觉特征推导而来的图像对象空间关系，或者是更高层的图像情感语义。本部分内容所关注的图像语义内容与图像的纹理形状有着紧密的联系，它符合人类的视觉理解，着眼于提取图像中符合人类视觉的对象概念[2]，进而满足用户的图像需求。在基于图

---

① Zhang D，Lu G. Shape-based image retrieval using generic Fourier descriptor[J]. Signal Processing：Image Communication，2002，17(10)：825—848.

② 毓晋. 基于内容的视觉信息检索[M]. 北京：科学出版社，2003：78—80.

像语义内容的检索中,用户判断图像的相似性并不只是建立在图像底层视觉特征的相似性之上的,用户往往会依据自身经验进行主观判断,此概念往往建立在图像描述的事件、对象以及对象空间关系所表达的语义上。

虽然图像语义内容会随着用户认识的局限性而产生变化,但是图像中依据视觉特征推导而来的客观内容仍是可以被准确描述的,即用户对于图像需求的描述趋于一致性。1998 年,Jorgensen 从认知心理学角度对图像需求描述进行了实证,提取出 12 种描述图像的要素,为科学准确地描述图像元数据提供参考依据①。早在 1972 年,Panofsky 就提出了一个描述图像需求的三层语义模型,该模型指出对图像的理解包括了预画像(pre-iconography)描述、画像(iconography)分析与象征主义的(iconology)解释等 3 个阶段,并首次指出图像中传达情感信息的一种内容单元——"表情"②,为表达和理解艺术图像的内在含义提供借鉴。随后,Shatford 对 Panofsky 的三层语义模型进行了改进,认为其不仅适用于描述文艺复兴时期的艺术作品,也适用于所有类型的图像,使用一般概念(general—G),专指概念(specific—S)和抽象概念(abstract—A)来描述图像需求,通过对图像内容"是什么"和"关于什么"的细化,将抽象虚幻的主题与客观主题分离开来,并在每个层级上增加了 4 个维度,即人物(who)、内容(what)、地点(where)及时间(when),形成一个关于图像需求描述的 3×4维矩阵,此后很多学者开始运用 Shatford 提出的这一理论方法来描述图像的主题,并以此为根据进行图像信息资源组织③。Jennifer 等人在研究社会标注行为与图像内容关系时,便是利用 Shatford 的图像分类准则对图像标签进行分类④。此外,Batley(1988)定义了四种图像需求的类别:专指性,一般/可命名的,一般/抽象的,一般/主观的,与 Shatford 的

① Jorgensen C. Attributes of images in describing tasks[J]. Information Processing & Management,1998,34(2):161—174.

② Panofsky E,Panofsky E,Panofsky E,et al. Studies in Iconology:Humanistic themes in the Art of the Renaissance[M].[S. l.]:[s. n.],1972.

③ Shatford S. Analyzing the subject of a picture:A theoretical approach[J]. Cataloging & classification Quarterly,1986,6(3):39—62.

④ Golbeck J,Koepfler J,Emmerling B. An experimental study of social tagging behavior and image content[J]. Journal of the American Society for Information Science and Technology,2011,62(9):1750—1760.

理论极为相似①。Jaimes 和 Chang(2000)依据理解图像语义所需的认知水平对图像需求进行分类,提出了一个描述需求的十层索引机制模型,层次越高,构造需求所需要的知识就越多②。2004 年,L. Hollink 等人整合了上述诸多研究的结论后提出了一个整合图像文本描述和视觉特征描述的图像需求描述框架,该框架包含的 3 个层次分别为非视觉层次、知觉层次及概念层次,力图解决用户图像需求与图像检索技术的失衡问题。他们的研究结果暗示,用户更加偏好具有一般性描述的图片,而对象、事件及对象关系是被用户频繁使用的描述图像需求分类的准则③。

(三)图像情感特征

图像情感是人类对图像刺激所表现出的一种心理反应,是人对客观事物认知并进行处理的态度体验,属于客观认知的一种反应活动。例如,人们在欣赏图片时,除了接收到图像反映的特定的对象和内容,通常还会由于图像的视觉感染效果而产生某种情绪、情感,比如看到动物追逐的画面或夕阳余晖的美景,就会引发"开心的""舒适的"或"愉悦的"感觉,而看到支离破碎或鲜血淋漓的画面,就会产生"悲伤的""害怕的"或"担忧的"情绪等。情感反应与主体之间存在着联系④:一方面,不同个体对不同的客观事物可能会产生不同的情感反应,即情感表现出一定的个体差异性;另一方面,一些客观事物带给大部分人相同的主观感受,不同的个体对这些客观事物有相同的情感反应,即情感反应表现出一定共性。从信息学角度看,情感是由相关信息刺激,并经过人的心理认知处理而表现出来的状态,不同的图像可以激发用户不同的情感表现,而同一用户在不同时间或不同情境下对同一图像也会有不同情感反应,这便是对图像情感的直接反映。相关研究已表明⑤,图像的底层视觉特征与用户的情感存在关联,如红色会给用户带来喜悦、高兴的情感反应,断

① Batley S. Visual information retrieval:Browsing strategies in pictorial databases[C]//International Online Information Meeting,1988,12:373—381.
② Jaimes A,Chang S F. A conceptual framework for indexing visual information at multiple levels [J]. IS&T/SPIE Internet Imaging,2000,3964:2—15.
③ Hollink L,Schreiber A T,Wielinga B J,et al. Classification of user image descriptions[J]. International Journal of Human-computer Studies,2004,61(5):601—626.
④ Nahl D,Bilal D. Information and emotion:The emergent affective paradigmin information behavior research and theory[M]. ASIST,2007:279—300.
⑤ 赵涓涓. 图像视觉特征与情感语义映射的相关技术研究[D]. 太原理工大学,2010.

裂的纹理给用户以杂乱、混沌的感觉,不同的图像特征给用户带来不同的情感反应。

　　情绪与情感的关系十分密切,常常被看作是同一种心理活动。在国外,研究者常用 emotion 来描述情绪,用 affective(affection)来描述情感。一般来说,情感是在多次情绪体验的基础上形成的,而情绪的变化经常受情感的支配。从某种角度可以说,情绪是情感的外在表现,情感是情绪的本质内容。由于情感和情绪是不可分割的心理过程,而人的情感是通过情绪的形式表达出来的,因此在研究情感时通常通过情绪表现来反映情感信息。本书用户实验中,便是用"情绪"来表达用户在图像刺激下产生的主观心理体验,即图像具有的情感特征。

　　在心理学角度,人类的情绪可以分为数目较小、较固定的几个类别,它们被称作基本情绪①,不过由于情绪研究的理论方向不同,研究者对于基本情绪的数目没有一致的看法,常用的情绪模型主要有离散情绪模型和连续情绪模型两类。离散情绪模型是从认知和概率角度进行描述和表达用户的情感状态。Ekman 等人②的情绪模型认为人类拥有 6 种基本情绪——高兴(happiness)、悲伤(sadness)、愤怒(anger)、惊奇(surprise)、恐惧(fear)、厌恶(disgust),在具体的实验研究中,研究者们选取的基本情绪的种类也不尽相同,比如,Lee 和 Neal③ 在情感音乐检索的研究中使用的是五种基本情绪:悲伤、高兴、愤怒、恐惧和厌恶,Schmidt 等人④在情感图像检索的研究中使用的也是这五种基本情绪,但是在情感视频检索的研究中,Kathrin 等人⑤增加了惊讶(surprise)、渴望(desire)和

①　Ortony A,Turner T J. What's basic about basic emotions?[J]. Psychological Review,1990,97(3):315.

②　Ekman P,Friesen W V,O'Sullivan M,et al. Universals and cultural differences in the judgments of facial expressions of emotion[J]. Journal of Personality and Social Psychology,1987,53(4):712.

③　Lee H J,Neal D. Toward Web2.0 music information retrieval:Utilizing emotion-based,user-assigned descriptors[J]. Proceedings of the American Society for Information Science and Technology,2007,44(1):1—34.

④　Schmidt S,Stock W G. Collective indexing of emotions in images:A study in emotional information retrieval[J]. Journal of the American Society for Information Science and Technology,2009,60(5):863—876.

⑤　Knautz K,Stock W G. Collective indexing of emotions in videos[J]. Journal of Documentation,2011,67(6):975—994.

热爱(love),扩展为八种基本情绪,此外,还有研究人员①使用的是九种基本情绪(八种基础上增加了害羞(shame))。离散情绪模型表达了情感所处的状态,但每种情感状态描述是孤立的,无法表达情感状态之间的变化。连续情绪模型则认为人类情感是连续的,当情感强度达到一定阈值,就会表现出相应的情感状态,随着强度变化,情感状态之间是可以互相变化的。Wundt 于 1896 年最早提出情绪的三维学说,认为所有情绪都可以由 3 个维度来描述,即愉快—不愉快(pleasure - displeasure),兴奋—抑制(excitement - inhibition),紧张—松弛(tension - relaxation),这些维度的变化幅度具有两极性,每个维度都存在两种相互对立的状态,而维度的变化是连续的心理过程②。后来众多研究者又提出许多情绪维度量表,其中被广泛应用的是 Mehrabian 提出的 PAD 情绪模型③,即从愉悦度、唤醒度和优势度 3 个维度进行情感状态的表达,其中愉悦度反映了情感状态的正负性,唤醒度反映了个体被激活水平,优势度反映了个体对情景的控制状态。情绪的 PAD 模型对情绪测量具有重要意义,它提供了一种情绪连续表达的方法,这对于表示一些复杂的复合情感非常有用,所以被广大学者所青睐。由美国 NIMH(National Institute of Mental Health)情绪与注意研究中心(Centerfor Emotion and Attention,简称 CSEA)编制的国际情绪图片系统④(International Affective Picture System,简称 IAPS)正是从维度观点出发,从愉悦度、唤醒度和优势度 3 个方面对图片进行评分,建立的一套标准化情绪刺激图片系统,被研究者广泛运用在有关情绪问题的研究中。本书可视化图像标注实验中的被试者便是对图像的 3 个情绪维度进行打分标注,获取图像用户的标注耗时行为信息。

---

① Knautz K,Neal D R,Schmidt S,et al. Finding emotional-laden resources on the World Wide Web[J]. Information,2011(2):217—246.
② Wundt W. Outlines of Psychology[M]. [S. l.]:Springer,1980.
③ Mehrabian A. Pleasure-arousal-dominance :A general framework for describing and measuring individual differences in temperament[J]. Current Psychology,1996,14(4):261—292.
④ Lang P. International Affective Picture System(IAPS):Technical manual and affective ratings [R]Gainesville:The Center for Research in Psychophysiology,University of Florida,2001.

第三节　影响用户图像情感标注耗时的因素模型构建

认知风格是用来描述个人思维、知觉、记忆以及运用知识解决问题方式的一个术语,是用户组织和表示信息的偏好和习惯方式,不同个体的认知风格将表现出极大的差异性①。长期以来,认知与情绪被认为是相互分离的系统,但是近期大量的认知科学和神经生物学研究表明,认知与情绪之间的关系可能是相互依赖且相互作用,而不是彼此分离②。本书采用的实验研究平台正是从符合图像用户认知习惯的角度出发,利用可视化标注方式将用户对图像情感的感性认知转化为计算机可理解的理性知识,从而实现对图像情感的可视化标注。用户作为认知语境的主体,在进行图像情感标注时,标注耗时将不可避免地受到各种因素的影响。国内外学者针对影响用户认知的因素已开展过大量的研究,本书在已有的研究成果上将影响用户图像情感标注的因素分为用户因素、图像因素及系统因素。用户因素主要通过用户的性别、知识结构、教育背景、实践经验、信息素养等各方面影响图像用户标注耗时,图像因素主要是待标注图像自身语义内容的各方面,外界系统因素则包括系统标注平台的易用性、提供的标注模式等方面。

一、用户个体因素对标注耗时的影响

(一)用户特征因素

用户的性别、文化知识背景、学科专业知识等能力都直接或间接影响用户认知风格及标注行为。用户性别作为用户个体特征的表现之一,已被广大学者所证实,许多早期的研究已表明性别差异现象广泛存在于生物进化学、社会认知学及心理学等研究领域中,男性与女性在生理特征、行为习惯、思维方式及认知风格等方面存在一定的差异性③。例如,

① 柯青,王秀峰.认知风格与信息搜寻行为整合研究[J].情报理论与实践,2011,34(4):34,35—39.
② 刘烨,付秋芳,傅小兰.认知与情绪的交互作用[J].科学通报,2009(18):2783—2796.
③ Else-quest N M,Hyde J S,Goldsmith H H,et al. Gender differences in temperament:A meta-analysis[J]. Psychological Bulletin,2006,132:33—72.

当男性与女性同时观看一幅彩色的摄影照片时,他们在情感、面部、行为反应及浏览时间上表现的各不相同①。Mikels 等人通过男性与女性在给 IAPS 图像库图片分类到不同的情绪标签时也证实了两性差异的存在②。性别的差异不仅会让用户在图像情感感受上有所不同,而且对用户的认知时间也将会产生影响,因此,我们有理由做出假设:H1:图像情感标注耗时会受到用户性别的影响。

用户的学历在一定程度上能反映出用户的知识结构与知识水平,这也决定了用户对于新事物吸收程度的快慢,其深刻影响着用户在信息选择、信息吸收以及信息利用等方面的行为,这些最终体现在用户认知风格上的差异,例如,社会科学领域的学生在语言表达、情感沟通等方面明显优于自然科学领域的学生,硕士生比本科生拥有更深的知识储备量及更广的知识视角。此外,Khosrowjerdi 等人的实验表明学历的高低在一定程度上会对用户的知识存量及信息搜寻信息产生影响③,不同知识结构的用户对信息的选择吸收有着明显的差异,例如,文科生更偏爱历史文学信息,而理工科学生更关注于自然科学类信息,且他们对信息的理解也更趋向于各自的背景专业知识。现在高校涉及学科门类较广,且有的学院及学科联系密切,造成学科间的交叉融合现象日趋加深,学科与学科、学院与学院间的研究方法及研究手段变得具有相似性,面对一些陌生的知识和信息,习惯于从本学科或相近学科领域角度出发来思考并认知。此外,知识水平的高低较为深刻地影响着信息的转化吸收,一个学历高、知识面广的用户,可以从瞬息万变的事态中快速准确地对事物进行描述表达,而一个学历低、知识面窄的用户,他或许在受到某种信息刺激时并不会立即做出反馈并表达,对信息的感性认识并不能有效地加以表达。因此,我们有理由做出假设:H2:图像情感标注耗时会受到用户学历的影响;H3:图像情感标注耗时会受到用户学科类别影响。

① Lang P J,Greenwald M K,Bradley M M,et al. Looking at pictures—affective,facial,visceral, and behavioral reactions[J]. Psychophysiology,1993,30(3):261—273.
② Mikels J A,Fredrickson B L,Larkin G R,et al. Emotional category data on images from the International Affective Picture System[J]. Behavior Research Methods,2005,37(4):626—630.
③ Khosrowjerdi M,Iranshahi M. Prior knowledge and information-seeking behavior of PhD and MA students[J]. Library and Information Science Research,2011,33(4):331—335.

(二)用户经验及意愿因素

图像标注与图像检索密切关系,相关研究已表明,用户在图像检索中很大程度上依赖于已有的认知程度及经验知识,即所谓的定势心理影响①,用户一旦对于某事物产生认知记忆后,当再次碰见该事物便能快速做出反应,而用户若是以往参与过信息资源的标注等任务,便能快速掌握对图像标注的理解与操作。齐普夫的"最省力原则"也表明人的惰性思维会潜意识地影响人的每一个行为,通常情况下,人们习惯使用最方便简单、认知负担最小的方式来完成各种任务。比如,在信息检索中,用户总是在寻求一种"懒"的查询策略,习惯使用认知负担最小的方式进行检索行为。早期研究发现非专业用户习惯于依靠个人经验给图像添加关键字的方式来表达个人的看法,尽管提供的关键词并不能很好地匹配图像②,但在一定程度上提高了标注的效率。此外,用户进行检索时往往需要对事物具有一定的认知,继而描述自己的需求,这与图像标注过程中用户对于事物认知的表达具有相同的认知过程,因此,一个检索经验丰富的用户在需求表达及事物认识上将更具有效率,在图像标注认知过程中也更加得心应手,Saito 和 Miwa 的实验表明搜索检验的丰富程度会导致不同的搜索效率,专业用户往往比新手在任务耗费时间、条目类别获取及搜索页数上更具优势③。高校用户各群体之间由于年龄、专业背景、研究经验等不同,导致图像标注检索技能掌握的程度各异,经验较为丰富的用户会非常方便地获取所需要的信息,从而快速地完成标注任务,而经验缺乏的用户在标注过程中可能会遇到各种阻碍及认知难题,他们不能准确地表达出自己的信息需求,使得标注的认知难度加大,从而会消耗更多的时间。因此,我们做出假设:H4:图像情感标注耗时会受到用户标注经验的影响;H5:图像情感标注耗时会受到用户检索经验的影响。

用户意愿是指用户愿意参与图像情感可视化标注的情感强度,用户

---

① 曹梅.网络图像检索行为与心理研究[J].中国图书馆学报,2011(5):53—60.

② Trant J,Project W T P I. Exploring the potential for social tagging and folksonomy in art museums:Proof of concept[J]. New Review of Hypermedia and Multimedia,2006,12(1):83—105.

③ Saito H,Miwa K. A cognitive study of information seeking processes in the WWW:The effects of searcher's knowledge and experience[M].[S. l.]:[s. n.],2002.

的兴趣越大,情感强度越强,则用户就愿意花费更多的时间在图像标注上,若是用户对图像标注任务的兴趣不大,情感上表现出漠视甚至抵触的心态,则用户可能会快速完成任务,花费的时间代价相对较小。用户的标注意愿在很大程度上影响了图像情感标注耗时,因此,我们做出假设:H6:图像情感标注耗时会受到用户标注意愿的影响。

二、图像内容因素对标注耗时的影响

(一)图像底层特征

图像底层特征带来的视觉感官和情感语义之间有一定的联系,因此会对用户的图像情感标注耗时产生影响。首先,图像的颜色特征通常被认为是与其情感语义联系最密切的一种视觉特征,虽然因为个人文化背景、生活经历不同,色彩所引发的情感可能会有差异,但在色彩的物理特性和人的生理构造等因素下,色彩会带给人许多共性的感受。色彩从色调上可以分为暖色和冷色,一般红、橙、黄等暖色容易给人温暖、活力、喜悦的感觉,而蓝、灰、紫等冷色容易给人幽静、淡雅、平和的感觉。人类在长期的社会实践中,形成了客观事物与人在物理、生理结构及心理结构上的契合,由于这种契合,使颜色具有了不同的情感意义[①],如,蓝色的大海象征着宁静和祥和,红色的太阳象征着热烈和激情,黑色的轻纱则象征着庄严肃穆。其次,图像的纹理特征不同也会给人不同的感受,如,柔软让人感受到温馨,光滑让人感受到细腻,坚硬让人感受到力量,而粗糙则给人以衰败感,这些都可以对用户产生不同的视觉心理效果,与用户的情绪紧密相连[②]。最后,形状也是影响图像的情感语义的一个重要视觉特征,在图像中的某些形状特征也会刺激人产生感性认识,例如,线条具有连续表现形态,垂直线给人以攀登的趋势,水平线给人以宽阔宁静感,斜线给人以渐趋上升感,曲线则给人以优雅和动感。当然,图像的其他特征,如轮廓、边缘等也会对图像的情感有重要影响,这些与图像情感密切相关的视觉底层特征随着用户认知的习惯而迥异,会在一定程度上引导用户的关注度,因此,我们做出假设:H7:图像情感标注耗时会受到

---

① 张全,陆长德,余隋怀等.基于多维情感语义空间的色彩表征方法[J].计算机辅助设计与图形学学报,2006,18(2):289—294.

② 易晓.现代构成艺术[M],武汉:武汉大学出版社,2000.

图像底层特征的影响。

（二）图像内容语义

视觉特征对一幅图像的描述通常是不完全的,并且这种特征一般是对一幅图像统计信息的描述,而通常用户更关心的是图像的语义,比如,用户在检索一幅有"老虎"的图像的时候,总希望获取特定背景、特定场景下的"老虎",从特征的角度来看,虽然不同背景下的每幅图像的都有"老虎"这个对象,但用户可能只是需要那只"温驯的老虎",所以,单单用现有的图像底层特征信息来满足用户的图像需求并不完善,图像内容特征作为图像的主体,承载了图像的绝大部分信息量,是用户关注的重点,这里的图像内容特征主要涵盖了图像的对象语义、空间关系语义、场景语义及行为语义等信息,例如,对象语义是针对图像中的对象所给出的语义,如"花朵""台灯",空间关系语义是指对象之间存在的空间关系,如"在树上的猫""持枪的手"等,用户在图像需求上的心理最终会引导用户的关注度,从而导致在图像情感标注过程中也容易受图像内容的吸引而产生不同的标注耗时,因此,我们做出假设:H8:图像情感标注耗时会受到图像内容特征的影响。

（三）图像情感特征

图像的情感特征作为图像的最高层语义,已被国内外学者广泛研究。Mikels 等人曾在两性差异中指出男性和女性在对 IAPS 图像库的图像添加标签时表现出不同的情绪状态①,而 Hajcak 和 Olvet 的实验证实了用户在观赏一组愉悦、不愉悦及中性的图片时发现愉悦的图片更能令用户流连忘返②,这种观赏时间差异性现象也出现在具有唤醒度的图片中。情感往往表现为一种心理感受,随着刺激程度的不同,情感状态表现强弱也不同,情感强度只有达到一定阈值③,才表现出一定情感状态,

---

① Mikels J A, Fredrickson B L, Larkin G R, et al. Emotional category data on images from the International Affective Picture System[J]. Behavior Research Methods, 2005, 37(4):626—630.

② Hajcak G, Olvet D M. The persistence of attention to emotion: Brain potentials during and after picture presentation[J]. Emotion, 2008, 8(2):250—255.

③ Velazquez J D. Modeling emotions and other motivations in synthetic agents[C]//Proceedings of the 14th National Conference on Artificial Intelligence. MenloPark, 1997.

并且情感强度随着时间的推移会逐渐衰减变化。仇德辉[①]认为情感表现为价值率高差在头脑中的主观反映值,他认为情感强度是一个随时间变化的量,并且无论是正向还是负向,都会随时间增长不断下降并趋于零,即情感强度时间衰减定律,情感强度与持续时间成负指数函数关系,用公式表示如下:

$$\mu = \mu_0 \exp(-k_t T) \tag{式8.3}$$

式 8.3 中,μ 为情感强度,μ_0 为初始情感强度,k_t 为衰减系数,T 为持续时间。

通过情感强度理论可以推断,用户在对图像情感进行可视化标注时,用户的持续关注度是随着用户的情感强度的变化而延伸的,用户对某幅图像的某个情绪维度越重视,那么对于图像情感标注所花费的时间也越长,因此,我们做出假设:H9:图像情感标注耗时会受到图像情感特征的影响。

三、图像标注模式对标注耗时的影响

图像标注模式是指用户在对图像进行标注时,系统所提供的图像标注的方式,比如 Flickr 提供的是由用户自由添加标签的图像标注模式,但它要求用户准确地将其对图像的感性认知转化为理性的语义认知并用语义词汇表达,用户的认知负担大[②]。

在基于情绪维度观的图像情感标注中,如 IAPS 标准库建立,则采取了另外一种标注方式——浏览,用户判断所浏览的图像在给定的 3 个情绪维度中每一个上的感受强度,并赋予相应的分值,最后得到图像的各情绪维度的分值。本书实验中基于标签打分的图像标注模式便是根据浏览打分而来的,在这种模式下,每个图像已有 3 个情感标签,这些标签可以是通过预处理由计算机得到的,也可以是人工添加的,用户在标注时判断该图像已有标签能够描述该图像的程度,然后据此赋予每个标签一个分值,分值越大说明该标签和对应图像的相关性越大,也表示该标签越能用于标注对应图像。在这种标注模式下,用户只是判断所浏览的图像和一个给定关键词的相关性,然后据此赋予该标签分值,操作上比

①　仇德辉.数理情感学[M].湖南:湖南人民出版社,2001:36—72.

②　Chang S K,Yan C W,Dimitroff D C,et al. An intelligent image database system[J]. IEEE Transactions on Software Engineering,1988(5):681—688.

较简单,不过用分值来描述图像和标签的相关程度可能有一定的模糊性和较大的随意性。

因此,在本项目中结合可视化技术提出了基于图像比较的可视化标注模式,在这种标注模式中需要充分发挥人与计算机各自的优势,通过人机协同进行图像语义标注。具体来说,先由计算机辅助处理为图片添上标签,然后以社会标注的方式让大众通过图像比较这种感性交互的方式为图片与各标签的相关性进行评判。

根据涉及的标签数量,可以分为单标签与多标签两种不同的图像比较的可视化标注模式。在基于单标签下图像比较的可视化图像标注中,界面展示可以改进现有的滚动条模型,将标签权重转换为滚动条上的相对位置,用户可视化浏览系统中给出的参考图像及其在滚动条上的位置,根据对待标注图像与参考图像之间相似性及待标注图像表达概念的程度的感性判断调整待标注图像相对于参考图像的位置。此操作模式类似用户熟悉的传统图像排序模式,又无需用户在感性认知与具体数值之间转换处理,认知负担最小。用户的这些可视化操作由系统转换为图像标签及其权重输入进行图像语义标注。

由于现实情况下大部分图像均与多个标签有关,所以用户也需要使用基于多标签下图像比较的可视化标注模式,它需要用户综合多种理解(对应多种概念标签)对图像的相似性进行判断。界面展示模拟向箭靶射箭视觉效果,在圆周上投影与待标注图像相关的多个标签,而系统中与各标签的相关性最高的图像则根据相关度投入圆中某个合适位置点(它与对应标签的距离最近)作为该标签的参考图像,待标注图像的初始位置在圆心,用户比较待标注图像与各参考图像的相似性,将待标注图像点移动到相似图像附近的某个位置,系统根据待标注图像在圆中位置坐标的移动计算移动后该图像各标签的权重。由于数据从低维空间返回高维空间时可能出现的位置歧义问题,用户需要多次在不同的参照系中移动待标注图像的位置,此时,用户需要更多的手段观察特定标签、参考图像与其他图像之间的关系。

在基于单标签下图像比较的标注模式下,用户一次只需关注一个标签,通过图像比较调整待标注图像相对于参考图像的位置,而在基于多标签下图像比较的标注模式下,用户需要综合考虑待标注图像与多个标签对应参考图像的相似性调整待标注图像相对参考图像的位置,所以在

图像情感标注耗时上可能表现出差异性,因此,我们有理由做出假设:

H10:图像情感标注耗时会受到图像情感标注模式的影响。

四、图像情感标注耗时影响因素模型

图像情感标注耗时不仅有来自用户自身内因的影响,也有来自系统环境等外因的影响,用户的性别、学历、学科领域及经验等与用户的认知风格息息相关,而认知风格与情绪具有相互作用,具有引导用户浏览图像的注意力,同时对用户去体验并掌握新的标注系统也具有一定的影响作用,总的来说,用户个体因素、图像语义特征及系统提供的标注模式是影响图像情感标注耗时的 3 个关系密切的因素,且不同的影响因素之间通过某些中介变量也在发生作用,因此,本书构建图像情感标注耗时影响因素模型如图 8 - 1 所示,其中粗箭头表示影响方向,细箭头表示间接影响。

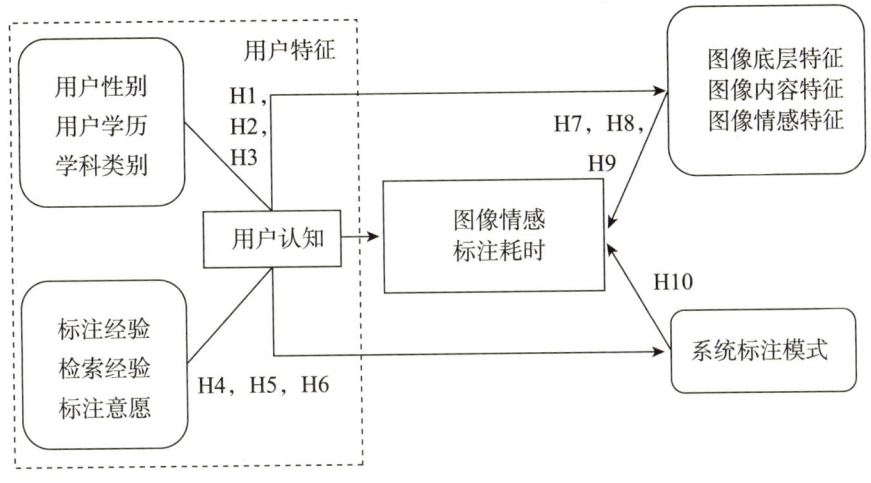

图 8 - 1　图像情感标注耗时影响因素模型

第四节　影响用户图像情感标注耗时的实验设计

一、实验目的

本章试图深入研究对标注系统研发与优化非常重要的用户工作量

问题,在用户工作量方面,耗时是一项主要指标。同时,用户在实验研究平台(ISARP)进行图像情感可视化标注,不同的用户针对不同的图像(或不同的情感维度)进行情感标注时标注耗时将表现出差异性。通过实验实证,验证不同的影响因素与图像情感标注耗时是否存在联系,同时,揭示不同因素影响下的图像情感标注耗时分布趋势及其原因所在,为个性化的图像标注提供理论支持及应用服务。重点希望能回答两个问题:①可视化标注平台下,存在哪些潜在的因素会影响用户的图像标注耗时? ②用户在不同因素影响下的图像情感标注耗时总体分布是否具有显著差异性? 标注时间分布趋势如何? 进而试图回答不同用户的标注耗时差异性的原因所在。

二、实验数据获取

依据研究问题,本研究也在第五章基础上进行,实验从武汉大学校内招募的实验被试者,以项目组自主开发的图像语义可视化交互研究平台(ISARP)为实验平台进行图像标注实验,相关实验数据来源于实验前问卷、在实验平台上通过 3 个子实验分别用三种标注方法完成对 9 幅图像的标注以及实验后问卷等过程。

主要相关过程包括:①被试者填写一份实验前调查问卷,包括性别、学历、年级、专业、图像(或其他信息)标注检索经验等,通过被试者提供的问卷回答信息,可以初步了解用户的个人特征、学历背景及标注经验等信息;②被试者在进行图像情感标注时没有时间限制,可以自由任意操作,在实验环境中通过平台日志及 Morae 软件获取用户的标注过程的标注日志及音视频信息,通过对日志信息及 Morae 的编码信息的分析获取用户的标注耗时等数据,此外还可以获取用户标注过程中的思维方式及最终的图像情感标注值;③被试者填写一份实验后问卷,获取被试者关于标注平台、标注模式及标注偏好等问题的看法及建议。

本研究从第五章介绍的图像语义标注用户行为数据集中,选择实验前问卷、用户操作行为与结果日志、用户操作视频记录、用户出声思维日志、实验后问卷等原始数据,具体为 Morae 记录的视频音频文件 90 个,以及从操作日志、用户操作视频记录经编码输出的操作时间数据等预处理数据。标注时间数据、实验前与实验后问卷预处理数据均从第七章数据处理结果中获取。

三、实验数据处理

本书从定量结合定性的角度对影响用户图像情感可视化标注耗时的因素进行分析,根据构建的影响因素理论模型可知,主要存在用户、图像及系统三大类别的潜在因素影响,为此,表8-4特别就文中涉及的自变量及取值范围做出定义说明。

表8-4　影响因素的定义及类别说明

因素类别	自变量因素	定义说明	自变量取值
用户特征	性别	用户的基本特征属性	男;女
	学历	学历高低反映出用户的知识储备量及认知深度	本科;硕士
	学科类别	不同学科类别的学生将表现出不同的认知风格及认知习惯,例如文科生更感性而理科生更理性	人文科学学部;社会科学学部;理学部;工学部;信息科学学部
用户经验及意愿	标注经验	用户参与信息资源标注的程度(或频率)	没有;较少;偶尔;较多
	检索经验	用户参与信息资源检索的程度(或频率)	没有;较少;偶尔;较多
	标注意愿	用户对于图像标注任务的热衷程度	不确定;不愿意;可能不愿意;可能愿意;愿意
图像特征	底层特征	用户直观视觉的图像物理特征,包含图像的颜色、纹理等信息,根据图像的特征向量集聚类产生	A类,B类,C类(见表4-4分类信息)
	内容特征	根据用户对图像的需求进行内容划分	对象;事件;关系(见表4-4分类信息)
	情感特征	用户针对图像不同情感级别上的划分(仅使用实验二数据)	愉悦度;唤醒度;优势度
系统环境	标注模式	实验研究平台根据标注模型的不同提供的三种标注模式	打分模式;单标签模式;多标签模式

由标注耗时的定义可知,被试者对于每幅图像的标注将会花费一定的时间量,从用户的标注日志中提取出单个被试者在单幅图像上的标注耗时,这里统称为一个"时间单元",90 个志愿者在三种不同标注模式下进行图像情感标注共产生了 2430 个时间单元,为了确保每个时间单元的准确性及有效性,这里将结合 Morae 视频信息对标注耗时进行异常值检测,以保证每个时间单元都真实有效地反映用户在图像上的标注耗时,经确认修正后的时间单元的统计频率及累计百分比数据如图 8 − 2 所示。

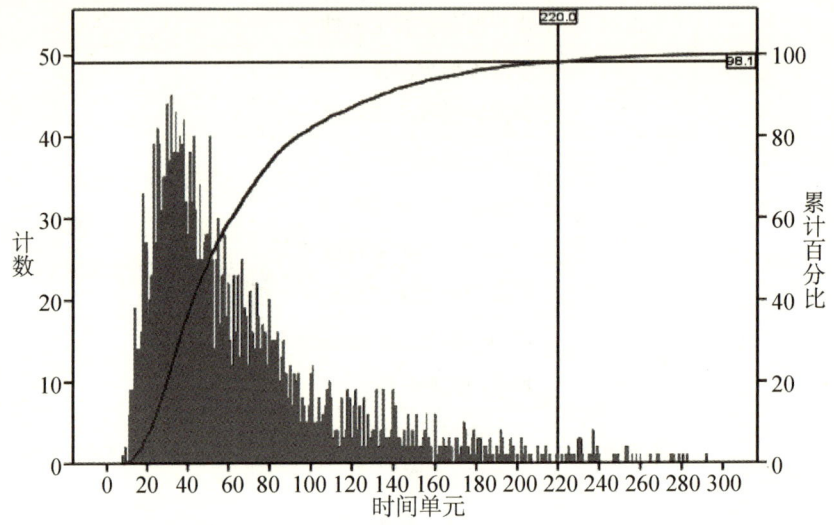

图 8 − 2　时间单元汇总统计图

这些时间单元呈现出高度离散化且呈现非正态分布,其中,标注耗时最短的只花费 8s,而最长的标注耗时则长达 424s,平均标注耗时为 66.81s,标准差为 49.175。此外,通过累计百分比可以看出,98.1% 的时间单元都不超过 220s,当标注耗时超过 220s 后,时间单元总量几乎可以忽略不计,累计百分比逐渐趋于平稳。为了更加宏观清晰地反映时间单元间的差异性,探寻自变量因素与标注耗时之间的联系,采用统计学中常用的等距分组方式①对数据进行分组划分:首先利用经验公式确定分组 $K = 1 + \log_2 n$,这里 $n = 2430$,代入后可得 $K = 12$,即将所有的时间单元划分为 12 组;其次,要确定组距,由于全部数据中的最大值与其他数据

---

①　王云峰,陈卫东.统计学原理:理论与方法(第二版)[M].上海:复旦大学出版社,2014.

相差悬殊，为避免出现空白组（即没有变量值的组）或个别极端值被漏掉，将对最后一组设定为"开口组"，最终的时间单元分组情况如表 8-5 所示，根据各参数指标可以看出该分组具有代表性。

表 8-5　时间单元汇总统计

ID	Group	N	均值	标准差	中位数	最小值	最大值
1	[1,20)	150	15.97	2.614	17	8	19
2	[20,40)	706	30.29	5.412	31	20	39
3	[40,60)	556	48.69	5.691	48	40	59
4	[60,80)	348	69.16	5.652	69	60	79
5	[80,100)	221	87.71	5.615	87	80	99
6	[100,120)	131	108.64	6.094	108	100	119
7	[120,140)	96	128.85	5.718	128.5	120	139
8	[140,160)	72	148.01	5.890	147.5	140	158
9	[160,180)	51	169.65	6.273	170	160	179
10	[180,200)	34	189.18	5.713	190	180	198
11	[200,220)	17	208.12	5.808	207	200	219
12	[220,∞)	48	253.46	35.114	239.5	220	424

图像语义具有复杂性，为了更好展示不同图像所具有的独特特征，根据语义层级的不同将图像归为不同类别，具体分类情况如表 8-6 所示，其中，根据内容需求的分类原则主要依据 L. Hollink 等人归纳的图像需求分类的准则①。在图像底层特征的分类上，主要提取图像沿 4 个方向的灰度共生矩阵的 5 个特征值（见附录一），利用该特征值组成特征向量来代表图像的底层特征，然后利用 K-means 聚类算法将具有相似度的图像划分为同一类别（见附录二）。

①　Hollink L,Schreiber A T,Wielinga B J,et al. Classification of user image descriptions[J]. International Journal of Human-computer Studies,2004,61(5):601—626.

表 8-6 图像分类情况

名称	AimedGun	BikerCouple	CarDamage
根据底层特征分类	C 类	C 类	A 类
根据内容需求分类	关系	关系	事件
名称	Flower	Kitten	Lamp
根据底层特征分类	A 类	A 类	B 类
根据内容需求分类	对象	关系	对象
名称	Mutilation	SmilingGirl	Tornado
根据底层特征分类	B 类	B 类	A 类
根据内容需求分类	对象	关系	事件

四、实验数据分析方法

为了检验各影响因素与图像情感标注耗时是否存在关系,本书采用独立性检验方法——卡方检验,来检验各因素是否会对用户的图像标注耗时产生影响,它是一种用途很广的计数资料的假设检验方法,属于非参数检验的范畴。其根本思想就是在于比较实际频数和理论频数的拟合优度或吻合度问题。首先假设 H_0 成立,基于该假设计算出卡方值,它表示理论值与观察值之间的偏离程度,根据卡方分布及自由度可以确定在假设 H_0 成立的情况下获得当前统计量及更极端情况的概率 P,如果 P 值很小,说明理论值与观察值偏离程度太大,应当拒绝无效假设,表示比较资料之间有显著差异,否则就不能拒绝无效假设,尚不能认为样本所代表的实际情况和理论假设有差别[1]。目前卡方检验的主要用途有[2]:①检验某个连续变量的分布是否与某种理论分布相一致;②检验某个分类变量各类的出现概率是否等于指定概率;③检验某两个分类变量是否相互独立;④检验控制某种或某几种分类因素的作用以后,另两个分类变量是否相互独立。这里选择卡方检验作为主要分析方法原因有二:一是时间单元的分布呈非正态分布,二是卡方检验的可靠性。其次,针对不同的自变量将采取描述性统计的方法得到不同分类变量下的时间分布趋势等,观测不同分类变量下被试者标注耗时的一致性程度,同时需

---

①② 卡方检验[EB/OL].[2014-04-10].http://wiki.mbalib.com/wiki/卡方检验.

要使用非参数检验方法来检验不同总体分布是否具有显著性差异,其中,曼—惠特尼 U 检验(Mann – Whitney test)用于对两总体分布的均值判断,其原假设为两组独立样本来自的两总体分布无显著差异,而 Kruskal – Wallis 检验实质是两独立样本的曼—惠特尼 U 检验在多个样本下的推广,也用于检验多个总体的分布是否存在显著差异,其原假设是为多个独立样本来自的多个总体的分布无显著差异①。最后,对 Morae 音频信息中可能存在的反映被试者在各标注模式下进行图像标注时的使用感受进行标记注释,依据为口头报告音频中被试者在各实验中对当前使用的标注模式的操作、认知负担、心理感受及思维方式等方面的评价。

第五节　实验结果分析

一、参与实验的用户特征情况

本次实验总共征集了来自武汉大学的共 90 名志愿者,包括五大学部共 18 个不同的学院,涉及的专业多达 36 个,其中男生 36 名,女生 54 名,男生和女生的比例为 1∶1.5;本科生 39 名,研究生 51 名,本科和研究生的比例为 1∶1.3,志愿者的性别和学历分布较均衡。这 90 名志愿者分别分成的 A、B、C 三组中各组的性别、学历及学部分布比例和各学部学院人数分布分别见表 8 – 7 和 8 – 8。可以看到,被试者的学院分布较广,且三组被试者分布之间具有较高的相似度,满足实验分组要求。总体上,该样本具有较大的代表性和分散性,所以得到的实验结果应具有较高的可靠性和代表性。

---

① 非参数经验[EB/OL].[2014 – 06 – 24]. http://baike.haosou.com/doc/2402187-2539839.html.

表 8-7 各组志愿者性别和学历学部分布

		A 组	B 组	C 组
性别	男	11	13	12
	女	19	17	18
学历	本科	12	16	11
	研究生	18	14	19
学部	人文科学学部	5	3	4
	社会科学学部	15	21	16
	理学部	4	1	4
	工学部	3	1	4
	信息科学学部	3	4	2

表 8-8 学部学院分布关系

人文科学学部(12)	学院	哲学学院	新闻与传播学院	历史学院	文学院
	人数	5	2	2	3
社会科学学部(52)	学院	经济与管理学院	法学院	政治与公共管理学院	
	人数	10	2	7	
	学院	信息与管理学院	教育科学学院	社会学系	
	人数	27	1	5	
理学部(9)	学院	生命科学学院	资源与环境科学学院		
	人数	7	2		
工学部(8)	学院	电气工程学院	城市设计学院		
	人数	5	3		
信息科学学部(9)	学院	电子信息学院	计算机学院	测绘学院	印刷与包装系
	人数	2	4	1	2

二、影响图像情感标注耗时的因素实证

标注耗时作为用户行为及用户体验的重要标志,成为本书的研究对象,通过用户的标注日志及 Morae 视频记录信息提取到 90 名志愿者针对 9 幅待标注图像的情感标注的总共 2430 个时间单元,这些时间单元代表着不同用户对不同图像的标注耗时情况,下面将借助各种统计方法从定量与定性的角度对影响图像情感标注耗时的因素进行分析实证。

（一）用户特征影响因素

1. 用户性别是否与图像情感标注耗时有关系

性别因素是影响用户标注耗时的潜在因素之一，其主要分类类别为男性和女性，这里我们采用卡方检验方法来判断两变量之间是否存在关系，首先需要对分类变量中的频数进行统计，两分类变量进行交叉分析后的百分占比如表8-9所示。从表8-8中可以看出，男性和女性的标注耗时主要集中在20s到80s的范围内，且相应的占比已超过50%，这表明不管是男性还是女性，都趋于快速地完成标注任务。此外，随着标注耗时的增多，男性和女性比例均呈现出单调递减的趋势，值得注意的是，在20s内标注完图像的用户比例中，尽管女性在时间单元数量（1458）上远超过男性（972），但在组内占比上（49.3%）不如男性（50.7%），这表明男性在标注过程上更加追求速度，标注耗时低的男性占多数，不过当标注耗时超过220s后，男性仍然表现出一定的优势（3.1%）。

表8-9　用户性别与标注耗时的交叉分析

		性别			
		男（N=972）		女（N=1458）	
		时间范围中的%	性别中的%	时间范围中的%	性别中的%
时间范围	[1,20)	50.7%	7.8%	49.3%	5.1%
	[20,40)	41.4%	30.0%	58.6%	28.4%
	[40,60)	38.8%	22.2%	61.2%	23.3%
	[60,80)	37.1%	13.3%	62.9%	15.0%
	[80,100)	28.1%	6.4%	71.9%	10.9%
	[100,120)	32.8%	4.4%	67.2%	6.0%
	[120,140)	36.5%	3.6%	63.5%	4.2%
	[140,160)	50.0%	3.7%	50.0%	2.5%
	[160,180)	39.2%	2.1%	60.8%	2.1%
	[180,200)	61.8%	2.2%	38.2%	0.9%
	[200,220)	70.6%	1.2%	29.4%	0.3%
	[220,∞)	62.5%	3.1%	37.5%	1.2%

利用 SPSS 对变量进行卡方检验,得出: χ^2 ($df = 11$, $N = 2430$) = 52.136, $P < 0.01$,即表明用户性别与图像的标注耗时不具有相互独立性,性别因素会对图像情感标注耗时产生影响,假设 H1 得到证实。为了进一步确定不同性别用户的标注耗时情况,我们对男女类别下的时间单元进行描述性统计,结果如表 8 - 10 所示,男女在平均标注用时上并没有显著差异,但在标准差上表现出极大的波动,为此,我们采用 Mann - Whitney 方法进行显著性检验,结果表明 $P = 0.163 > 0.01$,即性别类别下的两总体分布相同并无显著性差异。

表 8 - 10　对不同用户性别的标注耗时描述性统计

性别	均值	标准差	极小值	极大值
男	68.91	56.043	9	424
女	65.41	43.971	8	281

2. 用户学历是否与图像情感标注耗时有关系

用户的学历不仅是知识储备量的直观反映,也是用户认知风格的间接体现,征集的志愿者主要包括本科和硕士两个分类,在时间单元数量占比上分别为 43.3% 和 56.7% ,将用户学历与用户的标注耗时进行交叉分析,结果如表 8 - 11 所示。用户的标注耗时集中分布在 20s 到 80s 之间,占比均超过 50% ,值得注意的是,在学历这一分类变量中,本科生集中在前 40s 完成图像情感标注的比例(6.8% 及 32.8%)略胜硕士生,而 40s 之后硕士生在学历上的占比均超过本科生,且在时间范围占比中也显著大于本科生的标注单元数量,这表明硕士生在完成图像标注过程中所耗费的时间远远超过本科生,尤其在 220s 后,硕士生中仍然具有 3.1% 的时间单元数量,这反映出硕士生在情感标注上消耗的时间明显高于本科生。

利用 SPSS 对变量进行卡方检验,得出: χ^2 ($df = 11$, $N = 2430$) = 49.799, $P < 0.01$,说明用户学历确实会对用户的标注耗时产生一定的影响,假设 H2 得到证实。进一步地采用 Mann - Whitney 检测得到 P < 0.01 ,即表明分类变量(学历)下的两总体分布具有显著性差异,对本科生和硕士生的描述性统计计算如表 8 - 12 所示。可以看出,两者在均值上存在近 10s 的标注耗时差异,且硕士生的标注差略高于本科生,这与交叉分析中两者的分布情况吻合,整体上硕士生的标注耗时将会大于本科生。

表 8 – 11 用户学历与标注耗时的交叉分析

		学历			
		本科（N = 1053）		硕士（N = 1377）	
		时间范围中的%	学历中的%	时间范围中的%	学历中的%
时间范围	[1,20)	48.0%	6.8%	52.0%	5.7%
	[20,40)	48.9%	32.8%	51.1%	26.2%
	[40,60)	40.5%	21.4%	59.5%	24.0%
	[60,80)	40.5%	13.4%	59.5%	15.0%
	[80,100)	46.2%	9.7%	53.8%	8.6%
	[100,120)	35.9%	4.5%	64.1%	6.1%
	[120,140)	42.7%	3.9%	57.3%	4.0%
	[140,160)	58.3%	4.0%	41.7%	2.2%
	[160,180)	31.4%	1.5%	68.6%	2.5%
	[180,200)	35.3%	1.1%	64.7%	1.6%
	[200,220)	29.4%	0.5%	70.6%	0.9%
	[220,∞)	10.4%	0.5%	89.6%	3.1%

表 8 – 12 对不同用户学历的标注耗时描述性统计

学历	均值	标准差	极小值	极大值
本科	61.99	43.405	8	424
硕士	70.49	52.888	9	326

3. 用户学科类别是否与图像情感标注耗时有关系

用户学科类别的差异性会导致用户观察和思考事物的方式各不相同，因此，这里以大学的学科划分为准则，直接利用各学部名称作为分类变量的属性值，五大学部在时间单元数量占比上分别为12.2%、57.8%、11.1%、8.9%及10%，各学部与时间范围分组的交叉分析如表 8 – 13 所示。从学部百分占比来看，人文科学学部的标注耗时集中在20s到60s之间，而其余四大学部的标注耗时则主要集中在20s到80s之间，但超过220s的标注时间后，工学部学生以5.1%的比例遥遥领先其他学部学生的百分比，这表明工学部学生中的大部分标注耗时过高，此外，每个学部的百分占比在某一段时间内表现出规律性，例如，人文科学学部的标注时间突出集中在140s之前，社会科学学部的标注时间在整体上表现平稳，理学部的标注耗时突出表现在80s之后的居多，工学部的标注耗时集中在80s之前和220s之后,而信息科学学部的标注耗时以60s内的较为突出,这些信息足以表明,不同学科背景下的标注耗时并不完全一致,标注耗时会呈现出一定的波动性。

表8-13 用户学科类别与标注耗时的交叉分析

			学部				
			人文科学学部(N=297)	社会科学学部(N=1404)	理学部(N=270)	工学部(N=216)	信息科学学部(N=243)
时间范围	[1,20)	T%	13.3%	45.3%	5.3%	14.7%	21.3%
		F%	6.7%	4.8%	3.0%	10.2%	13.2%
	[20,40)	T%	15.4%	54.8%	8.9%	9.3%	11.5%
		F%	36.7%	27.6%	23.3%	30.6%	33.3%
	[40,60)	T%	13.8%	57.6%	8.5%	9.0%	11.2%
		F%	25.9%	22.8%	17.4%	23.1%	25.5%
	[60,80)	T%	8.3%	61.8%	10.6%	9.8%	9.5%
		F%	9.8%	15.3%	13.7%	15.7%	13.6%
	[80,100)	T%	10.9%	62.9%	14.5%	5.4%	6.3%
		F%	8.1%	9.9%	11.9%	5.6%	5.8%
	[100,120)	T%	9.9%	65.6%	18.3%	4.6%	1.5%
		F%	4.4%	6.1%	8.9%	2.8%	0.8%
	[120,140)	T%	14.6%	65.6%	10.4%	5.2%	4.2%
		F%	4.7%	4.5%	3.7%	2.3%	1.6%
	[140,160)	T%	2.8%	61.1%	26.4%	2.8%	6.9%
		F%	0.7%	3.1%	7.0%	.9%	2.1%
	[160,180)	T%	9.8%	54.9%	25.5%	5.9%	3.9%
		F%	1.7%	2.0%	4.8%	1.4%	0.8%
	[180,200)	T%	2.9%	55.9%	17.6%	8.8%	14.7%
		F%	0.3%	1.4%	2.2%	1.4%	2.1%
	[200,220)	T%	0.0%	64.7%	11.8%	11.8%	11.8%
		F%	0.0%	0.8%	0.7%	0.9%	0.8%
	[220,∞)	T%	6.3%	50.0%	18.8%	22.9%	2.1%
		F%	1.0%	1.7%	3.3%	5.1%	0.4%

注:T%表示时间范围中的百分比,F%表示学部中的百分比。

利用 SPSS 对变量进行卡方检验,得出:χ^2($df = 44$,$N = 2430$)= 154.005,$P < 0.01$,表明用户的学科类别与标注耗时之间存在关系,不同的学科类别会对图像情感标注耗时产生影响,假设 H3 得以证实成立,进一步利用 Kruskal – Wallis 检测得到 $P < 0.01$,表明不同学部的总体分布存在显著性差异,对它们进行描述性统计结果如表 8 – 14 所示,其中信息科学学部的平均标注耗时较短,与交叉分析中的分布比例集中在 60s 以内相对应,而理学部的平均标注耗时最长与它的标注耗时分布相一致性。

表 8 – 14　对不同用户学科类别的标注耗时描述性统计

学部	均值	标准差	极小值	极大值
人文科学学部	56.58	39.974	11	307
社会科学学部	68.60	48.436	8	424
理学部	82.89	55.583	11	279
工学部	64.68	58.284	11	326
信息科学学部	52.97	40.398	11	230

(二)用户经验及意愿影响因素

1. 用户图像标注经验是否与图像情感标注耗时有关系

用户标注经验是培养用户认知习惯、形成特定心智的途径之一,对于用户快速掌握并理解标注的内涵起到重要作用,这里将用户的标注经验划分为四大类,即从来没有参与过标注之类的经验,这类人群的时间单元数量占到54.4%,其他具有较少、偶尔及较多图像标注经验的数量占比则依次为28.9%、11.1%及5.6%。将图像标注经验分类变量与时间范围分组进行交叉分析,结果如表 8 – 15 所示,大多数用户的标注耗时主要集中在20s 到80s 之间,具体到每个分类下:没有标注经验的用户在[20,40)范围内的时间单元占比(31.9%)较其他类别的高,具有较少标注经验的和具有偶尔标注经验的用户在整体标注耗时上比例趋于相近,而具有较多标注经验的用户在[220,∞)范围中表现出极大的优势比(7.4%),这反映出用户的标注耗时与用户的标注时间存在某种关系,标注经验丰富的用户相比经验不足的乐于花费更多的时间在图像情感标注上。

表8-15　用户图像标注经验与标注耗时的交叉分析

			图像标注经验			
			没有 (N=1323)	较少 (N=702)	偶尔 (N=270)	较多 (N=135)
时间范围	[1,20)	T%	56.0%	28.7%	15.3%	0.0%
		TE%	6.3%	6.1%	8.5%	0.0%
	[20,40)	T%	59.8%	25.1%	12.7%	2.4%
		TE%	31.9%	25.2%	33.3%	12.6%
	[40,60)	T%	59.9%	25.4%	7.6%	7.2%
		TE%	25.2%	20.1%	15.6%	29.6%
	[60,80)	T%	52.0%	31.3%	11.2%	5.5%
		TE%	13.7%	15.5%	14.4%	14.1%
	[80,100)	T%	46.2%	38.0%	10.0%	5.9%
		TE%	7.7%	12.0%	8.1%	9.6%
	[100,120)	T%	38.2%	37.4%	13.0%	11.5%
		TE%	3.8%	7.0%	6.3%	11.1%
	[120,140)	T%	49.0%	28.1%	9.4%	13.5%
		TE%	3.6%	3.8%	3.3%	9.6%
	[140,160)	T%	41.7%	40.3%	13.9%	4.2%
		TE%	2.3%	4.1%	3.7%	2.2%
	[160,180)	T%	43.1%	39.2%	9.8%	7.8%
		TE%	1.7%	2.8%	1.9%	3.0%
	[180,200)	T%	61.8%	26.5%	8.8%	2.9%
		TE%	1.6%	1.3%	1.1%	0.7%
	[200,220)	T%	52.9%	23.5%	23.5%	0.0%
		TE%	0.7%	0.6%	1.5%	0.0%
	[220,∞)	T%	45.8%	20.8%	12.5%	20.8%
		TE%	1.7%	1.4%	2.2%	7.4%

注:T%表示时间范围中的百分比,TE%表示图像标注经验中的百分比。

利用 SPSS 对变量进行卡方检验,得出:χ^2($df=33$,$N=2430$)= 123.679,$P<0.01$,反映用户的图像标注经验与标注耗时之间存在着关系,两者不具有独立性,假设 H4 得以证实。进一步利用 Kruskal–Wallis 检测不同经验程度下的用户总体分布显著性差异,其 $P<0.05$ 表明多个

总体的分布确实存在显著差异,通过对各总体分布的描述性统计计算,结果如表 8 – 16 所示,可以看出在平均标注耗时下,没有标注经验的耗时最低,而具有较多标注经验的用户的标注耗时则最高,这也与交叉分析的结果相一致,表明图像标注经验与标注耗时之间存在着正相关的关系。

表 8 – 16　对不同图像标注经验用户的标注耗时描述性统计

图像标注经验	均值	标准差	极小值	极大值
没有	62.66	47.419	11	424
较少	70.32	46.993	8	279
偶尔	66.31	53.129	9	302
较多	90.15	60.403	26	326

2. 用户图像检索经验是否与图像情感标注耗时有关系

检索与标注是息息相关的,用户在检索过程中的认知心理与标注过程中具有相似性,因此用户检索经验也作为潜在因素纳入考察范围中。本书在数据采集过程中存在部分缺失现象,故只选取部分用户的标注时间单元作为分析对象,总共有 1674 个时间单元,依据用户检索经验的丰富程度划分为没有图像检索经验的用户(38.7%)、较少图像检索经验的用户(25.8%)、偶尔参与图像检索的用户(19.4%)以及具有较多图像检索检验的用户(16.1%),从时间范围上的分组来看,20s 至 80s 之间的时间单元数量占有 1083 个,对用户的图像检索经验与标注耗时之间进行交叉分析,结果如表 8 – 17 所示,各用户群体的标注耗时均集中在 20s 到 80s 范围内,对各用户群体内的标注耗时占比进行对比发现,没有图像检索经验的用户在[1,20)范围内的比例最高(7.6%),而偶尔及较多图像检索经验的用户在[220,∞)范围内具有显著优势比例(1.9%),这暗示图像检索经验的丰富程度同样会对用户的标注耗时产生一定的正相关影响;此外,没有检索经验的用户在[80,120)范围内的比例依旧显著,而较多图像检索经验的用户在[160,180)范围内的比例最高(6.3%),这些信息反映出检索经验丰富的用户比经验不足的用户花费更多的时间在图像情感标注上。

表 8 – 17　用户图像检索经验与标注耗时的交叉分析

			图像检索经验			
			没有 （N = 648）	较少 （N = 432）	偶尔 （N = 324）	较多 （N = 270）
时间范围	[1,20) （N = 111）	T%	44.1%	25.2%	18.9%	11.7%
		RE%	7.6%	6.5%	6.5%	4.8%
	[20,40) （N = 488）	T%	33.8%	30.3%	22.1%	13.7%
		RE%	25.5%	34.3%	33.3%	24.8%
	[40,60) （N = 350）	T%	37.7%	29.4%	18.0%	14.9%
		RE%	20.4%	23.8%	19.4%	19.3%
	[60,80) （N = 245）	T%	40.8%	29.8%	15.5%	13.9%
		RE%	15.4%	16.9%	11.7%	12.6%
	[80,100) （N = 166）	T%	53.6%	17.5%	9.6%	19.3%
		RE%	13.7%	6.7%	4.9%	11.9%
	[100,120) （N = 95）	T%	44.2%	23.2%	13.7%	18.9%
		RE%	6.5%	5.1%	4.0%	6.7%
	[120,140) （N = 61）	T%	26.2%	18.0%	29.5%	26.2%
		RE%	2.5%	2.5%	5.6%	5.9%
	[140,160) （N = 59）	T%	45.8%	13.6%	25.4%	15.3%
		RE%	4.2%	1.9%	4.6%	3.3%
	[160,180) （N = 36）	T%	13.9%	5.6%	33.3%	47.2%
		RE%	0.8%	0.5%	3.7%	6.3%
	[180,200) （N = 25）	T%	28.0%	12.0%	40.0%	20.0%
		RE%	1.1%	0.7%	3.1%	1.9%
	[200,220) （N = 12）	T%	41.7%	8.3%	33.3%	16.7%
		RE%	0.8%	0.2%	1.2%	0.7%
	[220,∞) （N = 26）	T%	42.3%	15.4%	23.1%	19.2%
		RE%	1.7%	0.9%	1.9%	1.9%

注:T% 表示时间范围中的百分比,RE% 表示图像检索经验中的百分比。

利用 SPSS 对变量进行卡方检验,得出:x^2（$df = 33, N = 1674$）= 111.437,$P < 0.01$,表明用户图像检索经验会对图像情感标注耗时产生影响,假设 H5 成立。进一步利用 Kruskal – Wallis 方法对各用户群体的总体分布进行显著性差异检测,得到 $P < 0.01$,拒绝原假设,即不同图像

检索经验的用户的标注耗时在总体分布上存在显著差异,利用 SPSS 计算出各总体分布下的标注耗时的描述性统计,如表 8 - 18 所示,结果发现具有较多检索经验的用户平均标注耗时依然最长,但具有较少检索经验的用户的平均标注耗时最短,虽然平均标注耗时与用户图像检索经验的丰富程度不具有一定的线性关系,但在整体趋势上依旧表明随着图像检索经验的逐渐丰富,用户将会花费更多的时间在图像标注中。

表 8 - 18　对不同图像检索经验用户的标注耗时描述性统计

图像检索经验	均值	标准差	极小值	极大值
没有	67.41	46.958	8	302
较少	57.09	37.652	9	253
偶尔	69.92	54.215	11	249
较多	76.78	52.096	11	269

3. 用户标注意愿是否与图像情感标注耗时有关系

用户的标注意愿是用户情感的直接体现,会对图像情感的标注耗时产生极大的影响,本书将用户的标注意愿的程度深浅依次划分为不愿意(6.7%)、可能不愿意(14.4%)、可能愿意(33.3%)、愿意(10%)及不确定(35.6%),其中不确定一项表示用户对于图像情感标注这一任务犹豫不决,对即将完成的实验具有模糊不确定性,可以看出,大多数用户对于一项新事物的接受还是处于观望状态。将用户的标注意愿类别与标注耗时进行交叉分析,结果如表 8 - 19 所示。整体上用户的标注时间范围集中在 20s 到 60s 范围内,对于不愿意的用户而言,他们在 [1,20) 时间范围内的用户标注时间单元比例最高(13.6%),在 160s 范围之后的标注时间单元比例为 0.0%,而对于愿意标注的用户而言,他们在 [220,∞) 时间范围内的用户标注时间单元比例最高(3.3%),其余标注意愿下的用户标注时间单元分布较稳定,这暗示用户的标注耗时随着标注意愿程度的加深而变长。

表 8 – 19　用户标注意愿与标注耗时的交叉分析

			图像标注意愿				
			不愿意 （N = 162）	可能不愿意 （N = 351）	可能愿意 （N = 810）	愿意 （N = 243）	不确定 （N = 864）
时间范围	[1, 20)	T%	14.7%	12.0%	43.3%	6.7%	23.3%
		TW%	13.6%	5.1%	8.0%	4.1%	4.1%
	[20, 40)	T%	9.5%	15.2%	32.0%	9.6%	33.7%
		TW%	41.4%	30.5%	27.9%	28.0%	27.5%
	[40, 60)	T%	6.5%	13.8%	31.1%	11.7%	36.9%
		TW%	22.2%	21.9%	21.4%	26.7%	23.7%
	[60, 80)	T%	6.6%	14.4%	33.9%	11.2%	33.9%
		TW%	14.2%	14.2%	14.6%	16.0%	13.7%
	[8, 100)	T%	3.2%	15.4%	38.0%	6.3%	37.1%
		TW%	4.3%	9.7%	10.4%	5.8%	9.5%
	[100, 120)	T%	1.5%	13.0%	35.1%	5.3%	45.0%
		TW%	1.2%	4.8%	5.7%	2.9%	6.8%
	[120, 140)	T%	3.1%	19.8%	20.8%	6.3%	50.0%
		TW%	1.9%	5.4%	2.5%	2.5%	5.6%
	[140, 160)	T%	2.8%	15.3%	30.6%	15.3%	36.1%
		TW%	1.2%	3.1%	2.7%	4.5%	3.0%
	[160, 180)	T%	0.0%	19.6%	31.4%	13.7%	35.3%
		TW%	0.0%	2.8%	2.0%	2.9%	2.1%
	[180, 200)	T%	0.0%	8.8%	35.3%	17.6%	38.2%
		TW%	0.0%	0.9%	1.5%	2.5%	1.5%
	[200, 220)	T%	0.0%	0.0%	52.9%	11.8%	35.3%
		TW%	0.0%	0.0%	1.1%	0.8%	0.7%
	[220, ∞)	T%	0.0%	10.4%	39.6%	16.7%	33.3%
		TW%	0.0%	1.4%	2.3%	3.3%	1.9%

注：T%表示时间范围中的百分比，TW%表示图像检索经验中的百分比。

利用 SPSS 对变量进行卡方检验,得出:χ^2($df = 44$,$N = 2430$)$=$
102.761,$P < 0.01$,表明用户标注耗时与用户的标注意愿之间存在一定
的关系,即假设 H6 得以证实,用户标注意愿会对用户的图像情感标注耗
时产生影响。此外,我们利用 Kruskal – Wallis 方法对不同标注意愿的用
户的标注耗时总体分布进行显著性差异检测,结果 $P < 0.01$,说明多个
总体分布之间存在显著性差异,对各总体分布进行描述性统计,结果如
表 8 – 20 所示,可以看到,不愿意标注的用户在平均标注耗时上用时最
小,而愿意参与标注的用户平均耗时最长,除去不确定用户的平均标注
耗时外,可以看到用户的标注耗时随着用户标注意愿的加深而逐渐
变长。

表 8 – 20　对不同标注意愿用户的标注耗时描述性统计

图像标注意愿	均值	标准差	极小值	极大值
不愿意	44.63	26.591	8	156
可能不愿意	65.73	45.961	11	307
可能愿意	66.96	50.111	9	302
愿意	70.85	56.166	13	281
不确定	70.13	49.705	11	424

(三)图像内容影响因素

1. 图像底层特征与图像情感标注耗时的关系

用户对图像最直接的感官是视觉,通过视觉感受图像的底层特征,
而图像的底层特征涉及图像的颜色及纹理等特征,提取图像的特征向量
并利用聚类算法将图像分为 A、B、C 三类,三者时间单元数量的占比依
次为 44.4%、33.3% 及 22.2%。将图像的底层特征分类与标注耗时进
行交叉分析,结果如表 8 – 21 所示,可以看出,用户的标注耗时集中在
20s 到 80s 之间,其中,对于 A 类图像来说,在[80,160)时间范围内相比
其他类别的图像比例更突出,而 B 类图像在时间范围[40,60)内具有较
高的时间单元占比(24.6%),C 类图像则在[1,40)时间范围内占有较
高的比例,三者整体趋势上均表现出平稳性。

表 8 – 21　图像底层特征与标注耗时的交叉分析

		图像底层特征					
		A 类（N = 1080）		B 类（N = 810）		C 类（N = 540）	
		T%	BC%	T%	BC%	T%	BC%
时间范围	[1,20)	36.0%	5.0%	37.3%	6.9%	26.7%	7.4%
	[20,40)	41.4%	27.0%	35.0%	30.5%	23.7%	30.9%
	[40,60)	43.7%	22.5%	35.8%	24.6%	20.5%	21.1%
	[60,80)	47.4%	15.3%	28.4%	12.2%	24.1%	15.6%
	[80,100)	48.9%	10.0%	32.6%	8.9%	18.6%	7.6%
	[100,120)	51.9%	6.3%	31.3%	5.1%	16.8%	4.1%
	[120,140)	45.8%	4.1%	31.3%	3.7%	22.9%	4.1%
	[140,160)	51.4%	3.4%	27.8%	2.5%	20.8%	2.8%
	[160,180)	39.2%	1.9%	37.3%	2.3%	23.5%	2.2%
	[180,200)	38.2%	1.2%	32.4%	1.4%	29.4%	1.9%
	[200,220)	70.6%	1.1%	11.8%	0.2%	17.6%	0.6%
	[220,∞)	50.0%	2.2%	29.2%	1.7%	20.8%	1.9%

注：T% 表示时间范围中的百分比，BC% 表示图像底层特征中的百分比。

利用 SPSS 对变量进行卡方检验，得出：x^2（$df = 22, N = 2430$）= 27.82，$P = 0.182 > 0.05$，表明图像底层特征与用户的标注耗时具有相对独立性，图像底层特征不会对标注耗时产生影响，因此假设 H7 不成立。此外，对不同类别下的图像标注耗时总体分布进行描述性统计，结果如表 8 – 22 所示，再进行 Kruskal – Wallis 检测，$P < 0.01$，显示各总体之间具有显著性差异，其中，A 类图像的平均标注耗时最长，而 B 类图像的平均标注耗时最短，但整体上三者标注耗时还是具有一致性的。

表 8 – 22　对不同图像底层特征的标注耗时描述性统计

图像底层特征	均值	标准差	极小值	极大值
A 类	69.86	49.830	11	424
B 类	63.75	47.685	9	326
C 类	65.30	49.791	8	292

2. 图像内容语义与图像情感标注耗时关系

对于图像内容语义的理解因人而异，不同的用户关注的角度不同，从图像中获取的信息量也自然不同，这里根据图像表现出的语义内容将 9 幅图像划分为对象、时间及关系 3 个类别，三者在时间单元数量上所占比例依次为 33.3%、22.2% 及 44.4%,将该分类变量与标注耗时分组进行交叉分析,结果如表 8 - 23 所示,图像标注耗时集中在 20s 至 80s 范围内,其中,不同内容语义下的图像总体均在[20,40)时间范围内占有最大比例(34.7%、26.7% 及 26.0%),此外,对象类总体标注耗时相比另外两类别在[20,60)时间范围内比例更高,事件类总体标注耗时相比另外两类别在[60,120)时间范围内比例更高,而关系类总体标注耗时在[40,60)、[120,140)及[160,180)间拥有更高的比例。

表 8 - 23　图像内容语义与标注耗时的交叉分析

| | | 图像内容语义 | | | | | |
| | | 对象(N=810) | | 事件(N=540) | | 关系(N=1080) | |
		T%	CS%	T%	CS%	T%	CS%
时间范围	[1,20)	42.7%	7.9%	19.3%	5.4%	38.0%	5.3%
	[20,40)	39.8%	34.7%	20.4%	26.7%	39.8%	26.0%
	[40,60)	31.7%	21.7%	20.9%	21.5%	47.5%	24.4%
	[60,80)	26.1%	11.2%	25.9%	16.7%	48.0%	15.5%
	[80,100)	31.7%	8.6%	22.6%	9.3%	45.7%	9.4%
	[100,120)	30.5%	4.9%	28.2%	6.9%	41.2%	5.0%
	[120,140)	30.2%	3.6%	20.8%	3.7%	49.0%	4.4%
	[140,160)	26.4%	2.3%	26.4%	3.5%	47.2%	3.1%
	[160,180)	27.5%	1.7%	15.7%	1.5%	56.9%	2.7%
	[180,200)	20.6%	0.9%	29.4%	1.9%	50.0%	1.6%
	[200,220)	29.4%	0.6%	29.4%	0.9%	41.2%	0.6%
	[220,∞)	29.2%	1.7%	25.0%	2.2%	45.8%	2.0%

注:T% 表示时间范围中的百分比,CS% 表示图像底层特征中的百分比。

利用 SPSS 对变量进行卡方检验 $\chi^2(df=22,N=2430)=42.24,P=0.006<0.01$,结果表明图像语义内容会对图像情感的标注耗时产生影响,假设 H8 成立。为了探查不同内容类别下的标注耗时总体分布差异性,对各总体分布进行描述性统计,结果如表 8 - 24 所示。再通过 Kruskal - Wallis 检测发现 $P<0.01$,即多个总体的分布存在显著性差异,计算各类别下的统计特征值,发现对象类图像的平均标注耗时最短,而事件类图像的平均标注耗时最长,这反映出三种类别下的标注耗时确实存在不一致性。

表 8 – 24　对不同图像内容语义的标注耗时描述性统计

图像内容特征	均值	标准差	极小值	极大值
对象	61.09	47.435	9	326
事件	70.51	50.673	11	424
关系	69.25	49.363	8	302

3. 图像情感特征是否与图像情感标注耗时有关系

为了验证图像情感特征与标注耗时的关系,这里仅使用实验二的数据(由于实验二是单独对图像的 3 个情感维度进行标注,故数据可以直接获取),在实验过程中,用户每次只需标注完单幅图像的一个情感维度即视为一个时间单元。由于原始分组中超过 120s 后的标注时间单元观察数较少,故对后面的时间范围组进行合并,这样卡方分析的结果更具有准确性,表 8 – 25 给出图像情感特征与标注耗时的交叉分析结果,其中各情感维度下的时间单元数量均为 810,而每个时间范围组中含有的时间单元数量也单独列出,可以看出,单个维度上的标注耗时主要集中在 60s 之内,而各维度下的标注比例也基本持衡。

表 8 – 25　图像情感特征与标注耗时的交叉分析

		情感特征					
		唤醒度(N = 810)		优势度(N = 810)		愉悦度(N = 810)	
		T%	AC%	T%	AC%	T%	AC%
时间范围	[1,20)(N = 779)	34.3%	33.0%	35.4%	34.1%	30.3%	29.1%
	[20,40)(N = 893)	32.4%	35.7%	33.1%	36.5%	34.5%	38.0%
	[40,60)(N = 436)	36.2%	19.5%	31.0%	16.7%	32.8%	17.7%
	[60,80)(N = 180)	31.1%	6.9%	28.3%	6.3%	40.6%	9.0%
	[80,100)(N = 83)	31.3%	3.2%	37.3%	3.8%	31.3%	3.2%
	[100,120)(N = 37)	21.6%	1.0%	32.4%	1.5%	45.9%	2.1%
	[120,∞)(N = 22)	27.3%	.7%	40.9%	1.1%	31.8%	.9%

注:T% 表示时间范围中的百分比,AC% 表示图像底层特征中的百分比。

利用 SPSS 对分类变量进行卡方检验，χ^2（$df = 12$，$N = 2430$）＝ 14.857，$P = 0.249 > 0.01$，这说明图像的情感特征并不会影响图像情感的标注耗时，两者之间具有相对独立性，假设 H9 不成立。对各总体分布进行描述性统计，结果如表 8 - 26 所示。利用 Kruskal - Wallis 检测各情感维度下的标注耗时总体分布差异，结果为 $P = 0.021 > 0.01$，即不同情感维度下的标注耗时总体分布不具有显著差异，通过描述性统计的结果可以看出，对于图像愉悦度的标注耗时相比另外两个情感维度的平均标注耗时要长，但整体趋势上三者仍具有一致性。

表 8 - 26　对不同情感特征下的标注耗时描述性统计

情感维度	均值	标准差	极小值	极大值
唤醒度	33.53	23.045	3	156
优势度	33.59	25.526	3	254
愉悦度	35.85	24.473	4	170

（四）标注模式影响因素

标注模式作为外部因素由系统环境所决定，用户能否快速熟悉操作环境、对图像标注过程的掌握程度以及可视化标注平台的友好程度等决定了用户能否快速有效地进行图像情感标注。本实验环境系统中主要提供了打分标注模式、单标签模式及多标签模式，三者所占有的时间单元数量均为 810 个，将标注模式与标注耗时进行交叉分析，结果如表 8 - 27 所示。从三种标注模式各自的时间单元数量占比可以看出，打分模式下的标注耗时主要集中在 80s 以内，单标签模式下的标注耗时分布较分散，尤其在 60s 之后的时间单元数量占比明显高于其他两种标注模式，而多标签模式下的标注耗时则在 20s 至 80s 内较为集中，这暗示用户同时对图像的 3 个情感标签标注比独自标注每一个情感标签更节省时间；从时间范围分组来看，打分模式在 [1,40) 范围内具有明显优势（72.7%，55.8%），而单标签模式在 60s 后的时间单元数量依然比例最高，而多标签模式下仅在 [40,60) 范围内的时间单元数量具有微弱优势（28.8%）。

表 8 – 27　图像情感标注模式与标注耗时的交叉分析

		标注模式					
		打分模式 (N = 810)		单标签模式 (N = 810)		多标签模式 (N = 810)	
		T%	TM%	T%	TM%	T%	TM%
时间范围	[1,20)	72.7%	13.5%	1.3%	.2%	26.0%	4.8%
	[20,40)	55.8%	48.6%	11.9%	10.4%	32.3%	28.1%
	[40,60)	36.0%	24.7%	22.1%	15.2%	41.9%	28.8%
	[60,80)	22.4%	9.6%	39.1%	16.8%	38.5%	16.5%
	[80,100)	9.0%	2.5%	55.7%	15.2%	35.3%	9.6%
	[100,120)	6.9%	1.1%	61.8%	10.0%	31.3%	5.1%
	[120,140)	0.0%	0.0%	68.8%	8.1%	31.3%	3.7%
	[140,160)	0.0%	0.0%	87.5%	7.8%	12.5%	1.1%
	[160,180)	0.0%	0.0%	76.5%	4.8%	23.5%	1.5%
	[180,200)	0.0%	0.0%	88.2%	3.7%	11.8%	0.5%
	[200,220)	0.0%	0.0%	94.1%	2.0%	5.9%	0.1%
	[220,∞)	0.0%	0.0%	97.9%	5.8%	2.1%	0.1%

注:T% 表示时间范围中的百分比,TM% 表示图像标注模式中的百分比。

利用 SPSS 对分类变量进行卡方检验,得出: $\chi^2 (df = 22, N = 2430) = 884.951, P < 0.01$,表明图像标注模式确实会对图像情感标注耗时产生影响,假设 H10 得以证实成立。为了探究各标注模式下的标注耗时总体分布情况,对不同模式下的总体时间耗时进行 Kruskal – Wallis 检测,结果为 $P < 0.01$,表明多个总体的分布存在显著性差异,计算各总体分布下的标注耗时基本描述统计量,结果如表 8 – 28 所示,可以看出单标签模式下的平均标注耗时明显高于其他标注模式,而打分模式简单易行的方式所需要的平均标注耗时为最短,这与交叉分析后的结果相吻合,表明三种不同的标注模式对用户的标注耗时确实产生影响。

表 8 – 28　对不同标注模式下的标注耗时的描述性统计

标注模式	均值	标准差	极小值	极大值
打分模式	38.26	18.580	8	119
单标签模式	102.97	59.581	16	424
多标签模式	59.20	34.389	11	231

三、图像情感标注耗时影响因素模型修正

由前文分析结果可知,在本书提出的研究假设中,除去 H7、H9 假设不成立外,其余 8 条均成立,分别为:H1:图像情感标注耗时会受到用户性别的影响;H2:图像情感标注耗时会受到用户学历的影响;H3:图像情感标注耗时会受到用户学科类别影响;H4:图像情感标注耗时会受到用户标注经验的影响;H5:图像情感标注耗时会受到用户检索经验的影响;H6:图像情感标注耗时会受到用户标注意愿的影响;H8:图像情感标注耗时会受到图像内容特征的影响;H10:图像情感标注耗时会受到图像情感标注模式的影响。

因此,有必要对本章提出的图像情感标注耗时影响因素模型进行修正,得到的图像情感标注耗时影响因素修正模型如图 8 - 3 所示,其中粗箭头表示影响方向,细箭头表示间接影响。

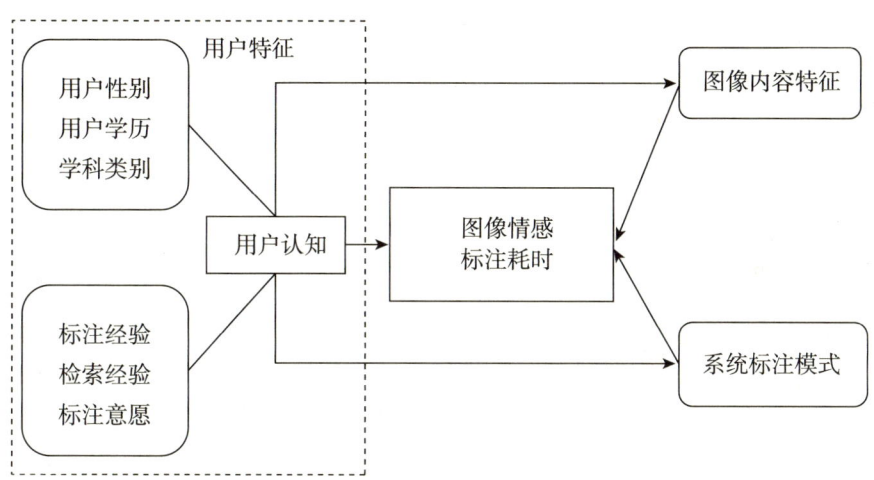

图 8 - 3　图像情感标注耗时影响因素修正模型

第六节　讨论与启示

一、标注耗时行为的原因探讨

前文通过卡方检验等统计学方法对影响用户图像情感标注耗时的

因素进行探讨分析,初步证实其中 8 条假设的正确性,并就不同分类变量下的总体分布趋势做出显著性差异检测,下面将利用 Morae 软件记录的用户行为及口头表述等行为语音信息对用户产生这些标注耗时趋势的原因进行分析。

（一）用户因素影响下的标注耗时行为

通过假设检验我们证实用户的图像情感标注时间是会受到用户的性别、学历、学科背景及经验丰富程度等的影响,而不同因素影响下的用户标注耗时趋势也呈现出一定的规律性。通过"think aloud"音频记录下志愿者在标注行为发生时所说出的心里的想法,可以进一步证实这些影响因素存在的可能性。

在性别差异上,男性与女性的图像情感的平均标注耗时并未表现出极大的差异,但在总体波动性上女性较男性更稳定,这与我们平时的认知观相一致——女生较男生情感更细腻,具体原因推测有二：①本实验不仅仅是图像情感的标注,更重要的是要对新事物的好奇程度,男生显然比女生对于新技术新系统的热情更高,愿意花费时间在标注中,例如,01 号男性被试者说,"这个界面设计得不好",07 号女性被试者说,"这个三角形好复杂呀";②男性在信息理解接受上要比女性稍慢,例如,03号男性被试者说,"看到这张图不知所云,不知道是什么意思",25 号男性被试者说,"这张图不知道是什么,它是尸体还是雕像,还是什么陶瓷艺术,也不是很明白"。因此,女性较男性在情感上的敏锐程度有助于加快女性被试者的速度,继而缩短标注所需时间。

学历上的差别导致硕士生在图像情感平均标注耗时上比本科生要长,主要原因可能在于硕士生对于事物的理解程度要比本科生更丰富更深刻,导致在标注上产生更多的行为及想法,例如,30 号硕士生被试者说"那你刚才那个看地球那个我们就基本上也是地球科学,那对地球很感兴趣,那我选择……"02 号本科生被试者说"这个我觉得图片比较吧,跟这一张差不多的,没有什么愉悦的感觉"等。

在学科类别上,文科生相比理工科的学生在图像情感平均标注耗时上用时更短,这表明文科生仍然具有强于理工科学生的感知及理解能力,能在较短的时间内对事物做出感性的认知并描述出来,例如,06 号社会科学学部的被试者说,"这个小女孩(待),让我看着很开心,她无意识的就唤起了我的注意力,尤其是她没有门牙的特点,更加让我想起了孩提的感觉,毕竟自己现在二十几岁了,回不去了,所以看着唤醒度还是挺高的",而 29 号来自信息科学学部的被试者说,"这个唤醒度一般,没什么特别的感觉,主要是我看不懂这个图",等等,从这些表述中我们可以推测更具有语言天赋及视觉想象力的文科生在图像情感认知负担更低,将比理科生的标注更快更有效率。

此外,用户经验也是对用户图像情感标注耗时产生影响的极为重要的因素之一,通过前面的总体分布显著差异及描述性统计发现,不具有标注经验的用户比起具有标注经验的用户在图像情感标注耗时上用时更短,其原因可能有:①省力法则的影响,没有经验的用户在认知过程中负担大,只想尽快结束任务,故而导致平均标注时间的缩短,例如,19 号无经验被试者说,"和我熟悉的东西比较脱离,所以它会唤醒我去思索这个东西",20 号较多经验的被试者说,"这个图片(待)愉悦度,这个图片给我的愉悦度还是比较高的,因为这个小孩笑得非常灿烂,还露出了一个她正在换牙齿的一个,露出了两个掉了的门牙,所以给我的愉悦度是很高的,然后……"这些表述暗示一个具有丰富经验的标注者更善于从多个角度来展开联想,以图更全面地对图像语义进行揭示。

最后,用户的标注意愿与用户标注耗时的关系也是值得关注的,用户意愿在一定程度上是兴趣的体现,如果标注者对标注这项任务的兴趣不高,那么一定程度上会缩短图像的标注耗时,所以,在书中我们指出用户的标注意愿与用户标注耗时的长短在一定程度上呈现出正相关关系,用户标注意愿强烈,那么用户更乐于花费更多的时间在图像标注过程中,否则,用户就只会采取"懒"的策略了。

(二)图像内容因素影响下的标注耗时行为

在对图像中的各因素进行卡方检验后,指出假设 H7 及 H9 的不成立,但是,非参数经验后的结果显示各总体之间的分布仍具有显著性差异,因此,这里有必要进行探讨分析。

首先是关于图像底层特征的,各分类总体下的平均标注耗时依次为 $A = 69.86s$,$B = 63.75s$,$C = 65.3s$,表现出一定的差异性。通过对具体图像的分类查看,A 类图像的整体色调鲜艳明亮,具有层次感,给予用户的信息量更多;B 类图像黑白交错,对比鲜明,可以直观看出图像传达的信息量;而 C 类图像色调偏暗,细节略微繁杂,用户可供参考的信息量一般,这些表明图像视觉上的差异仍会对用户产生一定的影响,例如,07号被试者指出"因为这个图片太阴暗了,我觉得一个这么暗的图片首先就没法让人提起精神来",51 号被试者同样表明"这是一个灯,这个是个暖色,感觉很舒适",这些足以证明图像色彩及纹理会对用户的标注判断产生影响。此外,关于图像情感特征的交叉分析表明,图像情感与用户自然的情感流露是不同的两个方面,用户会随着自身的情感而对图像情感发生偏移,用户在标注过程中并不会过分关注标注的是图像的哪类情感,而是更偏重自身的情感,因此,在图像情感差异上并未表现出显著性差异。

关于图像内容语义被证实与图像的标注耗时存在联系,说明图像内容确实会对用户的标注耗时产生影响,其中对象类图像的平均标注耗时为 61.09s,事件类图像的平均耗时为 70.51s,而关系类图像的平均耗时为 69.25s,结合具体的图像内容来看,对象类图像由于对象单一,用户容易识别辨识,因此能加快标注的速度,而事件类图像具有一定的抽象性,需要用户展开认知与联想,透过事件信息感知背后的故事等,这无形中增加了用户的标注耗时,而关系类图像实质上不同对象之间的结合,故而在标注耗时上处于中间程度,这表明,图像内容的清晰与否,主题是否明确等信息在一定程度上影响着用户的标注耗时,例如,65 号被试者表述"台灯,台灯这张那个构图比较,它那个,应该是它那个用色还是比较低沉,还是比较不那么明亮,没那么刺激人吧,它那个构图没那么刺激人……"用户可以很直观地确认它是台灯,而 05 号被试者表述"首先这是一个蜘蛛网,首先这个愉悦度,因为它是一个比较复杂的一个物体",但实际上,这不是蜘蛛网,而是敲碎的玻璃。

(三)系统标注模式因素影响下的标注耗时行为

系统标注模式被认为是影响用户图像标注耗时的因素被纳入模型体系中,事实证明不同的标注模式确实会对用户的标注耗时产生影响。从描述统计量上来看,单标签标注模式花费时间最多而打分模式花费时间最小,分析原因主要存在于系统操作的有用性及易用性。用户平常习惯于打分这一传统标注模式,对于打分模式具有很深的定势心理,且打分方式容易操作,方便有效,能有助于用户快捷地进行标注,而反观单标签及多标签模式则是我们研究中新提出的可视化标注方式,用户不能很快掌握,此外,多标签模式下一次性标注 3 个情感维度与单标签模式下分三次标注每一个情感维度,效率上更有提高,只不过多标签模式下需要用户更重的认知负担,例如,07 号被试者说:"这个三角形好复杂呀!觉得它每一个都很高怎么办?"此外,在单标签及多标签标注模式下我们提供更多丰富的交互方式,在一定程度上也会增长用户的图像标注耗时,例如,45 号被试者表示"参考图像不好理解,所以我只能选择数值",因此,一个好的标注系统应力图将用户标注过程中的认知负担降到最低,同时能有效加快标注的效率,那样才能让用户有更好的标注体验。

二、应用启示

通过对影响图像情感标注耗时因素的探究与分析,我们可以认为,用户的性别、学历、学科类别、经验丰富程度及标注意愿,图像的内容语义信息及系统提供的标注模式是影响用户标注耗时的主要原因,本书也对各因素影响下的标注耗时总体分布进行分析和归纳,对不同总体下的分布进行显著差异检测,最终获得一些有意义的结论及规律,下面对这些结果规律可应用的方面进行简要述说。

(1)用户个人信息的挖掘。用户个人信息的获取通常有显性和隐性两种方式,显式获取包括用户主动提供注册信息、订制信息等,隐式获取则主要通过用户的浏览行为,用户注意力及用户访问日志等方式获取。由于目前互联网技术的日益发达,用户隐私泄密、信息被盗等现象层出不穷,用户在申请账号、注册信息时更懂得保护个人的基本信息,这就导致获取用户信息的难度加大及获取信息不准确等。这里,通过对用户标注行为及标注耗时等信息挖掘,可以有效地推测用户的基本信息。

(2)图像标注系统的个性化推荐。当前已有的标注系统均要求用户自主自由地对图像进行标注,用户进入标注系统,浏览查找自己喜欢的图片,继而对图像收藏或添加标签等,这一系列的过程会降低用户标注的兴趣,影响用户的体验。若用户并不能有效地对自己想要标注的图像进行标注,这一方面会给用户的标注造成极大的负担,同时也会对标注的效果产生影响,极大地影响标注的效率,所以,这里可以利用得出的一些结论规律向不同类型的用户推荐不同类型的图片,用户只需对自己感兴趣且擅长的图像类别做标注就好。

（3）可视化标注系统的改进与完善。本章结论中明确表明不同的标注模式会对用户标注耗时产生影响，且讨论分析中指出不同标注模式下提供的辅助标注功能会在一定程度上改善用户的标注效率，因此，这里针对不同的标注模式理应有更好的改进措施，以图提升用户标注的友好性。

本章小结

随着数字技术及互联网技术的发展，图像多媒体资源成为互联网中重要的传输媒介之一，有效吸收和利用图像信息资源成为重要研究趋势，而用户作为图像资源的创造者和消费者，在图像资源管理中逐渐受到重视，研究图像用户的行为方式，可以有效提升图像资源服务的针对性。通过自主开发的图像情感可视化标注平台（ISARP），对用户的图像标注耗时行为进行研究，一方面可以探索影响用户图像标注耗时的潜在因素，另一方面可以深究不同因素影响下的图像标注耗时分布规律及趋势。具体来说，我们设计了 3 个子实验，即基于标签打分的图像标注模式、基于单标签下图像比较的可视化标注模式和基于多标签下图像比较的可视化标注模式，来自武汉大学不同学历和学院的 90 名被试者采用轮换实验顺序的方式参与了该实验，样本的分散性和代表性总体来说是较好的。在实验过程中，利用平台日志及行为记录软件 Morae 来记录被试者在图像情感标注过程中的标注行为时间点和口头报告音频等，并将获取的日志数据经过处理得到用户的图像标注耗时，在分析方法上，采用了卡方分析方法来分析影响用户标注耗时的因素，利用描述统计分析及曼—惠特尼 U 检验方法来检验不同总体分布下的时间标注耗时分布趋势，此外还结合 Morae 音频记录来进一步了解用户标注耗时背后的真实原因，总体来说，证实了用户的性别、学历、学科类别、经验丰富程度及标注意愿，图像的内容语义信息及系统提供的标注模式是影响用户标注耗时的主要原因，各因素影响下的时间耗时还呈现出一定的规律性，具有一定的科学性和可靠性。

当然，在实验中也存在以下一些问题或需要改进的地方：首先，在用户个人信息收集上存在纰漏，未能实现数据形式上的同一，导致部分数据缺失的现象；其次，在对用户标注耗时数据进行采集过程中，实验二的标注耗时默认为 3 个独立情感标注下的时间和，这在一定程度上造成了实验二的标注耗时偏大；最后，样本选取具有一定的局限性，被试者是在武汉大学范围内选取的，需要扩大样本范围，使实验结果有更好的普遍性和适用性。

　　此外，还有更多值得研究的地方，例如，标注耗时只针对每个用户标注单幅图像的时间统计，至于在每幅图像下单个情感维度标注过程中的标注行为并没有深入分析研究，还有，交叉分析的对象始终是含有时间范围分组这一类别的，并没有深入分析单个用户在单个图像上的标注耗时情况，或者是不同标注模式下每幅图像被标注耗时的研究等，这些有趣的问题值得进一步探究。

第九章　图像语义可视化交互的
用户行为与心理研究

从认知科学角度看,图像语义信息是用户对图像所包含的语义信息的客观感知和主观感受,并且图像语义理解存在很高的复杂性与模糊性,因此,用户进行图像标注时,具有通过观察思考以逐渐清晰理解图像的认知过程。在图像标注过程中,用户可能需要调整图像的观察与思考方法,并采取相应的认知调整行为。然而,现有图像标注系统缺乏对用户图像认知过程的研究与支持。

前面已经总结,图像标注研究中已有三种人机交互标注图像的基本方法:①文本及数值标注方法;②基于语义可视化的滚动条标注方法,其特点是通过滚动条上的位置表达图像语义的权重;③基于可视化等级排序的比较次序方法,其特点是通过比较与调整多幅图像之间的次序来表达标注结果;这些基本方法代表了不同的认知途径,但未见这些方法的使用评估研究。

本书中,标注方法是指用户判断并做出决定时选用的基本方法,标注行为是指用户在实验系统中与认知有关的操作,标注模式是指标注方法和标注行为组成的编码序列。

因此,基于前面已经介绍的可视化交互标注研究平台(ISARP),以及其上的单标签图像可视化标注实验,针对图像标注用户对图像的认知行为开展探索性研究,结合信息行为研究中常用的出声思维法与内容分析法,采集图像标注用户对图像的认知活动过程数据,分析典型标注方法组合、标注模式与标注心理等,以帮助优化现有图像标注服务及应用系统。关于图像用户典型行为模式与心理的部分结论已通过相关学术论文予以公开发表①,本章是一项更为全面详细的研究报告。

---

① 陆泉,韩雪,陈静.图像标注中的用户标注模式与心理研究[J].情报学报,2015(6):451—458.

实验设计中,因变量为用户图像认知水平的观测因素,即用户对图像的认知活动过程,包括3个实验观测点:①"用户判断并做出决定时选用的标注方法",并依据出声思维法与内容分析法,观测"数值""滑块在滚动条上的位置"以及"与图像比较次序"等语音表达的操作;②"用户在实验系统中操作时的标注行为",并根据实验系统的操作日志观测强度调整即"调整滑块在滚动条上的位置"操作,以及与图像检索系统中缩小检索结果范围类似的范围调整即"微调"操作;③"标注方法和标注行为组成的序列",并根据对包含了上述两类数据的日志文件编码观测其操作序列。

实验中的自变量为可能影响用户图像认知的观测因素,包括:①"不同的图像语义",并采用实验平台IIASS中"愉悦度""唤醒度""优势度"这3个基本情感语义维度;②"不同的图像",实验平台IIASS中选自国际情感图片系统(IAPS)的9幅图像的语义强度在各维度上分布均较均匀,可作为本实验待标注图像;③"不同的用户",来自武汉大学的共90名学生作为被试者,其人口统计特征前面已经介绍过,此处不再赘述。

后续研究的数据为,通过上述实验得到的2430(即$3 \times 9 \times 90$)个不同日志文件,通过进一步的内容分析,可得到2430个编码字符串。具体数据获取过程与结果参阅本书第五章。

第一节　用户行为模式

一、标注方法使用分析

(一)标注方法使用的总体情况

依据研究目标与实验设计,在表9-1中列出了需使用的图像标注行为编码,包括时间点、范围调整、情感强度调整、标注方法、被试者认知这五类共10个不同的编码。

表 9 – 1　使用的图像标注行为编码

类型	子类	编码	示例
时间点类	开始新的一幅图	Sta	被试者点击"确认"按钮,进入新的标注任务
范围调整类	进行一次微调操作	NrF	在执行当前的标注任务过程中,被试者第一次点击"继续微调"按钮
	进行二次微调操作	NrS	在执行当前的标注任务过程中,被试者第二次点击"继续微调"按钮
情感强度调整类	未移动滑块,在下一幅图像开始前,用户没有移动过滚动条的位置,没有改变过情感强度值	Uat	点击"继续微调"或"确认"之前,被试者没有调整滑块的位置;系统提供的当前待标注图像的情感强度值未发生改变
	移动滑块,在下一幅图像开始前,用户已经移动过滚动条的位置,已经改变过情感强度值	Ant	点击"继续微调"或"确认"之前,被试者调整滑块的位置;系统提供的当前待标注图像的情感强度值发生改变
标注方法类	考虑在滚动条上的位置,被试者凭借感知滑块在滚动条上的大概位置来确定待标注图像的标注位置	Scr	如 41 号被试者在标注第一幅图像愉悦度时提到:"直接看这个坐标(滚动条),我觉得最低了。"
	考虑数值,被试者凭借数值来判断待标注图像的标注值,明确提到数值或鼠标在数值附近反复移动时	Val	如 36 号被试者在标注第二幅图像时提到:"这张图像大概是 1.5 左右。"
	与当前图像比较次序,即被试者在对待标注图像进行标注时,与当前的参考图像进行对比	Cim	如 06 号被试者在标注第一幅图像愉悦度时提到:"所以说我是(待标注图像)在它(左侧参考图像)的左边,而且是越远离越好。"
	与前面图像比较次序,即被试者在对当前的待标注图像进行标注时,与前面出现过的图像进行对比	Pim	如 50 号被试者在标注第四幅图像愉悦度时提到:"这张的愉悦度也不怎么高,但是稍微比那个污染物(愉悦度第三幅待标注图像)高一点。"

类型	子类	编码	示例
被试者认知类	被试者对系统提供的参考图像的位置或情感强度值不认同	Dis	如42号被试者在标注第四幅图像愉悦度时提到："因为我对这个标准不是很认同。"

用户对一幅图像一个维度的标注动作的编码组合表示一个编码字符串。在90个用户对于9幅图片3个维度的标注实验中,共产生了$90 \times 9 \times 3 = 2430$个编码字符串。

表9-2记录了这2430个编码字符串在90个用户中的分布情况。表头的ID代表用户,Scr、Val、Cim、Pim、NrF、NrS分别对应表9-1中的用户行为,Sum为行为频次累计值。每一行表示同一个用户在实验中对9幅图像依次进行的3个维度的标注过程中使用到的标注方法的次数统计。例如,ID为1的记录说明,1号实验者在整个实验过程中,共考虑了15次滚动条上的距离,考虑了12次数值,进行了15次图像对比,与前面标注的图像进行了0次对比,共使用了$15 + 12 + 15 + 0 = 42$次标注方法;没有使用一次微调和二次微调。根据统计,在对9幅图像的3个维度的标注过程中,90个用户共使用了5220次标注方法,平均每个用户在每个图像每个维度进行了2.15次标注,表明用户完成一个标注任务要组合使用大约两种思考和判断方法。

从各种方法的比例上看,考虑数值(Val)的标注方法共使用932次,占17.9%,考虑在滚动条上的位置(Scr)的标注方法共使用2211次,占42.36%,与图像比较次序(Cim,Pim)的标注方法共使用2077次,占39.79%,其中与当前图像比较次序(Cim)2013次,占38.56%,与前面图像比较次序(Pim)64次,占1.23%。可见,与考虑数值相比,用户更倾向于使用滚动条与图像比较这两种支持感性交互的可视化方法。这与图像及其情感语义具有较高的模糊性与复杂性以及可视化有利于降低用户认知负担的研究相一致,说明可视化方法有利于用户发挥对图像的感性认知能力进行图像语义理解与标注。因此,建议图像标注服务及应用系统应以可视化为主要交互方式。

从每个用户标注次数的总和来看,ID为8号的用户使用标注方法的次数最少,为23次;ID为75号的用户使用标注方法的次数最多,为152次。所有用户使用标注方法的次数的标准差为28。可见在标注过程中,使用标注方法的总次数有较大的个体差异。这种差异可以归因于多种原因——由于微调行为可以延长标注模式,因此用户对微调的倾向会导致标注方法的使用次数显著增多。

此外,用户本身的偏好也显著影响了用户对标注方法的使用。从表中各个编码列的最大值、最小值以及标准差值可以看出,不同用户对同一标注方法的选用次数均有较大差异。如 Scr 编码的最大值是 76 次,最小值是 0 次,标准差是 15.58 次;大部分被试者没有采用 Nrs,但是在少数采用了 Nrs 的被试者中有 5 人使用 Nrs 的次数超过 20 次。特别需要指出的是,虽然考虑在滚动条上的位置(Scr)共使用 2211 次,与当前图像比较次序(Cim)2013 次二者在总量上非常接近,但是具体到各个用户而言,并不具有相关关系。如 ID 为 6 的用户,对所有的任务都采用了考虑数值(Val)加与当前图像比较次序(Cim)的组合方法,完全没有采用考虑在滚动条上的位置(Scr)的标注方法。因此,图像标注方法的采用具有明显的个性化特征,并建议图像标注服务应考虑到用户有偏好地多次使用同一或同一组标注方法的可能性。

表 9-2 编码字符串分布

ID	Scr	Val	Cim	Pim	Sum	NrF	NrS
1	15	12	15	0	42	0	0
2	27	0	0	0	27	0	0
3	11	17	20	0	48	0	0
4	24	3	17	1	45	0	0
5	33	2	27	0	62	8	0
6	0	27	27	3	57	1	0
7	23	4	8	1	36	2	0
8	17	5	1	0	23	1	0
9	38	1	40	1	80	11	3
10	24	4	13	0	41	1	0
11	0	27	0	0	27	0	0
12	16	13	26	0	55	1	1
13	2	25	12	0	39	0	0
14	32	2	34	0	68	7	0

ID	Scr	Val	Cim	Pim	Sum	NrF	NrS
15	25	2	24	1	52	0	0
16	18	11	0	0	29	2	0
17	11	16	0	0	27	0	0
18	35	14	41	0	90	24	0
19	22	3	13	0	38	0	0
20	18	8	13	0	39	0	0
21	26	16	31	0	73	20	0
22	13	30	40	0	83	14	1
23	35	9	39	2	85	24	3
24	21	6	6	0	33	0	0
25	27	0	1	0	28	0	0
26	24	18	27	0	69	14	4
27	41	6	27	2	76	24	3
28	21	24	22	1	68	16	2
29	19	4	7	1	31	0	0
30	67	0	43	0	110	23	22
31	25	1	21	0	47	1	0
32	31	14	23	2	70	24	4
33	24	5	11	0	40	2	0
34	40	5	41	0	86	15	2
35	33	0	26	0	59	6	1
36	0	0	28	0	28	1	0
37	24	0	4	0	28	1	0
38	8	19	3	0	30	0	0
39	27	0	7	1	35	0	0
40	4	20	15	0	39	0	0
41	16	8	21	1	46	0	0
42	20	38	32	0	90	27	24
43	27	0	2	0	29	0	0
44	0	26	2	0	28	0	0

续表

ID	Scr	Val	Cim	Pim	Sum	NrF	NrS
45	19	10	20	0	49	4	0
46	20	8	14	0	42	1	0
47	22	35	44	1	102	24	12
48	40	11	30	0	81	23	1
49	27	0	0	0	27	0	0
50	21	6	6	1	34	0	0
51	43	4	40	0	87	22	2
52	58	0	59	0	117	25	10
53	26	1	18	0	45	0	0
54	11	17	21	5	54	0	0
55	14	16	16	2	48	3	0
56	44	2	48	1	95	23	1
57	12	23	26	4	65	12	1
58	19	8	9	0	36	1	0
59	20	28	31	3	82	19	1
60	29	0	13	10	52	2	0
61	41	0	55	0	96	23	6
62	27	0	26	1	54	0	0
63	36	0	26	3	65	12	1
64	13	18	15	0	46	4	1
65	2	25	3	1	31	0	0
66	26	20	47	0	93	21	0
67	69	8	74	0	151	27	26
68	54	0	53	0	107	22	6
69	5	24	22	0	51	4	0
70	27	15	28	2	72	17	0
71	21	6	15	0	42	0	0
72	71	1	61	0	133	27	21
73	28	0	16	0	44	2	1
74	27	13	24	0	64	11	5

ID	Scr	Val	Cim	Pim	Sum	NrF	NrS
75	76	0	76	0	152	27	27
76	26	6	2	3	37	1	0
77	40	10	35	0	85	23	0
78	22	5	5	2	34	0	0
79	0	30	0	0	30	3	0
80	2	31	15	1	49	7	0
81	30	0	28	0	58	3	0
82	34	9	29	2	74	15	3
83	15	14	26	0	55	6	3
84	27	0	22	1	50	0	0
85	14	13	16	0	43	1	0
86	21	5	7	3	36	0	0
87	18	29	28	1	76	8	1
88	20	13	26	0	59	12	1
89	27	0	19	0	46	0	0
90	3	23	9	0	35	0	0
总计	2211	932	2013	64	5220	705	200
百分比	42.36%	17.85%	38.56%	1.23%	100.00%	13.51%	3.83%
标准差	15.58	10.12	16.72	1.44	28.01	9.59	5.71

（二）用户首次使用的标注方法

用户首次使用的标注方法是指经过培训的用户在整个实验中选用的第一个标注方法，它在一定程度上代表了用户下意识的选择行为。表9-3记录了90个被试者在其第一个标注任务里首次采用的标注方法编码，以ID为1的用户为例，其第一次使用的标注方法为Scr，对应表9-1中的"考虑在滚动条上的位置"。由于本实验消耗了超过2周时间完成90位志愿者的实验任务，因此，是否存在长时间实验环境因素的影响，是需要考虑的问题。从表中可以看出，实验中按序编号的90个被试者在选用其首次使用的标注方法时，不存在明显的聚集或分布特性，这表明实验中，可能存在的用户次序、实验进行的时间、实验控制人员的长时间工作、实验环境随时间的潜在变化等因素不会对用户选择其首次使用的标注方法造成影响。

表 9 - 3 用户第一次使用的标注方法

ID	第一次使用的标注方法	ID	第一次使用的标注方法	ID	第一次使用的标注方法
1	Scr	31	Cim	61	Cim
2	Scr	32	Val	62	Scr
3	Scr	33	Scr	63	Cim
4	Cim	34	Cim	64	Val
5	Scr	35	Scr	65	Val
6	Cim	36	Val	66	Cim
7	Val	37	Scr	67	Cim
8	Scr	38	Scr	68	Cim
9	Cim	39	Scr	69	Val
10	Scr	40	Val	70	Cim
11	Val	41	Scr	71	Cim
12	Cim	42	Cim	72	Scr
13	Val	43	Cim	73	Scr
14	Cim	44	Val	74	Val
15	Cim	45	Cim	75	Cim
16	Val	46	Val	76	Val
17	Val	47	Val	77	Scr
18	Scr	48	Scr	78	Scr
19	Val	49	Scr	79	Val
20	Scr	50	Scr	80	Cim
21	Val	51	Val	81	Cim
22	Scr	52	Cim	82	Cim
23	Scr	53	Cim	83	Val
24	Val	54	Cim	84	Cim
25	Scr	55	Val	85	Cim
26	Val	56	Cim	86	Scr
27	Scr	57	Val	87	Scr
28	Cim	58	Scr	88	Val
29	Val	59	Val	89	Scr
30	Cim	60	Scr	90	Scr

表 9 - 4 统计了三种不同的标注方法在用户首次使用的标注方法中所占的比例。结果发现:有 32 个用户采用滚动条的方法,占总用户的 35.6%,有 28 个用户采用考虑数值的方法,占总用户的 31.1%,有 30 个用户采用与图像比较次序的方法,占总用户的 33.3%,三种方法所占的比例相当,无明显差异。由于数值打分与滚动条方法均为已有常用方法,因此二者作为用户首次使用的标注方法符合作者预期。

值得注意的是,虽然图像比较次序方法的应用较少,但其首次使用的采用率超过了滚动条方法,与数值打分方法也很接近。而且图像比较次序比滚动条及数值方法的标注精度要求更低。说明在经过一定的培训后,用户能够很快接受和运用这种认知负担较小的新方法。结合各方法的总体使用率及首次使用情况,认为用户认知负担的大小对首选图像标注方法有影响,并且,在一定熟悉程度前提下,用户更加倾向于选择认知负担较小的可视化标注方法。所以可以预测,各种新的认知负担较小的可视化方法在图像标注服务及应用系统中将易于推广。

表 9 - 4　用户第一次使用的标注方法统计

第一次使用的标注方法	人数	百分比
Scr	32	35.56%
Val	28	31.11%
Cim	30	33.33%

（三）标注方法组合

提取高频的标注方法组合,对理解不同方法间的相互关系、设计和优化标注系统有重要价值。实验用户可以自由结合使用表 9 - 1 中的四种标注方法。由于微调(NrF 及 NrS)前后系统界面有变化,因此,本小节将微调前后视作不同的编码序列,获得编码序列 3235 个,进而分析每个编码序列中的标注方法组合,统计得到不同的标注方法组合的使用频率,如表 9 - 5 所示。以第一行为例,标注方法组合(Cim,Scr)在实验中共出现了 1486 次,占所有方法组合出现总次数的 45.94%。

由表 9 - 5 可知,在某一界面上进行标注时,用户更倾向于采用两种方法组合或仅采用一种方法,而不是将三种方法同时使用,如(Val,Cim,Scr)组合仅使用了 4 次,同时没有用户同时使用四种方法。这可能由两方面因素导致:一是用户同时运用多种方法观察与思考图像的意愿不足或能力有限,二是存在思维定式效应的影响。

结果中共存在四种高频的标注方法组合(比例超过10%)。其中,(Cim,Scr)的比例高达45.9%,表明用户显著倾向于首先通过与当前图像比较次序(Cim)来确定图像的归属区间,再凭借感知滑块在滚动条上的大概位置(Scr)来进行具体标注。同时,只使用一种方法的占所有组合的39.4%,说明只使用一种方法就确定当前界面的标注结果也有相当的比例。其中,考虑在滚动条上的位置(Scr)使用649次,考虑数值(Val)为532次,通过与当前图像比较次序(Cim)为94次,通过与前面图像比较次序(Pim)为0次,分别占比20.1%、16.5%、2.9%和0%。单独使用考虑滑块在滚动条上的位置(Scr)和考虑数值(Val)的方法的比例显著高于单独使用与图像比较次序(Cim)、(Pim)的方法,说明在单独使用一种标注方法时,用户更倾向于前二者。建议图像标注服务及应用系统应重视两类可视化方法的组合设计,同时对传统的数值与滚动条方法也予以支持。

另外,相较于5220次的标注方法总使用量,使用频次一共只有64次的与前面图像比较次序(Pim)的方法,还分布出现在8种标注方法组合中,并且每种组合的频次都不高,如(Pim,Val)组合仅使用了17次。可见,在图像标注服务及应用系统中,不需要强调与前面图像比较次序(Pim)的功能设计。

而且,从表9-5中可以看出,Pim在与其他方法的组合及使用频次分布上,具有作为Cim方法在特殊情况下的备选方案的特征。如Cim方法的最高组合(Cim,Scr)为1486次,其次是组合(Cim,Val)出现371次,而Pim方法的最高组合(Pim,Scr)为27次,其次是组合(Pim,Val)出现17次。因此,与前面图像比较次序(Pim)在功能设计上应考虑定位为与当前图像比较次序(Cim)的备选,例如,将与前面图像比较次序(Pim)设计到与当前图像比较次序(Cim)的下级菜单或弹出选项中。

表9-5 标注方法组合

标注方法组合	频次	比例	累计比例
(Cim,Scr)	1486	45.94%	45.94%
(Scr)	649	20.06%	66.00%
(Val)	532	16.45%	82.44%

标注方法组合	频次	比例	累计比例
(Cim,Val)	371	11.47%	93.91%
(Cim)	94	2.91%	96.82%
(Pim,Scr)	27	0.83%	97.65%
(Pim,Val)	17	0.53%	98.18%
(Cim,Scr,Val)	11	0.34%	98.52%
(Scr,Val)	7	0.22%	98.73%
(Cim,Pim,Val)	6	0.19%	98.92%
(Pim,Cim,Scr)	6	0.19%	99.10%
(Scr,Cim)	6	0.19%	99.29%
(Cim,Pim,Scr)	5	0.15%	99.44%
(Val,Cim,Scr)	4	0.12%	99.57%
(Val,Cim)	4	0.12%	99.69%
(Val,Scr)	3	0.09%	99.78%
(Scr,Pim)	2	0.06%	99.85%
(Cim,Scr,Pim)	2	0.06%	99.91%
(Scr,Val,Cim)	1	0.03%	99.94%
(Pim,Cim,Val)	1	0.03%	99.97%
(Scr,Cim,Val)	1	0.03%	100.00%
总计	3235	100%	100%

二、范围调整行为分析

范围调整行为(NrF 及 NrS)表明用户是否借助进一步精细化的标注辅助来进行标注,反映用户对自己标注结果的信心以及对结果精确程度的追求。实验平台提供两次选择微调的机会,支持用户通过多次与不同区间范围内参考图像比较次序的方法来对标注结果逐步求精。

表 9-6、表 9-7 记录了用户使用一次微调和二次微调的情况。以表 9-6 第四列为例,有 5 个用户在实验过程中出现了两次一次微调(NrF)行为,占总人数的 5.6%;有 47 个用户出现了两次或两次以下的一次微调(NrF)行为,占总人数的 52.2%。

表9-6　一次微调使用情况

使用一次微调次数	人数	累积人数	人数百分比	累积人数百分比
0	31	31	34.44%	34.44%
1	11	42	12.22%	46.67%
2	5	47	5.56%	52.22%
3	3	50	3.33%	55.56%
4	3	53	3.33%	58.89%
6	2	55	2.22%	61.11%
7	2	57	2.22%	63.33%
8	2	59	2.22%	65.56%
11	2	61	2.22%	67.78%
12	3	64	3.33%	71.11%
14	2	66	2.22%	73.33%
15	2	68	2.22%	75.56%
16	1	69	1.11%	76.67%
17	1	70	1.11%	77.78%
19	1	71	1.11%	78.89%
20	1	72	1.11%	80.00%
21	1	73	1.11%	81.11%
22	2	75	2.22%	83.33%
23	5	80	5.56%	88.89%
24	5	85	5.56%	94.44%
25	1	86	1.11%	95.56%
27	4	90	4.44%	100%

表9-7　二次微调使用情况

使用二次微调次数	人数	累积人数	人数百分比	累积人数百分比
0	58	58	64.44%	64.44%
1	12	70	13.33%	77.78%
2	3	73	3.33%	81.11%

续表

使用二次微调次数	人数	累积人数	人数百分比	累积人数百分比
3	5	78	5.56%	86.67%
4	2	80	2.22%	88.89%
5	1	81	1.11%	90.00%
6	2	83	2.22%	92.22%
10	1	84	1.11%	93.33%
12	1	85	1.11%	94.44%
21	1	86	1.11%	95.56%
22	1	87	1.11%	96.67%
24	1	88	1.11%	97.78%
26	1	89	1.11%	98.89%
27	1	90	1.11%	100.00%

虽然各有 2430 次的机会,但一次微调(NrF)行为实际出现了 705 次(29.0%),二次微调(NrS)行为实际出现了 200 次(8.2%)。结果表明,需要一次微调的只是少数情况,而二次微调很少被利用。这说明图像标注用户对自己标注结果的信心较高,或者不太追求图像标注的精确性。作者建议图像标注服务及应用系统应采取快速操作但较粗略,而不是操作量较大但可逐步求精的操作设计。

在 90 个用户中,几乎不进行一次微调(NrF)(一次微调次数少于 3 次)的用户占 52.2%;频繁进行一次微调(NrF)(一次微调次数 20 次或以上)的用户占 21.1%,他们进行一次微调(NrF)的次数占总一次微调(NrF)次数的 64.3%。可见,用户在进行一次微调(NrF)时具有明显的个人倾向性。在进行一次微调(NrF)的 59 个用户中,几乎不进行二次微调(NrS)(二次微调次数少于 3 次)的用户有 42 个,占 71.2%;频繁进行二次微调(NrS)(二次微调次数 20 次或以上)的用户有 5 个,占 8.5%,他们进行二次微调的次数占总二次微调(NrS)次数的 60%。可见,用户在进行二次微调(NrS)时同样具有明显的个人倾向性和定势效应。因此建议:图像标注服务及应用系统应学习用户标注微调行为的偏好,以实现个性化的标注流程以及操作界面的动态优化,个性化地、重点提供一次微调操作支持,个性化地提供两次微调操作支持,满足少数需要精确标注的用户需求。

三、标注模式分析

(一)高频图像标注模式分析

一个用户完成一个完整的标注过程的有序的行为链被记录为一个图像标注模式。在整个实验的 2430 个完整的标注过程中,共产生了 2430 个图像标注模式,记录在表 9-8 中。以第一行记录为例,标注模式 [Sta→Cim→Scr] 共出现了 520 次,在 2430 个标注模式中占 21.4%。标注模式反映了用户思考与确定标注结果的过程,对用户行为心理研究与标注流程设计有重要价值。实验获得的 2430 个编码字符串包含了表 9-1 中所有类型编码,但是,由于情感强度调整类编码是用于研究是否调整标注值,被试者认知类编码是用于研究对界面及参考图像的认同问题,与标注模式基本无关,因此,标注模式提取时剔除了这两类编码。数据具体形式为以 Sta 开始,包含表 9-1 中一个或多个范围调整类或标注方法类编码的编码序列。本书从编码序列中提取到出现频次最高的前 10 种标注模式,如表 9-9 所示。

根据最小努力性原理,用户可以根据自身对图像的认知能力选择标注方法并自由组合,因而能够较充分地体现用户的主动参与和能动选择特征,同时,高频标注模式对其他用户和类似系统开发有参考价值。由表 9-9 可知,用户频繁使用的标注模式较为集中,使用频次最高的前三种标注模式占了总体的 58.4%。另外,这十种模式中,还有部分模式具有子串匹配的特点,如第一个模式 [Sta→ Cim→ Scr] 与第四个模式 [Sta → Cim→ Scr →NrF→ Cim→ Scr] 的前 3 个编码相同。同时,十种典型标注模式可以覆盖 83.6% 的用户操作路径。建议图像标注服务及应用系统依据高频图像标注模式预测用户标注行为并进行动态导航,将有效提升其服务质量。

表 9-8　图像标注模式记录

标注模式	频次	比例	标注模式	频次	比例
[Sta→Cim→Scr]	520	21.40%	[Sta→Scr→NrF]	8	0.33%
[Sta→Scr]	480	19.75%	[Sta → Cim → Scr → NrF]	8	0.33%

续表

标注模式	频次	比例	标注模式	频次	比例
[Sta→Val]	417	17.16%	[Sta→Scr→NrF→Scr]	7	0.29%
[Sta→Cim→Scr→NrF→Cim→Scr]	204	8.40%	[Sta→Val→NrF]	7	0.29%
[Sta→Cim→Val]	201	8.27%	[Sta→Scr→NrF→Scr→NrS→Cim→Scr]	6	0.25%
[Sta→Cim→Scr→NrF→Cim→Scr→NrS→Cim→Scr]	77	3.17%	[Sta→Cim→Val→NrF→Scr]	6	0.25%
[Sta→Cim→Scr→NrF→Cim→Val]	44	1.81%	[Sta→Scr→NrF→Val]	6	0.25%
[Sta→Scr→NrF→Cim→Scr]	38	1.56%	[Sta→Cim→Val→NrF→Cim→Scr→NrS→Cim→Scr]	5	0.21%
[Sta→Cim]	24	0.99%	[Sta→Val→NrF→Cim]	5	0.21%
[Sta→Val→NrF→Cim→Scr]	23	0.95%	[Sta→Pim→Cim→Scr]	5	0.21%
[Sta→Cim→Scr→NrF→Cim]	18	0.74%	[Sta→Cim→Scr→Val]	5	0.21%
[Sta→Pim→Scr]	18	0.74%	[Sta→Scr→Val]	5	0.21%
[Sta→Cim→Val→NrF→Cim→Scr]	16	0.66%	[Sta→Cim→Scr→NrF→Cim→Scr→NrS→Scr]	4	0.16%
[Sta]	16	0.66%	[Sta→Cim→Scr→NrF→Scr→NrS→Cim→Scr]	4	0.16%
[Sta→Cim→Val→NrF→Cim→Val]	15	0.62%	[Sta→Cim→Val→NrF→Cim]	4	0.16%
[Sta→Pim→Val]	15	0.62%	[Sta→Scr→NrF→Cim]	4	0.16%

续表

标注模式	频次	比例	标注模式	频次	比例
[Sta→Scr→NrF→Cim →Scr→NrS→Cim→Scr]	14	0.58%	[Sta→Cim→Scr→NrF →NrS→Cim→Val]	4	0.16%
[Sta→Val→NrF→Val]	11	0.45%	[Sta→Cim→Pim→Scr]	4	0.16%
[Sta→Cim→Scr→NrF →Scr]	10	0.41%	[Sta→Cim→Pim→Val]	4	0.16%
[Sta→Val→NrF→Cim →Val]	10	0.41%	[Sta→Pim→Scr→NrF]	4	0.16%
[Sta→Cim→Scr→NrF →Cim→Scr→NrS→Cim→Val]	9	0.37%	[Sta→Val→NrF→NrS]	4	0.16%
[Sta→Cim→Scr→NrF →Val]	9	0.37%	[Sta→Cim→Scr→NrF →Cim→NrS→Cim]	3	0.12%
[Sta→Cim→Scr→NrF →Cim→Scr→NrS→Cim]	8	0.33%	[Sta→Cim→Scr→NrF →Cim→NrS→Cim→Scr]	3	0.12%
[Sta→Scr→NrF→Cim →Val]	8	0.33%			
[Sta→Scr→NrF→Scr →NrS→Scr]	3	0.12%	[Sta→Scr→Cim]	2	0.08%
[Sta→Pim→Scr→NrF →Cim→Scr]	3	0.12%	[Sta→NrF→Cim→Scr]	2	0.08%
[Sta→Cim→Val→NrF →Val]	3	0.12%	[Sta→NrF→NrS→Scr]	2	0.08%
[Sta→Cim→Scr→NrF →NrS→Cim→Scr]	3	0.12%	[Sta→Cim→Val→NrF →Cim→Val→NrS→Cim→Scr]	1	0.04%
[Sta→Val→NrF→NrS →Cim→Scr]	3	0.12%	[Sta→Cim→Val→NrF →Cim→Scr→NrS→Cim]	1	0.04%

续表

标注模式	频次	比例	标注模式	频次	比例
[Sta → Cim → Val → NrF]	3	0.12%	[Sta→Cim→Scr→NrF →Cim → Val → NrS → Cim→Val]	1	0.04%
[Sta→Scr→Cim→Val]	3	0.12%	[Sta→Cim→Scr→NrF →Cim → Val → NrS → Cim→Scr]	1	0.04%
[Sta→Cim→Scr→NrF →Scr→NrS→Scr]	2	0.08%	[Sta→Cim→Scr→NrF → Val → NrS → Cim → Scr→Val]	1	0.04%
[Sta→Val→NrF→Val →NrS→Cim→Val]	2	0.08%	[Sta→Cim→Scr→NrF →Val→NrS→Scr]	1	0.04%
[Sta→Scr→NrF→Cim → Scr → NrS → Cim → Val]	2	0.08%	[Sta→Cim→NrF→Cim → Scr → NrS → Cim → Scr]	1	0.04%
[Sta → Scr → NrF → Scr →NrS→Cim→Val]	2	0.08%	[Sta→Cim→NrF→Cim →NrS→Cim→Scr]	1	0.04%
[Sta→Cim→Scr→NrF →Cim→Scr→Val]	2	0.08%	[Sta→Val→NrF→Cim → Val → NrS → Cim → Val]	1	0.04%
[Sta→Cim→NrF→Cim →Scr]	2	0.08%	[Sta→Val→NrF→Cim → Scr → NrS → Cim → Scr]	1	0.04%
[Sta→Val→NrF→Cim →NrS]	2	0.08%	[Sta→Val→NrF→Cim →NrS→Cim→Val]	1	0.04%
[Sta→Val→NrF→NrS →Cim]	2	0.08%	[Sta→Scr→Cim→NrF →Cim→NrS→Cim]	1	0.04%
[Sta→Val→NrF→NrS →Cim→Val]	2	0.08%	[Sta→Scr→Val→NrF → Cim → Val → NrS → Cim→Scr]	1	0.04%
[Sta→Scr→NrF→Scr →NrS]	2	0.08%	[Sta→Scr→NrF→Cim →Scr→NrS→Cim]	1	0.04%

续表

标注模式	频次	比例	标注模式	频次	比例
[Sta→NrF→Scr→NrS →Cim→Scr]	2	0.08%	[Sta→Scr→NrF→Cim →Scr→NrS→Val]	1	0.04%
[Sta→Pim→Cim→ Val]	2	0.08%	[Sta→Scr→NrF→Cim →Scr→NrS→Cim→ Val]	2	0.08%
[Sta→Cim→Scr→NrF →NrS]	2	0.08%	[Sta→Scr→NrF→Cim →NrS→Cim→Scr]	2	0.08%
[Sta→Val→Cim]	2	0.08%	[Sta→Scr→NrF→Scr →NrS→Cim→Val]	2	0.08%
[Sta→Cim→Scr→NrF →Cim→Scr→Val]	2	0.08%	[Sta→Scr→NrF→Cim →Scr→NrS→Val]	1	0.04%
[Sta→Cim→NrF→Cim →Scr]	2	0.08%	[Sta→Scr→NrF→Cim → Scr → NrS → Cim → Val]	1	0.04%
[Sta→Val→NrF→Cim →NrS]	2	0.08%	[Sta→Scr→NrF→Cim →NrS→Cim→Scr]	1	0.04%
[Sta→Val→NrF→NrS →Cim]	2	0.08%	[Sta→Scr→NrF→Scr →NrS→Cim→Val]	1	0.04%
[Sta→Val→NrF→NrS →Cim→Val]	2	0.08%	[Sta→Cim→Pim→Scr →NrF→Cim→Scr]	1	0.04%
[Sta→Scr→NrF→Scr →NrS]	2	0.08%	[Sta→Cim→Val→NrF →Cim→Pim→Val]	1	0.04%
[Sta→NrF→Scr→NrS →Cim→Scr]	2	0.08%	[Sta→Pim→Scr→NrF →Cim]	1	0.04%
[Sta→Pim→Cim→ Val]	2	0.08%	[Sta→Pim→Scr→NrF →Val]	1	0.04%
[Sta→Cim→Scr→NrF →NrS]	2	0.08%	[Sta→Pim→Val→NrF →Cim]	1	0.04%
[Sta→Val→Cim]	2	0.08%	[Sta→Pim→Val→NrF →Scr]	1	0.04%

378

续表

标注模式	频次	比例	标注模式	频次	比例
[Sta→Scr→Cim]	2	0.08%	[Sta→Pim→Cim→Scr→NrF→Cim→Scr→Val]	1	0.04%
[Sta→NrF→Cim→Scr]	2	0.08%	[Sta→Cim→Val→NrF→Cim→NrS]	1	0.04%
[Sta→NrF→NrS→Scr]	2	0.08%	[Sta→Cim→Val→NrF→Scr→Cim]	1	0.04%
[Sta→Cim→Val→NrF→Cim→Val→NrS→Cim→Scr]	1	0.04%	[Sta→Cim→Scr→NrF→Cim→Scr→NrS]	1	0.04%
[Sta→Cim→Val→NrF→Cim→Scr→NrS→Cim]	1	0.04%	[Sta→Cim→Scr→NrF→Cim→NrS]	1	0.04%
[Sta→Cim→Scr→NrF→Cim→Val→NrS→Cim→Val]	1	0.04%	[Sta→Cim→Scr→NrF→Val→Cim→Scr]	1	0.04%
[Sta→Cim→Scr→NrF→Cim→Val→NrS→Cim→Scr]	1	0.04%	[Sta→Cim→NrF→Cim]	1	0.04%
[Sta→Cim→Scr→NrF→Val→NrS→Cim→Scr→Val]	1	0.04%	[Sta→Cim→NrF→Cim→Val]	1	0.04%
[Sta→Cim→Scr→NrF→Val→NrS→Scr]	1	0.04%	[Sta→Val→Cim→Scr→NrF→Cim→Val]	1	0.04%
[Sta→Cim→NrF→Cim→Scr→NrS→Cim→Scr]	1	0.04%	[Sta→Val→Cim→Scr→NrF→Val]	1	0.04%
[Sta→Cim→NrF→Cim→NrS→Cim→Scr]	1	0.04%	[Sta→Val→Cim→NrF→Cim→Val]	1	0.04%
[Sta→Val→Cim→NrF→Cim→Scr]	1	0.04%	[Sta→Scr→NrF→NrS→Val]	1	0.04%

续表

标注模式	频次	比例	标注模式	频次	比例
[Sta→Val→NrF→Cim→Scr→NrS]	1	0.04%	[Sta→NrF→Cim→Scr→NrS→Cim→Scr]	1	0.04%
[Sta→Val→NrF→Val→Scr]	1	0.04%	[Sta→Scr→Pim]	1	0.04%
[Sta→Val→NrF→Scr]	1	0.04%	[Sta→Cim→Scr→Pim]	1	0.04%
[Sta→Val→NrF→Scr→Cim]	1	0.04%	[Sta→Cim→Pim→Val→NrF]	1	0.04%
[Sta→Scr→Cim→NrF→Cim→Scr]	1	0.04%	[Sta→Val→Cim→Scr]	1	0.04%
[Sta→Scr→Val→NrF→NrS→Cim→Val]	1	0.04%	[Sta→Val→Scr]	1	0.04%
[Sta→Scr→NrF→Cim→Scr→Val]	1	0.04%	[Sta→Scr→Val→Cim]	1	0.04%
[Sta→Scr→NrF→NrS→Cim→Scr]	1	0.04%	[Sta→Scr→NrF→NrS]	1	0.04%
[Sta→Scr→NrF→NrS→Cim→Scr→Val]	1	0.04%	[Sta→NrF→NrS→Cim→Val]	1	0.04%
合计				2430	100%

(二)高频模式中使用的标注方法

高频模式中出现的标注方法可以反映标注方法的一些使用特征。本书发现:在一种模式中可能出现多次同样的标注方法组合,存在一定的定势效应。如在频次为204的例1模式中,(Cim,Scr)出现了两次。

例1:[Sta→ Cim→ Scr →NrF→ Cim→ Scr]

例2:[Sta→ Cim→ Val]

例3:[Sta→ Cim → Scr→ NrF→ Cim→ Val]

将每一次微调前后分为不同的标注阶段,其中第一次微调前为第一标注阶段,第一次微调之后到第二次微调前为第二标注阶段,第二次微调之后为第三标注阶段。一次标注最多有3个标注阶段。一种组合可以出现在不同的标注阶段。如在例2、例3两种标注模式中,用户分别在微调前和一次微调(NrF)后使用了(Cim,Val)这种方法组合。在例2、例

3 这两种模式中,(Cim,Val)总计出现了 245 次,占这种方法组合出现总频次(共计 371)的 66%,其他 34% 的(Cim,Val)组合存在于表 9 - 8 列出的低频模式中。

表 9 - 9 高频图像标注模式

标注模式	说明	频次	比例
Sta→ Cim→ Scr	与当前的参考图像比较次序后,凭借感知滑块在滚动条上的大概位置来确定最终的标注位置	520	21.4%
Sta→ Scr	凭借感知滑块在滚动条上的大概位置来确定最终的标注位置	480	19.8%
Sta→ Val	凭借数值来判断待标注图像的最终标注值	417	17.2%
Sta→Cim→Scr→NrF→Cim→ Scr	与当前的参考图像比较排序后,凭借感知滑块在滚动条上的大概位置来确定标注位置,进行一次微调,与当前的参考图像比较次序,再凭借感知滑块在滚动条上的大概位置来确定最终的标注位置	204	8.4%
Sta→ Cim→ Val	与当前的参考图像比较次序后,凭借数值来判断待标注图像的最终标注值	201	8.3%
Sta→Cim→Scr→NrF→Cim→Scr→NrS→ Cim→ Scr	与当前的参考图像比较次序后,凭借感知滑块在滚动条上的大概位置来确定标注位置,进行一次微调,与当前参考图像对比排序,再凭借感知滑块在滚动条上的大概位置来确定标注位置,进行二次微调,使用同样的方法,确定最终位置	77	3.2%
Sta→Cim→Scr→NrF→Cim→ Val	与当前的参考图像比较次序后,凭借感知滑块在滚动条上的大概位置来确定标注位置,进行一次微调,与当前参考图像对比排序,凭借数值来判断待标注图像的最终标注值	44	1.8%

续表

标注模式	说明	频次	比例
Sta → Scr → NrF → Cim → Scr	凭借感知滑块在滚动条上的大概位置来确定标注位置,进行一次微调,与当前参考图像对比排序,凭借感知滑块在滚动条上的大概位置来确定最终标注位置	38	1.6%
Sta→ Cim	与当前的参考图像比较次序后,将待标注图像调整到其中一幅图像的位置或数值处	24	1%
Sta → Val → NrF → Cim → Scr	凭借数值来判断待标注图像的标注值,进行一次微调,与当前的参考图像比较次序,凭借感知滑块在滚动条上的大概位置来确定最终标注位置	23	0.9%
总计		2028	83.6%

然而,不同的标注阶段的标注方法组合有一定差异。表 9－10、表 9－11、表 9－12 分别记录了第一、第二、第三标注阶段出现的方法组合。以表 9－10 的第一行数据为例,方法组合(Cim, Scr)在第一标注阶段共出现 939 次,在第一标注阶段出现的方法组合中占 39.13%。第一标注阶段出现次数较多的(占 10% 以上)的方法组合有(Cim, Scr)、(Scr)、(Val)、(Cim, Val),第二标注阶段出现次数较多的方法组合有(Cim, Scr)、(Cim, Val),第三标注阶段出现次数较多的方法组合有(Cim, Scr)、(Cim, Val)。在第一标注阶段中出现次数较多的方法组合(Scr)(占比 24.5%),在第二标注阶段和第三标注阶段所占的比例分别为 7.6% 和 6.2%;而在第一标注阶段中出现次数较多的方法组合(Val)(占比 20.6%),在第二标注阶段和第三标注阶段所占的比例分别为 5.45% 和 1.04%;在所有高频模式中,第二和第三标注阶段,微调后立刻出现 Cim 的比例分别为 85% 和 88.5%,而在第一标注阶段,首次使用 Cim 方法的标注行为只有 51.2%。如例 3 中,在一次微调(NrF)后,用户通过使用 Cim 来细化缩小标注范围。这说明图像比较次序的方法对微调后的精细标注极其重要。同时,只使用 Scr 与只使用 Val 来完成当前界面内的标注均发生在微调前。这也与信息检索行为研究互相印证,说明用户在

执行图像标注任务时采用的标注方法组合具有阶段性,不同的阶段特性会影响用户对标注方法组合的采用,微调前后标注方法的采用具有总体上的差异性。建议图像标注服务及应用系统按阶段划分原则进行标注方法组合设计。

表9-10 第一标注阶段

方法组合	频次	比例
(Cim,Scr)	939	39.13%
(Scr)	588	24.50%
(Val)	495	20.63%
(Cim,Val)	258	10.75%
(Cim)	28	1.17%
(Pim,Scr)	27	1.13%
(Pim,Val)	17	0.71%
(Scr,Val)	7	0.29%
(Pim,Cim,Scr)	6	0.25%
(Cim,Scr,Val)	5	0.21%
(Cim,Pim,Scr)	5	0.21%
(Cim,Pim,Val)	5	0.21%
(Val,Cim)	4	0.17%
(Scr,Cim)	4	0.17%
(Scr,Cim,Val)	3	0.13%
(Val,Cim,Scr)	3	0.13%
(Pim,Cim,Val)	2	0.08%
(Scr,Pim)	1	0.04%
(Cim,Scr,Pim)	1	0.04%
(Val,Scr)	1	0.04%
(Scr,Val,Cim)	1	0.04%
总计	2400	100.00%

表 9－11　第二标注阶段

方法组合	频次	比例
（Cim，Scr）	420	65.42%
（Cim，Val）	79	12.31%
（Cim）	50	7.79%
（Scr）	49	7.63%
（Val）	35	5.45%
（Cim，Scr，Val）	4	0.62%
（Scr，Cim）	2	0.31%
（Cim，Pim，Val）	1	0.16%
（Val，Cim，Scr）	1	0.16%
（Val，Scr）	1	0.16%
总计	642	100.00%

表 9－12　第三标注阶段

方法组合	频次	比例
（Cim，Scr）	127	65.80%
（Cim，Val）	28	14.51%
（Cim）	16	8.29%
（Scr）	12	6.22%
（Cim，Val）	6	3.11%
（Cim，Scr，Val）	2	1.04%
（Val）	2	1.04%
总计	193	100.00%

（三）低频图像标注模式分析

将出现频次小于 20 的低频标注模式占总体 2430 个字符串的 16.4%，如例 4 所示模式出现 1 次，例 5 所示模式出现 6 次。

例 4：Sta→ Cim→ Pim→ Val→ NrF

例 5：Sta → Scr→ NrF→ Scr→ NrS→ Cim→ Scr

其中，所有的 Pim 都存在于这些低频模式中，说明与前面图像比较次序方法并不重要。另外，92.7% 的低频图像标注模式存在微调行为。这是由于微调行为延长了编码序列，而采用的标注方法组合具有阶段性，因此，微调前的高频序列会对应于微调后的多个较低频次序列。如

表 9 - 3 中微调前的"Sta→ Cim→ Scr"对应了微调后的三种高频模式也可以看出这一点。

第二节　用户标注心理

一、定势效应

定势效应是由定势心理产生的,从长期效果来看,体现为信息用户一种较为稳定的选择习惯;从短期效果来看,心理定势是信息用户的一种预备状态,是已发生的信息活动倾向对后续的信息活动的显著影响。本研究中,观测到图像语义可视化交互的定势效应,具体体现在三方面:

(1)标注方法选取上的定势效应。表 9 - 13 记录了 90 个用户在标注过程中使用到的标注方法的情况,其中 Cim 和 Pim 都视为比较图像的方法。以 ID 为 1 的用户为例,其在实验过程中,完成 15 个标注任务时使用到了 Scr,完成 12 个标注任务时使用到了 Val,完成 15 个标注任务时使用到了 Cim 或 Pim。本实验中,62 个用户(占 90 个用户的 68.8%)在全部的 27 次标注任务中,有不少于 22 次(占标注任务的 81.5%)任务都使用到了同一种标注方法。可见用户具有使用自己熟悉或符合自己认知习惯的标注方法完成不同的图像标注任务的定势效应。

(2)组合标注方法上的定势效应。虽然用户可以随时任意组合四种标注方法,但在带有微调操作的 705 个标注过程中,有 382(54.2%)的标注过程在微调前后使用了相同的标注方法组合,再结合上文标注方法组合具有阶段性的结论,可以说明用户在微调前后有使用相同标注方法组合的定势效应。

(3)微调选择上的定势效应。从前文对范围调整行为的分析也可以看出,用户在是否进行微调操作时都具有明显的个人倾向性,说明用户在对自己标注结果的信心以及对结果精确程度的追求方面也具有定势效应。因此,尽管存在图像、语义、标注方法、标注阶段及用户特性等多种可能影响,但是用户在图像标注中具有很强的定势心理。建议图像标注服务与应用系统采用动态建模、时间窗及个性化等技术对用户定势心理进行管理与利用。

表 9-13　用户对各类标注方法的使用统计

ID	Scr	Val	Cim/Pim	ID	Scr	Val	Cim/Pim	ID	Scr	Val	Cim/Pim
1	15	12	15	31	25	13	21	61	25	0	27
2	27	0	0	32	20	5	18	62	27	0	26
3	11	17	20	33	24	5	11	63	27	0	20
4	24	3	17	34	25	5	25	64	11	18	14
5	25	2	21	35	27	0	20	65	2	25	4
6	0	27	27	36	0	27	0	66	19	18	27
7	21	4	8	37	23	4	0	67	27	7	27
8	17	5	1	38	8	19	3	68	27	0	26
9	27	1	26	39	27	0	8	69	4	24	18
10	23	4	12	40	4	20	15	70	21	13	22
11	0	27	0	41	16	8	26	71	21	6	15
12	14	13	25	42	13	25	19	72	27	1	27
13	2	24	12	43	27	0	2	73	27	0	15
14	25	2	27	44	0	26	2	74	15	13	12
15	26	2	24	45	15	10	16	75	27	0	26
16	17	11	15	46	20	8	14	76	25	6	4
17	11	16	0	47	17	26	25	77	25	10	24
18	8	12	25	48	25	9	23	78	22	5	7
19	22	3	13	49	27	0	0	79	0	27	0
20	18	8	13	50	21	6	7	80	1	26	16
21	21	16	24	51	24	4	22	81	27	3	25
22	11	24	25	52	27	0	27	82	20	9	25
23	23	8	23	53	26	1	18	83	12	14	17
24	21	6	6	54	11	17	23	84	27	0	23
25	27	0	1	55	12	16	16	85	13	13	16
26	14	16	18	56	25	2	26	86	21	5	10
27	24	5	19	57	11	19	19	87	14	27	21
28	15	22	15	58	18	8	11	88	15	13	18
29	19	4	7	59	18	27	21	89	27	0	19
30	26	0	21	60	27	0	20	90	3	23	9

二、近因效应

近因效应是人类记忆的一个表现特征,指当人们识记一系列事物时,对末尾部分信息的记忆效果优于早期部分信息的现象。近因效应对用户信息行为的影响已有所验证,如胡秀梅经实验研究后发现,高校学生信息选择行为中明显和普遍存在首因效应和近因效应[①]。本研究通过对实验中用户出声思维数据的内容分析,发现在图像语义可视化交互标注中存在明显的近因效应,具体体现在涉及图像比较方法的出声思维数据中。

表 9 – 14 记录了用户使用"与前面图像比较次序"即 Pim 方法的情况。以第 23 条数据和第 24 条数据为例,第 23 条指 54 号用户在时间"38:20.8"标注第 7 张图片优势度时,与前面的第 6 张图片对比,第 6 张图片的前面标注的权重值为 9。将其归为与"最近的前一张对比"和"与具有明显情感倾向的对比"。24 行指 54 号用户在时间"39:17.0"标注第 9 张图片优势度时,与前面的第 8 张图片对比,第 8 张图片的前面标注的权重值为 4.11;同时前面的与第 6 张图片对比,第 6 张图片的前面标注的权重值为 9。将其归为与"最近的前一张对比"和"与具有明显情感倾向的对比"。

表 9 – 14 Pim 方法使用情况

数据编码	用户ID	时间	当前维度	当前图片	对比图片1	对比图片1权重	对比图片2	对比图片2权重	对比类型			
									第一类	第二类	第三类	其他
1	04	34:16.7	唤醒度	第9张	第8张	5.65			1	0	0	0
2	06	21:53.7	愉悦度	第6张	第5张	5.91			1	0	0	0
3	06	28:56.6	唤醒度	第7张	第6张	5.78			1	0	0	0
4	06	29:45.1	唤醒度	第8张	第7张	6.94	第6张	5.78	0	1	0	0
5	07	29:05.7	愉悦度	第3张	第2张	2.55			1	0	0	0
6	15	59:59.7	唤醒度	第9张	第8张	8.48			1	0	0	0
7	23	06:07.0	唤醒度	第8张	第7张	1.15			1	0	1	0
8	23	06:36.5	唤醒度	第9张	第8张	2.49			1	0	0	0

① 胡秀梅.高校学生信息选择行为相关性判断环节的次序效应[J].图书情报工作,2012(18):78—81.

续表

数据编码	用户ID	时间	当前维度	当前图片	对比图片1	对比图片1权重	对比图片2	对比图片2权重	第一类	第二类	第三类	其他
9	27	06:05.3	唤醒度	第8张	第7张	1.15			1	0	1	0
10	27	06:33.5	唤醒度	第9张	第8张	2.49			1	0	0	0
11	28	19:44.6	优势度	第6张	第5张	8.1			1	0	1	0
12	29	25:23.1	愉悦度	第3张	第2张	1			1	0	1	0
13	32	49:44.0	愉悦度	第4张	第3张	5.36			1	0	0	0
14	32	51:50.9	愉悦度	第8张	第7张	8.75			1	0	0	0
15	39	18:20.3	唤醒度	第8张	第7张	6.97			1	0	0	0
16	41	13:04.9	优势度	第9张	第8张	7.96			1	0	0	0
17	47	34:08.4	唤醒度	第6张	第3张	5.49			0	0	0	1
18	50	41:58.5	愉悦度	第4张	第3张	4.21			1	0	0	0
19	54	29:17.6	愉悦度	第8张	第5张	1.18			0	0	1	0
20	54	31:08.2	唤醒度	第2张	第1张	1.31			1	0	1	0
21	54	32:01.1	唤醒度	第4张	第3张	8.03			1	0	1	0
22	54	34:00.8	唤醒度	第8张	第7张	8.99			1	0	1	0
23	54	38:20.8	优势度	第7张	第6张	9			1	0	1	0
24	54	39:17.0	优势度	第9张	第8张	4.11	第6张	9	1	0	1	0
25	55	31:34.8	愉悦度	第7张	第5张	5.21	第6张	6.9	0	1	0	1
23	54	38:20.8	优势度	第7张	第6张	9			1	0	1	0
24	54	39:17.0	优势度	第9张	第8张	4.11	第6张	9	1	0	1	0
25	55	31:34.8	愉悦度	第7张	第5张	5.21	第6张	6.9	0	1	0	1
26	55	53:58.5	优势度	第7张	第6张	6.17			1	0	0	0
27	56	52:13.7	愉悦度	第2张	第1张	1			1	0	1	0
28	57	02:24.7	唤醒度	第2张	第1张	2.33			1	0	0	0
29	57	03:00.8	唤醒度	第3张	第2张	1.4			1	0	1	0
30	57	05:48.4	唤醒度	第9张	第8张	8.09	第7张	9	0	1	1	1
31	59	25:59.0	愉悦度	第2张	第1张	1.06			1	0	1	0
32	59	26:21.0	愉悦度	第3张	第2张	1.83			1	0	1	0
33	59	37:42.0	优势度	第3张	第2张	2.42			1	0	0	0

续表

数据编码	用户ID	时间	当前维度	当前图片	对比图片1	对比图片1权重	对比图片2	对比图片2权重	对比类型 第一类	第二类	第三类	其他
34	60	19:53.5	愉悦度	第8张	第7张	7.25			1	0	0	0
35	60	22:08.4	唤醒度	第4张	第3张	7.55			1	0	0	0
36	60	22:24.6	唤醒度	第5张	第1张	4.57			0	0	0	1
37	60	24:39.5	唤醒度	第9张	第7张	1.03			0	0	1	0
38	60	28:48.8	优势度	第7张	第6张	3.19			1	0	0	0
39	60	29:14.4	优势度	第8张	第6张	3.19	第7张	6.83	0	1	0	0
40	60	29:47.7	优势度	第9张	第7张	6.83	第6张	3.19	0	0	0	1
41	62	10:24.0	愉悦度	第2张	第1张	1			1	0	1	0
42	63	36:31.7	愉悦度	第2张	第1张	1.02			1	0	1	0
43	63	36:49.6	愉悦度	第3张	第2张	1.13			1	0	1	0
44	63	42:44.8	唤醒度	第8张	第7张	8.63			1	0	1	0
45	70	29:48.1	优势度	第2张	第1张	1.92			1	0	1	0
46	70	30:32.8	优势度	第3张	第2张	2.4			1	0	0	0
47	76	57:06.3	愉悦度	第9张	第8张	5.52			1	0	0	0
48	76	57:58.9	唤醒度	第3张	第2张	5.64			1	0	0	0
49	76	03:55.3	优势度	第9张	第7张	8.3			0	0	0	1
50	78	48:45.5	愉悦度	第3张	第2张	3.45			1	0	0	0
51	78	49:07.5	愉悦度	第4张	第3张	1.6			1	0	1	0
52	82	27:54.5	唤醒度	第2张	第1张	2.3			1	0	0	0
53	82	30:19.5	唤醒度	第9张	第8张	7.86	第7张	6.83	0	1	0	0
54	84	25:42.8	优势度	第2张	第1张	1.35			1	0	1	0
55	86	30:05.3	唤醒度	第2张	第1张	2.06			1	0	0	0
56	86	30:35.6	唤醒度	第3张	第2张	2.03	第1张	2.06	0	1	0	0
57	86	32:43.3	唤醒度	第8张	第7张	8.88			1	0	1	0

注:第一类指"与最近的前一张对比";第二类指"与最近的前两张对比";第三类指"与具有明显情感倾向的对比"。

　　由于存在用户将一张待标注图像同时与两种图像进行比较的情况,

在此情况下,与前面图像比较排序(Pim)将分别予以标记,所以在抽取出的上述所有 57 个编码结果中,与前面图像比较排序(Pim)共出现 64 次,占所有使用标注方法总次数的 1.2%。进一步分析用户语音信息文本发现,在与前面图像比较排序时,用户都是与当前语义维度下自己已经标注过的图像进行次序比较。而且,在所有出现的 Pim 中,有 93%是与上一幅标注过的图像对比,表明用户在图像标注过程中体现出较强的近因效应。这是由于图像语义理解具有模糊性与复杂性,在处理一个新的图像标注任务时,用户会试图利用刚刚形成的成功经验解决面临的复杂问题,因此会出现近因效应,即最后呈现的信息比之前出现的信息对用户的影响更大。

因此,建议在图像标注服务与应用系统中加强历史记录的管理与利用设计,支持用户在当前任务中方便地查询和利用近期的标注历史记录。

三、对参考图像有较高的模糊容忍度

模糊容忍性指的是个体或群体面对一系列不熟悉的、复杂的或不一致的线索时,对模棱两可的环境刺激信息进行知觉和加工的方式。由于图像的信息内容本身具有模糊性与复杂性,使图像标注用户有时会处于一种模棱两可的环境中。表 9 - 15 记录了用户在标注过程中,若有对参考图像的不认同表述,在表述前及表述后的标注阶段使用 Cim(与当前图像比较)方法的变化。一个用户的一次 Dis(对参考图像不认同)记录为表 9 - 15 中的一行,同一个 ID 出现在多行中,表示该 ID 用户有多次 Dis。以第一行数据为例,表示 ID 为 4 的用户在 Dis 之前,在 83%的标注任务中采用了 Cim 方法;在 Dis 之后,在 43%的标注任务中采用了 Cim 方法;以 Dis 的发生点将标注任务分为不同的阶段,Dis 前后阶段使用 Cim 方法的比例相差 0.40。说明 ID 为 4 的用户在意识到参考图像与自己的认识不相符后,很大程度减少了使用与当前图像比较的方法。本书认为,Dis 前后差值在(-0.1,0.1)区间内表示调整的变化不大,可以忽略。通过表 9 - 15 可以看出,90 个用户共出现了 71 次 Dis,其中 Dis 导致用户显著减少对 Cim 方法的使用的有 25 次,占比仅为 35.2%。说明在 64.8%的情况下,用户不但没有因为不认同参考图像而不与当前参考图像对比,甚至还强化了对 Cim 方法的使用。可见在大多数情况下,用

户并不会改变习惯使用的标注方法。这说明用户认识到了图像标注的模糊性与复杂性,并对参考图像有较高的模糊容忍度,能够接受图像标注过程中出现的矛盾,不会轻易放弃使用与参考图像比较次序的方法。

因此,在设计图像标注系统及服务模式时,应该以一种基于高模糊容忍度的判定机制来动态调节图像标注方法或模式,而不是在用户第一次未采纳参考图像时就马上更改图像标注方法或模式。

表 9 – 15　模糊容忍度

ID	Dis 前比例	Dis 后比例	Dis 前后差值	ID	Dis 前比例	Dis 后比例	Dis 前后差值
4	83.00%	43.00%	0.40	43	60.00%	71.00%	− 0.11
6	100.00%	100.00%	0.00	43	71.00%	75.00%	− 0.04
9	97.00%	100.00%	− 0.03	47	0.00%	89.00%	− 0.89
12	90.00%	100.00%	− 0.10	47	89.00%	100.00%	− 0.11
12	100.00%	92.00%	0.08	47	100.00%	72.00%	0.28
16	71.00%	0.00%	0.71	47	72.00%	85.00%	− 0.13
18	81.00%	86.00%	− 0.05	47	85.00%	100.00%	− 0.15
20	61.00%	25.00%	0.36	51	0.00%	83.30%	− 0.83
21	0.00%	75.00%	− 0.75	51	83.30%	100.00%	− 0.17
21	75.00%	72.00%	0.03	52	100.00%	96.00%	0.04
23	80.00%	92.00%	− 0.12	54	92.00%	64.00%	0.28
23	92.00%	88.00%	0.04	56	92.00%	97.00%	− 0.05
23	88.00%	67.00%	0.21	56	97.00%	100.00%	− 0.03
23	67.00%	0.00%	0.67	60	50.00%	50.00%	0.00
23	33.00%	67.00%	− 0.34	60	50.00%	0.00%	0.50
24	33.00%	17.00%	0.16	63	50.00%	73.00%	− 0.23
26	50.00%	75.00%	− 0.25	64	67.00%	39.00%	0.28
26	75.00%	68.00%	0.07	66	100.00%	100.00%	0.00
27	71.00%	20.00%	0.51	67	100.00%	90.00%	0.10
27	20.00%	33.00%	− 0.13	67	90.00%	100.00%	− 0.10
27	33.00%	0.00%	0.33	70	63.00%	78.00%	− 0.15
28	100.00%	89.00%	0.11	70	78.00%	100.00%	− 0.22

续表

ID	Dis 前比例	Dis 后比例	Dis 前后差值	ID	Dis 前比例	Dis 后比例	Dis 前后差值
28	89.00%	67.00%	0.22	72	95.00%	69.00%	0.26
28	67.00%	0.00%	0.67	73	71.00%	47.00%	0.24
28	0.00%	29.00%	−0.29	74	73.00%	42.00%	0.31
30	96.00%	42.00%	0.54	75	86.00%	100.00%	−0.14
30	42.00%	47.00%	−0.05	75	100.00%	100.00%	0.00
32	0.00%	78.00%	−0.78	75	100.00%	93.00%	0.07
32	78.00%	67.00%	0.11	78	22.00%	11.00%	0.11
32	67.00%	100.00%	−0.33	78	11.00%	29.00%	−0.18
32	100.00%	46.00%	0.54	80	38.00%	100.00%	−0.62
32	46.00%	36.00%	0.10	81	90.00%	95.00%	−0.05
34	94.00%	100.00%	−0.06	82	93.00%	86.00%	0.07
35	90.00%	58.00%	0.32	85	76.00%	0.00%	0.76
41	80.00%	75.00%	0.05	87	67.00%	78.00%	−0.11
43	75.00%	60.00%	0.15				

本章小结

由于图像语义理解的模糊性与复杂性,本书依据图像语义理解理论及交互式信息检索的用户研究思路,进行图像标注用户的认知行为过程的实验研究,发现用户在图像标注过程中高频使用的四种标注方法组合、十种典型标注模式及三种典型心理,并提出图像标注服务与应用系统如何对用户图像认知与人机交互进行支持的一系列建议。

本章的主要研究发现为:①用户偏好可视化方法,且组合使用图像比较次序与滚动条方法的概率很高;②用户对精细化标注需求总体较小,且个体差异显著;③用户有十种典型图像标注模式,且图像比较次序方法对这些模式中的精细化标注极其重要;④用户在标注图像中存在定势效应与近因效应,且对参考图像模糊容忍度高。

不足在于,采用图像情感语义进行标注实验不能涵盖其他类型图像语义标注问题,不同的因素(如用户背景知识、标注经验等)对用户图像标注模式的影响也需要进一步研究。后续研究将结合用户操作时间及图像标注准确性进一步分析用户行为规律,还可以扩展到图像其他层次语义进行图像标注认知行为研究。

第十章　语义辅助对图像用户行为的影响研究

在图像语义人机交互过程中,用户存在对检索词语义与图像潜在语义理解的双重困难。本章从语义辅助角度探索该问题的解决思路,并落脚于语义辅助对图像用户行为的影响研究。

第一节　研究问题

本章研究的基本情境是,在用户给出检索词进行图像检索时,用户很难用自然语言准确地表达自己的图像意图[①],同时系统没有提供相关的辅助来帮助用户表达或者发现自己的真实意图。为了帮助用户清晰化其检索意图,可以有三种基本的语义辅助,包括:

(1)同义关系词辅助。同义关系相当于是一个规范的检索词查询扩展,用户可以主动选择扩展哪一个词,提高检全率;另一方面,帮助用户分辨词的微小异同,从而找到与自己思维意图相匹配的词。

(2)多义关系词辅助。多义关系其实是对检索词本身的含义进行分类。一方面,通过分类可以有效地解决检索词多义问题,更好地组织特定领域类别的图片;另一方面,可以帮助用户理解检索词本身所具有的含义,帮助用户学习,例如百度百科提供了检索词的多义词,有效帮助用户快速有效地获取和浏览到该类别下其他相关信息,促进对词条的理解。

(3)上下位关系词辅助。通过检索词的概念宏观、微观程度的变化

---

① 陆泉,韩阳,陈静. 图像语义标注方法及其语义鸿沟问题研究进展[J]. 图书馆学研究,2014(10):2—6.

进行抽象化或具体化,一方面,帮助用户扩大和缩小检索范围,提高检索效率;另一方面,帮助用户将自己的思维锁定到恰当的范畴中,然后确定其检索意图。

但是,这三种语义辅助是否有助于解决图像语义鸿沟问题还有待研究,同时,当前还未有将三种语义辅助组合运用于图像检索中的系统实例,这三种方法之间的组合关系及用户采纳行为也有待研究。

本章将通过在图像检索实验系统中提供检索词的上述三种语义辅助,将与检索词有同义关系、多义关系和上下位关系的词都展现出来,供用户在检索过程中浏览和用于辅助检索,以研究多种语义辅助在用户检索图像过程中的作用与影响。

一、研究假设

假设1:多种语义辅助能帮助用户缩小语义鸿沟

用户可以利用多种语义辅助学习检索词的上下位词、同义词、多义词,从而更好地理解检索词。当用户点击标签,便可查看与之对应的图片,语义对照图片帮助用户理解图像语义,从而更好地识别图片与检索词的匹配程度。

层级标签按照逻辑结构对信息空间进行层层划分,建立上位类和下位类之间的父子关系,形成一套列举式细分体系,为用户提供已知的、稳定的层级分类,有助于他们迅速建立关于整个搜索结果空间的心理模型,并了解自己在这个空间中所处的位置,降低对检索词与图像语义的认知难度,减少用户搜索时的概念模糊与信息迷航,提高用户搜索效率。

同义标签和多义标签可以帮助用户找到与检索词紧密相关的标签和图片,从而提高检全率,同时通过标签和图片的对照,有助于用户理解相似标签和图片之间的微小差异,将表现不同词义的结果区分开来,以便用户有选择地浏览;还将原本散落在不同页面上而又存在关联的结果聚集到一起,让所有结果中的重要主题全面呈现出来,有利于用户更为系统地考察整个结果空间①。在词条检索领域,以多义标签对多义结果进行分类的辅助方法,在百度百科、维基百科等都得到应用,有助于提高检准率、减轻用户浏览负担。

标签层级、同义标签、多义标签等语义辅助有利于用户更好地理解

---

① 姜婷婷,高慧琴.探寻式搜索研究述评[J].中国图书馆学报,2013(4):36—47.

图像与标签之间的语义联系,更准确地完成图像检索任务,因而假设语义辅助对缩小语义鸿沟有帮助。

假设2:多种语义辅助会对图像检索用户的最终选择结果产生影响

用户在使用语义辅助进行检索的过程中,可以获得系统提供的众多相关语义标签,进而,用户利用这些语义标签将获得与之相关的其他图像检索结果。通过使用这些相关语义进行拓展检索,用户可能会发现更符合其理解或检索意图的图像,其检索最终结果也可能随之变化。所以这里假设语义辅助会对用户的图像检索结果产生影响。

假设3:不同的语义辅助对用户检索图像的帮助大小存在差异

由于上下位词、同义词及多义词在对检索词理解与图像语义理解上的辅助作用不同,从完成图像检索任务的角度来看,这些语义辅助对用户完成任务的帮助性也是不同的。因而,我们假设不同的语义辅助对用户检索图像的帮助大小存在差异。

假设4:检索历史辅助能帮助用户更好地完成检索任务

乔冬梅指出[①],检索历史的显示可以帮助用户进行计划编制和行动评估,在历史中记录下系统状况可以帮助用户在被打断后恢复到之前的情形,厘清思路和快速回到之前的某个点。因而,我们假设在已有语义辅助的基础上加入检索历史展示,能够帮助用户更好地完成检索任务。

二、研究设计

本研究包括设计一个实验系统,并开展用户实验,对以上假设进行验证。实验系统分为3个子系统,分别对应三组实验。实验用户也分为3个组,每组实验给用户设计了3个相同的检索任务。

在实验中,用户填写事前调查问卷一份,以收集其人口统计特征;随后接受讲解培训,以了解实验任务与实验系统操作;然后,根据检索任务,在实验系统中进行图片检索,期间可自由组合各种辅助完成任务;实验后填写事后调查问卷一份。3组实验除了辅助功能不同外,数据和任务都相同,过程具体描述如下:

实验一　空白组

用户根据给定的检索任务进行检索,在系统给出检索结果中标记最

---

① 乔冬梅.搜索引擎文本检索界面设计分析[J].图书情报知识,2003(6):48—50.

符合图片,提交结果后需对初始显示的 8 幅图像进行排序评分,最后提交任务并填写问卷。

实验二　多种语义辅助实验组

用户根据给定的检索任务进行检索,系统给出检索结果。在检索过程中,用户可以浏览和点击语义辅助栏中层级、同义、多义标签,点击标签即可得到标签对应的图像检索结果,用户可以在上述任意结果中多次标记最符合图片,提交结果后需对初始显示的 8 幅图像进行排序评分,最后提交任务并填写问卷。

实验三　多种语义辅助 + 历史记录实验

用户根据给定的检索任务进行检索,系统给出检索结果。在检索过程中,用户可以浏览和点击语义辅助栏中层级、同义、多义标签,也可以浏览和点击历史记录中的标签,每次点击标签可得到标签对应的检索结果,用户可以在上述任意结果中多次标记最符合的图片,提交结果后需对初始显示的 8 幅图像进行排序评分,最后提交任务并填写问卷。

实验中,用户的所有点击行为将被记录为日志文件。实验结束后,对用户行为日志与调查问卷进行分析,以了解语义辅助和历史记录对用户检索的影响,对上述假设进行检验。

三、实验数据与工具

实验给定用户 3 个检索任务,需要准备实验系统以及 3 个检索任务对应的图片和语义辅助标签。其中,考虑到检索词的代表性以及多种语义辅助的侧重性,设定 3 个给定检索词为"美女""樱花"与"苹果",其中,"美女"的语义内涵主观性最高,"苹果"次之,"樱花"的语义内涵主观性最低。

为了提高研究结论的普遍性与可检验程度,本研究通过公开和较有影响的图像及语义平台获取基础实验数据,需要用到的数据及获取方法如表 10 - 1 所示。

表 10 - 1　实验数据及获取方法

数据	来源	方法
图片及标签集	Google	首先,列出所有同义、多义标签,绘制标签图。然后以标签词作为查询词在 Google 图片中搜索(其中,"美女"主题的第二层级的检索词是标签词 + 美女,如"清纯美女"),在检索结果中排除内容不符合我国法规或清晰度太低、尺寸太小等不利于用户识别判断的图片,然后根据排序选择前 8 张图片作为该标签词对应的图片集合。图片的选取以 Google 图片的排序为基础,以保证图片与标签的对应关系
标签层级分类	小组成员根据检索任务和图片标签集抽取同义多义标签	一方面,参考知网 Hownet 的层级关系和同义、多义词扩展;另一方面,参考网络上的大众标注系统和网站较常使用的标签层级关系和同义、多义扩展,例如多义可参考百度百科的多义词分类
同义标签		
多义标签		
检索历史记录	实验系统自动维护	在用户界面显示用户点击标签的记录
用户日志	实验系统自动记录	用户在使用系统过程中的点击行为,编写程序记录用户日志

　　本研究使用的工具包括:Java 作为系统开发工具,MySQL 作为系统数据库,navicat 用于管理数据库,问卷星用于发放问卷采集数据,Microsoft excel 用于用户日志分析,调查结果分析。

四、实验系统功能设定

　　本研究需要开发一个基于多种语义辅助的图像检索实验系统,因为研究需要,实验系统应包括 3 个子系统:空白组系统、语义组系统、综合组系统,各系统功能设定如表 10 - 2 所示。

表 10 - 2　各实验子系统的功能设定

功能	系统		
	空白组	语义组	综合组
提供 3 个检索任务开始的按钮	√	√	√
用户点击标签,界面显示标签对应的图片结果	√	√	√
在界面中显示当前图片对应的标签,用户时刻能够知道当前图片的语义信息	√	√	√
在检索结果中 Mark 最符合图片,对 Mark 图片进行撤销、替换操作	√	√	√
检索完成,提交任务	√	√	√
填写调查问卷入口	√	√	√
用户能够浏览语义辅助栏中检索词对应的标签层级、同义标签、多义标签,点击语义辅助栏中的标签,获得对应的检索结果		√	√
提供检索任务的检索词标签,用户可以随时回到最初的检索词并获得对应结果		√	√
用户查看自己检索的历史记录,点击任意一条历史记录,可以得到对应的检索结果			√

此外,为了排除用户体验对实验结果的准确性和客观性的影响,系统在实现以上功能的基础上,应遵循保持界面简洁美观、用户操作起来简单流畅等设计原则。

第二节　实验系统设计开发

本实验系统基于 Windows7 操作系统,在 Java 集成环境下,使用 MySQL、navicate 和 Eclipse 开发完成。本节介绍其主要设计及开发成果。

一、功能逻辑交互图

图 10 - 1 是系统的主要功能逻辑交互图。用户向系统提交检索词(tag),系统反馈给用户该 tag 对应的同义标签、多义标签、上位词、下位词以及图片的集合。用户根据自身需要对辅助性的语义标签进行选择并点击,系统反馈给用户点击标签对应的同义标签、多义标签、上位词、

下位词以及图片的集合,用户可以不断选择满意的图片进行标记,但每次仅限一张,允许进行撤销,如图所示的步骤 10 至 26 是可重复进行的操作。最后,用户选出最满意的一张图片并提交任务。此过程中,用户的所有点击操作都会被记录下来,一方面以历史记录的方式在界面左下角展现;另一方面,这些数据会被作为用户日志录入数据库中,以便我们进行实验分析。

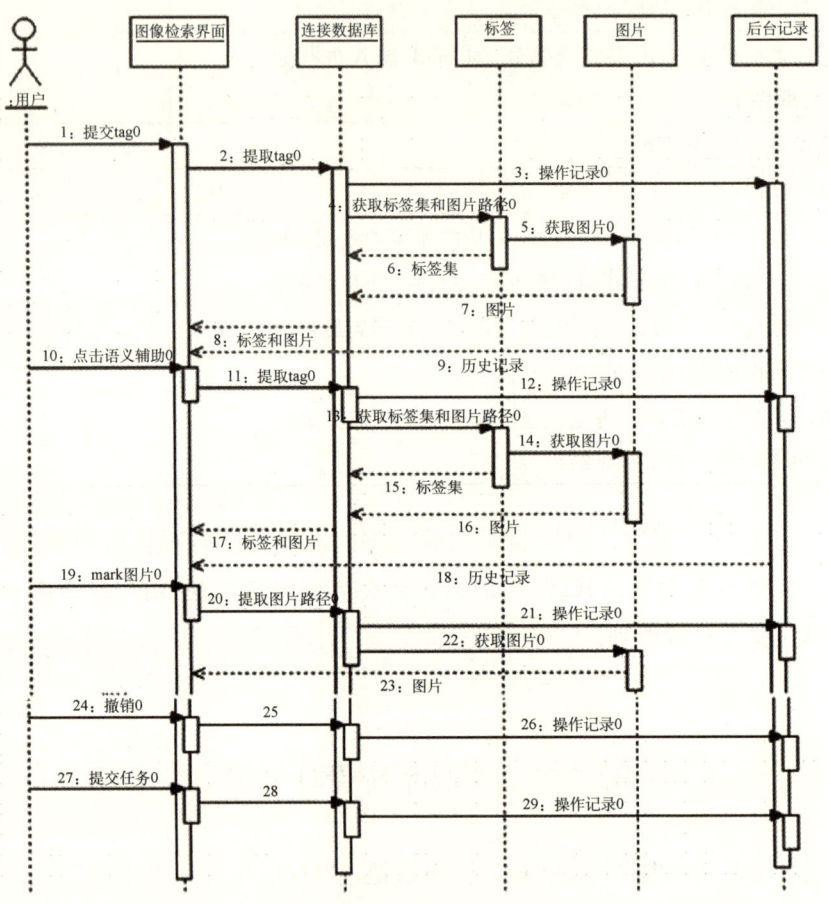

图 10 - 1   功能逻辑交互图

二、数据库设计

实验系统数据库的概念设计如图 10 - 2 所示的 ER 模型图。图中的主要实体有图片、标签、日志、用户,主要联系有记录、同义、多义、层级、打分、标记等。

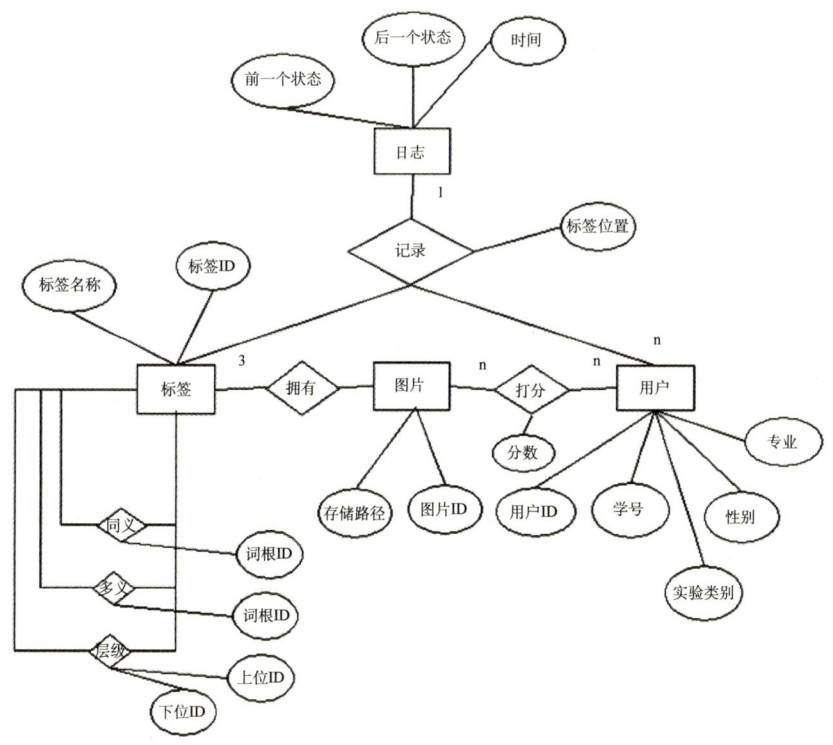

图 10 - 2　数据库的概念设计 ER 图

依据上述概念设计,本实验系统进行了数据库逻辑设计,其主要关系模式有:图片(图片 ID,存储路径),标签(标签 ID,标签名称),用户(用户 ID,学号,性别,实验类别),日志(时间,前一个状态,后一个状态),图片拥有标签(图片 ID,标签 1ID,标签 2ID,标签 3ID),记录(时间,用户 ID,标签 ID,标签位置,前一个状态,后一个状态),多义(标签 ID,词根 ID),同义(标签 ID,词根 ID),层级标签(标签 ID,上位 ID,下位 ID),打分表(图片 ID,用户 ID,分数)等。

三、子系统功能设定

本实验中,子系统可能提供的基本功能有:①登录模块;②语义辅助模块;③选择任务模块;④查看当前页面的检索标签;⑤提交任务模块;⑥标记图像模块;⑦历史记录模块;⑧图片显示模块。

根据前文的实验设计,三个对照实验子系统应具有不同的功能设定,并对应将实验用户分为 3 个实验组:空白组、语义组和综合组。在 3 个实验组中,用户的检索任务均是根据"美女""樱花"和"苹果"这 3 个标签来标记最适合该标签的图片(简称为最佳图片)。三个实验子系统的区别在于可利用的辅助有所不同。

在空白组中,用户只能从 3 个标签分别对应的 8 张图片中进行最佳图片的选择(用户界面功能说明示例见图 10 - 3)。

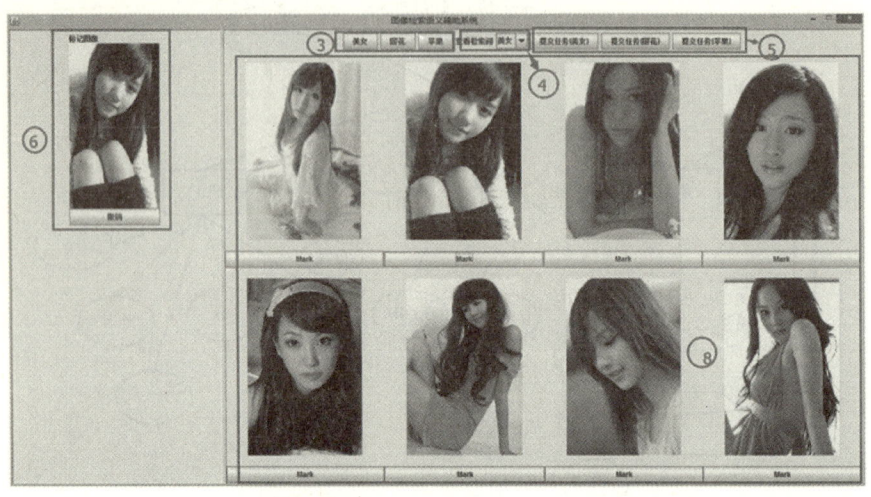

图 10 - 3　空白组界面功能说明示例

在语义组中,系统提供语义辅助功能,用户可以点击"多义标签"选项卡、"同义标签"选项卡和"层级标签"选项卡,若点击相应的标签界面就显示其对应的图片集,用户通过操作相关标签集可以增加其对初始标签的理解,并检索到更多的图片(用户界面功能说明示例见图 10 - 4)。

图 10 - 4　语义辅助组界面功能说明示例

　　而在综合组中,系统除了语义辅助功能,还添加了历史记录功能,用户可以通过历史记录功能查看自己之前某一操作节点上的图像检索结果,综合语义辅助功能与历史记录功能,用户能获得更多的检索路径组合(用户界面功能说明示例见图 10 - 5)。

图 10 - 5　综合组界面功能说明示例

　　每个子系统所包含的功能模块设定归纳如表 10 - 3。

表 10 - 3　子系统功能设定表

	①	②	③	④	⑤	⑥	⑦	⑧
空白组	√		√	√	√	√		√
语义辅助组	√	√	√	√	√	√		√
综合组	√	√	√	√	√	√	√	√

　　1. 空白组

　　本子系统没有语义辅助功能与历史记录功能,其作用是作为验证语义辅助功能的对照实验系统。子系统中功能相对简单,包括③选择任务模块、④查看当前页面的检索标签、⑤提交任务模块、⑥标记图像模块、⑧图片显示模块。

　　2. 语义辅助组

　　本子系统提供了三种语义辅助功能,供用户自由选用以完成任务,其作用是观察与验证三种语义辅助功能对图像检索任务的作用与影响。子系统功能包括②语义辅助模块、③选择任务模块、④查看当前页面的检索标签、⑤提交任务模块、⑥标记图像模块、⑧图片显示模块。

3. 综合组

本子系统提供三种语义辅助功能以及历史记录功能,供用户自由选用以完成任务,其作用是观察与验证:在三种语义辅助功能对图像检索任务的作用与影响中,历史记录功能是否有作用。子系统提供灵活的功能组合支持,包括②语义辅助模块、③选择任务模块、④查看当前页面的检索标签、⑤提交任务模块、⑥标记图像模块、⑦历史记录模块、⑧图片显示模块。

四、任务操作说明

本实验为每位实验用户设置了 3 个实验任务,分别是:①找出一张您觉得最符合"美女"这个标签的图片;②找出一张您觉得最符合"樱花"这个标签的图片;③找出一张您觉得最符合"苹果"这个标签的图片。

实验系统将上述 3 个任务表示为 3 个按钮,因此,实验用户在本系统中的主要任务操作包括检索图像的操作与标记最佳图像的操作。

(一)检索图像

图 10 - 6 是以"美女"为例的检索图像操作说明,当用户开始某个任务时,便点击图中"美女"按钮,点击后,左上方红色标记区域会显示该标签的多义词标签、同义词标签和层级标签,同时,左下方红色标记区域会产生点击该标签的历史记录,页面主体部分会展示使用当前标签检索出来的图片结果。

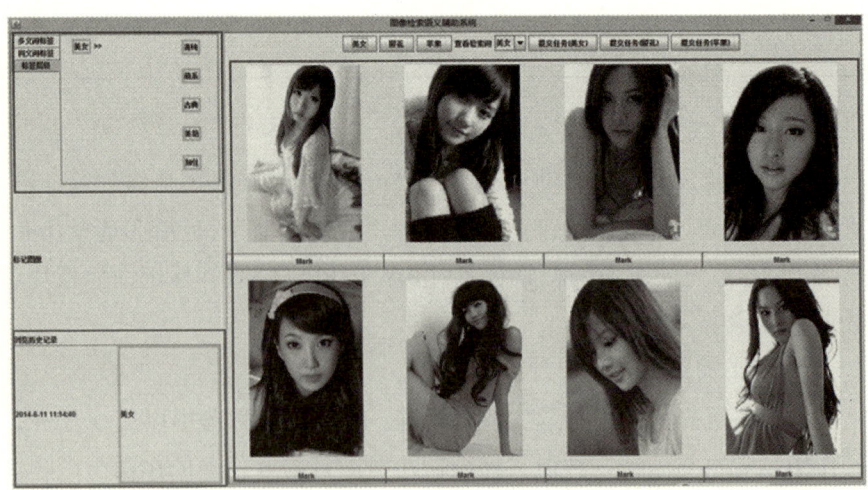

图 10 - 6　以"美女"为例的检索图像操作说明

（二）标记最佳图像

图 10 - 7 是以"美女"检索任务为例的标记最佳图像操作界面。标记最佳图像任务的操作是,每当用户确定一张当前最符合任务的图片,用户便可以点击图像下方的【mark】按钮,一旦点击该按钮,所 mark 的图片就会出现在标记图像模块区域;若用户出现了误点击,则可以点击【撤销】按钮;若用户 mark 了新的图像,则新图像会显示在标记图像模块区域。

图 10 - 7　以"美女"为例的标记最佳图像操作说明

第三节　实验用数据集的采集

依据表 10 - 1 所述的实验数据及获取方法,本书自 2014 年 4 月 25 日至 2014 年 4 月 30 日,对每一个检索词对应的实验任务,都分为标签集构建与标签对应图像选取两步,进行了实验用数据集的采集。

一、检索词"美女"任务的标签与图像采集

在检索词"美女"任务中,重点突出了同义关系和层级关系的辅助作用。

第一步,进行标签集构建,以美女为关键词在百度图片里检索并利用其中的分类体系,进一步筛选其下位词标签,并得到以下五类:清纯,

萌系,古典,知性,美艳。随后,以各标签查询百度百科并加以概括总结得到其同义词。最后,各语义标签的具体代表性人物标签,则借鉴了网络上的一些美女排行榜,选出在榜上重复出现最多的至少前4个代表性人物的姓名。最终,绘制出检索词"美女"相关标签的语义结构图,如图10-8所示。

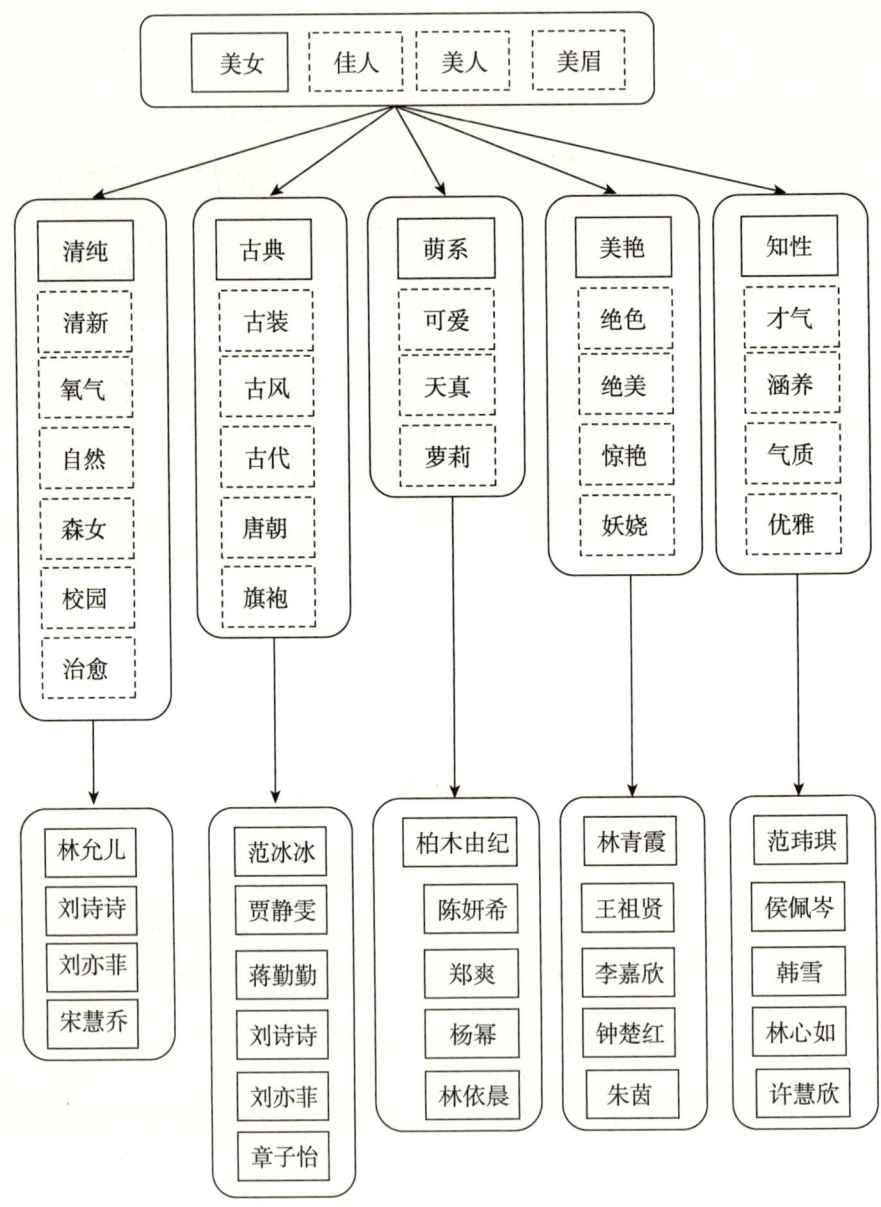

图10-8 检索词"美女"相关标签的语义结构图

第二步,以语义结构图中的各标签词作为查询词,在 Google 图片中搜索(其中,"美女"主题的第二层级的检索词是标签词 + 美女,如"清纯美女"),在检索结果中排除内容尺度过大、清晰度太低、尺寸太小等可能严重影响用户识别判断的图片,然后根据 Google 的排序结果,选择并采集前 8 张图片作为该标签词对应的图片集合。特别需要说明的是,在多种搜索引擎上,以本研究标签集进行的图片搜索的结果比对,本书认为 Google 图片的搜索结果更具有代表性,因此在图像集采集平台方面采用了 Google 图片;另外,由于图片的选取以 Google 图片的排序为基础,很大程度上保证了图片与标签的对应关系,也具有典型性与代表性。

二、检索词"樱花"任务的标签与图像采集

在检索词"樱花"任务中,兼顾了同义关系、多义关系及层级关系的辅助作用。

第一步,进行标签集构建,以樱花为关键词在百度百科里检索,获得樱花的同义词集合,选取其中的山樱花、仙樱花、荆桃 3 个同义词作为同义关系的代表词汇,并通过 google 检索樱花关键词并浏览相关的结果,概括出樱花的 3 个多义词:樱花(特指花类)、樱花厨卫、樱花节,并分别以这 3 个多义关键词为依据获得其上位词各一个(植物、电器及节日)及下位词各 3 个,构建出检索词"樱花"相关标签的语义结构图,如图10 – 9所示。

第二步,采取与检索词"美女"任务中图像采集相同的方法,以图10 –9中每个标签词作为查询词在 Google 图片中搜索,然后根据排序选择前 8 张图片作为该标签词对应的图片集合。需要说明的是,搜索结果中存在图像重复现象,对此进行人工处理以剔除重复图像。

三、检索词"苹果"任务的标签与图像采集

在检索词"苹果"任务中,重点突出多义关系与层级关系的辅助作用。

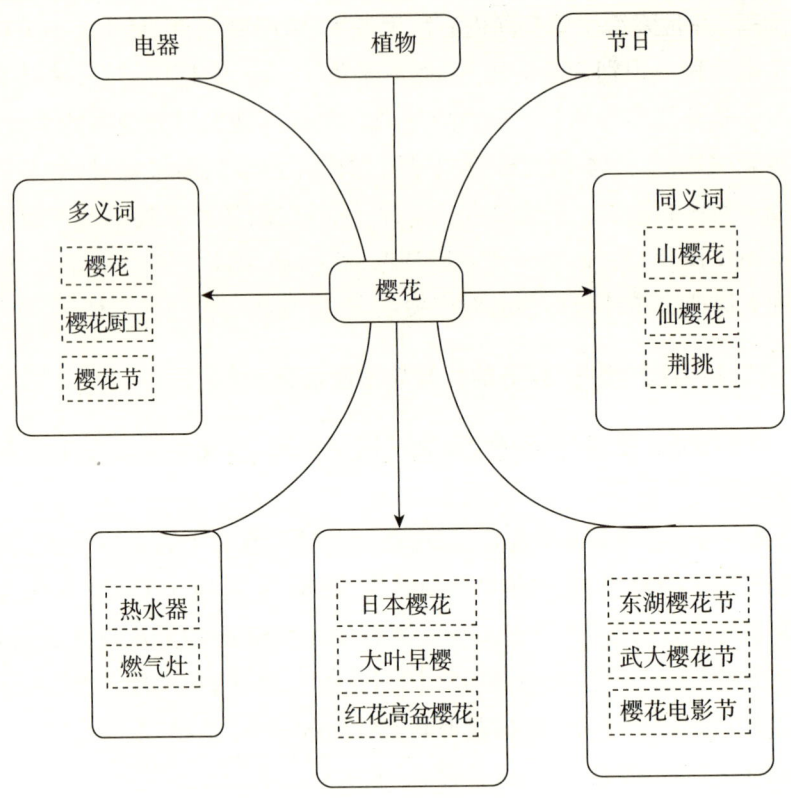

图 10 - 9　检索词"樱花"相关标签的语义结构图

　　第一步,进行标签集构建,采取与上面相同的方法,以苹果为关键词在百度百科里进行词条检索,获得苹果的多义词集合,从中选择了苹果(电子产品)和苹果(水果)两个多义词项。进而,同样在百度图片里检索两个多义词项并获得其各自的分类体系及上位词,构造为检索词"苹果"相关标签的语义结构图,如图 10 - 10 所示。

　　第二步,采用与前两个标签相同的处理方式,以图 10 - 10 中的各个标签词作为查询词,在 Google 图片中搜索,在检索结果中排除清晰度太低或尺寸太小的图片,然后根据排序选择前 8 张图片作为该标签词对应的图片集合。

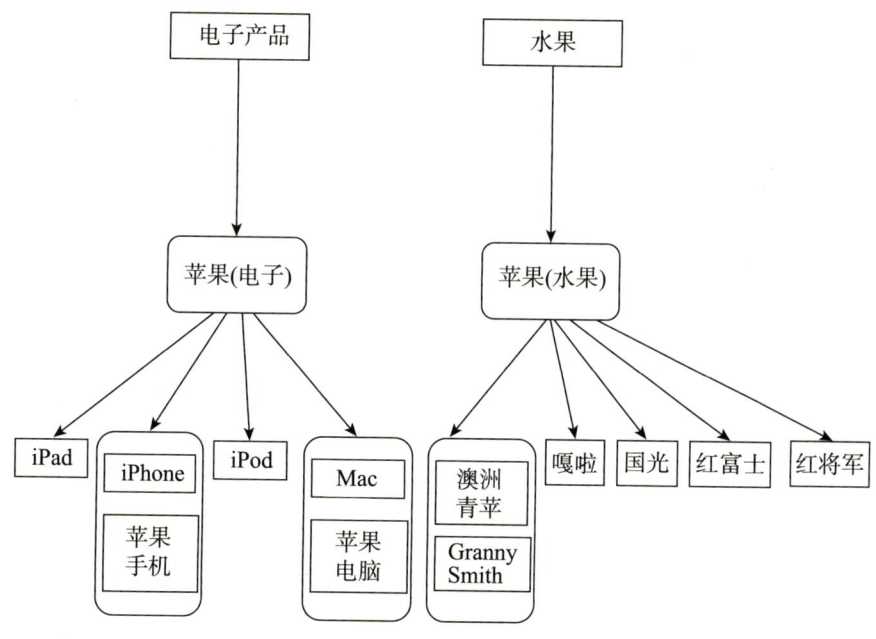

图 10 - 10　检索词"苹果"相关标签的语义结构图

第四节　数据分析

按上述研究设计,本研究从武汉大学在校大学生中招募了 120 位实验用户,共分为三组,每组 40 位用户,在招募与分组中注意了人口统计特征的合理平衡;2014 年 5 月 31 日至 2014 年 6 月 3 日,进行了 3 个子系统上的用户实验,采集到所需研究数据。本节对实验结果数据进行分析。

一、分析思路

对假设 1"多种语义辅助能帮助用户缩小语义鸿沟",可以采用计算同组实验用户对相同的 8 幅图像排序评分的组内标准差的方法,图片评分分值标准差越小,则说明用户认知趋同,有助于缩小语义鸿沟。如果空白组的标准差相较于其他两组的较高,则说明系统能够帮助缩减语义鸿沟。另外,问卷结果也有助于从用户体验角度提供佐证。

对假设 2"多种语义辅助会对图像检索用户的最终选择结果产生影响",我们认为可以通过日志分析 mark 结果的改变行为来检验,如果在多种语义辅助实验中 mark 图片结果与空白组不一致，或者改变行为频次相对较高，则说明多种语义辅助对用户确定最佳图片有影响。

对假设 3 "不同的语义辅助对用户检索图像的帮助性存在差异"，可以通过日志分析、统计不同的语义辅助标签被用户点击的次数以及 mark 图像的来源分布来检验，如果点击次数或图像来源分布有明显差异，则说明不同的语义辅助对用户检索图像的帮助性存在差异。

对假设 4 "检索历史辅助能帮助用户更好地完成检索任务"，可以通过日志分析历史辅助被点击的次数以及问卷中相关问题的分析来检验，如果点击次数较高或者用户对其帮助性、必要性感知较高，则说明检索历史辅助能帮助用户更好地完成检索任务。

二、分析结果

(一)打分数据标准差分析

将空白组，语义辅助组，综合组的图片打分情况分别按照美女、樱花、苹果 3 个主题进行重新排列并计算出每一张图片的打分标准差。计算组内打分的标准差即个人与个人的差异，比较每组的标准差大小，如果空白组标准差大而实验组的标准差明显缩小，则说明语义辅助有帮助。将三组的数据综合得到表 10 - 4。

表 10 - 4　组内标准差综合表

	美女 1	美女 2	美女 3	美女 4	美女 5	美女 6	美女 7	美女 8
空白组标准差	1.014	1.223	1.240	1.065	1.058	1.022	1.188	1.186
综合组标准差	1.051	1.033	1.042	1.037	0.933	1.011	0.920	1.228
语义组标准差	1.189	1.149	1.137	1.358	1.295	1.269	1.085	1.403
	樱花 1	樱花 2	樱花 3	樱花 4	樱花 5	樱花 6	樱花 7	樱花 8
空白组标准差	1.246	1.490	1.063	1.353	1.159	1.087	1.070	1.061
综合组标准差	0.904	0.906	0.971	0.974	1.189	0.853	0.921	0.859
语义组标准差	1.132	1.228	0.751	0.900	1.081	0.846	1.083	0.911
	苹果 1	苹果 2	苹果 3	苹果 4	苹果 5	苹果 6	苹果 7	苹果 8
空白组标准差	1.303	1.119	1.215	0.962	1.215	1.018	1.071	1.254
综合组标准差	1.050	1.145	1.075	0.891	1.285	0.911	0.888	1.035
语义组标准差	1.240	1.403	1.149	1.265	1.259	1.121	1.137	1.254

　　比较各组的标准差可以发现,综合组的标准差相较于空白组是比较小的,说明语义辅助有帮助。下面具体分 3 个主题进一步分析。

　　美女主题除了图片 2、3、7 的综合组与空白组标准差差异较大之外,其他图片的差异比较小,而语义辅助组的标准差反而比较大。本书认为主要是由于美女的评判非常具有主观性,同时语义辅助在某种程度上提供了更多选项,因此分散了实验用户认知,甚至加大了这种主观性。

　　樱花主题中,语义辅助组和综合组的标准差比空白组的都要小。樱花图片从整体看起来评价结果一致性较高,同时从结果来看,该子系统所提供最全面的语义辅助,在一定程度上减小了用户认识上的差异,缩小了语义鸿沟。

　　苹果主题中,主要提供的是多义词辅助,综合组相对于空白组的标准差是较小的,其中有两个特例,即图片 2 与图片 5。图片 2 是一张画的苹果,图片 2 不受用户认可可能由于其抽象的表示,相比其他真实的苹果,这个"苹果"在比较之下很另类,也可以说明用户在交互、浏览的过程中,通过不断浏览比较,是能准确定位自己的需求的。而图片 5 是一张苹果公司的图标,是 8 张苹果中唯一含义显著不同的图片,其得分并不是很高,可能用户搜索苹果时并没有想到电子产品这一层意思。

　　特别需要指出,语义辅助组在樱花主题中标准差较小,但是在苹果主题中有较大的标准差。分析认为,主要是由于检索任务"苹果"本身就是一个典型的多义词,在多义词辅助的系统环境下,让用户认识到苹果还有两个典型的不同意思,而任务本身没有限定是其中哪一个意思,所以多义词辅助起了一个提示用户并且分化用户的作用,导致标准差会变大。例如,图片 5 是苹果相对于水果这个类别的多义词苹果公司的代表图片,可能会使得某些学生用户将检索词的语义理解为苹果(电子),而其他部分用户仍然将其理解为苹果(水果)。相比之下,"樱花"的多义词中,樱花与樱花节都与樱花(植物)有关的图像紧密相关,只有樱花电器相关度低,而且樱花电器相对于樱花(植物)而言,其语义的传播面与影响力都很小,不能使用户出现明显的认知分化。这说明多种语义辅助在提高用户认知一致性方面受到具体任务特点的影响,但是都表现出了帮助用户认识图像语义、清晰其检索意图、缩小其自身语义鸿沟的作用。下面的问卷分析也为此提供了佐证。

(二)问卷分析

关于语义辅助的帮助性方面,在回答"您认为这种语义辅助对你有帮助吗?"时,42.5%的用户选择有一定帮助,42.5%选择有很多帮助,可以看出,超过80%的人都认可语义辅助功能的作用。

关于语义辅助的必要性方面,在回答"您认为在搜索图片过程中是否有必要提供语义辅助功能?"时,75%的用户选择了有必要提供语义辅助,证明用户认识到图像检索系统需要提供此类辅助服务。但是,也有15%用户选择没必要,原因可能是由于本实验系统在交互设计上没有突出语义辅助的交互功能,例如没有将可点击的标签设计为按钮等明显的交互对象。

关于不同语义辅助方式的帮助性差异方面,在回答"如果有帮助,按帮助程度从小到大进行排序?"时,语义辅助组的平均综合得分是:标签层级为2.18,同义词标签为2.18,多义词标签为1.65;而综合组的平均综合得分是:标签层级为1.83,同义词标签为2.13,多义词标签为2.05。综合组更多的用户倾向于使用多义词标签和同义词标签,语义辅助组更多的用户倾向于使用标签层级和同义词标签。说明用户群之间存在一定差异,需结合行为日志做进一步分析。

关于语义辅助在哪些方面有帮助方面,在回答"如果有帮助,有以下哪些方面的帮助?"时,70%的用户选择"找到更好的检索结果",接近一半的用户选择"更好地识别标签和图片的匹配程度",代表了用户使用搜索系统的最终目的,用户就是希望通过检索词,使系统匹配好标签和图片,让用户找到更好的更符合其需求的图片。而在"对标签词有更好的理解"上,用户的认可度只有35%,说明实验系统将图片与标签结合的这种方式,还不能够很好地帮助用户理解标签词,这可能是由于用户通过检索到的图像去理解标签语义,但是选自 Google 图片系统的一些图像在语义上并不能够很好地匹配标签词,甚至会给出一些用户不太认可的图片,影响用户对标签词的理解。

关于历史记录辅助的帮助性方面,在回答"历史记录对您完成任务是否有帮助?"时,42.5%的用户选择有一定帮助,35%的用户选择有很多帮助,共有85%的用户认为历史记录有帮助。这说明,从用户体验与认知角度看,检索历史辅助能帮助用户更好地完成检索任务。

（三）用户行为分析

行为分析的主要任务有 Mark 行为分析与标签点击行为分析。

1. Mark 改变行为分析

比较空白组与实验组 Mark 图片的一致性,如果一致程度高,则说明语义辅助对图像检索没有影响;如果一致程度低,Mark 的图片改变较大,则说明语义辅助对图像检索有影响。特别的,如果用户最终 Mark 的图片不是空白组中的图片,则认为用户 Mark 的图片发生改变。用户 Mark 图片改变,意味着用户获得了更好的检索结果,也即用户更好地完成了检索任务。用户 Mark 图片改变行为的统计结果如图 10 – 11 所示。

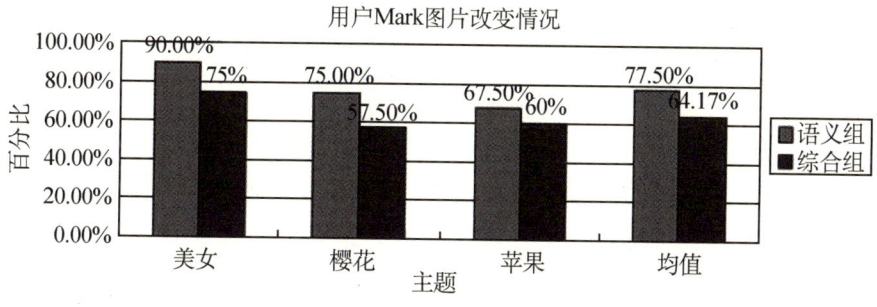

图 10 – 11　用户 Mark 图片改变情况

在语义辅助组中,"苹果"主题的 67.5% 的用户最终 Mark 图片不是空白组中的图片,"美女"主题的 90% 的用户改变了 Mark 的图片。平均而言,语义辅助影响了 77.5% 以上的语义辅助组用户的最终选择结果,帮助用户获得了更好的检索结果。因而,Mark 改变行为分析说明语义辅助能帮助用户更好地完成检索任务。在综合组中,"樱花"主题的 57.5% 的用户最终 Mark 的图片不是空白组中的图片,"美女"主题仍然是最高的,有 75% 的用户改变了 Mark 的图片。

平均而言,语义辅助和历史记录综合影响了 64.17% 以上的用户的最终选择结果。因而,语义辅助和历史记录会综合影响用户的检索结果。

此外,"美女"主题的影响最大,"樱花"和"苹果"主题的影响相差不大,这可能是因为检索词"美女"具有很高的语义内涵主观性,同一图像对不同实验用户会产生显著差异的语义认知。

2. Mark 图片分布情况

进一步分析用户 Mark 图像的结果,以部分揭示不同的语义辅助对用户检索图像的帮助性是否存在差异。在上述发生了 Mark 改变行为的 Mark 结果中，用户最终 Mark 的图片来源的辅助类型分布统计如下：

从图 10 - 12 可以看出，在 Mark 图片改变了的用户中，语义辅助组约 70% 的用户最终 Mark 的图片来源于标签层级，因而语义组中，标签层级中包含与用户需求直接匹配的标签，对用户的帮助最大。

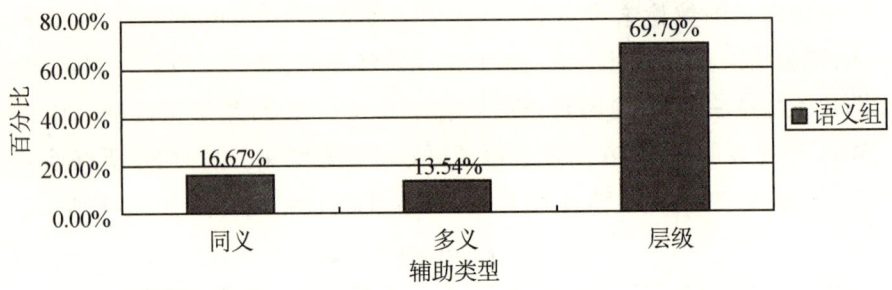

图 10 - 12 语义辅助组 Mark 图片来源类型统计

从图 10 - 13 可以看出，在综合组中，用户最终 Mark 的图片来源于三种语义辅助的比例相差不大，其中，多义偏少。而来源于历史记录的比例为 0。这说明历史记录并没有在最终结果上提供帮助，这与问卷分析的结果有显著差异，原因可能是，实验用户出于拥有更多选择的潜在想法，虽然很少去直接利用它，但是在问卷中表达了尽量保留查阅历史记录的选择机会的愿望。

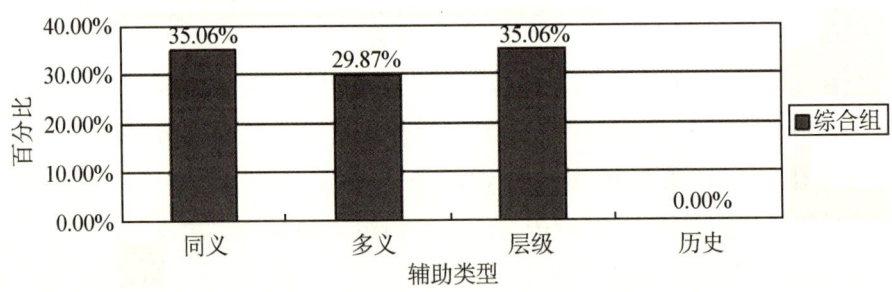

图 10 - 13 综合组 Mark 图片来源类型统计

另外，语义辅助组和综合组之间的差异，与问卷调查中对不同语义辅助方式的帮助性分析结果相一致，即语义辅助组非常倾向于层级标签辅助，而综合组在问卷中将层级标签辅助排序在第三位，在实际的 Mark 行为中对层级标签辅助的利用也显著低于语义辅助组。其原因可能是受到使用历史记录的影响或是出于用户群体差异。

3. 点击标签频次统计分析

通过对点击行为日志记录进行整理,把语义辅助组和综合组中用户点击标签的辅助类型,按照层级、同义、多义及历史记录进行统计,进而分析标签的使用频率,据此推测帮助最大的语义辅助类型。图 10 – 14 与图 10 – 15 给出了语义辅助组的点击标签频次统计结果。

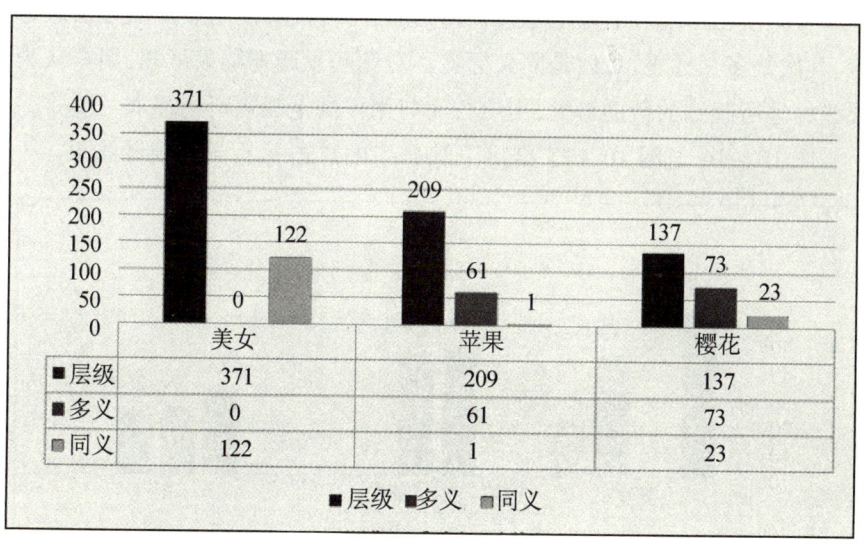

	美女	苹果	樱花
■层级	371	209	137
■多义	0	61	73
▣同义	122	1	23

图 10 – 14　语义辅助组标签点击频次分主题统计

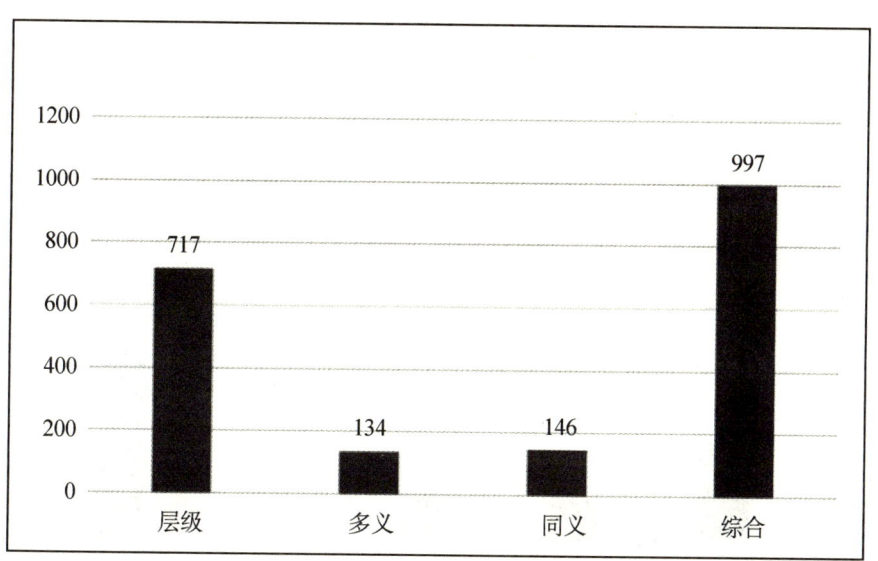

图 10 – 15　语义辅助组标签点击频次综合统计

图 10 – 14 与图 10 – 15 显示,语义辅助组的语义辅助标签总点击数为 997 次,其中层级标签占比最大,然后依次是同义标签和多义标签。

进一步按不同主题进行分析可以看出,三个主题中层级标签的使用率都是最高的,而不同主题在其他的语义辅助方面有较大不同。美女主题中没有设计多义标签,同义标签占了总点击数的 24.8%,而层级标签占比 75.2%。樱花主题与苹果主题具有相同的分布特性,使用最多的是层级标签,其次是多义标签,最后是同义标签。对比问卷调查结果可知,用户认为层级标签所起到的帮助最大,用户行为与用户的主观判断是基本一致的。

图 10 – 16 与图 10 – 17 给出了综合组的点击标签频次统计结果。

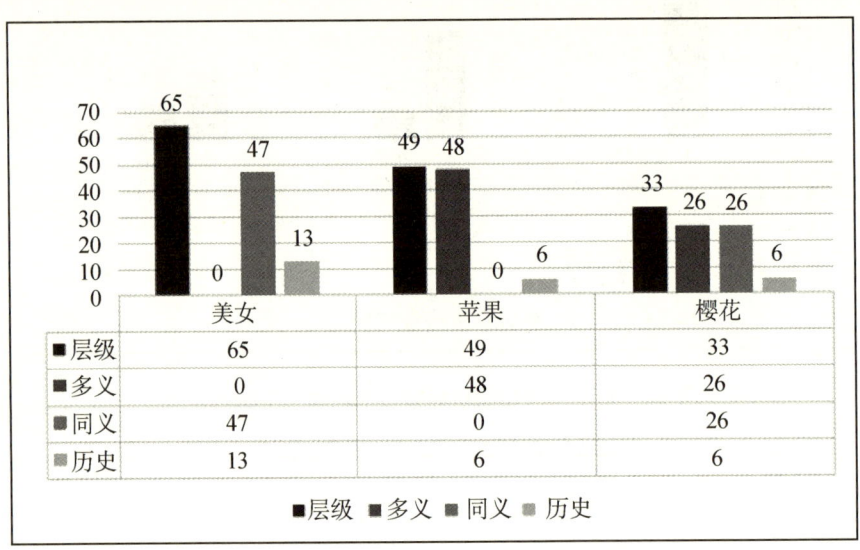

图 10 – 16　综合组标签点击频次分主题统计

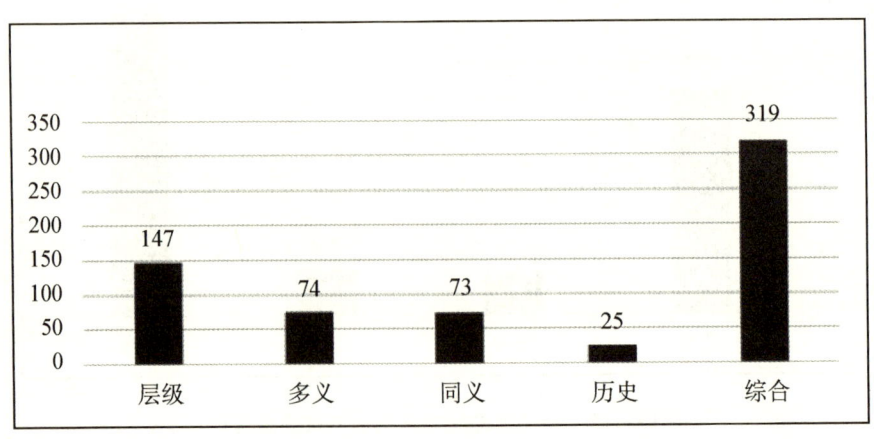

图 10 – 17　综合组标签点击频次综合统计

由图 10-16 与图 10-17 可知,综合组的标签总点击数显著少于语义辅助组,总标签点击数为 319。这与 Mark 改变行为的分析结果是一致的,较少的标签点击使用户搜索的图像集不够大,必然带来较少的 Mark 图像改变行为;另外,层级标签与其他两种辅助方式相比,需要更多的交互点击行为才能有效查阅相关的上下位语义标签,由于综合组的标签点击数较少,必然导致其 Mark 结果在层级标签范围的较少。使用率依次是层级标签、多义标签、同义标签、历史记录。其中多义标签与同义标签的使用率几乎相同。

分主题来看,美女主题中,使用最多的是层级标签,其次是同义标签。苹果主题中,层级和多义的使用率几乎一样,各占 50%。原因与前文分析一样,这与苹果一词本身具有两种显著不同的常见语义有关。而在樱花主题中,层级标签、多义标签、同义标签的使用率相差不多,层级标签略多,这表明对主观性及多义性较低的一般检索词而言,多种语义辅助都是必要的。

问卷调查中,用户认为帮助最大的是同义和多义,这说明三种语义辅助在用户的检索中都能起到作用,但是层级标签起到一个将同义和多义关系整合起来的作用,用户对此的感知可能不太明显。

与语义辅助组不同的是,综合组添加了历史记录可供点击,但是使用的频率并不是很大。这与 Mark 行为分析的结果一致,并说明问卷结果中 85% 的人都认为历史记录有帮助反映了用户保留这一选项的愿望。

总的来说,层级标签的作用是最大的,其次是同义、多义,历史记录的作用较小。

本章小结

本章通过研究设计、实验系统开发、用户实验与数据分析,对下述 4 个假设进行研究,得出相关结论,具体包括:

(1)对"假设 1:多种语义辅助能帮助用户缩小语义鸿沟",结论是多种语义辅助能够帮助用户缩减语义鸿沟,表现出了帮助用户认识图像语义、清晰其检索意图、缩小其自身语义鸿沟的作用,但是,多种语义辅助在提高用户认知一致性方面受到具体任务特点的影响,特别是处理具有多义特性及主观性较强的检索词时。

（2）对"假设2：多种语义辅助会对图像检索用户的最终选择结果产生影响"，结论是语义辅助能显著帮助用户更好地完成检索任务，且语义辅助和历史记录会综合影响用户的检索结果。

（3）对"假设3：不同的语义辅助对用户检索图像的帮助性存在差异"，结论是综合来看，层级标签语义辅助对用户检索图像的帮助性最大，同义标签与多义标签对用户检索图像的帮助性比较接近，但是，由于层级标签语义辅助需要较多的人机交互量，因此，用户对交互次数与交互时间的投入意愿会对其帮助性的比例分布有一定影响。

（4）对"假设4：检索历史辅助能帮助用户更好地完成检索任务"，结论是历史记录对用户检索图片没有明显的影响和帮助，但是，用户保留这一选择的愿望非常强烈。

依据上述研究结论，建议在实际应用中，图像检索系统应加入语义辅助，重点是层级标签语义辅助，适当发展同义与多义标签语义辅助，保留检索历史辅助。同时，本研究表明，语义辅助可以帮助用户更好地理解检索词语义与图像语义，一定程度上消减图像语义鸿沟，为解决图像语义鸿沟问题提供新视角和新方法。

第十一章　图像用户行为与图像底层特征的相关性

本章在前文关于图像用户行为研究的基础上,利用数据挖掘的思想,探索性地挖掘图像底层特征与图像用户行为之间的相关性,其研究有助于深化现有图像信息与图像用户理论,也有利于优化图像应用系统的人机交互设计,对提高图像应用系统的用户体验有重要意义。首先,通过文献分析总结当前研究中关于图像底层特征的具体研究结论,以及图像底层特征的含义与应用等;其次,基于用户图像检索、用户图像标注以及 Flickr 上的图像社会标注三种不同类型图像用户行为数据集,采用相关性分析等方法,对图像用户行为与图像底层特征进行相关性研究;再次,对研究结果进行解释说明,并进行原因和影响因素的探讨;最后,探讨了研究结果对实践应用的价值。

第一节　引言

一、研究背景

图像作为一种生动直观的信息媒介,在人们的生活中扮演着越来越重要的角色。随着摄像技术、图像制作和处理方法的发展,图像资源数量激增。随之而来的便是关于图像资源的组织和利用问题。在许多领域中,构建有专业的图像资源库。例如最早得到研究的 NASA 视觉资源索引库(NASA Visual Theaurus)[1]、英

---

[1]　Rorvig M E,Turner C H,Moncada J. The NASA image collection visual thesaurus[J]. Journal of the American Society for Information Science,1999,50(9):794—798.

国历史图片库(Hulton Deutsch Collections)①、美国国会图书馆图像数据库②等。同时,网络上可获取的图像资源也日益增多,图像搜索引擎、图片分享社区、图像标注系统等的应用也越来越广泛。其中,Google、AltaVista、Excite、百度等通用搜索引擎的图片搜索功能在逐渐完善,成为用户获取图片资源最常用的途径。支持用户通过文本关键词描述和相似图片进行搜索,用户不仅可以浏览、下载、收藏、分享图片,而且可以通过图片源网页获取相关的信息。一些门户网站专门提供图片资源或支持原创图片的分享,基于图片共享的兴趣社区已开始发展。此外,基于图片的分享以及使用图片辅助交流已经成为各个社交网站重要的一部分。

随着 Web2.0 技术的发展,网民为网络内容的提供做出了很大的贡献,用户制造的内容(user-generated-content,简称 UGC)在图像资源中的比重也逐渐增加,除了体现在用户对图片的上传,另一个重要的方面就是用户对图片的标注。用户通过对图片添加社会化标签(social tagging/folksonomy)来描述图像的相关特征、内容主题或任何用户自己对于图片的理解。Flickr.com、Topit.me、Photo.net 等鼓励用户标注图像的网站成为热门图像资源网站,早在 2013 年 3 月之前,Flickr 就拥有了 870 万注册用户,并且每天被上传的图片超过 35 万张③。尽管社会化的标签存在缺少规范等缺点,但其对图像资源组织做出了很大的贡献。相对来说,用户的标注比起机器标注更加符合用户的理解和需求,因而更便于用户基于标签进行图像管理和检索。

在上述的图像资源发展背景下,由于整体资源的增加以及获取的便捷、用户存储空间的增加、制作和处理图片的工具的发展,个人拥有的图片资源也日益增长。用户越来越频繁的图像行为引起了学术界和相关企业的关注。总的来说,图片搜索行为比起其他多媒体(如音频、视频)

---

① Enser P G, McGregor C G. Analysis of visual information retrieval queries[Z]. London: British Library Board, 1993.

② Choi Y, Rasmussen E M. Searching for images: The analysis of users' queries for image retrieval in American history[J]. Journal of the American Society for Information Science and Technology, 2003, 54(6): 498—511.

③ Jeffries A. The man behind Flickr on making the service "awesome again"[EB/OL]. [2013 - 03 - 20]. http://www.theverge.com/2013/3/20/4121574/flickr-chief-markus-spiering-talks-photos-and-marissa-mayer.

的搜索更加频繁和复杂①,因而除了综合搜索和文本搜索行为,图像搜索得到更多的研究。除了行为方面,在技术层面上,图像检索系统的算法研究、相似图片的匹配研究、图片相关度优化等方面成为一些研究的重点。而用户在标注图像时采用的描述方式、标注的动机等也得到了不少的研究。在标注的技术层面,对自动标注系统的优化是主要的研究重点。然而,根据曹梅在 2010 年博士毕业论文中的总结,在学术研究领域,图像检索行为相较于一般信息检索行为来说,还没有引起必要的关注,尤其是在国内的研究②。而用户的标注行为和认知研究在数量上则更加不足③。

随着图片处理和切割技术的进步,图片本身的底层特征也得到更多的关注和利用。与之相对应的是图片的内容特征和情感特征。由 Enser 等在 2007 年提出:图片的底层特征和高层语义间存在"语义鸿沟"④。在基于内容的图像检索系统(CBIR)和图像自动标注系统中都存在这样的问题。通过对用户行为的理解来优化系统与用户间的交互是解决这一难题的重要途径。

综上所述,鉴于图像资源增长带来的图像组织需求、服务改善需求、系统优化需求,对图像用户行为的深入研究具有重要意义。考虑到一方面图像底层特征相关技术已经趋于成熟,另一方面图像底层特征与用户行为关系的研究还比较薄弱,本书选择图像底层特征与图像用户行为的相关性研究作为研究主题。通过探索二者的相关关系来为图像检索和图像标注的实践提供建议和指导。

二、研究意义

本研究利用一个用户标注实验和一个用户检索实验得到的用户行为记录数据,以及 Flickr 上的图像集和相应的标签集,探索性地考察了用户标注耗时、用户检索耗时、图像情感用户标注结果、相关性判断、语义

① Tseng L C J,Tjondronegoro D W,Spink A H. Analyzing web multimedia query reformulation behavior[C]//Proceedings of the 14th Australasian Document Computing Symposium, CSIRO,2009.
② 曹梅.网络图像检索的用户信息行为研究[D].南京大学,2010.
③ 陆泉,陈静,韩雪.一种图像信息资源的语义多维可视化标注方法[J].信息资源管理学报,2014,4(3):4—10.
④ Enser P G B,Sandom C J,Hare J S,et al. Facing the reality of semantic image retrieval[J]. Journal of Documentation,2007,63(4):465—481.

参考行为、选择变更策略以及标签数量与图像底层特征的相关关系,以及可能对这些关系产生影响的因素(如用户特征、检索任务、标注模式)。该研究在理论和实践层面均有一定意义。

理论上,首先,探究几方面图像用户行为与底层特征的相关关系,丰富了图像用户行为影响因素的研究,并将用户行为影响因素研究从图像外在因素引向图像内容因素。其次,利用用户标注行为实验日志来获取用户行为信息,改变过去研究仅通过标签客观内容来反映行为的研究模式。最后,结合心理方面对用户行为与底层特征的关系做出解释,促进图像检索和图像标注研究更多地考虑到用户主观体验因素。

实践上,首先,通过探索图像底层特征对几方面用户行为的影响,有利于指导人机交互的优化,促进图像检索系统优化检索结果、图像标注系统降低用户标注负担。其次,对不同实验组、不同标注模式的结果差异做出解释与分析,供日后的研究在设计实验时参考。

三、研究内容与方法

1. 研究内容

本部分的研究目的在于探究用户的检索行为、标注行为与图像底层特征的相关关系,并且对研究结果做出解释和原因分析,同时探讨这样的关系是否受用户特征或实验模式的影响。本章主体分为以下几个部分:

第一节是引言部分,介绍研究背景、研究意义、研究内容、研究方法及创新点。

第二节对国内外的研究现状梳理总结和评论。由于图像用户行为研究在第二章已有述评,本节主要述评图像底层特征理论与应用研究及其对用户行为的影响。

第三节介绍研究所需的技术基础,包括图像底层特征的提取技术和数据相关性分析的技术。

第四节介绍研究的数据来源和数据处理。数据采用来自一个基于图像语义可视化交互标注研究平台和一个基于多种语义辅助的图像检索系统的用户操作记录,并通过 Flickr API 获取图像数据集以及相应的标签集合。通过数据处理得到用于进行相关性分析的用户行为数据和图像底层特征数据。

第五节进行图像用户行为与图像底层特征的相关性分析,对数据结果做出解释说明和原因分析,并讨论不同用户特征、不同实验模式下实验结果的差异。

第六节总结本章的主要工作和结论,指出研究存在的局限性,并对未来的研究做出展望。

2. 研究方法

(1)文献分析法。通过文献调研,总结图像用户行为的研究现状,从而确定本章的主要研究内容,并且为解释实验结果提供依据。

(2)统计分析法。通过描述性统计分析对研究源数据进行统计性描述,将处理后的用户行为数据与图片底层特征数据进行相关性分析,主要用相关分析法,辅助以回归分析和曲线估计,在分析研究结果时同样用到了比较分析法和分组分析法。

四、研究特色

(1)探讨了图像底层特征与图像用户行为的相关关系,并结合相关文献对研究结果做出具体解释和原因探讨。

(2)采用相关性分析的方法,针对多个数据集,研究不同类型的图像用户行为(包括三种图像检索行为和三种图像标注行为)。

第二节　相关研究述评

一、图像特征分类

根据图像内容的语义级别,图像特征通常被分为 3 个方面:底层特征(又称视觉特征)、中层特征(又称对象特征)、高层特征(又称语义特征或情感特征)[1]。根据 Jorgensen 通过对历史图片的检索请求式进行分析,将图片特征分为三大类,即认知型、解释型和反应型[2]。可以认为与

---

① Eakins J,Graham M,Franklin T. Content-based image retrieval[Z]//Library and Information Briefings,1999.

② Jorgensen C. Indexing images:Testing an image description template[C]//Proceedings of the 59th ASIS Annual Meeting. Medford,New Jersey,1996:209—213.

前一种分类是对应的,其中的认知型特征即指图片的视觉特征,而解释型特征即指需要运用整体知识对视觉信息进行解释,反应型特征则源于个人对于图片做出的主观反应。

图像底层特征主要包括三大特征:颜色特征、纹理特征、形状特征。图像底层特征的抽取技术和处理方法一直以来受到众多学者的关注,所得到的特征数据在研究中被大量运用到图像自动标注领域和基于内容的检索领域中。

中层特征存在多种分类。其中最有名的是 Panofsky 将艺术品的内涵分为三层:预图像(pre-iconographical)描述、图像(iconographical)分析与肖像学(iconological)解释①。第一层是最基础和自然的主题,是对实物、人或事件的预画像描述;第二层也被称为传统主题,是通过对动作或行为的识别来对图像表达的概念或主题的画像描述;第三层即内在含义或内容,是基于基本文化背景或知识对前两层语义的肖像学解释,例如象征性含义。而 Shatford 在 Panofsky 的基础上提出使用 3 个层次(即一般概念(general—G)、专指概念(specific—S)和抽象概念(abstract—A))、4 个方面(人物(Who)、内容(What)、地点(Where)和时间(When))的矩阵来描述图片②。该分类为后来关于图像标注的相关研究提供很重要的借鉴意义。

高层特征涉及人在看到图像后产生的情感反应或心理活动,受到人的认知状态、先验知识等方面因素的影响。由于我们看待事物的方式会被我们学过的东西和相信的东西所影响③,所以一张图片对于不同的人而言会有不同的含义④。因而在关于图像用户行为的研究中,对图像语义和情感的研究成为一种趋势。当前许多研究都是基于情绪心理学构建图像情感模型而后构建基于情感的图像检索系统。由美国国家精神健康机构(National Institute of Mental Health,简称 NIMH)的情绪与注意研究中心(Center for Emotion and Attention,简称 CSEA)编制的国际情绪图片系统(the International Affective Picture System,简称 IAPS)从 3 个情

---

① Panofsky E. Studies in Iconology:Humanistic themes in the Art of the Renaissance[M]. New York:Westview Press,1962:14—16.

②④ Shatford S. Analyzing the subject of a picture:A theoretical approach[J]. Cataloging & Classification Quarterly,1986,6(3):39—62.

③ Berger J. Ways of seeing[M]. London:British Broadcasting Corporation and Penguin Books, 2008.

绪维度(愉悦度、唤醒度和优势度)建立了一套标准化情绪刺激图片系统,被广泛地运用到相关的研究中①。

本章的研究主要利用图片底层特征,因而以下内容主要围绕底层特征展开叙述。

二、图像底层特征在研究中的应用

随着图像底层特征的提取技术日益成熟,底层特征已经被应用到各领域的研究中,包括图像检索系统、图像自动标注、物理检测、动态物体识别、视频中的目标跟踪等②。下面对前两方面的研究结论进行总结。

(一)基于内容的图像检索系统

随着技术的进步和基于内容的图像处理方法的发展,图像检索领域越来越关注图像的底层物理特征(颜色、形状、纹理等)③。基于内容的检索系统(content-based image retrieval,简称 CBIR)也得到众多学者的研究、开发和改进。CBIR,也称为 query by image content(QBIC)或 content-based visual information retrieval(CBVIR)④,最初在 1992 年由 T. Kato 提出⑤,用于描述在数据库中基于图片颜色和形状进行自动检索。CBIR 系统通过特征抽取技术抽取得到图片的颜色、形状、纹理、空间关系等底层特征,然后再对不同图片的这些信息进行相似度判断,从而得到符合检索需求的相似图片。最早的商业 CBIR 系统是 IBM 公司开发的 QBIC(Query By Image Content)图像检索系统⑥,支持通过图片底层特征以及文本关键字进行图片搜索。CBIR 系统在网络中也得到实际应用,如WebSEEK、Informedia 和 Photobook 这些图片检索系统,综合搜索引擎 Altavista 和 Yahoo! 也将 CBIR 用于图片搜索。国内的众多研究也提出了

---

①② Idris F, Panchanathan S. Review of image and video indexing techniques[J]. Journal of Visual Communication and Image Representation,1997,8(2):146—166.

③ Enser P G B, Sandom C J, Hare J S, et al. Facing the reality of semantic image retrieval[J]. Journal of documentation,2007,63(4):465—481.

④ Wikipedia. Content-based image retrieval[EB/OL]. [2015 – 05 – 27]. http://en. wikipedia. org/wiki/Content-based_image_retrieval.

⑤ Eakins J, Graham M, Franklin T. Content-based image retrieval[Z]//Library and Information Briefings,1999.

⑥ Flickner M, Sawhney H, Niblack W, et al. Query by image and video content: The QBIC system[J]. Computer,1995,28(9):23—32.

各自的 CBIR 系统算法或改进方案①②③。

（二）自动标注研究

在图像标注领域,底层特征通常被应用到标注的改善或补充④⑤⑥,以及区域标注⑦⑧中。Yang 等⑨首先提出了 Tagging Tags 系统用于对图像标签集进行补充。该系统由两部分组成:基于语义的标注相关性区域确定和基于区域内容分析的标注补充。其中,基于语义的标注相关性区域确定过程需要根据底层特征将图像切割成块,然后计算各标注关于图像块的多样性密度值,选取相关度最高的标签,然后将具有相同标注的相邻图像块进行合并,从而得到每个标注的相关性标注。区域标注(tag-to-region assignment,简称 TRA)实现区域级别的基于关键词的图像检索。通常根据区域的视觉相似与语义相似相对应的原理、区域的空间分布特征等,研究人员提出多种辅助标注的算法,将区域标注算法应用于图像标注⑩。

① 高美真,申艳梅.基于颜色直方图的图像检索[J].微电子学与计算机,2008,25(4):25—27.
② 陆伟,倪林.利用颜色和熵提取感兴趣区域的感性图像检索[J].中国图象图形学报,2006,11(4):492—497.
③ 孙君顶,丁振国,周利华.基于图像信息熵与空间分布熵的彩色图像检索方法[J].红外与毫米波学报,2005,24(2):135—139.
④ Jin Y,Jin K,Khan L,et al. The randomized approximating graph algorithm for image annotation refinement problem[C]//IEEE Computer Society Conference on Computer Vision and Pattern Recognition Workshops,IEEE,2008:1—8.
⑤ 刘峥,马军.一种基于图划分和图像搜索引擎的图像标注改善[J].计算机研究与发展,2011,48(7):1246—1254.
⑥ Garg N,Weber I. Personalized,interactive tag recommendation for flickr[C]//Proceedings of the 2008 ACM conference on Recommender systems,ACM,2008:67—74.
⑦ Ulges A,Worring M,Breuel T. Learning visual contexts for image annotation from Flickr groups [J]. IEEE Transactions on Multimedia,2011,13(2):330—341.
⑧ Lin Z,Ding G,Hu M,et al. Automatic image annotation using tag-related random search over visual neighbors[C]//Proceedings of the 21st ACM International Conference on Information and Knowledge Management,ACM,2012:1784—1788.
⑨ Yang K,Hua X S,Wang M,et al. Tagging tags[C]//Proceedings of the International Conference on Multimedia. Firenze,Italy:ACM,2010:619—622.
⑩ 邱泽宇,方全,桑基韬等.基于区域上下文感知的图像标注[J].计算机学报,2014,37(6):1390—1397.

三、图像底层特征对用户行为的影响

图像底层特征与用户行为的关联关系研究很少。在图像的三层特征中,考虑到视觉层面的图片特征与用户描述图像时的语义间存在显著差异("语义鸿沟"),人们往往更多地将关注放在图像内容特征和情感特征。而对于用户行为的影响因素研究也更多地考虑到图片外在因素。Fauzi 和 Belkhatir 在 2010 年分析网络环境下的图片语义描述中发现,关于底层特征的概念很少出现①。

不过我们还是可以从少数研究中发现:图像底层特征对用户行为产生了一定程度上的影响。Greisdorf 和 O'Connor 发现虽然图像描述对于用户的相关性判断有影响,但是用户同样通过图片的内容来感知图片(如:颜色、形状、情感等)②。而用户检索图片时使用的检索式有一部分是关于图片的这些抽象特征。Pu 等的实验发现 7.2% 的检索式是关于图像的感知特征(如颜色、纹理)③,Hollink 等④和 Choi⑤ 实验结果中,这一数据则为 12% 和 19.8% 。

而图像的底层物理特征对用户情感和心理产生重要影响可以说是共同的认知,许多研究基于这样的前提通过抽取图像物理信息来确定图像情感特征。例如,Hayashi 等构建模型完成了图像色彩与不同情感词之间的映射⑥,Colombo 等发现图像底层特征中的纹理特征对五种情感产生影响。孙志杰采用支持向量机(SMV)实现了从图像颜色和纹理特征到图像语义的映射⑦。而不少研究发现图像的情感特征会影响到用户的

①　Fauzi F,Belkhatir M. A user study to investigate semantically relevant contextual information of WWW images[J]. International Journal of Human-computer Studies,2010,68(5),270—287.

②　Griesdorf H,O'Connor B. Modelling what users see when they look at images[J]. Journal of Documentation,2002,58(1):6—29.

③　Pu H T. An analysis of web image queries for search[J]. Proceedings of the American Society for Information Science and Technology,2003,40(1):340—348.

④　Hollin L,Schreiber A T,Wielinga B J,et al. Classification of user image descriptions[J]. International Journal of Human-computer Studies,2004,61(5):601—626.

⑤　Choi Y. Analysis of image search queries on the Web:Query modification patterns and semantic attributes[J]. Journal of the American Society for Information Science and Technology,2013,64(7):1423—1441.

⑥　Hayashi T,Hagiwara M. Image query by impression words—The IQI System[J]. IEEE Trans On Consumer Electronics,1998,44(2):347—352.

⑦　Dai Y. Intention-based image retrieval with or without a query image[C]//Multi-media Modeling Conference,International. Washington DC:IEEE Computer Society,2004:26—32.

图像行为。例如,在 Hajcak 和 Olvet 的实验中,用户在观赏一组愉悦、不愉悦及中性的图片时将更多的注意力放在愉悦的图片上[①]。由此可以猜测底层物理特征对用户行为可能存在间接的作用。

四、小结

本书在第二章对当前图像用户行为的主要研究做出总结,包括用户浏览图片时的行为特点、用户采纳图片时的相关性判断依据、用户检索图片时表达请求的特点、检索策略的改变、用户标注的标签特征、用户标注图片的动力、图像用户行为的影响因素等。因此,在本节重点对图像特征的分类、图像底层特征在研究中的应用以及底层特征对用户行为的影响进行具体述评。

容易发现,当前对用户行为的关注更多地集中于用户感兴趣的图片主题内容反映出的用户图像需求,还有用户的检索路径和检索策略的改变,以及用户描述图像时的表达特征。目前关于图像底层特征与用户行为的关系研究量很小,而且也没有指出底层特征影响了用户行为的哪些方面以及影响程度。

第三节　研究的理论和技术基础

一、图像底层特征的提取

图像的底层特征通常包括颜色、纹理、形状、空间关系等方面,是从视觉角度所划分的直观的图像特征信息。

颜色是最直观的视觉特征,容易对用户的心理产生刺激,不同的颜色本身就在心理学中被赋予了不同的情感色彩。加上其提取方法比较容易而且无须考虑图片大小和方向,因而成为应用最广泛的图像底层特征[②]。当前的研究主要是对图片空间颜色特征或全局颜色特征进行提

---

① Hajcak G, Olvet D M. The persistence of attention to emotion: Brain potentials during and after picture presentation[J]. Emotion, 2008, 8(2): 250—255.

② Rui Y, Huang T S, Chang S F. Image retrieval: Current techniques, promising directions, and open issues[J]. Journal of Visual Communication and Image Representation, 1999, 10(1): 39—62.

取。常见的空间颜色特征表述模型包括 RGB、HSV、Lab、YUV 和 Munsell 等。而常见的颜色特征表达方式包括：颜色直方图、颜色矩、颜色相关图、颜色熵等。

其中，颜色直方图在众多研究中得到最广泛的应用，早期的 CBIR 系统（包括 QBIC、PHOTOBOOK、CHABOT 等）也都使用该方法。颜色直方图由 Swain 和 Ballard 在 1991 年首先提出[①]，是通过统计方法来描述不同颜色在图片中出现的概率和比重。但是该方法无法体现图像的空间分布信息，而且无法代表唯一的图像（不同的图像可能拥有一样的颜色直方图）。在颜色直方图的基础上派生出许多颜色特征表达方式。

本书采用的颜色熵来表达图像的颜色特征。将图片看成由众多像素点构成的除去彩色渲染后的黑白形式图片，图片的灰度级越多，图像层次越清楚，逼真值越大，像素点的灰度值越高则亮度也就越高。图像的熵是一种对图像灰度值的统计形式，体现了图像灰度分布的聚集特征，从而反映出图像中所包含的信息量[②]。图像熵为单一值降低了图像特征的维度，而且其获取过程简单。借鉴香农的对信息熵的定义（见式 11.1），相应地得到计算图像熵的公式（见式 11.2）：

$$H(X) = -\sum_{i=1}^{n} P_i \log P_i \qquad (式\ 11.1)$$

$$H(X) = -\sum_{i=0}^{255} P_i \log P_i \qquad (式\ 11.2)$$

其中 P_i 表示图像某灰度值出现的概率（$0 < = i < = 255$），$\sum_{i=1}^{n} P_i = 1$。

然而，由于图像熵无法反映颜色的空间分布特征，为了进一步表征图像，许多研究着眼于图像的纹理特征。纹理特征其实与颜色特征是相互关联的，可以看作是由于颜色在空间内的变化所产生的模式。可以说，图像中的纹理疏密程度反映了图像颜色变化的剧烈程度[③]。纹理特征通常包括对比度、同质性、粗糙度、规则性、方向等，这些特征有效地为场景解释和图片分类提供信息[④]。常见用于提取纹理特征的方法有三

---

① Swain M J, Ballard D H. Color indexing[J]. International Journal of Computer Vision, 1991, 7 (1): 11—32.

② 陆伟, 倪林. 利用颜色和熵提取感兴趣区域的感性图像检索[J]. 中国图象图形学报, 2006, 11(4): 492—497.

③ 吴介, 裘正定. 底层内容特征的融合在图像检索中的研究进展[J]. 中国图象图形学报, 2008, 13(2): 189—197.

④ Tuceryan M, Jain A K. Texture analysis[C]//The Handbook of Pattern Recognition and Computer Vision. 2nd ed. Singapore: World Scientific Publishing Company, 1998: 207—248.

种:结构分析方法、频谱分析方法和统计分析方法[①]。常用的结构分析方法包括形态学算子、边界图等,频谱分析方法主要用到的是傅里叶功率谱法,而统计分析方法则包括有共生矩阵方法、分形模型、信号处理法、马尔可夫随机场方法和多分辨率分析方法等。

其中,灰度共生矩阵是通过研究灰度的空间特性的一种描述纹理的常见方法,其思想基础是:图像中相隔一定距离的像素间存在某种灰度关系,通过探索这样的关系来描述图像的纹理特征。在得到灰度共生矩阵的基础上,计算熵、对比度、相关度等纹理特征参数。该方法由Haralick等[②]在1973年首次提出,本章采用该经典方法,在第八章底层特征处理的基础上,将熵分别用一维熵和二维熵计算,进行纹理特征的提取(见表11-1)。

形状特征也常常被用于刻画图像中的对象,被用于基于形状特征的图像检索或目标分析。然而相关处理中涉及对图像进行分割、边缘提取和细化、形状描述等复杂过程[③],本章中不做详细叙述。

表 11-1　灰度共生矩阵特征统计量

特征量	计算公式	含义说明
一维熵 (ENT1)	$ENT1 = -\sum_{i=0}^{255} P_i \log P_i$	一维熵表示图像中灰度分布的聚集特征所包含的信息量
二维熵 (ENT2)	$ENT2 = -\sum_{g_1} \sum_{g_2} [P(g_1, g_2)] \log P(g_1 - g_2)$	二维熵表示图像中所含信息量的大小,反映图像中像素位置与邻域内的灰度分布信息的综合特征

① Jain A K. Fundamentals of digital image processing[M]. Englewood Cliffs: Prentice-Hall, 1989.

② Haralick R M, Shanmugam K, Dinstein I H. Textural features for image classification[J]. IEEE Transactions on Systems, Man and Cybernetics, 1973(6):610—621.

③ Persoon E, Fu K S. Shape discrimination using Fourier descriptors[J]. IEEE Transactions on Systems, Man and Cybernetics, 1977, 7(3):170—179.

续表

特征量	计算公式	含义说明
能量（ASM）	$ASM = \sum\limits_{g_1} \sum\limits_{g_2} [P(g_1, g_2)]^2$	能量反映图像的灰度分布均匀程度和纹理粗细度,值越大时表示灰度分布越均匀
对比度（CON）	$CON = \sum\limits_{g_1} \sum\limits_{g_2} (g_1 - g_2)^2 [P(g_1, g_2)]$	对比度反映图像的清晰度和纹理沟纹的深浅度,对比度越大表示图像纹理沟纹越深、图像越清晰
相关度（COR）	$COR = \dfrac{\sum\limits_{g_1} \sum\limits_{g_2} g_1 g_2 P(g_1, g_2) - u_1 u_2}{\delta_1 \delta_2}$ 其中,$u_1, u_2, \delta_1, \delta_2$ 分别代表着 g_1, g_2 下的期望和标准差	相关度度量空间灰度共生矩阵元素在行或列方向上的相似程度,当矩阵元素值均匀相等时,相关值就大
同质性（即逆差距,IDM）	$IDM = \sum\limits_{g_1} \sum\limits_{g_2} \dfrac{P(g_1, g_2)}{1 + (g_1 - g_2)^2}$	反映图像纹理的同质性,度量图像纹理局部变化的多少,同质性越大表示纹理局部变化越少
其中,$P(g_1, g_2)$ 表示某一方向下相隔某距离的两像素共现的概率		

二、数据相关性分析技术

相关性分析方法通常指对两个或两个以上的变量进行关联分析,从而通过变量间的相关关系来衡量变量间的密切程度,但相关关系并不等同于因果关系[1]。目前相关性分析经常被应用到经济学、气象学、生物学等领域中。下面简单介绍常见的几种相关性分析。

---

[1]　百度百科. 相关性分析[EB/OL]. [2015 - 05 - 18]. http://baike. baidu. com/link? url = RtmcnAn2KYg3AwUnLj8u4XvT17vtpnPW31I7zfQkKAwA3V4C6QkKejWHsgI5G1JpEGcOuZX7O81YxJvHB-r6qq.

（一）相关分析

相关分析通常可以用图形和数值两种方式来体现实物之间的统计关系上的强弱程度。图形法即绘制散点图观察数据的强弱关系和变化走势，但无法准确揭示出变量间线性关系的强弱程度。而采用相关系数进行变量间的关系分析可以很好地解决这个问题。

相关系数的计算通常包含两个步骤[①]：

（1）计算样本相关系数 r

相关系数 r 的取值范围反映出两个变量间相关性的强弱（见表 11 - 2）。

表 11 - 2　相关系数 r 的取值范围表示的含义

r 的取值	对于变量间线性相关程度的解释
r = 0：	表示两个变量不存在线性相关关系
0 < r < 1：	表示两个变量存在正的线性相关关系
r = 1：	表示两个变量存在完全正相关
-1 < r < 0：	表示两个变量存在负的线性相关关系
r = -1：	表示两个变量存在完全负相关
|r| > 0.8：	表示两个变量间具有较强的线性相关关系
|r| < 0.3：	表示两个变量间具有的线性关系较弱

（2）对样本所在总体是否存在显著线性关系进行推断

由于样本量数量限制和抽样方法的局限性，通常由上述步骤得到的相关系数未必能够代表整体数据间是否显著线性相关。

- 提出零假设：两个样本所在总体之间不存在线性相关性。

- 选择检验统计量。根据变量类型采用不同的相关系数（通常由 Pearson 简单相关系数、Spearman 相关系数和 Kendall 相关）。

- 计算检验统计量的观测值和对应的概率 p 值。当 p 值小于给定的显著性水平 α，则拒绝零假设，认为两个总体之间存在显著的线性关系；否则，则不能拒绝零假设。

---

① 薛薇. SPSS 统计分析方法及应用［M］. 2 版. 北京：电子工业出版社，2009：234—238.

（二）回归分析

回归分析是指利用回归方程来体现变量间的数量变化规律以及变量间的统计关系。其一般步骤是建立回归模型、建立回归方程、进行回归方程的统计检验、进行回归方程预测。其中回归方程的统计检验包括[①]：

（1）利用调整的判定系数（R2）判定回归方程的拟合优度。R2 通常取值范围为[0,1]，当 R2 越接近 1，说明回归方程越能代表样本数据点；当 R2 越接近 0，则认为回归方程对样本数据的拟合优度越低。

（2）利用概率 p 值进行回归方程的显著性检验。当 p 值小于给定的显著性水平 α（通常取 0.01 或 0.05），则拒绝零假设，认为两个总体之间存在显著的线性关系；否则，则不能拒绝零假设。

（3）利用各解释变量的概率 p 值进行回归系数的显著性检验。当某个变量的 t 检验的概率 p 值小于给定的显著性水平 α，则拒绝零假设，认为该变量与被解释变量间存在显著的线性关系；否则，则不能拒绝零假设，不能将该变量保留在方程中。

（4）残差分析。基本步骤为：残差均值为 0 的正态性分析、残差的独立性分析、借助残差来识别样本中的异常值等。

（三）曲线估计

曲线估计可以考察变量间是否呈现某种非线性的相关关系。常见用于进行拟合的曲线包括二次曲线、复合曲线、增长曲线、对数曲线、三次曲线、S 曲线、指数曲线、逆函数、幂函数、逻辑函数等。同样可以通过判定系数 R2 和概率 p 值来判断拟合优度。

第四节　研究设计与数据获取

一、研究设计

为进行图像底层特征与图像用户行为的相关性研究，本研究选择了

---

① 薛薇. SPSS 统计分析方法及应用[M]. 2 版. 北京：电子工业出版社，2009：246—248.

几方面不同的图像用户行为,包括检索行为和标注行为。检索行为包括用户检索耗时、用户相关性判断结果、用户的语义参考行为,而标注行为包括用户标注耗时、图像情感用户标注结果、标签数量。为了展开研究,本研究通过两个图像用户行为实验(一个标注实验和一个检索实验)和Flickr网站来获取所需的源数据,通过对源数据进行加工处理来获得用于进行相关性分析的数据。因为数据量比较大、类型复杂,因而将所要进行研究探索的相关关系及其对应的数据来源和数据类型梳理成表(见表11-3)。

表11-3　本研究探讨的相关关系及各关系对应的数据

	关系名称	原始数据来源	所需源数据	用于相关性分析的数据
1	用户所用时间与图像底层特征的关系	标注实验	图像、用户操作日志	图像底层特征、时间片
		检索实验	图像、用户操作日志	图像底层特征、时间片
2	图像情感用户标注结果与图像底层特征的关系	标注实验	图像、用户标注记录	图像底层特征、标注结果、标注标准差
3	用户相关性判断结果与图像底层特征的关系	检索实验	图像、用户问卷数据	图像底层特征、打分结果、打分标准差
	用户相关性判断结果与图像底层特征的关系是否受用户特征影响(以性别为例)的关系	检索实验	图像、用户问卷数据	图像底层特征、不同性别的打分结果、不同性别的打分标准差
4	用户语义参考行为与底层特征的关系的关系	检索实验	图像、用户操作日志	图像底层特征、选项卡点击次数
5	用户检索策略与图像底层特征(图像选择变更策略为例)的关系	检索实验	图像、用户操作日志	图像底层特征、用户选择变更行为记录
6	社会标签中的标签数量与图像底层特征的关系	Flickr数据集	图像、标签集合	图像底层特征、标签数量

二、数据获取与处理

根据上述的研究设计,研究所需的各数据来自于两个图像用户行为实验和 Flickr 网站。接下来的阐述包括三方面:两个用户实验的实验设计、实验对象和过程、数据收集方法;Flickr 数据集的获取方法;本研究对源数据的处理过程以及处理后得到的数据。

（一）用户标注实验

1. 实验设计与数据收集

本章的用户标注实验研究的目的,是在现有数据集基础上,探索用户标注图像耗时与图像底层特征的关系以及图像情感用户标注结果与图像底层特征的关系。数据来源于第五章介绍的图像语义标注用户行为数据集。

2. 数据处理

实验得到多种数据,出于研究的需要,主要提取 4 个数据:

（1）图像底层特征:

实验待标注图像的底层特征由图像沿 4 个方向的灰度共生矩阵得到的 6 个特征值来表示（方法参考第三节的说明）,通过 MATLAB 软件（标引）来提取（代码见附录3）。得到数据见表 11 – 4。

表 11 – 4　用户标注实验中 9 张待标注图像的底层特征数据

图片名称	一维熵	二维熵	对比度	相关度	能量	同质性
AimedGun	4.4402	3.2331	0.0715	0.9930	0.4526	0.9700
BikerCouple	5.0666	3.8114	0.0929	0.9891	0.4164	0.9580
CarDamage	7.6141	6.1886	0.2512	0.9496	0.1304	0.9066
Flower	7.4271	6.0463	0.1511	0.9631	0.1693	0.9255
Kitten	7.4838	6.5639	0.3752	0.9189	0.1212	0.8455
Lamp	6.5149	4.8412	0.0562	0.9918	0.3673	0.9740
Mutilation	5.8057	4.3233	0.1063	0.9906	0.2365	0.9578
SmilingGirl	6.5390	4.8477	0.0688	0.9942	0.2161	0.9659
Tornado	7.3297	5.4271	0.0820	0.9949	0.1785	0.9610

（2）每张图的标注耗时数据

由于实验得到的用户标注日志记录有用户每个操作对应的时间点,

从而可以提取出每个被试者对每幅图像的标注耗时,然后通过 Morae 记录的视频信息进行检测并对异常值进行修正。通过计算得到每幅图像被用户标注的平均耗时(见表 11-5)。

表 11-5　用户标注实验中 9 张待标注图像的平均标注耗时

图片名称	实验一	实验二	实验三
AimedGun	39.8333	31.1778	38.0667
BikerCouple	33.1444	31.9889	35.5778
CarDamage	38.1111	37.0667	37.8333
Flower	33.8778	36.8667	32.0111
Kitten	37.1333	34.1778	32.1667
Lamp	38.3222	38.4000	24.6778
Mutilation	30.3667	24.9778	30.9000
SmilingGirl	30.9889	36.8778	38.7111
Tornado	40.8778	30.2333	32.3333

(3)每张图在三个情感维度标签上的标注平均值

通过实验用户标注记录得到用户对于每张图片在 3 个情感维度标签上的标注结果,该打分结果反映出被试评判图片与某一标签的符合程度。通过计算得到每张图片在每个情感维度标签上的标注结果的平均值(见表 11-6)。

表 11-6　每张图像在三个情感维度标签上的标注平均值

图片名称	实验一			实验二			实验三		
	唤醒度	优势度	愉悦度	唤醒度	优势度	愉悦度	唤醒度	优势度	愉悦度
AimedGun	7.1444	1.8889	2.1333	6.5566	2.3830	2.6398	8.5008	3.1553	2.9697
BikerCouple	5.9333	4.0667	4.7444	5.7708	4.6343	4.9131	7.4246	4.5149	5.6628
CarDamage	5.5889	5.1889	3.8222	4.8880	5.2361	4.3032	6.4310	5.4666	4.8060
Flower	5.0444	6.8000	6.8333	4.6627	7.1594	6.3060	3.8482	6.1036	7.4499
Kitten	5.9000	6.4000	6.5000	5.5642	6.8199	6.4982	4.8264	5.5070	6.8628
Lamp	4.5556	7.4000	5.8444	3.4844	7.5226	5.6283	3.6189	7.5129	5.7829
Mutilation	8.3222	2.9111	1.2111	8.2071	2.7763	1.2287	8.9347	2.4739	1.6817
SmilingGirl	5.8889	5.3667	6.8333	5.4869	5.7517	6.8456	5.4178	4.9849	7.8399
Tornado	6.8444	2.1444	2.5556	6.0172	2.7426	3.1420	8.2789	3.2929	3.1351

考虑到实验三中的可视化模型无法排除信息节点歧义问题,导致实验三的标注数值只能代表图像在 3 个情感维度上的权重的比例关系。为此需要将每个情感维度上的标注结果利用下述公式进行归一化处理,从而得到归一化后的标注平均值(见表 11 -7)。

表 11 -7　每张图在 3 个情感维度标签上的标注结果归一化后的平均值

图片名称	实验一			实验二			实验三		
	唤醒度	优势度	愉悦度	唤醒度	优势度	愉悦度	唤醒度	优势度	愉悦度
AimedGun	0.6528	0.1635	0.1837	0.5733	0.2018	0.2249	0.6115	0.2004	0.1881
BikerCouple	0.4108	0.2907	0.2736	0.3813	0.3116	0.2930	0.4355	0.2496	0.3148
CarDamage	0.3899	0.3550	0.2550	0.3448	0.3583	0.2968	0.4032	0.3202	0.2767
Flower	0.2654	0.3664	0.3682	0.2531	0.4003	0.3466	0.2229	0.3445	0.4325
Kitten	0.3191	0.3389	0.3419	0.2964	0.3643	0.3394	0.2827	0.3157	0.4016
Lamp	0.2489	0.4250	0.3261	0.2054	0.4578	0.3368	0.2128	0.4513	0.3360
Mutilation	0.6903	0.2137	0.0960	0.6916	0.2061	0.1023	0.7028	0.1755	0.1217
SmilingGirl	0.3273	0.2924	0.3803	0.3008	0.3199	0.3793	0.2952	0.2615	0.4433
Tornado	0.6030	0.1810	0.2160	0.5171	0.2251	0.2578	0.5904	0.2097	0.1999

$$NTi = Ti/(T1 + T2 + T3) \qquad (式11.3)$$

式中:$Ti(i=1,2,3)$表示该图像在某个情感维度标签上的权重。

(4)三个情感维度标签上标注结果标准差

标注结果的标准差可以用于衡量各模式标注结果的一致性,标准差越大,意味着标注结果越不一致。由上述过程得到的每个被测标注结果,可以计算每组结果的标注标准差(见表 11 -8)。同上文的解释,对标注结果归一化后得到归一化结果的标准差(见表 11 -9)。

表 11 -8　每张图像在 3 个情感维度标签上的标注结果标准差

图片名称	实验一			实验二			实验三		
	唤醒度	优势度	愉悦度	唤醒度	优势度	愉悦度	唤醒度	优势度	愉悦度
AimedGun	1.43	1.80	1.45	1.49	2.07	1.58	2.14	1.34	2.14
BikerCouple	2.24	1.79	1.76	2.09	1.78	1.64	2.89	2.31	2.48
CarDamage	1.80	1.90	2.09	1.60	1.86	2.06	2.82	2.70	2.81
Flower	1.34	1.97	1.88	1.56	1.87	1.57	2.17	2.06	2.48

续表

图片名称	实验一			实验二			实验三		
	唤醒度	优势度	愉悦度	唤醒度	优势度	愉悦度	唤醒度	优势度	愉悦度
Kitten	2.00	1.84	1.91	1.93	1.82	1.59	2.67	2.70	2.76
Lamp	1.53	1.81	1.39	1.52	1.60	1.33	2.42	1.87	2.21
Mutilation	0.93	0.91	2.39	0.37	0.95	2.34	1.32	0.22	1.84
SmilingGirl	1.64	1.72	2.01	1.55	1.74	1.75	1.83	2.52	2.43
Tornado	1.61	1.82	1.62	1.82	2.09	1.69	2.03	1.57	2.21

表 11 - 9   每张图像在 3 个情感维度标签上的标注结果归一化后的标准差

图片名称	实验一			实验二			实验三		
	唤醒度	优势度	愉悦度	唤醒度	优势度	愉悦度	唤醒度	优势度	愉悦度
AimedGun	0.09	0.17	0.10	0.11	0.18	0.11	0.10	0.16	0.10
BikerCouple	0.11	0.13	0.11	0.10	0.12	0.09	0.15	0.17	0.12
CarDamage	0.09	0.14	0.12	0.09	0.13	0.11	0.12	0.19	0.14
Flower	0.05	0.08	0.10	0.06	0.08	0.04	0.14	0.13	0.13
Kitten	0.09	0.11	0.09	0.08	0.09	0.08	0.16	0.17	0.15
Lamp	0.06	0.08	0.10	0.06	0.07	0.07	0.12	0.10	0.15
Mutilation	0.05	0.13	0.13	0.03	0.13	0.13	0.07	0.11	0.09
SmilingGirl	0.07	0.09	0.09	0.07	0.08	0.10	0.14	0.14	0.10
Tornado	0.10	0.16	0.11	0.12	0.17	0.11	0.10	0.17	0.11

(二)用户检索实验

1. 实验设计与数据收集

该实验平台为一种基于多种语义辅助的图像检索系统,系统设计与开发详见第十章,本章采用其中部分数据进一步分析处理。该系统数据集为 3 个标签分别为"美女""樱花"和"苹果"的图片以及相关图片的集合。通过百度百科获取这 3 个标签的同义词、多义词、上下位词,然后利用这些关键词在谷歌图片搜索引擎中进行检索,根据检索结果的排序选取图片(一般情况下相关度越高的图片排在越前面),然后人工去除重复的、质量低、内容尺度大等可能影响用户判断的图片,最后每个关键词获得相关度最高的 8 张图片作为其对应的图像集。

　　每组的被试除了提交图片采纳的任务外,还需要填写一份问卷交代个人的性别、年级、专业等基本信息,并且对"美女""樱花"和"苹果"3个标签对应图像集中的 24 张图进行相关性评分(按相关性从低到高评为 1—5 分)。

　　每个实验组的被试均为来自武汉大学不同专业、不同年级的学生。每组的男女比例均接近 1：1。实验平台系统的后台可以记录用户基本信息和操作日志,包括用户操作时间、编号、操作记录、打分记录和问卷记录等。通过对这些源数据的处理,可以得到研究所需的数据。

　　本章研究需要的数据包括实验中的图像集、被标记图像序列的记录、打分结果记录、实验被试者的人口统计特征、检索过程中的操作日志记录等,相关实验过程与结果详见第十章。

　　2. 数据处理

　　(1) 被评分图片的底层特征

　　同样通过上述提取图片底层特征的代码来获得"美女""樱花"和"苹果"3个标签对应图片的底层特征值(代码见附录 4,数据见表 11 - 10)。

表 11 - 10　被评分图片的底层特征

名称	一维熵	二维熵	对比度	相关度	能量	同质性
美女 1	7. 0420	5. 4731	0. 3007	0. 9535	0. 2047	0. 9089
美女 2	7. 6572	6. 1814	0. 3730	0. 9715	0. 1013	0. 8784
美女 3	7. 5811	5. 9008	0. 2880	0. 9571	0. 1103	0. 9029
美女 4	7. 3418	6. 0009	0. 3105	0. 9740	0. 1178	0. 8873
美女 5	7. 5125	6. 2108	0. 2545	0. 9721	0. 1429	0. 8956
美女 6	7. 6680	5. 8347	0. 2086	0. 9814	0. 1159	0. 9207
美女 7	7. 6411	6. 0860	0. 3202	0. 9509	0. 0948	0. 8785
美女 8	6. 9716	5. 5115	0. 3655	0. 9604	0. 1267	0. 9006
樱花 1	7. 4354	6. 7972	1. 4293	0. 6641	0. 0716	0. 6818
樱花 2	7. 3424	6. 7409	1. 0369	0. 7172	0. 0925	0. 7307
樱花 3	7. 6143	6. 7407	0. 7892	0. 8716	0. 0855	0. 7752
樱花 4	7. 8828	7. 0720	1. 1127	0. 8647	0. 0442	0. 7101
樱花 5	6. 3934	5. 4948	0. 3847	0. 8206	0. 3678	0. 8955

续表

名称	一维熵	二维熵	对比度	相关度	能量	同质性
樱花6	7.4326	6.2217	0.4639	0.8980	0.1113	0.8464
樱花7	7.9339	7.0573	1.1785	0.8777	0.0427	0.7140
樱花8	7.8740	6.9226	0.7908	0.9229	0.0567	0.7661
苹果1	7.0742	4.9890	0.0653	0.9929	0.2108	0.9706
苹果2	4.8668	3.0237	0.0656	0.9951	0.2660	0.9881
苹果3	5.5942	4.3255	0.1687	0.9734	0.2514	0.9461
苹果4	7.6276	6.3560	0.3167	0.9389	0.1169	0.8865
苹果5	3.0157	1.9702	0.1437	0.9646	0.5579	0.9750
苹果6	7.5278	6.0177	0.3298	0.9336	0.1381	0.9095
苹果7	7.0127	4.9532	0.1406	0.9797	0.2833	0.9584
苹果8	4.0079	2.9172	0.1440	0.9897	0.4405	0.9558

（2）被评图片打分结果平均值

通过实验系统的记录功能,获取每个被试者对每张图片与对应标签相关程度的打分,打分反映了用户对于结果的相关性判断。通过计算获得每张图片在不同实验组中获得的平均分(见表11-11)。

表11-11　被评图片打分结果平均值

名称	空白组	语义辅助组	综合组
美女1	2.4884	2.8500	2.8500
美女2	3.3721	3.7500	3.6000
美女3	3.1628	3.2000	3.1250
美女4	2.7674	3.2750	2.9500
美女5	3.0930	3.6250	3.5250
美女6	3.0233	3.3250	2.9500
美女7	3.9767	4.0500	3.9750
美女8	2.4186	3.0750	2.9250
樱花1	2.8372	3.2750	3.0500
樱花2	2.7907	3.3250	3.0000
樱花3	3.5814	4.0000	3.3250
樱花4	3.2791	3.9000	3.2250
樱花5	3.2558	3.9000	3.1500

名称	空白组	语义辅助组	综合组
樱花6	3.9302	4.0500	4.2000
樱花7	3.3023	3.5750	3.3500
樱花8	3.6512	4.1250	3.6750
苹果1	3.3571	3.4750	3.9750
苹果2	2.3333	2.9250	2.6500
苹果3	3.4762	3.7500	3.3500
苹果4	3.9524	3.8750	4.0250
苹果5	3.1905	3.5750	3.3000
苹果6	4.1905	3.7750	3.8750
苹果7	3.7857	3.8750	3.9250
苹果8	3.5238	3.6250	3.5750

（4）不同性别用户的打分结果平均值

通过用户的基本特征（性别、年级、专业等）进行分类，可以获得具有不同特征的用户所对应的打分结果。本研究以性别特征为例，获取不同性别用户的打分结果平均值（见表11-12）。

表11-12　不同性别用户对被评图片的打分结果平均值

图片	男性用户打分			女性用户打分		
	空白组	语义组	综合组	空白组	语义组	综合组
美女1	2.5455	3.4286	3.1000	2.5455	3.4286	3.1000
美女2	3.4545	4.2381	3.8500	3.4545	4.2381	3.8500
美女3	3.2727	3.4286	3.4000	3.2727	3.4286	3.4000
美女4	3.0909	3.3810	3.3000	3.0909	3.3810	3.3000
美女5	3.2273	3.9524	3.5500	3.2273	3.9524	3.5500
美女6	3.0455	3.5714	3.2500	3.0455	3.5714	3.2500
美女7	3.9545	4.6190	4.2000	3.9545	4.6190	4.2000
美女8	2.8182	3.6667	3.2000	2.8182	3.6667	3.2000
樱花1	3.0000	3.1579	2.9500	2.6818	3.3810	3.1500
樱花2	3.0000	3.0526	3.0000	2.5909	3.5714	3.0000
樱花3	3.6667	3.8947	3.5000	3.5000	4.0952	3.1500

续表

图片	男性用户打分			女性用户打分		
	空白组	语义组	综合组	空白组	语义组	综合组
樱花4	3.1905	3.8421	3.3000	3.3636	3.9524	3.1500
樱花5	3.1429	3.6842	3.0500	3.3636	4.0952	3.2500
樱花6	3.9048	3.8947	4.3000	3.9545	4.1905	4.1000
樱花7	3.4286	3.3684	3.2000	3.1818	3.7619	3.5000
樱花8	3.6667	4.0526	3.7500	3.6364	4.1905	3.6000
苹果1	3.1000	3.2105	3.9500	3.5909	3.7143	4.0000
苹果2	2.4500	2.9474	2.5500	2.2273	2.9048	2.7500
苹果3	3.6000	3.7895	3.3000	3.3636	3.7143	3.4000
苹果4	3.8500	4.0000	4.2500	4.0455	3.7619	3.8000
苹果5	2.9500	3.3158	3.2500	3.4091	3.8095	3.3500
苹果6	3.9500	3.7368	3.9500	4.4091	3.8095	3.8000
苹果7	3.7500	3.8947	4.0500	3.8182	3.8571	3.8000
苹果8	3.4500	3.3684	3.7500	3.5909	3.8571	3.4000

（5）被评图片打分结果标准差

使用标注结果的标准差可以用于衡量每个实验组打分结果的一致性。由上述过程得到的每个被测标注结果，可以计算每组结果的打分标准差（见表11-13）。

表11-13　被评图片打分结果标准差

名称	空白组	语义辅助组	综合组
美女1	1.0136	1.1886	1.0513
美女2	1.2231	1.1491	1.0328
美女3	1.2403	1.1368	1.0424
美女4	1.0647	1.3585	1.0365
美女5	1.0581	1.2947	0.9334
美女6	1.0215	1.2687	1.0115
美女7	1.1884	1.0849	0.9195
美女8	1.1857	1.4031	1.2276
樱花1	1.2457	1.1320	0.9044

续表

名称	空白组	语义辅助组	综合组
樱花 2	1.4904	1.2276	0.9058
樱花 3	1.0625	0.7511	0.9711
樱花 4	1.3531	0.9001	0.9737
樱花 5	1.1590	1.0813	1.1886
樱花 6	1.0866	0.8458	0.8533
樱花 7	1.0704	1.0834	0.9213
樱花 8	1.0606	0.9111	0.8590
苹果 1	1.3033	1.2401	1.0497
苹果 2	1.1189	1.4031	1.1447
苹果 3	1.2145	1.1491	1.0754
苹果 4	0.9615	1.2647	0.8912
苹果 5	1.2145	1.2586	1.2850
苹果 6	1.0178	1.1206	0.9111
苹果 7	1.0715	1.1365	0.8883
苹果 8	1.2540	1.2545	1.0350

（6）不同性别用户的打分结果标准差

通过用户的基本特征（性别、年级、专业等）进行分类，可以获得具有不同特征的用户所对应的打分结果标准差。本研究以性别特征为例，获取了不同性别用户的打分结果标准差（见表 11 – 14）。

表 11 – 14　不同性别用户对被评图片的打分结果标准差

图片	男性用户打分标准差			女性用户打分标准差		
	空白组	语义组	综合组	空白组	语义组	综合组
美女 1	1.0108	1.0757	0.9119	1.0108	1.0757	0.9119
美女 2	1.2994	0.7684	0.9881	1.2994	0.7684	0.9881
美女 3	1.2025	1.1212	1.1425	1.2025	1.1212	1.1425
美女 4	0.9715	1.4310	1.0311	0.9715	1.4310	1.0311
美女 5	1.0660	1.1170	0.8870	1.0660	1.1170	0.8870
美女 6	0.9501	1.1212	1.1180	0.9501	1.1212	1.1180
美女 7	1.1329	0.7400	0.8944	1.1329	0.7400	0.8944

续表

图片	男性用户打分标准差			女性用户打分标准差		
	空白组	语义组	综合组	空白组	语义组	综合组
美女8	1.3323	0.9129	1.3611	1.3323	0.9129	1.3611
樱花1	1.0954	1.1673	0.6863	1.3934	1.1170	1.0894
樱花2	1.3038	1.2236	0.7255	1.2968	1.2071	1.0761
樱花3	1.1972	0.6578	0.8885	1.0118	0.8309	1.0400
樱花4	1.1670	0.9582	0.9787	1.0486	0.8646	0.9881
樱花5	1.2364	1.0569	1.0990	1.1770	1.0911	1.2927
樱花6	1.0443	0.8753	0.7327	1.1329	0.8136	0.9679
樱花7	1.0757	1.2115	0.9515	1.0065	0.9437	0.8885
樱花8	1.1547	0.7799	0.8507	1.0486	1.0305	0.8826
苹果1	1.4473	1.2283	1.0501	1.1406	1.2306	1.0761
苹果2	1.3169	1.3529	1.1910	0.9223	1.4800	1.1180
苹果3	1.1425	1.1343	1.0809	1.2927	1.1892	1.0954
苹果4	1.0894	1.2910	0.7864	0.8439	1.2611	0.9515
苹果5	1.2763	1.4550	1.1642	1.1406	1.0305	1.4244
苹果6	1.0501	0.9912	0.8256	0.9591	1.2498	1.0052
苹果7	1.0195	1.0485	0.8870	1.1396	1.2364	0.8944
苹果8	1.2344	1.2566	0.9665	1.2968	1.2364	1.0954

（7）用户最终采纳的图片的底层特征

通过用户操作日志可以抽取出用户提交任务前最终选择的图片,亦即用户最终采纳的图片。然后可以提取出这些图片的底层特征信息。

研究只选用综合组的数据。每组40个被试针对3个标签共选择了120张图片(由于日志数据库问题,丢失8张图片的数据,最终得到112张图片),然后抽取相应的底层特征(数据表格见附录4)。

（8）用户采纳的倒数第二张图片的底层特征

同上所述,在用户操作日志中可以得到用户采纳的倒数第二张图片。在综合组实验中,用户选择图片时有改变行为的共26次,因而得到26张最终采纳前选择的图片,继而得到相应的底层特征(用户采纳的倒数第二张图片以及最终采纳的图片的底层特征见附录4)。

（9）每个检索任务耗时

根据用户检索日志中用户每个操作对应的时间点，可以得到每个被试在完成每一个任务时所用的时间片（见附录4）。

（10）用户操作时点击选项卡的操作

用户在完成任务的整个过程中，会有点击标签按钮、点击选项卡、选择图片等操作。在本研究中，对用户参考语义辅助的情况比较感兴趣，因而统计了被试在完成每个任务的过程中点击各选项卡按钮的次数（见附录4）。

（三）Flickr 数据集

该数据集为来自图像分享网站 Flickr（www. flickr. com）的 500 幅图片。为 2013 年 8 月 25 日通过该网站的 API 获得①。Flickr 是一个热门的图像和视频门户网站，于 2004 年成立②。该网站拥有大量的图像资源，供用户来收藏和分享。同时用户也贡献于网站中图片资源的组织，例如，他们可以对自己上传的图片添加标题和描述，并对所有图片添加标签、将图片进行分类等。Flickr 从 2013 年开始使用标签云让用户更快地找到与标签关联最大的图片。根据 2013 年的报告，Flickr 就拥有了870 万注册用户，并且每天被上传的图片超过 35 万张③。

数据集中包含分别属于 happy、sad、fear、anger、disgust 五种情感标签的图片各 100 及每张图片被标注的所有标签。筛选图片的条件为：标签数量超过 38 个（为使标签数尽可能多并且获得足够 100 张图片探索得到的阈值）。另外的数据处理操作包括：剔除非规范标签和剔除由同一用户上传的且具有相同标签集的图像数据。通过计算得到这 500 张图片各自的底层特征，并统计出每张图片标签集中的标签数（具体数据见附录5）。

---

① 陆泉,丁恒.基于情感的图像检索研究综述[J].情报理论与实践,2013,36(2):119—124.

② Wikipedia. Flickr[EB/OL].[2015 – 05 – 18]. http://en. wikipedia. org/wiki/Flickr.

③ Jeffries A. The man behind Flickr on making the service "awesome again"[EB/OL].[2015 – 03 – 20]. http://www. theverge. com/2013/3/20/4121574/flickr-chief-markus-spiering-talks-photos-and-marissa-mayer.

第五节　研究结果分析

上一章中阐述了研究所需数据的收集和处理过程,利用这些处理后的数据,本研究通过 IBM SPSS Statistics 软件对以下几类图像用户行为与图像底层特征的相关性关系进行探究。

一、用户所用时间与图像底层特征的相关性

(一)用户标注耗时与图像底层特征

将标注实验中三种模式对应的子实验中每张图片的标注耗时与图片的底层特征进行相关性分析,得到相应的 Pearson 相关系数(见表11 - 15)。

表 11 - 15　三个实验时间片与底层特征的 Pearson 相关系数

底层特征	实验一时间片	实验二时间片	实验三时间片
一维熵	.5180	.2100	.5230
二维熵	.5450	.2340	.6240
对比度	.5380	.2100	.770*
相关度	− .4830	− .2590	− .716*
能量	− .5430	− .0670	− .6060
同质性	− .5340	− .1950	− .776*

注:** 在 0.01 水平上显著相关,* 在 0.05 水平上显著相关。

根据上表,从实验一、实验二的数据结果可以看出,图片的标注耗时与其底层特征并没有显著的相关性。但实验一、实验三中,图片的标注耗时与其底层特征有较强的共同变化趋势。其中一维熵、二维熵、对比度与标注耗时呈正相关,可见当图片的信息量越大、纹理越深时,用户可能在标注任务中需要花更多时间,而相关度、能量、同质性与标注耗时呈负相关,可见当图片的灰度分布越均匀、纹理局部变化越小时,用户可能更快地完成标注任务。

总体而言,图片底层特征在不同的标注模式下产生的影响不同:在实验三中产生的影响最大,其次是实验一、实验二(三种模式分别是:基

于标签打分的图像标注模式、单标签下基于图像比较的标注模式、多标签下基于图像比较的标注模式)。根据实验三得到的系数,对比度、相关度与同质性与标注耗时显著相关。

为了探究 3 个情感维度标注下底层特征影响的区别,这里采用了实验二的数据,对底层特征和 3 个情感维度标注耗时进行相关性分析(见表 11 – 16)。

表 11 – 16　三个情感维度标注耗时与底层特征的 Pearson 相关系数

	唤醒度耗时	优势度耗时	愉悦度耗时
一维熵	.154	.455	– .226
二维熵	.144	.454	– .178
对比度	.127	.175	.069
相关度	– .132	– .304	– .019
能量	.064	– .16	– .011
同质性	– .101	– .202	– .039

注:** 在 0.01 水平上显著相关,* 在 0.05 水平上显著相关。

根据上表,底层特征对于不同情感维度下的标注耗时没有显著影响。但依然可以发现一些比较特殊的结论。

首先:底层特征与优势度标注耗时的相关度大于其他两个情感维度,亦即用户在考虑自己对图像的控制程度时更加容易被底层特征影响。此外,与实验二整体数据趋势不同,在愉悦度维度下,图像熵与标注耗时呈负相关关系。可以认为,当图像越复杂时,用户更容易进行图像愉悦度的判断。

根据一些研究,图像的情感本身是对用户的时间感知产生影响的重要因素。甘甜等在采用中国情绪图片系统对 25 名大学生进行时间知觉的实验时发现:在时间距离短的时候,图像的唤醒度对用户的时间知觉产生了最主要的影响[1]。而 Huang 和 Luo 的研究发现:愉悦度反映了用户的正负情绪,与用户的注意力分配密切相关[2]。因而,情感维度对用户标注耗时与图像底层特征的相关性具体产生怎样的影响还有待进一步

[1]　甘甜,罗跃嘉,张志杰. 情绪对时间知觉的影响[J]. 心理科学,2009(4):836—839.
[2]　Huang Y X,Luo Y J. Temporal course of emotional negativity bias:An ERP study[J]. Neuroscience Letters,2006,398(1):91—96.

的研究。

(二)用户检索耗时与最终采纳图片的底层特征

在检索实验中,用户需要根据不同标签进行检索,然后选取最符合标签的图片(此处采用综合组的数据)。本研究对每个检索任务中用户最终采纳的图片与检索耗时进行了相关分析(结果见表 11 – 17)。

表 11 – 17   耗时与底层特征的 Pearson 相关系数

	美女	樱花	苹果	总体
一维熵	– .068	– .014	– .169	– .04
二维熵	.007	.076	– .163	– .062
对比度	.14	.25	– .151	– .115
相关度	– .089	– .187	.067	.121
能量	.049	– .049	.177	.082
同质性	– .075	– .22	.142	.107

注:** 在 0.01 水平上显著相关,* 在 0.05 水平上显著相关。

如上表,总的来说,用户最终采纳的图像的底层特征对用户检索耗时并无明显的影响,且相关程度也很低,并且在不同的标签组相关的正负向也不一致。

这也是容易理解的,因为在综合组实验中,用户检索式会参考语义辅助选项,从而通过点击相关标签,检索界面上的图片就会被替换。这也就意味着用户可能在检索过程的大部分时间内都未见到最终采纳的这幅图片,因而其底层特征对于整个检索过程的耗时影响应该是非常小的。

其中,图片一维熵与 3 个标签组实验都呈负相关,意味着当某张图片的灰度分布聚集特征的信息量更大时,有可能因为导致该图片更容易引起用户关注而缩短用户完成任务的时间。当然,不能忽视了图片的中层内容特征和高层情感特征可能产生的影响。

二、图像情感用户标注结果与图像底层特征的相关性

(一)图像情感用户标注结果与图像底层特征

在标注实验中,用户根据图片和情感标签之间的符合程度对每张图

片的 3 个情感维度进行标注,标注的分值作为图片在该情感维度的权重。图像情感用户标注结果与底层特征的 Pearson 相关系数如表11 – 18。

表 11 – 18　图像情感用户标注结果与底层特征的 Pearson 相关系数

	实验一			实验二			实验三		
	唤醒度	优势度	愉悦度	唤醒度	优势度	愉悦度	唤醒度	优势度	愉悦度
一维熵	-.439	.536	.437	-.449	.529	.446	-.534	.466	.407
二维熵	-.445	.584	.486	-.424	.581	.494	-.563	.484	.458
对比度	-.156	.364	.279	-.087	.36	.304	-.275	.224	.274
相关度	.295	-.487	-.398	.22	-.488	-.412	.418	-.358	-.387
能量	.085	-.302	-.249	.058	-.282	-.255	.265	-.127	-.253
同质性	.2	-.408	-.358	.12	-.414	-.376	.338	-.258	-.35

注:** 在 0.01 水平上显著相关,* 在 0.05 水平上显著相关。

由于实验三的数据仅体现 3 个情感维度的比例关系,所以将各维度的打分进行归一化(见第四节说明),图像情感用户标注结果归一化与底层特征的 Pearson 相关系数如表 11 – 19。

表 11 – 19　图像情感用户标注结果归一化与底层特征的 Pearson 相关系数

	实验一			实验二			实验三		
	唤醒度	优势度	愉悦度	唤醒度	优势度	愉悦度	唤醒度	优势度	愉悦度
一维熵	-.499	.505	.462	-.497	.506	.449	-.491	.458	.431
二维熵	-.536	.543	.488	-.521	.534	.462	-.529	.467	.484
对比度	-.296	.334	.23	-.262	.284	.212	-.28	.203	.29
相关度	.422	-.45	-.35	.389	-.414	-.321	.415	-.333	-.405
能量	.237	-.236	-.246	.197	-.193	-.202	.225	-.1	-.281
同质性	.349	-.355	-.307	.313	-.32	-.274	.342	-.227	-.369

注:** 在 0.01 水平上显著相关,* 在 0.05 水平上显著相关。

归一化的结果依然显示图像情感用户标注结果与图片底层特征虽然存在一定程度的相关趋势,但是并不显著。

(二)图像情感用户标注结果一致性与图像底层特征

每个维度的打分标准差代表了该维度下所有用户打分结果的一致

性。图像情感用户标注结果标准差与底层特征的 Pearson 相关系数如表 11-20。

表 11-20　图像情感用户标注结果标准差与底层特征的 Pearson 相关系数

	实验一			实验二			实验三		
	唤醒度	优势度	愉悦度	唤醒度	优势度	愉悦度	唤醒度	优势度	愉悦度
一维熵	.082	.323	.252	.185	.141	.021	.158	.452	.541
二维熵	.172	.356	.284	.238	.156	.003	.275	.524	.659
对比度	.369	.209	.349	.24	.094	.118	.459	.487	.717*
相关度	-.359	-.312	-.278	-.284	-.144	-.003	-.5	-.543	-.757*
能量	.041	-.048	-.577	.031	.021	-.355	.06	-.294	-.46
同质性	-.371	-.252	-.322	-.282	-.127	-.046	-.446	-.507	-.724*

注：** 在 0.01 水平上显著相关，* 在 0.05 水平上显著相关。

可以看出对比度、相关度和同质性对实验三中的愉悦度标注的一致性有显著的相关性。可以认为当图片的纹理越深、清晰度越高时，用户的愉悦度权重越一致；相反，当图片灰度分布越均匀、纹理局部变化越小时，用户的愉悦度权重一致性越低。

但如第四节所提到的，实验三中仅体现 3 个情感维度的比例关系，所以需要将结果进行归一化，归一化后得到的标准差只在愉悦维度受到相关度的显著影响（见表 11-21）。

表 11-21　图像情感用户标注结果归一化标准差与底层特征的 Pearson 相关系数

	实验一			实验二			实验三		
	唤醒度	优势度	愉悦度	唤醒度	优势度	愉悦度	唤醒度	优势度	愉悦度
一维熵	-.168	-.383	-.108	-.118	-.402	-.222	.288	.14	.553
二维熵	-.117	-.376	-.165	-.118	-.425	-.282	.406	.224	.64
对比度	.173	-.057	-.127	-.015	-.196	-.191	.45	.474	.583
相关度	-.093	.177	.214	.049	.299	.306	-.528	-.409	-.667*
能量	.179	.215	-.033	.198	.248	-.111	-.156	-.22	-.257
同质性	-.142	.126	.205	.024	.252	.252	-.513	-.441	-.593

注：** 在 0.01 水平上显著相关，* 在 0.05 水平上显著相关。

三、用户相关性判断结果与图像底层特征的相关性

（一）用户相关性判断结果与图像底层特征

1. 用户相关性判断结果与图像底层特征的相关性分析

在检索实验中，用户在完成搜寻后需要对"美女""樱花"和"苹果"3个标签对应的图片分别进行打分（从 1 分到 5 分，分值越高说明图片与标签越相符），作为图片与标签相关程度的判断，该打分结果即为本文所指的"相关性判断结果"。用户相关性判断结果与图像底层特征的 Pearson 相关系数如表 11–22。

表 11–22　用户相关性判断与图像底层特征的 Pearson 相关系数

	空白	语义辅助	综合
一维熵	.185	.193	.186
二维熵	.173	.264	.125
对比度	−.069	.119	−.171
相关度	.108	−.047	.2
能量	−.05	−.075	−.042
同质性	−.002	−.206	.099

注：** 在 0.01 水平上显著相关，* 在 0.05 水平上显著相关。

由上表可以看出，用户判定一张图片是否符合某个标签的程度并不受该图片底层特征的影响。为了进一步进行验证，我们分别对 3 个标签组的结果进行分析（如表 11–23）。

表 11–23　用户各组相关性判断与图像底层特征的 Pearson 相关系数

	"美女"标签组			"樱花"标签组			"苹果"标签组		
	空白	语义	综合	空白	语义	综合	空白	语义	综合
一维熵	.825*	.732*	.613	.202	.055	.225	.595	.422	.686
二维熵	.739*	.834*	.744*	−.148	−.235	−.117	.710*	.544	.730*
对比度	−.016	.1	.206	−.652	−.723*	−.537	.785*	.654	.498
相关度	−.131	.06	−.203	.883**	.882**	.686	−.709*	−.599	−.445
能量	−.652	−.67	−.507	−.028	.163	−.139	−.382	−.179	−.406
同质性	−.564	−.701	−.732*	.529	.598	.43	−.804*	−.688	−.623

注：** 在 0.01 水平上显著相关，* 在 0.05 水平上显著相关。

如上表所示,图像底层特征对于不同分组的图片有着不同程度、不同方向的影响。例如:"美女"标签组在空白组和语义组都受到图像熵的影响,"樱花"标签组在空白组和语义组都受到相关度的影响。

用户在对不同内容主题的图片进行判定时受到底层特征的影响不同,可能的原因是用户的判断标准受到其他因素的影响也不同。根据Patrick Wilson 等的研究[①],用户检索时环境因素、实验任务、信息的有用性等多方面的因素都会对其相关性判断产生影响。

2. 用户相关性判断结果一致性与图像底层特征的相关性分析

用户相关程度打分的标准差反映了整体用户打分的一致性。用户相关性判断标准差与图像底层特征的 Pearson 相关系数如表 11 - 24。

表 11 - 24　用户相关性判断标准差与图像底层特征的 Pearson 相关系数

	空白	语义辅助	综合
一维熵	- . 192	- . 377	- . 660[**]
二维熵	- . 089	- . 483[*]	- . 671[**]
对比度	. 279	- . 480[*]	- . 436[*]
相关度	- . 395	. 34	. 298
能量	. 087	. 333	. 639[**]
同质性	- . 227	. 546[**]	. 523[**]

注:[**] 在 0. 01 水平上显著相关,[*] 在 0. 05 水平上显著相关。

从上表中语义组和空白组的结果可以看出,当图片的信息量越大、复杂程度越高、纹理越清晰时,用户的标注一致性越高,而当图像灰度分布越均匀、纹理局部变化越小时,用户的标注一致性就越低。

而不同组的结果差异应该是以下原因造成的:在空白组的实验中,用户仅仅浏览到待评分的图片,而在语义辅助和综合组中,用户通过语义辅助对于标签有了更深入的了解,而且浏览了更多的图片。

根据 Golbeck 等的研究,用户对图片掌握的补充信息会对用户的标注行为产生影响[②]。从而不同标签组的不同结果也就可以理解了。根据

---

① Wilson P. Situational relevance[J]. Information Storage and Retrieval, 1973, 9(8):457—471.

② Golbeck J, Koepfler J, Emmerling B. An experimental study of social tagging behavior and image content[J]. Journal of the American Society for Information Science and Technology, 2011, 62(9):1750—1760.

表 11 - 25,用户在每个标签组的相关性判断结果的一致性与底层特征的相关性存在着差异。

表 11 - 25　用户各组相关性判断标准差与图像底层特征的 Pearson 相关系数

	"美女"标签组			"樱花"标签组			"苹果"标签组		
	空白	语义	综合	空白	语义	综合	空白	语义	综合
一维熵	.237	-.553	-.720*	-.111	-.331	-.756*	-.556	-.437	-.855**
二维熵	.233	-.307	-.722*	.15	-.073	-.678	-.614	-.489	-.871**
对比度	.639	-.039	.474	.402	.404	-.395	-.746*	-.46	-.576
相关度	-.395	.476	-.085	-.655	-.736*	-.064	.725*	.431	.41
能量	-.635	.162	.152	-.068	.192	.853**	.57	.214	.737*
同质性	-.533	.287	.274	-.387	-.265	.526	.705	.422	.706

注:** 在 0.01 水平上显著相关,* 在 0.05 水平上显著相关。

（二）用户性别的影响

为探究不同特征的用户的相关性判断受图像底层特征的影响是否存在差异,本研究选择性别特征进行不同性别用户的相关性判断与图像底层特征的相关性分析(见表 11 - 26)。

表 11 - 26　不同性别用户各组相关性判断结果与图像底层特征的 Pearson 相关系数

			一维熵	二维熵	对比度	相关度	能量	同质性
"美女"标签组	空白	男	.842**	.691	-.114	-.129	-.554	-.455
		女	.763*	.776*	.123	-.107	-.775*	-.689
	语义辅助	男	.862**	.944**	-.175	.359	-.744*	-.55
		女	.473	.571	.316	-.209	-.471	-.689
	综合	男	.572	.741*	.138	-.183	-.406	-.67
		女	.637	.715*	.281	-.218	-.61	-.776*
"樱花"标签组	空白	男	.333	.001	-.522	.810*	-.203	.385
		女	.098	-.247	-.709*	.888**	.099	.603
	语义辅助	男	.151	-.127	-.609	.854**	.061	.481
		女	-.055	-.349	-.824*	.881**	.272	.708*
	综合	男	.271	-.062	-.548	.706	-.192	.408
		女	.151	-.179	-.483	.608	-.061	.426

续表

			一维熵	二维熵	对比度	相关度	能量	同质性
"苹果"标签组	空白	男	.608	.726*	.782*	-.665	-.443	-.822*
		女	.558	.666	.751*	-.708*	-.32	-.754*
	语义辅助	男	.576	.689	.740*	-.671	-.43	-.791*
		女	.173	.281	.432	-.402	.123	-.441
	综合	男	.661	.720*	.547	-.464	-.392	-.674
		女	.693	.714*	.41	-.399	-.409	-.526

注: ** 在 0.01 水平上显著相关, * 在 0.05 水平上显著相关。

在对"美女"标签的图片相关度判断中,男生的判断明显比女生更容易受到图片底层特征的影响;对于"樱花"标签,反而是女生受到的影响稍大;而"苹果"标签组中,男生受到的影响稍大。可能是由于男女生对于不同内容主题本身的认识、感知和兴趣不同,例如:在"苹果"的多义词中就包括 iPhone、iPad 等男生比较熟悉的电子产品。

根据表 11 - 27,女生的判断标准差与底层特征的相关性更加显著,即女生的标注结果一致性受底层特征的影响更明显。

表 11 - 27　不同性别用户各组判断结果标准差与图像底层特征的 Pearson 相关系数

			一维熵	二维熵	对比度	相关度	能量	同质性
"美女"标签组	空白	男	.658	.337	-.234	-.294	-.305	-.076
		女	-.107	-.012	.765*	-.343	-.353	-.404
	语义辅助	男	-.13	.022	.006	.602	-.284	.138
		女	-.175	-.09	-.491	.425	.271	.389
	综合	男	-.684	-.361	.557	-.353	.681	-.177
		女	-.37	-.516	.206	.08	-.228	.361
"樱花"标签组	空白	男	-.419	-.201	-.133	-.302	.37	.118
		女	-.45	-.223	.3	-.921**	.188	-.162
	语义辅助	男	-.2	.011	.486	-.654	.081	-.34
		女	-.419	-.144	.26	-.725*	.276	-.154
	综合	男	-.275	-.321	-.358	.454	.522	.393
		女	-.930**	-.772*	-.313	-.51	.852**	.475

			一维熵	二维熵	对比度	相关度	能量	同质性
"苹果"标签组	空白	男	−.408	−.501	−.728*	.645	.314	.659
		女	−.463	−.463	−.45	.513	.566	.437
	语义辅助	男	−.681	−.663	−.392	.276	.565	.401
		女	.278	.177	−.158	.277	−.509	.072
	综合	男	−.729*	−.815*	−.787*	.655	.574	.861**
		女	−.835**	−.800*	−.343	.161	.774*	.514

注：** 在 0.01 水平上显著相关，* 在 0.05 水平上显著相关。

四、用户语义参考行为与图像底层特征的相关性

在检索实验中，用户产生了一系列行为，其中最重要的是基于系统的语义辅助功能进行的语义参考行为，通过用户对多义选项卡、同义选项卡、层级选项卡的点击来体现。用户点击选项卡次数与采纳图像的底层特征的 Pearson 相关系数如表 11 − 28。

表 11 − 28　用户点击选项卡次数与图像底层特征的 Pearson 相关系数

	多义选项卡	同义选项卡	层级选项卡	点击次数总
一维熵	−.046	.002	−.117	−.074
二维熵	−.04	.075	−.091	−.029
对比度	.075	.177	0	.099
相关度	.006	−.151	.061	−.028
能量	.035	−.051	.14	.062
同质性	0	−.133	.047	−.03

注：** 在 0.01 水平上显著相关，* 在 0.05 水平上显著相关。

上表中的相关系数都接近于 0，可见用户在检索过程中进行的语义参考行为与最后采纳的图片的底层特征不存在相关关系。

根据 Choi 和 Rasmussen[1] 的研究，图像补充信息以及其呈现顺序对用户的认知产生影响。然而如本节第三部分内容中所探讨的，用户的相关性判断与最终采纳图片的底层特征无关。因而，尽管语义辅助可以帮

---

[1]　Choi Y, Rasmussen E M. Users' relevance criteria in image retrieval in American history[J]. Information Processing & Management, 2002, 38(5): 695—726.

助用户加深对标签的理解,甚至可能影响用户的相关性判断,却与用户最终选择的图片的底层特征无相关关系。

为了探究这样的结果是否受到图片内容主题的影响,针对三组不同的任务进行分析(见表 11-29、表 11-30、表 11-31),发现结论几乎是一样的,即用户点击选项卡次数与图像底层特征几乎无显著相关关系。唯一的例外是"樱花"组中用户参考同义选项卡的次数与对比度、相关度和同质性有关,可能是因为"樱花"作为植物名需要用户更多地依赖语义参考来了解词间关系。但该相关关系程度比较弱。

表 11-29　"美女"组用户点击选项卡次数与图像底层特征的 Pearson 相关系数

	多义选项卡	同义选项卡	层级选项卡	点击次数总
一维熵	.056	-.106	-.278	-.165
二维熵	.256	.006	-.179	.003
对比度	.248	.069	-.087	.074
相关度	-.096	-.03	.024	-.035
能量	-.066	.026	.304	.136
同质性	-.285	-.079	.126	-.073

注:** 在 0.01 水平上显著相关,* 在 0.05 水平上显著相关。

表 11-30　"樱花"组用户点击选项卡次数与图像底层特征的 Pearson 相关系数

	多义选项卡	同义选项卡	层级选项卡	点击次数总
一维熵	.095	.168	.181	.183
二维熵	.153	.28	.192	.254
对比度	.262	.435*	.191	.356*
相关度	-.24	-.417*	-.071	-.288
能量	-.107	-.219	-.121	-.181
同质性	-.224	-.366*	-.19	-.313

注:** 在 0.01 水平上显著相关,* 在 0.05 水平上显著相关。

表 11-31　"苹果"组用户点击选项卡次数与图像底层特征的 Pearson 相关系数

	多义选项卡	同义选项卡	层级选项卡	点击次数总
一维熵	.051	-.169	-.152	-.115
二维熵	.075	-.133	-.102	-.067
对比度	.131	.089	.028	.096

	多义选项卡	同义选项卡	层级选项卡	点击次数总
相关度	-.059	.025	.02	-.005
能量	-.045	.086	.099	.063
同质性	-.095	.034	.026	-.014

注：** 在 0.01 水平上显著相关，* 在 0.05 水平上显著相关。

五、用户图像选择变更策略与图像底层特征的相关性

为探究综合组用户的检索策略中的图像选择变更行为是否与图片的底层特征有关，做出如下分析：

由表 11 - 32 容易发现：图片的一维熵和二维熵没有变化，而对比度降低的为多数，相关度、能量、同质性增加的为多数。

表 11 - 32　前后两张选择图片的底层特征变化情况

		增加	减少
一维熵	数目	14	14
	百分比	50.00%	50.00%
二维熵	数目	14	14
	百分比	50.00%	50.00%
对比度	数目	8	20
	百分比	28.57%	71.43%
相关度	数目	19	9
	百分比	67.86%	32.14%
能量	数目	18	10
	百分比	64.29%	35.71%
同质性	数目	18	10
	百分比	64.29%	35.71%

为了探讨这样的关系是否受到检索任务（检索图片主题）的影响，以下统计出 3 个任务组的相应数据（见表 11 - 33）。就总的改变选择的次数而言，"美女"任务中有 12 次，"樱花"4 次，"苹果"12 次。

表 11 - 33 　各任务组中前后两张选择图片的底层特征变化情况

		"美女"任务		"樱花"任务		"苹果"任务	
		增加	减少	增加	减少	增加	减少
一维熵	数目	5	7	7	5	2	2
	百分比	41.67%	58.33%	58.33%	41.67%	50.00%	50.00%
二维熵	数目	5	7	7	5	2	2
	百分比	41.67%	58.33%	58.33%	41.67%	50.00%	50.00%
对比度	数目	3	9	4	8	1	3
	百分比	25.00%	75.00%	33.33%	66.67%	25.00%	75.00%
相关度	数目	9	3	7	5	3	1
	百分比	75.00%	25.00%	58.33%	41.67%	75.00%	25.00%
能量	数目	9	3	7	5	2	2
	百分比	75.00%	25.00%	58.33%	41.67%	50.00%	50.00%
同质性	数目	9	3	6	6	3	1
	百分比	75.00%	25.00%	50.00%	50.00%	75.00%	25.00%

　　容易发现,"美女"任务中用户最终采纳的图片比起上一张选择的图片而言,其对比度明显减少,相关度、能量和同质性增加。而"樱花"任务中对比度增加明显,"苹果"任务中对比度减少的多,而相关度、同质性增加的多。

　　整体而言,图像熵在三组中均没有明显变化。而三组的变化差异可以通过任务主题的差异来考虑,其分别为人物、植物、水果。其中"樱花"图像集中除了花的图,还包含一部分景图和"樱花厨卫"品牌的产品图;而"苹果"人物中除了水果静物图,还包括"苹果"电子品牌的产品图。

六、社会标注中的标签数量与图像底层特征的相关性

　　Flikcr 数据集中的图像标签集与各图像的图像底层特征是否存在相关关系,本研究选择标签数进行探究。由于数据量比较大,适合通过统计方法中的回归分析和曲线估计来确定变量间的关系。先进行相关性分析,发现二者间并不存在相关性关系。为了确认这一结论,将图片的底层特征值作为解释变量,图片的标签数作为被解释变量,做回归分析(见表 11 - 34)。

表 11 – 34　标签数与图像底层特征的 Pearson 相关系数

	一维熵	二维熵	对比度	相关度	能量	同质性
标签数	.071	.057	– .002	.007	– .058	.009

注：** 在 0.01 水平上显著相关，* 在 0.05 水平上显著相关。

表 11 – 35　Flickr 图像标签数多元线性回归分析结果(强制进入策略)(一)

Model Summary				
Model	R	R Square	Adjusted R Square	Std. Error of the Estimate
1	.115ᵃ	.013	.001	1.958

a. Predictors：(Constant)，同质性 Homogeneity，一维熵，
相关度 Correlation，对比度 Contrast，能量 Energy，二维熵

根据上表，调整的判定系数(R2)接近于0，可以认为内拟合优度低，标签数不能由图像底层特征来解释。

表 11 – 36　Flickr 图像标签数多元线性回归分析结果(强制进入策略)(二)

ANOVAᵇ						
Model		Sum of Squares	df	Mean Square	F	Sig.
1	Regression	797.528	6	132.921	1.107	.357ᵃ
	Residual	59193.422	493	12.068		
	Total	5999.95	499			

a. Predictors：(Constant)，同质性 Homogeneity，一维熵，
相关度 Correlation，对比度 Contrast，能量 Energy，二维熵
b. Dependent Variable：标签数

根据上表进行回归方程的显著性检验，假设显著性水平 α 等于 0.05。概率 p 值大于显著性水平 α，因此不应拒绝零假设，可以认为图像的底层特征整体和标签数的线性关系不显著，不能建立线性模型。

表 11 –37　**Flickr 图像标签数多元线性回归分析结果（强制进入策略）（三）**

Model		Coefficients[a]				
		Unstandardized Coefficients		Standardized Coefficients	t	Sig.
			Std. Error	Beta		
1	（Constant）	24. 359	22. 248		1. 095	. 274
	一维熵	–. 788	3. 005	–. 079	–. 262	. 793
	二维熵	2. 131	3. 324	. 202	. 641	. 522
	对比度	1. 035	1. 323	. 064	. 782	. 435
	相关度	–9. 212	9. 526	–. 078	–. 967	. 334
	能量	–6. 16	9. 546	–. 094	–. 645	. 519
	同质性	39. 938	22. 897	. 267	1. 744	. 082

a. Dependent Variable：标签数

　　根据上表进行回归系数的显著性检验，各个变量的回归系数显著性 t 检验的概率 p 值都大于显著性水平 α，因此不应拒绝零假设，可以认为图像的底层特征和标签数的线性关系不显著。

　　然后尝试进行曲线估计，包括对二次曲线、复合曲线、增长曲线、三次曲线、直线、逻辑函数、S 曲线、对数曲线的拟合，可得到拟合曲线如图 11 – 1（以一维熵为例），得到的判定系数都小于 0. 1，非常接近 0，可见拟合度很低。因而认为用户标签数与底层特征不存在回归关系。

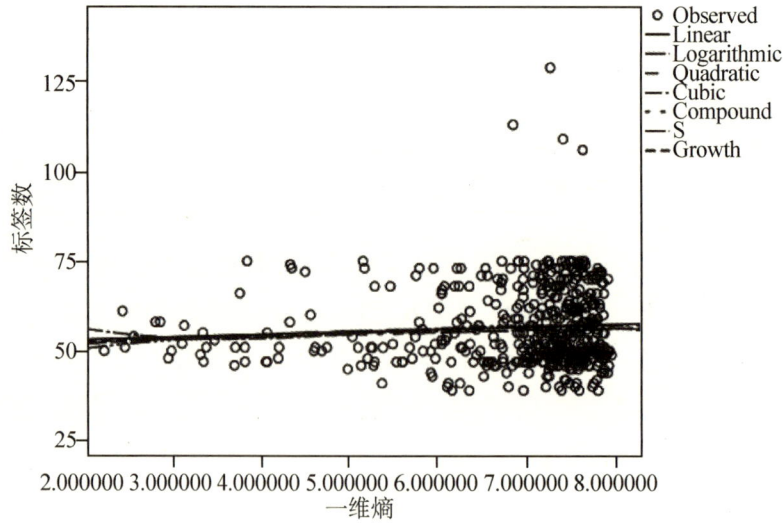

图 11 – 1　一维熵与标签数的曲线估计

由上述分析可知:Flickr 上图像的标签数与其底层特征之间不存在相关关系。

由于该研究中的 Flickr 数据集分别属于 5 个不同情感色彩的标签(happy、sad、fear、anger、disgust),接下来对不同情感图像标签数与图像底层特征的关系是否存在差异进行探究,并确认是否每个分类的相关关系都如整体一样不存在(见表 11 - 38)。

表 11 - 38   不同情感图像标签数与图像底层特征的 Pearson 相关系数

	anger	disgust	fear	happy	sad
一维熵	.042	.151	- .203 *	.063	.193
二维熵	.053	.141	- .233 *	.092	.144
对比度	.211 *	- .12	- .057	.195	- .127
相关度	- .211 *	.006	.071	- .045	.189
能量	- .067	- .178	.245 *	- .06	- .163
同质性	- .144	.003	.202 *	- .11	.025

注: ** 在 0.01 水平上显著相关,* 在 0.05 水平上显著相关。

由表 11 - 38 可以看出,整体上的相关系数比较小,不同情感图像标签数与图像底层特征的相关性不同。

其中只有 anger 和 fear 情感标签下的图片的物理特征与标签数有显著相关关系。当 anger 类中的图像拥有更高的对比度和更低的相关度时,其倾向于拥有更多的标签。而当 fear 类中的图片具有更低的熵、更高的能量和同质性时,其可能被添加更多的标签。

anger 和 happy 类的标签数受到 6 个底层特征值的影响方向均相同;而 disgust 类的标签数受到 6 个底层特征值的影响方向和 sad 的均相同;fear 类比较特殊,当图像越复杂、信息量越大、纹理变化越大时,图片得到的标签数就越小。

第六节   讨论与应用启示

通过上一章中对不同类型图像用户行为与图像底层特征进行相关性分析得到的研究结果,可以得出研究的结论(见表 11 - 39)。本章将分节对主要的研究结论进行具体分析和原因探讨,并提出对图像应用系统或图像行为研究实验有益的建议。

表 11 - 39 本研究探讨的相关关系的研究结论

	关系名称	研究结论
1	用户所用时间与图像底层特征的关系	• 用户标注耗时与图像底层特征间存在一定的线性相关关系； • 用户检索耗时与图像底层特征间不存在线性相关关系； • 用户标注耗时与图像底层特征的关系受到标注模式的影响
2	图像情感用户标注结果与图像底层特征的关系	• 图像情感用户标注结果与图像底层特征间不存在线性相关关系； • 图像情感用户标注结果与图像底层特征的关系受标注模式的影响； • 图像情感用户标注结果一致性与图像底层特征的关系受标注模式的影响； • 图像情感用户标注结果一致性与图像底层特征间存在一定的线性相关关系(仅存在于愉悦度维度)
3	用户相关性判断结果与图像底层特征的关系	• 用户相关性判断结果与图像底层特征间存在一定的线性相关关系； • 用户相关性判断结果与图像底层特征的关系受检索任务主题的影响； • 用户相关性判断结果一致性与图像底层特征间存在一定的线性相关关系； • 用户相关性判断结果一致性与图像底层特征的关系受到实验平台环境的影响
	用户相关性判断结果与图像底层特征的关系是否受用户特征影响(以性别为例)的关系	• 用户相关性判断结果与图像底层特征的关系受用户性别的影响； • 用户相关性判断结果一致性与图像底层特征的关系受用户性别的影响

续表

	关系名称	研究结论
4	用户语义参考行为与图像底层特征的关系	• 用户语义参考行为与图像底层特征间几乎不存在线性相关关系； • 用户语义参考行为与图像底层特征的关系受检索任务主题的影响
5	用户检索策略与图像底层特征（图像选择变更策略为例）的关系	• 图像选择变更策略与图像底层特征间存在相关关系； • 图像选择变更策略与图像底层特征间的关系受检索任务主题的影响
6	社会标签中的标签数量与图像底层特征的关系	• 社会标签中的标签数量与图像底层特征间几乎不存在线性相关关系； • 社会标签中的标签数量与图像底层特征的关系受图像情感色彩的影响

一、部分用户行为与图像底层特征之间不存在相关关系

研究结果发现：用户检索耗时、图像情感用户标注结果、语义参考行为、社会标签中的标签数量与图像底层特征之间不存在相关性。

其中图像情感用户标注结果与图像底层特征之间不存在显著线性相关关系。其中的原因可能在于底层特征与高级语义间存在的"语义鸿沟"。根据 Zhang Dengsheng 等[①]的研究，图像底层特征与用户对高层语义进行标注的效果之间存在无可避免的差异。这也就意味着用户对于图像的优势度、愉悦度、唤醒度的评判并不会明显地受到图像颜色和纹理特征的影响。

另外在否定上述关系的时候不能排除实验设计可能产生的影响。由于图像用户行为可能存在的其他影响因素有很多，用户实验中忽略了对某些因素的控制，尤其是用户的个人内在因素。例如实验应该考虑到用户的图片喜好差异和先验知识，例如对于"美女"标签中的女明星图片，用户应该在实验前已经拥有了背景信息和喜好倾向。这为日后的相关研究在实验设计方面提供一定的参考价值。

---

① Zhang Dengsheng, Islam M M, Lu Guojun. A review on automatic image annotation techniques [J]. Pattern Recognition, 2012, 45(1):346—362.

二、用户标注耗时与图像底层特征的相关关系

研究结果显示,在实验三中多标签下基于图像比较的标注模式下,用户的标注耗时与图像的对比度、相关度与同质性显著相关。其中,标注耗时与对比度呈较强正相关关系,与相关度和同质性呈较强负相关关系。而实验一、实验二中标注耗时与底层特征不存在显著线性相关关系。

考虑到 3 个实验实验设计上的差异,实验三中的标注界面是将 3 个维度的标签投影到一个圆周上,同时把三张参考图像按照与各标签的相关程度放置在圆周的相应位置上,用户需要通过将标注图像与三张参考图像进行对比,确定标注图像的位置,来表示标注图像各个情感维度的数值。而实验一中不存在图像对比,直接对各个标签进行标注。实验二是通过单个标签化为滚动条位置,并需要与两张参考图像进行对比。可以认为实验三中标签可视化程度最高、图像对比最为频繁,且图像底层特征与高级语义的"语义鸿沟"得到一定程度的削减。由此,实验三中图像底层特征与标注耗时的相关关系就不难被理解。

而刘高[①]的硕士毕业论文中根据相同数据来源,将 3 个实验的单个被试者在单幅图像上的标注耗时按照时长分成 12 组,同时将被标注图像根据底层特征聚类成三类,然后将底层特征与标注耗时进行独立性检验(卡方检验)。其结果表明图像底层特征不会对标注耗时产生影响。由于其方法将 3 个实验数据统一处理,失去了各实验单独的特性,与本书结论不存在矛盾。

此外,其研究发现,用户特征(性别、学历、学科分类)、用户标注经验、用户标注意愿、图像内容语义、标注模式这些因素对用户标注耗时有影响。为了进一步探究图像底层特征对标注耗时的影响,上述这些因素在实验中应该得到更好控制。

三、用户相关性判断结果与图像底层特征的相关关系

用户相关性判断结果与图像底层特征之间存在一定的相关性。表现在:从整体数据看,用户相关性判断结果与图像底层特征之间不存在相关关系,但针对三组具有不同对象内容特征的图像数据结果来看:一些底层特征值与用户相关性判断结果间存在显著的强相关关系。

---

① 刘高.图像情感可视化标注耗时影响因素研究[D].武汉大学,2015.

　　研究发现,用户相关性判断与图像底层特征之间的关系受到检索任务主题、用户特征和实验平台环境的影响。根据 Schamber 的研究,实验任务对用户的相关性判断产生一定的影响①;根据 Westman 的研究,用户的背景对其图像检索行为存在影响②。此外,用户的相关性判断还受到图片质量、尺寸、实验环境、信息的有用性这些因素的影响③④。在"空白组""语义组"和"综合组"三组的实验中,由于实验平台功能设置的差异,用户在后两组中可以获取语义辅助信息并且通过语义辅助中的相关标签词可以浏览更多的相关图片。此外,在"综合组"中用户可以根据自己的历史路径查看自己选过的图片从而进行对比和抉择。根据 Golbeck 等⑤的研究,用户对图片掌握的补充信息会对用户的标注行为产生影响。从而不难理解为什么在 3 个实验组中所得到的研究结果数据存在明显的差异。

　　此外,不同性别的用户进行相关性判断时受到来自底层特征的影响存在差异,而且这样的差异还受到实验的语义辅助功能和任务本身的影响。

　　相关性判断结果的一致性受到底层特征的显著影响,且其影响程度又因为用户特征而有所不同。相对而言,女生的判断结果一致性更容易受到底层特征的影响。

　　研究结果中的性别差异证实了心理学、社会认知学领域承认的男女认知差异。同样,Mikels 等人在实验中发现男生和女生给 IAPS 图像库中的图片分类到不同的情绪标签⑥。而艾瑞咨询的《2014 年中国微博用户行为研究报告》指出微博用户对图片的喜好存在性别差异。男生最关注体育图片、汽车图片和美女图片,而女生更多地关注美食图片、明星图片和

①　Schamber L. Users' criteria for evaluation in a multimedia information seeking and use situation [D]. Syracuse University,1991.

②　Westman S,Lustila A,Oittinen P. Search strategies in multimodal image retrieval[C]//Proceedings of the Second International Symposium on Information Interaction in Context. New York:ACM,2008:13—20.

③　Choi Y,Rasmussen E M. Users' relevance criteria in image retrieval in American history[J]. Information Processing & Management,2002,38(5):695—726.

④　Cosijn E,Ingwersen P. Dimensions of relevance. Information Processing & Management,2000,36:533—550.

⑤　Golbeck J,Koepfler J,Emmerling B. An experimental study of social tagging behavior and image content[J]. Journal of the American Society for Information Science and Technology,2011,62(9):1750—1760.

⑥　Mikels J A,Fredrickson B L,Larkin G R,et al. Emotional category data on images from the International Affective Picture System[J]. Behavior Research Methods,2005,37(4):626—630.

动漫图片①。此外,男女生对于信息的理解和处理能力也有所不同②③。张冬梅的实证研究发现:初中男女学生对统计图的理解能力存在明显的差异;男生对于统计图的推断更加准确和深入,而女生对统计图的理解和感知更加细致,同时在语言描述方面更加到位④。

根据上述结论,图像检索系统可以考虑针对不同性别的用户提供个性化的检索结果,根据用户检索的图片主题、用户特征、检索库中图片的底层特征三者间的关系,来决定检索结果的图片队列及排序,从而来提升用户体验和满意度。

四、用户图像选择变更策略与底层特征的相关关系

研究结果表明:用户采纳图像的变更行为与底层特征之间存在显著相关性,总的来说,这种相关关系表现为:用户最终采纳的图像比起前一张,其对比度降低,而相关度、能量、同质性增加。亦即,用户更改选择的图片时倾向于选择纹理深度更浅、灰度分布更加均匀、纹理局部变化更小的图片。但是也需要考虑检索主题对这一关系的影响,对具有不同对象内容特征的图像来说,用户的图像选择变更策略与底层特征的相关关系存在一定差异。

由此,图像检索系统可以考虑针对用户在检索过程中所采纳的图片,根据图片间的底层特征比较,来推荐相关的图片或者调整下一个检索队列中的图片或图片的排序。

五、社会标注中的标签数与图像底层特征的相关关系

通过多种分析方法得到的结果显示:图像的社会标签数与图像底层特征之间不存在相关性。可能的原因是社会合作标注系统中的标注行为受到其他多种因素的影响,在本研究中这些因素没有得到控制。根据第二章对用户行为影响因素的总结,用户的标注行为受到先验知识、群

---

① 艾瑞咨询.艾瑞咨询:微博广告中风景图片最受欢迎 产品与需求相关是微博网购首要原因[EB/OL].[2014-06-16].http://www.iresearch.com.cn/view/232776.html.
② 李寿欣,宋广文.关于高中生认知方式的测验研究[J].心理学报,1994,26(4):378—384.
③ 张定强,张怀德.中学生数学学习中的性别差异研究[J].数学教育学报,2003,12(1):59—61.
④ 张冬梅.初中生常用统计图理解能力男女生差异的调查研究[D].东北师范大学,2007.

体交互、图像类型、图像内容、图片上下文情境等因素的影响①②③。一张图片被标注的次数也应该是受到图片内容语义、图片情感、图片所在网页的受欢迎程度、图片标注者的权威等多因素的影响。从语法层面上，每个标签具有的衍生词和变化词数量不同，而且每个词被标注的次数在本研究中也被忽略了。

尽管标签数量与底层特征无相关关系，但是本研究补充分析时发现，对于具有不同情感色彩的图片，其标签数与底层特征的相关性也不同。其中，anger类和fear类图像的标注数量与图像熵呈显著负相关，但与能量和同质性均呈显著的正相关关系。

根据Droit等的研究，愤怒是一种具有高唤醒度的情绪，获得用户更多的注意资源，即更容易引起用户的关注④。而在其他的一些相关研究中，也发现了一致的结果：实验中被试用于判断愤怒表情的时间更长一些⑤⑥⑦。而在朱智贤主编的《心理学大辞典》⑧中，对恐惧情绪做出了如下的定义：恐惧指有机体在面临并企图摆脱某种危险情境而又无能为力时产生的情绪体验；恐惧发生时常有回避或逃避的动作，并伴有异常激动的表现，如心慌、毛发竖立、惊叫等预示危险的面部表情和姿态。由此可以猜想，因为fear属于较强烈的负面情绪，当用户受到图片刺激时，相应地也产生恐惧的情绪和回避的态度，从而导致他们放弃添加更多标签。

根据该结论，图像标注系统应该尤其关注用户对anger类和fear类

① Bar-Ilan J, Zhitomirsky-Geffet M, Miller Y, et al. The effects of background information and social interaction on image tagging[J]. Journal of the American Society for Information Science and Technology, 2010, 61(5):940—951.

② Kowatsch T, Maass W. The impact of predefined terms on the vocabulary of collaborative indexing systems[C]//European Conference on Information Systems, 2008:2136—2147.

③ Golbeck J, Koepfler J, Emmerling B. An experimental study of social tagging behavior and image content[J]. Journal of the American Society for Information Science and Technology, 2011, 62(9):1750—1760.

④ Droit-Volet S, Brunot S, Niedenthal P. Brief report perception of the duration of emotional events[J]. Cognition and Emotion, 2004, 18(6):849—858.

⑤ Gil S, Niedenthal P M, Droit-Volet S. Anger and time perception in children[J]. Emotion, 2007, 7(1):219.

⑥ Tipples J. Negative emotionality influences the effects of emotion on time perception[J]. Emotion, 2008, 8(1):127.

⑦ Noulhiane M, Mella N, Samson S, et al. How emotional auditory stimuli modulate time perception[J]. Emotion, 2007, 7(4):697.

⑧ 朱智贤. 心理学大词典[M]. 北京:北京师范大学出版社, 1989:367.

图片进行标注时的用户体验,通过图像底层特征还可预测用户可能产生的行为,从而来优化系统的人机交互设计。

本章小结

本章对图像底层特征对多种用户行为的影响做出了较为全面的探讨。本章通过两个用户实验和 Flickr 平台来获取研究数据。用户实验包括一个利用三种标注模式进行图像三种情感维度标注的图像标注实验和一个基于三种语义辅助功能进行 3 个标签检索任务的图像检索实验。通过这两个实验的后台记录下用户的基本信息和操作日志,并利用屏幕录制工具获取记录用户操作的音频视频,此外两个实验任务前后也分别对用户进行了问卷调查来对实验进行补充。来自 Flickr 的数据集包含五种情感色彩标签的各 100 幅图像以及相应的标签集合。

通过对图像行为数据进行处理并进行图片底层特征提取后,对这两方面变量进行相关性分析。得出如下几个结论:

(1)用户检索耗时、图像情感用户标注结果、语义参考行为、社会标签数量与图像底层特征不存在相关性。此外,实验的任务目标、标注模式、实验平台环境的区别导致用户行为与图像底层特征关系的差异。

(2)用户标注耗时与图像底层特征之间存在一定的相关关系。

(3)用户相关性判断与图像底层特征间存在一定的相关性,二者的关系明显受到检索任务主题和用户性别特征的影响。不同性别的用户进行相关性判断时受到来自底层特征的影响有所不同,而且这样的差异还受到实验的语义辅助功能和任务本身的影响。相关性判断结果的一致性与图像底层特征显著相关,且其相关程度又因为用户特征而存在差异。总体而言,女生的判断结果一致性更容易受到底层特征的影响。

(4)用户采纳图片的变更行为与底层特征有一定的相关性,总体上表现为:用户最终采纳的图像比起前一张,其对比度降低,而相关度、能量、同质性增加。

(5)尽管社会标签数量与底层特征无相关关系,但是研究发现:不同情感色彩的图片的社会标签数与其底层特征的关系存在差异。其中,anger 类和 fear 类图像的底层特征与标签数有显著相关关系。

　　本研究中依然存在一些值得改进的地方。研究采用的标注图片集合虽然是按一定规则挑选的,但是数量比较小,从而得到的结果可能无法代表总体的普遍情况。此外,为了得到合适数量的图像集,研究从Flickr上仅挑选标签数大于38个的图片,结论可能失去了标签数量少的图片的特征。

　　在未来的研究工作中,将结合其他方法对图像用户行为与图像底层特征的关系进行更加深入的分析,并结合本领域与相关领域(如心理学、社会认知学等)的知识进行结果的探讨解释。其次,除提到的图像用户行为,其他的一些行为也将被探讨。例如在标注实验中用户的标注微调行为、进行图像比较的行为、考虑数值的行为、用户标注行为序列等。此外,其他影响因素对相关性研究的影响将被评估并得到控制。例如,如一些学者指出:用户的背景对图像用户行为存在影响。从而,不同专业领域、不同职业的用户的行为与图像底层特征的关系之间的差异将得到探讨。

第十二章　总结与展望

　　本书以图像语义信息可视化交互研究为核心,进行了图像语义与图像用户行为方面的有益探索,试图建立新的图像信息理论,有助于科学认识与消减图像语义鸿沟。

　　图像与图像语义中普遍存在语义鸿沟,这影响了图像及图像相关语义文本的有效利用。本书对图像语义、图像用户行为及图像语义鸿沟问题的研究分析表明,必须要变革传统研究思路,融合多学科理论方法,提出新的图像信息理论,才能实现对图像语义鸿沟的科学认识与有效解决。

　　本书从图像、图像语义与图像用户的整体系统角度,进行了图像语义信息可视化交互研究。以一些基本理论问题的研究与解答为依托,初步建立起一种系统视角的图像信息理论;该理论有助于理解图像语义鸿沟,从而有望消除图像语义鸿沟。在研究这些基本理论问题的过程中,本书得出的重要结论包括:

　　(1)人对图像中语义的理解受到用户自身因素、图像因素、系统因素等三大类共计十二种因素的影响;

　　(2)人通过理性与感性这两种不同的交互方式去理解图像语义的机制、过程与结果都是有差异的;

　　(3)由于图像语义理解的用户认知负担较大,所以,在图像语义人机交互中,给用户提供理解上的帮助比提高用户完成任务的速度更重要;

　　(4)用户性别、学历层次、学科等因素均对用户理解图像语义的效率有影响,图像内容语义的差异也会影响用户理解图像语义的效率;

　　(5)用户偏好使用图像语义的可视化交互方法,且需要组合不同方法理解图像语义;

　　(6)图像用户存在典型行为模式与典型心理;

（7）在计算机系统中提供多种语义辅助能够帮助用户缩减语义鸿沟，且上下位语义关系方面的辅助最有助于用户理解图像语义；

（8）有些辅助（如历史记录辅助）对用户认知与检索图像的帮助性很小，但是用户渴望获得尽量多的辅助手段；

（9）用户行为与图像底层特征之间存在复杂的内在联系，因此表现出一定的相关关系；

（10）在一定程度上，图像语义鸿沟可以利用图像、图像语义及用户行为等外在特征予以识别与消减，但是其本质规律远远超过现有数学模型的复杂程度。

本书的图像语义信息可视化交互研究，有助于相关人员从图像、图像语义与图像用户的系统角度，形成对图像语义与图像用户的全面了解与科学认识，促进新的图像信息理论、技术与应用的产生，推进图像信息资源管理与利用的发展。

本书在研究与撰写的过程中，发现了许多有价值的研究课题，由于时间、设备、经费的条件限制，没有来得及深入开展研究。例如，核心部分提出的一些科学问题还没有得到全面解答；同时，本书揭示了图像、图像语义与图像用户之间存在复杂的系统作用，但是，结合认知科学、脑科学、心理学的理论方法，还可以进一步揭示其作用的根源与机理，建立起跨学科的图像语义认知的新理论模型。又如，扩展研究对语义辅助方面的研究还不够深入，还有流行词、信息文化的影响等很多可以深入研究的问题；该章实验研究虽然是建立在典型网站的真实数据集的基础上，但是数据量还比较小，希望有条件的研究者可以开展大规模数据集上的验证研究。

参考文献

1. 艾瑞咨询[EB/OL].[2012 – 03 – 10]. http://search. iresearch. cn/14/20110831/ 148806. shtml.

2. 艾瑞咨询.艾瑞咨询:微博广告中风景图片最受欢迎 产品与需求相关是微博网购 首要 原因 [EB/OL]. [2014 – 06 – 16]. http://www. iresearch. com. cn/view/ 232776. html.

3. 安璐.基于自组织映射的期刊主题可视化组织[J].情报学报,2011,30(2).

4. 百度百科.相关性分析[EB/OL].[2015 – 05 – 18]. http://baike. baidu. com/link? url = RtmcnAn2KYg3AwUnLj8u4XvT17vtpnPW31I7zfQkKAwA3V4C6QkKejWHsgI5G1 JpEGcOuZX7O81YxJvHB-r6qq.

5. 百度图片[EB/OL].[2015 – 05 – 13]. http://image. baidu. com/.

6. 鲍泓,徐光美,冯松鹤等.自动图像标注技术研究进展[J].计算机科学,2011(7).

7. 卜小蝶.台湾网络使用者检索行为探析[J].大学图书馆(台湾),1999,4(2).

8. 曹梅.网络图像检索的用户信息行为研究[D].南京大学,2010.

9. 曹梅.网络图像检索行为与心理研究[J].中国图书馆学报,2011(5).

10. 曹梅.网络图像检索提问式调整行为研究[J].中国图书馆学报,2012(5).

11. 曹双喜,邓小昭.网络用户信息行为研究述略[J].情报杂志,2006(2).

12. 查先进,吕彬.知识共享视角下的大众标注行为研究——基于标签的实证分析 [J].图书馆论坛,2010,30(6).

13. 陈超美,陈悦,侯剑华等.CiteSpaceⅡ:科学文献中新趋势与新动态的识别与可视 化[J].情报学报,2009(3).

14. 陈海林,吴秀清.基于双空间金字塔匹配核的图像目标分类[J].中国科学技术大 学学报,2010(3).

15. 陈晓.图像自动语义标注研究[D].江苏科技大学,2013.

16. 陈祉宏,冯志勇,贾宇.考虑视觉焦点权重和词相关性的图像标注方法[J].计算 机应用,2011,31(9).

17. 程慧荣,黄国彬,孙坦.国外基于大众标注系统的标签研究[J].图书情报工作, 2009,53(2).

18. 仇德辉. 数理情感学[M]. 湖南:湖南人民出版社,2001.

19. 大众点评网. http://www.dianping.com/

20. 邓胜利. 基于用户体验的交互式信息服务[M]. 武汉:武汉大学出版社,2008.

21. 邓小昭. 满足因特网用户信息需求的人文思考[J]. 图书情报知识,2002(5).

22. 邓小昭. 因特网用户信息检索与浏览行为研究[J]. 情报学报,2004,22(6).

23. 邓小昭等. 网络用户行为研究[M]. 北京:科学出版社,2010.

24. 第34次中国互联网络发展调查报告[EB/OL]. [2014 - 06 - 11]. http://www.cnnic.net.cn/hlwfzyj/hlwxzbg/.

25. 丁文珂. 基于层次分析法的人机界面综合评价研究[D]. 河南大学,2008.

26. 董立岩,苑森森,刘光远等. 基于贝叶斯分类器的图像分类[J]. 吉林大学学报,2007,45(2).

27. 董献洲,刘琼,李露阳. 信息可视化视图的特征认知模式研究[J]. 情报科学,2008,26(7).

28. 豆瓣网. http://www.douban.com/.

29. 范敏,邓小昭. 网络环境下消费者信息查寻行为研究[J]. 现代情报,2012,31(12).

30. 非参数经验[EB/OL]. [2014 - 06 - 24]. http://baike.haosou.com/doc/2402187-2539839.html.

31. 蜂鸟网[EB/OL]. [2014 - 04 - 10]. http://www.fengniao.com/.

32. 甘利人,岑咏华. 科技用户信息搜索行为影响因素研究[J]. 情报理论与实践,2007,30(2).

33. 甘甜,罗跃嘉,张志杰. 情绪对时间知觉的影响[J]. 心理科学,2009(4).

34. 高美真,申艳梅. 基于颜色直方图的图像检索[J]. 微电子学与计算机,2008,25(4).

35. 高永英,章毓晋. 基于多级描述模型的渐进式图像内容理解[J]. 电子学报,2001,29(10).

36. 郭崇慧. 一种改进的 HyperMap 可视化降维方法[J]. 情报学报,2012,31(10).

37. 郭翠英,李海芳. 利用模糊认知度从图像纹理中提取情感语义[J]. 计算机工程与应用,2009,45(33).

38. 郭德军,宋蛰存. 基于灰度共生矩阵的纹理图像分类研究[J]. 林业机械与木工设备,2005(7).

39. 郭海凤,张盈盈,李广水等. 基于社会网络的图像语义获取研究综述[J]. 计算机与现代化,2014(1).

40. 郭乔进,丁轶,李宁. 基于关键词的图像标注综述[J]. 计算机工程与应用,2011,47(30).

41. 郭晓丽. 新信息环境下用户信息行为研究[J]. 兰台世界,2011(2).

42. 韩青青,韩芳芳. 出声思维法:研究网络用户信息行为的有效方法[J]. 新世纪图书馆,2013(6).

43. 何立民,万跃华. 数字图书馆基于内容的多分辨率颜色特征检索和相关反馈技术[J]. 图书情报工作,2003(4).

44. 何立民,万跃华. 数字图书馆中基于内容的图像检索关键技术[J]. 中国图书馆学报,2002(6).

45. 胡昌平,邓胜利. 基于用户体验的网站信息构建要素与模型分析情报科学[J]. 情报科学,2006(3).

46. 胡昌平,贺娜,张俊娜. 网络环境下高校科研人员信息查询行为的调查与分析[J]. 情报理论与实践,2008,31(2).

47. 胡昌平,李阳晖. 面向用户的交互式信息服务组织分析[J]. 图书馆论坛,2006,26(6).

48. 胡昌平,周怡. 数字化信息服务交互性影响因素及服务推进分析[J]. 中国图书馆学报,2008,34(6).

49. 胡秀梅. 高校学生信息选择行为相关性判断环节的次序效应[J]. 图书情报工作,2012(18).

50. 华盖创意图片网. http://www.gettyimages.cn/.

51. 华盛顿大学信息学院信息科学本科专业课程[EB/OL]. [2013-11-27]. http://ischool.uw.edu/academics/informatics/curriculum.

52. 黄国彬. tag 信息组织机制研究——以 del.icio.us、flickr 系统为例[J]. 图书馆杂志,2008,27(5).

53. 黄国彬. 大众标注研究进展[J]. 图书情报工作,2008(1).

54. 黄辉,刘秋让,冯欣艳等. 基于日志分析的高校用户信息行为研究[J]. 情报探索,2014(7).

55. 黄崑,赖茂生. 以用户情感为线索的图像检索研究[J]. 情报科学,2006(9).

56. 黄宇霞,罗跃嘉. 国际情绪图片系统在中国的试用研究[J]. 中国心理卫生杂志,2004(9).

57. 佳友在线网. http://www.photofans.cn/.

58. 姜婷婷,高慧琴. 探寻式搜索研究述评[J]. 中国图书馆学报,2013(4).

59. 卡方检验[EB/OL]. [2014-04-10]. http://wiki.mbalib.com/wiki/卡方检验.

60. 柯青,王秀峰. 认知风格与信息搜寻行为整合研究[J]. 情报理论与实践,2011,34(4).

61. 肯特州立大学信息架构和知识管理硕士专业[EB/OL]. [2013-11-27]. http://www.kent.edu/catalog/2013/ci/gr/iakm.

62. 赖茂生,屈鹏.用户自然和社会属性对网络搜索中语言使用行为的影响[J].现代图书情报与技术,2008(7).

63. 李贵成.高校信息用户信息行为影响因素探析[J].高校图书情报论坛,2009(3).

64. 李海芳,焦丽鹏,贺静.多特征综合的图像模糊情感注释方法研究[J].中国图象图形学报,2009,14(3).

65. 李浩然,刘海燕.认知风格结构模型的发展[J].心理学动态,2000(3).

66. 李晋.图像视觉特征与情感语义映射方法的研究[D].太原理工大学,2008.

67. 李寿欣,宋广文.关于高中生认知方式的测验研究[J].心理学报,1994,26(4).

68. 李书宁.网络用户信息行为研究[J].图书馆学研究,2004(7).

69. 李向阳,庄越挺,潘云鹤.基于内容的图像检索技术与系统[J].计算机研究与发展,2001(3).

70. 李振华.基于日志的协同图像自动标注[D].重庆大学,2014.

71. 梁孟华.基于用户交互的数字图书馆服务评价模型构建与实证检验[J].图书情报工作,2012,56(7).

72. 廖畅.复杂网络中的局部动力学模型[D].上海交通大学,2010.

73. 林鑫,胡昌平.交互式信息服务中的微内容重组分析[J].情报杂志,2008(9).

74. 刘高.图像情感可视化标注耗时影响因素研究[D].武汉大学,2015.

75. 刘丽,匡纲要.图像纹理特征提取方法综述[J].中国图象图形学报,2009(4).

76. 刘烨,付秋芳,傅小兰.认知与情绪的交互作用[J].科学通报,2009(18).

77. 刘峥,马军.一种基于图划分和图像搜索引擎的图像标注改善[J].计算机研究与发展,2011,48(7).

78. 楼红伟,赵建伟,胡光锐.一种小波加权的基音检测方法[J].上海交通大学学报,2003,37(3).

79. 卢汉清,刘静.基于图学习的自动图像标注[J].计算机学报,2008,31(9).

80. 卢婷.网络信息检索行为的"最小努力法则"再探——心理控制、认知策略和需求目标的制约和倾向[J].图书情报工作网刊,2010(7).

81. 卢祖友.图像语义标注方法研究及其系统实现[D].电子科技大学,2009.

82. 陆泉,陈静,丁恒.基于社会标签的图像情感自动分类标注研究[J].图书情报工作,2014(6).

83. 陆泉,陈静,韩雪.一种图像信息资源的语义多维可视化标注方法[J].信息资源管理学报,2014,4(3).

84. 陆泉,丁恒.基于情感的图像检索研究综述[J].情报理论与实践,2013,36(2).

85. 陆泉,韩雪,陈静.图像标注中的用户标注模式与心理研究[J].情报学报,2015(6).

86. 陆泉,韩阳,陈静.图像语义标注方法及其语义鸿沟问题研究进展[J].图书馆学研究,2014(10).

87. 陆泉,刘高,陈静.一个图像语义可视化交互标注研究平台——以"情感语义标注"为例[J].情报理论与实践,2014,37(8).

88. 陆泉,王宝,陈静.美国威斯康星大学密尔沃基分校的信息构建实验教学[J].图书馆学研究,2014(20).

89. 陆伟,贺建根.一种面向层次和时序结构的多维可视化技术[J].情报学报,2012,31(11).

90. 陆伟,倪林.利用颜色和熵提取感兴趣区域的感性图像检索[J].中国图象图形学报,2006,11(4).

91. 吕巾娇,刘美凤,史力范.活动理论的发展脉络与应用探析[J].现代教育技术,2007,17(1).

92. 马海群,吕红.基于中文社会科学引文索引的中国情报学知识图谱分析[J].情报学报,2012,31(5).

93. 么新英.传统信息检索与可视化信息检索之比较[J].科技情报开发与经济,2003(3).

94. 美食杰网站. http://www.meishij.net/.

95. 密歇根大学信息构建课程[EB/OL].[2013-11-27].https://www.si.umich.edu/programs/class/2010/information-architecture.

96. Morae软件和眼动追踪技术结合使用案例[EB/OL].[2013-11-27].http://www.techsmith.com/morae-casestudy-score-berlin.html.

97. 匹兹堡大学信息构建硕士课程描述[EB/OL].[2013-11-27].http://www.ischool.pitt.edu/lis/courses/descriptions.php.

98. 乔冬梅.搜索引擎文本检索界面设计分析[J].图书情报知识,2003(6).

99. 乔荣华,周明全,耿国华.基于语义分类的文物图像标注研究[J].计算机技术与发展,2007,17(7).

100. 秦晨.数字图像资源用户行为分析[D].华中师范大学,2012.

101. 邱均平,吕红.基于知识图谱的知识网络研究可视化分析[J].情报科学,2013(12).

102. 邱泽宇,方全,桑基韬等.基于区域上下文感知的图像标注[J].计算机学报,2014,37(6).

103. 全景图库网. http://www.quanjing.com/.

104. 四川大学公共管理学院《信息构建与服务设计》研究生课程网[EB/OL].[2013-12-26].http://cc.scu.edu.cn/G2S/Template/View.aspx?courseId=1874&topMenuId=156921&action=view&type=&name=&menuType=1.

105. 宋绍成,毕强,杨达.信息可视化的基本过程与主要研究领域[J].情报科学,2004,22(1).

106. 孙君顶,丁振国,周利华.基于图像信息熵与空间分布熵的彩色图像检索方法[J].红外与毫米波学报,2005,24(2).

107. 孙曙迎.我国消费者网上信息搜寻行为研究[D].浙江大学,2009.

108. 孙巍.基于引文的信息检索可视化系统研究[D].黑龙江大学,2007.

109. 图海网. http://www.tuhai.com/.

110. UWM 图书情报科学专业课程[EB/OL]. [2013 - 11 - 27]. http://www.graduate-school.uwm.edu/students/prospective/areas-of-study/library-and-information-science/#courses.

111. UWM 信息学院本科生课程目录[EB/OL]. [2013 - 11 - 27]. http://www4.uwm.edu/ugcatalog/SC/C_540.html.

112. UWM 信息智能与信息构建实验室介绍[EB/OL]. [2013 - 11 - 27]. http://www4.uwm.edu/sois/research/iia/.

113. 王惠锋,孙正兴.语义图像检索研究进展[J].计算机研究与发展,2002(5).

114. 王梅,周向东,许红涛等.基于可判别超平面树的生成模型图像标注方法[J].软件学报,2009,20(9).

115. 王庆稳,邓小昭.网络用户信息浏览行为研究[J].图书馆理论与实践,2009(2).

116. 王上飞,陈恩红,王胜惠等.基于情感模型的感性图像检索[J].电路与系统学报,2003,8(6).

117. 王上飞,王煦法.基于"维量"思想的人工情感模型(英文)[J].中国科学技术大学学报,2004(1).

118. 王伟凝,余英林.图像的情感语义研究进展[J].电路与系统学报,2003,8(5).

119. 王艳,邓小昭.网络用户信息行为基本问题探讨[J].图书情报工作,2009,53(16).

120. 王云峰,陈卫东.统计学原理:理论与方法[M].2 版.上海:复旦大学出版社,2014.

121. 王知津,韩正彪,周鹏.活动理论视角下的情报学研究及转向模型[J].图书情报知识,2012(1).

122. 王知津,肖洪.网络信息组织与传统信息组织比较[J].图书馆杂志,2002(10).

123. 魏建良,朱庆华.社会化标注理论研究综述[J].中国图书馆学报,2009(6).

124. 魏晓峰.基于知识图谱的国外信息可视化研究演进、热点与前沿分析[J].情报学报,2013,32(5).

125. 吴江宁.文本聚类分析结果可视化方法研究[J].情报学报,2011,30(2).

126. 吴介,裘正定.底层内容特征的融合在图像检索中的研究进展[J].中国图象图形学报,2008,13(2).

127. 武丽丽.以用户为中心的交互式信息服务质量评价模型的研究[J].现代情报,2010,30(3).

128. 武人杰.图像对象语义及情感语义标注方法的研究[D].太原:太原理工大学,2011.

129. 橡树摄影网,http://www.xiangshu.com/.

130. 肖大成.网络信息查询中的浏览行为研究[J].图书馆杂志,2004(2).

131. 谢毓湘,栾悉道,吴玲达.多媒体数据语义鸿沟问题分析[J].武汉理工大学学报(信息与管理工程版),2011,33(6).

132. 邢维慧,袁建敏.用户信息服务的认知心理分析[J].情报科学,2004,22(11).

133. 熊回香,邓敏,郭思源.国外社会化标注系统中标签与本体结合研究综述[J].情报杂志,2013(8).

134. 熊回香.Internet 上的图像信息检索技术[J].情报学报,2005(2).

135. 徐灿,陈晨.基于 CiteSpace 的学科领域研究热点与前沿可视化分析——以无线传感器网络领域为例[J].信息资源管理学报,2013(4).

136. 徐果毅.基于颜色特征的图像检索研究[D].湖南大学,2009.

137. 徐健.基于网络用户情感分析的预测方法研究[J].中国图书馆学报,2013,39(3).

138. 薛薇.SPSS 统计分析方法及应用[M].2 版.北京:电子工业出版社,2009.

139. 雪城大学信息研究学院信息管理硕士专业课表[EB/OL].[2013-11-27].http://ischool.syr.edu/current/imcurric.aspx.

140. 杨峰,李蔚.评价信息可视化技术的指标研究[J].图书情报知识,2007(118).

141. 杨峰.从科学计算可视化到信息可视化[J].情报杂志,2007(1).

142. 杨宁.基于改进 PAD 情感模型的表情识别研究[D].西南大学,2012.

143. 杨青云,裴雷,吴克文.国外社会化标注系统中标注行为研究现状[J].情报杂志,2009,28(11).

144. 易晓.现代构成艺术[M].武汉:武汉大学出版社,2000.

145. 印第安纳大学伯明翰分校信息构建课程[EB/OL].[2013-11-27].http://ils.indiana.edu/courses/course.php? course=Z515.

146. 优美图网站.http://www.topit.me/.

147. 于明洁,王建军.浅析互联网社会标注的运作模式[J].云南财经大学学报(社会科学版),2012,27(4).

148. 于昕,郭浩,李海芳等.基于自然语言处理的图像情感语义检索研究[J].计算机应用与软件,2014,31(6).

149. 毓晋.基于内容的视觉信息检索[M].北京:科学出版社,2003.

150. 袁留亮.认识信念对网络信息查询行为的影响[D].西南大学,2010.

151. 张定强,张怀德.中学生数学学习中的性别差异研究[J].数学教育学报,2003,12(1).

152. 张冬梅.初中生常用统计图理解能力男女生差异的调查研究[D].东北师范大学,2007.

153. 张鸿斌,陈豫.连接基于内容图像检索技术中的语义鸿沟[J].情报理论与实践,2004,27(2).

154. 张结魁,刘业政,杨善林.网络数字信息搜寻行为研究内容及进展综述[J].现代图书情报技术,2007(10).

155. 张进.论情报检索可视化过程中信息节点的歧义性问题[J].情报学报,1998,17(3).

156. 张李义.基于 MPEG-7 的图像内容描述方案研究[J].情报学报,2004,23(3).

157. 张全,陆长德,余隋怀等.基于多维情感语义空间的色彩表征方法[J].计算机辅助设计与图形学学报,2006,18(2).

158. 张添.影响信息检索行为的因素分析[D].河北大学,2014.

159. 张秀坤.TREC 人机交互检索评价项目研究[J].图书情报工作,2006(1).

160. 张学福.基于词共现的可视化概念空间研究[J].情报学报,2008,27(2).

161. 张玉峰,蔡昌许.基于语义的图像检索系统研究[J].中国图书馆学报,2004,30(5).

162. 赵涓涓.图像视觉特征与情感语义映射的相关技术研究[D].太原理工大学,2010.

163. 赵蓉英,王菊.图书馆学知识图谱分析[J].中国图书馆学报,2011,37(2).

164. 赵英,刘佳佳.基于贝叶斯定理的遥感图像检索[J].现代图书情报技术,2006(5).

165. 知乎问答社区论坛.http://www.zhihu.com/question/19590573.

166. 中路春早作品论坛.http://photo.poco.cn/lastphoto-htx-id-3900063-p-0.xhtml#.

167. 周坤.网上购物用户信息搜寻行为与网站设计研究[D].大连海事大学,2010.

168. 周宁,吴佳鑫,张少龙.基于图的 Web 信息可视化探析[J].情报学报,2008,27(5).

169. 周宁,杨传志,吴佳鑫.图像索引与检索的 XML 方法[J].现代图书情报技术,2005(9).

170. 周晓英.信息构建(A)——情报学研究的新热点[J].情报资料工作,2002(5).

171. 朱麟,高丽萍,卢暾.图像数据的结构化协同标注与检索[J].计算机工程,2009,35(14).

172. 朱兴全,张宏江,刘文印等. iFind:一个结合语义和视觉特征的图像相关反馈检索系统[J].计算机学报,2002,25(7).

173. 朱学芳,穆向阳. 我国数字图像信息资源发展对策研究[J].情报科学,2010(1).

174. 朱学芳,袁顺波,徐强. 我国数字图像信息资源应用现状及分析[J].中国图书馆学报,2008(1).

175. 朱智贤. 心理学大词典[M].北京:北京师范大学出版社,1989.

176. Aarts H,Paulussen T,Schaalma H. Physical exercise habit:On the conceptualization and formation of habitual health behaviours[J]. Health Educ Res,1997,12(3).

177. Ames M,Naaman M. Why we tag:Motivations for annotation in mobile and online media[C]//Proceedings of the SIGCHI Conference on Human Factors in Computing Systems. New York:ACM,2007.

178. André P,Cutrell E,Tan D S,et al. Designing novel image search interfaces by understanding unique characteristics and usage[C]//Human-Computer Interaction-INTERACT. Berlin Heidelberg:Springer,2009.

179. Angus E,Thelwall M,Stuart D. General patterns of tag usage among university groups in Fglickr[J]. Online Information Review,2008,32(1).

180. Armitage L,Enser P G B. Analysis of user need in image archives[J]. Journal of Information Science,1997,23(4).

181. Ashford A J,Conniss L R.,Graham M E. Information seeking behaviour in image retrieval VISOR I final report[R]. Library and Information Commission Research Report,2000.

182. Aula A,Köki M. Understanding expert search strategies for designing user-friendly search interfaces[C]//Isaias P,Karmakar N. Proc. IADIS International Conference WWW/Internet,IADIS Press,2003,Volume II.

183. Aula A. Query formulation in web information search[C]//Isaias P,Karmakar N. Proc. IADIS International Conference WWW/Internet,2003,Volume I.

184. Badr Y,Chbeir R. Automatic image description based on textual data[J]. Journal on Data Semantics VII,2006,4244.

185. Bar-ilan J,Zhitomirsky-geffet M,Miller Y,et al. The effects of background information and social interaction on image tagging[J]. Journal of the American Society for Information Science and Technology,2010,61(5).

186. Bates M J. The design of browsing and berrypicking techniques for the online search interface[J]. Online review,1998,13(5).

187. Batley S. Visual information retrieval:Browsing strategies in pictorial databases[C]//

International Online Information Meeting,1988,12.

188. Bauer B A,Lee M,Bergstrom L,et al. Internal medicine resident satisfaction with a di-
agnostic decision support system(DXplain) introduced on a teaching hospital service
[C]//Proceedings of American Medical Informatics Association Symposium,San An-
tonio:AMIA,2002.

189. Beaudoin J. Folksonomies:Flickr image tagging:Patterns made visible[J]. Bulletin of
the American Society for Information Science and Technology,2007,34(1).

190. Bederson B. Photomesa:A zoomable image browser using quantum treemaps and bub-
ble maps[C]//Proceedings of the 14th Annual ACM Symposium on User Interface
Software and Technology. ACM Press,2001.

191. Belin P,Fillion-Bilosdeau S,Gosselin F. The Montreal Affective Voices:A validated
set of nonverbal affect bursts for research on auditory affective processing[J]. Behav-
ior Research Methods,2008,40(2).

192. Belton V,Stewart T. Multiple criteria decision analysis:an integrated approach[M].
Springer Science & Business Media,2002.

193. Berger J. Ways of Seeing[M]. London:British Broadcasting Corporation and Penguin
Books,2008.

194. Bhattacherjee A. Understanding information systems continuance:An expectation-con-
firmation model[J]. MIS Quarterly,2001,25(3).

195. Bischoff K,Firan C S,Nejdl W,et al. Can all tags be used for search? [C]//Proceed-
ings of the 17th ACM Conference on Information and Knowledge Management. New
York:ACM,2008.

196. Blei D M,Ng A Y,Jordan M I. Latent Dirichlet Allocation[J]. Journal of Machine
Learning Research,2003(3).

197. Bohlool M,Menezes R,Ribeiro E. A network-centric epidemic approach for automated
image label annotation[J]. Communications in Computer and Information Science,
2011,116.

198. Boldi P,Bonchi F,Castillo C,et al. From" dango" to" Japanese cakes":Query reformu-
lation models and patterns[C]//IEEE/WIC/ACM International Joint Conferences on
Web Intelligence and Intelligent Agent Technologies. Milan,Italy:IET,2009.

199. Bollen D,Halpin H. An experimental analysis of suggestions in collaborative tagging
[C]//2009 IEEE/WIC/ACM International Joint Conference on Web Intelligence and
Intelligent Agent Technology. New York:ACM,2009.

200. Bozzon A,Chirita P A,Firan C S,et al. Lexical analysis for modeling web query refor-
mulation[C]//Proceedings of the 30thAnnual International ACM SIGIR Conference

on Research and Development in Information Retrieval. NewYork：ACM Press，2007．

201. Bradley M M，Lang P J. The International Affective Picture System（IAPS）in the study of emotion and attention［C］//Coan J A，Allen J. J. B. Handbook of Emotion Elicitation and Assessment. New York：Oxford University Press，2007．

202. Braun S，Schmidt A P，Walter A，et al. Ontology maturing：a collaborative Web2．0 approach to ontology engineering［C］//Proceedings of the Workshop on Social & Collaborative Construction of Structured Knowledge at International World Wide Web Conference. Banff，Canada：ACM，2007．

203. Brown C M. Information seeking behavior of scientists in the electronic information age：Astronomers，chemists，mathematicians，and physicists［J］. JASIS，1999，50（10）．

204. Bulo S R，Rabbi M，Pelillo M. Content-based image retrieval with relevance feedback using random walks［J］. Pattern Recognition，2011，44（9SI）．

205. Cabeza R，Nyberg L. Imaging cognition Ⅱ：An empirical review of 275 PET and fMRI studies［J］. Journal of Cognitive Neuroscience，2000，12（1）．

206. Callahan E. Interface design and culture［J］. Annual Review of Information Science and Technology，2005，39（1）．

207. Card S，MacKinlay J，Shneiderman B. Readings in Information Visualization：Using Vision to Think［M］. San Francisco：Morgan Kaufmann，1999．

208. Carson C，Belongie S，Greenspan H，et al. Blobworld：image segmentation using expectation-maximization and its application to image querying［J］. IEEE Transactions on Pattern Analysis & Machine Intelligence，2002，24（8）．

209. Cattuto C. Semiotic dynamics in online social communities［J］. The European Physical Journal C—Particles and Fields，2006（46）．

210. Chang E，Goh K，Sychay G，et al. CBSA：content-based soft annotation for multimodal image retrieval using Bayes point machines［J］. IEEE Transactions on Circuits and Systems for Video Technology，2003，13（1）．

211. Chang S K，Yan C W，Dimitroff D C，et al. An intelligent image database system［J］. IEEE Transactions on Software Engineering，1988（5）．

212. Chang Y C，Chen H H. Approaches of using a word-image ontology and an annotated image corpus as intermedia for cross-language image retrieval［J］. Lecture Notes in Computer Science，2007，4730．

213. Chen C M. CiteSpace Ⅱ：Detecting and visualizing emerging trends and transient patterns in scientific literature［J］. Journal of the American Society for Information Science and Technology，2006，57（3）．

214. Chen H H, Chang Y C. Language translation and media transformation in cross-language image retrieval[J]. Lecture Notes in Computer Science, 2006, 4312.

215. Chen L, Xu D, Tsang I W, et al. Tag-based web photo retrieval improved by batch mode re-tagging[C]//Proceedings of IEEE Computer Society Conference on Computer Vision and Pattern Recognition, 2010.

216. Chen S, Tseng T, Ke H, et al. Social trend tracking by time series based social tagging clustering[J]. Expert Systems with Applications, 2011, 38(10).

217. Chen Y X, Wang J Z, Krovetz R. CLUE: Cluster-based retrieval of images by unsupervised learning[J]. IEEE Transactions on Image Processing, 2005, 14(8).

218. Chen H L, Kochtanek T, Burns C S, et al. Analyzing Users' Retrieval Behaviors and Image Queries of a Photojournalism Image Database[J]. Canadian Journal of Information and Library Science, 2010, 34(3).

219. Choi Y, Rasmussen E M. Searching for images: the analysis of users' queries for image retrieval in American history [J]. Journal of the American Society for Information Science and Technology, 2003, 54(6).

220. Choi Y, Rasmussen E M. Users' relevance criteria in image retrieval in American history[J]. Information Processing & Management, 2002, 38(5).

221. Choi Y. Analysis of image search queries on the Web: Query modification patterns and semantic attributes[J]. Journal of the American Society for Information Science and Technology, 2013, 64(7).

222. Choi Y. Effects of contextual factors on image searching on the Web[J]. Journal of the American Society for Information Science and Technology, 2010, 61(10).

223. Choi Y, Hsieh-Yee I. Finding images on an OPAC: Analysis of user queries, subject headings, and description notes [J]. Canadian Journal of Information and Library Science, 2010, 34(3).

224. Choi Y. Investigating variation in querying behavior for image searches on the Web [J]. Proceedings of the American Society for Information Science and Technology, 2010, 47(1).

225. Christiaens S. On the Move to Meaningful Internet Systems 2006: OTM 2006 Workshops[M]. Berlin Heidelberg: Springer, 2006.

226. Chung E, Yoon J. Image needs in the context of image use: An exploratory study[J]. Journal of Information Science, 2011, 37(2).

227. Chung E, Yoon J. Categorical and specificity differences between user-supplied tags and search query terms for images: An analysis of "Flickr" tags and web image search queries[J]. Information Research, 2009, 14(3).

228. Clough P, Sanderson M. Relevance feedback for cross language image retrieval[J]. Lecture Notes in Computer Science, 2004, 2997.

229. Colonna J. Scientific display: A means of reconciling artists and scientists[C]//Frontiers of Scientific Visualization. New York: Wiley, 1994.

230. Cooniss L, Davis J, Graham M. A user-oriented evaluation framework for the development of electronic image retrieval systems in the workplace: VISOR 2 final report [R]. Library and Information Commission Research Report, British Library, London, 2003.

231. Cornelius I, O'farrell M, Bates J. Student information behaviours during group projects: A study of LIS Students in University College Dublin, Ireland[C]//Aslib Proceedings, [S. l.]: Emerald Group Publishing Limited, 2009.

232. Cosijn E, Ingwersen P. Dimensions of relevance. Information Processing & Management, 2000, 36(4).

233. Cowie R, Douglas-Cowie E, Savvidou S, et al. FEELTRACE: an instrument for recording perceived emotion in real time[C]//Proceedings of the 2000 ISCA Workshop on Speech and Emotion: A Conceptual Framework for Research. Belfast, UK: ISCA, 2000.

234. Cox A M, Clough P D, Marlow J. Flickr: A first look at user behaviour in the context of photography as serious leisure[J]. Information Research, 2008, 13(1).

235. Cunningham S J, Masoodian M. Looking for a picture: An analysis of everyday image information searching[C]//Proceedings of the 6th ACM/IEEE-CS Joint Conference on Digital Libraries, ACM, 2006.

236. Cusano C, Ciocca G, Schettini R. Image annotation using SVM[C]//Proceedings of SPIE Conference on Internet Imaging V, 2003, 5304.

237. Dai Y. Intention-based image retrieval with or without a query Image[C]//Multimedia Modeling Conference, International. Washington DC: IEEE Computer Society, 2004.

238. Damasio H, Tranel D, Grabowski T, et al. Neural systems behind word and concept retrieval[J]. Cognition, 2004, 92(1/2).

239. Dang Y, Zhang Y, Chen H, et al. Theory-informed design and evaluation of an advanced search and knowledge mapping system in nanotechnology[J]. Journal of Management Information Systems, 2012, 28(4).

240. Deng J, Dong W, Socher R, et al. ImageNet: A large-scale hierarchical image database [C]//IEEE Conference on Computer Vision and Pattern Recognition. Miami: IEEE, 2009.

241. Deng Y, Manjunath B S, Shin H. Color Image Segmentation[C]//IEEE Computer Society Conference on Computer Vision and Pattern Recognition. Fort Collins, CO: IEEE, 1999.

242. Ding G G, Wang J M, Xu N, et al. Automatic Image Annotations By Mining Web Image Data[C]//IEEE International Conference on Data Mining Workshops, 2009.

243. Ding Y, Jacob E K, Fried M, et al. Upper tag ontology for integrating social tagging data [J]. Journal of the American Society for Information Science and Technology, 2010 (3).

244. Ding Y, Jacob E K, Zhang Z, et al. Perspectives on social Tagging[J]. Journal of the American Society for Information Science and Technology, 2009, 60(12).

245. Donath J. A semantic approach to visualizing online conversations [J]. Communications of the ACM, 2002, 45(4).

246. Douglas-Cowie E, Cowie R, Cox C, et al. The sensitive artificial listener: An induction technique for generating emotionally colored conversation [C]//Programme of the Workshop on Corpora for Research on Emotion and Affect. Paris: ELRA, 2008.

247. Droit-Volet S, Brunot S, Niedenthal P. Brief report perception of the duration of emotional events[J]. Cognition and Emotion, 2004, 18(6).

248. Duygulu P, Barnard K, Freitas N, et al. Object recognition as machine translation: learning a lexicon for a fixed imago vocabulary[C]//Proc. of European Conf. on Computer Vision(ECCV02). Copenhagen, Denmark, May 2002.

249. Dye J. Folksonomy: A game of high-tech(and high-stakes) tag[J]. E-Content, 2006, 29(3).

250. Eakins J P, Graham M E. Content-based image retrieval[R]//Technical Report JTAP-039, JISC Technology Application Program, Newcastle upon Tyne, 1999.

251. Eakins J P. Towards intelligent image retrieval[J]. Pattern Recognition, 2002, 35(1).

252. Eakins J, Graham M, Franklin T. Content-based image retrieval[Z]//Library and Information Briefings, 1999.

253. Ekman P, Friesen W V, O'Sullivan M, et al. Universals and cultural differences in the judgments of facial expressions of emotion[J]. Journal of Personality and Social Psychology, 1987, 53(4).

254. Ekman P. An argument for basic emotions[J]. Cognition and Emotion, 1992, 6(3/4).

255. Else-quest N M, Hyde J S, Goldsmith H H, et al. Gender differences in temperament: A meta-analysis[J]. Psychological Bulletin, 2006, 132.

256. Engeström Y. Expansive learning at work: Toward an activity theoretical reconceptualization[J]. Journal of Education and Work, 2001, 14(1).

257. Enser P G B, Sandom C J, Hare J S, et al. Facing the reality of semantic image retrieval[J]. Journal of Documentation, 2007, 63(4).

258. Enser P G, McGregor C G. Analysis of visual information retrieval queries[Z]. London: British Library Board, 1993.

259. Enser P G, Sandom C J, Hare J S, et al. Facing the Reality of Semantic Image Retrieval [J]. Journal of Documentation, 2007, 63(4).

260. Enser, P G B. Progress in documentation: pictorial information retrieval[J]. Journal of Documentation, 1995, 51(2).

261. Enser, P. The evolution of visual information retrieval[J]. Journal of Information Science, 2008, 34(4).

262. Fadzli S A, Setchi R. Concept-based indexing of annotated images using semantic DNA [J]. Engineering Applications of Artificial Intelligence, 2012, 25(8).

263. Falchi F, Lucchese C, Orlando S, et al. Similarity caching in large-scale image retrieval [J]. Information Processing & Management, 2012, 48(5).

264. Fan J P, Keim D A, Gao Y L, et al. JustClick: Personalized Image Recommendation via Exploratory Search From Large-Scale Flickr Images[J]. IEEE Transactions on Circuits and Systems For Video Technology, 2009, 19(2).

265. Farooq U, Kannampallil T G, Song Y, et al. Evaluating tagging behavior in social bookmarking systems: metrics and design heuristics[C]//Proceedings of the 2007 International ACM Conference on Supporting Group Work, ACM, 2007.

266. Fauzi F, Belkhatir M. A user study to investigate semantically relevant contextual information of WWW images[J]. International Journal of Human-computer Studies, 2010, 68(5).

267. Fei-Fei L, Fergus R, Perona P. Learning Generative Visual Models from Few Training Examples: An Incremental Bayesian Approach Tested on 101 Object Categories[J]. Computer Vision & Image Understanding, 2004, 106(1).

268. Feng S L, Manmatha R, Lavrenko V. Multiple Bernoulli relevance models for image and video annotation[C]//IEEE Computer Society Conference on Computer Vision and Pattern Recognition. Washington, D C: IEEE, 2004(2).

269. Flickner M, Sawhney H, Niblack W, et al. Query by image and video content: The QBIC system[J]. Computer, 1995, 28(9).

270. Folksonomy. http://en. wikipedia. org/wiki/Folksonomy.

271. Folksonomy. http://vanderwal. net/folksonomy. html.

272. Ford N, Miller D, Moss N. The role of individual differences in Internet searching: An empirical study [J]. Journal of the American Society for Information Science and

Technology, 2001, 52(12).

273. Ford N, Miller D. Gender differences in Internet perceptions and use[C]//Aslib Proceedings. Aslib, 1996, 48(7/8).

274. Fossum M, Alexander G L, Göransson K E, et al. Registered nurses' thinking strategies on malnutrition and pressure ulcers in nursing homes: A scenario-based think-aloud study[J]. Journal of Clinical Nursing, 2011, 20(17 - 18).

275. Frias-Martinez E, Chen S Y, Liu X. Investigation of behavior and perception of digital library users: A cognitive style perspective[J]. International Journal of Information Management, 2008, 28(5).

276. Frost C O. The Role of Mental Models in a Multi-Modal Image Search[C]//Proceedings of the ASIST Annual Meeting, 2001, 38.

277. Fu W, Kannampallil T, Kang R, et al. Semantic imitation in social tagging[J]. ACM Transactions on Computer-human Interaction, 2010, 17(3).

278. Fukumoto, T. An analysis of image retrieval behavior for metadata type and Google Image databases[C]//Proceedings of International Conference on Computers in Education. Washington, DC: IEEE Computer Society, 2004.

279. Gao Y, Wang M, Zha Z J, et al. Visual-textual joint relevance learning for tag-based social image search[J]. IEEE Transactions on Image Processing, 2013, 22(1).

280. Garg N, Weber I. Personalized, interactive tag recommendation for flickr[C]//Proceedings of the 2008 ACM Conference on Recommender Systems, ACM, 2008.

281. Gennaro C, Amato G, Bolettieri P, et al. An approach to content-based image retrieval based on the Lucene Search Engine Library[J]. Lecture Notes in Computer Science, 2010, 6273.

282. Gil S, Niedenthal P M, Droit-Volet S. Anger and time perception in children[J]. Emotion, 2007, 7(1).

283. Golbeck, J, Koepfler, J, Emmerling, B. An experimental study of social tagging behavior and image content[J]. Journal of the American Society for Information Science and Technology, 2011, 62(9).

284. Golder S A, Huberman B A. The structure of collaborative tagging systems. http://arxiv.org/ftp/cs/papers/0508/0508082. pdf.

285. Golder, S A, Huberman, B A. Usage patterns of collaborative tagging systems[J]. Journal of Information Science, 2006, 32(2).

286. Goodrum, A A. I can't tell you what I want, but I'll know it when I see it: Terminological disconnects in digital image reference[J]. Reference & User Services Quarterly, 2005, 45(1).

287. Goodrum A, Bejune M, Siochi A C. A state transition analysis of image search patterns on the Web[C]//Proceedings of the Second International Conference Image and Video Retrieval. Berlin Heidelberg: Springer, 2003.

288. Goodrum A, Spink A. Image searching on the Excite search engine[J]. Information Processing & Management, 2001, 37(2).

289. Greenberg J. A quantitative categorical analysis of metadata elements in image-applicable metadata schemas[J]. Journal of the American Society for Information Science and Technology, 2001, 52(11).

290. Grefenstette G. Comparing the language used in Flickr, general web pages, Yahoo Images, and Wikipedia[C]//The International Conference on Language Resources and Evaluation, 2008.

291. Griesdorf H, O' Connor B. Modelling what users see when they look at images[J]. Journal of Documentation, 2002, 58(1).

292. Grimm M, Kroschel K, Narayanan S. The Vera am Mittag German audio-visual emotional speech database[C]//IEEE International Conference Multimedia and Expo. Hannover, Germany: IEEE, 2008.

293. Gruber T. Ontology of folksonomy: A mash-up of apples and oranges[J]. International Journal on Semantic Web and Information Systems, 2007, 3(1).

294. Guy, M, Tonkin, E. Folksonomies: Tidying up tags[J/OL]. D-Lib Magazine, 2006, 12 (1). www. dlib. org/dlib/january06/guy/01guy. html.

295. Hajcak G, Olvet D M. The persistence of attention to emotion: Brain potentials during and after picture presentation[J]. Emotion, 2008, 8(2).

296. Hammond T, Hannay T, Lund B, et al. Social bookmarking tools(I): A general review [J/OL]. D-lib Magazine, 2005, 11(4). http://www. dlib. org/dlib/april05/hammond/04hammond. html.

297. Hansen C D, Johnson C R. The visualization handbook[M]. [S. l]: Elsevier Inc, 2005.

298. Haralick R M, Shanmugam K, Dinstein I H. Textural features for image classification [J]. IEEE Transactions on Systems, Man and Cybernetics, 1973(6).

299. Hare J S, Lewis P H. Saliency-based models of image content and their application to auto-annotation by semantic propagation[J]. Proceedings of Multimedia & the Semantic Web, 2005.

300. Harit G, Chaudhury S, Ghosh H. Managing document images in a digital library: An ontology guided approach[C]//First International Workshop on Document Image Analysis For Libraries, 2004.

301. Harter,S P. Psychological relevance and Information science[J]. Journal of the American Society for Information Science,1992,43.

302. Haruechaiyasak C,Damrongrat C. Improving Social Tag-Based Image Retrieval with CBIR Technique[J]. Lecture Notes in Computer Science,2010,6102.

303. Hastings,S K. An exploratory study of intellectual access to digitized art images[C]// National Online Meeting,Learned Information(Europe)LTD,1995,16.

304. Hayashi T,Hagiwara M. Image query by impression words—The IQI System[J]. IEEE Trans On Consumer Electronics,1998,44(2).

305. He X F,King O,Ma W Y,et al. Learning a semantic space from user's relevance feedback for image retrieval[J]. IEEE Transactions on Circuits and Systems For Video Technology,2003,13(1).

306. Heisterkamp D R,Peng J,Dai H K. Feature relevance learning with query shifting for content-based image retrieval[J]. International Conference on Pattern Recognition, 2000,4(S1 −2).

307. Heller D. Thinking aloud as a research method [J]. Ceskoslovenska Psychologie, 2005,49(6).

308. Hironobu Y M,Takahashi H,Oka R. Image-to-word transformation based on dividing and vector quantizing images with words[C]//Proceedings of the International Workshop on Multimedia Intelligent Storage and Retrieval Management. Florida, USA: IEEE,1999.

309. Hoi S,Lyu M R,Jin R. A unified log-based relevance feedback scheme for image retrieval[J]. IEEE Transactions on Knowledge and Data Engineering,2006,18(4).

310. Hollink,L,Schreiber,A T,Wielinga,B J,et al. Classification of user image descriptions[J]. International Journal of Human-computer Studies,2004,61(5).

311. Hollink V,Tsikrika T,de Vries A P. Semantic search log analysis:A method and a study on professional image search[J]. Journal of the American Society for Information Science and Technology,2011,62(4).

312. Hong D,Wu J,Singh S S. Refining image retrieval based on context-driven methods [C]//Electronic Imaging '99. International Society for Optics and Photonics,1998.

313. Hsieh W,Lai W,Chou S T. A collaborative tagging system for learning resources sharing[J]. Current Developments in Technology-assisted Education,2006(2).

314. Hu J, Lam K. An efficient two-stage framework for image annotation [J]. Pattern Recognition,2013,46(3).

315. Huang J,Efthimiadis E N. Analyzing and evaluating query reformulation strategies in web search logs[C]//Proceedings of the 18th ACM Conference on Information and

Knowledge Management. New York: ACM Press, 2009.

316. Huang J, Kumar S R, Mitra M, et al. Image indexing using color correlograms[C]// IEEE Computer Society Conference on Computer Vision and Pattern Recognition. San Juan: IEEE, 1997.

317. Huang L, Nan J G, Guo L, et al. A Bayesian network approach in the relevance feedback of personalized image semantic mode[J]. Advances in Intelligent and Soft Computing, 2011, 128.

318. Huang Y X, Luo Y J. Temporal course of emotional negativity bias: An ERP study[J]. Neuroscience Ietters, 2006, 398(1).

319. Hudelot C, Atif J, Bloch I. Fuzzy spatial relation ontology for image interpretation[J]. Fuzzy Sets and Systems, 2008, 159(15).

320. Hung T Y. An analysis of photo editors' query formulations for image retrieval[J]. 图书与资讯学刊, 2012(80).

321. Huurnink B, Hollink L, van den Heuvel, W. Search behavior of media professionals at an audiovisual archive: A transaction log analysis[J]. Journal of the American Society for Information Science and Technology, 2010, 61(6).

322. Hyrskykari A, Ovaska S, Majaranta P, et al. Gaze path stimulation in retrospective think aloud[J]. Journal of Eye Movement Research, 2008, 2(4).

323. Idris F, Panchanathan S. Review of image and video indexing techniques[J]. Journal of Visual Communication and Image Representation, 1997, 8(2).

324. Itti L, Koch C. Computational modeling of visual attention[J]. Nature Reviews Neuroscience, 2001, 2(3).

325. Izard C E. Basic emotions, relations among emotions, and emotion-cognition relations [J]. Psychological Review, 1992, 99(3).

326. Jaimes A, Chang S F. A conceptual framework for indexing visual information at multiple levels[J]. IS&T/SPIE Internet Imaging, 2000, 3964.

327. Jaimes A, Chang S F. Model-based classification of visual information for content-based retrieval[C]//Proc. SPIE Conference on Storage and Retrieval for Image and Video Databases VII. San Jose, CA, 1999, 3656.

328. Jain A K. Fundamentals of Digital Image Processing[M]. Englewood Cliffs: Prentice-Hall, 1989.

329. Jansen B J, Booth D L, Spink A. Patterns of query reformulation during web searching [J]. Journal of the American Society for Information Science and Technology, 2009, 60(7).

330. Jansen, B J, Spink A, Pedersen, J. A temporal comparison of AltaVista Web searching

[J]. Journal of the American Society for Information Science and Technology,2005, 56(6).

331. Jansen B J,Spink A,Pedersen J. Comparison of searching for web,image,audio,and video content[EB/OL]. [2015 – 05 – 18]. http://jimjansen. blogspot. com/2008/08/comparison-ofsearching-for-web-image. html.

332. Jansen B J,Spink A,Pedersen J. The effect of specialized multimedia searching on web searching[J]. Journal of Web Engineering,2004,3(3/4).

333. Jansen B J,Spink A,Saracevic T. Real life,real users,and real needs:A study and analysis of user queries on the Web[J]. Information Processing & Management, 2000,36(2).

334. Jansen B J. Searching for digital images on the web[J]. Journal of Documentation, 2008,64(1).

335. Jansen B,Spink A,Narayan B. Query modifications patterns during web searching [C]//Proceedings of the Fourth International Conference on Information Technology. Washington,DC:IEEE Computer Society,2007.

336. Jeffries A. The man behind Flickr on making the service"awesome again"[EB/OL]. [2013 – 03 – 20]. http://www. theverge. com/2013/3/20/4121574/flickr-chief-markus-spiering-talks-photos-and-marissa-mayer.

337. Jeong J W,Hong H K,Lee D H. i-TagRanker:An efficient tag ranking system for image sharing and retrieval using the semantic relationships between tags[J]. Multimedia Tools and Applications,2013,62(2).

338. Jin Y,Jin K,Khan L,et al. The randomized approximating graph algorithm for image annotation refinement problem[C]//IEEE Computer Society Conference on Computer Vision and Pattern Recognition Workshops,IEEE,2008.

339. Jin Y,Khan L,Wang L,et al. Image annotations by combining multiple evidence and wordNet[C]//Proceedings of the 13th Annual ACM International Conference on Multimedia,2005.

340. Joachims T. Transductive inference for text classification using support vector machines [C]//Proceedings of International Conference on Machine Learning. San Francisco: ICML,1999.

341. Jorgensen C,Jaimes A,Benitez A B,et al. A conceptual framework and empirical research for classifying visual descriptors[J]. Journal of the American Society for Information Science and Technology,2001,52(11).

342. Jorgensen C. Attributes of Images in Describing Tasks[J]. Information Processing & Management,1998,34(2).

343. Jorgensen C. Indexing images：Testing an image description template[C]//Proceedings of the 59th ASIS Annual Meeting. Medford, New Jersey, 1996.

344. Jorgensen C, Jorgensen P. Image querying by image professionals[J]. Journal of the American Society for Information Science and Technology, 2005, 56(12).

345. Jorgensen C, Stvilia B, Wu S. Assessing the relationships among tag syntax, semantics, and perceived usefulness[J]. Journal of the Association for Information Science and Technology, 2014, 65(4).

346. Jorgensen, C. Attributes of images in describing tasks[J]. Information Processing & Management, 1998, 34(2/3).

347. Jorgensen C. Indexing images：Testing an image description template[C]//Proceedings of the 59th ASIS Annual Meeting. Medford, New Jersey, 1996.

348. Kalpana J, Krishnamoorthy R. Generalized adaptive Bayesian Relevance Feedback for image retrieval in the Orthogonal Polynomials Transform domain[J]. Signal Processing, 2012, 92(12).

349. Kang F, J in R, Chai J. Regularizing translation models for better automatic image annotation[C]//Proc. of Int. Conf. on Information and Knowledge Management. Washington, DC, USA, Nov. 2004.

350. Kang F, Jin F. Symmetric statistical translation models for automatic image annotation [C]//Proc. of SIA M Conf. on Data Mining. New port Beach, CA, Apr. 2005.

351. Kang H, Shneiderman B. Visualization methods for personal photo collections：Browsing and searching in the photofinder[C]//IEEE International Conference on Multimedia and Expo(Ⅲ), 2000.

352. Keister L H. User types and queries：Impact on image access systems[C]//Proceedings of the ASIS 57th Annual Meeting, 1994, 31.

353. Khalid Y, Noah S A, Abdullah S. Towards a multimodality ontology image retrieval [J]. Lecture Notes in Computer Science, 2011, 7067.

354. Khosrowjerdi M, Iranshahi M. Prior knowledge and information-seeking behavior of PhD and MA students[J]. Library and Information Science Research, 2011, 33(4).

355. Kim B, Dong Y, Kim S, et al. Development of integrated analysis system and tool of perception, recognition, and behavior for web usability test：With emphasis on eye-tracking, mouse-tracking, and retrospective think aloud[C]//Usability and Internationalization. HCI and Culture. Springer Berlin Heidelberg, 2007.

356. Kim H L, Passant A, Breslin J G, et al. Review and alignment of tag ontologies for semantically-linked data in collaborative tagging spaces[C]//IEEE International Conference on Semantic Computing. Santa Clara, USA：IEEE, 2008.

357. Kim H, Yoon Y. A multi-level metadata structure for image archiving[C]//11th International Conference on Advanced Communication Technology. Phoenix Park: IEEE, 2009.

358. Kipp M E. Exploring the context of user, creator and intermediate tagging. http://www.iasummit.org/2006/files/109_Presentation_Desc.pdf.

359. Kipp M E, Campbell D G. Patterns and inconsistencies in collaborative tagging systems: An examination of tagging practices[J]. Proceedings of the American Society for Information Science and Technology, 2006, 43(1).

360. Kirschenbaum M. Documenting digital images: Textual meta-data at the Blake Archive [J]. Electronic Library, 1998, 16(4).

361. Klavans J L, LaPlante R, Golbeck J. Subject matter categorization of tags applied to digital images from art museums[J]. Journal of the Association for Information Science and Technology, 2014, 65(1).

362. Knautz K, Neal D R, Schmidt S, et al. Finding emotional-laden resources on the World Wide Web[J]. Information, 2011(2).

363. Knautz K, Stock W G. Collective indexing of emotions in videos[J]. Journal of Documentation, 2011, 67(6).

364. Kowatsch T, Maass W. The impact of predefined terms on the vocabulary of collaborative indexing systems[C]//European Conference on Information Systems, 2008.

365. Lang P J, Bradley M M, Cuthbert B N. International Affective Picture System(IAPS): Affective ratings of pictures and instruction manual[J]. Technical Report A-8, 2008.

366. Lang P. International Affective Picture System(IAPS): Technical manual and affective ratings[R]. Gainesville: The Center of Research in Psychophysiology, University of Florida, 2001.

367. Lang P J, Greenwald M K, Bradley M M, et al. Looking at pictures—affective, facial, visceral, and behavioral reactions[J]. Psychophysiology, 1993, 30(3).

368. Laniado D, Eynard D, Colombetti M. A semantic tool to support navigation in a folksonomy[C]//Proceedings of the Eighteenth Conference on Hypertext and Hypermedia. Santiago, Chile: ACM, 2007.

369. Larsen R J, Diener E. Affect intensity as an individual difference characteristic: A review[J]. Journal of Research in Personality, 1987, 21(87).

370. Lau C, Tjondronegoro D, Zhang J, et al. Fusing visual and textual retrieval techniques to effectively search large collections of wikipedia images[J]. Lecture Notes in Computer Science, 2007, 4518.

371. Lau T, Horvitz E. Patterns of search: Analyzing and modeling web query refinement

[C]//Proceedings of the Seventh International Conference on User Modeling. New York: ACM Press, 1999.

372. Lazonder A W, Biemans H J A, Wopereis I G J H. Differences between novice and experienced users in searching information on the World Wide Web[J]. Journal of the American Society for Information Science and Technology, 2000, 51(6).

373. Lee C Y, Soo V W. The conflict detection and resolution in knowledge merging for image annotation[J]. Information Processing & Management, 2006, 42(4).

374. Lee H J, Neal D. Toward Web2.0 music information retrieval: Utilizing emotion-based, user-assigned descriptors [J]. Proceedings of the American Society for Information Science and Technology, 2007, 44(1).

375. Lee S, De Neve W, Ro Y M. Tag refinement in an image folksonomy using visual similarity and tag co-occurrence statistics[J]. Signal Processing: Image Communication, 2010, 25(10).

376. Li X R, Snoek C, Worring M. Learning social tag relevance by neighbor voting[J]. IEEE Transactions on Multimedia, 2009, 11(7).

377. Li Y, Zhou C, Geng B, et al. A comprehensive study on learning to rank for content-based image retrieval[J]. Signal Processing, 2013, 93(6).

378. Lin W C, Chang Y C, Chen H H. Integrating textual and visual information for cross-language image retrieval: A trans-media dictionary approach[J]. Information Processing & Management, 2007, 43(2).

379. Lin Z, Ding G, Hu M, et al. Automatic image annotation using tag-related random search over visual neighbors[C]//Proceedings of the 21st ACM International Conference on Information and Knowledge Management, ACM, 2012.

380. Lin Y L, Trattner C, Brusilovsky P, et al. The impact of image descriptions on user tagging behavior: A study of the nature and functionality of crowdsourced tags[J]. Journal of the Association for Information Science and Technology, 2015, 66(9).

381. Liu D, Yan S C, Hua X S, et al. Image retagging using collaborative tag propagation [J]. IEEE Transactions on Multimedia, 2011, 13(4).

382. Liu J, Wang B, Li M, et al. Dual cross-media relevance model for image annotation [C]//Proceedings of the 15th international conference on Multimedia. ACM, 2007.

383. Liu N N, Dellandrea E, Tellez B, et al. Associating textual features with visual ones to improve affective image classification [J]. Lecture Notes in Computer Science, 2011, 6974.

384. Liu X, Fu H, Jia Y. Gaussian mixture modeling and learning of neighboring characters for multilingual text extraction in images[J]. Pattern Recognition, 2008, 41(2).

385. Liu Y, Takatsuka M. Interactive hierarchical SOM for image retrieval visualization[J]. Lecture Notes in Computer Science, 2009, 5864.

386. Liu Y, Zhang D, Lu G. Region-based image retrieval with high-level semantics using decision tree learning[J]. Pattern Recognition, 2008, 41(8).

387. Lohmann S, Díaz P, Aedo I. MUTO: the modular unified tagging ontology[C]//Proceedings of the 7th International Conference on Semantic Systems. New York, USA: ACM, 2011.

388. Lombard M, Snyder-Duch J, Bracken C C. Practical resources for assessing and reporting intercoder reliability in content analysis research projects. https://www.researchgate.net/publication/242785900_Practical_Resources_for_Assessing_and_Reporting _Intercoder_Reliability_in_Content_Analysis_Research_Projects.

389. Lowe D G. Distinctive image features from scale-invariant keypoints[J]. International Journal of Computer Vision, 2004, 60(2).

390. Lu Y J, Zhang L, Tian Q, et al. What are the high-level concepts with small semantic gaps? [C]//Proceedings of IEEE Computer Society Conference on Computer Vision and Pattern Recognition. Anchorage, AK, 2008.

391. Luo J, Savakis A. Indoor vs outdoor classification of consumer photographs using low-level and semantic features[C]//Proceedings of the IEEE International Conference on Image Processing. Thessaloniki: IEEE, 2001.

392. Ma H, Zhu J K, Lyu M, et al. Bridging the Semantic Gap between image contents and tags[J]. IEEE Transactions on Multimedia, 2010, 12(5).

393. Maarek Y S, Marmasse N, Navon Y, et al. Tagging the physical World Wide Web2006: Collaborative Web Tagging Workshop, Edinburgh[EB/OL]. http://www.ibiblio.org/www_tagging/2006/21.pdf.

394. Makadia A, Pavlovic V, Kumar S. Baselines for Image Annotation[J]. International Journal of Computer Vision, 2010, 90(1).

395. Mallat S G. A theory for multi resolution signal decomposition: the wave let representation[J]. IEEE Transactions on Pattern Analysis and Machine Intelligence, 1989, 11(7).

396. Marchionini G, Dwiggins S, Katz A, et al. Information seeking in full-text end-user-oriented search systems: The roles of domain and search expertise[J]. Library and Information Science Research, 1993, 15(1).

397. Maree R, Geurts P, Piater J, et al. Random subwindows for robust image classification [C]//IEEE conference on computer vision and pattern recognition. San Diego, USA: IEEE, 2005.

398. Markkula M, Sormunen E. End-user searching challenges indexing practices in the digital newspaper photo archive[J]. Information Retrieval, 2000(1).

399. Marlow C, Naaman M, Boyd D, et al. HT06, tagging paper, taxonomy, Flickr, academic article, to read[C]//Proceedings of the Seventeenth Conference on Hypertext and Hypermedia. ACM, 2006.

400. Marshall C. No bull, no spin: A comparison of tags with other forms of user metadata [C]//Proceedings of the 9th ACM/IEEE-CS Joint Conference on Digital Libraries. New York: ACM, 2009.

401. Martinet J, Chiaramella Y, Mulhem P. A relational vector space model using an advanced weighting scheme for image retrieval[J]. Information Processing & Management, 2011, 47(3).

402. Mathes A. Folksonomies: Cooperative classification and communication through shared metadata[EB/OL]. [2015 – 05 – 31]. http://www. adammathes. com/academic/ computer-mediated-communication/ folksonomies. html.

403. Matusiak K K. Information seeking behavior in digital image collections: A cognitive approach[J]. Journal of Academic Librarianship, 2006, 32(5).

404. McCay-Peet L, Toms E. Image use within the work task model: Images as information and illustration[J]. Journal of the American Society for Information Science and Technology, 2009, 60(12).

405. McKeown G, Valstar M, Pantic M, et al. The SEMAINE corpus of emotionally colored character interactions[C]//Proceedings of the IEEE International Conference on Multimedia and Expo. Singapore: IEEE, 2010.

406. Mehrabian A, Russell J A. An approach to environmental Psychology[M]. Cambridge, MA: MIT Press, 1974.

407. Mehrabian A. Pleasure-arousal-dominance: A general framework for describing and measuring individual differences in temperament[J]. Current Psychology, 1996, 14 (4).

408. Merrell P, Schkufza E, Li Z Y, Agrawala M, Koltun V. Interactive furniture layout using interior design guidelines[J]. ACM Transactions on Graphics(TOG) – Proceedings of ACM SIGGRAPH, 2011, 30(4).

409. Mikels J A, Fredrickson B L, Larkin G R, et al. Emotional category data on images from the International Affective Picture System [J]. Behavior Research Methods, 2005, 37(4).

410. Moghaddam B, Tian Q, Lesh N, et al. Visualization and user-modeling for browsing personal photo libraries[J]. International Journal of Computer Vision, 2004, 56(1 –

2SI).

411. Monay F, Gatica-Perez D. On image auto-annotation with latent space models[C]// Proceedings of the Eleventh ACM International Conference on Multimedia,2003.

412. Morae Components and Features[EB/OL]. [2015 - 04 - 26]. https://www. tech-smith. com/morae-features. html.

413. Mori Y,Takahashi H,Oka R. Image-to-word transformation based on dividing and vec-tor quantizing images with words[C]//Proceedings of the Seventh ACM International Conference on Multimedia. ACM Press,1999.

414. Mostafa J,Dillon A. Design and evaluation of a user interface supporting multiple im-age query models [J]. ASIS'96-Proceedings of the 59th ASIS Annual Meeting, 1996,33.

415. Nahl D,Bilal D. Information and emotion:The emergent affective paradigmin informa-tion behavior research and theory[M]. ASIST,2007.

416. Neveol A,Deserno T M,Darmoni S J,et al. Natural language processing versus con-tent-based image analysis for medical document retrieval[J]. Journal of the American Society For Information Science and Technology,2009,60(1).

417. Newhagen J E. TV news images that induce anger,fear,and disgust:Effects on ap-proach-avoidance and memory [J]. Journal of Broadcasting & Electronic Media, 1998,42(2).

418. Nguyen G P,Worring M. Optimizing similarity based visualization in content based im-age retrieval[C]//IEEE International Conference on Multimedia and Exp,2004.

419. Noh T G,Park S B,Yoon H G,et al. An automatic translation of tags for multimedia contents using folksonomy networks [C]//Proceedings 32nd Annual International ACM SIGIR Conference on Research and Development in Information Retrieval,2009.

420. Noulhiane M,Mella N,Samson S,et al. How emotional auditory stimuli modulate time perception[J]. Emotion,2007,7(4).

421. Nov O,Naaman M,Ye C. Analysis of participation in an online photo-sharing commu-nity:A multidimensional perspective[J]. Journal of American Society for Information Science and Technology,2010,61(3).

422. Oliva A,Torralba A. Modeling the shape of the scene:A holistic representation of the spatial envelope[J]. International Journal of Computer Vision,2001,42(3).

423. Ornager S. Image retrieval:Theoretical analysis and empirical user studies on accessing information in images[C]//Proceedings of the ASIS Annual Meeting,1997,34.

424. Ortony A,Clore G,Collins A. The cognitive structure of emotions [M]. Cambridge,

England:Cambridge University Press,1988.

425. Ortony A,Turner T J. What's basic about basic emotions? [J]. Psychological Review, 1990,97(3).

426. Overell S,Sigurbjörnsson B,Van Zwol R. Classifying tags using open content resources [C]//Proceedings of the Second ACM International Conference on Web Search and Data Mining. New York:ACM,2009.

427. Özmutlu S,Spink A,Özmutlu H C. Multimedia web searching trends:1997 - 2001 [J]. Information Processing & Management,2003,39(4).

428. Paivio A. Mental representation:A dual coding approach[M]. New York:Oxford University Press,1990.

429. Palmquist R A,Kim K S. Cognitive style and on-line database search experience as predictors of web search performance[J]. Journal of the American Society for Information Science,2000,51(6).

430. Panofsky E. Studies in Iconology:Humanistic themes in the Art of the Renaissance [M]. New York:Westview Press,1962.

431. Park G,Baek Y,Lee H K. Re-ranking algorithm using post-retrieval clustering for content-based image retrieval[J]. Information Processing & Management,2005,41(2).

432. Park J R. Semantic interoperability and metadata quality:An analysis of metadata item records of digital image collections[J]. Knowledge Organization,2006,33(1).

433. Park S B,Lee J W,Kim S K. Content-based image classification using a neural network [J]. Pattern Recognition Letters,2004,25.

434. Park Y C,Kim P K,Golshani F,et al. Conceptualization and ontology:Tools for efficient storage and retrieval of semantic visual information [M]. Bellingham:Spie-Int soc Optical Engineering,2000.

435. Pedronette D C G,Torres R D. Image re-ranking and rank aggregation based on similarity of ranked lists[J]. Pattern Recognition,2013,46(8).

436. Peng J,Bhanu B,Qing S. Probabilistic feature relevance learning for content-based image retrieval[J]. IEEE Computer Vision and Image Understanding,1999,75(1/ 2).

437. Perez-Carballo J,Xie I,Cool C. Design principles of Help Systems for digital libraries [J]. Academy of Information and Management Sciences Journal,2011,14(1).

438. Persoon E,Fu K S. Shape discrimination using Fourier descriptors[J]. IEEE Transactions on Systems,Man and Cybernetics,1977,7(3).

439. Peters I,Stock W. Folksonomy and information retrieval[C]//Proceedings of the American Society for Information Science and Technology,2007,44(1).

440. Petridis K,Bloehdorn S,Saathoff C,et al. Knowledge representation and semantic an-

notation of multimedia content[J]. IEEE Proceedings-Vision Image and Signal Processing,2006,153(3).

441. Plataniotis K N,Venetsanopoulos A N. Color Image Processing and Applications[M]. Springer,Berlin,2010.

442. Plutchik R. Emotion: A psychoevolutionary Synthesis [M]. New York: Harper& Row,1980.

443. Pu H T. An analysis of web image queries for search[J]. Proceedings of the American Society for Information Science and Technology,2003,40(1).

444. Pu H T. An analysis of failed queries for web image retrieval[J]. Journal of Information Science,2008,34(3).

445. Pu,H. A comparative analysis of web image and textual queries[J]. Online Information Review,2005,29(5).

446. Ransom N,Rafferty P. Facets of user-assigned tags and their effectiveness in image retrieval[J]. Journal of Documentation,2011,67(6).

447. Rieh S Y,Xie H. Analysis of multiple query reformulations on the Web:The interactive information retrieval context [J]. Information Processing & Management, 2006, 42 (3).

448. Rorissa A. A comparative study of Flickr tags and index terms in a general image collection[J]. Journal of the American Society for Information Science and Technology, 2010,61(11).

449. Rorissa A,Iyer H. Theories of cognition and image categorization:What category labels reveal about basic level theory[J]. Journal of the American Society for Information Science and Technology,2008,59(9).

450. Rorvig M E,Turner C H,Moncada J. The NASA image collection visual thesaurus[J]. Journal of the American Society for Information Science,1999,50(9).

451. Rui Y,Huang T S,Chang S F. Image retrieval:Current techniques,promising directions,and open issues[J]. Journal of Visual Communication and Image Representation,1999,10(1).

452. Rui Y,Huang T S,Mehrotra S. Content-based image retrieval with relevance feedback in MARS [C]//IEEE Proc Int Conf On Image Processing. Piscataway: IEEE Press,1997.

453. Rui Y,Huang T S,Mehrotra S. Relevance feedback techniques in interactive content-based image retrieval[J]. Proceedings of The Society of Photo-Optical Instrumentation Engineers,1997,3312.

454. Russell J A. A circumplex model of affect[J]. Journal of Personality and Social Psy-

chology,1980,39.

455. Ryan G,Valverde M. Waiting online:A review and research agenda[J]. Internet Research-electronic Networking Applications and Policy,2003,13(3).

456. Saito H,Miwa K. A Cognitive Study of Information Seeking Processes in the WWW: The Effects of Searcher's Knowledge and Experience[M]. [S. l.]:[s. n.],2002.

457. Sanderson H M,Dunlop M D. Image retrieval by hypertext links[C]//Proc. of the 20th Annual Int'l ACM SIGIR. Philadelphia:ACM Press,1997.

458. Sang J T,Xu C S,Lu D Y. Learn to personalized image search from the photo sharing websites[J]. IEEE Transactions on Multimedia,2012,14(4SIPart 1).

459. Schaefer G. A next generation browsing environment for large image repositories[J]. Multimedia Tools and Applications,2010,47(1).

460. Schamber L. Users' criteria for evaluation in a multimedia information seeking and use situation[D]. Syracuse University,1991.

461. Schamber L,Eisenberg M B,Nilan M S. A re-examination of relevance:Toward a dynamic, situational definition [J]. Information Processing & Management, 1990, 26 (6).

462. Schloberg H. Three dimensions of emotion[J]. Psychological Review,1954,61.

463. Schmidt S,Stock W G. Collective indexing of emotions in images:A study in emotional information retrieval[J]. Journal of the American Society for Information Science and Technology,2009,60(5).

464. Schmitz P. Inducing ontology from Flickr tags[C]//Collaborative Web Tagging Workshop at WWW. Edinburgh,Scotland,2006.

465. Schneider F,Gur R C,Gur R E,et al. Standardized mood induction with happy and sad facial expressions[J]. Psychiatry Res,1994,51(1).

466. Shatford S. Analyzing the subject of a picture:A theoretical approach[J]. Cataloguing & Classification Quarterly,1986,6(3).

467. Shin D. Understanding purchasing behaviors in virtual economy:Consumer behavior of virtual currency in Web2. 0 Communities[J]. Interacting with Computers,2008,20 (4/5).

468. Sigurbjörnsson B,Van Zwol R. Flickr tag recommendation based on collective knowledge [C]//Proceedings of the 17th international conference on World Wide Web. New York:ACM,2008.

469. Smeulders A W M,Worring M,Santini S,et al. Content-based image retrieval at the end of the early years[J]. IEEE Transactions on Pattern Analysis and Machine Intelligence,2000,22(12).

470. Smith J R, Chang S F. Single color extraction and image query[C]//International Conference on Image Processing, Proceedings. Washington, DC: IEEE, 1995.

471. Spink A. A user centered approach to the evaluating of web search engines: An exploratory study[J]. Information Processing & Management, 2002, 38(3).

472. Spink A, Jansen B J. Searching multimedia federated content web collections[J]. Online Journal Review, 2006, 30(5).

473. Spink A, Saracevic T. Interaction in information retrieval: Selection and effectiveness of search terms[J]. JASIS, 1997, 48(8).

474. Srinivasarao V, Pingali P, Varma V. Effective term weighting in ALT text prediction for web image retrieval[J]. Lecture Notes in Computer Science, 2011, 6612.

475. Srivastava S, Sharma H O, Mandal M K. Mood induction with facial expressions of emotion in patients with generalized anxiety disorder [J]. Depression & Anxiety, 2003, 18(3).

476. Stricker M, Orengo M. Similarity of color images[J]. Proc. SPIE Storage and Retrieval for Image and Video Databases, 1995, 2420.

477. Stvilia B, Gasser L, Twidale M, et al. Metadata quality for federated collections [C]// Proceedings of the International Conference on Information Quality. Cambridge, MA: MITIQ, 2004.

478. Stvilia B, Jorgensen C. Member activities and quality of tags in a collection of historical photographs in Flickr[J]. Journal of the American Society for Information Science and Technology, 2010, 61(12).

479. Stvilia B, Jorgensen C. User-generated collection-level metadata in an online photo-sharing system[J]. Library and Information Science Research, 2009, 31(1).

480. Su J H, Huang W J, Yu P S, et al. Efficient relevance feedback for content-based image retrieval by mining user navigation patterns[J]. IEEE Transactions on Knowledge and Data Engineering, 2011, 23(3).

481. Su Z, Zhang H J, Li S, et al. Relevance feedback in content-based image retrieval: Bayesian framework, feature subspaces, and progressive learning[J]. IEEE Transactions on Image Processing, 2003, 12(8).

482. Sun A, Bhowmick S S, Nguyen K T N, et al. Tag-based social image retrieval: An empirical evaluation[J]. Journal of the American Society for Information Science and Technology, 2011, 62(12).

483. Surowiecki J. The Wisdom of Crowds[M]. Anchor, 2005.

484. Swain M J, Ballard D H. Color indexing[J]. International Journal of Computer Vision, 1991, 7(1).

485. Szummer M, Picard R W. Indoor-outdoor image classification[C]//Proceedings of the IEEE International Workshop on Content-based Access of Image and Video Databases, 1998.

486. Tahayna B, Alashmi S M, Belkhatir M, et al. Unifying content and context similarities of the textual and visual information in an image clustering framework[J]. Lecture Notes in Computer Science, 2010, 6297.

487. Tam A M, Leung C H C. Structured natural-language descriptions for semantic content retrieval of visual materials[J]. Journal of the American Society for Information Science and Technology(JASIST), 2001, 52(11).

488. Tamura H, Yokoya N. Image database systems: A survey[J]. Pattern Recognition, 1984, 17(1).

489. Tamura H, Mori S, Yamawaki T. Texture features corresponding to visual perception [J]. IEEE Trans on System, Man and Cybernetics, 1978, 8(6).

490. Tang J, Lew is P H. A study of quality issues for image auto annotation with the Corel dataset[J]. IEEE Trans. on Circuits and Systems for Video Technology, 2007, 17 (3).

491. Tang R, Solomon P. Toward an understanding of the dynamics of relevance judgment: An analysis of one person's search behavior[J]. Information Processing & Management, 1998, 34.

492. Tennant M. Psychology and Adult Learning[M]. London: Routledge, 1988.

493. Tipples J. Negative emotionality influences the effects of emotion on time perception [J]. Emotion, 2008, 8(1).

494. Tjondronegoro, D, Spink, A, Jansen, B J. A study and comparison of multimedia web searching: 1997 – 2006[J]. Journal of the American Society for Information Science and Technology, 2009, 60(9).

495. Todorov K, James N, Hudelot C. Multimedia ontology matching by using visual and textual modalities[J]. Multimedia Tools and Applications, 2013, 62(2).

496. Town C, Harrison K. Large-scale grid computing for content-based image retrieval[J]. ASLIB Proceedings, 2010, 62(4 – 5).

497. Trant J, Project W T P I. Exploring the potential for social tagging and folksonomy in art museums: Proof of concept[J]. New Review of Hypermedia and Multimedia, 2006, 12(1).

498. Trant, J. Tagging, folksonomy and art museums: results of Steve. Museum's research [EB/OL]. [2015 – 05 – 18]. http://conference. archimuse. com/files/trantSteveResearchReport2008. pdf.

499. Trevino E M. Social Bookmarks: personal organization and collective discovery on the Web. Unpublished Masters, University of Illinois at Chicago, Chicago, Illinois, 2006

500. Tsai C F, Lin W C. Scenery image retrieval by meta-feature representation[J]. Online Information Review, 2012, 36(4).

501. Tseng L C J, Tjondronegoro D W, Spink A H. Analyzing web multimedia query reformulation behavior[C]//Proceedings of the 14th Australasian Document Computing Symposium, CSIRO, 2009.

502. Tuceryan M, Jain A K. Texture analysis[C]//The Handbook of Pattern Recognition and Computer Vision. 2nd ed. Singapore: World Scientific Publishing Company, 1998.

503. Turoff M, Chumer M, De Walle B V. The design of a dynamic emergency response management information system (DERMIS) [J]. Journal of Information Technology Theory and Application(JITTA), 2003, 5(4).

504. Ulges A, Worring M, Breuel T. Learning visual contexts for image annotation from Flickr groups[J]. IEEE Transactions on Multimedia, 2011, 13(2).

505. Um J, Eum K, Lee J. A study of the emotional evaluation models of color patterns based on the adaptive fuzzy system and the neural network[J]. Color Research & Application, 2002, 27(3).

506. Vadivel A, Sural S, Majumdar A K. Image retrieval from the Web using multiple features[J]. Online Information Review, 2009, 33(6).

507. Vadivu P S, Sumathy P, Vadivel A. Image retrieval from WWW using attributes in HTML tags[J]. Procedia Technology, 2012(6).

508. Vailaya A, Figueiredo M A T, Jain A K, et al. Image classification for content-based indexing[J]. IEEE Transactions on Image Processing, 2001, 10(1).

509. Vakkari P. Cognition and changes of search terms and tactics during task performance: A longitudinal case study[C]//Proceedings of the RIAO 2000 Conference. Paris: C. I. D, 2000.

510. Vassilakaki E, Johnson F, Hartley R J. Image seeking in multilingual environments: A study of the user experience[J]. Information Research, 2012, 17(4).

511. Velazquez J D. Modeling emotions and other motivations in synthetic agents[C]//Proceedings of the 14th National Conference on Artificial Intelligence. MenloPark, 1997.

512. Villa R, Jose J M. A study of awareness in multimedia search [J]. Information Processing & Management, 2012, 48(1).

513. Wang C, Jing F, Zhang L, et al. Content-based image annotation refinement[C]//Proceedings of IEEE Computer Society Conference on Computer Vision and Pattern Recognition, 2007.

514. Wang P, Hawk W B, Tenopir C. Users' interaction with World Wide Web resources: An exploratory study using a holistic approach[J]. Information Processing & Management, 2000, 36(2).

515. Wang S F, Wang X F. Emotion semantics image retrieval: An brief overview[J]. Lecture Notes in Computer Science, 2005, 3784.

516. Wang X J, Lei Z, Jing F, et al. Annosearch: image auto-annotation by search[C]// Proceedings of the CVPR06, 2006.

517. Wang X L, Wang D Q. Intuitive Visualization for online Image Retrieval[J]. Applied Mechanics and Materials, 2011(40 – 41).

518. Wang X, Erdelez S, Allen C, et al. Role of domain knowledge in developing user-centered medical-image indexing[J]. Journal of the American Society for Information Science and Technology, 2012, 63(2).

519. Wang Y H, Makedon F, Ford J, et al. Generating fuzzy semantic metadata describing spatial relations from images using the R-Histogram[C]//Proceedings of the Fourth ACM/IEEE Joint Conference on Digital Libraries: Global Reach and Diverse Impact, 2004.

520. Wenyin L, Dumais S, Sun Y, et al. Semi-automatic image annotation[C]//Proc. of Human-computer Interaction-interact. [S. l.]: [s. n.], 2001.

521. Westman S, Lustila A, Oittinen P. Search strategies in multimodal image retrieval [C]//Proceedings of the Second International Symposium on Information Interaction in Context. New York: ACM, 2008.

522. Westman S, Oittinen P. Image retrieval by end-users and intermediaries in a journalistic work context[C]//Proceedings of the First International Conference on Information Interaction in Context. New York: ACM Press, 2006.

523. Whittle M, Eaglestone B, Ford N, et al. Data mining of search engine logs[J]. Journal of the American Society for Information Science and Technology, 2007, 58(14).

524. Wichert A. Image categorization and retrieval[J]. Connectionist Models of Behaviour and Cognition II, 2009, 18.

525. Wikipedia. Content-based image retrieval[EB/OL]. [2015 – 05 – 27]. http://en. wikipedia. org/wiki/Content-based_image_retrieval.

526. Wikipedia. Flickr[EB/OL]. [2015 – 05 – 18]. http://en. wikipedia. org/wiki/ Flickr.

527. Wildemuth B. The effects of domain knowledge on search tactic formulation[J]. Journal of the American Society for Information Science and Technology, 2004, 55(3).

528. Wilson P. Situational relevance[J]. Information Storage and Retrieval, 1973, 9(8).

529. Winn J, Criminisi A, Minka T. Object Categorization by Learned Universal Visual Dictionary[C]//International Conference on Computer Vision. Beijing, China, 2005.

530. Wu D, He D, Qiu J, et al. Comparing social tags with Subject Headings on annotating books: A study comparing the Information Science domain in English and Chinese [J]. Journal of Information Science, 2013, 39(2).

531. Wu D, He D, Xu X. A study of relevance feedback techniques in interactive multilingual information access[J]. Library Hi Tech, 2012, 30(3).

532. Wu H, Lu H, Ma S D. The role of sample distribution in relevance feedback for content-based image retrieval [C]//Proceedings of IEEE International Conference on Multimedia and Expo. Lausanne, Switzerland: IEEE, 2002.

533. Wu H, Zubair M, Maly K. Harvesting social knowledge from folksonomies[C]//Proceedings of the Seventeenth Conference on Hypertext and Hypermedia, 2006.

534. Wu L, Jin R, Jain A K. Tag completion for image retrieval[J]. IEEE Transactions on Pattern Analysis and Machine Intelligence, 2013, 35(3).

535. Wu Q S, Iyengar S S, Zhu M X. Web image retrieval using self-organizing feature map [J]. Journal of the American Society for Information Science and Technology, 2001, 52(10).

536. Wundt W. Outlines of Psychology[M]. [S. l.]: Springer, 1980.

537. Xie H I. Understanding human-work domain interaction: Implications for the design of a corporate digital library[J]. Journal of the American Society for Information Science and Technology, 2006, 57(1).

538. Xie Hong Iris. Evaluation of digital libraries: Criteria and problems from users' perspectives[J]. Library and Information Science Reasearch, 2006, 28(3).

539. Xie I, Cool C. Understanding help seeking within the context of searching digital libraries[J]. Journal of the American Society for Information Science and Technology, 2009, 60(3).

540. Xie I, Joo S. Factors affecting the selection of search tactics: Tasks, knowledge, process, and systems[J]. Information Processing & Management, 2012, 48(2).

541. Xie I. Dimensions of tasks: influences on information-seeking and retrieving process [J]. Journal of Documentation, 2009, 65(3).

542. Xie I. Interactive Information Retrieval in Digital Environments [M]. [S. l.]: Hershey, PA: IGI Global, 2008.

543. Yan R, Natsev A, Campbell M. An efficient manual image annotation approach based on tagging and browsing[C]//Workshop on Multimedia Information Retrieval on the Many Faces of Multimedia Semantics. ACM, 2007.

544. Yang C, Dong M, Fotouhi F. Image content annotation using Bayesian framework and complement components analysis[C]//International Conference on Image Processing, Geneva, Italy: IEEE, 2005.

545. Yang J, Fan J P, Hubball D, et al. Semantic image browser: Bridging information visualization with automated intelligent image analysis[C]//IEEE Symposium on Visual Analytics Science and Technology. Baltimore, MD: IEEE, 2006.

546. Yang J, Yu K, Gong Y, et al. Linear Spatial Pyramid Matching using Sparse Coding for image classification[C]//IEEE Conference on Computer Vision and Pattern Recognition. Miami: IEEE, 2009.

547. Yang K Y, Hua X S, Wang M, et al. Tag tagging: Towards more descriptive keywords of image content[J]. IEEE Transactions on Multimedia, 2011, 13(4).

548. Yang K, Hua X S, Wang M, et al. Tagging tags[C]//Proceedings of the international conference on Multimedia. Firenze, Italy: ACM, 2010.

549. Yavlinsky A, Schofield E, Rüger S. Automated image annotation using global features and robust nonparametric density estimation[J]. Lecture Notes in Computer Science, 2005, 3568.

550. Yong H, Lee S. OntoSonomy: Ontology-based extension of folksonomy[C]//IEEE International Workshop on Semantic Computing and Applications. Inchon, Korea: IEEE, 2008.

551. Yoon J W. Utilizing quantitative users' reactions to represent affective meanings of an image[J]. Journal of the American Society for Information Science and Technology, 2010, 61(7).

552. Yoon J. Towards a user-oriented thesaurus for non-domain specific image collections [J]. Information Processing & Management, 2009, 45(4).

553. Yoon J. Utilizing quantitative users' reactions to represent affective meanings of an image[J]. Journal of The American Society For Information Science and Technology, 2010, 61(7).

554. Zhang D, Islam M M, Lu G. A review on automatic image annotation techniques[J]. Pattern Recognition, 2012, 45(1).

555. Zhang D, Lu G. Review of shape representation and description techniques[J]. Pattern Recognition, 2004, 37(1).

556. Zhang D, Lu G. Shape-based image retrieval using generic fourier descriptor[J]. Signal Processing: Image Communication, 2002, 17(10).

557. Zhang Dengsheng, Islam M M, Lu Guojun. A review on automatic image annotation techniques[J]. Pattern Recognition, 2012, 45(1).

558. Zhang H, Smith L C, Twidale M, et al. Seeing the wood for the trees: enhancing meta-data subject elements with weights[J]. Information Technology and Libraries, 2011, 30(2).

559. Zhang J, Marszalek M, Lazebnik S, et al. Local features and kernels for classification of texture and object categories: A comprehensive study [J]. International Journal of Computer Vision, 2007, 73(2).

560. Zhang J, Nguyen T. WebStar: A visualization model for hyperlink structures[J]. Information Processing & Management, 2005, 41(4).

561. Zhang Y, Li Y L. A user-centered functional metadata evaluation of Moving Image Collections[J]. Journal of The American Society For Information Science and Technology, 2008, 59(8).

562. Zhu S H, Liu Y C. Image annotation refinement using semantic similarity correlation [C]//International Conference on Pattern Recognition, 2008.

563. Zollers A. Emerging motivations for tagging: expression, performance and activism [EB/OL]. http://www.ibiblio.org/www_tagging/2007/paper_55.pdf.

附录1 实验前问卷

您好,本研究的目的是探讨不同标注模式对图像标注一致性的影响,为了提高结果的可信性以及便于后续的研究,在实验前我们需要对您的背景信息有一定的了解,这份调查除了学术研究外不会用于其他用途,请您真实作答,感谢您的配合!

1 您是否是武汉大学的学生/老师

(1)学生 (2)老师 (3)都不是

2 您的性别

(1)男 (2)女

3 您的学历

(1)本科(2)硕士研究生(3)博士研究生及以上

4 您所在专业( )

5 您是否有过对图像进行标注(如浏览网页上的图像时给图像添加关键词或者标签等)的经历

(1)完全没有 (2)很少标注 (3)有时标注

(4)经常标注 (5)一直标注

6 您是否有过使用图像检索网站或系统来检索图像的经历

(1)完全没有 (2)很少使用 (3)有时使用

(4)经常使用 (5)一直在用

7 在上网时您是否愿意为所浏览的图像进行标注(1代表非常不愿意,2代表可能不愿意,3代表不确定,4代表可能或勉强愿意,5代表非常愿意),请给出您的选择( )

本问卷到此结束,真诚地邀请您完成接下来的一个实验,谢谢您对我们研究的支持!

附录2　实验后问卷

非常感谢您配合完成这次实验,在结束前,请您回答以下几个问题,便于我们对此次研究的总结和以后研究的改进,衷心感谢您对我们研究工作的支持!

1　易用性。对于实验中涉及的三种图像标注模式,请您根据自己使用时操作的难易程度,对它们进行评分。(最低为1分,满分为10分,分值越高表明觉得越容易使用)

1.1　基于标签打分的图像标注模式:＿＿＿＿＿＿＿＿＿

1.2　基于单标签下图像比较的可视化标注模式:＿＿＿＿

1.3　基于多标签下图像比较的可视化标注模式:＿＿＿＿

2　舒适度。对于实验中涉及的三种图像标注模式,请您根据自己使用时感觉的舒适程度,对它们进行评分。(最低为1分,满分为10分,分值越高表明使用时觉得越舒适)

2.1　基于标签打分的图像标注模式:＿＿＿＿＿＿＿＿＿

2.2　基于单标签下图像比较的可视化标注模式:＿＿＿＿

2.3　基于多标签下图像比较的可视化标注模式:＿＿＿＿

3　使用意愿。在图像标注系统中,您对这三种标注模式的使用意愿是怎样的?(最低为1分,满分为10分,分值越高表明越愿意使用该种模式来对图像进行标注)

3.1　基于标签打分的图像标注模式:＿＿＿＿＿＿＿＿＿

3.2　基于单标签下图像比较的可视化标注模式:＿＿＿＿

3.3　基于多标签下图像比较的可视化标注模式:＿＿＿＿

4　请为三种图像标注模式对您完成图像情感标注任务的帮助打分。(最低为1分,满分为10分,分值越高表明对您完成任务的帮助越大)

4.1　基于标签打分的图像标注模式:＿＿＿＿＿＿＿＿＿

4.2　基于单标签下图像比较的可视化标注模式:＿＿＿＿

4.3　基于多标签下图像比较的可视化标注模式:＿＿＿＿

5　在"第二种(基于单标签下图像比较的可视化标注模式)"中,您认为"参考图像+滑块相对位置"与"显示标注值"两种方式对您的帮助

有多大?(最低为 1 分,满分为 10 分,分值越高表明对您完成图像标注的帮助越大)

　　5.1　"参考图像 + 滑块相对位置"方式:_____

　　5.2　"显示标注值"方式:_____

　　6　在"第三种(基于多标签下图像比较的可视化标注模式)"中,您认为"参考图像 + 图像点相对位置"与"显示标注值"两种方式对您的帮助有多大?(最低为 1 分,满分为 10 分,分值越高表明对您完成图像标注的帮助越大)

　　6.1　"参考图像 + 图像点相对位置"方式:_____

　　6.2　"显示标注值"方式:_____

　　7　请为您对三种图像标注模式的总体满意度打分。(最低为 1 分,满分为 10 分,分值越高表明对您的总体满意度越大)

　　7.1　基于标签打分的图像标注模式:_____

　　7.2　基于单标签下图像比较的可视化标注模式:_____

　　7.3　基于多标签下图像比较的可视化标注模式:_____

　　8　您认为本系统应该提供在三种模式间自由切换的操作支持吗?(或者如果您认为应该或可以提供其中的两种模式间自由切换,请您说明是哪两种及理由,您可以用 1、2、3 分别代指基于标签打分的图像标注模式、基于单标签下图像比较的可视化标注模式、基于多标签下图像比较的可视化标注模式)

　　(1)应该提供;因为:_____

　　(2)可以提供;因为:_____

　　(3)不需要。因为:_____

　　9　您在使用本实验中的三种标注模式遇到什么困难,您认为它们各自还有哪些缺点?(开放题)

　　基于标签打分的图像标注模式:_____

　　基于单标签下图像比较的可视化标注模式:_____

　　基于多标签下图像比较的可视化标注模式:_____

　　10　请描述一下你所期望的最好的标注模式是什么样的?(开放题)

　　本次实验到此结束,再次感谢您的参与,祝您工作/学习顺利、万事如意!

附录 3　MATLAB 计算图像特征向量集源代码

3.1　能量、对比度、二维熵、相关性、同质性计算源代码

function ChraVector = MyGrayCoProps(input)

% UNTITLED Summary of this function goes here

%　函数功能:通过一系列计算得到图像沿着四个方向的(0,45, 90,135)的灰度共生矩阵,并以此组成

%　该图像的特征向量,每个灰度共生矩阵将产生 5 个特征值,包含有能量,对比度,二维熵值,相关性,同质性;

%　输入参数:图像的字符串路径,如'1400. jpg'

%　输出参数:每个方向的 5 个特征量

%　将彩色 rgb 图像转化为灰度级别图像

Imagedata = imread(input) ;

Graydata = rgb2gray(Imagedata) ;

%　初始化一个 4X5 的向量数组存储特征值

Eigenvector = zeros(4,5) ;

%　定义方向参数 0:[0,D],45:[- D,D],90:[- D,0],135:[- D, - D]

Direction = [0,1; - 1,1; - 1,0; - 1, - 1] ;

for i = 1 :4

　%　该函数参数说明,第一个是图像数据,第二个 offset 代表方向,第三个 G 默认灰度范围,

　%　另外参数 Numlevel 默认为 8(归一化),而参数 symmetric 默认为不对称,即 false;

　　[GLCM,SI] = graycomatrix(Graydata,'Offset', Direction(i,:), 'G',[]) ;

stats = graycoprops(GLCM) ;

　%　该部分用于计算该图像的熵值

　　[M,N] = size(GLCM) ;

```
        glcm = GLCM/sum( GLCM( : ) ) ;
        ent = 0 ;
        for k = 1 : 1 : M
            for j = 1 : 1 : N
                if glcm( k , j )˜ = 0
                    ent = ent + glcm( k , j ). * log( glcm( k , j ) ) ;
                end
            end
        end
    Eigenvector ( i , : ) = [ stats. Energy, stats. Contrast,-ent, stats. Correla-
tion , stats. Homogeneity ] ;
    end
        t = Eigenvector';
        ChraVector = t( : )';
    end
```

3.2　一维熵计算源代码

```
function H_img = ImageOne( input_args )
% ────────────────────────────────────────────
% 求一幅数字图像的一维熵值
% ────────────────────────────────────────────
% I = imread( input_args ) ;
% I = imread( '1. bmp' ) ;
I = floor( input_args ) ;
[ C , R ] = size( I ) ;        % 求图像的规格
Img_size = C * R ;        % 图像像素点的总个数
L = 256 ;        % 图像的灰度级
H_img = 0 ;
nk = zeros( L , 1 ) ;
for i = 1 : C
    for j = 1 : R
        Img_level = I( i , j ) + 1 ;        % 获取图像的灰度级
```

```
            nk( Img_level) = nk( Img_level) + 1;    % 统计每个灰度级像
素的点数
        end
    end
    % Ps = imhist( I)/( C * R) ;
    %    for i = 0 :255
    %        nk( i + 1 ,1) = sum( sum( I == i) ) ;        % 统计每个灰度级像
素的点数
    %    end
    for k = 1 :L
        Ps( k) = nk( k)/Img_size;      % 计算每一个灰度级像素点
所占的概率
        if Ps( k)  = 0;      % 去掉概率为 0 的像素点
        H_img = -Ps( k) * log2( Ps( k) ) + H_img;      % 求熵值的公式
        end
    end
    % entropy( I)
end
```

附录4 用户检索实验相关数据表格

4.1 用户检索实验中采纳的图片的底层特征数据表

图片编号	所属任务	一维熵	二维熵	对比度	相关度	能量	同质性
1	美女	7.4136	5.2070	0.0599	0.9943	0.1521	0.9715
2	樱花	7.9339	7.0573	1.1785	0.8777	0.0427	0.7140
3	苹果	6.3031	4.7449	0.1705	0.9847	0.2285	0.9384
4	美女	7.6411	6.0860	0.3202	0.9509	0.0948	0.8785
5	樱花	7.3424	6.7409	1.0369	0.7172	0.0925	0.7307
6	苹果	7.8400	6.5389	0.9446	0.8646	0.0578	0.7672
7	美女	7.2907	5.5747	0.2002	0.9837	0.1713	0.9311
8	苹果	4.0079	2.9172	0.1440	0.9897	0.4405	0.9558
9	美女	5.7612	4.4066	0.2211	0.9517	0.6281	0.9535
10	樱花	7.6625	6.8165	0.7841	0.8726	0.0635	0.7629
11	苹果	6.4175	4.7835	0.3815	0.9681	0.2817	0.9282
12	美女	7.5125	6.2108	0.2545	0.9721	0.1429	0.8956
13	樱花	7.0206	5.7787	0.1719	0.9279	0.2018	0.9212
14	苹果	7.4323	5.3273	0.1227	0.9851	0.1542	0.9487
15	美女	7.4136	5.2070	0.0599	0.9943	0.1521	0.9715
16	樱花	7.4326	6.2217	0.4639	0.8980	0.1113	0.8464
17	苹果	7.6276	6.3560	0.3167	0.9389	0.1169	0.8865
18	美女	7.5125	6.2108	0.2545	0.9721	0.1429	0.8956
19	樱花	7.4326	6.2217	0.4639	0.8980	0.1113	0.8464
20	苹果	3.0157	1.9702	0.1437	0.9646	0.5579	0.9750
21	美女	7.3418	6.0009	0.3105	0.9740	0.1178	0.8873
22	樱花	7.4326	6.2217	0.4639	0.8980	0.1113	0.8464
23	苹果	7.0127	4.9532	0.1406	0.9797	0.2833	0.9584
24	美女	7.3418	6.0009	0.3105	0.9740	0.1178	0.8873
25	樱花	7.1508	6.1260	0.3263	0.9005	0.1380	0.8551

续表

图片编号	所属任务	一维熵	二维熵	对比度	相关度	能量	同质性
26	苹果	6.1914	4.8045	0.7483	0.9530	0.2048	0.8999
27	美女	7.5811	5.9008	0.2880	0.9571	0.1103	0.9029
28	樱花	7.4326	6.2217	0.4639	0.8980	0.1113	0.8464
29	苹果	7.0742	4.9890	0.0653	0.9929	0.2108	0.9706
30	美女	7.7097	6.0409	0.1985	0.9805	0.1041	0.9167
31	樱花	7.6345	6.7344	0.5182	0.8948	0.0767	0.7975
32	苹果	7.4323	5.3273	0.1227	0.9851	0.1542	0.9487
33	樱花	7.7331	7.0581	1.4557	0.7663	0.0485	0.6913
34	美女	6.7149	5.1218	0.1644	0.9882	0.2058	0.9330
35	苹果	7.4323	5.3273	0.1227	0.9851	0.1542	0.9487
36	美女	7.3196	5.8203	0.2534	0.9708	0.1861	0.9185
37	樱花	7.6625	6.8165	0.7841	0.8726	0.0635	0.7629
38	苹果	6.1914	4.8045	0.7483	0.9530	0.2048	0.8999
39	美女	7.3171	5.7189	0.1870	0.9803	0.1519	0.9309
40	苹果	7.0127	4.9532	0.1406	0.9797	0.2833	0.9584
41	美女	7.6369	6.0126	0.1939	0.9848	0.1173	0.9116
42	樱花	7.8828	7.0720	1.1127	0.8647	0.0442	0.7101
43	苹果	7.0903	5.2424	0.2593	0.9730	0.1347	0.9302
44	美女	7.6411	6.0860	0.3202	0.9509	0.0948	0.8785
45	樱花	7.4326	6.2217	0.4639	0.8980	0.1113	0.8464
46	苹果	7.6276	6.3560	0.3167	0.9389	0.1169	0.8865
47	美女	7.4136	5.2070	0.0599	0.9943	0.1521	0.9715
48	樱花	7.6143	6.7407	0.7892	0.8716	0.0855	0.7752
49	苹果	7.5278	6.0177	0.3298	0.9336	0.1381	0.9095
50	美女	7.8795	6.0120	0.1975	0.9832	0.1089	0.9315
51	樱花	7.7491	5.9722	0.4017	0.9511	0.1159	0.8882
52	苹果	7.4323	5.3273	0.1227	0.9851	0.1542	0.9487
53	美女	7.2907	5.5747	0.2002	0.9837	0.1713	0.9311
54	樱花	5.4209	4.0969	0.5784	0.9608	0.2526	0.9050
55	苹果	7.4323	5.3273	0.1227	0.9851	0.1542	0.9487

续表

图片编号	所属任务	一维熵	二维熵	对比度	相关度	能量	同质性
56	美女	7.2614	5.4932	0.1080	0.9890	0.1348	0.9482
57	樱花	7.4326	6.2217	0.4639	0.8980	0.1113	0.8464
58	苹果	6.5374	4.7683	0.2763	0.9693	0.2058	0.9420
59	美女	7.5125	6.2108	0.2545	0.9721	0.1429	0.8956
60	樱花	7.4791	5.9283	0.2204	0.9580	0.1543	0.9152
61	苹果	7.6276	6.3560	0.3167	0.9389	0.1169	0.8865
62	美女	7.4591	5.6389	0.1252	0.9835	0.1520	0.9475
63	樱花	6.3934	5.4948	0.3847	0.8206	0.3678	0.8955
64	苹果	6.5860	4.5850	0.0593	0.9941	0.1885	0.9738
65	美女	6.1509	4.3897	0.1136	0.9847	0.3299	0.9609
66	苹果	7.0742	4.9890	0.0653	0.9929	0.2108	0.9706
67	苹果	6.6372	4.8544	0.4416	0.9695	0.2311	0.9300
68	美女	7.5544	5.9611	0.1801	0.9786	0.1481	0.9286
69	樱花	7.5710	6.4478	0.4198	0.9114	0.1006	0.8541
70	苹果	7.4323	5.3273	0.1227	0.9851	0.1542	0.9487
71	美女	7.7138	6.0172	0.1782	0.9854	0.1296	0.9243
72	樱花	7.9067	6.9540	1.2752	0.8659	0.0481	0.7401
73	苹果	5.5942	4.3255	0.1687	0.9734	0.2514	0.9461
74	美女	7.8257	6.0337	0.2052	0.9843	0.1136	0.9228
75	樱花	7.4326	6.2217	0.4639	0.8980	0.1113	0.8464
76	苹果	7.0742	4.9890	0.0653	0.9929	0.2108	0.9706
77	美女	7.6411	6.0860	0.3202	0.9509	0.0948	0.8785
78	樱花	7.9067	6.9540	1.2752	0.8659	0.0481	0.7401
79	苹果	6.1914	4.8045	0.7483	0.9530	0.2048	0.8999
80	美女	7.7138	6.0172	0.1782	0.9854	0.1296	0.9243
81	樱花	7.9067	6.9540	1.2752	0.8659	0.0481	0.7401
82	苹果	7.0742	4.9890	0.0653	0.9929	0.2108	0.9706
83	美女	7.6679	5.8188	0.1639	0.9884	0.1213	0.9349
84	樱花	7.3424	6.7409	1.0369	0.7172	0.0925	0.7307
85	苹果	7.4323	5.3273	0.1227	0.9851	0.1542	0.9487

续表

图片编号	所属任务	一维熵	二维熵	对比度	相关度	能量	同质性
86	美女	7.7461	6.1771	0.2998	0.9602	0.0946	0.8917
87	樱花	7.6143	6.7407	0.7892	0.8716	0.0855	0.7752
88	苹果	7.0127	4.9532	0.1406	0.9797	0.2833	0.9584
89	美女	7.6077	5.9236	0.2233	0.9743	0.1236	0.9151
90	樱花	7.3397	6.6653	0.9277	0.7360	0.0845	0.7490
91	苹果	7.0957	6.0494	0.7418	0.9336	0.1074	0.8266
92	美女	7.4136	5.2070	0.0599	0.9943	0.1521	0.9715
93	樱花	7.3558	6.7011	0.6288	0.8249	0.0842	0.7587
94	苹果	6.1914	4.8045	0.7483	0.9530	0.2048	0.8999
95	美女	7.7166	6.0212	0.2121	0.9741	0.1134	0.9149
96	樱花	7.4326	6.2217	0.4639	0.8980	0.1113	0.8464
97	苹果	7.4323	5.3273	0.1227	0.9851	0.1542	0.9487
98	美女	7.5125	6.2108	0.2545	0.9721	0.1429	0.8956
99	樱花	7.8740	6.9226	0.7908	0.9229	0.0567	0.7661
100	苹果	7.0742	4.9890	0.0653	0.9929	0.2108	0.9706
101	美女	7.9149	6.4101	0.3563	0.9630	0.0824	0.8817
102	樱花	7.6143	6.7407	0.7892	0.8716	0.0855	0.7752
103	苹果	7.1912	5.3804	0.6941	0.9450	0.1647	0.9092
104	美女	7.7403	5.7032	0.1967	0.9836	0.1284	0.9361
105	樱花	7.6143	6.7407	0.7892	0.8716	0.0855	0.7752
106	苹果	7.0957	6.0494	0.7418	0.9336	0.1074	0.8266
107	美女	7.6679	5.8188	0.1639	0.9884	0.1213	0.9349
108	苹果	4.0079	2.9172	0.1440	0.9897	0.4405	0.9558
109	美女	6.8732	5.1304	0.1563	0.9852	0.2306	0.9445
110	苹果	7.6276	6.3560	0.3167	0.9389	0.1169	0.8865
111	美女	6.9354	5.3522	0.1245	0.9812	0.2276	0.9462
112	苹果	7.0721	5.4263	0.7230	0.9459	0.1234	0.8915

4.2 检索实验中每个任务的点击选项卡次数及耗时表

useID	任务	多义选项卡点击次数	同义选项卡点击次数	层级选项卡点击次数	总点击次数	时间片
301	美女	2	3	2	7	120
301	樱花	3	2	1	6	32
301	苹果	9	5	15	29	190
302	美女	1	1	2	4	84
302	樱花	3	2	0	5	67
302	苹果	5	2	0	7	30
303	美女	1	2	0	3	22
303	苹果	3	1	0	4	35
304	美女	3	3	7	13	123
304	樱花	3	2	1	6	28
304	苹果	3	2	4	9	31
305	美女	6	7	9	22	110
305	樱花	1	2	0	3	24
305	苹果	3	0	1	4	31
306	美女	3	8	4	15	178
306	樱花	1	0	0	1	10
306	苹果	6	1	1	8	59
307	美女	5	7	4	16	165
307	樱花	5	1	2	8	47
307	苹果	2	1	4	7	121
308	美女	8	6	3	17	189
308	樱花	1	0	0	1	19
308	苹果	11	4	3	18	127
309	美女	3	8	5	16	83
309	樱花	3	2	0	5	32
309	苹果	13	5	6	24	69
310	美女	5	9	1	15	213
310	樱花	1	0	0	1	27

useID	任务	多义选项卡点击次数	同义选项卡点击次数	层级选项卡点击次数	总点击次数	时间片
310	苹果	1	0	0	1	20
311	美女	9	8	4	21	233
311	樱花	4	0	1	5	24
311	苹果	2	0	0	2	33
312	樱花	15	19	10	44	174
312	美女	2	2	2	6	48
312	苹果	3	2	1	6	30
313	美女	1	2	1	4	96
313	樱花	4	1	2	7	67
313	苹果	4	1	4	9	36
314	美女	1	2	3	6	111
314	苹果	6	1	3	10	48
315	美女	1	3	3	7	103
315	樱花	2	1	3	6	52
315	苹果	3	1	0	4	66
316	美女	1	0	1	2	28
316	樱花	4	3	0	7	56
316	苹果	6	1	0	7	28
317	美女	1	3	1	5	35
317	樱花	7	2	3	12	58
317	苹果	1	0	0	1	47
318	美女	1	2	10	13	81
318	樱花	3	0	4	7	46
318	苹果	8	1	5	14	50
319	美女	3	2	0	5	336
319	樱花	2	0	0	2	60
319	苹果	3	2	1	6	48
341	美女	3	2	4	9	77
341	樱花	4	3	3	10	67

续表

useID	任务	多义选项卡点击次数	同义选项卡点击次数	层级选项卡点击次数	总点击次数	时间片
341	苹果	2	2	3	7	30
342	美女	6	6	4	16	71
342	樱花	4	2	4	10	31
342	苹果	2	3	8	13	110
343	美女	2	4	9	15	70
343	樱花	3	1	2	6	47
343	苹果	2	3	4	9	141
344	美女	3	3	3	9	50
344	苹果	4	4	4	12	71
344	苹果	1	2	2	5	101
345	美女	3	1	0	4	41
345	樱花	2	4	0	6	30
345	苹果	5	1	1	7	58
352	美女	2	0	1	3	5
352	樱花	1	2	0	3	9
352	苹果	6	7	2	15	34
353	美女	2	0	0	2	17
353	樱花	2	4	1	7	34
353	苹果	3	0	0	3	10
354	美女	1	0	0	1	9
354	樱花	2	3	1	6	23
354	苹果	4	5	1	10	21
355	美女	3	0	0	3	12
355	樱花	1	2	0	3	9
355	苹果	5	7	4	16	25
356	美女	4	0	0	4	11
356	樱花	2	4	1	7	22
356	苹果	3	0	1	4	13
357	美女	3	1	1	5	28

续表

useID	任务	多义选项卡点击次数	同义选项卡点击次数	层级选项卡点击次数	总点击次数	时间片
357	樱花	2	2	0	4	26
357	苹果	3	1	1	5	16
358	美女	5	0	0	5	20
358	樱花	2	3	1	6	21
358	苹果	3	0	0	3	10
359	美女	2	0	0	2	8
359	樱花	1	2	0	3	23
359	苹果	3	4	1	8	22
360	美女	3	1	1	5	17
360	樱花	1	2	0	3	20
360	苹果	3	0	0	3	9
381	美女	4	0	0	4	10
381	樱花	1	1	3	5	67
381	苹果	5	0	1	6	23
382	美女	5	1	1	7	149
382	樱花	2	3	17	22	129
382	苹果	3	0	0	3	18
383	美女	2	1	3	6	35
383	樱花	2	1	4	7	32
383	苹果	4	1	0	5	18
384	美女	3	1	1	5	25
384	苹果	3	1	6	10	27
385	美女	3	1	7	11	23
385	苹果	4	2	9	15	75
386	美女	3	2	4	9	44
386	苹果	6	2	13	21	82

4.3 检索实验中用户选择更改前后两张图的底层特征表

图片编号	任务	一维熵	二维熵	对比度	相关度	能量	同质性
1.1	美女	7.6411	6.0860	0.3202	0.9509	0.0948	0.8785
1.2	美女	7.4136	5.2070	0.0599	0.9943	0.1521	0.9715
2.1	苹果	7.0742	4.9890	0.0653	0.9929	0.2108	0.9706
2.2	苹果	6.3031	4.7449	0.1705	0.9847	0.2285	0.9384
3.1	苹果	7.0742	4.9890	0.0653	0.9929	0.2108	0.9706
3.2	苹果	7.8400	6.5389	0.9446	0.8646	0.0578	0.7672
4.1	美女	7.6572	6.1814	0.3730	0.9715	0.1013	0.8784
4.2	美女	7.5125	6.2108	0.2545	0.9721	0.1429	0.8956
5.1	美女	6.7149	5.1218	0.1644	0.9882	0.2058	0.9330
5.2	美女	7.4136	5.2070	0.0599	0.9943	0.1521	0.9715
6.1	苹果	7.5278	6.0177	0.3298	0.9336	0.1381	0.9095
6.2	苹果	7.6276	6.3560	0.3167	0.9389	0.1169	0.8865
7.1	美女	7.6680	5.8347	0.2086	0.9814	0.1159	0.9207
7.2	美女	7.5125	6.2108	0.2545	0.9721	0.1429	0.8956
8.1	苹果	5.5942	4.3255	0.1687	0.9734	0.2514	0.9461
8.2	苹果	7.0127	4.9532	0.1406	0.9797	0.2833	0.9584
9.1	美女	7.7461	6.1771	0.2998	0.9602	0.0946	0.8917
9.2	美女	7.3196	5.8203	0.2534	0.9708	0.1861	0.9185
10.1	苹果	7.4550	5.5042	0.4694	0.9630	0.1116	0.9099
10.2	苹果	7.0903	5.2424	0.2593	0.9730	0.1347	0.9302
11.1	美女	7.7461	6.1771	0.2998	0.9602	0.0946	0.8917
11.2	美女	7.8795	6.0120	0.1975	0.9832	0.1089	0.9315
12.1	苹果	7.5278	6.0177	0.3298	0.9336	0.1381	0.9095
12.2	苹果	7.4323	5.3273	0.1227	0.9851	0.1542	0.9487
13.1	美女	7.4981	6.0977	0.1906	0.9735	0.1540	0.9196
13.2	美女	7.2614	5.4932	0.1080	0.9890	0.1348	0.9482
14.1	苹果	7.6276	6.3560	0.3167	0.9389	0.1169	0.8865
14.2	苹果	6.5374	4.7683	0.2763	0.9693	0.2058	0.9420
15.1	樱花	7.8740	6.9226	0.7908	0.9229	0.0567	0.7661

图片编号	任务	一维熵	二维熵	对比度	相关度	能量	同质性
15.2	樱花	7.4791	5.9283	0.2204	0.9580	0.1543	0.9152
16.1	美女	7.0530	5.2937	0.1837	0.9778	0.2380	0.9356
16.2	美女	6.1509	4.3897	0.1136	0.9847	0.3299	0.9609
17.1	樱花	7.3424	6.7409	1.0369	0.7172	0.0925	0.7307
17.2	樱花	6.7901	5.1079	0.1053	0.9459	0.2799	0.9528
18.1	苹果	6.1914	4.8045	0.7483	0.9530	0.2048	0.8999
18.2	苹果	6.6372	4.8544	0.4416	0.9695	0.2311	0.9300
19.1	美女	7.8257	6.0337	0.2052	0.9843	0.1136	0.9228
19.2	美女	7.5544	5.9611	0.1801	0.9786	0.1481	0.9286
20.1	樱花	7.4326	6.2217	0.4639	0.8980	0.1113	0.8464
20.2	樱花	7.5710	6.4478	0.4198	0.9114	0.1006	0.8541
21.1	苹果	4.0079	2.9172	0.1440	0.9897	0.4405	0.9558
21.2	苹果	7.4323	5.3273	0.1227	0.9851	0.1542	0.9487
22.1	美女	7.6128	5.9138	0.1715	0.9832	0.1234	0.9275
22.2	美女	7.7138	6.0172	0.1782	0.9854	0.1296	0.9243
23.1	樱花	7.3831	6.4881	0.4062	0.8851	0.1145	0.8343
23.2	樱花	7.9067	6.9540	1.2752	0.8659	0.0481	0.7401
24.1	苹果	6.1914	4.8045	0.7483	0.9530	0.2048	0.8999
24.2	苹果	5.5942	4.3255	0.1687	0.9734	0.2514	0.9461
25.1	美女	7.3836	5.8730	0.2704	0.9725	0.1270	0.9128
25.2	美女	7.9149	6.4101	0.3563	0.9630	0.0824	0.8817
26.1	苹果	7.0742	4.9890	0.0653	0.9929	0.2108	0.9706
26.2	苹果	7.1912	5.3804	0.6941	0.9450	0.1647	0.9092
27.1	美女	7.6572	6.1814	0.3730	0.9715	0.1013	0.8784
27.2	美女	7.7403	5.7032	0.1967	0.9836	0.1284	0.9361
28.1	苹果	7.0742	4.9890	0.0653	0.9929	0.2108	0.9706
28.2	苹果	7.0957	6.0494	0.7418	0.9336	0.1074	0.8266

附录5　Flickr 图像集图像底层特征与标签数示例

情感标签	编号	一维熵	二维熵	对比度	相关度	能量	同质性	标签数
anger	1	7.2093	6.0679	1.5173	0.8861	0.1185	0.8063	40
	2	7.5406	6.3389	0.6073	0.9371	0.1392	0.8429	48
	3	7.7930	6.3164	0.8014	0.9343	0.0767	0.8165	73
	4	7.5192	6.2182	0.6057	0.8912	0.1223	0.8679	66
	5	7.5091	6.0493	0.3881	0.9349	0.1039	0.8775	45
	6	6.2542	5.2847	0.4118	0.8442	0.4735	0.9139	41
	7	2.5450	1.8105	0.2823	0.9463	0.6615	0.9609	54
	8	6.9550	6.0168	0.4321	0.8401	0.2098	0.8667	51
	9	6.9923	5.5843	0.6921	0.9152	0.1968	0.8803	49
	10	7.5926	5.6477	0.2728	0.9727	0.1507	0.9270	62
	11	4.6121	3.4427	0.1418	0.9631	0.3692	0.9576	51
	12	7.2390	5.5377	0.6923	0.9282	0.1905	0.8839	45
	13	7.3469	6.0299	0.5741	0.9332	0.1653	0.8694	52
	14	3.7124	2.8695	0.6448	0.8866	0.5933	0.9326	51
	15	7.4780	6.7406	2.2185	0.7147	0.0735	0.6781	41
	16	7.5087	6.6498	1.3101	0.6885	0.0829	0.7488	61
	17	7.0656	5.1821	0.2493	0.9480	0.2352	0.9426	69
	18	7.8582	7.0534	1.8103	0.7395	0.0382	0.6642	50
	19	7.8275	6.7554	1.5804	0.7656	0.0525	0.7400	72
	20	4.5616	3.5474	0.2233	0.9418	0.4882	0.9270	60
	21	6.2182	5.1747	1.4941	0.8190	0.2621	0.8173	58
	22	6.1211	5.0552	0.2332	0.8859	0.3345	0.9356	41
	23	7.3201	6.5660	3.2728	0.6270	0.0890	0.6668	68
	24	7.9045	6.7269	1.2264	0.8669	0.0623	0.8010	44
	25	7.5348	6.3907	1.4726	0.9018	0.0970	0.7902	56
	26	7.8857	7.0522	1.7491	0.7930	0.0431	0.6929	49
	27	7.4485	6.7781	1.5187	0.6732	0.0722	0.6995	70

续表

情感标签	编号	一维熵	二维熵	对比度	相关度	能量	同质性	标签数
	28	7. 2952	6. 1924	0. 4296	0. 9075	0. 1023	0. 8542	54
	29	7. 8402	6. 6144	1. 2153	0. 8951	0. 0763	0. 8003	49
	30	7. 0179	5. 9425	0. 6876	0. 8601	0. 2245	0. 8559	44
	31	7. 1878	6. 1042	0. 9573	0. 8357	0. 1915	0. 8222	47
	32	7. 4371	5. 7867	0. 2437	0. 9621	0. 1130	0. 9027	42
	33	7. 3735	6. 4222	0. 9543	0. 8404	0. 1251	0. 8151	68
	34	5. 9402	4. 7599	0. 2585	0. 9592	0. 3060	0. 9108	43
	35	7. 3862	5. 5251	0. 4103	0. 9354	0. 1607	0. 9056	39
	36	7. 7832	6. 8690	1. 6627	0. 7549	0. 0542	0. 7264	66
	37	6. 7948	5. 4488	0. 5650	0. 9236	0. 2983	0. 8802	40
	38	7. 2274	5. 8125	1. 0580	0. 9000	0. 1780	0. 8632	55
	39	7. 4840	6. 0604	0. 7365	0. 9554	0. 1678	0. 8784	47